高等院校数字化建设精品教材

# 新编微积分

## （理工类）

## 下

编著 林小苹 谭超强 李健

# 前　言

本书具有以下特点：

**1. 知识体系分布合理，内容由浅入深、可阅读性强**

编者根据多年的教学经验和学生的认知规律安排内容体系，并采用“诱导发现”和“问题驱动”的模式叙述数学知识，尽可能使全书内容深入浅出、语言平实自然. 在适度运用严格数学语言的同时，采用大量颇具启发性的例子来引入论题、阐释和证明理论，并配有丰富的图示，让读者对数学问题不但可以知其然，还可以知其所以然.

**2. 强调微积分的应用和实践**

基本上，本书每一章都有“应用实例”这样一节拓展性内容，目的是希望在新工科背景下，使学生尽可能多地获得应用方面的信息，以及数学建模的思想. 最后一章（下册第十三章）单独给出了近似数值计算问题及其计算机实现的内容，主要介绍了非线性方程求根、数值积分、幂级数的函数逼近等计算方法，并给出了相应的 MATLAB 实现程序，配套了相应的数值实验题. 学生可以通过建立数学模型，设计相应的数学实验来求解感兴趣的问题，在实践中体会学习数学的乐趣.

**3. 通过丰富的例题和习题，拓展学生的学习空间**

本书收集了较多的例题和习题. 考虑到学生中两极分化的现象，习题安排由易到难、呈现梯度，并具有层次性（分三级配置）：

第一级为思考题. 由于微积分具有高度抽象性、概括性，这使得学生对概念、定理的理解容易存在缺陷. 因此，本书在每一章节中都设置了供学生讨论的问题，而且在每一节后面也配置了思考题. 这些思考题是编者从多年的教学实践中积累提炼而得的，富有启发性. 学生通过做思考题可以对所学概念、定理和数学方法加深理解，从而培养他们的自学能力和独立思考能力.

第二级为(A)类习题. (A)类习题为满足基本要求的作业题，用于巩固基础知识和基本技能，要求学生全部完成.

第三级为(B)类习题. (B)类习题是用于扩大学生视野和提高学生综合能力的选做提高题，供学有余力和有志报考研究生的学生练习.

另外，每章还配有总习题和单元测试，供学生作为综合练习或复习使用. 每章章末附有习题和单元测试的参考答案或解题提示，以方便教学.

本书分为上、下两册. 上册主要致力于解决微积分入门难的问题，以完成与中学数学学习的平稳衔接，并在此基础上展开对一元函数微分和积分的概念、计算，以及应用等微积分中最基础的内容研究. 上册内容包括函数、极限与连续，导数与微分，微分中值定理与导数的应用，不定积分，定积分及其应用，微分方程与数学建模初步这六章内容. 下册主要致力于一元函数微积分的扩展研究，并侧重对空间思维能力、复杂计算能力，以及数学建模能力的初步训练. 下册内容包括向量代数与空间解析几何,多元函数微分学及其应用,重积分,曲线积分与曲面积分,柯西中值定理与泰勒公式,无穷级数,近似计算问题及其 MATLAB 实现这七章内容. 书中标 * 号的作为拓展内容可供对数学要求较高的专业采用.

《新编微积分(理工类)下》由林小苹、谭超强、李健编写,第七至第十章、第十二章及第十三章由林小苹执笔,第十一章由谭超强执笔,全书的“应用实例”由李健执笔. 这里要特别感谢徐斐教授、杨忠强教授和娄增建教授,他们也共同参与了本书的策划,同时杨忠强教授还参与了本书的部分校订工作. 袁晓辉、周承芳、熊诗哲编辑并制作了教学资源,龚维安、苏文峰提供了版式设计方案.

在本书的编写过程中,史永杰、吴正尧、杜式忠、陈哲、谢泽嘉等教师为本书的编写工作提供了许多宝贵的修改意见,北京大学出版社的编辑们对本书的出版和质量的提高付出了辛勤的劳动,在此一并致以衷心的感谢.

需要说明的是,在本书的编写过程中,参考了国内外一些优秀的高等数学或微积分教材,在此对相关作者表示深深的谢意!

限于编者的水平,书中难免有错误和不妥之处,恳请各位老师和读者批评指正.

**编者**

**2021 年 1 月**

**于桑浦山下**

**汕头大学**

# 目　录


第七章　向量代数与空间解析几何 …… 1

第一节　空间直角坐标系 …… 1

一、空间直角坐标系(1)　二、空间两点间的距离(2)　习题 7.1(3)

第二节　向量及其线性运算 …… 3

一、向量的概念(3)　二、向量的线性运算(4)

三、向量的坐标表示及其线性运算的坐标表示(6)

四、向量的方向角与方向余弦(8)　思考题 7.2(9)　习题 7.2(9)

第三节　向量的乘积 …… 9

一、向量的数量积(9)　二、向量的向量积(11)　*三、向量的混合积(13)

思考题 7.3(14)　习题 7.3(14)

第四节　空间平面与空间直线 …… 15

一、空间平面及其方程(15)　二、空间直线及其方程(18)

三、空间线面间的位置关系(19)　四、平面束(22)

思考题 7.4(23)　习题 7.4(24)

第五节　空间曲面与空间曲线 …… 25

一、空间曲面及其方程(25)　二、空间曲线及其方程(29)

三、二次曲面及其方程(33)　四、空间几何图形举例(36)

思考题 7.5(37)　习题 7.5(38)

第六节　应用实例 …… 39

实例:星形线的形成(39)

总习题七 …… 40

单元测试七 …… 41

第八章　多元函数微分学及其应用 …… 44

第一节　多元函数的极限与连续 …… 44

一、平面点集及*$n$维空间(44)　二、多元函数的概念(48)

三、二元函数的极限(51)　四、二元函数的连续性(56)

思考题 8.1(59)　习题 8.1(59)

第二节　偏导数与全微分 …… 60

一、偏导数(60)　二、全微分(67)　思考题 8.2(74)

习题 8.2(75)

第三节　多元复合函数与隐函数的求导法则 …… 76

一、多元复合函数的求导法则(76)　二、隐函数的求导法则(84)

思考题 8.3(93)　习题 8.3(93)

第四节　多元函数微分学在几何学上的应用 …… 94

一、空间曲线的切线与法平面(94)　二、曲面的切平面与法线(98)
三、二元函数全微分的几何意义(101)　思考题 8.4(102)　习题 8.4(102)
第五节　方向导数与梯度 …… 103
一、方向导数(103)　二、梯度(107)
思考题 8.5(111)　习题 8.5(111)
第六节　多元函数的极值与最值 …… 112
一、多元函数的极值(112)　二、多元函数的最值(116)　三、条件极值(117)
思考题 8.6(123)　习题 8.6(123)
第七节　应用实例 …… 124
实例一:弦振动方程的解(124)　实例二:半椭球面屋顶雨滴的下滑曲线(125)
实例三:两电荷间的引力问题(126)　习题 8.7(127)
总习题八 …… 127
单元测试八 …… 128

第九章　多元函数积分学 1——重积分 …… 131
第一节　二重积分的概念与性质 …… 131
一、二重积分概念的实际背景(131)　二、二重积分的概念(132)
三、二重积分的性质(134)　思考题 9.1(136)　习题 9.1(136)
第二节　二重积分的计算方法 …… 137
一、利用直角坐标系计算二重积分(137)
二、利用对称性和奇偶性简化二重积分的计算(143)
思考题 9.2(144)　习题 9.2(144)
第三节　二重积分的换元法 …… 145
一、极坐标变换下二重积分的计算(145)
*二、一般变量替换下二重积分的计算(151)
思考题 9.3(155)　习题 9.3(155)
第四节　三重积分 …… 156
一、三重积分的概念(156)　二、三重积分的计算方法(157)
三、三重积分的换元法(164)　思考题 9.4(170)　习题 9.4(171)
第五节　重积分的应用 …… 172
一、几何应用(172)　二、物理应用(176)　思考题 9.5(182)　习题 9.5(182)
总习题九 …… 183
单元测试九(1) …… 184
单元测试九(2) …… 186

第十章　多元函数积分学 2——曲线积分与曲面积分 …… 189
第一节　对弧长的曲线积分 …… 189
一、对弧长的曲线积分的概念与性质(189)　二、对弧长的曲线积分的计算(191)
思考题 10.1(194)　习题 10.1(194)
第二节　对坐标的曲线积分 …… 194
一、对坐标的曲线积分的概念与性质(194)　二、对坐标的曲线积分的计算(197)

三、两类曲线积分之间的联系(199)　思考题 10.2(200)　习题 10.2(200)
第三节　对面积的曲面积分 …… 201
一、对面积的曲面积分的概念与性质(201)　二、对面积的曲面积分的计算(202)
思考题 10.3(205)　习题 10.3(205)
第四节　对坐标的曲面积分 …… 206
一、预备知识(206)　二、对坐标的曲面积分的概念与性质(208)
三、对坐标的曲面积分的计算(210)　四、两类曲面积分之间的联系(213)
思考题 10.4(215)　习题 10.4(215)
第五节　微积分基本定理的推广 …… 216
一、格林公式(216)　二、高斯公式(220)　三、斯托克斯公式(223)
思考题 10.5(226)　习题 10.5(227)
第六节　曲线积分与路径的无关性 原函数问题 …… 228
一、曲线积分与路径的无关性(228)　二、原函数问题(229)　三、基本结论(229)
思考题 10.6(234)　习题 10.6(234)
第七节　向量场初步 …… 235
一、通量与散度(235)　二、环流量与旋度(237)
思考题 10.7(240)　习题 10.7(240)
第八节　应用实例 …… 240
实例一:通信卫星的电波覆盖地球表面的面积(240)　实例二:摆线的等时性(242)
实例三:GPS 面积测量仪的数学原理(243)
总习题十 …… 244
单元测试十 …… 245

第十一章　柯西中值定理与泰勒公式 …… 248
第一节　柯西中值定理 …… 248
思考题 11.1(251)　习题 11.1(251)
第二节　洛必达法则的证明 …… 252
思考题 11.2(253)　习题 11.2(253)
第三节　泰勒公式——用多项式逼近函数 …… 253
一、带佩亚诺型余项的泰勒公式(253)　二、带拉格朗日型余项的泰勒公式(256)
三、泰勒公式的展开式及其应用(257)　*四、二元函数的泰勒公式(262)
思考题 11.3(264)　习题 11.3(264)
第四节　应用实例 …… 265
实例:证明 e 为无理数(265)
总习题十一 …… 266
单元测试十一 …… 266

第十二章　无穷级数 …… 268
第一节　常数项级数 …… 268
一、级数的定义(268)　二、级数收敛与发散的概念(269)
三、常数项级数的性质(272)　*四、柯西审敛原理(274)

思考题 12.1(275)　习题 12.1(275)
第二节　正项级数 …… 276
一、正项级数收敛的充要条件(276)　二、正项级数的比较审敛法(276)
三、正项级数的比值审敛法与根值审敛法(279)
思考题 12.2(283)　习题 12.2(283)
第三节　任意项级数 …… 284
一、交错级数及其敛散性(284)
二、任意项级数的绝对收敛与条件收敛(286)
思考题 12.3(288)　习题 12.3(289)
第四节　幂级数 …… 290
一、函数项级数的一般概念(290)　二、幂级数(290)
三、函数的幂级数展开式(297)　*四、欧拉公式(306)
思考题 12.4(307)　习题 12.4(308)
第五节　傅里叶级数 …… 309
一、三角级数与正交函数系(309)
二、以 $2\pi$ 为周期的周期函数的傅里叶级数(311)
三、非周期函数的傅里叶展开(317)　思考题 12.5(319)　习题 12.5(319)
第六节　以 $2l$ 为周期的周期函数的展开式 …… 320
一、以 $2l$ 为周期的周期函数的傅里叶级数(320)　二、正弦级数和余弦级数(323)
*三、傅里叶级数的复数形式(327)　思考题 12.6(329)　习题 12.6(329)
第七节　应用实例 …… 330
实例一:$p$ 进制无限循环小数化成十进制分数问题(330)
*实例二:微分方程的幂级数解法(331)　*实例三:矩形脉冲信号的频谱分析(332)
总习题十二 …… 334
单元测试十二 …… 335

***第十三章　近似计算问题及其 MATLAB 实现** …… 338
第一节　非线性方程的数值解法 …… 338
一、二分法(338)　二、牛顿迭代法(340)　三、MATLAB 实现(341)
习题 13.1(344)
第二节　定积分的近似计算 …… 344
一、问题的提出(344)　二、矩形法(344)　三、梯形法(345)　四、抛物线法(346)
五、MATLAB 实现(348)　习题 13.2(351)
第三节　幂级数在近似计算中的应用举例 …… 351
一、近似计算(351)　二、MATLAB 实现(354)　习题 13.3(355)
第四节　应用实例 …… 356
实例:索道的长度问题(356)

# 第七章

# 向量代数与空间解析几何

在自然科学和工程技术中，所遇到的几何图形通常是空间几何图形. 通过建立空间直角坐标系，用代数的方法研究空间几何图形的性质和规律的学科，称为**空间解析几何**. 空间解析几何的产生是数学史上的一个划时代的成就，法国数学家笛卡儿(Descartes)和费马均于十七世纪上半叶对此做出了开创性的工作.

空间解析几何是平面解析几何的推广；虽然两者有很多相似之处，但是空间解析几何的问题更为复杂. 本章首先建立空间直角坐标系，然后引入有着广泛应用的向量代数，并以向量代数为工具，讨论空间平面和空间直线的方程，最后介绍空间曲面和空间曲线的有关知识. 本章将作为多元函数微积分学的直观背景和几何应用，介绍学习多元函数微积分学必不可少的基础知识，大家在学习时要注意空间解析几何与平面解析几何的联系与区别.

## 第一节 空间直角坐标系

为了能够用代数的方法研究几何问题，在平面解析几何中，我们通过建立平面直角坐标系，使得平面中的点与代数的有序数组建立一一对应关系. 在此基础上，引入运动的观点，使得平面曲线与代数方程相对应. 同样，为了建立空间中的点与数、图形与方程的联系，需要引入空间直角坐标系.

### 一、空间直角坐标系

在空间中取一定点 $O$ 作为**坐标原点**，过点 $O$ 作三条互相垂直且有相同单位的数轴，依次称为 $x$ **轴**、$y$ **轴**和 $z$ **轴**，并统称为**坐标轴**. 坐标轴的正方向按右手螺旋法则确定，即用右手握住 $z$ 轴，当四指从 $x$ 轴的正方向旋转 $\frac{\pi}{2}$ 握向 $y$ 轴的正方向时，大拇指的指向就是 $z$ 轴的正方向(见图 7－1)，这样就建立了一个**空间直角坐标系**，称为 $Oxyz$ **坐标系**.

由两条坐标轴所确定的平面称为**坐标面**，分别是 $xOy$ **面**、$yOz$ **面**和 $zOx$ **面**. 三个坐标面把空间分成八个部分，称为八个**卦限**. 如图 7－2 所示，$xOy$ 面上方的四个卦限按逆时针依次称为第 Ⅰ($x>0,y>0,z>0$ 部分)、第 Ⅱ、第 Ⅲ、第 Ⅳ 卦限，下方依次称为第 Ⅴ($x>0$, $y>0,z<0$ 部分)、第 Ⅵ、第 Ⅶ、第 Ⅷ 卦限.

确定 $Oxyz$ 坐标系后,就可以建立空间中的点与有序数组之间的一一对应关系. 设 $M$ 为 $Oxyz$ 坐标系中的任意一点,过点 $M$ 分别作垂直于 $x$ 轴、$y$ 轴和 $z$ 轴的平面,且垂足 $P,Q,R$ 对应的三个实数分别是 $x,y,z$,于是点 $M$ 就确定了一个有序数组 $(x,y,z)$;反之,若给定一个有序数组 $(x,y,z)$,过 $x$ 轴、$y$ 轴、$z$ 轴上的点 $x,y,z$ 分别作垂直于 $x$ 轴、$y$ 轴、$z$ 轴的平面,这三个平面的交点就是由有序数组 $(x,y,z)$ 所确定的点. 这样空间中的点 $M$ 和有序数组 $(x,y,z)$ 之间就建立了一一对应关系(见图 7-3),称 $(x,y,z)$ 为点 $M$ 的**坐标**,并依次称 $x,y$ 和 $z$ 为点 $M$ 的**横坐标**、**纵坐标**和**竖坐标**,记作 $M(x,y,z)$.

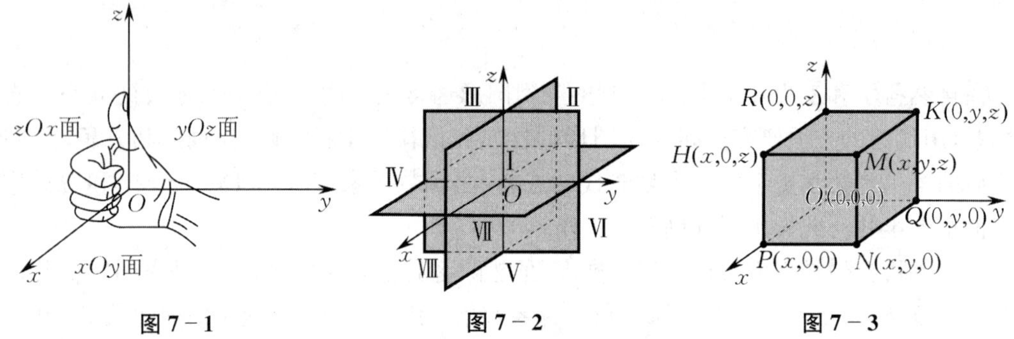


图 7-1　　图 7-2　　图 7-3

如图 7-3 所示,一些特殊点的坐标:坐标原点 $O$ 的坐标为 $(0,0,0)$,$x$ 轴上点 $P$、$y$ 轴上点 $Q$ 和 $z$ 轴上点 $R$ 的坐标分别为 $(x,0,0)$,$(0,y,0)$ 和 $(0,0,z)$,$xOy$ 面、$yOz$ 面和 $zOx$ 面上的点 $N,K,H$ 的坐标分别为 $(x,y,0)$,$(0,y,z)$,$(x,0,z)$,其中点 $P,Q,R$ 分别称为点 $M$ 在 $x$ 轴、$y$ 轴和 $z$ 轴上的**投影**,点 $N,K,H$ 分别称为点 $M$ 在 $xOy$ 面、$yOz$ 面和 $zOx$ 面上的**投影**.

## 二、空间两点间的距离

在平面直角坐标系中,任意两点 $M_1(x_1,y_1)$,$M_2(x_2,y_2)$ 之间的距离公式为

$$|M_1M_2|=\sqrt{(x_2-x_1)^2+(y_2-y_1)^2}.$$

现在考察空间直角坐标系中两点间的距离. 设 $M_1(x_1,y_1,z_1)$,$M_2(x_2,y_2,z_2)$ 是空间中的两点,如图 7-4 所示,过点 $M_1$,$M_2$ 分别作垂直于 $x$ 轴、$y$ 轴和 $z$ 轴的平面,这些平面构成以 $M_1M_2$ 为对角线的长方体,根据勾股定理有

$$d^2=|M_1M_2|^2=|M_1Q|^2+|QM_2|^2=|M_1P|^2+|PQ|^2+|QM_2|^2.$$

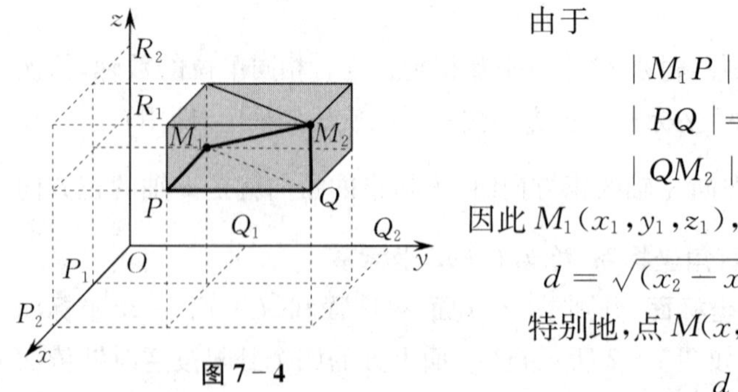


图 7-4

由于

$$|M_1P|=|P_1P_2|=|x_2-x_1|,$$

$$|PQ|=|Q_1Q_2|=|y_2-y_1|,$$

$$|QM_2|=|R_1R_2|=|z_2-z_1|,$$

因此 $M_1(x_1,y_1,z_1)$,$M_2(x_2,y_2,z_2)$ 两点间的**距离公式**为

$$d=\sqrt{(x_2-x_1)^2+(y_2-y_1)^2+(z_2-z_1)^2}.$$

特别地,点 $M(x,y,z)$ 到坐标原点 $O(0,0,0)$ 的距离为

$$d=\sqrt{x^2+y^2+z^2}.$$

思考　请读者分别写出点 $M(x,y,z)$ 到 $zOx$ 面,以及 $x$ 轴的距离.

## 习　题 7.1

一、求点 $M(x,y,z)$ 关于 $x$ 轴、$xOy$ 面及坐标原点的对称点的坐标.

二、已知点 $A(a,b,c)$，求它在各坐标面及各坐标轴上的投影的坐标.

三、过点 $P(a,b,c)$ 分别作平行于 $z$ 轴的直线和平行于 $xOy$ 面的平面，问：在它们上面的点的坐标各有什么特点？

四、求点 $M(5,-3,4)$ 到各坐标轴的距离.

五、证明：以点 $M_1(4,3,1)$，$M_2(7,1,2)$，$M_3(5,2,3)$ 为顶点的三角形是等腰三角形.

六、求在 $z$ 轴上与点 $A(-4,1,7)$ 及点 $B(3,5,-2)$ 等距离的点.

# 第二节　向量及其线性运算

## 一、向量的概念

我们常遇到的量有两种：一种只有大小没有方向，如距离、体积、质量、温度等，称这样的量为**数量**(或**标量**)；另一种既有大小又有方向，如位移、速度、力、力矩、电场强度等，称这样的量为**向量**(或**矢量**).

通常用有向线段 $\overrightarrow{AB}$ 表示向量(见图 7-5)，称点 $A$ 为向量的**起点**，点 $B$ 为向量的**终点**，箭头表示向量的方向. 用 $|\overrightarrow{AB}|$ 表示向量的大小，称为向量的**模**(或**长度**). 向量 $\overrightarrow{AB}$ 通常用一个黑体字母或带箭头的字母表示，如 $\boldsymbol{a}$，$\boldsymbol{b}$，$\boldsymbol{v}$，$\boldsymbol{F}$ 或 $\vec{a}$，$\vec{b}$，$\vec{v}$，$\vec{F}$ 等.

向量的共性是所有的向量都有大小和方向. 数学上讨论的向量并不考虑其起点，即与起点位置无关，称这类向量为**自由向量**[①]. 对于两个向量 $\boldsymbol{a}$ 与 $\boldsymbol{b}$，只要其大小相等、方向相同，就可以被看作相同的向量，记作 $\boldsymbol{a}=\boldsymbol{b}$. 也就是说，向量自一个位置平移到另一个位置，其性质不变. 如图 7-6 所示，在平行四边形 $ABCD$ 中，$\overrightarrow{AD}=\overrightarrow{BC}$.

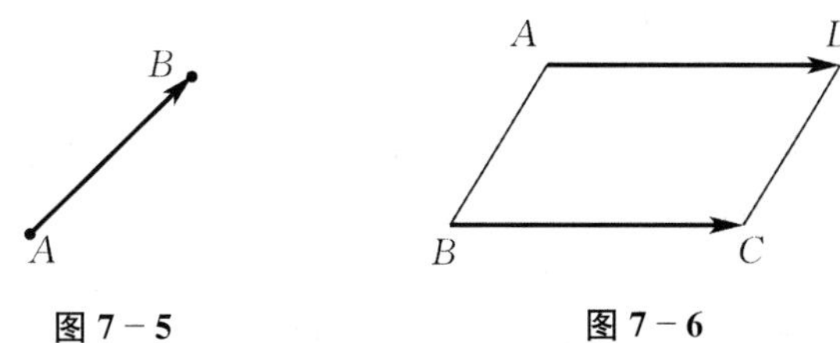


**图 7-5**　　**图 7-6**

在研究向量的运算时，将会用到以下几个特殊向量.

**向径(矢径)**：由于数学上讨论的向量均为自由向量，因此可以将它们的起点都移至同一点，这样只要用每个向量的终点位置就能描述该向量的特征. 起点在坐标原点 $O$ 的向量 $\overrightarrow{OM}$ 称为点 $M$ 的**向径**.

**零向量**：模等于 0 的向量称为**零向量**，记作 $\mathbf{0}$(或 $\vec{0}$). 规定零向量的方向是任意的.

---

① 在实际问题中，有时需要考虑向量的起点，例如，用向量表示一个力，力的作用点就是向量的起点. 在某些场合，向量的起点不能随意改变，称这类向量为**固定向量**.

**单位向量**:模等于1的向量称为**单位向量**,记作 $\boldsymbol{e}$. 由于单位向量的长度已经确定,因此它的特征是反映方向.

**负向量**:与向量 $\boldsymbol{a}$ 的模相等,但方向相反的向量称为 $\boldsymbol{a}$ 的**负向量**,记作 $-\boldsymbol{a}$(见图 7-7).

设两个非零向量 $\boldsymbol{a}$ 与 $\boldsymbol{b}$,把它们的起点移到同一点 $O$,其终点分别是 $A$ 与 $B$. 记 $\theta=\angle AOB(0\leqslant\theta\leqslant\pi)$,则称 $\theta$ 为向量 $\boldsymbol{a}$ 与 $\boldsymbol{b}$ 的**夹角**,记作 $(\widehat{\boldsymbol{a},\boldsymbol{b}})$ 或 $(\widehat{\boldsymbol{b},\boldsymbol{a}})$,如图 7-8 所示. 规定零向量与任意非零向量的夹角是任意的. 若 $(\widehat{\boldsymbol{a},\boldsymbol{b}})=\dfrac{\pi}{2}$,则称 $\boldsymbol{a}$ 与 $\boldsymbol{b}$ **垂直(或正交)**,记作 $\boldsymbol{a}\perp\boldsymbol{b}$. 若 $(\widehat{\boldsymbol{a},\boldsymbol{b}})=0$ 或 $\pi$,则称 $\boldsymbol{a}$ 与 $\boldsymbol{b}$ **平行**,记作 $\boldsymbol{a}\parallel\boldsymbol{b}$.

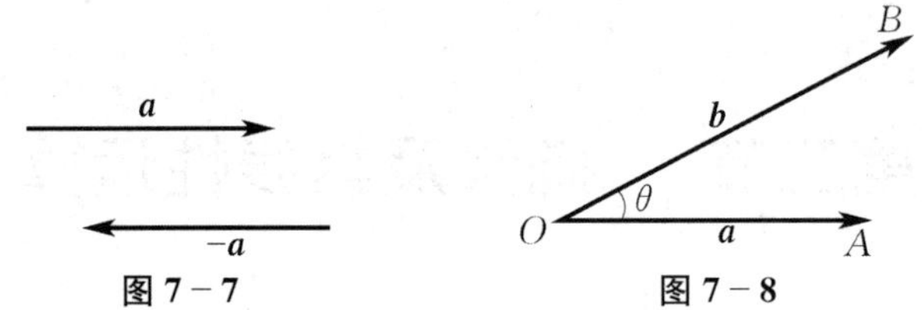


图 7-7　　　　图 7-8

**共线**:因平行向量可平移到同一条直线上,故向量平行又称为向量**共线**.

**共面**:若 $k(k\geqslant 3)$ 个向量可平移到同一个平面上,则称这 $k$ 个向量**共面**.

## 二、向量的线性运算

### 1. 向量的加法和减法

我们知道,两个力的合力按照平行四边形法则确定,力是一种向量,因此我们也有向量加法的平行四边形法则.

**定义 7.2.1**　设有向量 $\boldsymbol{a}$ 与 $\boldsymbol{b}$,任取一点 $A$,作 $\overrightarrow{AB}=\boldsymbol{a}$,$\overrightarrow{AD}=\boldsymbol{b}$,以 $\overrightarrow{AB}$ 与 $\overrightarrow{AD}$ 为邻边作平行四边形 $ABCD$,联结对角线 $AC$,称向量 $\overrightarrow{AC}$ 为向量 $\boldsymbol{a}$ 与 $\boldsymbol{b}$ 的和,记作 $\boldsymbol{a}+\boldsymbol{b}$.

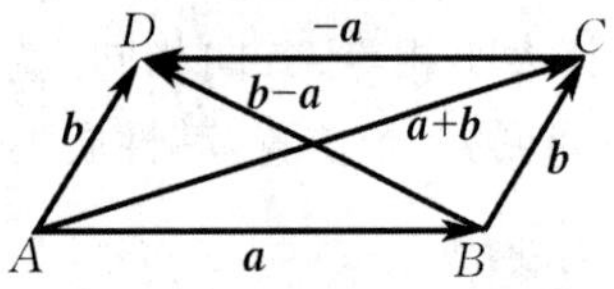

这种求两个向量和的方法称为向量加法的**平行四边形法则**,如图 7-9 所示.

图 7-9

将向量 $\boldsymbol{b}$ 平行移动,使其起点与向量 $\boldsymbol{a}$ 的终点重合于点 $B$,联结 $\boldsymbol{a}$ 的起点与 $\boldsymbol{b}$ 的终点,即得向量 $\overrightarrow{AC}=\boldsymbol{a}+\boldsymbol{b}$. 这种求两个向量和的方法称为向量加法的**三角形法则**.

**定义 7.2.2**　两个向量 $\boldsymbol{b}$ 与 $\boldsymbol{a}$ 的**差**定义为 $\boldsymbol{b}-\boldsymbol{a}=\boldsymbol{b}+(-\boldsymbol{a})$.

若记 $\boldsymbol{c}=\boldsymbol{b}-\boldsymbol{a}$,根据向量的加法和减法的定义,显然满足 $\boldsymbol{b}=\boldsymbol{c}+\boldsymbol{a}$ 的向量 $\boldsymbol{c}$ 就是向量 $\boldsymbol{b}$ 与 $\boldsymbol{a}$ 的差,所以向量的减法是加法的逆运算. 如图 7-9 所示,$\boldsymbol{c}$ 是平行四边形 $ABCD$ 的对角线向量 $\overrightarrow{BD}$,有 $\overrightarrow{BD}=\boldsymbol{b}-\boldsymbol{a}$.

根据图 7-9,以及三角形三边长之间的关系,不难得到下面的结论:

$$|\boldsymbol{a}+\boldsymbol{b}|\leqslant|\boldsymbol{a}|+|\boldsymbol{b}|,\quad ||\boldsymbol{a}|-|\boldsymbol{b}||\leqslant|\boldsymbol{b}-\boldsymbol{a}|,$$

其中第一个不等式的等号在向量 $\boldsymbol{a}$ 与 $\boldsymbol{b}$ 同向时成立,第二个不等式的等号在向量 $\boldsymbol{a}$ 与 $\boldsymbol{b}$ 反向时成立.

根据定义 7.2.1,可证明向量的加法满足下列运算规律:

(1) 交换律　$\boldsymbol{a}+\boldsymbol{b}=\boldsymbol{b}+\boldsymbol{a}$;

(2) 结合律　$(\boldsymbol{a}+\boldsymbol{b})+\boldsymbol{c}=\boldsymbol{a}+(\boldsymbol{b}+\boldsymbol{c})$;

(3) $\boldsymbol{a}+\boldsymbol{0}=\boldsymbol{a}$;

(4) $\boldsymbol{a}+(-\boldsymbol{a})=\boldsymbol{0}$.

由图 7-9 容易验证交换律是成立的.下面验证结合律.如图 7-10 所示,易知

$$(\boldsymbol{a}+\boldsymbol{b})+\boldsymbol{c}=\overrightarrow{AC}+\overrightarrow{CD}=\overrightarrow{AD},\quad \boldsymbol{a}+(\boldsymbol{b}+\boldsymbol{c})=\overrightarrow{AB}+\overrightarrow{BD}=\overrightarrow{AD},$$

因此结合律也成立.

由于向量的加法满足交换律和结合律,因此 $n$ 个向量 $\boldsymbol{a}_1,\boldsymbol{a}_2,\cdots,\boldsymbol{a}_n(n\geqslant 3)$ 相加可写成

$$\boldsymbol{a}_1+\boldsymbol{a}_2+\cdots+\boldsymbol{a}_n.$$

两个向量加法的三角形法则可以推广到多个向量相加.如图 7-11 所示,向量 $\overrightarrow{OA_5}$ 就是向量 $\overrightarrow{OA_1},\overrightarrow{A_1A_2},\overrightarrow{A_2A_3},\overrightarrow{A_3A_4}$ 和 $\overrightarrow{A_4A_5}$ 依次相加所得的和,记作

$$\overrightarrow{OA_5}=\overrightarrow{OA_1}+\overrightarrow{A_1A_2}+\overrightarrow{A_2A_3}+\overrightarrow{A_3A_4}+\overrightarrow{A_4A_5}.$$

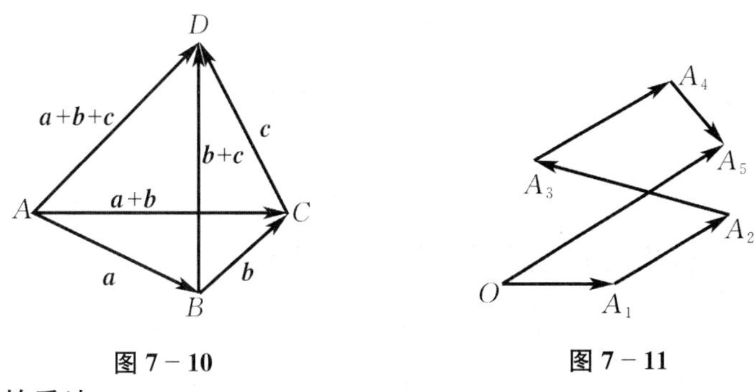


图 7-10　　图 7-11

**2. 向量与数的乘法**

在力学中,如果有两个大小和方向都相同的力 $\boldsymbol{f}$ 作用于同一个质点,则其合力 $\boldsymbol{F}=2\boldsymbol{f}$.由此,我们得到向量与数的乘法的定义如下.

**定义 7.2.3**　实数 $\lambda$ 与向量 $\boldsymbol{a}$ 的**乘积**记作 $\lambda\boldsymbol{a}$. $\lambda\boldsymbol{a}$ 是一个向量,其模为

$$|\lambda\boldsymbol{a}|=|\lambda||\boldsymbol{a}|,$$

其方向规定为:当 $\lambda>0$ 时,$\lambda\boldsymbol{a}$ 与 $\boldsymbol{a}$ 的方向相同;当 $\lambda<0$ 时,$\lambda\boldsymbol{a}$ 与 $\boldsymbol{a}$ 的方向相反;当 $\lambda=0$ 时,$\lambda\boldsymbol{a}=\boldsymbol{0}$,即方向是任意的.

这样定义的运算也称为向量的**数乘运算**(见图 7-12).

与非零向量 $\boldsymbol{a}$ 同方向的单位向量称为 **$\boldsymbol{a}$ 的单位向量**,通常记作 $\boldsymbol{a}^0$(或 $\boldsymbol{e}_a$),即 $\boldsymbol{a}^0=\dfrac{\boldsymbol{a}}{|\boldsymbol{a}|}$.由向量的数乘运算的定义可知

$$\boldsymbol{a}=\underbrace{|\boldsymbol{a}|}_{\text{模}}\ \underbrace{\boldsymbol{a}^0}_{\text{方向}}.$$

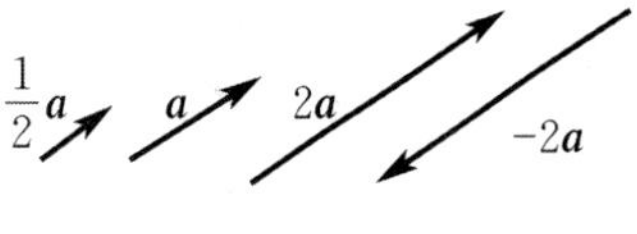

图 7-12

根据定义 7.2.3,可证明向量的数乘运算满足下列运算规律($\lambda,\mu$ 为实数):

(1) 结合律　$\lambda(\mu\boldsymbol{a})=(\lambda\mu)\boldsymbol{a}=\mu(\lambda\boldsymbol{a})$;

(2) 分配律　$(\lambda+\mu)\boldsymbol{a}=\lambda\boldsymbol{a}+\mu\boldsymbol{a},\lambda(\boldsymbol{a}+\boldsymbol{b})=\lambda\boldsymbol{a}+\lambda\boldsymbol{b}$.

向量的加减法和向量的数乘运算统称为**向量的线性运算**.注意到向量 $\lambda\boldsymbol{a}$ 与 $\boldsymbol{a}$ 平行,我们有下面判断两个向量平行的充要条件.

**定理 7.2.1** 设向量 $\boldsymbol{a}\neq\boldsymbol{0}$,则向量 $\boldsymbol{b}$ 与 $\boldsymbol{a}$ 平行的充要条件是存在实数 $\lambda$,使得 $\boldsymbol{b}=\lambda\boldsymbol{a}$.

**证** **充分性** 若 $\boldsymbol{b}=\lambda\boldsymbol{a}$,由向量的数乘运算的定义可知 $\boldsymbol{b}\,/\!/\,\boldsymbol{a}$.

**必要性** 设 $\boldsymbol{b}\,/\!/\,\boldsymbol{a}$. 若 $\boldsymbol{b}=\boldsymbol{0}$,取 $\lambda=0$,则有 $\boldsymbol{b}=0\boldsymbol{a}=\lambda\boldsymbol{a}$.

若 $\boldsymbol{b}\neq\boldsymbol{0}$,由 $\boldsymbol{b}\,/\!/\,\boldsymbol{a}$ 可知,$\boldsymbol{a}^0=\boldsymbol{b}^0$ 或 $\boldsymbol{a}^0=-\boldsymbol{b}^0$,即 $\dfrac{\boldsymbol{a}}{|\boldsymbol{a}|}=\dfrac{\boldsymbol{b}}{|\boldsymbol{b}|}$ 或 $\dfrac{\boldsymbol{a}}{|\boldsymbol{a}|}=-\dfrac{\boldsymbol{b}}{|\boldsymbol{b}|}$. 取 $\lambda=\pm\dfrac{|\boldsymbol{b}|}{|\boldsymbol{a}|}$,当 $\boldsymbol{b}$ 与 $\boldsymbol{a}$ 同向时 $\lambda$ 取正号,反向时 $\lambda$ 取负号,即有 $\boldsymbol{b}=\lambda\boldsymbol{a}$.

思考 设向量 $\boldsymbol{a}\neq\boldsymbol{0},\boldsymbol{b}\neq\boldsymbol{0}$,试给出 $\dfrac{1}{|\boldsymbol{a}|}\boldsymbol{a}=\dfrac{1}{|\boldsymbol{b}|}\boldsymbol{b}$ 的充要条件.

**例 7.2.1** 利用向量证明三角形中位线定理.

**证** 如图 7-13 所示,在 $\triangle ABC$ 中,$D,E$ 分别是 $AB,AC$ 的中点,因此

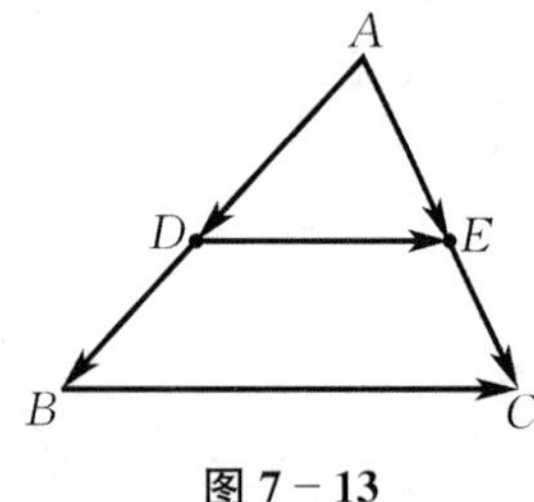

图 7-13

$$\overrightarrow{AD}=\frac{1}{2}\overrightarrow{AB},\quad \overrightarrow{AE}=\frac{1}{2}\overrightarrow{AC}.$$

注意到 $\overrightarrow{DE}=\overrightarrow{AE}-\overrightarrow{AD}$,$\overrightarrow{BC}=\overrightarrow{AC}-\overrightarrow{AB}$,于是

$$\overrightarrow{DE}=\frac{1}{2}(\overrightarrow{AC}-\overrightarrow{AB})=\frac{1}{2}\overrightarrow{BC},$$

即 $DE\,/\!/\,BC$,且 $DE=\dfrac{1}{2}BC$.

## 三、向量的坐标表示及其线性运算的坐标表示

前面用几何方法讨论了向量的概念和线性运算. 几何方法虽然直观,但是不适合计算和解决复杂的问题,因此引入向量的坐标表示,即用一个有序数组来表示向量,从而可以用代数的方法来进行向量的运算.

先介绍空间一点在直线上和平面上的投影. 设 $P$ 为空间中一点,$l$ 为空间中一直线,过点 $P$ 作垂直于直线 $l$ 的平面 $\alpha$,平面 $\alpha$ 与直线 $l$ 的交点 $P'$ 称为点 $P$ 在直线 $l$ 上的**投影**(见图 7-14(a)). 设 $Q$ 为空间中一点,$\beta$ 为空间中一平面,过点 $Q$ 作垂直于平面 $\beta$ 的直线 $n$,平面 $\beta$ 与直线 $n$ 的交点 $Q'$ 称为点 $Q$ 在平面 $\beta$ 上的**投影**(见图 7-14(b)).

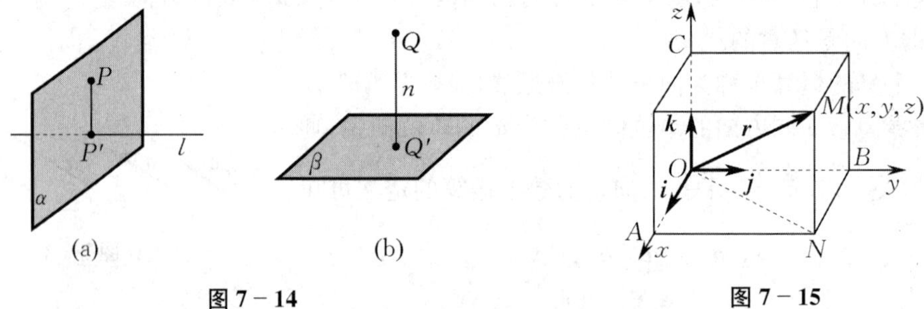

图 7-14

图 7-15

沿空间直角坐标系的三条坐标轴正方向分别取单位向量 $\boldsymbol{i},\boldsymbol{j},\boldsymbol{k}$(称为**基本单位向量**). 对于任意给定的空间向量 $\boldsymbol{r}$,作向径 $\overrightarrow{OM}=\boldsymbol{r}$,设点 $M$ 的坐标为 $(x,y,z)$,并设点 $M$ 在 $x$ 轴、$y$ 轴和 $z$ 轴上的投影分别为点 $A,B,C$,在 $xOy$ 面上的投影为点 $N$(见图 7-15). 由向量的加法可知

$$\overrightarrow{OM}=\overrightarrow{ON}+\overrightarrow{NM}=\overrightarrow{OA}+\overrightarrow{AN}+\overrightarrow{NM}=\overrightarrow{OA}+\overrightarrow{OB}+\overrightarrow{OC}.$$

而$\overrightarrow{OA}=x\boldsymbol{i}$,$\overrightarrow{OB}=y\boldsymbol{j}$,$\overrightarrow{OC}=z\boldsymbol{k}$,因此

$$\boldsymbol{r}=\overrightarrow{OM}=x\boldsymbol{i}+y\boldsymbol{j}+z\boldsymbol{k}.$$

称上式为向量$\boldsymbol{r}$的**坐标分解式**,简记作$\boldsymbol{r}=(x,y,z)$,也称$(x,y,z)$为向径$\overrightarrow{OM}$的**坐标**. 易见,向径$\overrightarrow{OM}=\boldsymbol{r}$与其终点$M$的坐标一致.

引入坐标的好处是向量的运算可以转换为坐标的运算. 这就是解析几何的重要意义. 下面利用向量的坐标,将向量的加减法和数乘运算转化为坐标的运算.

设向量$\boldsymbol{a}=(a_x,a_y,a_z)$,$\boldsymbol{b}=(b_x,b_y,b_z)$,$\lambda$为实数,则

$$\begin{aligned}\boldsymbol{a}\pm\boldsymbol{b}&=(a_x\boldsymbol{i}+a_y\boldsymbol{j}+a_z\boldsymbol{k})\pm(b_x\boldsymbol{i}+b_y\boldsymbol{j}+b_z\boldsymbol{k})=(a_x\pm b_x)\boldsymbol{i}+(a_y\pm b_y)\boldsymbol{j}+(a_z\pm b_z)\boldsymbol{k}\\&=(a_x\pm b_x,a_y\pm b_y,a_z\pm b_z),\end{aligned}$$

$$\lambda\boldsymbol{a}=\lambda(a_x\boldsymbol{i}+a_y\boldsymbol{j}+a_z\boldsymbol{k})=\lambda a_x\boldsymbol{i}+\lambda a_y\boldsymbol{j}+\lambda a_z\boldsymbol{k}=(\lambda a_x,\lambda a_y,\lambda a_z).$$

由此可以得到如下结论:设$M_1(x_1,y_1,z_1)$,$M_2(x_2,y_2,z_2)$为$Oxyz$坐标系中的两点,即$\overrightarrow{OM_1}=(x_1,y_1,z_1)$,$\overrightarrow{OM_2}=(x_2,y_2,z_2)$,由$\overrightarrow{M_1M_2}=\overrightarrow{OM_2}-\overrightarrow{OM_1}$知

$$\overrightarrow{M_1M_2}=(x_2\boldsymbol{i}+y_2\boldsymbol{j}+z_2\boldsymbol{k})-(x_1\boldsymbol{i}+y_1\boldsymbol{j}+z_1\boldsymbol{k})=(x_2-x_1,y_2-y_1,z_2-z_1).$$

也就是说,向量的坐标等于其终点的坐标减去其起点的坐标.

显然,当且仅当两个向量对应的坐标相等时,这两个向量相等. 根据定理7.2.1,有以下结论:设向量$\boldsymbol{a}=(a_x,a_y,a_z)$,$\boldsymbol{b}=(b_x,b_y,b_z)$,且$\boldsymbol{a}$为非零向量,则$\boldsymbol{b}$与$\boldsymbol{a}$平行的充要条件是存在实数$\lambda$,使得$(b_x,b_y,b_z)=(\lambda a_x,\lambda a_y,\lambda a_z)$,即

$$\frac{b_x}{a_x}=\frac{b_y}{a_y}=\frac{b_z}{a_z}=\lambda.$$

上式说明,若向量$\boldsymbol{b}$与$\boldsymbol{a}$平行,则$\boldsymbol{b}$与$\boldsymbol{a}$对应的坐标成比例. 若分母中有一个为0,如$a_x=0$,则$b_x=0$,且$\dfrac{b_y}{a_y}=\dfrac{b_z}{a_z}=\lambda$;若分母中有两个为0,如$a_x=0,a_y=0$,则$b_x=0,b_y=0$,且$\dfrac{b_z}{a_z}=\lambda$.

**例 7.2.2**　已知两点$A(x_1,y_1,z_1)$,$B(x_2,y_2,z_2)$及实数$\lambda(\lambda\neq-1)$,在点$A$与点$B$的连线上求一点$M$,使得$\overrightarrow{AM}=\lambda\overrightarrow{MB}$.

**解**　如图7-16所示,设点$M$的坐标为$(x,y,z)$,则

$$\overrightarrow{AM}=(x-x_1,y-y_1,z-z_1),\quad \overrightarrow{MB}=(x_2-x,y_2-y,z_2-z).$$

依题意$\overrightarrow{AM}=\lambda\overrightarrow{MB}$,得

$$(x-x_1,y-y_1,z-z_1)=\lambda(x_2-x,y_2-y,z_2-z).$$

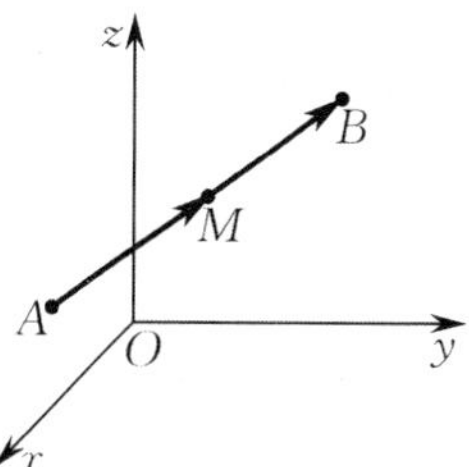

图 7-16

于是,有

$$x-x_1=\lambda(x_2-x),\quad y-y_1=\lambda(y_2-y),\quad z-z_1=\lambda(z_2-z),$$

解得点$M$的坐标为

$$x=\frac{x_1+\lambda x_2}{1+\lambda},\quad y=\frac{y_1+\lambda y_2}{1+\lambda},\quad z=\frac{z_1+\lambda z_2}{1+\lambda}.$$

例7.2.2中,点$M$称为有向线段$\overrightarrow{AB}$的**定比分点**. 特别地,当$\lambda=1$时,可得有向线段$\overrightarrow{AB}$的中点坐标为$x=\dfrac{x_1+x_2}{2}$,$y=\dfrac{y_1+y_2}{2}$,$z=\dfrac{z_1+z_2}{2}$.

思考　在$\overrightarrow{AM}=\lambda\overrightarrow{MB}$中,为什么$\lambda\neq-1$?

## 四、向量的方向角与方向余弦

向量除用坐标表示外,还可以用它的模与方向来表示.

设非零向量 $\boldsymbol{a}=(a_x,a_y,a_z)$,作$\overrightarrow{OM}=\boldsymbol{a}$,则

$$|\boldsymbol{a}|=|\overrightarrow{OM}|=\sqrt{a_x^2+a_y^2+a_z^2}.$$

向量 $\boldsymbol{a}$ 与三条坐标轴正方向的夹角称为向量 $\boldsymbol{a}$ 的**方向角**,分别记作 $\alpha,\beta,\gamma$(规定这三个角都在 0 与 $\pi$ 之间). 称 $\cos\alpha,\cos\beta,\cos\gamma$ 为向量 $\boldsymbol{a}$ 的**方向余弦**.

下面推导方向余弦的计算公式. 如图 7-17 所示,点 $M$ 在 $x$ 轴、$y$ 轴和 $z$ 轴上的投影分别为点 $A,B,C$. 由立体几何可知,$OA\perp MA,OB\perp MB,OC\perp MC$,因此

$$\cos\alpha=\pm\frac{|\overrightarrow{OA}|}{|\overrightarrow{OM}|},\quad \cos\beta=\pm\frac{|\overrightarrow{OB}|}{|\overrightarrow{OM}|},\quad \cos\gamma=\pm\frac{|\overrightarrow{OC}|}{|\overrightarrow{OM}|}.$$

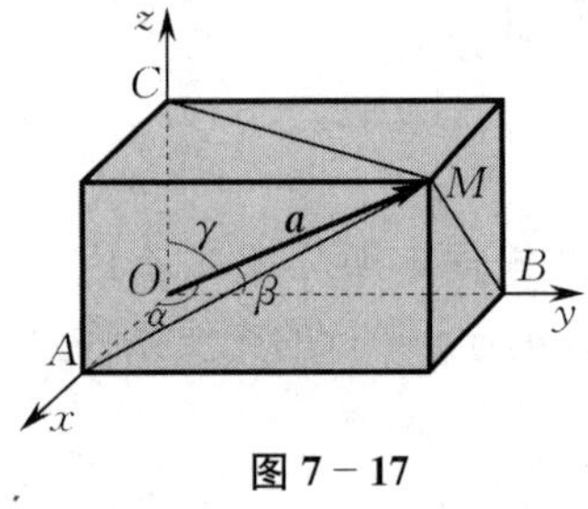


**图 7-17**

由$\overrightarrow{OA}=a_x\boldsymbol{i},\overrightarrow{OB}=a_y\boldsymbol{j},\overrightarrow{OC}=a_z\boldsymbol{k}$,根据 $\boldsymbol{a}$ 的模的坐标表示式可知

$$\cos\alpha=\frac{a_x}{|\overrightarrow{OM}|}=\frac{a_x}{\sqrt{a_x^2+a_y^2+a_z^2}},$$

$$\cos\beta=\frac{a_y}{|\overrightarrow{OM}|}=\frac{a_y}{\sqrt{a_x^2+a_y^2+a_z^2}},$$

$$\cos\gamma=\frac{a_z}{|\overrightarrow{OM}|}=\frac{a_z}{\sqrt{a_x^2+a_y^2+a_z^2}}.$$

上面三个等式是向量的方向余弦的坐标表示式. 显然,向量的三个方向余弦满足

$$\cos^2\alpha+\cos^2\beta+\cos^2\gamma=1.$$

这说明方向余弦 $\cos\alpha,\cos\beta,\cos\gamma$(或方向角 $\alpha,\beta,\gamma$) 不是相互独立的.

由于 $\boldsymbol{a}^0=\dfrac{\boldsymbol{a}}{|\boldsymbol{a}|}=\dfrac{1}{\sqrt{a_x^2+a_y^2+a_z^2}}(a_x,a_y,a_z)(\boldsymbol{a}\neq\boldsymbol{0})$,因此可以得到向量 $\boldsymbol{a}$ 的单位向量 $\boldsymbol{a}^0$ 的坐标为

$$\boldsymbol{a}^0=(\cos\alpha,\cos\beta,\cos\gamma)\quad 或\quad \boldsymbol{a}^0=\cos\alpha\boldsymbol{i}+\cos\beta\boldsymbol{j}+\cos\gamma\boldsymbol{k}.$$

**例 7.2.3** 已知向量 $\boldsymbol{a}=(3,-2,6)$,求 $\boldsymbol{a}$ 的模、方向余弦及其单位向量 $\boldsymbol{a}^0$.

**解** $|\boldsymbol{a}|=\sqrt{9+4+36}=7$. $\boldsymbol{a}$ 的方向余弦为

$$\cos\alpha=\frac{3}{7},\quad \cos\beta=-\frac{2}{7},\quad \cos\gamma=\frac{6}{7},$$

$\boldsymbol{a}$ 的单位向量为 $\boldsymbol{a}^0=\left(\dfrac{3}{7},-\dfrac{2}{7},\dfrac{6}{7}\right)$.

**例 7.2.4** 设点 $A$ 位于第 Ⅰ 卦限,向径$\overrightarrow{OA}$与 $x$ 轴、$y$ 轴正方向的夹角依次为$\dfrac{\pi}{3},\dfrac{\pi}{4}$,且$|\overrightarrow{OA}|=6$,求点 $A$ 的坐标.

**解** 已知 $\alpha=\dfrac{\pi}{3},\beta=\dfrac{\pi}{4}$,则 $\cos^2\gamma=1-\cos^2\alpha-\cos^2\beta=\dfrac{1}{4}$. 由 $A$ 位于第 Ⅰ 卦限,得 $\cos\gamma=\dfrac{1}{2}$,因此

$$\overrightarrow{OA}=|\overrightarrow{OA}|\overrightarrow{OA}^0=6\left(\frac{1}{2},\frac{\sqrt{2}}{2},\frac{1}{2}\right)=(3,3\sqrt{2},3).$$

故点 $A$ 的坐标为 $(3,3\sqrt{2},3)$.

### 思考题 7.2

1. 什么叫作单位向量？给定一个非零向量 $\boldsymbol{a}$，你能写出 $\boldsymbol{a}$ 的单位向量吗？
2. 向量 $\boldsymbol{a}$ 的单位向量与以 $\boldsymbol{a}$ 的方向余弦为坐标的向量之间是什么关系？
3. 向量的模及方向余弦怎样定义？当向量 $\boldsymbol{a}$ 的模及方向角已知时，如何确定 $\boldsymbol{a}$ 的坐标？

### 习 题 7.2

一、设一个四边形的对角线互相平分，试利用向量证明它是一个平行四边形.

二、设向量 $\boldsymbol{a}=(\lambda,1,5)$ 与 $\boldsymbol{b}=(2,10,50)$ 平行，求 $\lambda$ 的值.

三、已知两点 $M_1(4,\sqrt{2},1)$ 和 $M_2(3,0,2)$，求向量 $\overrightarrow{M_1M_2}$ 的模、方向余弦和方向角.

四、向量 $\boldsymbol{a}$ 的方向余弦分别满足条件：(1) $\cos\alpha=0$，(2) $\cos\beta=1$，(3) $\cos\alpha=\cos\beta=0$ 时，$\boldsymbol{a}$ 与坐标轴或坐标面的位置关系如何？

五、求平行于向量 $\boldsymbol{a}=(6,7,-6)$ 的单位向量.

六、设一个向量的方向角为 $\alpha,\beta,\gamma$，且已知 $\alpha=\frac{\pi}{3}$，$\beta=\frac{2\pi}{3}$，求 $\gamma$.

七、设 $|\boldsymbol{a}|=\sqrt{2}$，$\boldsymbol{a}$ 的三个方向角 $\alpha=\beta=\frac{1}{2}\gamma$，求向量 $\boldsymbol{a}$.

# 第三节 向量的乘积

本节介绍向量的三种乘法运算：数量积、向量积和混合积.

## 一、向量的数量积

在物理学中，当一个物体在恒力 $\boldsymbol{F}$ 的作用下沿直线运动的位移是 $\boldsymbol{s}$ 时，力 $\boldsymbol{F}$ 所做的功为

$$W=|\boldsymbol{F}||\boldsymbol{s}|\cos\theta,$$

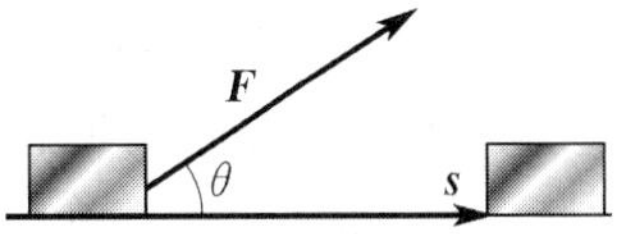

图 7－18

其中 $\theta=(\widehat{\boldsymbol{F},\boldsymbol{s}})$（见图 7－18）. 由此引出向量的数量积的概念.

**定义 7.3.1** 设向量 $\boldsymbol{a}$ 与 $\boldsymbol{b}$ 的夹角为 $\theta$，则称 $|\boldsymbol{a}||\boldsymbol{b}|\cos\theta$ 为向量 $\boldsymbol{a}$ 与 $\boldsymbol{b}$ 的**数量积**，记作 $\boldsymbol{a}\cdot\boldsymbol{b}$，即 $\boldsymbol{a}\cdot\boldsymbol{b}=|\boldsymbol{a}||\boldsymbol{b}|\cos\theta$.

数量积的乘法用“·”表示，所以数量积也称为**点积**. 由定义不难看出，$\boldsymbol{a}$ 与 $\boldsymbol{b}$ 的数量积是一个数. 例如，前面提到的力 $\boldsymbol{F}$ 所做的功 $W$ 就是 $\boldsymbol{F}$ 与 $\boldsymbol{s}$ 的数量积，即 $W=\boldsymbol{F}\cdot\boldsymbol{s}$.

由数量积的定义可以得到下面的结论：

(1) $\boldsymbol{a}\cdot\boldsymbol{a}=|\boldsymbol{a}|^2$.

(2) 对于非零向量 $\boldsymbol{a}$ 与 $\boldsymbol{b}$，若 $\boldsymbol{a}\cdot\boldsymbol{b}=0$，则 $\boldsymbol{a}$ 与 $\boldsymbol{b}$ 的夹角为 $\theta=\frac{\pi}{2}$，即 $\boldsymbol{a}\perp\boldsymbol{b}$. 注意到零向

量可以与任意向量垂直，因此对于任意向量 $\boldsymbol{a}$ 与 $\boldsymbol{b}$，若 $\boldsymbol{a}\cdot\boldsymbol{b}=0$，则有 $\boldsymbol{a}\perp\boldsymbol{b}$.

根据以上结论，不难得出

$$\boldsymbol{i}\cdot\boldsymbol{j}=0,\quad \boldsymbol{i}\cdot\boldsymbol{k}=0,\quad \boldsymbol{j}\cdot\boldsymbol{k}=0,\quad \boldsymbol{i}\cdot\boldsymbol{i}=1,\quad \boldsymbol{j}\cdot\boldsymbol{j}=1,\quad \boldsymbol{k}\cdot\boldsymbol{k}=1.$$

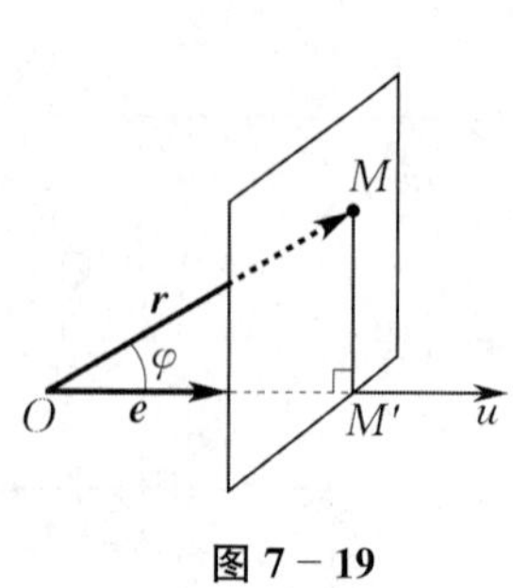

图 7－19

任给向量 $\boldsymbol{r}$ 和 $u$ 轴，以 $u$ 轴的坐标原点 $O$ 为起点作向量 $\overrightarrow{OM}=\boldsymbol{r}$，过点 $M$ 作一垂直于 $u$ 轴的平面，该平面与 $u$ 轴交于点 $M'$（$M'$ 为点 $M$ 在 $u$ 轴上的投影（见图 7－19）），称向量 $\overrightarrow{OM'}$ 为向量 $\overrightarrow{OM}$ 在 $u$ 轴上的**分向量**（或**投影向量**）. 在 $u$ 轴正方向上取一单位向量 $\boldsymbol{e}$，因为 $\overrightarrow{OM'}$ 与 $\boldsymbol{e}$ 共线，所以存在实数 $\lambda$，使得 $\overrightarrow{OM'}=\lambda\boldsymbol{e}$（见定理 7.2.1），称 $\lambda$ 为向量 $\overrightarrow{OM}$ 在 $u$ 轴上的**投影**，记作 $\mathrm{Prj}_u\boldsymbol{r}$ 或 $(\boldsymbol{r})_u$，其中 Prj 是 projection 的缩写.

**注** 向量 $\overrightarrow{OM}$ 在 $u$ 轴上的投影 $\mathrm{Prj}_u\boldsymbol{r}$ 是一个数，而不是一个向量.

根据这个定义，向量 $\boldsymbol{a}$ 在 $Oxyz$ 坐标系中的坐标 $a_x,a_y,a_z$ 分别是 $\boldsymbol{a}$ 在 $x$ 轴、$y$ 轴、$z$ 轴上的投影，即 $a_x=\mathrm{Prj}_x\boldsymbol{a}, a_y=\mathrm{Prj}_y\boldsymbol{a}, a_z=\mathrm{Prj}_z\boldsymbol{a}$.

由此可知，向量的投影具有与坐标相同的性质.

**性质 7.3.1** 向量 $\overrightarrow{OM}$ 在 $u$ 轴上的投影等于该向量的模乘以它与 $u$ 轴的夹角 $\varphi$ 的余弦，即

$$\mathrm{Prj}_u\overrightarrow{OM}=|\overrightarrow{OM}|\cos\varphi.$$

**性质 7.3.2** 两个向量的和在 $u$ 轴上的投影等于这两个向量在 $u$ 轴上的投影的和，即

$$\mathrm{Prj}_u(\boldsymbol{a}+\boldsymbol{b})=\mathrm{Prj}_u\boldsymbol{a}+\mathrm{Prj}_u\boldsymbol{b}.$$

性质 7.3.2 可以推广到有限个向量的情形.

**性质 7.3.3** 向量与数的乘积在 $u$ 轴上的投影等于该向量在 $u$ 轴上的投影乘以该数，即

$$\mathrm{Prj}_u(\lambda\boldsymbol{a})=\lambda\,\mathrm{Prj}_u\boldsymbol{a}\quad(\lambda\text{ 为实数}).$$

根据性质 7.3.1，当 $\boldsymbol{a}\neq\boldsymbol{0}$ 时，$\mathrm{Prj}_{\boldsymbol{a}}\boldsymbol{b}=|\boldsymbol{b}|\cos(\widehat{\boldsymbol{a},\boldsymbol{b}})$（见图 7－20）；当 $\boldsymbol{b}\neq\boldsymbol{0}$ 时，$\mathrm{Prj}_{\boldsymbol{b}}\boldsymbol{a}=|\boldsymbol{a}|\cos(\widehat{\boldsymbol{a},\boldsymbol{b}})$. 因此，$\boldsymbol{a}\cdot\boldsymbol{b}$ 又可以写成如下形式：

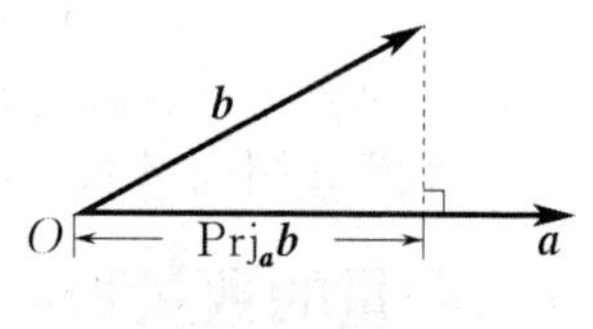

图 7－20

当 $\boldsymbol{a}\neq\boldsymbol{0}$ 时，$\boldsymbol{a}\cdot\boldsymbol{b}=|\boldsymbol{a}|\,\mathrm{Prj}_{\boldsymbol{a}}\boldsymbol{b}$；当 $\boldsymbol{b}\neq\boldsymbol{0}$ 时，$\boldsymbol{a}\cdot\boldsymbol{b}=|\boldsymbol{b}|\,\mathrm{Prj}_{\boldsymbol{b}}\boldsymbol{a}$.

向量的数量积满足下列运算规律：

(1) 交换律 $\boldsymbol{a}\cdot\boldsymbol{b}=\boldsymbol{b}\cdot\boldsymbol{a}$；

(2) 分配律 $(\boldsymbol{a}+\boldsymbol{b})\cdot\boldsymbol{c}=\boldsymbol{a}\cdot\boldsymbol{c}+\boldsymbol{b}\cdot\boldsymbol{c}$；

(3) 数乘结合律 $(\lambda\boldsymbol{a})\cdot\boldsymbol{b}=\lambda(\boldsymbol{a}\cdot\boldsymbol{b})=\boldsymbol{a}\cdot(\lambda\boldsymbol{b})$（$\lambda$ 为实数）.

按照数量积的定义，很容易验证交换律是成立的. 下面验证分配律.

当 $\boldsymbol{c}=\boldsymbol{0}$ 时，左右两边的数量积都为 0；当 $\boldsymbol{c}\neq\boldsymbol{0}$ 时，有

$$(\boldsymbol{a}+\boldsymbol{b})\cdot\boldsymbol{c}=|\boldsymbol{c}|\,\mathrm{Prj}_{\boldsymbol{c}}(\boldsymbol{a}+\boldsymbol{b})=|\boldsymbol{c}|\,\mathrm{Prj}_{\boldsymbol{c}}\boldsymbol{a}+|\boldsymbol{c}|\,\mathrm{Prj}_{\boldsymbol{c}}\boldsymbol{b}=\boldsymbol{a}\cdot\boldsymbol{c}+\boldsymbol{b}\cdot\boldsymbol{c}.$$

因此分配律也成立. 类似地，可以验证数乘结合律.

下面利用数量积的运算规律给出数量积的坐标表示式.

设向量 $\boldsymbol{a}=a_x\boldsymbol{i}+a_y\boldsymbol{j}+a_z\boldsymbol{k}$，$\boldsymbol{b}=b_x\boldsymbol{i}+b_y\boldsymbol{j}+b_z\boldsymbol{k}$，则

$$\begin{aligned}\boldsymbol{a}\cdot\boldsymbol{b}&=(a_x\boldsymbol{i}+a_y\boldsymbol{j}+a_z\boldsymbol{k})\cdot(b_x\boldsymbol{i}+b_y\boldsymbol{j}+b_z\boldsymbol{k})\\&=a_x\boldsymbol{i}\cdot(b_x\boldsymbol{i}+b_y\boldsymbol{j}+b_z\boldsymbol{k})+a_y\boldsymbol{j}\cdot(b_x\boldsymbol{i}+b_y\boldsymbol{j}+b_z\boldsymbol{k})+a_z\boldsymbol{k}\cdot(b_x\boldsymbol{i}+b_y\boldsymbol{j}+b_z\boldsymbol{k})\\&=a_xb_x+a_yb_y+a_zb_z,\end{aligned}$$

即两个向量的数量积等于两个向量的对应坐标相乘再相加.

由于 $\boldsymbol{a}\cdot\boldsymbol{b}=|\boldsymbol{a}||\boldsymbol{b}|\cos(\widehat{\boldsymbol{a},\boldsymbol{b}})$，因此当 $\boldsymbol{a}=(a_x,a_y,a_z)$ 与 $\boldsymbol{b}=(b_x,b_y,b_z)$ 均为非零向量时，可以得到两个向量夹角余弦的坐标表示式：

$$\cos(\widehat{\boldsymbol{a},\boldsymbol{b}})=\frac{a_xb_x+a_yb_y+a_zb_z}{|\boldsymbol{a}||\boldsymbol{b}|}=\frac{a_xb_x+a_yb_y+a_zb_z}{\sqrt{a_x^2+a_y^2+a_z^2}\sqrt{b_x^2+b_y^2+b_z^2}}.$$

由上式可以得出，非零向量 $\boldsymbol{a}$ 与 $\boldsymbol{b}$ 垂直的充要条件是

$$a_xb_x+a_yb_y+a_zb_z=0.$$

**例 7.3.1** 已知物体在力 $\boldsymbol{F}=(1,2,3)$ 的作用下从点 $A(0,1,2)$ 沿直线移动到点 $B(2,1,3)$，问：力 $\boldsymbol{F}$ 做了多少功？

**解** 由题设可知 $\overrightarrow{AB}=(2,0,1)$，因此力 $\boldsymbol{F}$ 所做的功为

$$W=\boldsymbol{F}\cdot\overrightarrow{AB}=1\cdot 2+2\cdot 0+3\cdot 1=5.$$

**例 7.3.2** 已知 $|\boldsymbol{a}|=2$，$|\boldsymbol{b}|=1$，向量 $\boldsymbol{a}$ 与 $\boldsymbol{b}$ 的夹角为 $\frac{\pi}{3}$，求 $|\boldsymbol{a}+\boldsymbol{b}|$.

**解** 
$$\begin{aligned}|\boldsymbol{a}+\boldsymbol{b}|^2&=(\boldsymbol{a}+\boldsymbol{b})\cdot(\boldsymbol{a}+\boldsymbol{b})=\boldsymbol{a}\cdot\boldsymbol{a}+\boldsymbol{a}\cdot\boldsymbol{b}+\boldsymbol{b}\cdot\boldsymbol{a}+\boldsymbol{b}\cdot\boldsymbol{b}\\&=|\boldsymbol{a}|^2+2|\boldsymbol{a}||\boldsymbol{b}|\cos\frac{\pi}{3}+|\boldsymbol{b}|^2=2^2+2\cdot 2\cdot 1\cdot\frac{1}{2}+1^2=7,\end{aligned}$$

因此 $|\boldsymbol{a}+\boldsymbol{b}|=\sqrt{7}$.

**例 7.3.3** 已知三点 $A(2,0,5)$，$B(1,2,3)$，$C(0,1,7)$，求 $\angle ABC$.

**解** 向量 $\overrightarrow{BA}=(1,-2,2)$，$\overrightarrow{BC}=(-1,-1,4)$. 因 $\angle ABC$ 是向量 $\overrightarrow{BA}$ 与 $\overrightarrow{BC}$ 的夹角，故

$$\cos\angle ABC=\frac{\overrightarrow{BA}\cdot\overrightarrow{BC}}{|\overrightarrow{BA}||\overrightarrow{BC}|}=\frac{9}{\sqrt{9}\cdot\sqrt{18}}=\frac{\sqrt{2}}{2},$$

即 $\angle ABC=\frac{\pi}{4}$.

**例 7.3.4** 设向量 $\boldsymbol{a}=3\boldsymbol{i}+2\boldsymbol{j}-\boldsymbol{k}$，$\boldsymbol{b}=2\boldsymbol{i}+4\boldsymbol{j}+6\boldsymbol{k}$，求 $\mathrm{Prj}_{\boldsymbol{a}}\boldsymbol{b}$ 及 $\cos(\widehat{\boldsymbol{a},\boldsymbol{b}})$.

**解** $\mathrm{Prj}_{\boldsymbol{a}}\boldsymbol{b}=\frac{\boldsymbol{a}\cdot\boldsymbol{b}}{|\boldsymbol{a}|}=\frac{8}{\sqrt{14}}$，$\cos(\widehat{\boldsymbol{a},\boldsymbol{b}})=\frac{\boldsymbol{a}\cdot\boldsymbol{b}}{|\boldsymbol{a}||\boldsymbol{b}|}=\frac{8}{\sqrt{14}\cdot\sqrt{56}}=\frac{2}{7}$.

## 二、向量的向量积

向量积的定义也来源于物理学. 例如，用扳手扭动螺丝帽，螺丝帽会旋转，力矩是对这种旋转效果的描述：力矩既有大小，又有方向. 如图 7-21 所示，设有一个扳手，$O$ 为支点，力 $\boldsymbol{F}$ 作用于扳手的点 $P$ 处，$\boldsymbol{F}$ 与 $\overrightarrow{OP}$ 的夹角为 $\theta$. 根据力学知识，$\boldsymbol{F}$ 对支点 $O$ 的力矩是一个向量 $\boldsymbol{M}$，且 $\boldsymbol{M}$ 的大小为

$$|\boldsymbol{M}|=|\overrightarrow{OP}||\boldsymbol{F}|\sin\theta;$$

$\boldsymbol{M}$ 的方向垂直于 $\overrightarrow{OP}$ 和 $\boldsymbol{F}$ 所确定的平面，且与 $\overrightarrow{OP}$，$\boldsymbol{F}$ 构成右手系，即当右手的四指从 $\overrightarrow{OP}$ 握向 $\boldsymbol{F}$ 的方向时，大拇指的指向就是 $\boldsymbol{M}$ 的方向. 例如，图 7-21 中力矩的方向为垂直于纸面向外.

由此可见，力矩 $\boldsymbol{M}$ 是由两个已知向量 $\overrightarrow{OP}$ 和 $\boldsymbol{F}$ 所确定的. 现实中还有很多与力矩类似的情况，把它们的共性抽象出来，就得到向量的向量积的概念.

**定义 7.3.2** 两个向量 $\boldsymbol{a}$ 与 $\boldsymbol{b}$ 的**向量积**是一个向量,记作 $\boldsymbol{a}\times\boldsymbol{b}$,规定它的模为

$$|\boldsymbol{a}\times\boldsymbol{b}|=|\boldsymbol{a}||\boldsymbol{b}|\sin(\widehat{\boldsymbol{a},\boldsymbol{b}}),$$

它的方向垂直于 $\boldsymbol{a}$ 与 $\boldsymbol{b}$,且 $\boldsymbol{a},\boldsymbol{b}$ 与 $\boldsymbol{a}\times\boldsymbol{b}$ 构成右手系(见图 7-22).

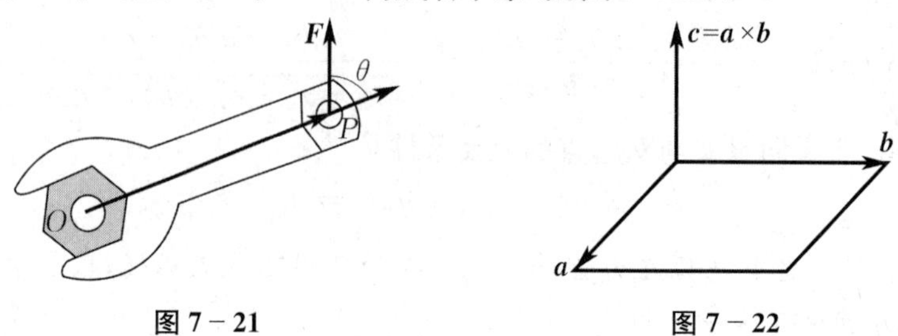


图 7-21　　图 7-22

按照定义,力矩 $\boldsymbol{M}$ 就是 $\overrightarrow{OP}$ 和 $\boldsymbol{F}$ 的向量积,即 $\boldsymbol{M}=\overrightarrow{OP}\times\boldsymbol{F}$.

由定义 7.3.2,可以得到下面几个结论:

(1) 如果以向量 $\boldsymbol{a}$ 与 $\boldsymbol{b}$ 为邻边构成一个平行四边形,那么 $\boldsymbol{a}\times\boldsymbol{b}$ 的模恰好是这个平行四边形的面积(见图 7-22).

(2) 非零向量 $\boldsymbol{a}\parallel\boldsymbol{b}$ 的充要条件是 $|\boldsymbol{a}\times\boldsymbol{b}|=0$,即 $\boldsymbol{a}\times\boldsymbol{b}=\boldsymbol{0}$. 由于零向量与任意向量都平行,因此该结论可表述为:向量 $\boldsymbol{a}\parallel\boldsymbol{b}$ 的充要条件是 $\boldsymbol{a}\times\boldsymbol{b}=\boldsymbol{0}$.

(3) $\boldsymbol{a}\times\boldsymbol{a}=\boldsymbol{0}$. 特别地,$\boldsymbol{i}\times\boldsymbol{i}=\boldsymbol{0},\boldsymbol{j}\times\boldsymbol{j}=\boldsymbol{0},\boldsymbol{k}\times\boldsymbol{k}=\boldsymbol{0}$.

(4) $\boldsymbol{i}\times\boldsymbol{j}=\boldsymbol{k},\boldsymbol{j}\times\boldsymbol{k}=\boldsymbol{i},\boldsymbol{k}\times\boldsymbol{i}=\boldsymbol{j},\boldsymbol{j}\times\boldsymbol{i}=-\boldsymbol{k},\boldsymbol{k}\times\boldsymbol{j}=-\boldsymbol{i},\boldsymbol{i}\times\boldsymbol{k}=-\boldsymbol{j}$.

向量的向量积满足下列运算规律:

(1) 反交换律　$\boldsymbol{a}\times\boldsymbol{b}=-\boldsymbol{b}\times\boldsymbol{a}$;

(2) 数乘结合律　$(\lambda\boldsymbol{a})\times\boldsymbol{b}=\lambda(\boldsymbol{a}\times\boldsymbol{b})=\boldsymbol{a}\times(\lambda\boldsymbol{b})$ ($\lambda$ 为实数);

(3) 分配律　$(\boldsymbol{a}+\boldsymbol{b})\times\boldsymbol{c}=\boldsymbol{a}\times\boldsymbol{c}+\boldsymbol{b}\times\boldsymbol{c}$.

这里只验证反交换律. 不难发现,向量 $\boldsymbol{a}\times\boldsymbol{b}$ 与 $\boldsymbol{b}\times\boldsymbol{a}$ 的模相等;按照右手螺旋法则,右手的四指由 $\boldsymbol{a}$ 转向 $\boldsymbol{b}$ 时大拇指的指向与由 $\boldsymbol{b}$ 转向 $\boldsymbol{a}$ 时大拇指的指向相反,即向量 $\boldsymbol{a}\times\boldsymbol{b}$ 的方向与 $\boldsymbol{b}\times\boldsymbol{a}$ 的方向相反. 因此,$\boldsymbol{a}\times\boldsymbol{b}=-\boldsymbol{b}\times\boldsymbol{a}$.

向量积的计算比数量积的计算复杂,向量积的计算不仅要计算模,而且要考虑方向. 下面用坐标表示向量积,从而解决向量积的计算问题.

设向量 $\boldsymbol{a}=a_x\boldsymbol{i}+a_y\boldsymbol{j}+a_z\boldsymbol{k},\boldsymbol{b}=b_x\boldsymbol{i}+b_y\boldsymbol{j}+b_z\boldsymbol{k}$,则

$$\begin{aligned}\boldsymbol{a}\times\boldsymbol{b}&=(a_x\boldsymbol{i}+a_y\boldsymbol{j}+a_z\boldsymbol{k})\times(b_x\boldsymbol{i}+b_y\boldsymbol{j}+b_z\boldsymbol{k})\\&=a_x\boldsymbol{i}\times(b_x\boldsymbol{i}+b_y\boldsymbol{j}+b_z\boldsymbol{k})+a_y\boldsymbol{j}\times(b_x\boldsymbol{i}+b_y\boldsymbol{j}+b_z\boldsymbol{k})+a_z\boldsymbol{k}\times(b_x\boldsymbol{i}+b_y\boldsymbol{j}+b_z\boldsymbol{k})\\&=(a_yb_z-a_zb_y)\boldsymbol{i}-(a_xb_z-a_zb_x)\boldsymbol{j}+(a_xb_y-a_yb_x)\boldsymbol{k}.\end{aligned}$$

为了便于记忆,可利用行列式将上式表示为

$$\boldsymbol{a}\times\boldsymbol{b}=\begin{vmatrix}a_y&a_z\\b_y&b_z\end{vmatrix}\boldsymbol{i}-\begin{vmatrix}a_x&a_z\\b_x&b_z\end{vmatrix}\boldsymbol{j}+\begin{vmatrix}a_x&a_y\\b_x&b_y\end{vmatrix}\boldsymbol{k}=\begin{vmatrix}\boldsymbol{i}&\boldsymbol{j}&\boldsymbol{k}\\a_x&a_y&a_z\\b_x&b_y&b_z\end{vmatrix}.$$

利用行列式计算 $\boldsymbol{a}\times\boldsymbol{b}$ 时,注意要把向量 $\boldsymbol{a}$ 的坐标写在行列式的第二行,向量 $\boldsymbol{b}$ 的坐标写在行列式的第三行.

**例 7.3.5** 已知三点 $A(2,1,3),B(3,2,1),C(5,3,1)$,求:(1) 同时垂直于向量 $\overrightarrow{AB}$ 和 $\overrightarrow{AC}$ 的单位向量;(2) $\triangle ABC$ 的面积 $S$.

**解**　(1) 根据向量积的定义可知，向量$\overrightarrow{AB}\times\overrightarrow{AC}$与向量$\overrightarrow{AB}$，$\overrightarrow{AC}$同时垂直. 又$\overrightarrow{AB}=(1,1,-2)$，$\overrightarrow{AC}=(3,2,-2)$，故

$$\overrightarrow{AB}\times\overrightarrow{AC}=\begin{vmatrix}\boldsymbol{i} & \boldsymbol{j} & \boldsymbol{k}\\ 1 & 1 & -2\\ 3 & 2 & -2\end{vmatrix}=2\boldsymbol{i}-4\boldsymbol{j}-\boldsymbol{k}.$$

它的模为$\sqrt{21}$，于是所求单位向量为$\pm\left(\dfrac{2}{\sqrt{21}},-\dfrac{4}{\sqrt{21}},-\dfrac{1}{\sqrt{21}}\right)$.

(2) $\triangle ABC$ 的面积 $S=\dfrac{1}{2}|\overrightarrow{AB}||\overrightarrow{AC}|\sin\angle A=\dfrac{1}{2}|\overrightarrow{AB}\times\overrightarrow{AC}|=\dfrac{\sqrt{21}}{2}$.

## *三、向量的混合积

**定义 7.3.3**　设有向量 $\boldsymbol{a},\boldsymbol{b},\boldsymbol{c}$，则称$(\boldsymbol{a}\times\boldsymbol{b})\cdot\boldsymbol{c}$为 $\boldsymbol{a},\boldsymbol{b},\boldsymbol{c}$ 的**混合积**，记作$[\boldsymbol{a}\,\boldsymbol{b}\,\boldsymbol{c}]$，即

$$[\boldsymbol{a}\,\boldsymbol{b}\,\boldsymbol{c}]=(\boldsymbol{a}\times\boldsymbol{b})\cdot\boldsymbol{c}=|\boldsymbol{a}\times\boldsymbol{b}||\boldsymbol{c}|\cos\varphi,$$

其中 $\varphi$ 是 $\boldsymbol{a}\times\boldsymbol{b}$ 与 $\boldsymbol{c}$ 的夹角.

如果 $\boldsymbol{a},\boldsymbol{b},\boldsymbol{c}$ 均为非零向量，以 $\boldsymbol{a},\boldsymbol{b},\boldsymbol{c}$ 为棱作一平行六面体(见图 7－23)，那么$|\boldsymbol{a}\times\boldsymbol{b}|$是该平行六面体的底面积，$|\boldsymbol{c}||\cos\varphi|$是该平行六面体的高，故混合积$[\boldsymbol{a}\,\boldsymbol{b}\,\boldsymbol{c}]$的绝对值等于以向量 $\boldsymbol{a},\boldsymbol{b},\boldsymbol{c}$ 为棱的平行六面体的体积.

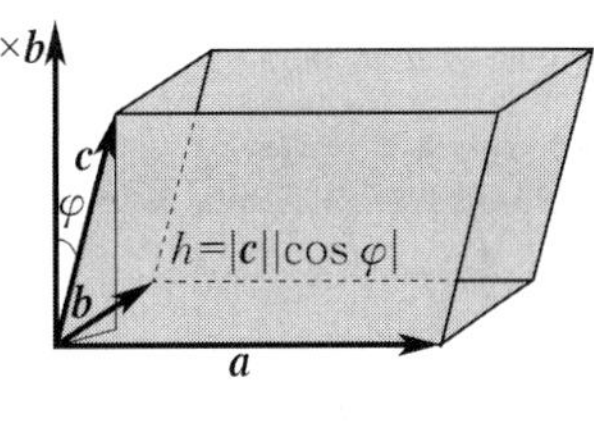


图 7－23

若向量 $\boldsymbol{a},\boldsymbol{b},\boldsymbol{c}$ 构成右手系，则 $\boldsymbol{a}\times\boldsymbol{b}$ 与 $\boldsymbol{c}$ 的夹角 $\varphi$ 为锐角，从而 $V=(\boldsymbol{a}\times\boldsymbol{b})\cdot\boldsymbol{c}$；若 $\boldsymbol{a},\boldsymbol{b},\boldsymbol{c}$ 构成左手系(左手的四指从 $\boldsymbol{a}$ 转向 $\boldsymbol{b}$ 时，大拇指所指的方向为 $\boldsymbol{c}$ 的方向)，则 $\boldsymbol{a}\times\boldsymbol{b}$ 与 $\boldsymbol{c}$ 的夹角 $\varphi$ 为钝角，从而 $V=-(\boldsymbol{a}\times\boldsymbol{b})\cdot\boldsymbol{c}$.

特别地，若向量 $\boldsymbol{a},\boldsymbol{b},\boldsymbol{c}$ 构成右手系，则 $\boldsymbol{b},\boldsymbol{c},\boldsymbol{a}$ 与 $\boldsymbol{c},\boldsymbol{a},\boldsymbol{b}$ 也同时构成右手系，所以混合积$[\boldsymbol{a}\,\boldsymbol{b}\,\boldsymbol{c}]$，$[\boldsymbol{b}\,\boldsymbol{c}\,\boldsymbol{a}]$，$[\boldsymbol{c}\,\boldsymbol{a}\,\boldsymbol{b}]$符号相同. 而这三个混合积的绝对值都表示以向量 $\boldsymbol{a},\boldsymbol{b},\boldsymbol{c}$ 为棱的平行六面体的体积 $V$，故$[\boldsymbol{a}\,\boldsymbol{b}\,\boldsymbol{c}]=[\boldsymbol{b}\,\boldsymbol{c}\,\boldsymbol{a}]=[\boldsymbol{c}\,\boldsymbol{a}\,\boldsymbol{b}]$，即

$$(\boldsymbol{a}\times\boldsymbol{b})\cdot\boldsymbol{c}=(\boldsymbol{b}\times\boldsymbol{c})\cdot\boldsymbol{a}=(\boldsymbol{c}\times\boldsymbol{a})\cdot\boldsymbol{b}.$$

上述结论也称为**混合积的轮换不变性**.

若向量 $\boldsymbol{a},\boldsymbol{b},\boldsymbol{c}$ 平行于同一个平面(共面)，则以它们为棱的平行六面体的体积为 0，即$[\boldsymbol{a}\,\boldsymbol{b}\,\boldsymbol{c}]=0$；反过来，若$[\boldsymbol{a}\,\boldsymbol{b}\,\boldsymbol{c}]=0$，则平行六面体的体积为 0，从而 $\boldsymbol{a},\boldsymbol{b},\boldsymbol{c}$ 共面. 因此，向量 $\boldsymbol{a},\boldsymbol{b},\boldsymbol{c}$ 共面的充要条件是$[\boldsymbol{a}\,\boldsymbol{b}\,\boldsymbol{c}]=0$.

利用向量积和数量积的坐标表示式容易推出混合积的坐标表示式.

设向量 $\boldsymbol{a}=a_x\boldsymbol{i}+a_y\boldsymbol{j}+a_z\boldsymbol{k}$，$\boldsymbol{b}=b_x\boldsymbol{i}+b_y\boldsymbol{j}+b_z\boldsymbol{k}$，$\boldsymbol{c}=c_x\boldsymbol{i}+c_y\boldsymbol{j}+c_z\boldsymbol{k}$，则

$$[\boldsymbol{a}\,\boldsymbol{b}\,\boldsymbol{c}]=\begin{vmatrix}a_x & a_y & a_z\\ b_x & b_y & b_z\\ c_x & c_y & c_z\end{vmatrix}.$$

**例 7.3.6**　已知$[\boldsymbol{a}\,\boldsymbol{b}\,\boldsymbol{c}]=2$，求$[(\boldsymbol{a}+\boldsymbol{b})\,(\boldsymbol{b}+\boldsymbol{c})\,(\boldsymbol{c}+\boldsymbol{a})]$.

**解**

$$\begin{aligned}[(\boldsymbol{a}+\boldsymbol{b})\,(\boldsymbol{b}+\boldsymbol{c})\,(\boldsymbol{c}+\boldsymbol{a})]&=[(\boldsymbol{a}+\boldsymbol{b})\times(\boldsymbol{b}+\boldsymbol{c})]\cdot(\boldsymbol{c}+\boldsymbol{a})\\&=(\boldsymbol{a}\times\boldsymbol{b}+\boldsymbol{a}\times\boldsymbol{c}+\boldsymbol{b}\times\boldsymbol{b}+\boldsymbol{b}\times\boldsymbol{c})\cdot(\boldsymbol{c}+\boldsymbol{a})\\&=(\boldsymbol{a}\times\boldsymbol{b})\cdot\boldsymbol{c}+(\boldsymbol{a}\times\boldsymbol{c})\cdot\boldsymbol{c}+(\boldsymbol{b}\times\boldsymbol{c})\cdot\boldsymbol{c}\end{aligned}$$

$$+(\boldsymbol{a}\times\boldsymbol{b})\cdot\boldsymbol{a}+(\boldsymbol{a}\times\boldsymbol{c})\cdot\boldsymbol{a}+(\boldsymbol{b}\times\boldsymbol{c})\cdot\boldsymbol{a}$$
$$=2(\boldsymbol{a}\times\boldsymbol{b})\cdot\boldsymbol{c}=2[\boldsymbol{a}\,\boldsymbol{b}\,\boldsymbol{c}]=4.$$

**例 7.3.7** 证明:向量 $\boldsymbol{a}=\boldsymbol{i}-4\boldsymbol{j}-2\boldsymbol{k},\boldsymbol{b}=-\boldsymbol{i}+3\boldsymbol{j}+2\boldsymbol{k},\boldsymbol{c}=2\boldsymbol{i}-3\boldsymbol{j}-4\boldsymbol{k}$ 共面.

**证** 要证向量 $\boldsymbol{a},\boldsymbol{b},\boldsymbol{c}$ 共面,即要证它们的混合积为0. 由于向量 $\boldsymbol{a},\boldsymbol{b},\boldsymbol{c}$ 的混合积为

$$[\boldsymbol{a}\,\boldsymbol{b}\,\boldsymbol{c}]=\begin{vmatrix}1&-4&-2\\-1&3&2\\2&-3&-4\end{vmatrix}=0,$$

因此 $\boldsymbol{a},\boldsymbol{b},\boldsymbol{c}$ 共面.

## 思考题 7.3

下列命题正确吗?为什么?

(1) $|\boldsymbol{a}+\boldsymbol{b}|=|\boldsymbol{a}|+|\boldsymbol{b}|$;

(2) 若 $|\boldsymbol{a}|=|\boldsymbol{b}|$,则 $\boldsymbol{a}=\boldsymbol{b}$;

(3) $(\boldsymbol{a}\cdot\boldsymbol{b})\boldsymbol{c}=\boldsymbol{a}(\boldsymbol{b}\cdot\boldsymbol{c})$;

(4) $(\boldsymbol{a}\times\boldsymbol{b})\cdot\boldsymbol{c}=\boldsymbol{c}\cdot(\boldsymbol{a}\times\boldsymbol{b})$;

(5) $\boldsymbol{a}\times\boldsymbol{b}$ 的几何意义是由向量 $\boldsymbol{a}$ 与 $\boldsymbol{b}$ 为邻边构成的平行四边形的面积;

(6) 若 $\boldsymbol{a}\neq\boldsymbol{0},\boldsymbol{a}\cdot\boldsymbol{b}=\boldsymbol{a}\cdot\boldsymbol{c}$ 或 $\boldsymbol{a}\times\boldsymbol{b}=\boldsymbol{a}\times\boldsymbol{c}$,则 $\boldsymbol{b}=\boldsymbol{c}$.

## 习 题 7.3

**(A)**

一、设向量 $\boldsymbol{m}=\boldsymbol{i}+\boldsymbol{j}+\boldsymbol{k},\boldsymbol{n}=2\boldsymbol{i}-4\boldsymbol{j}-7\boldsymbol{k},\boldsymbol{p}=5\boldsymbol{i}+\boldsymbol{j}-4\boldsymbol{k}$,求向量 $\boldsymbol{a}=4\boldsymbol{m}+3\boldsymbol{n}-\boldsymbol{p}$ 在 $x$ 轴上的投影及在 $y$ 轴上的分向量.

二、设向量 $\boldsymbol{a}=(3,5,-2),\boldsymbol{b}=(2,1,4)$,问:当 $\lambda$ 和 $\mu$ 满足什么条件时,能使得 $\lambda\boldsymbol{a}+\mu\boldsymbol{b}$ 与 $z$ 轴垂直?

三、已知 $|\boldsymbol{r}|=4$,向量 $\boldsymbol{r}$ 与 $u$ 轴的夹角是 $60°$,求 $\mathrm{Prj}_u\boldsymbol{r}$.

四、求向量 $\boldsymbol{a}=(4,-3,4)$ 在 $\boldsymbol{b}=(2,2,1)$ 上的投影.

五、已知三点 $M_1(1,-1,2),M_2(3,3,1)$ 和 $M_3(3,1,3)$,求与 $\overrightarrow{M_1M_2},\overrightarrow{M_2M_3}$ 同时垂直的单位向量.

六、已知 $\overrightarrow{OA}=\boldsymbol{i}+3\boldsymbol{k},\overrightarrow{OB}=\boldsymbol{j}+3\boldsymbol{k}$,求 $\triangle OAB$ 的面积.

*七、设 $\boldsymbol{a},\boldsymbol{b},\boldsymbol{c}$ 为三个非零向量,证明:$[\boldsymbol{a}\,\boldsymbol{b}\,(\boldsymbol{c}+\lambda\boldsymbol{a}+\mu\boldsymbol{b})]=[\boldsymbol{a}\,\boldsymbol{b}\,\boldsymbol{c}]$($\lambda,\mu$ 为实数).

*八、已知空间直角坐标系中的三个向量 $\boldsymbol{a},\boldsymbol{b},\boldsymbol{c}$,判断这些向量是否共面,如果共面,沿 $\boldsymbol{a}$ 和 $\boldsymbol{b}$ 分解 $\boldsymbol{c}$;如果不共面,求出以 $\boldsymbol{a},\boldsymbol{b},\boldsymbol{c}$ 为棱的平行六面体的体积:

(1) $\boldsymbol{a}=(3,4,5),\boldsymbol{b}=(1,2,2),\boldsymbol{c}=(9,14,16)$;

(2) $\boldsymbol{a}=(3,0,-1),\boldsymbol{b}=(2,-4,3),\boldsymbol{c}=(-1,-2,2)$.

**(B)**

一、证明三角形的余弦定理:$c^2=a^2+b^2-2ab\cos\theta$,其中 $\theta$ 是边 $a$ 与 $b$ 的夹角.

二、证明柯西不等式:$(a_1b_1+a_2b_2+a_3b_3)^2\leqslant(a_1^2+a_2^2+a_3^2)(b_1^2+b_2^2+b_3^2)$.

三、已知向量 $\boldsymbol{a}\neq\boldsymbol{0},\boldsymbol{b}\neq\boldsymbol{0}$,证明:$|\boldsymbol{a}\times\boldsymbol{b}|^2=|\boldsymbol{a}|^2|\boldsymbol{b}|^2-(\boldsymbol{a}\cdot\boldsymbol{b})^2$.

四、设 $\boldsymbol{a},\boldsymbol{b}$ 为两个非零向量,$|\boldsymbol{b}|=1,(\widehat{\boldsymbol{a},\boldsymbol{b}})=\dfrac{\pi}{3}$,求 $\lim\limits_{x\to0}\dfrac{|\boldsymbol{a}+x\boldsymbol{b}|-|\boldsymbol{a}|}{x}$.

*五、已知向量 $\boldsymbol{a}=(a_1,a_2,a_3),\boldsymbol{b}=(b_1,b_2,b_3),\boldsymbol{c}=(c_1,c_2,c_3)$,试利用行列式证明:

$$(\boldsymbol{a}\times\boldsymbol{b})\cdot\boldsymbol{c}=(\boldsymbol{b}\times\boldsymbol{c})\cdot\boldsymbol{a}=(\boldsymbol{c}\times\boldsymbol{a})\cdot\boldsymbol{b}.$$

*六、设 $\boldsymbol{e}_1,\boldsymbol{e}_2,\boldsymbol{e}_3$ 是三个不共面的向量,证明:若 $\boldsymbol{r}=\lambda_1\boldsymbol{e}_1+\lambda_2\boldsymbol{e}_2+\lambda_3\boldsymbol{e}_3$,则

$$\lambda_1=\frac{[\boldsymbol{r}\,\boldsymbol{e}_2\,\boldsymbol{e}_3]}{[\boldsymbol{e}_1\,\boldsymbol{e}_2\,\boldsymbol{e}_3]},\quad\lambda_2=\frac{[\boldsymbol{e}_1\,\boldsymbol{r}\,\boldsymbol{e}_3]}{[\boldsymbol{e}_1\,\boldsymbol{e}_2\,\boldsymbol{e}_3]},\quad\lambda_3=\frac{[\boldsymbol{e}_1\,\boldsymbol{e}_2\,\boldsymbol{r}]}{[\boldsymbol{e}_1\,\boldsymbol{e}_2\,\boldsymbol{e}_3]}.$$

# 第四节　空间平面与空间直线

空间平面与空间直线是空间中最基本的几何图形，是空间解析几何的重要内容之一. 本节将讨论如何在空间直角坐标系中建立空间平面与空间直线的方程.

## 一、空间平面及其方程

我们知道，经过一点且垂直于已知直线的平面只有一个，所以要想确定平面的位置，只要知道平面上的一个点及一条垂直于该平面的直线即可. 下面以向量为工具建立空间平面的方程. 如果一个非零向量垂直于一个平面，那么称这个向量为该平面的**法向量**. 显然，一个平面的法向量有很多，且彼此互相平行.

设平面 $\Pi$ 经过一点 $M_0(x_0, y_0, z_0)$，且已知该平面的一个法向量 $\boldsymbol{n}=(A,B,C)$，如图 7-24 所示，求平面 $\Pi$ 的方程.

若在平面 $\Pi$ 上任取一点 $M(x,y,z)$，则有 $\overrightarrow{M_0M}\perp\boldsymbol{n}$，即 $\overrightarrow{M_0M}\cdot\boldsymbol{n}=0$. 而 $\overrightarrow{M_0M}=(x-x_0, y-y_0, z-z_0)$，因此

$$A(x-x_0)+B(y-y_0)+C(z-z_0)=0. \qquad (7.4.1)$$

当点 $M$ 不在平面 $\Pi$ 上时，$\overrightarrow{M_0M}$ 与法向量 $\boldsymbol{n}$ 不垂直，即 $\overrightarrow{M_0M}\cdot\boldsymbol{n}\neq 0$，因此点 $M$ 的坐标不满足方程(7.4.1). 综上可知，方程(7.4.1) 就是平面 $\Pi$ 的方程，并称该方程为**平面的点法式方程**.

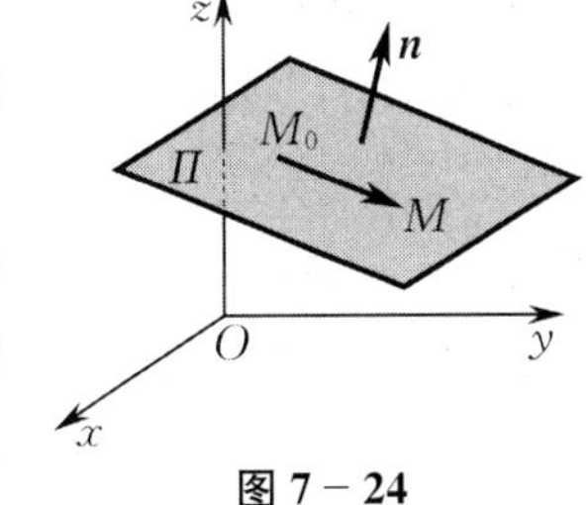


图 7-24

**例 7.4.1**　设一个平面过点(2,−3,0)，且其法向量 $\boldsymbol{n}$ 的三个方向角相等，求该平面的方程.

**解**　设法向量 $\boldsymbol{n}$ 的三个方向角分别为 $\alpha,\beta,\gamma$，依题意有 $\cos\alpha=\cos\beta=\cos\gamma$. 又 $\cos^2\alpha+\cos^2\beta+\cos^2\gamma=1$，于是

$$\cos\alpha=\cos\beta=\cos\gamma=\pm\frac{\sqrt{3}}{3},$$

从而 $\boldsymbol{n}$ 的单位向量为 $\boldsymbol{n}^0=\pm\left(\frac{\sqrt{3}}{3},\frac{\sqrt{3}}{3},\frac{\sqrt{3}}{3}\right)$. 取 $\boldsymbol{n}=(1,1,1)$，因此所求平面的方程为

$$(x-2)+(y+3)+(z-0)=0, \quad 即 \quad x+y+z+1=0.$$

**例 7.4.2**　已知平面 $\Pi$ 经过三点 $M_1(1,2,1)$，$M_2(2,-1,2)$，$M_3(0,0,3)$，求平面 $\Pi$ 的方程.

**解**　**方法一**　由题设可知 $\overrightarrow{M_1M_2}=(1,-3,1)$，$\overrightarrow{M_1M_3}=(-1,-2,2)$，它们都在平面 $\Pi$ 上. 而平面 $\Pi$ 的法向量 $\boldsymbol{n}$ 同时垂直于 $\overrightarrow{M_1M_2}$，$\overrightarrow{M_1M_3}$，则可取

$$\boldsymbol{n}=\overrightarrow{M_1M_2}\times\overrightarrow{M_1M_3}=\begin{vmatrix}\boldsymbol{i} & \boldsymbol{j} & \boldsymbol{k}\\ 1 & -3 & 1\\ -1 & -2 & 2\end{vmatrix}=(-4,-3,-5).$$

因此,平面$\Pi$的方程为

$$-4(x-0)-3(y-0)-5(z-3)=0,\quad 即\quad 4x+3y+5z-15=0.$$

**方法二** 设$M(x,y,z)$为平面$\Pi$上的任意一点,则向量$\overrightarrow{M_1M},\overrightarrow{M_1M_2},\overrightarrow{M_1M_3}$共面,从而这三个向量的混合积$[\overrightarrow{M_1M}\ \overrightarrow{M_1M_2}\ \overrightarrow{M_1M_3}]=0$,即

$$\begin{vmatrix} x-1 & y-2 & z-1 \\ 1 & -3 & 1 \\ -1 & -2 & 2 \end{vmatrix}=0.$$

于是,点$M$所在的平面$\Pi$的方程为$4x+3y+5z-15=0$.

一般地,由任给的不共线的三点$M_i(x_i,y_i,z_i)$ $(i=1,2,3)$所确定的平面的方程为

$$\begin{vmatrix} x-x_1 & y-y_1 & z-z_1 \\ x_2-x_1 & y_2-y_1 & z_2-z_1 \\ x_3-x_1 & y_3-y_1 & z_3-z_1 \end{vmatrix}=0,$$

称该方程为**平面的三点式方程**.

平面$\Pi$的点法式方程(7.4.1)可整理成

$$Ax+By+Cz+D=0,$$

其中$D=-(Ax_0+By_0+Cz_0)$,这说明平面的方程是一个三元一次方程.

反过来,任给一个三元一次方程

$$Ax+By+Cz+D=0, \tag{7.4.2}$$

其中系数$A,B,C$不全为0.设$x_0,y_0,z_0$是满足该方程的一组解,即$Ax_0+By_0+Cz_0+D=0$,因此$D=-(Ax_0+By_0+Cz_0)$.将$D$代入方程(7.4.2),可得$A(x-x_0)+B(y-y_0)+C(z-z_0)=0$,即方程(7.4.1).

由于方程(7.4.2)与方程(7.4.1)是同解方程,这表明三元一次方程的图形一定是平面.方程(7.4.2)称为**平面的一般式方程**,其系数构成的向量$(A,B,C)$为平面的法向量.

下面讨论一些特殊位置的平面的方程.

(1) 若平面过坐标原点,则坐标原点$(0,0,0)$满足平面方程,从而$D=0$.于是,该平面的方程为$Ax+By+Cz=0$.

(2) 平面平行于坐标轴.例如,若平面平行于$x$轴,则平面的法向量$\boldsymbol{n}$垂直于$x$轴,即$\boldsymbol{n}\cdot\boldsymbol{i}=0$,可得$A=0$.于是,该平面的方程为$By+Cz+D=0$.同理可得平行于$y$轴的平面的方程为$Ax+Cz+D=0$,平行于$z$轴的平面的方程为$Ax+By+D=0$.

(3) 平面过坐标轴.例如,若平面过$x$轴,则平面过坐标原点,且平行于$x$轴.由(1)和(2)的结论可知$A=D=0$,于是该平面的方程为$By+Cz=0$(见图7-25).同理可得过$y$轴的平面的方程为$Ax+Cz=0$,过$z$轴的平面的方程为$Ax+By=0$.

(4) 平面平行于坐标面.例如,若平面平行于$xOy$面,则平面的法向量平行于$xOy$面的一个法向量$\boldsymbol{k}=(0,0,1)$,即该平面的法向量可取$(0,0,C)$.于是,该平面的方程为$Cz+D=0$(见图7-26).同理可得平行于$zOx$面的平面的方程为$By+D=0$,平行于$yOz$面的平面的方程为$Ax+D=0$.

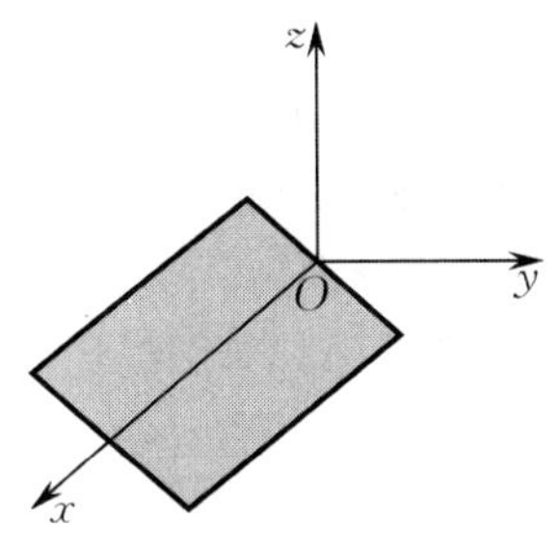

图 7－25

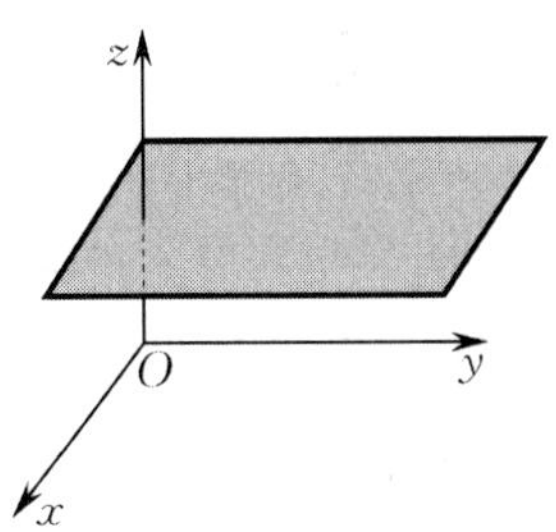

图 7－26

**例 7.4.3** 求过点(0,1,－1)和(1,－2,5),且平行于 $x$ 轴的平面的方程.

**解**　因为所求平面平行于 $x$ 轴,所以可设其方程为 $By+Cz+D=0$($B,C,D$ 不全为 0).又因为该平面过点(0,1,－1)和(1,－2,5),所以

$$\begin{cases}B-C+D=0,\\-2B+5C+D=0,\end{cases}\quad \text{即}\quad \begin{cases}B=2C,\\D=-C.\end{cases}$$

因此,所求平面的方程为 $2y+z-1=0$(见图 7－27).

思考　试利用平面的点法式方程求例 7.4.3 的平面的方程.

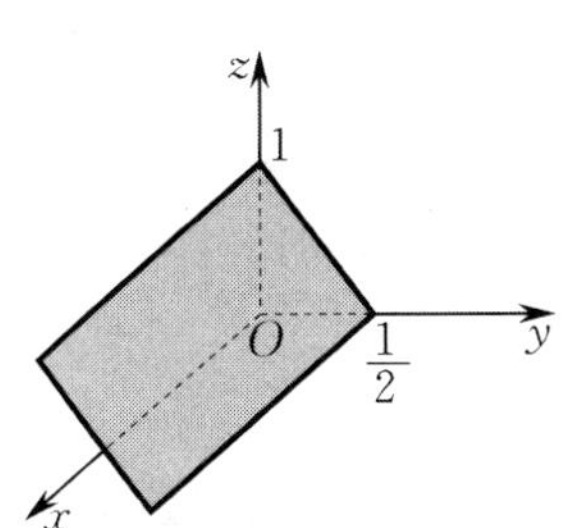

图 7－27

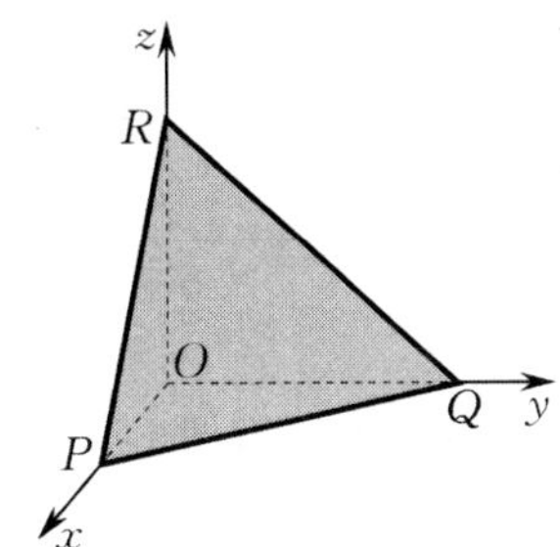

图 7－28

**例 7.4.4** 设一个平面与 $x$ 轴、$y$ 轴、$z$ 轴的交点分别为 $P(a,0,0)$,$Q(0,b,0)$,$R(0,0,c)$,其中 $abc\neq 0$(见图 7－28),求该平面的方程.

**解**　设所求平面的方程为 $Ax+By+Cz+D=0$,分别将 $P(a,0,0)$,$Q(0,b,0)$,$R(0,0,c)$的坐标代入该方程,可知 $\begin{cases}aA+D=0,\\bB+D=0,\\cC+D=0,\end{cases}$ 解该方程组得 $A=-\dfrac{D}{a}$,$B=-\dfrac{D}{b}$,$C=-\dfrac{D}{c}$.因此,所求平面的方程为

$$-\frac{D}{a}x-\frac{D}{b}y-\frac{D}{c}z+D=0.$$

注意到 $abc\neq 0$,即该平面不经过坐标原点,所以 $D\neq 0$,从而该平面的方程可化为

$$\frac{x}{a}+\frac{y}{b}+\frac{z}{c}=1. \tag{7.4.3}$$

一般地,方程(7.4.3)称为**平面的截距式方程**,其中 $a,b,c$ 依次称为平面在 $x$ 轴、$y$ 轴和 $z$ 轴上的**截距**.

## 二、空间直线及其方程

若两个平面相互不平行,则它们相交于一条直线. 我们把空间任意一条直线 $L$ 看作两个平面 $\Pi_1$ 与 $\Pi_2$ 的交线,如图 7-29 所示. 设平面 $\Pi_1$ 和 $\Pi_2$ 的方程分别为 $A_1x+B_1y+C_1z+D_1=0$, $A_2x+B_2y+C_2z+D_2=0$,则直线 $L$ 上的任意一点的坐标$(x,y,z)$满足方程组

$$\begin{cases}A_1x+B_1y+C_1z+D_1=0,\\A_2x+B_2y+C_2z+D_2=0,\end{cases}\tag{7.4.4}$$

其中$\frac{A_1}{A_2}=\frac{B_1}{B_2}=\frac{C_1}{C_2}$不成立. 反之,若一个点不在直线 $L$ 上,则它不可能同时在平面 $\Pi_1$ 和 $\Pi_2$ 上,它的坐标也就不可能满足方程组(7.4.4). 所以,直线 $L$ 可以用方程组(7.4.4)来表示,并称方程组(7.4.4)为**空间直线 $L$ 的一般式方程**.

**例 7.4.5** 方程组$\begin{cases}x-3=0,\\y-4=0\end{cases}$的解是$(3,4,z)$,其图形是平面 $x=3$ 与 $y=4$ 的交线,且该交线平行于 $z$ 轴,如图 7-30 所示.

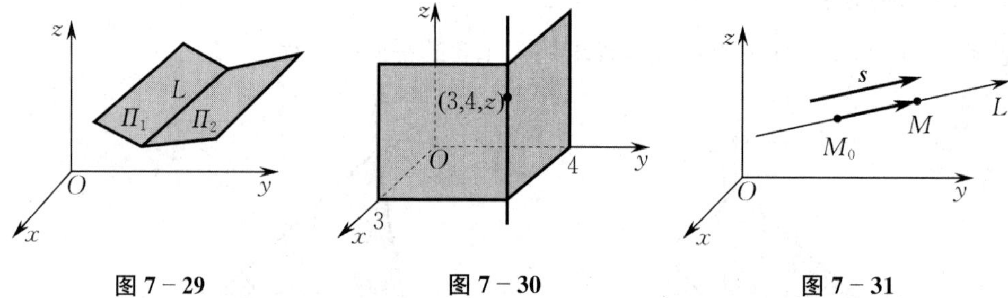


图 7-29　　图 7-30　　图 7-31

下面我们利用向量来推导直线的其他形式的方程.

若一个非零向量 $\boldsymbol{s}$ 平行于一条直线 $L$,则称 $\boldsymbol{s}$ 为直线 $L$ 的**方向向量**. 设直线 $L$ 经过已知点 $M_0(x_0,y_0,z_0)$,且其方向向量为 $\boldsymbol{s}=(m,n,p)$,如图 7-31 所示,这时直线 $L$ 的位置就确定了. 在直线 $L$ 上任取一点 $M(x,y,z)$,由于向量$\overrightarrow{M_0M}$与 $\boldsymbol{s}$ 平行,因此

$$\frac{x-x_0}{m}=\frac{y-y_0}{n}=\frac{z-z_0}{p}\quad(mnp\neq 0).\tag{7.4.5}$$

显然,当且仅当点 $M$ 在直线 $L$ 上时,它的坐标满足方程(7.4.5),称方程(7.4.5)为**空间直线 $L$ 的点向式方程**(**或对称式方程**).

若方程(7.4.5)中有分母为 0,则应理解为对应的分子也为 0. 例如,$m=0(n\neq 0,p\neq 0)$意味着 $x-x_0=0$,此时直线 $L$ 的一般式方程是

$$\begin{cases}x-x_0=0,\\\dfrac{y-y_0}{n}=\dfrac{z-z_0}{p},\end{cases}$$

即此时的 $L$ 是平面 $x-x_0=0$ 和平面$\frac{y-y_0}{n}=\frac{z-z_0}{p}$的交线.

直线 $L$ 的方向向量不唯一,称 $L$ 的任一方向向量 $\boldsymbol{s}$ 的坐标 $m,n,p$ 为 $L$ 的一组**方向数**,并称 $\boldsymbol{s}$ 的方向余弦为 $L$ 的方向余弦.

设方程(7.4.5)中的比例值为 $t(t\in\mathbf{R})$,则有

$$\begin{cases} x = x_0 + mt, \\ y = y_0 + nt, \\ z = z_0 + pt. \end{cases} \tag{7.4.6}$$

方程(7.4.6)称为**空间直线 $L$ 的参数式方程**.

**例 7.4.6**　将直线$\begin{cases} 2x+y+z-5=0, \\ 2x+y-3z-1=0 \end{cases}$化为对称式方程和参数式方程.

**解**　先找直线上的一点 $M_0(x_0, y_0, z_0)$. 不妨取 $x_0 = 1$,将$(1, y_0, z_0)$代入直线方程,得

$$\begin{cases} y_0 + z_0 = 3, \\ y_0 - 3z_0 = -1, \end{cases}$$

解得 $y_0 = 2, z_0 = 1$,即得 $M_0(1,2,1)$.

再确定直线的方向向量 $\boldsymbol{s}$. 注意到该直线与两个平面的法向量垂直,从而可取

$$\boldsymbol{s} = (2\boldsymbol{i}+\boldsymbol{j}+\boldsymbol{k}) \times (2\boldsymbol{i}+\boldsymbol{j}-3\boldsymbol{k}) = -4\boldsymbol{i}+8\boldsymbol{j} = -4(\boldsymbol{i}-2\boldsymbol{j}).$$

于是,该直线的对称式方程为$\begin{cases} \dfrac{x-1}{1} = \dfrac{y-2}{-2}, \\ z-1=0, \end{cases}$参数式方程为$\begin{cases} x = 1+t, \\ y = 2-2t, \\ z = 1. \end{cases}$

**例 7.4.7**　设一条直线经过两点 $M_1(x_1, y_1, z_1)$,$M_2(x_2, y_2, z_2)$,求该直线的方程.

**解**　取该直线的方向向量 $\boldsymbol{s} = \overrightarrow{M_1M_2} = (x_2-x_1, y_2-y_1, z_2-z_1)$,则按照方程(7.4.5),可得该直线的方程为

$$\frac{x-x_1}{x_2-x_1} = \frac{y-y_1}{y_2-y_1} = \frac{z-z_1}{z_2-z_1}. \tag{7.4.7}$$

方程(7.4.7)也称为**空间直线的两点式方程**.

## 三、空间线面间的位置关系

### 1. 两平面的夹角及点到平面的距离

两平面的法向量的夹角(取锐角或直角)称为**两平面的夹角**.

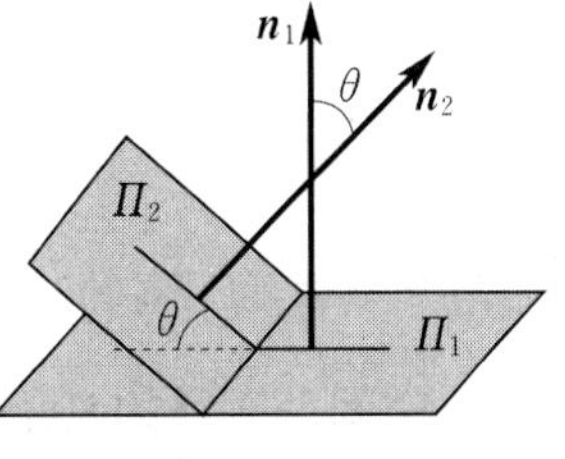

图 7-32

如图 7-32 所示,设两个平面的方程分别为 $\Pi_1: A_1x+B_1y+C_1z+D_1=0$,$\Pi_2: A_2x+B_2y+C_2z+D_2=0$,它们的法向量分别为

$$\boldsymbol{n}_1 = (A_1, B_1, C_1), \quad \boldsymbol{n}_2 = (A_2, B_2, C_2).$$

若 $\boldsymbol{n}_1$ 与 $\boldsymbol{n}_2$ 的夹角$(\widehat{\boldsymbol{n}_1, \boldsymbol{n}_2})$为锐角,则 $\Pi_1$ 与 $\Pi_2$ 的夹角 $\theta = (\widehat{\boldsymbol{n}_1, \boldsymbol{n}_2})$;若$(\widehat{\boldsymbol{n}_1, \boldsymbol{n}_2})$是钝角,则 $\theta$ 取为 $\boldsymbol{n}_1$ 与 $-\boldsymbol{n}_2$ 的夹角,此时 $\theta = \pi - (\widehat{\boldsymbol{n}_1, \boldsymbol{n}_2})$. 因此

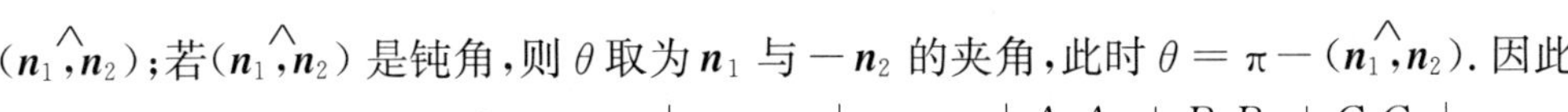

$$\cos\theta = |\cos(\widehat{\boldsymbol{n}_1, \boldsymbol{n}_2})| = \frac{|\boldsymbol{n}_1 \cdot \boldsymbol{n}_2|}{|\boldsymbol{n}_1||\boldsymbol{n}_2|} = \frac{|A_1A_2+B_1B_2+C_1C_2|}{\sqrt{A_1^2+B_1^2+C_1^2}\sqrt{A_2^2+B_2^2+C_2^2}}.$$

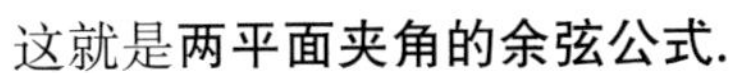

这就是**两平面夹角的余弦公式**.

由两向量垂直与平行的充要条件,可以得到下面的结论:

(1) $\Pi_1 \perp \Pi_2 \Leftrightarrow \boldsymbol{n}_1 \perp \boldsymbol{n}_2 \Leftrightarrow A_1A_2+B_1B_2+C_1C_2=0$;

(2) $\Pi_1 \parallel \Pi_2 \Leftrightarrow \boldsymbol{n}_1 \parallel \boldsymbol{n}_2 \Leftrightarrow \dfrac{A_1}{A_2}=\dfrac{B_1}{B_2}=\dfrac{C_1}{C_2}$.

**例 7.4.8** 求平面 $2x-2y-z+3=0$ 与平面 $x-4y+z+3=0$ 的夹角 $\theta$.

**解** 这两个平面的法向量分别为 $\boldsymbol{n}_1=(2,-2,-1)$,$\boldsymbol{n}_2=(1,-4,1)$,于是

$$\cos\theta=\frac{|\boldsymbol{n}_1\cdot\boldsymbol{n}_2|}{|\boldsymbol{n}_1||\boldsymbol{n}_2|}=\frac{9}{3\sqrt{18}}=\frac{\sqrt{2}}{2},\quad 即\quad \theta=\frac{\pi}{4}.$$

设 $M_0(x_0,y_0,z_0)$ 为平面 $\Pi$:$Ax+By+Cz+D=0$ 外的一点,如图 7-33 所示.下面讨论点 $M_0$ 到平面 $\Pi$ 的距离 $d$.

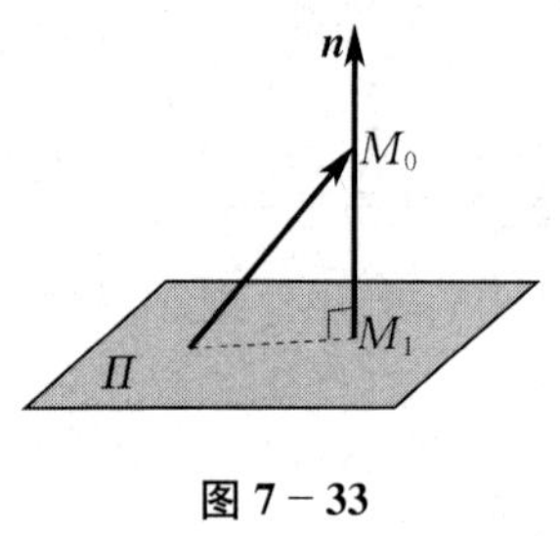

图 7-33

设点 $M_0$ 在平面 $\Pi$ 上的投影为点 $M_1(x_1,y_1,z_1)$,则 $d=|\overrightarrow{M_0M_1}|$.已知平面$\Pi$的法向量为$\boldsymbol{n}=(A,B,C)$,且$\overrightarrow{M_0M_1}\parallel\boldsymbol{n}$,因此

$$|\overrightarrow{M_0M_1}\cdot\boldsymbol{n}|=|\overrightarrow{M_0M_1}||\boldsymbol{n}|.$$

又$\overrightarrow{M_0M_1}=(x_1-x_0,y_1-y_0,z_1-z_0)$,于是

$$d=|\overrightarrow{M_0M_1}|=\frac{|\overrightarrow{M_0M_1}\cdot\boldsymbol{n}|}{|\boldsymbol{n}|}=\frac{|A(x_1-x_0)+B(y_1-y_0)+C(z_1-z_0)|}{\sqrt{A^2+B^2+C^2}}.$$

由于点 $M_1(x_1,y_1,z_1)$ 在平面 $\Pi$ 上,因此 $Ax_1+By_1+Cz_1+D=0$,从而点 $M_0(x_0,y_0,z_0)$ 到平面 $\Pi$ 的距离为

$$d=\frac{|Ax_0+By_0+Cz_0+D|}{\sqrt{A^2+B^2+C^2}}.$$

这就是**点到平面的距离公式**.

请读者自行推导点到空间直线的距离公式(见习题 7.4(B) 的第三题).

**例 7.4.9** 求两个平行平面 $5x+y-z-1=0$ 与 $10x+2y-2z-5=0$ 之间的距离.

**解** 在第一个平面上取一个点(0,1,0),则该点到第二个平面的距离为

$$d=\frac{|10\cdot0+2\cdot1+(-2)\cdot0-5|}{\sqrt{10^2+2^2+(-2)^2}}=\frac{\sqrt{3}}{6},$$

即这两个平面的距离为$\dfrac{\sqrt{3}}{6}$.

**2. 空间两直线的夹角**

两直线的方向向量的夹角(取锐角或直角)称为**两直线的夹角**.

设两条直线 $L_1$ 与 $L_2$ 的方程分别为

$$\frac{x-x_1}{m_1}=\frac{y-y_1}{n_1}=\frac{z-z_1}{p_1},\quad \frac{x-x_2}{m_2}=\frac{y-y_2}{n_2}=\frac{z-z_2}{p_2},$$

它们的方向向量分别为 $\boldsymbol{s}_1=(m_1,n_1,p_1)$,$\boldsymbol{s}_2=(m_2,n_2,p_2)$,则 $L_1$ 与 $L_2$ 的夹角 $\theta$ 等于$(\boldsymbol{s}_1\widehat{,}\boldsymbol{s}_2)$ 和 $\pi-(\boldsymbol{s}_1\widehat{,}\boldsymbol{s}_2)$ 两者中的锐角或直角.因此

$$\cos\theta=|\cos(\boldsymbol{s}_1\widehat{,}\boldsymbol{s}_2)|=\frac{|\boldsymbol{s}_1\cdot\boldsymbol{s}_2|}{|\boldsymbol{s}_1||\boldsymbol{s}_2|}=\frac{|m_1m_2+n_1n_2+p_1p_2|}{\sqrt{m_1^2+n_1^2+p_1^2}\sqrt{m_2^2+n_2^2+p_2^2}}.$$

由此,可以得到下面的结论:

(1) $L_1 \perp L_2 \Leftrightarrow \boldsymbol{s}_1 \perp \boldsymbol{s}_2 \Leftrightarrow m_1m_2+n_1n_2+p_1p_2=0$.

(2) $L_1 \,/\!/\, L_2 \Leftrightarrow \boldsymbol{s}_1 \,/\!/\, \boldsymbol{s}_2 \Leftrightarrow \dfrac{m_1}{m_2}=\dfrac{n_1}{n_2}=\dfrac{p_1}{p_2}$.

(3) 设 $L_1$ 与 $L_2$ 分别过点 $M_1(x_1,y_1,z_1)$,$M_2(x_2,y_2,z_2)$,则

① $L_1$ 与 $L_2$ 共面 $\Leftrightarrow$ 向量 $\boldsymbol{s}_1,\boldsymbol{s}_2,\overrightarrow{M_1M_2}$ 共面 $\Leftrightarrow(\boldsymbol{s}_1\times\boldsymbol{s}_2)\cdot\overrightarrow{M_1M_2}=0$;

② $L_1$ 与 $L_2$ 相交 $\Leftrightarrow(\boldsymbol{s}_1\times\boldsymbol{s}_2)\cdot\overrightarrow{M_1M_2}=0$,且 $\boldsymbol{s}_1$ 与 $\boldsymbol{s}_2$ 不共线.

**例 7.4.10** 求过点$(2,-3,4)$且与两平面 $x-4z=0$,$2x-y-5z-3=0$ 交线平行的直线的方程.

**解** 两平面的法向量分别为 $\boldsymbol{n}_1=\boldsymbol{i}-4\boldsymbol{k}$,$\boldsymbol{n}_2=2\boldsymbol{i}-\boldsymbol{j}-5\boldsymbol{k}$,因此所求直线的方向向量可取为

$$\boldsymbol{s}=\boldsymbol{n}_1\times\boldsymbol{n}_2=(\boldsymbol{i}-4\boldsymbol{k})\times(2\boldsymbol{i}-\boldsymbol{j}-5\boldsymbol{k})=-4\boldsymbol{i}-3\boldsymbol{j}-\boldsymbol{k}=-(4\boldsymbol{i}+3\boldsymbol{j}+\boldsymbol{k}),$$

从而所求直线的对称式方程为

$$\frac{x-2}{4}=\frac{y+3}{3}=z-4.$$

**例 7.4.11** 求过点 $M_0(2,1,0)$ 且与直线$\dfrac{x-1}{3}=\dfrac{y}{2}=\dfrac{z-1}{-2}$垂直相交的直线的方程.

**解** 设所求直线 $L$ 与直线$L_1$:$\dfrac{x-1}{3}=\dfrac{y}{2}=\dfrac{z-1}{-2}$相交于点$M$.根据直线的参数式方程,可设交点 $M$ 的坐标为$(1+3t,2t,1-2t)$,因此 $L$ 的方向向量可取为

$$\overrightarrow{M_0M}=(3t-1,2t-1,1-2t).$$

由 $L$ 与 $L_1$ 垂直可知,$\overrightarrow{M_0M}$ 与 $L_1$ 的方向向量$(3,2,-2)$垂直,所以

$$3(3t-1)+2(2t-1)-2(1-2t)=0,$$

解得 $t=\dfrac{7}{17}$,从而$\overrightarrow{M_0M}=\left(\dfrac{4}{17},-\dfrac{3}{17},\dfrac{3}{17}\right)=\dfrac{1}{17}(4,-3,3)$.于是,所求直线的方程为

$$\frac{x-2}{4}=\frac{y-1}{-3}=\frac{z}{3}.$$

**3. 直线与平面的夹角**

设直线 $L$ 的方向向量为 $\boldsymbol{s}=(m,n,p)$,平面 $\Pi$ 的法向量为 $\boldsymbol{n}=(A,B,C)$.当直线 $L$ 与平面 $\Pi$ 垂直时,规定它们的夹角为$\dfrac{\pi}{2}$;当直线 $L$ 与平面 $\Pi$ 不垂直时,规定 $L$ 与它在平面 $\Pi$ 上的投影直线 $L'$ 之间的夹角 $\varphi\left(0\leqslant\varphi<\dfrac{\pi}{2}\right)$为**直线 $L$ 与平面 $\Pi$ 的夹角**(见图 7-34).

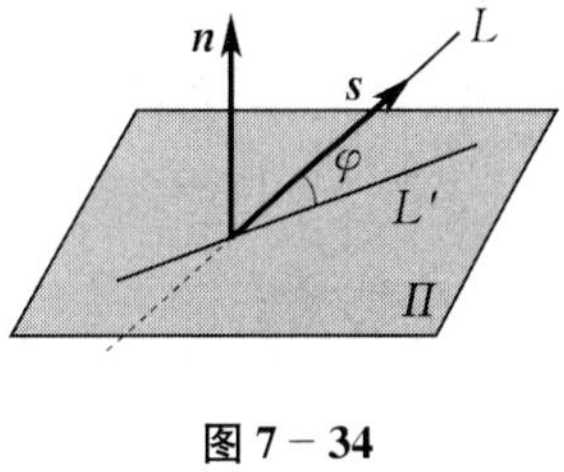

图 7-34

由图 7-34 不难发现$(\widehat{\boldsymbol{n},\boldsymbol{s}})=\dfrac{\pi}{2}\pm\varphi$,因此

$$\sin\varphi=|\cos(\widehat{\boldsymbol{n},\boldsymbol{s}})|=\frac{|\boldsymbol{n}\cdot\boldsymbol{s}|}{|\boldsymbol{n}||\boldsymbol{s}|}=\frac{|Am+Bn+Cp|}{\sqrt{A^2+B^2+C^2}\sqrt{m^2+n^2+p^2}}.$$

这就是**直线与平面夹角的正弦公式**.

由此,可以得到下面的结论:

(1) $L \perp \Pi \Leftrightarrow \boldsymbol{n} /\!/ \boldsymbol{s} \Leftrightarrow \dfrac{A}{m}=\dfrac{B}{n}=\dfrac{C}{p}$;

(2) $L /\!/ \Pi \Leftrightarrow \boldsymbol{s} \perp \boldsymbol{n} \Leftrightarrow Am+Bn+Cp=0$.

特别地,当且仅当 $Am+Bn+Cp=0$ 和 $Ax_0+By_0+Cz_0+D=0$ 时,直线 $L:\dfrac{x-x_0}{m}=\dfrac{y-y_0}{n}=\dfrac{z-z_0}{p}$ 在平面 $\Pi: Ax+By+Cz+D=0$ 上.

**例 7.4.12** 求直线 $\begin{cases}x+2y+z+3=0,\\ x-2y+z-3=0\end{cases}$ 与平面 $x+\sqrt{2}y-z+4=0$ 的夹角 $\varphi$.

**解** 直线的方向向量为 $\boldsymbol{s}=(\boldsymbol{i}+2\boldsymbol{j}+\boldsymbol{k})\times(\boldsymbol{i}-2\boldsymbol{j}+\boldsymbol{k})=4\boldsymbol{i}-4\boldsymbol{k}=4(\boldsymbol{i}-\boldsymbol{k})$,平面的法向量为 $\boldsymbol{n}=\boldsymbol{i}+\sqrt{2}\boldsymbol{j}-\boldsymbol{k}$,所以

$$\sin\varphi=\frac{|\boldsymbol{n}\cdot\boldsymbol{s}|}{|\boldsymbol{n}||\boldsymbol{s}|}=\frac{2}{2\cdot\sqrt{2}}=\frac{\sqrt{2}}{2},\quad 即\quad \varphi=\frac{\pi}{4}.$$

## 四、平面束

通过空间定直线可以作无穷多个平面,所有这些平面的集合称为过该直线的**平面束**(见图 7-35).平面束为解决平面与直线的有关问题提供了一条捷径,下面讨论平面束的方程.

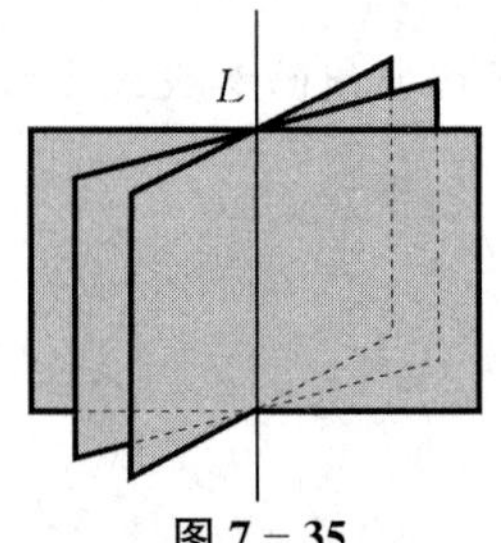

图 7-35

设直线 $L$ 为两平面 $\Pi_1: A_1x+B_1y+C_1z+D_1=0$ 与 $\Pi_2: A_2x+B_2y+C_2z+D_2=0$ 的交线,即 $L$ 的方程为

$$\begin{cases}A_1x+B_1y+C_1z+D_1=0,\\ A_2x+B_2y+C_2z+D_2=0.\end{cases}$$

对于任意实数 $\lambda$,构造方程

$$A_1x+B_1y+C_1z+D_1+\lambda(A_2x+B_2y+C_2z+D_2)=0. \tag{7.4.8}$$

由于 $A_1,B_1,C_1$ 与 $A_2,B_2,C_2$ 不成比例,因此对于实数 $\lambda$,方程(7.4.8)的系数 $A_1+\lambda A_2, B_1+\lambda B_2, C_1+\lambda C_2$ 不全为 0,从而方程(7.4.8)是一个三元一次方程,它表示一个平面.

显然,直线 $L$ 上任意一点的坐标都既满足 $\Pi_1$ 的方程,也满足 $\Pi_2$ 的方程,从而满足方程(7.4.8).因此,方程(7.4.8)表示通过直线 $L$ 的平面.对于不同的实数 $\lambda$,方程(7.4.8)代表通过直线 $L$ 的不同平面.可以证明,除平面 $\Pi_2$ 外,任意一个通过直线 $L$ 的平面都对应方程(7.4.8)所表示的一个平面,因此方程(7.4.8)表示通过直线 $L$ 的平面束中除 $\Pi_2$ 外的所有平面.

思考 为什么过直线 $L$ 的平面束方程(7.4.8)不包括 $\Pi_2$?

**例 7.4.13** 求直线 $L:\begin{cases}x+y+z-1=0,\\ 2x-y+z+1=0\end{cases}$ 在平面 $\Pi: x-y+z=0$ 上的投影直线 $L'$ 的方程.

**分析** 所谓直线 $L$ 在平面 $\Pi$ 上的投影直线 $L'$,是指通过直线 $L$ 且垂直于平面 $\Pi$ 的平面 $\Pi_1$(称为**投影平面**)与 $\Pi$ 的交线.

**解** 如图 7-36 所示,设通过直线 $L$ 的平面束方程为 $x+y+z-1+\lambda(2x-y+z+1)=0$,

即

$$(1+2\lambda)x+(1-\lambda)y+(1+\lambda)z-1+\lambda=0.$$

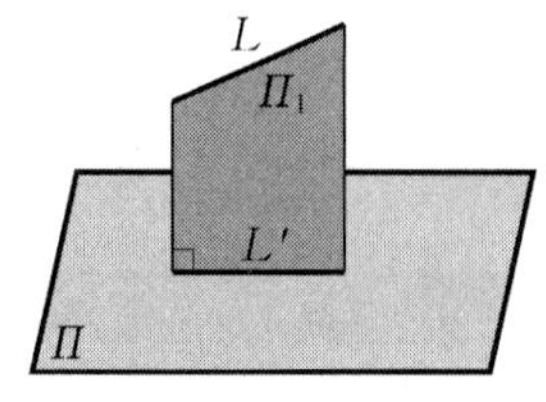

图 7－36

投影平面$\Pi_1$也在上述方程所表示的平面束中，于是由平面$\Pi$与$\Pi_1$垂直可知

$$(1+2\lambda)-(1-\lambda)+(1+\lambda)=0,$$

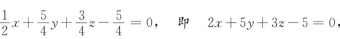

解得$\lambda=-\dfrac{1}{4}$. 因此，投影平面$\Pi_1$的方程为

$$\frac{1}{2}x+\frac{5}{4}y+\frac{3}{4}z-\frac{5}{4}=0,\quad 即\quad 2x+5y+3z-5=0,$$

从而投影直线$L'$的方程为$\begin{cases}2x+5y+3z-5=0,\\ x-y+z=0.\end{cases}$

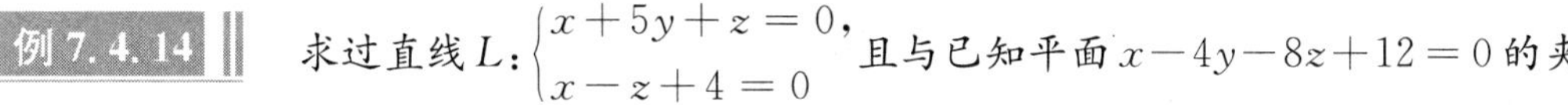

**例 7.4.14** 求过直线$L$:$\begin{cases}x+5y+z=0,\\ x-z+4=0\end{cases}$且与已知平面$x-4y-8z+12=0$的夹角为$\dfrac{\pi}{4}$的平面的方程.

**解** 设过直线$L$的平面束方程为$x-z+4+\lambda(x+5y+z)=0$,即

$$(1+\lambda)x+5\lambda y+(\lambda-1)z+4=0,$$

其法向量为$\boldsymbol{n}=(1+\lambda)\boldsymbol{i}+5\lambda\boldsymbol{j}+(\lambda-1)\boldsymbol{k}$. 已知平面$x-4y-8z+12=0$的法向量为$\boldsymbol{n}_1=\boldsymbol{i}-4\boldsymbol{j}-8\boldsymbol{k}$，依题意有

$$\cos\frac{\pi}{4}=\frac{\sqrt{2}}{2}=\frac{|\boldsymbol{n}\cdot\boldsymbol{n}_1|}{|\boldsymbol{n}||\boldsymbol{n}_1|}=\frac{|(1+\lambda)-20\lambda-8(\lambda-1)|}{\sqrt{(1+\lambda)^2+25\lambda^2+(\lambda-1)^2}\cdot\sqrt{81}}=\frac{|1-3\lambda|}{\sqrt{27\lambda^2+2}}.$$

对上式两端同时求平方，得$9\lambda^2+12\lambda=0$，解得$\lambda_1=0,\lambda_2=-\dfrac{4}{3}$，所对应平面的方程分别为

$$x-z+4=0,\quad x+20y+7z-12=0.$$

**注** (1) 方程(7.4.8)无法表示平面$\Pi_2$:$A_2x+B_2y+C_2z+D_2=0$，计算时应注意. 若将例 7.4.14 的平面束方程设为$x+5y+z+\lambda(x-z+4)=0$，则会遗漏平面$x-z+4=0$.

(2) 如果将平面束方程写成

$$\lambda(A_1x+B_1y+C_1z+D_1)+\mu(A_2x+B_2y+C_2z+D_2)=0,\tag{7.4.9}$$

其中$\lambda,\mu$为不同时为0的任意实数，那么方程(7.4.9)包含了过直线$L$:

$$\begin{cases}A_1x+B_1y+C_1z+D_1=0,\\ A_2x+B_2y+C_2z+D_2=0\end{cases}$$

的所有平面. 方程(7.4.9)称为过$L$的**双参数平面束方程**.

## 思考题 7.4

1. 指出下列方程在平面解析几何和空间解析几何中分别表示什么图形：

(1) $x=2$;　　　　(2) $y=x+1$.

2. 用一般式方程$\begin{cases}A_1x+B_1y+C_1z+D_1=0,\\ A_2x+B_2y+C_2z+D_2=0\end{cases}\left(\dfrac{A_1}{A_2}=\dfrac{B_1}{B_2}=\dfrac{C_1}{C_2}不成立\right)$表示空间直线的表示式是否唯一？直线$\begin{cases}x+y=0,\\ 2x-y=3\end{cases}$和直线$\begin{cases}x-y=0,\\ 2x+3y=0\end{cases}$有何关系？

3. 平面束方程 $A_1x+B_1y+C_1z+D_1+\lambda(A_2x+B_2y+C_2z+D_2)=0$ 是否包含所有过直线

$$\begin{cases}A_1x+B_1y+C_1z+D_1=0,\\A_2x+B_2y+C_2z+D_2=0\end{cases}$$

的平面?

## 习　题　7.4

**(A)**

一、求过点 $M_0(2,9,-6)$ 且与线段 $OM_0$($O$ 为坐标原点)垂直的平面的方程.

二、设一平面过点$(1,2,-1)$且在 $x$ 轴和 $z$ 轴上的截距都等于在 $y$ 轴上的截距的两倍,试求该平面的方程.

三、设一平面过点$(1,0,-1)$且平行于向量 $\boldsymbol{a}=(2,1,1)$ 和 $\boldsymbol{b}=(1,-1,0)$,试求该平面的方程.

四、求过三点 $M_1(1,1,-1)$,$M_2(-2,-2,2)$ 和 $M_3(1,-1,2)$ 的平面的方程.

五、指出下列平面的特殊位置,并画出其图形:

(1) $y=0$;　(2) $3x-1=0$;　(3) $2x-3y-6=0$;　(4) $x-y=0$.

六、求平面 $2x-2y+z+5=0$ 与各坐标面的夹角的余弦.

七、设平面 $\Pi$ 过点 $M(1,2,3)$ 与 $N(0,-1,1)$,且垂直于平面 $x+y+z+1=0$,求 $\Pi$ 的方程.

八、若平面 $x+ky-2z=0$ 与平面 $2x-3y+z=0$ 的夹角为 $\frac{\pi}{4}$,求 $k$ 的值.

九、求点$(-1,-2,1)$到平面 $x+2y-2z-5=0$ 的距离.

十、用对称式方程及参数式方程表示直线 $\begin{cases}x-y+z=1,\\2x+y+z=4.\end{cases}$

十一、求过点$(0,2,4)$且与平面 $x+2z=1$ 和平面 $y-3z=2$ 都平行的直线的方程.

十二、求过点 $M(3,1,-2)$ 且过直线 $L$:$\frac{x-4}{5}=\frac{y+3}{2}=z$ 的平面的方程.

十三、求点$(-1,2,0)$在平面 $x+2y-z+1=0$ 上的投影.

十四、已知直线 $L$:$\begin{cases}2x-4y+z=0,\\3x-y-2z-9=0,\end{cases}$ 求:

(1) 该直线在 $xOy$ 面上的投影直线的方程;

(2) 该直线在平面 $4x-y+z=1$ 上的投影直线的方程.

**(B)**

一、已知某直线的方程为 $\begin{cases}A_1x+B_1y+C_1z+D_1=0,\\A_2x+B_2y+C_2z+D_2=0\end{cases}$ $\left(\frac{A_1}{A_2}=\frac{B_1}{B_2}=\frac{C_1}{C_2}\text{ 不成立}\right)$,当各系数满足哪些条件时,才能使得该直线:(1) 经过坐标原点;(2) 与 $x$ 轴平行,但不与 $x$ 轴相交;(3) 与 $z$ 轴重合?

二、求过直线 $L_1$:$\frac{x}{2}=-y=\frac{z-1}{2}$ 且与直线 $L_2$:$x-1=y=-z$ 平行的平面.

三、设 $M_0$ 是直线 $L$ 外一点,$M$ 是直线 $L$ 上任意一点,且直线 $L$ 的方向向量为 $\boldsymbol{s}$,试证:点 $M_0$ 到直线 $L$ 的距离为

$$d=\frac{|\overrightarrow{MM_0}\times\boldsymbol{s}|}{|\boldsymbol{s}|}.$$

四、求过直线 $L$:$\begin{cases}x+y+z+1=0,\\2x+y+z=0\end{cases}$ 的所有平面中和坐标原点距离最大的平面.

# 第五节　空间曲面与空间曲线

对空间曲面与空间曲线的研究是对空间平面与空间直线研究的继续. 在日常生活中,经常会看到各种各样的曲面,如球面、圆柱面、汽车的外壳等. 本节首先介绍几种特殊的空间曲面:球面、柱面和旋转曲面,然后介绍空间曲线的方程及其在坐标面上的投影,最后介绍几种常见的二次曲面.

## 一、空间曲面及其方程

### 1. 空间曲面的基本概念

我们知道,在平面解析几何中可把曲线看成动点的轨迹. 因此,在空间中的曲面可看成一个动点或一条动曲线(直线) 按一定的条件或规律运动而产生的轨迹.

一般地,如果空间曲面 $S$ 和三元方程 $F(x,y,z)=0$ 满足:

(1) 曲面 $S$ 上任意一点的坐标 $(x,y,z)$ 均满足方程 $F(x,y,z)=0$,

(2) 不在曲面 $S$ 上的点的坐标 $(x,y,z)$ 均不满足方程 $F(x,y,z)=0$,

那么称方程 $F(x,y,z)=0$ 为**曲面 $S$ 的方程**,曲面 $S$ 称为方程 $F(x,y,z)=0$ 所表示的图形(见图 7-37).

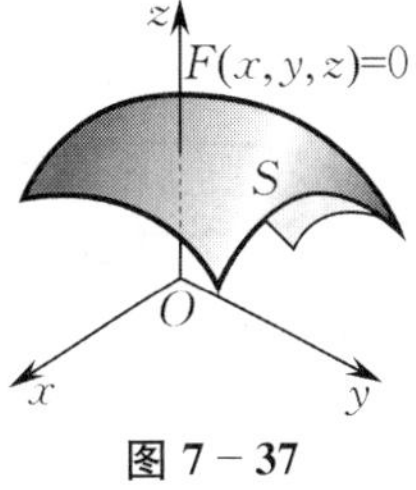


图 7-37

如果 $F(x,y,z)=0$ 是一个三元一次方程 $Ax+By+Cz+D=0$,那么它表示一个平面. 因此,平面也称为**一次曲面**. 如果这个三元方程是二次的,那么它所表示的曲面也称为**二次曲面**.

球面、柱面和旋转曲面都是常见的曲面,它们有着显著的几何特征,下面通过一些例子来讨论这几种特殊的曲面.

### 2. 几种特殊的曲面

(1) 球面. 到定点 $M_0(x_0,y_0,z_0)$ 的距离等于常数 $R$ 的动点的轨迹 $S$ 称为**球面**,其中定点 $M_0$ 称为**球心**,常数 $R$ 称为球面的**半径**.

如图 7-38 所示,点 $M(x,y,z)$ 在球面 $S$ 上的充要条件是 $|M_0M|=R$,即

$$(x-x_0)^2+(y-y_0)^2+(z-z_0)^2=R^2.$$

这就是球面上任意一点的坐标所满足的方程,而不在球面上的点,其坐标都不满足该方程,因此上式为球面 $S$ 的方程. 它还可以写成

$$x^2+y^2+z^2+Ax+By+Cz+D=0. \tag{7.5.1}$$

反之,任意一个形如方程(7.5.1) 的二次方程都可以化为

$$\left(x+\frac{A}{2}\right)^2+\left(y+\frac{B}{2}\right)^2+\left(z+\frac{C}{2}\right)^2=\rho,$$

其中 $\rho=\frac{1}{4}(A^2+B^2+C^2)-D$. 当 $\rho>0$ 时,方程(7.5.1) 表示一个以点 $\left(-\frac{A}{2},-\frac{B}{2},-\frac{C}{2}\right)$ 为球心、$\sqrt{\rho}$ 为半径的球面.

(2) 柱面. 如图 7-39 所示,由平行于某定直线 $L$ 的动直线 $l$ 沿空间一条定曲线 $C$ 平移所

产生的曲面称为**柱面**,其中动直线 $l$ 称为柱面的**母线**,定曲线 $C$ 称为柱面的**准线**.

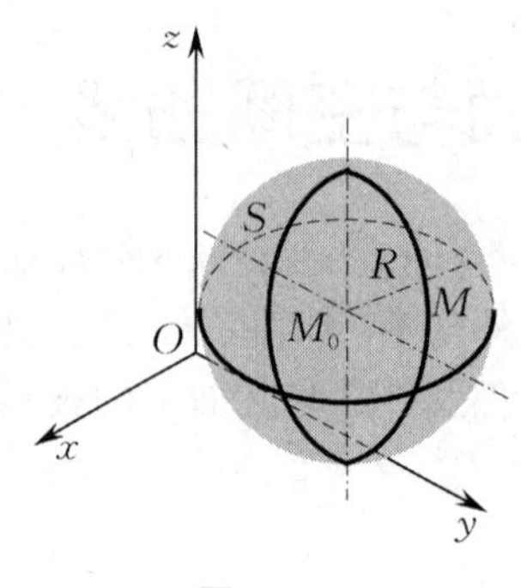


图 7 - 38

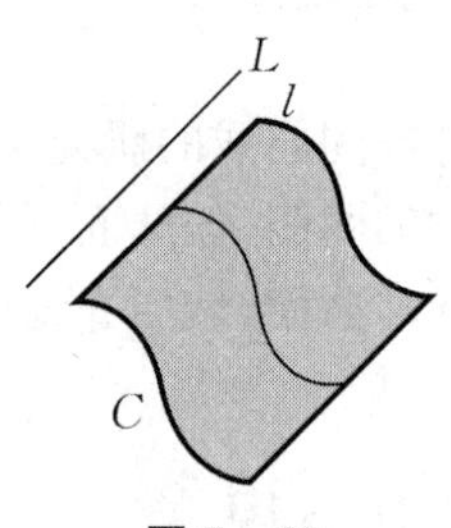


图 7 - 39

**注** 一个柱面的准线并不唯一.

下面仅讨论母线平行于坐标轴的柱面.

**例 7.5.1** 设一个柱面的准线方程为 $\begin{cases} x^2+y^2=a^2, \\ z=0 \end{cases}$ $(a>0)$,且其母线平行于 $z$ 轴,求该柱面的方程.

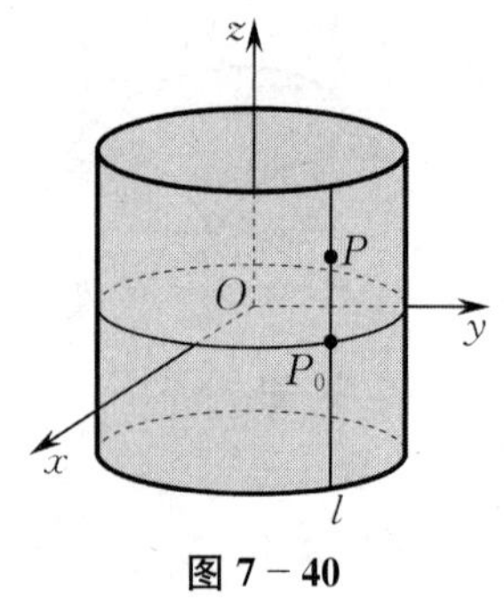


图 7 - 40

**解** 一方面,设 $P(x,y,z)$ 是该柱面上任意一点,过点 $P$ 作与 $z$ 轴平行的母线 $l$. 这条母线与 $xOy$ 面的交点为 $P_0(x,y,0)$,且点 $P_0$ 应当在准线上,于是点 $P_0(x,y,0)$ 的坐标应该满足方程 $x^2+y^2=a^2$,即该柱面上任意一点 $P(x,y,z)$ 的坐标都满足方程 $x^2+y^2=a^2$.

另一方面,不在这个柱面上的点 $(x,y,z)$ 的坐标一定不满足方程 $x^2+y^2=a^2$,因此 $x^2+y^2=a^2$ 就是所求柱面的方程,称它为**圆柱面**(见图 7 - 40).

一般地,若柱面的母线平行于 $x$ 轴,且以 $yOz$ 面上的曲线 $\begin{cases} f(y,z)=0, \\ x=0 \end{cases}$ 为准线,则柱面的方程为 $f(y,z)=0$;同样,若柱面的母线平行于 $y$ 轴,且以 $zOx$ 面上的曲线 $\begin{cases} g(x,z)=0, \\ y=0 \end{cases}$ 为准线,则柱面的方程为 $g(x,z)=0$;若柱面的母线平行于 $z$ 轴,且以 $xOy$ 面上的曲线 $\begin{cases} h(x,y)=0, \\ z=0 \end{cases}$ 为准线,则柱面的方程为 $h(x,y)=0$.

除圆柱面外,常见的柱面还有下面几种:

① 平面 $y+z=1$ 可看作以 $yOz$ 面上的直线 $y+z=1$ 为准线,以平行于 $x$ 轴的直线为母线的柱面,其图形如图 7 - 41 所示.

② 椭圆柱面 $\dfrac{x^2}{a^2}+\dfrac{y^2}{b^2}=1\ (a,b>0)$,其图形如图 7 - 42 所示.

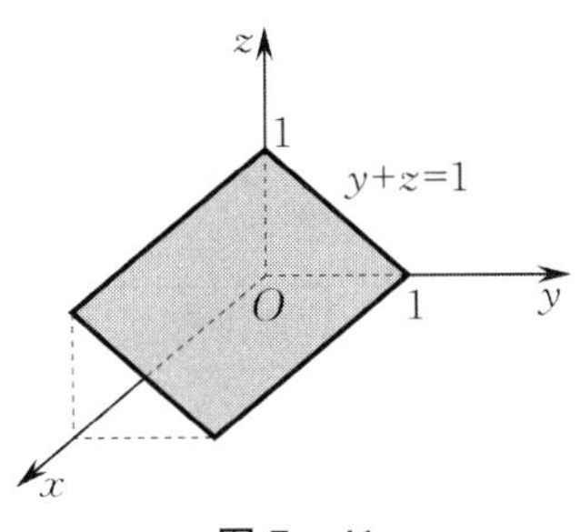


图 7-41

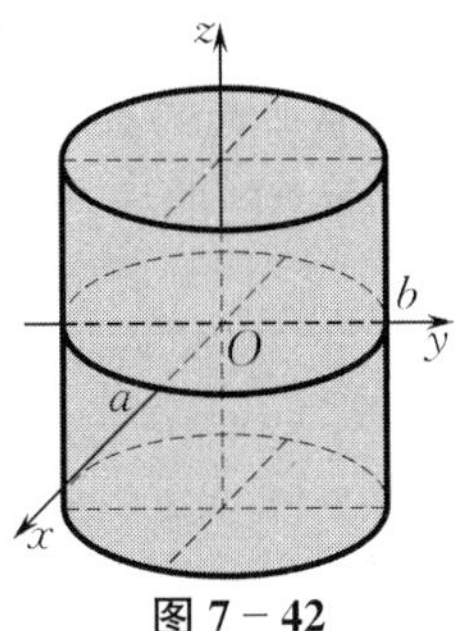


图 7-42

③ 双曲柱面 $-\dfrac{x^2}{a^2}+\dfrac{z^2}{b^2}=1(a,b>0)$，其图形如图 7-43 所示.

④ 抛物柱面 $x^2=2py(p>0)$，其图形如图 7-44 所示.

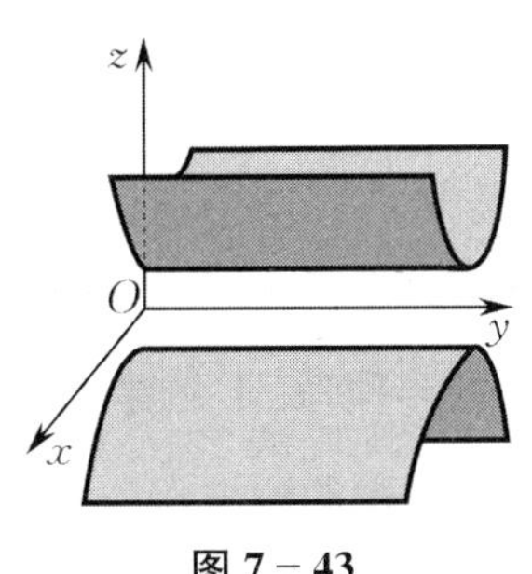


图 7-43

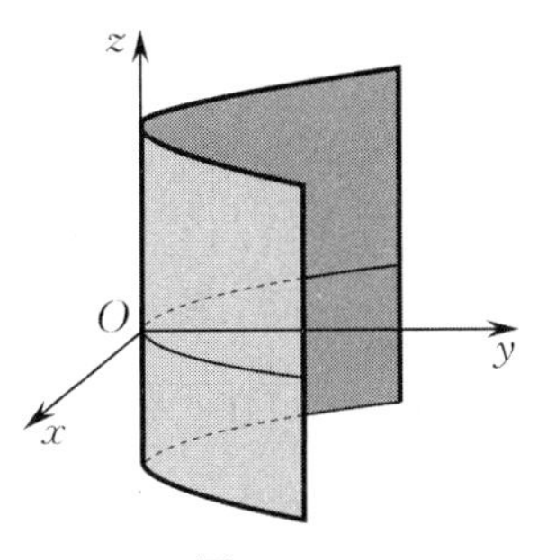


图 7-44

思考　试写出准线方程为 $\begin{cases} z=3x^2+2y^2, \\ z=6, \end{cases}$ 母线平行于 $z$ 轴的柱面的方程.

(3) 旋转曲面. 由一条平面曲线 $C$ 绕同一个平面上的一条定直线 $L$ 旋转一周所形成的曲面称为**旋转曲面**，其中定直线 $L$ 称为**旋转轴**，曲线 $C$ 称为**生成曲线**.

旋转曲面的应用十分广泛，如卫星地面站天线、车床加工的零件等. 旋转曲面不仅具有许多实用特性，而且还便于加工制作. 下面只讨论绕坐标轴旋转的旋转曲面.

**例 7.5.2**　设在 $yOz$ 面上的曲线 $C$ 的方程为 $\begin{cases} f(y,z)=0, \\ x=0, \end{cases}$ 求这条曲线绕 $z$ 轴旋转一周所形成的旋转曲面的方程.

**解**　如图 7-45 所示，一方面，在旋转曲面上任取一点 $M(x,y,z)$，过点 $M$ 作垂直于 $z$ 轴的平面，设该平面与 $z$ 轴交于点 $P(0,0,z)$，与曲线 $C$ 交于点 $M_1(0,y_0,z_0)$. 由于点 $M_1$ 在曲线 $C$ 上，故其坐标满足 $f(y_0,z_0)=0$.

注意到点 $M$ 是由点 $M_1$ 绕 $z$ 轴旋转得到的，因此 $z_0=z$，且 $|PM|=|PM_1|$，从而 $\sqrt{x^2+y^2}=|y_0|$，即 $y_0=\pm\sqrt{x^2+y^2}$. 将 $y_0,z_0$ 代入 $f(y_0,z_0)=0$，得

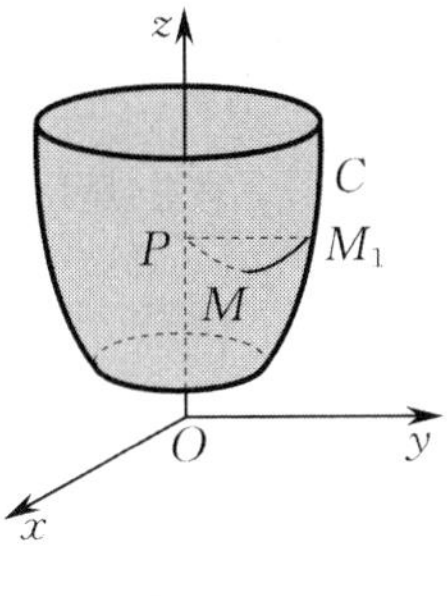

图 7-45

$$f(\pm\sqrt{x^2+y^2},z)=0, \tag{7.5.2}$$

即该旋转曲面上任意一点 $M(x,y,z)$ 的坐标都满足方程(7.5.2).

另一方面,如果某点不在旋转曲面上,那么其坐标一定不满足方程(7.5.2). 所以,方程(7.5.2) 就是所求旋转曲面的方程.

类似地,各坐标面上的曲线绕坐标轴旋转一周所形成的旋转曲面的方程如表 7-1 所示.

表 7-1

| 生成曲线 | 旋转轴 | 旋转曲面的方程 |
| --- | --- | --- |
| $\begin{cases} g(x,y)=0, \\ z=0 \end{cases}$ | $x$ 轴 | $g(x,\pm\sqrt{y^2+z^2})=0$ |
| | $y$ 轴 | $g(\pm\sqrt{x^2+z^2},y)=0$ |
| $\begin{cases} f(y,z)=0, \\ x=0 \end{cases}$ | $y$ 轴 | $f(y,\pm\sqrt{x^2+z^2})=0$ |
| | $z$ 轴 | $f(\pm\sqrt{x^2+y^2},z)=0$ |
| $\begin{cases} h(x,z)=0, \\ y=0 \end{cases}$ | $x$ 轴 | $h(x,\pm\sqrt{y^2+z^2})=0$ |
| | $z$ 轴 | $h(\pm\sqrt{x^2+y^2},z)=0$ |

下面再列举几个常见的旋转曲面.

① 圆锥面. 由一条直线绕与它相交的另一条直线旋转一周所形成的旋转曲面称为**圆锥面**,其中两直线的交点称为圆锥面的**顶点**,两直线的夹角 $\alpha\left(0<\alpha<\frac{\pi}{2}\right)$ 称为圆锥面的**半顶角**. 下面建立顶点在坐标原点,旋转轴为 $z$ 轴,半顶角为 $\alpha$ 的圆锥面的方程.

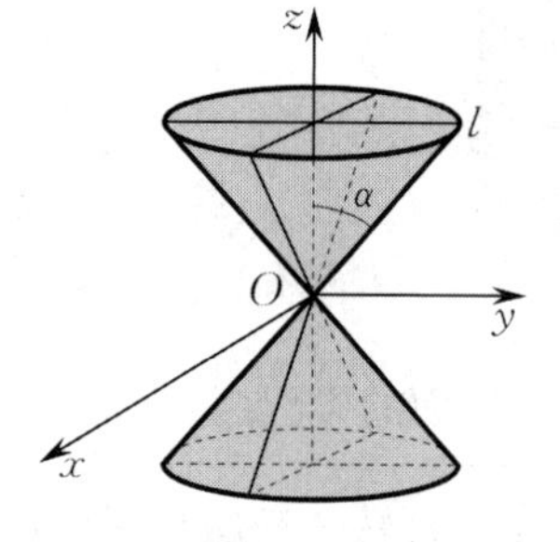


图 7-46

如图 7-46 所示,在 $yOz$ 面上,直线 $l$ 的方程为 $z=y\cot\alpha$,将其绕 $z$ 轴旋转一周,得所示圆锥面的方程为

$$z=\pm\sqrt{x^2+y^2}\cot\alpha,\quad 即\quad z^2=k^2(x^2+y^2),$$

其中 $k=\cot\alpha$.

② 旋转双曲面. $zOx$ 面上的双曲线 $\begin{cases} \frac{x^2}{a^2}-\frac{z^2}{b^2}=1, \\ y=0 \end{cases}$ $(a,b>0)$ 绕 $z$ 轴旋转一周所形成的旋转曲面的方程为 $\frac{x^2+y^2}{a^2}-\frac{z^2}{b^2}=1$(见图 7-47),称该旋转曲面为**旋转双曲面**;$yOz$ 面上的双曲线 $\begin{cases} y^2-z^2=1, \\ x=0 \end{cases}$ 绕 $y$ 轴旋转一周所形成的旋转曲面的方程为 $y^2-x^2-z^2=1$(见图 7-48),它也是旋转双曲面.

曲面 $\frac{x^2+y^2}{a^2}-\frac{z^2}{b^2}=1$ 也叫作**旋转单叶双曲面**,曲面 $y^2-x^2-z^2=1$ 也叫作**旋转双叶双曲面**.

③ 旋转抛物面. 将 $yOz$ 面上的抛物线 $\begin{cases} z=y^2, \\ x=0 \end{cases}$ 绕 $z$ 轴旋转一周所形成的旋转曲面的方程为 $z=x^2+y^2$,称该旋转曲面为**旋转抛物面**,如图 7-49 所示.

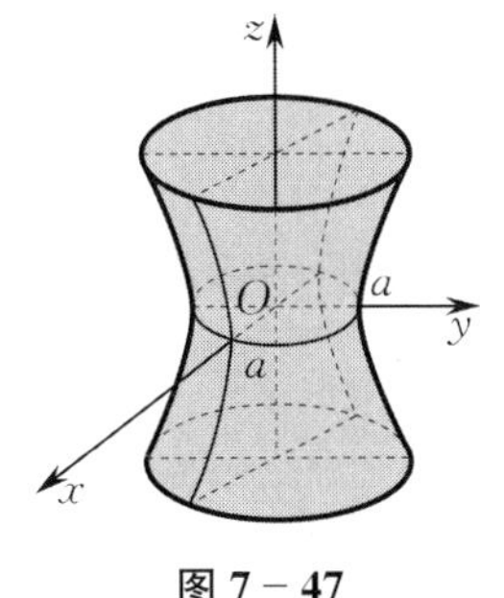

图 7－47

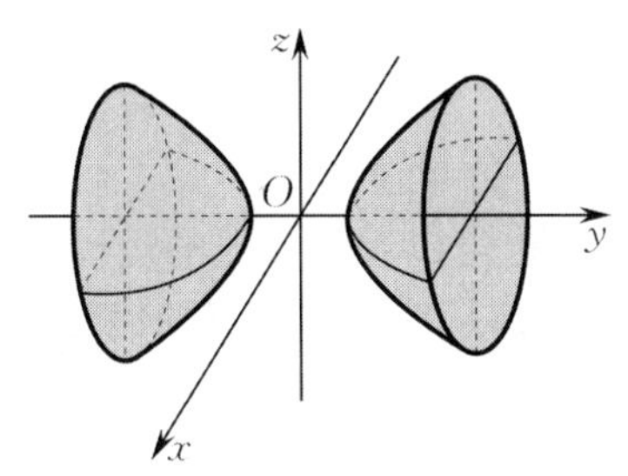

图 7－48

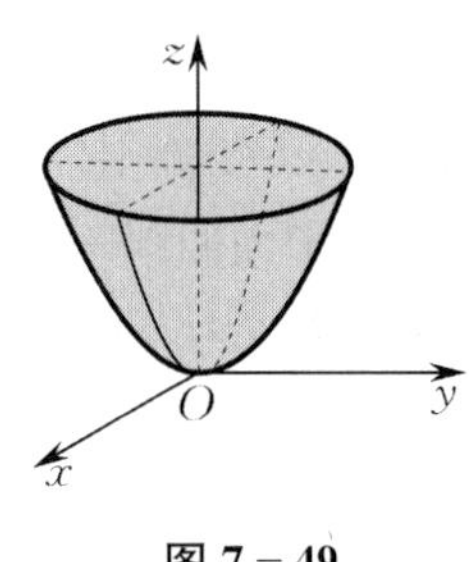

图 7－49

思考　请读者写出抛物线$\begin{cases} z = y^2, \\ x = 0 \end{cases}$绕 $y$ 轴旋转一周所形成的旋转曲面的方程，并画出该旋转曲面的图形.

旋转抛物面有着广泛的用途，如探照灯、车灯和太阳灶的反光面就是旋转抛物面. 为了保持发射与接收电磁波的良好性能，雷达和射电望远镜的天线多做成旋转抛物面.

## 二、空间曲线及其方程

### 1. 空间曲线及其方程

在第四节中，我们把空间直线看成两个平面的交线，从而得到空间直线的一般式方程.

同样，一条空间曲线也可以看成空间中两个曲面的交线(见图 7－50). 如果空间曲线 $C$ 上的任意一点既在曲面 $F(x,y,z) = 0$ 上，又在曲面 $G(x,y,z) = 0$ 上，那么 $C$ 上的点的坐标$(x,y,z)$ 应当满足两个曲面的方程联立的方程组

$$\begin{cases} F(x,y,z) = 0, \\ G(x,y,z) = 0, \end{cases}$$

并称这个方程组为**空间曲线 $C$ 的一般式方程**.

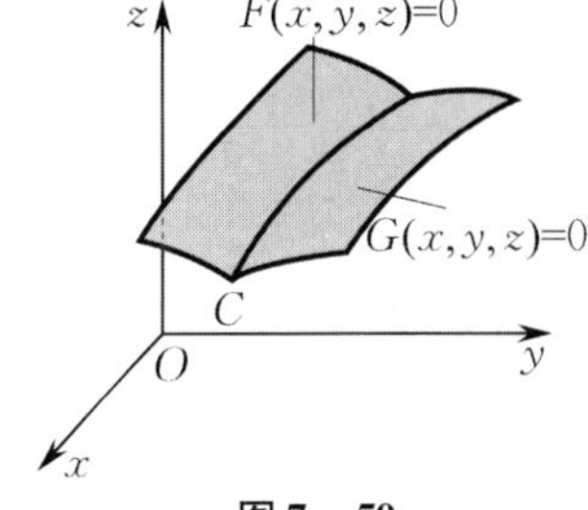

图 7－50

**例 7.5.3**　方程组$\begin{cases} x^2 + y^2 + z^2 = 4, \\ z = 1 \end{cases}$表示的曲线是以坐标原点为球心、2 为半径的球面与平面 $z = 1$ 的交线，是平面 $z = 1$ 上的一个圆周，如图 7－51 所示.

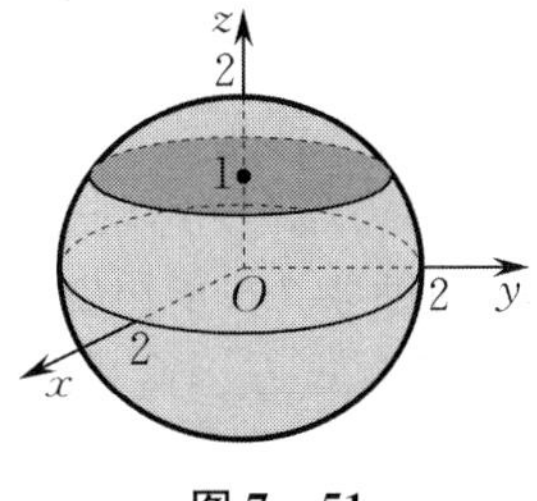

图 7－51

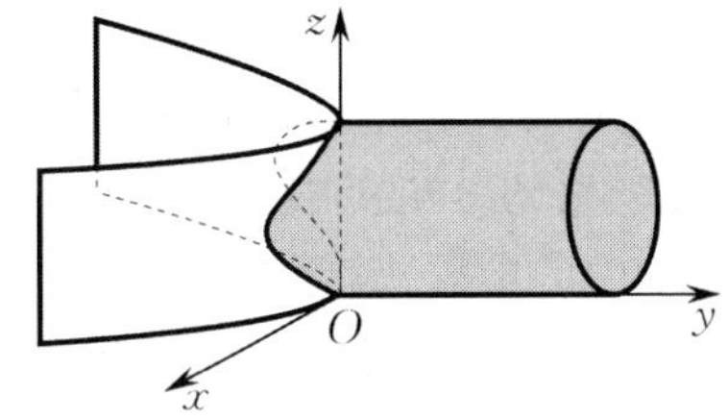

图 7－52

**例 7.5.4**　方程组$\begin{cases} x^2 + z^2 = 4z, \\ x^2 = -4y \end{cases}$表示的曲线是圆柱面 $x^2 + z^2 = 4z$ 与抛物柱面 $x^2 = -4y$ 的交线，如图 7－52 所示.

**注**　在同一个空间直角坐标系中，表示空间曲线的方程是不唯一的. 例如，方程组

$$\begin{cases}x^2+y^2+z^2=1,\\x^2+y^2=1,\end{cases}\quad\begin{cases}x^2+y^2=1,\\z=0,\end{cases}\quad\begin{cases}x^2+y^2+z^2=1,\\z=0\end{cases}$$

都表示 $xOy$ 面上以坐标原点为圆心的单位圆周.

像平面曲线一样,空间曲线 $C$ 也可以看成动点的运动轨迹,$C$ 上每一点的坐标都可以表示为参数 $t$($t$ 为时间或角度)的函数,从而得到**空间曲线 $C$ 的参数式方程**为

$$\begin{cases}x=x(t),\\y=y(t),\quad t\in I.\\z=z(t),\end{cases}$$

例如,例 7.5.3 中曲线的参数式方程可表示为

$$\begin{cases}x=\sqrt{3}\cos t,\\y=\sqrt{3}\sin t,\quad 0\leqslant t\leqslant 2\pi.\\z=1,\end{cases}$$

**例 7.5.5** 如图 7-53 所示,设一个动点以角速度 $\omega$ 绕 $z$ 轴旋转,旋转半径为 $a$,同时在 $z$ 轴正方向以线速度 $v$ 向上平移(其中 $\omega,v$ 均为常数),求该动点的轨迹方程.

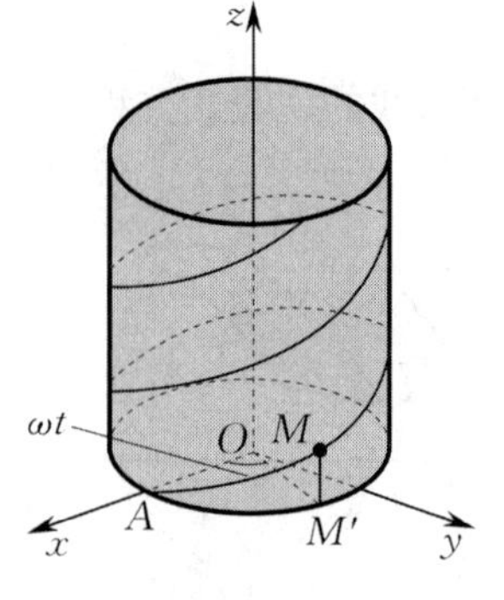


图 7-53

**解** 设 $t=0$ 时,动点在 $A(a,0,0)$ 处,经过时间 $t$ 后动点到达点 $M(x,y,z)$. 设点 $M$ 在 $xOy$ 面上的投影为 $M'(x,y,0)$,则

$$\begin{cases}x=|OM'|\cos\angle AOM',\\y=|OM'|\sin\angle AOM',\\z=|MM'|,\end{cases}$$

即

$$\begin{cases}x=a\cos\omega t,\\y=a\sin\omega t,\quad t\geqslant 0.\\z=vt,\end{cases}\tag{7.5.3}$$

令 $\theta=\omega t,b=\dfrac{v}{\omega}(\omega\neq 0)$,则方程(7.5.3)又可写成

$$\begin{cases}x=a\cos\theta,\\y=a\sin\theta,\quad \theta\text{ 为参数}.\\z=b\theta,\end{cases}\tag{7.5.4}$$

该动点所形成的曲线也称为**螺旋线**,它是在机械工程中比较常见的一种空间曲线,如螺杆的螺纹就是螺旋线. 当 $\theta$ 从 $\theta_0$ 变到 $\theta_0+2\pi$ 时,点 $M$ 上升的高度 $h=2\pi b$ 称为**螺距**.

方程(7.5.3)中的参数 $t$ 表示时间,而方程(7.5.4)中的参数 $\theta$ 表示角度. 例 7.5.5 表明,空间曲线的参数式方程并不唯一,选择参数时应尽可能使参数式方程简单且具有物理或几何意义.

**例 7.5.6** 求空间曲线 $\Gamma$: $\begin{cases}x^2+y^2=1,\\2x+3z=6\end{cases}$ 的参数式方程.

**解** 第一个方程的参数式方程为 $\begin{cases}x=\cos t,\\y=\sin t,\end{cases}$ $0\leqslant t\leqslant 2\pi$,将之代入第二个方程中,得

$$z=\frac{1}{3}(6-2\cos t),\quad 0\leqslant t\leqslant 2\pi.$$

于是，空间曲线 $\Gamma$ 的参数式方程为

$$\begin{cases}x=\cos t,\\ y=\sin t,\\ z=\dfrac{1}{3}(6-2\cos t),\end{cases}\quad 0\leqslant t\leqslant 2\pi.$$

**2. 空间曲线在坐标面上的投影**

前面已经介绍了空间直线在平面上的投影直线. 类似地，下面介绍工程技术上和多元函数积分学中常用到的空间曲线在坐标面上的投影.

**注**　工程制图才需要精确描绘出投影曲线的图形，在空间解析几何中不要求精确作图，只需作出草图，但要求写出准确的投影曲线方程.

设 $C$ 是一条空间曲线，称以 $C$ 为准线、母线平行于 $z$ 轴的柱面为曲线 $C$ 关于 $xOy$ 面的**投影柱面**，并称该投影柱面与 $xOy$ 面的交线 $C'$ 为曲线 $C$ 在 $xOy$ 面上的**投影曲线**（见图 7-54），简称**投影**. 类似地，可以定义曲线 $C$ 在其他坐标面上的投影.

显然，如果把图 7-54 中的投影柱面理解为经过空间曲线 $C$ 且垂直射向 $xOy$ 面的光柱，那么投影曲线 $C'$ 就是曲线 $C$ 在该光柱下的影子.

下面先看一个具体例子. 将空间曲线 $\Gamma$：$\begin{cases}z=3x^2+2y^2,\\ z=6\end{cases}$ 消去变量 $z$，得 $\dfrac{x^2}{2}+\dfrac{y^2}{3}=1$. 它表示一个母线平行于 $z$ 轴的椭圆柱面. 这个椭圆柱面也可以用另一种方法得到：先用平面 $z=6$ 去截椭圆抛物面 $z=3x^2+2y^2$，得空间曲线 $\Gamma$：

$$\begin{cases}z=3x^2+2y^2,\\ z=6;\end{cases}$$

再将曲线 $\Gamma$ 向 $xOy$ 面上投影即可得到这个椭圆柱面. 这个椭圆柱面即为投影柱面（见图 7-55），且曲线 $\Gamma$ 在 $xOy$ 面上的投影曲线 $\Gamma'$ 为

$$\begin{cases}\dfrac{x^2}{2}+\dfrac{y^2}{3}=1,\\ z=0.\end{cases}$$

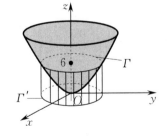

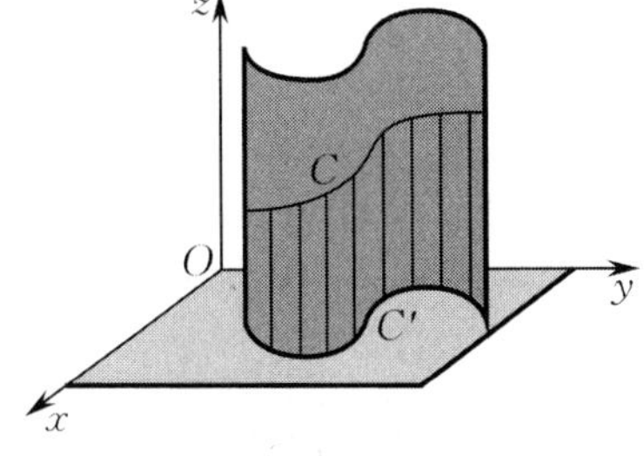


**图 7-54**

**图 7-55**

设空间曲线 $C$ 的一般式方程为

$$\begin{cases}F(x,y,z)=0,\\ G(x,y,z)=0,\end{cases}\tag{7.5.5}$$

下面求曲线 $C$ 在 $xOy$ 面上的投影. 先从该方程组中消去变量 $z$，得方程

$$H(x,y)=0,$$

那么曲线 $C$ 上任意一点 $P(x,y,z)$ 的坐标都满足方程 $H(x,y)=0$. 而 $H(x,y)=0$ 表示的是母线平行于 $z$ 轴的柱面,这说明曲线 $C$ 在方程 $H(x,y)=0$ 所表示的柱面上,即 $H(x,y)=0$ 为曲线 $C$ 关于 $xOy$ 面的投影柱面. 因此,方程组

$$\begin{cases}H(x,y)=0,\\ z=0\end{cases}$$

表示曲线 $C$ 在 $xOy$ 面上的投影.

同样,把一般式方程(7.5.5)中的变量 $y$ 和变量 $x$ 分别消去,得到方程 $L(x,z)=0$ 和 $M(y,z)=0$,再分别与 $y=0$ 和 $x=0$ 联立,即得

$$\begin{cases}L(x,z)=0,\\ y=0\end{cases} \quad 和 \quad \begin{cases}M(y,z)=0,\\ x=0.\end{cases}$$

这两个方程组分别表示曲线 $C$ 在 $zOx$ 面和 $yOz$ 面上的投影.

**例 7.5.7** 求空间曲线 $C$:$\begin{cases}x^2+y^2+z^2=1,\\ x^2+(y-1)^2+(z-1)^2=1\end{cases}$ 分别在 $xOy$ 面和 $yOz$ 面上的投影柱面和投影曲线的方程.

**解** (1) 先将曲线 $C$ 的两个方程相减得 $y+z=1$,再将 $z=1-y$ 代入第一个方程消去 $z$,得曲线 $C$ 关于 $xOy$ 面的投影柱面为

$$x^2+2y^2-2y=0.$$

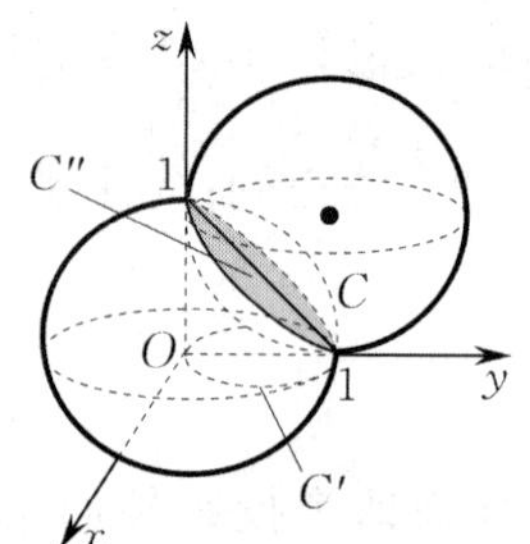

图 7 - 56

由此可得,曲线 $C$ 在 $xOy$ 面上的投影曲线 $C'$ 为一个椭圆(见图 7 - 56):

$$\begin{cases}x^2+2y^2-2y=0,\\ z=0.\end{cases}$$

(2) 将曲线 $C$ 的两个方程相减消去 $x$,得曲线 $C$ 关于 $yOz$ 面的投影柱面为

$$y+z=1 \quad (0\leqslant y\leqslant 1).$$

由此可得,曲线 $C$ 在 $yOz$ 面上的投影曲线 $C''$ 为一条线段:

$$\begin{cases}y+z=1,\\ x=0\end{cases} \quad (0\leqslant y\leqslant 1).$$

**例 7.5.8** 求 $x^2+y^2+z^2\leqslant R^2$ 和 $x^2+y^2+(z-R)^2\leqslant R^2$ 的公共部分(空间立体)在 $xOy$ 面上的投影区域①.

**解** 将曲面方程 $x^2+y^2+z^2=R^2$ 与 $x^2+y^2+(z-R)^2=R^2$ 联立消去 $z$,解得 $z=\dfrac{R}{2}$,从而投影柱面为 $x^2+y^2=\dfrac{3R^2}{4}$,投影区域 $D$ 为 $\begin{cases}x^2+y^2\leqslant\dfrac{3R^2}{4},\\ z=0,\end{cases}$ 即 $xOy$ 面上的一个圆域(见图 7 - 57).

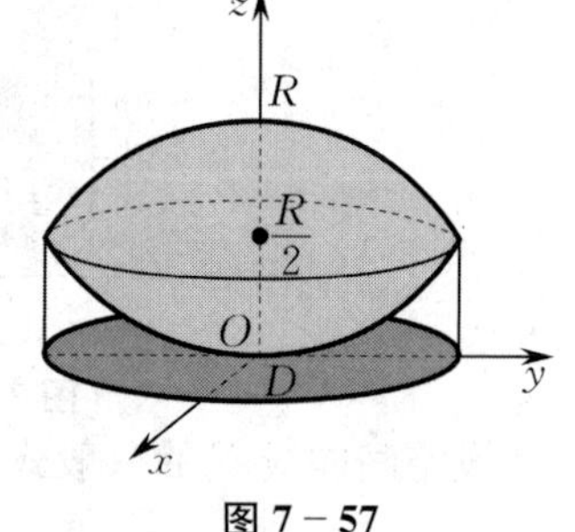

图 7 - 57

① 空间立体在某个坐标面上的投影区域是指该空间立体内所有点在该坐标面上的投影所组成的平面点集.

**例 7.5.9** (1) 求空间曲线 $C:\begin{cases} z=\sqrt{1-x^2-y^2}, \\ x^2+y^2-x=0 \end{cases}$ 分别在 $xOy$ 面和 $zOx$ 面上的投影;

(2) 求上半球体 $0 \leqslant z \leqslant \sqrt{1-x^2-y^2}$ 与圆柱体 $x^2+y^2 \leqslant x$ 的公共部分(空间立体)分别在 $xOy$ 面和 $zOx$ 面上的投影区域.

**解** (1) 因为第二个方程 $x^2+y^2-x=0$ 不含变量 $z$,所以曲线 $C$ 关于 $xOy$ 面的投影柱面即为 $x^2+y^2-x=0$(见图 7-58(a)). 因此,曲线 $C$ 在 $xOy$ 面上的投影曲线为

$$\begin{cases} x^2+y^2-x=0, \\ z=0. \end{cases}$$

从曲线 $C$ 的方程组中消去 $y$,可得 $C$ 关于 $zOx$ 面的投影柱面为 $z^2+x=1$(抛物柱面,见图 7-58(b)). 因此,曲线 $C$ 在 $zOx$ 面上的投影曲线为

$$\begin{cases} z=\sqrt{1-x}, \\ y=0, \end{cases} \quad 0 \leqslant x \leqslant 1.$$

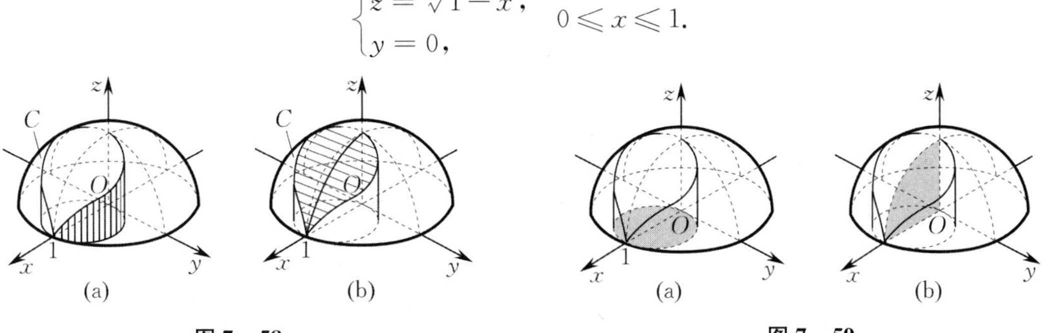


图 7-58　　　　图 7-59

(2) 由(1) 可知,该空间立体在 $xOy$ 面上的投影区域(见图 7-59(a))为

$$\begin{cases} x^2+y^2 \leqslant x, \\ z=0. \end{cases}$$

由于该空间立体的上表面是球面,此球面向 $zOx$ 面投影的轮廓线为 $z=\sqrt{1-x^2}$. 因此,该空间立体在 $zOx$ 面上的投影区域(见图 7-59(b))为

$$\begin{cases} 0 \leqslant z \leqslant \sqrt{1-x^2}, \\ y=0, \end{cases} \quad 0 \leqslant x \leqslant 1.$$

思考 如何求解例 7.5.9(1) 中曲线 $C$ 在 $yOz$ 面上的投影曲线?

请读者细心体会例 7.5.9 中(1) 和(2) 分别在 $zOx$ 面上的投影和投影区域的区别.

## 三、二次曲面及其方程

一般地,由方程

$$Ax^2+By^2+Cz^2+Dxy+Eyz+Fzx+Gx+Hy+Iz+J=0$$

所表示的曲面称为**二次曲面**,其中二次项系数不全为 0. 例如,前面已经讨论过的球面、圆锥面、椭圆柱面、双曲柱面和抛物柱面等均为二次曲面.

现在只讨论最简单的二次曲面及其方程的标准形式,更复杂的问题属于线性代数中二次型的内容,有兴趣的读者可阅读相关资料.

用坐标面和平行于坐标面的平面与曲面 $S$ 相截的交线(截痕)的形状来研究曲面 $S$ 的图形全貌的方法称为**截痕法**. 截痕法是研究二次曲面特性的基本方法.

**1. 椭球面** $\dfrac{x^2}{a^2}+\dfrac{y^2}{b^2}+\dfrac{z^2}{c^2}=1\ (a,b,c>0)$

由椭球面的方程可知，$|x|\leqslant a$，$|y|\leqslant b$，$|z|\leqslant c$，称 $a,b,c$ 为**椭球面的半轴**.

椭球面与三个坐标面的截痕均为椭圆(见图 7-60). 用平面 $z=z_0(|z_0|<c)$ 去截椭球面，截痕是椭圆；用平面 $y=y_0$ $(|y_0|<b)$ 或 $x=x_0(|x_0|<a)$ 去截椭球面，截痕也是椭圆. 如果椭球面方程中的 $a,b,c$ 中有两个相等，那么该椭球面是旋转椭球面；如果 $a,b,c$ 全相等，那么该椭球面就是球面.

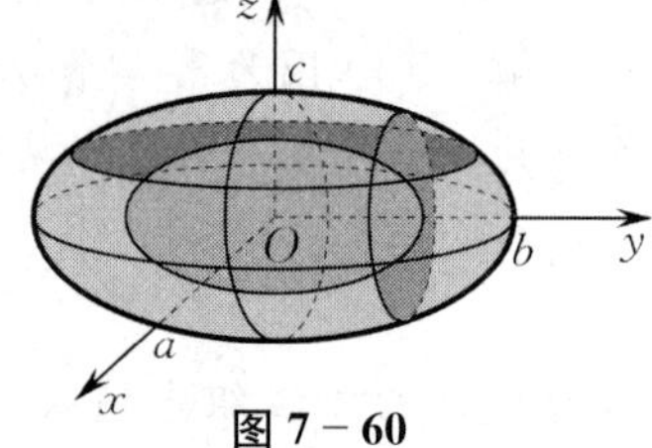

图 7－60

**2. 椭圆锥面** $\dfrac{x^2}{a^2}+\dfrac{y^2}{b^2}=z^2(a,b>0)$

椭圆锥面的图形如图 7－61 所示. 用平面 $z=z_0$ 去截椭圆锥面，截痕是椭圆；而用平面 $x=x_0$ 或 $y=y_0$ 去截椭圆锥面，截痕都是双曲线. 当椭圆锥面方程中的 $a=b$ 时，该椭圆锥面就是圆锥面.

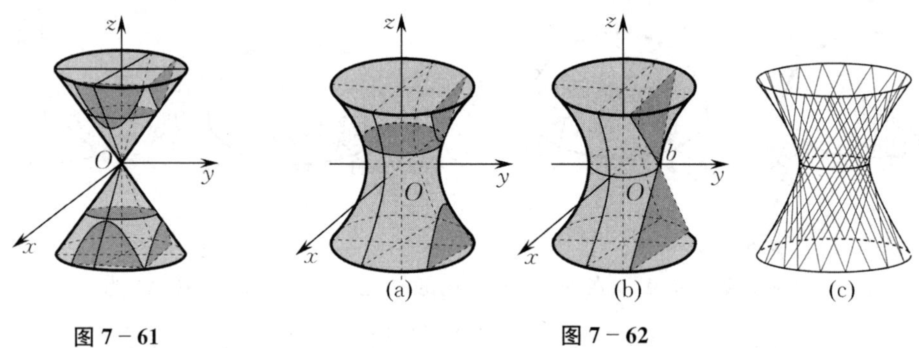

图 7－61　　图 7－62

**3. 单叶双曲面** $\dfrac{x^2}{a^2}+\dfrac{y^2}{b^2}-\dfrac{z^2}{c^2}=1\ (a,b,c>0)$

单叶双曲面的图形如图 7－62(a) 所示. 用平面 $z=z_0$ 去截单叶双曲面，截痕是椭圆：
$\begin{cases}\dfrac{x^2}{a^2}+\dfrac{y^2}{b^2}=1+\dfrac{z_0^2}{c^2},\\ z=z_0.\end{cases}$ $|z_0|$ 越大，椭圆的长、短轴越大.

用平面 $y=y_0$ 去截单叶双曲面，截痕为 $\begin{cases}\dfrac{x^2}{a^2}-\dfrac{z^2}{c^2}=1-\dfrac{y_0^2}{b^2},\\ y=y_0.\end{cases}$ 当 $y_0\neq\pm b$ 时，截痕是双曲线(见图 7－62(a))；当 $y_0=\pm b$ 时，截痕是一对相交直线(见图 7－62(b))：

$$\begin{cases}\dfrac{x}{a}\pm\dfrac{z}{c}=0,\\ y=-b\end{cases}\quad 和\quad \begin{cases}\dfrac{x}{a}\pm\dfrac{z}{c}=0,\\ y=b.\end{cases}$$

用平面 $x=x_0$ 去截单叶双曲面，截痕的情况与用平面 $y=y_0$ 去截该曲面类似.

由上述讨论可知，当用平面去截单叶双曲面时，其截痕可能是椭圆或双曲线，还可能是一对相交直线. 事实上，单叶双曲面可以完全由直线生成(见图 7－62(c)). 将单叶双曲面方程变形为

$$\left(\frac{x}{a}+\frac{z}{c}\right)\left(\frac{x}{a}-\frac{z}{c}\right)=\left(1+\frac{y}{b}\right)\left(1-\frac{y}{b}\right),$$

引入参数 $\lambda,\mu\in\mathbf{R}(\lambda,\mu\neq 0)$，上式可等价写为如下直线族：

$$\begin{cases}\dfrac{x}{a}+\dfrac{z}{c}=\lambda\left(1+\dfrac{y}{b}\right),\\ \dfrac{x}{a}-\dfrac{z}{c}=\dfrac{1}{\lambda}\left(1-\dfrac{y}{b}\right)\end{cases}\quad\text{或}\quad\begin{cases}\dfrac{x}{a}+\dfrac{z}{c}=\mu\left(1-\dfrac{y}{b}\right),\\ \dfrac{x}{a}-\dfrac{z}{c}=\dfrac{1}{\mu}\left(1+\dfrac{y}{b}\right).\end{cases}$$

这表明单叶双曲面是由直线族构成的，术语叫作**直纹面**.

单叶双曲面是一种双重直纹曲面. 在实际应用中，可以用直的钢梁建造这种曲面，这样的结构不仅可以减少风的阻力，还可以用最少的材料来维持结构的完整性. 因此，单叶双曲面在工程技术中有不少应用，如发电厂和水泥厂的冷却塔大多建成单叶双曲面的形式.

**4. 双叶双曲面** $-\dfrac{x^2}{a^2}-\dfrac{y^2}{b^2}+\dfrac{z^2}{c^2}=1\ (a,b,c>0)$

双叶双曲面的图形如图 7－63 所示. 当 $a=b$ 时，它表示旋转双曲面. 当 $|z_0|>c$ 时，用平面 $z=z_0$ 去截双叶双曲面，截痕是椭圆；当 $|z_0|<c$ 时，平面 $z=z_0$ 与双叶双曲面没有交线；当 $|z_0|=c$ 时，平面 $z=z_0$ 与双叶双曲面相交于点 $(0,0,c)$ 和点 $(0,0,-c)$. 用平面 $x=x_0$ 或 $y=y_0$ 去截双叶双曲面，截痕都是双曲线.

**5. 椭圆抛物面** $\dfrac{x^2}{a^2}+\dfrac{y^2}{b^2}=z\ (a,b>0)$

椭圆抛物面的图形如图 7－64 所示.

思考　请读者自行分析椭圆抛物面的图形特点. 当 $a=b$ 时，图形的形状如何？

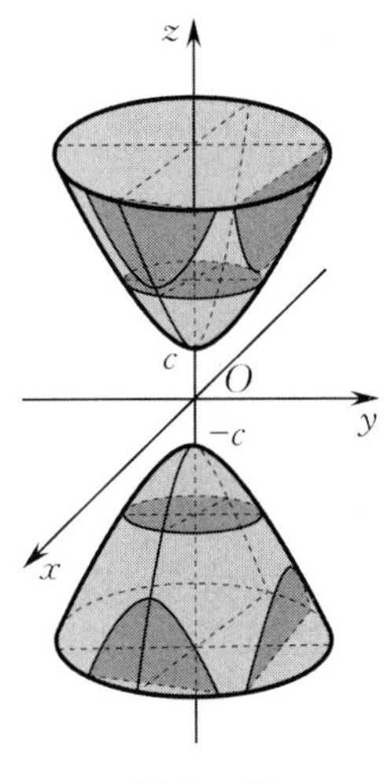


图 7－63

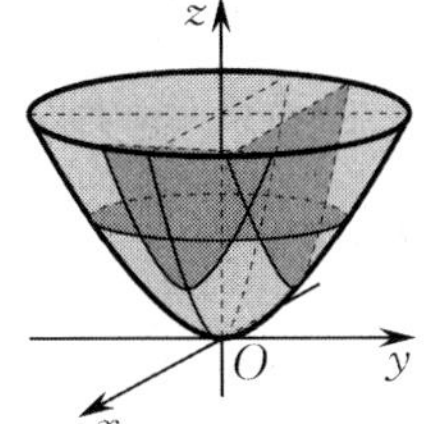


图 7－64

**6. 双曲抛物面** $z=\dfrac{y^2}{b^2}-\dfrac{x^2}{a^2}\ (a,b>0)$

双曲抛物面也称为**马鞍面**.

用 $xOy$ 面去截双曲抛物面，截痕为两条直线：$y=\pm\dfrac{b}{a}x$.

用 $yOz$ 面和 $zOx$ 面去截双曲抛物面，截痕分别为

$$\begin{cases} z = \dfrac{y^2}{b^2}, \\ x = 0 \end{cases} \quad 和 \quad \begin{cases} z = -\dfrac{x^2}{a^2}, \\ y = 0. \end{cases}$$

它们分别是 $yOz$ 面和 $zOx$ 面上的抛物线，顶点都在坐标原点，对称轴均为 $z$ 轴，但两抛物线的开口方向相反.

用平面 $z = z_0(z_0 \neq 0)$ 去截双曲抛物面，截痕为

$$\begin{cases} \dfrac{y^2}{b^2 z_0} - \dfrac{x^2}{a^2 z_0} = 1, \\ z = z_0. \end{cases}$$

这是平面 $z = z_0$ 上的双曲线. 当 $z_0 > 0$ 时，双曲线的实轴平行于 $y$ 轴；当 $z_0 < 0$ 时，双曲线的实轴平行于 $x$ 轴.

综合以上讨论可知，双曲抛物面的图形如图 7-65(a) 所示. 需要特别指出的是，利用坐标变换法可以证明 $z = xy$ 也是双曲抛物面(见习题 7.5(B) 的第四题).

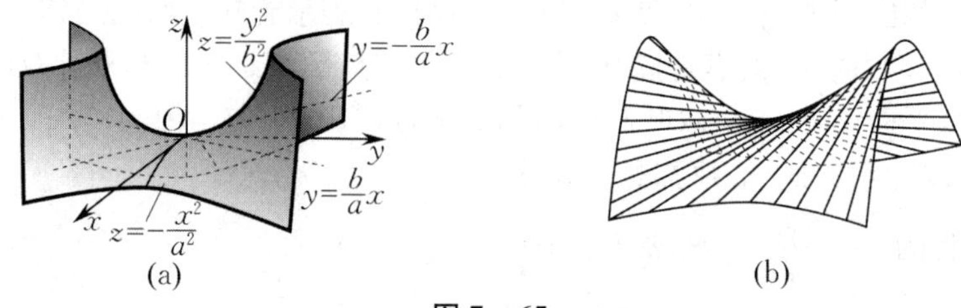


**图 7-65**

由上述讨论可以看出，双曲抛物面上也含有两族完整直线. 事实上，双曲抛物面也是直纹面(见图 7-65(b)). 将双曲抛物面的方程变形为

$$\left(\frac{y}{b} + \frac{x}{a}\right)\left(\frac{y}{b} - \frac{x}{a}\right) = z,$$

引入参数 $\lambda, \mu \in \mathbf{R}$，上式可等价写为如下直线族：

$$\begin{cases} \dfrac{y}{b} + \dfrac{x}{a} = \lambda, \\ \lambda\left(\dfrac{y}{b} - \dfrac{x}{a}\right) = z \end{cases} \quad 或 \quad \begin{cases} \dfrac{y}{b} - \dfrac{x}{a} = \mu, \\ \mu\left(\dfrac{y}{b} + \dfrac{x}{a}\right) = z. \end{cases}$$

这表明双曲抛物面是由直线族构成的.

## 四、空间几何图形举例

**例 7.5.10** 作出曲面 $z = \sqrt{x^2 + y^2}$ 和 $z = 2 - (x^2 + y^2)$ 所围成的空间立体的草图.

**解** $z = \sqrt{x^2 + y^2}$ 是开口向上的上半圆锥面，$z = 2 - (x^2 + y^2)$ 是开口向下的旋转抛物面，两曲面的交线

$$\begin{cases} z = \sqrt{x^2 + y^2}, \\ z = 2 - (x^2 + y^2) \end{cases}$$

是一个圆. 从上述方程组中消去 $x^2 + y^2$，得 $z = 2 - z^2$，解得 $z = 1$ (因为 $z \geqslant 0$)，从而得到交线为平面 $z = 1$ 上的圆 $x^2 + y^2 = 1$. 该空间立体如图 7-66 所示.

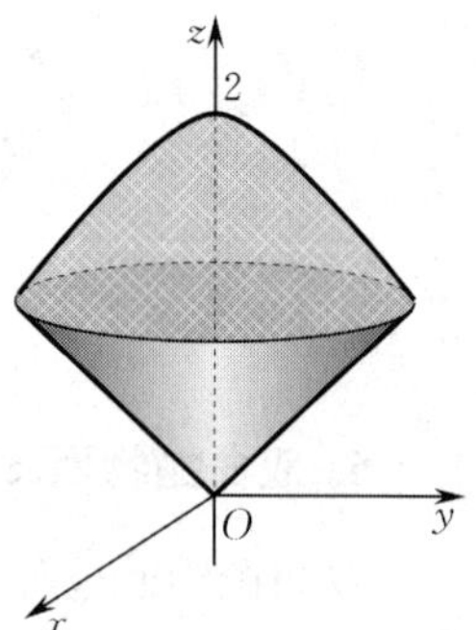


**图 7-66**

**例 7.5.11** 作出球面 $x^2+y^2+z^2=9$ 被平面 $z=1$，$z=2$ 所夹那部分曲面的草图，并写出该部分曲面在 $xOy$ 面上的投影区域.

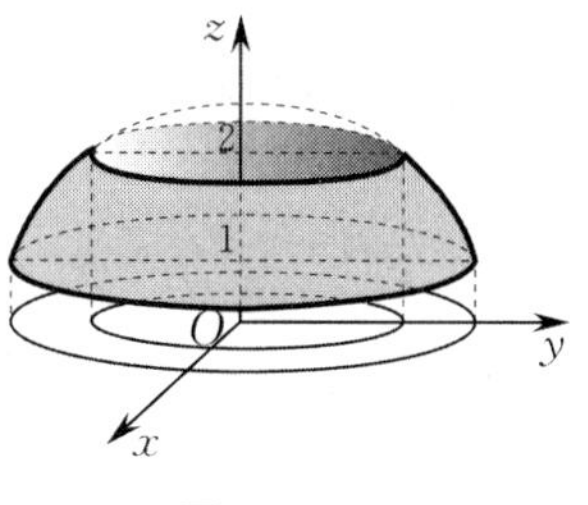

图 7－67

**解** 该部分曲面如图 7－67 所示，它在 $xOy$ 面上的投影区域为

$$\begin{cases}5\leqslant x^2+y^2\leqslant 8,\\ z=0.\end{cases}$$

**例 7.5.12** 已知二次曲面 $S_1$ 的方程为 $z=2-x^2$，$S_2$ 的方程为 $z=x^2+2y^2$.

(1) 问：$S_1$ 与 $S_2$ 分别表示何种二次曲面？

(2) 求 $S_1$ 与 $S_2$ 的交线 $L$ 在 $xOy$ 面上的投影曲线 $C$ 的方程.

**解** (1) $S_1$ 与 $S_2$ 分别表示抛物柱面(见图 7－68(a))和椭圆抛物面(见图 7－68(b)).

(2) 由方程组 $\begin{cases}z=2-x^2,\\ z=x^2+2y^2\end{cases}$ 消去 $z$，得 $S_1$ 与 $S_2$ 的交线 $L$ 在 $xOy$ 面上的投影曲线 $C$(见图 7－69) 的方程为

$$\begin{cases}x^2+y^2=1,\\ z=0.\end{cases}$$

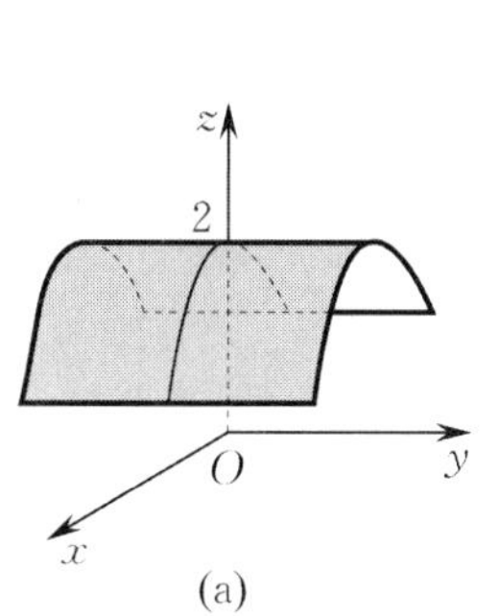

(a)

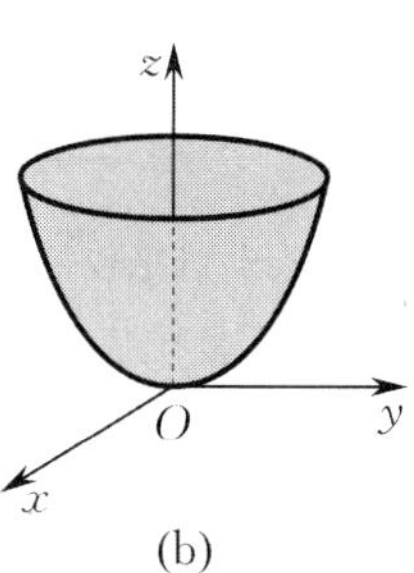

(b)

图 7－68

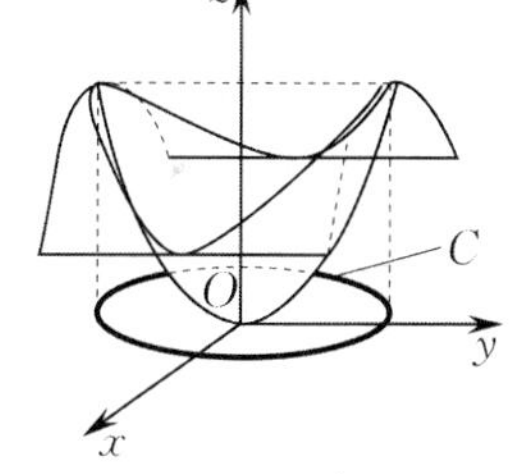

图 7－69

## 思考题 7.5

1. 所有的三元二次方程是否都表示曲面？

2. 柱面方程是否一定为不完全的三元方程？

3. 方程组 $\begin{cases}F(x,y,z)=0,\\ G(x,y,z)=0\end{cases}$ 是否一定表示空间曲线？举例说明.

4. 旋转曲面如何生成？它的方程是怎样得到的？

5. 两个曲面所围成的空间立体在坐标面上的投影区域，一定是这两个曲面交线在该坐标面上投影曲线所围成的区域吗？

6. 由曲面 $z=\sqrt{x^2+y^2}$，$x^2+y^2=1$ 和平面 $z=0$ 所围成的空间立体在 $yOz$ 面上的投影区域是(　　).

(A) $\begin{cases}-1\leqslant y\leqslant 1,\\ 0\leqslant z\leqslant |y|,\\ x=0\end{cases}$　(B) $\begin{cases}x^2+y^2\leqslant 1,\\ z=1\end{cases}$　(C) $\begin{cases}-1\leqslant x\leqslant 1,\\ 0\leqslant z\leqslant 1,\\ y=0\end{cases}$　(D) $\begin{cases}-1\leqslant y\leqslant 1,\\ 0\leqslant z\leqslant 1,\\ x=0\end{cases}$

## 习 题 7.5

**(A)**

一、下列方程在平面解析几何和空间解析几何中分别表示什么图形：

(1) 方程 $y=x+1$:________________ 和 ________________;

(2) 方程 $x^2+y^2=4$:________________ 和 ________________;

(3) 方程 $x^2-y^2=1$:________________ 和 ________________;

(4) 方程 $x^2=2y$:________________ 和 ________________.

二、已知一个动点移动时，始终保持到点 $A(4,0,0)$ 的距离与到 $xOy$ 面的距离相等，求该动点的轨迹方程.

三、方程 $x^2+y^2+z^2-2x+4y+2z=0$ 表示什么曲面?

四、分别求母线平行于 $x$ 轴及 $y$ 轴且通过曲线 $\begin{cases}2x^2+y^2+z^2=16,\\x^2-y^2+z^2=0\end{cases}$ 的柱面方程.

五、方程组 $\begin{cases}y=5x+2,\\y=2x-5\end{cases}$ 在平面解析几何与空间解析几何中分别表示什么图形?

六、方程组 $\begin{cases}\dfrac{x^2}{4}+\dfrac{y^2}{9}=1,\\x=2\end{cases}$ 在平面解析几何与空间解析几何中分别表示什么图形?

七、说明下列旋转曲面是怎样形成的：

(1) $\dfrac{x^2}{4}+\dfrac{y^2}{9}+\dfrac{z^2}{9}=1$； (2) $x^2-\dfrac{y^2}{4}+z^2=1$； (3) $x^2-y^2-z^2=1$； (4) $(z-a)^2=x^2+y^2$.

八、将 $zOx$ 面上的圆 $x^2+z^2=9$ 绕 $z$ 轴旋转一周，求所形成的旋转曲面的方程.

九、将 $zOx$ 面上的抛物线 $z^2=5x$ 绕 $x$ 轴旋转一周，求所形成的旋转曲面的方程.

十、指出下列方程所表示的曲线：

(1) $\begin{cases}x^2+y^2+z^2=25,\\x=3;\end{cases}$ (2) $\begin{cases}x^2+4y^2+9z^2=30,\\z=1;\end{cases}$ (3) $\begin{cases}x^2-4y^2+z^2=25,\\x=-3;\end{cases}$

(4) $\begin{cases}y^2+z^2-4x+8=0,\\y=4;\end{cases}$ (5) $\begin{cases}\dfrac{y^2}{9}-\dfrac{z^2}{4}=1,\\x=2.\end{cases}$

十一、将下列曲线的一般式方程化为参数式方程：

(1) $\begin{cases}x^2+y^2+z^2=9,\\y=x;\end{cases}$ (2) $\begin{cases}(x-1)^2+y^2+(z+1)^2=4,\\z=0.\end{cases}$

十二、求曲线 $\begin{cases}y^2+z^2-2x=0,\\z=3\end{cases}$ 在 $xOy$ 面上的投影曲线的方程，并指出原曲线是什么曲线.

十三、求抛物面 $y^2+z^2=x$ 与平面 $x+2y-z=0$ 的交线在三个坐标面上的投影曲线的方程.

十四、求由上半圆锥面 $z=\sqrt{x^2+y^2}$、圆柱面 $x^2+y^2=ax(a>0)$ 及平面 $z=0$ 所围成的空间立体在 $xOy$ 面上的投影区域.

十五、求旋转抛物面 $z=x^2+y^2(0\leqslant z\leqslant 4)$ 在三个坐标面上的投影.

十六、画出由下列方程所表示的曲面：

(1) $\dfrac{z}{3}=\dfrac{x^2}{4}+\dfrac{y^2}{9}$； (2) $\dfrac{x^2}{9}+\dfrac{z^2}{4}=1$； (3) $y^2-z=0$；

(4) $x^2+\frac{y^2}{4}+\frac{z^2}{9}=1$；　　(5) $x^2-y^2=0$；　　(6) $x^2+y^2=0$.

十七、画出下列曲线的图形($a>0$)：

(1) $\begin{cases}x=1,\\ y=2;\end{cases}$　　(2) $\begin{cases}x^2+y^2+z^2=1,\\ x-y=0;\end{cases}$　　(3) $\begin{cases}z=\sqrt{x^2+y^2},\\ z=1;\end{cases}$

(4) $\begin{cases}z=\sqrt{a^2-x^2-y^2},\\ x^2+y^2=ax;\end{cases}$　　(5) $\begin{cases}z=\sqrt{5-x^2-y^2},\\ x^2+y^2=4;\end{cases}$　　(6) $\begin{cases}z=x^2+y^2,\\ y=3.\end{cases}$

**(B)**

一、求在 $yOz$ 面内以坐标原点为圆心的单位圆的方程(任意写出三种不同形式的方程).

二、设有一个圆,它的圆心在 $z$ 轴上,半径为3单位,且位于距离 $xOy$ 面5单位的平面上,试建立这个圆的方程.

三、假定直线 $L$ 在 $yOz$ 面上的投影方程为 $\begin{cases}2y-3z=1,\\ x=0,\end{cases}$ 而在 $zOx$ 面上的投影方程为 $\begin{cases}x+z=2,\\ y=0,\end{cases}$ 求直线 $L$ 在 $xOy$ 面上的投影方程.

四、试通过坐标变换法证明:方程 $z=xy$ 所表示的曲面是双曲抛物面.

五、已知动点 $P(x,y,z)$ 到点 $M(0,0,1)$ 的距离与到平面 $z=-1$ 的距离相等.将动点 $P$ 的轨迹所表示的曲面记为 $S_1$,将 $yOz$ 面上的曲线 $\begin{cases}y^2+z=5,\\ x=0\end{cases}$ 绕 $z$ 轴旋转一周所形成的旋转曲面记为 $S_2$.

(1) 分别写出 $S_1$ 和 $S_2$ 的方程；

(2) 写出 $S_1$ 和 $S_2$ 的交线在 $xOy$ 面上的投影曲线的方程；

(3) 画出由这两个曲面所围成的空间立体的草图.

*六、已知柱面的准线方程为 $\begin{cases}x^2+y^2=25,\\ z=0,\end{cases}$ 母线平行于向量 $\boldsymbol{s}=(3,-5,1)$,求该柱面的方程.

七、求内切于平面 $x+y+z=1$ 与三个坐标面所围成四面体的球面的方程.

*八、求直线 $L$:$x-1=\frac{y}{2}=z-1$ 绕 $z$ 轴旋转一周所形成的旋转曲面的方程.

# 第六节　应用实例

## 实例:星形线的形成

**例 7.6.1**　一轴承的剖面如图 7-70 所示.小圆表示滚珠,半径为 $a$;大圆表示轴瓦,半径为 $R=4a$.在理想状态下,大圆固定而小圆在大圆内相切滚动,试用向量代数方法确定小圆上一点 $M$ 的轨迹方程.

**解**　建立平面直角坐标系,如图 7-70 所示.设开始时点 $M$ 在点 $A$ 处,取大圆圆心为坐标原点,$OA$ 方向为 $x$ 轴正方向.

依题意有 $\overset{\frown}{BM}=\overset{\frown}{BA}$,则由圆弧的弧长公式有 $a\cdot\angle BCM=R\cdot\theta$,其中 $\theta=\angle BOA$,$R=$

$4a$,从而 $\angle BCM=4\theta$. 作 $CD\parallel x$ 轴,有 $\angle BCD=\angle BOA=\theta$,因此

$$\angle DCM=\angle BCM-\angle BCD=4\theta-\theta=3\theta.$$

由向量的坐标分解式,有

$$\overrightarrow{OC}=3a\cos\theta\boldsymbol{i}+3a\sin\theta\boldsymbol{j},$$

$$\overrightarrow{CM}=a\cos(-3\theta)\boldsymbol{i}+a\sin(-3\theta)\boldsymbol{j}=a\cos 3\theta\boldsymbol{i}-a\sin 3\theta\boldsymbol{j}.$$

又由三角公式 $3\cos\theta+\cos 3\theta=4\cos^3\theta$, $3\sin\theta-\sin 3\theta=4\sin^3\theta$ 和向量加法,得

$$\begin{aligned}\overrightarrow{OM}=\overrightarrow{OC}+\overrightarrow{CM}&=(3a\cos\theta+a\cos 3\theta)\boldsymbol{i}+(3a\sin\theta-a\sin 3\theta)\boldsymbol{j}\\&=4a\cos^3\theta\boldsymbol{i}+4a\sin^3\theta\boldsymbol{j}=R\cos^3\theta\boldsymbol{i}+R\sin^3\theta\boldsymbol{j}.\end{aligned}$$

这就是点 $M$ 的轨迹的向量方程,其参数式方程为

$$\begin{cases}x=R\cos^3\theta,\\y=R\sin^3\theta.\end{cases}$$

可见,点 $M$ 的轨迹是星形线,其图形如图 7-71 所示.

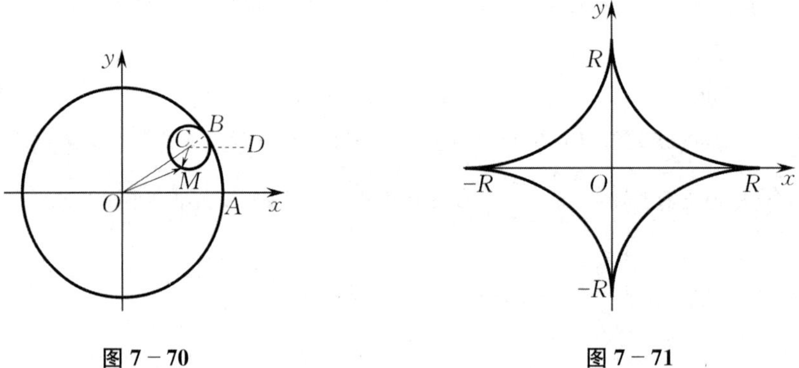


图 7-70　　　　图 7-71

## 总习题七

一、求过直线 $L_1:\begin{cases}x+y=0,\\x-y-z-2=0\end{cases}$ 且平行于直线 $L_2:x=y=z$ 的平面的方程.

二、求曲线 $\begin{cases}x^2+y^2=R^2,\\x+y+z=0\end{cases}$ $(R>0)$ 的参数式方程.

三、将 $xOy$ 面上的双曲线 $4x^2-9y^2=36$ 分别绕 $x$ 轴及 $y$ 轴旋转一周,求所形成的旋转曲面的方程.

四、求曲面 $3(x^2+y^2)=16z$ 和曲面 $z=\sqrt{25-x^2-y^2}$ 的交线在 $xOy$ 面上的投影曲线和关于 $xOy$ 面的投影柱面的方程,并作出由两曲面所围成的空间立体的草图.

五、求由圆锥面 $z=\sqrt{x^2+y^2}$ 与柱面 $z^2=2x$ 所围成的空间立体在三个坐标面上的投影区域.

六、作出由下列曲面所围成的空间立体的草图:

(1) $x+\dfrac{y}{3}+\dfrac{z}{2}=1$, $x=0$, $y=0$ 及 $z=0$;

(2) $z=4-x^2$, $x=0$, $y=0$, $z=0$ 及 $2x+y=4$;

(3) $x^2+y^2+z^2=a^2$, $z=0$ 及 $z=\dfrac{a}{2}(a>0)$;

(4) $x^2+y^2=R^2$ 及 $y^2+z^2=R^2$($R>0$,只画出在第 Ⅰ 卦限的部分).

## 单元测试七

**单项选择题**(满分 100):

1. (3 分) 已知向量 $\boldsymbol{a}=\boldsymbol{i}+\boldsymbol{j},\boldsymbol{b}=-\boldsymbol{k}$,则 $\boldsymbol{a}\times\boldsymbol{b}=$(　　).

(A) $\boldsymbol{0}$　　(B) $\boldsymbol{i}-\boldsymbol{j}$　　(C) $\boldsymbol{i}+\boldsymbol{j}$　　(D) $-\boldsymbol{i}+\boldsymbol{j}$

2. (3 分) 设一条直线的方程为$\begin{cases}\dfrac{y}{2}=-z,\\ x=0,\end{cases}$则该直线(　　).

(A) 过坐标原点且垂直于 $x$ 轴　　(B) 过坐标原点且平行于 $x$ 轴

(C) 不过坐标原点但垂直于 $x$ 轴　　(D) 不过坐标原点但平行于 $x$ 轴

3. (3 分) 直线$\dfrac{x-2}{3}=y+2=\dfrac{z-3}{-4}$和平面 $x+y+z=3$ 的位置关系是(　　).

(A) 直线与平面垂直　　(B) 直线与平面平行,但直线不在平面上

(C) 直线在平面上　　(D) 直线与平面相交,但不垂直

4. (3 分) 若平面 $4x+y-2z-2=0$ 在 $x$ 轴、$y$ 轴、$z$ 轴上的截距分别为 $a,b,c$,则(　　).

(A) $a=2,b=\dfrac{1}{2},c=-1$　　(B) $a=4,b=1,c=-2$

(C) $a=\dfrac{1}{2},b=2,c=-1$　　(D) $a=-\dfrac{1}{2},b=-2,c=1$

5. (3 分) 过点(0,2,4) 且与平面 $x+2z=1$ 和平面 $y-3z=2$ 都平行的直线的对称式方程是(　　).

(A) $-2x-3(y-2)+(z-4)=0$　　(B) $-2x+3(y-2)+(z-4)=0$

(C) $\dfrac{x}{-2}=\dfrac{y-2}{-3}=z-4$　　(D) $\dfrac{x}{-2}=\dfrac{y-2}{3}=z-4$

6. (3 分) 在空间直角坐标系中,方程组$\begin{cases}x^2+4y^2+9z^2=36,\\ y=1\end{cases}$表示(　　).

(A) 椭球面　　(B) 椭圆柱面

(C) 椭圆柱面在平面 $y=0$ 上的投影曲线　　(D) 平面 $y=1$ 上的椭圆

7. (3 分) 在空间直角坐标系中,方程 $16x^2+4y^2-z^2=64$ 表示(　　).

(A) 圆锥面　　(B) 单叶双曲面　　(C) 双叶双曲面　　(D) 椭圆抛物面

8. (3 分) 设两个平面的方程分别为 $x-2y+2z+1=0$ 和 $-x+y+5=0$,则它们的夹角为(　　).

(A) $\dfrac{\pi}{6}$　　(B) $\dfrac{\pi}{4}$　　(C) $\dfrac{\pi}{3}$　　(D) $\dfrac{\pi}{2}$

9. (3 分) 点 $P(-1,-2,1)$ 到平面 $x+2y-2z-5=0$ 的距离为(　　).

(A) 3　　(B) 4　　(C) 5　　(D) 6

10. (3 分) 在空间直角坐标系中,方程 $x^2+y^2=2$ 表示(　　).

(A) 圆域　　(B) 圆　　(C) 球面　　(D) 圆柱面

11. (3 分) 在下列平面中,平面(　　) 过 $y$ 轴.

(A) $x+y+z=1$　　(B) $x+y+z=0$　　(C) $x+z=0$　　(D) $x+z=1$

12. (3 分) 在空间直角坐标系中,方程 $z=1-x^2-2y^2$ 表示(　　).

(A) 椭球面　　(B) 椭圆抛物面　　(C) 椭圆柱面　　(D) 单叶双曲面

13. (3 分) 直线$\dfrac{x-1}{2}=y=\dfrac{z+1}{-1}$与平面 $x-y+z=1$ 的位置关系是(　　).

(A) 直线与平面垂直　　(B) 直线与平面平行

(C) 直线与平面的夹角为$\frac{\pi}{4}$ (D) 直线与平面的夹角为$-\frac{\pi}{4}$

14. (3分) 空间曲线$\begin{cases} z = x^2 + y^2 - 2, \\ z = 5 \end{cases}$在 $xOy$ 面上的投影曲线的方程为(　　).

(A) $x^2 + y^2 = 7$ (B) $\begin{cases} x^2 + y^2 = 7, \\ z = 5 \end{cases}$

(C) $\begin{cases} x^2 + y^2 = 7, \\ z = 0 \end{cases}$ (D) $\begin{cases} z = x^2 + y^2 - 2, \\ z = 0 \end{cases}$

15. (3分) 在空间直角坐标系中,方程 $z^2 - x^2 = 1$ 表示(　　).

(A) 双曲线 (B) 母线平行于 $z$ 轴的双曲柱面

(C) 母线平行于 $y$ 轴的柱面 (D) 母线平行于 $x$ 轴的双曲柱面

16. (3分) 在空间直角坐标系中,方程 $2x^2 + 4y^2 + 4z^2 = 1$ 表示(　　).

(A) 球面

(B) 由 $xOy$ 面上的曲线 $2x^2 + 4y^2 = 1$ 绕 $y$ 轴旋转一周所形成的曲面

(C) 柱面

(D) 由 $zOx$ 面上的曲线 $2x^2 + 4z^2 = 1$ 绕 $x$ 轴旋转一周所形成的曲面

17. (3分) 曲面 $x^2 - y^2 = z$ 与平面 $y = 0$ 的交线的方程是(　　).

(A) $x^2 = z$ (B) $\begin{cases} y^2 = -z, \\ x = 0 \end{cases}$ (C) $\begin{cases} x^2 - y^2 = 0, \\ z = 0 \end{cases}$ (D) $\begin{cases} x^2 = z, \\ y = 0 \end{cases}$

18. (3分) 在空间直角坐标系中,方程 $x^2 + y^2 + z^2 = 0$ 表示(　　).

(A) 球面 (B) 圆锥面 (C) 点 (D) 圆柱面

19. (3分) 在空间直角坐标系中,方程 $z^2 - x^2 - y^2 = 0$ 表示(　　).

(A) 柱面 (B) 圆锥面 (C) 旋转双曲面 (D) 平面

20. (3分) 单叶双曲面$\frac{x^2}{9} + \frac{y^2}{16} - \frac{z^2}{49} = 1$与平面 $y = 3$ 的交线是(　　).

(A) 椭圆 (B) 抛物线 (C) 一对相交直线 (D) 双曲线

21. (3分) 设平面 $Ax + By + Cz + D = 0$ 过 $x$ 轴,则(　　).

(A) $A = D = 0$ (B) $B = 0, C \neq 0$ (C) $B \neq 0, C = 0$ (D) $B = C = 0$

22. (3分) 在空间直角坐标系中,方程 $x^2 = 2y$ 表示(　　).

(A) 旋转抛物面 (B) 抛物柱面

(C) 母线平行于 $x$ 轴的柱面 (D) 抛物线

23. (3分) 平面 $3x - 5z + 1 = 0$(　　).

(A) 平行于 $zOx$ 面 (B) 平行于 $y$ 轴 (C) 垂直于 $y$ 轴 (D) 垂直于 $x$ 轴

24. (3分) 旋转曲面 $x^2 - y^2 - z^2 = 1$ 是(　　).

(A) 由 $xOy$ 面上的双曲线绕 $x$ 轴旋转一周所形成的

(B) 由 $zOx$ 面上的双曲线绕 $z$ 轴旋转一周所形成的

(C) 由 $xOy$ 面上的椭圆绕 $x$ 轴旋转一周所形成的

(D) 由 $zOx$ 面上的椭圆绕 $x$ 轴旋转一周所形成的

25. (5分) 在空间直角坐标系中,方程 $x^2 + y^2 = 9z^2$ 表示(　　).

(A) 球面

(B) 由 $zOx$ 面上的一对直线 $x = \pm 3z$ 绕 $x$ 轴旋转一周所形成的曲面

(C) 由 $zOx$ 面上的一对直线 $x = \pm 3z$ 绕 $y$ 轴旋转一周所形成的曲面

(D) 由 $yOz$ 面上的直线 $y = 3z$ 绕 $z$ 轴旋转一周所形成的曲面

26. (5 分) 曲面 $x^2+y^2+z^2=a^2$ 与 $x^2+y^2=2az(a>0)$ 的交线是(　　).

(A) 抛物线　　(B) 双曲线　　(C) 圆　　(D) 非圆的椭圆

27. (6 分) 双叶双曲面 $x^2-\frac{y^2}{4}-\frac{z^2}{9}=1$ 与 $yOz$ 面(　　).

(A) 相交于一双曲线　　(B) 相交于一椭圆　　(C) 相交于一对相交直线　　(D) 不相交

28. (6 分) 在空间直角坐标系中,方程 $z=\sqrt{x^2+y^2}$ 表示(　　).

(A) 由 $zOx$ 面上的直线 $z=x$ 绕 $z$ 轴旋转一周所形成的旋转曲面

(B) 由 $yOz$ 面上的曲线 $z=|y|$ 绕 $z$ 轴旋转一周所形成的旋转曲面

(C) 由 $zOx$ 面上的直线 $z=x$ 绕 $x$ 轴旋转一周所形成的旋转曲面

(D) 由 $yOz$ 面上的曲线 $z=|y|$ 绕 $y$ 轴旋转一周所形成的旋转曲面

29. (6 分) 在空间直角坐标系中,方程 $x^2+\frac{y^2}{9}-\frac{z^2}{25}=-1$ 表示(　　).

(A) 单叶双曲面　　(B) 双叶双曲面　　(C) 椭球面　　(D) 双曲抛物面

本章参考答案

# 第八章

# 多元函数微分学及其应用

在上册中我们研究了一元函数微分法，但客观世界的许多事物受多方面因素制约，因此在数量关系上必须研究依赖于多个自变量的函数. 这就是本章将要讨论的多元函数.

多元函数是一元函数的推广，它的一些基本概念及研究问题的思想方法与一元函数有许多相似之处. 但是由于自变量个数的增加，问题变得复杂多样，产生了一些新的内容. 对于多元函数，本章将着重讨论二元函数，目的是使一(一元函数) 与多(二元函数) 的区别显现出来，并借助三维空间帮助读者理解有关概念. 从一元函数到二元函数，在内容和方法上都会出现一些实质性的区别，这些区别在学习中要特别注意. 而 $n$ 元函数($n \geqslant 2$) 之间，只有形式上的不同，没有本质上的区别. 因此，在掌握了二元函数的有关理论与研究方法之后，可以把它推广到一般的多元函数.

## 第一节　多元函数的极限与连续

本节主要将一元函数的一些基本概念(如区间、邻域、极限、连续等) 推广到多元函数，为此，首先引入平面点集、$n$ 维空间等概念.

### 一、平面点集及 * $n$ 维空间

一元函数的定义域是实数轴上的点集，而二元函数的定义域是坐标面上的点集. 因此，在讨论二元函数及其函数性态(如可微性、可积性等) 之前，有必要先了解平面点集的概念及相关术语.

**1. 平面点集**

由平面解析几何可知，在平面上确定了一个直角坐标系后，平面上的点 $P$ 与二元有序数组 $(x,y)$ 之间就建立了一一对应，并称 $(x,y)$ 为点 $P$ 的坐标. 这种建立了坐标系的平面称为坐标面，用 $\mathbf{R}^2 = \{(x,y) \mid x,y \in \mathbf{R}\}$ 表示.

坐标面上具有某种性质 $P$ 的点的集合，称为**平面点集**，记作

$$E = \{(x,y) \mid (x,y)\text{具有性质 } P\}.$$

显然，一切平面点集 $E$ 都是 $\mathbf{R}^2$ 的子集，即 $E \subseteq \mathbf{R}^2$. 常见的平面点集有

① **全平面**：$\mathbf{R}^2 = \{(x,y) \mid -\infty < x < +\infty, -\infty < y < +\infty\}$.

② **半平面**：如 $\{(x,y) \mid x \geqslant 0\}$，$\{(x,y) \mid x > 0\}$ 等.

③ **开圆域**：平面上以坐标原点$(0,0)$为圆心，$r$为半径的圆内所有点的集合

$$E=\{(x,y)\,|\,x^2+y^2<r^2\}.$$

与数轴上的邻域、区间相仿，下面引入平面中的邻域、区域的概念.

(1) 邻域.

在$xOy$面上，到定点$P_0(x_0,y_0)$的距离小于定长$\delta$($\delta$为正数)的点$P(x,y)$的集合，称为**点$P_0$的$\delta$邻域**(见图 8-1(a))，记作$U(P_0,\delta)$或$U(P_0)$，即

$$U(P_0,\delta)=\{P\,|\,|P_0P|<\delta\}=\{(x,y)\,|\,\sqrt{(x-x_0)^2+(y-y_0)^2}<\delta\}.$$

$U(P_0,\delta)$中去掉点$P_0$后所剩余的部分称为**点$P_0$的去心$\delta$邻域**(见图 8-1(b))，记作$\mathring{U}(P_0,\delta)$或$\mathring{U}(P_0)$，即

$$\mathring{U}(P_0,\delta)=\{P\,|\,0<|P_0P|<\delta\}=\{(x,y)\,|\,0<\sqrt{(x-x_0)^2+(y-y_0)^2}<\delta\}.$$

(2) 区域.

① **内点**：设$E$是一个平面点集. 若存在点$P$的某个邻域$U(P)$，使得$U(P)\subset E$，则称$P$是$E$的内点(见图 8-2). 换句话说，点集$E$的内点$P$是这样的点：它本身属于$E$，并且它附近的一切点也属于$E$.

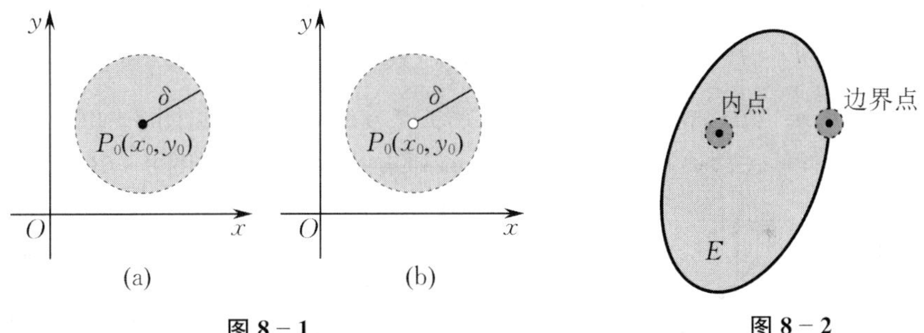


**图 8-1**　　　**图 8-2**

② **边界点**：点$P$的任意邻域内既含有属于$E$的点，又含有不属于$E$的点，则称$P$是$E$的边界点(见图 8-2). $E$的边界点的全体称为**$E$的边界**，记作$\partial E$.

$E$的内点必定属于$E$，$E$的边界点可能属于$E$，也可能不属于$E$.

例如，设平面点集$E=\{(x,y)\,|\,1\leqslant x^2+y^2<4\}$(见图 8-3)，则满足$1<x^2+y^2<4$的一切点都是$E$的内点；满足$x^2+y^2=1$的一切点都是$E$的边界点，它们都属于$E$；满足$x^2+y^2=4$的一切点也都是$E$的边界点，但它们都不属于$E$.

③ **开集**：若点集$E$内任意一点都是$E$的内点，则称$E$为开集.

④ **闭集**：若点集$E$的边界$\partial E$属于$E$，则称$E$为闭集[①].

例如，$\{(x,y)\,|\,1<x^2+y^2<4\}$是开集，$\{(x,y)\,|\,1\leqslant x^2+y^2\leqslant 4\}$是闭集，$\{(x,y)\,|\,1\leqslant x^2+y^2<4\}$既非开集也非闭集.

⑤ **开区域**：若非空开集$E$具有**连通性**，即$E$中任意两点之间都可以用一条完全包含在$E$中的有限折线(由有限条线段首尾联结组成)相联结(见图8-4)，则称$E$为开区域，简称区域. 开区域就是非空连通开集.

---

① 通常约定空集$\varnothing$为开集，这样空集$\varnothing$和全平面$\mathbf{R}^2$都既是开集，也是闭集.

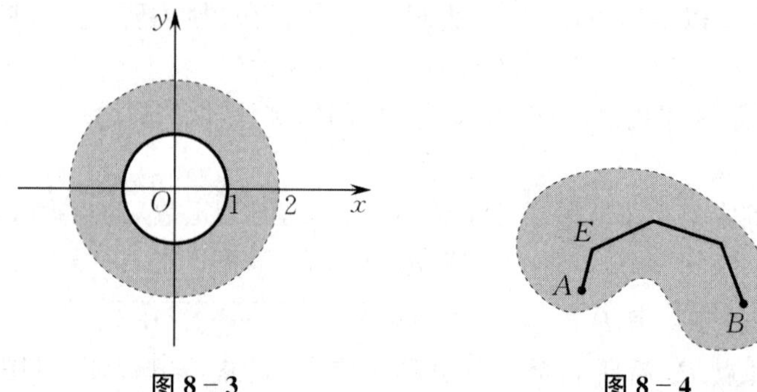

图 8-3　　图 8-4

⑥ **闭区域**:开区域连同它的边界一起组成的集合,称为闭区域.

类似于数轴上的开区间或闭区间在几何上表示不含或含端点的线段,区域或闭区域的几何特征是不含或含边界的"块",一"块"是一个(闭)区域,两"块"是两个(闭)区域.

例如,$\{(x,y)\mid 1<x^2+y^2<4\}$是开区域,$\{(x,y)\mid 1\leqslant x^2+y^2\leqslant 4\}$是闭区域.

和区间可用不等式表示一样,区域(或闭区域)也可用不等式或不等式组表示,常见的有

圆形闭区域 $D=\{(x,y)\mid x^2+y^2\leqslant r^2\}$;

矩形闭区域 $D=\{(x,y)\mid a\leqslant x\leqslant b,c\leqslant y\leqslant d\}$(见图 8-5(a));

三角形闭区域 $D=\left\{(x,y)\,\middle|\,0\leqslant x\leqslant a,0\leqslant y\leqslant b\left(1-\dfrac{x}{a}\right)\right\}$(见图 8-5(b));

$X$-型区域 $D_x=\{(x,y)\mid a\leqslant x\leqslant b,\varphi_1(x)\leqslant y\leqslant\varphi_2(x)\}$(见图 8-6(a));

$Y$-型区域 $D_y=\{(x,y)\mid c\leqslant y\leqslant d,\psi_1(y)\leqslant x\leqslant\psi_2(y)\}$(见图 8-6(b)).

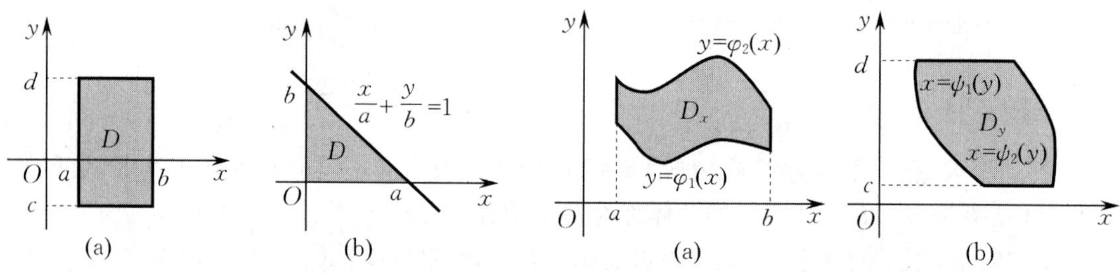

图 8-5　　图 8-6

例如,$\begin{cases}1\leqslant x\leqslant 2,\\ \dfrac{1}{x}\leqslant y\leqslant x\end{cases}$是 $X$-型区域(见图 8-7(a)),$\begin{cases}y^2\leqslant x\leqslant y+2,\\ -1\leqslant y\leqslant 2\end{cases}$是 $Y$-型区域(见图 8-7(b)).

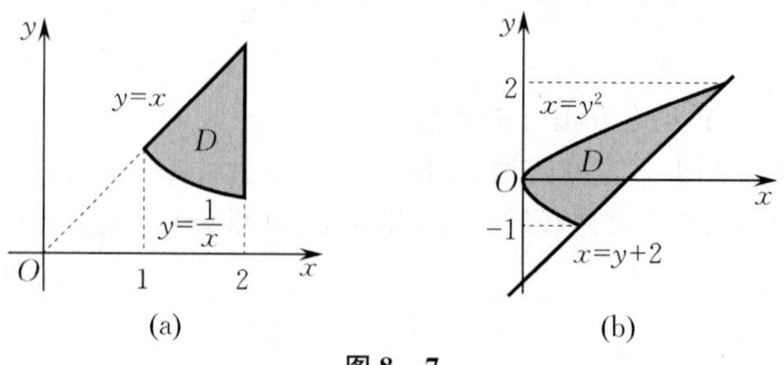

图 8-7

**例 8.1.1** 分别写出图 8-8 中各阴影部分的解析表达式,并判断是否构成区域.

**解** 图 8-8(a) 的解析表达式为 $E_1 = \{(x,y) \mid xy > 0\}$. 虽然 $E_1$ 是开集,但因为第一、第三象限之间不具有连通性,所以它不是区域.

图 8-8(b) 的解析表达式为 $E_2 = \{(x,y) \mid x + y \geqslant 0\}$,$E_2$ 是一个闭区域.

图 8-8(c) 的解析表达式为 $E_3 = \{(x,y) \mid 0 \leqslant y \leqslant 1, -y \leqslant x \leqslant y\}$ 或 $E_3 = \{(x,y) \mid 0 \leqslant x \leqslant 1, x \leqslant y \leqslant 1\} \cup \{(x,y) \mid -1 \leqslant x \leqslant 0, -x \leqslant y \leqslant 1\}$,$E_3$ 也是一个闭区域.

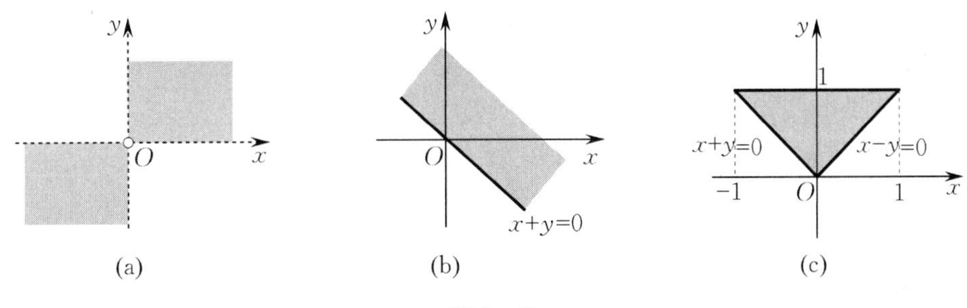


**图 8-8**

思考 平面点集 $E_1' = \{(x,y) \mid xy \geqslant 0\}$ 是否是闭区域?

(3) 有界闭区域的直径.

若平面点集 $E$ 能包含在以坐标原点为圆心的某个圆内,则称 $E$ 为**有界集**,否则称为**无界集**. 例如,$\{(x,y) \mid 1 \leqslant x^2 + y^2 \leqslant 4\}$ 是有界闭区域,$\{(x,y) \mid x + y > 1\}$ 是无界开区域.

设 $D$ 为平面上的有界闭区域,则称 $d = \max\limits_{P_1, P_2 \in D} \{|P_1P_2|\}$ 为**有界闭区域 $D$ 的直径**.

例如,线段的直径就是线段的长度,圆形闭区域的直径就是圆的直径,矩形闭区域的直径就是矩形对角线的长度.

(4) 聚点与孤立点.

点和点集还有另外一种关系. 若点 $P$ 的任意去心邻域 $\mathring{U}(P)$ 内总有点集 $E$ 中的点,则称 $P$ 为 $E$ 的**聚点**. 换句话说,点集 $E$ 的聚点 $P$ 是这样的点:在点 $P$ 的任意近旁总能找到 $E$ 中的异于点 $P$ 的点,"聚" 的含义由此而来.

聚点本身可能属于点集 $E$,也可能不属于 $E$. 显然,$E$ 的内点一定是 $E$ 的聚点.

与聚点对应的概念是孤立点. 若点 $P \in E$,而 $P$ 不是 $E$ 的聚点,则称 $P$ 为 $E$ 的**孤立点**. 换句话说,点集 $E$ 的孤立点 $P$ 是这样的点:点 $P$ 本身属于 $E$,且至少存在点 $P$ 的一个邻域 $U(P)$,使得在这个邻域内除点 $P$ 外,再也找不到 $E$ 的点,"孤立" 的含义由此而来.

例如,设点集 $E = \{(x,y) \mid x^2 + y^2 < 1\} \cup \{(2,2)\}$,则 $\{(x,y) \mid x^2 + y^2 \leqslant 1\}$ 是 $E$ 的聚点的集合,$(2,2)$ 是 $E$ 的孤立点(见图 8-9).

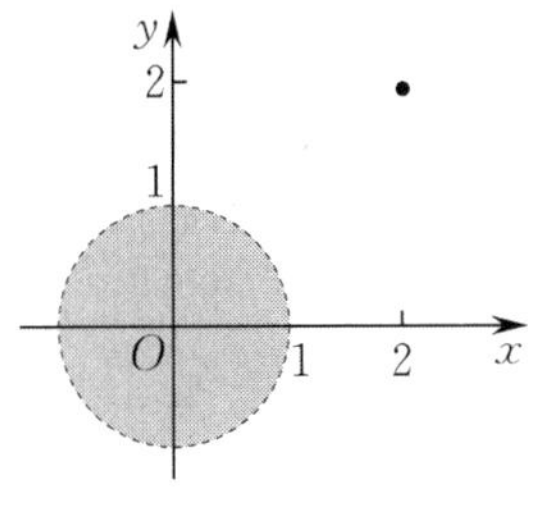


**图 8-9**

***2. $n$ 维空间**

$n$ 元有序实数组 $(x_1, x_2, \cdots, x_n)$ 的全体所构成的集合称为 **$n$ 维空间**,记作

$$\mathbf{R}^n = \{(x_1, x_2, \cdots, x_n) \mid x_i \in \mathbf{R}, i = 1, 2, \cdots, n\}.$$

$\mathbf{R}^n$ 中的元素 $(x_1, x_2, \cdots, x_n)$ 称为 **$n$ 维空间中的一个点**,$x_i$ 称为该点的**第 $i$ 个坐标**. 若

$M(x_1,x_2,\cdots,x_n)$,$N(y_1,y_2,\cdots,y_n)$ 为 $\mathbf{R}^n$ 中的两点,则 $M,N$ 之间的距离为

$$|MN|=\sqrt{(y_1-x_1)^2+(y_2-x_2)^2+\cdots+(y_n-x_n)^2}.$$

显然,当 $n=1,2,3$ 时,上式分别是数轴上、平面及空间中两点间的距离公式.

有了两点间的距离公式之后,就可以把平面点集中邻域的概念推广到 $\mathbf{R}^n$ 中去. 设 $P_0\in\mathbf{R}^n$,$\delta$ 是一个正数,那么 $\mathbf{R}^n$ 中的点集

$$U(P_0,\delta)=\{P\mid |P_0P|<\delta,P_0,P\in\mathbf{R}^n\}$$

就称为**点 $P_0$ 的 $\delta$ 邻域**.

有了邻域之后,就可以把平面点集中的内点、边界点、聚点、开集、闭集、区域等概念推广到 $n$ 维空间. 这里不再做详细介绍.

## 二、多元函数的概念

### 1. 二元函数的概念

在自然科学和工程技术中,经常会遇到一个变量依赖于多个变量的问题,举例如下.

**例 8.1.2** (**灰度**) 考虑计算机显示屏上静止的一帧黑白图形,图形上某点的灰度与该点在屏幕上的位置有关. 若用 $G$ 表示灰度,$(x,y)$ 表示屏幕上点的位置(建立平面直角坐标系),则 $G$ 依赖于两个变量 $x,y$.

**例 8.1.3** 一灼热的铸件在冷却过程中,其温度 $T$ 与铸件内点的位置 $(x,y,z)$(建立空间直角坐标系)、时间 $t$、外界环境温度 $T_0$ 及空气流动的速度 $v$ 等六个变量有关.

虽然以上两个例子的具体意义不同,但它们具有共性. 抽出这些共性,可得到二元函数和多元函数的定义. 下面先给出二元函数的定义.

**定义 8.1.1** 设 $D$ 是平面上的一个非空点集. 若对于 $D$ 内任意一点 $P(x,y)$,变量 $z$ 按照一定的法则 $f$ 总有唯一确定的值与之对应,则称 $z$ 是变量 $x,y$ 的**二元函数**(或称 $z$ 是点 $P$ 的**函数**),记作

$$z=f(x,y),\quad (x,y)\in D$$

或

$$z=f(P),\quad P\in D,$$

其中点集 $D$ 称为该函数的**定义域**,$x,y$ 称为**自变量**,$z$ 称为**因变量**.

数集 $\{z\mid z=f(x,y),(x,y)\in D\}$ 称为函数 $z=f(x,y)$ 的**值域**,记作 $f(D)$. 表示二元函数的记号 $f$ 是可以任取的,如 $z=z(x,y)$.

当二元函数仅用函数表达式表示,而未标出其定义域时,规定其定义域为使函数表达式有意义的点的集合. 因此,对于这类函数,它们的定义域不再特别标出.

**例 8.1.4** 求下列二元函数的定义域,并画出定义域的图形:

(1) $z=\dfrac{\sqrt{2x-x^2-y^2}}{\sqrt{x^2+y^2-1}}$;  (2) $z=\arccos(x+y)$;  (3) $z=\dfrac{1}{\ln(x+y)}$.

**解** (1) 要使函数表达式 $z=\dfrac{\sqrt{2x-x^2-y^2}}{\sqrt{x^2+y^2-1}}$ 有意义,必须有

$$2x-x^2-y^2\geqslant 0 \quad 且 \quad x^2+y^2-1>0,$$

故所求定义域为 $D=\{(x,y)\mid (x-1)^2+y^2\leqslant 1,x^2+y^2>1\}$,即图 8-10(a) 中的阴影

部分.

(2) 要使函数表达式 $z=\arccos(x+y)$ 有意义,必须有 $|x+y|\leqslant 1$,故所求定义域为 $D=\{(x,y)\,|\,|x+y|\leqslant 1\}$,即图 8-10(b) 中的阴影部分.

(3) 要使函数表达式 $z=\dfrac{1}{\ln(x+y)}$ 有意义,必须有

$$x+y>0 \quad 且 \quad \ln(x+y)\neq 0,$$

故所求定义域为 $D=\{(x,y)\,|\,x+y>0,x+y\neq 1\}$,即图 8-10(c) 中的阴影部分.

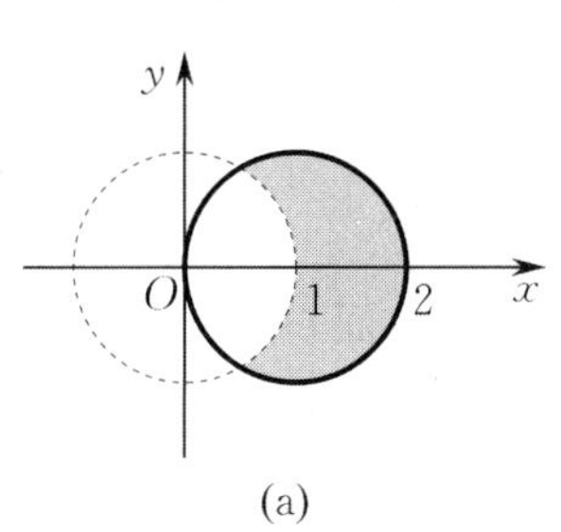

(a)

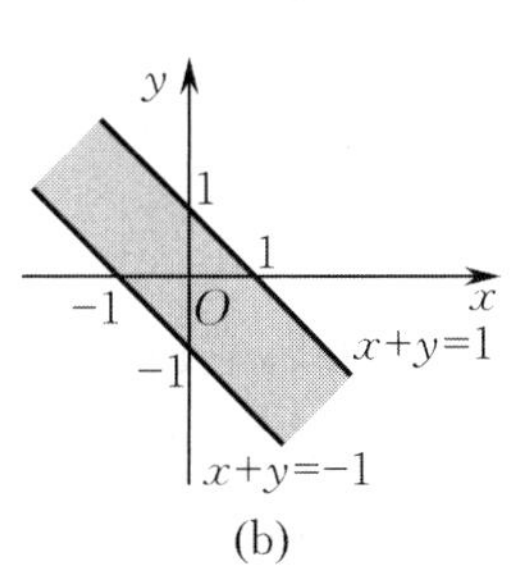

(b)

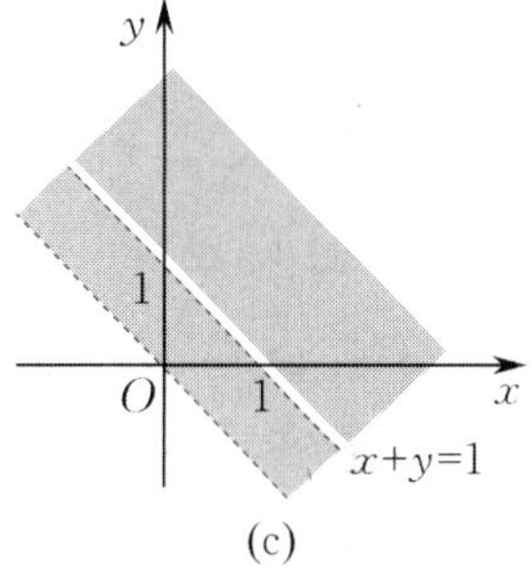

(c)

**图 8-10**

**2. 二元函数的图形与等高线**

我们知道,一元函数 $y=f(x)$ 的图形是 $xOy$ 面上的一条曲线,即一元函数的图形由点组成,且点的坐标满足函数表达式.事实上,二元函数 $z=f(x,y)$ 的图形也是如此.设二元函数 $z=f(x,y)$ 的定义域为 $xOy$ 面内的某个点集 $D$,对于 $D$ 中的每一点 $P(x,y)$,都有空间直角坐标系中的一点 $M(x,y,f(x,y))$ 与之对应.当 $(x,y)$ 取遍 $D$ 中的所有点时,得到一个空间点集

$$\{(x,y,z)\,|\,z=f(x,y),(x,y)\in D\},$$

该点集就称为**二元函数 $z=f(x,y)$ 的图形**.通常来说,二元函数的图形是一个曲面(见图 8-11).

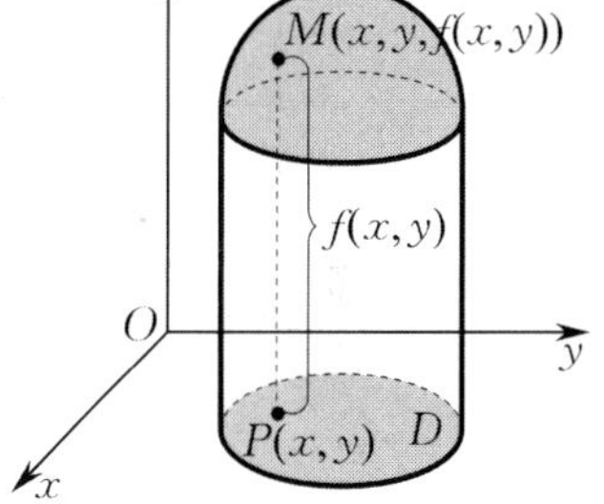

**图 8-11**

例如,二元函数 $z=\dfrac{\sin\sqrt{x^2+y^2}}{\sqrt{x^2+y^2}}$ 的图形(见图 8-12(a))和墨西哥风格的帽子很相似(称之为**墨西哥帽子**);二元函数 $z=\sin(xy)$ 的图形如图 8-12(b) 所示.

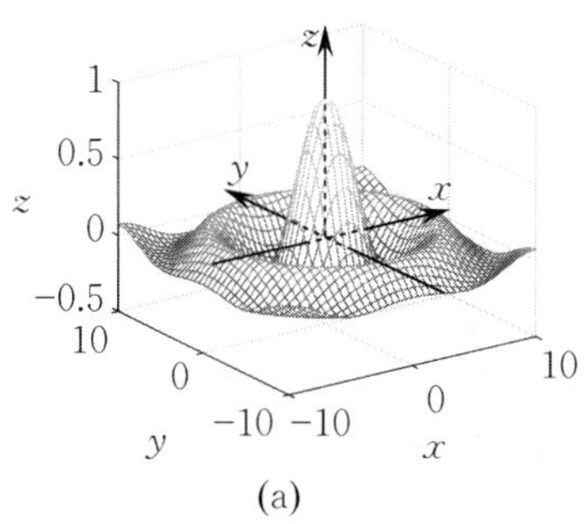

(a)

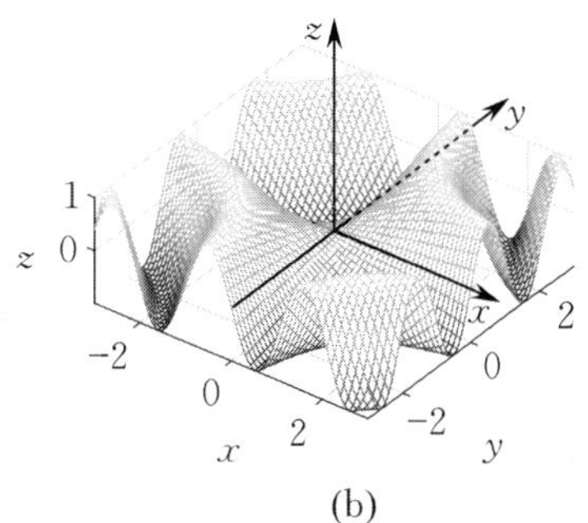

(b)

**图 8-12**

虽然用曲面表示二元函数的图形在几何上可以直观地了解二元函数变化的情况,但不能像一元函数用平面曲线表示图形就能清晰地看出每一点函数值的大小. 因此,也常用二元函数的等高线族表示二元函数的图形.

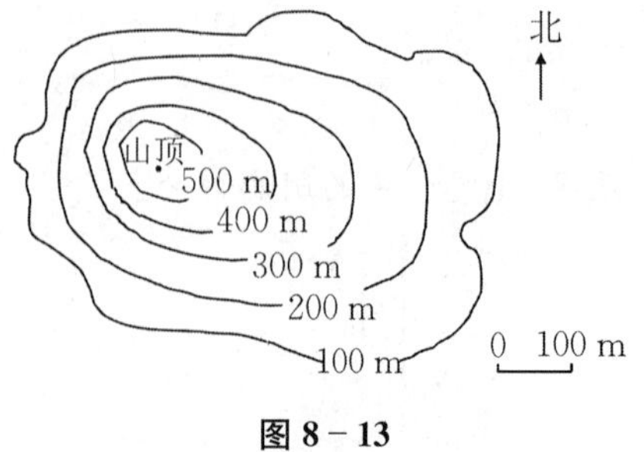


图 8 - 13

对于等高线(见图 8 - 13),我们并不陌生. 爬山时,如果沿等高线从山的一点走到另一点,那么行走过程中所处位置的海拔是不变的. 用等高线表示曲面相当于把高度映射到平面上,即用与坐标面平行的平面 $z=C$ 去截曲面 $z=f(x,y)$($C$ 在二元函数 $z=f(x,y)$ 的值域内),得

$$f(x,y)=C. \tag{8.1.1}$$

方程(8.1.1) 在 $xOy$ 面内表示一条曲线,它就是垂直于 $z$ 轴的平面 $z=C$ 与曲面 $z=f(x,y)$ 的交线在 $xOy$ 面上的投影曲线,称该投影曲线为二元函数 $z=f(x,y)$ 的**等高线**.

当 $C$ 分别取 $C_1,C_2,\cdots,C_n$ 时,便得等高线族 $L_1,L_2,\cdots,L_n$(见图 8 - 14). 从等高线族大致可看出函数值变化的情况(从平面图形观察空间图形),它表示在何处时二元函数 $z=f(x,y)$ 的图形具有高度 $C$. 当 $C$ 按等间距画出等高线族 $f(x,y)=C$ 时,在等高线比较密集的地方,曲面较陡峭;而在等高线比较稀疏的地方,曲面较平坦.

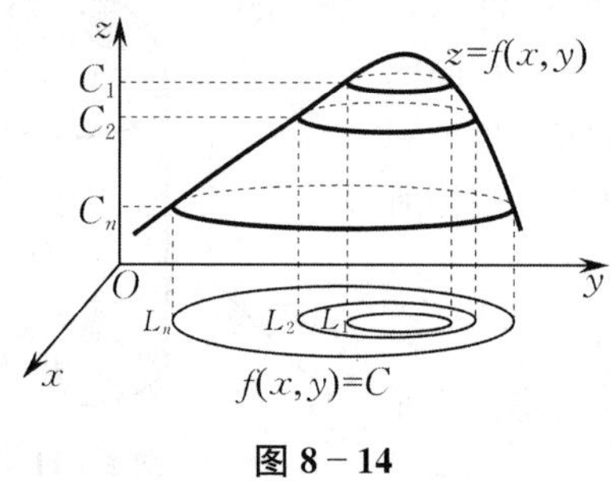


图 8 - 14

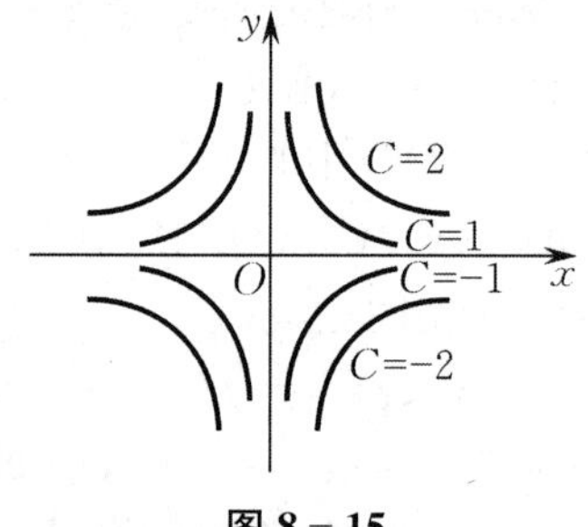


图 8 - 15

**例 8.1.5** 作出曲面 $z=xy$ 的等高线族.

**解** 用平面 $z=C$ 截曲面 $z=xy$,所得交线在 $xOy$ 面上的投影曲线为 $\begin{cases} xy=C, \\ z=0, \end{cases}$ 其图形如图 8 - 15 所示.

函数的图形和等高线图,有助于我们直观地理解函数的各种性态. 例如,二元函数

$$z=\mathrm{e}^{-\frac{x^2+y^2}{8}}(\sin^2 x+\cos^2 y)$$

的图形及等高线图分别如图 8 - 16(a) 和图 8 - 16(b) 所示.

必须强调的是,等高线是平面上的曲线,不是空间中的曲线. 尽管是平面曲线,人们依然可以利用一系列的等高线想象出整体的三维曲面的图形. 而且二维的图便于携带,就像我们出去爬山,很少有人会携带三维地图,带的都是二维的等高线地图.

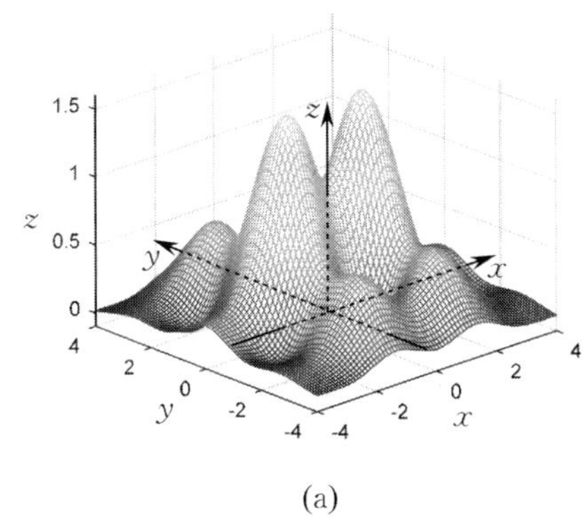

(a)

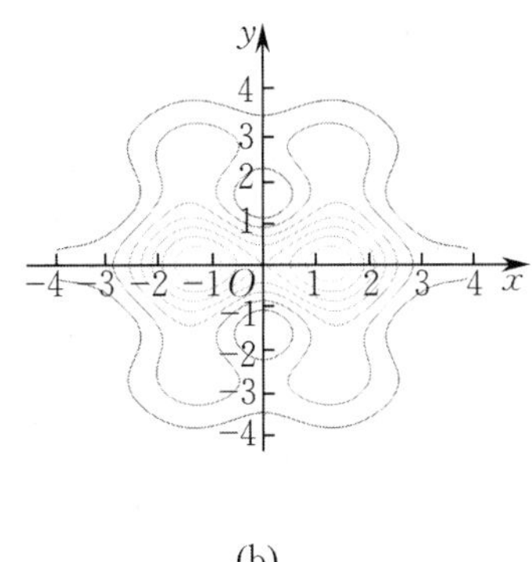

(b)

图 8－16

### 3. 多元函数的概念

**定义 8.1.2**　设 $D$ 是 $\mathbf{R}^n$ 中的非空点集. 若对于 $D$ 中的每一点 $P(x_1,x_2,\cdots,x_n)$，变量 $u$ 按照一定的法则 $f$ 总有唯一确定的值与之对应，则称 $u$ 是定义在 $D$ 上的**多元函数**，记作

$$u=f(x_1,x_2,\cdots,x_n),\quad (x_1,x_2,\cdots,x_n)\in D$$

或

$$u=f(P),\quad P\in D,$$

其中点集 $D$ 称为该函数的定义域，$x_1,x_2,\cdots,x_n$ 称为自变量，$u$ 称为因变量.

数集 $\{u \mid u=f(x_1,x_2,\cdots,x_n),(x_1,x_2,\cdots,x_n)\in D\}$ 称为函数 $u=f(x_1,x_2,\cdots,x_n)$ 的值域.

在定义 8.1.2 中，令 $n=2$ 或 $n=3$，便得二元或三元函数的定义. 从工程学的角度来看，多元函数可以想象为一个多输入、单输出的机器或系统，如图 8－17 所示.

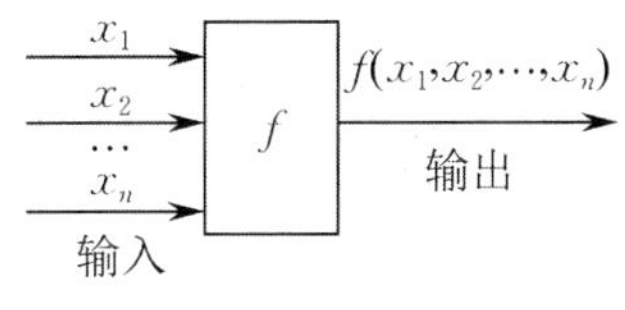


图 8－17

类似地，可以定义 $n$ 元函数的图形

$$\{(x_1,x_2,\cdots,x_n,u)\mid u=f(x_1,x_2,\cdots,x_n),(x_1,x_2,\cdots,x_n)\in D\}$$

是 $\mathbf{R}^{n+1}$ 中的点集. 三元及三元以上的函数没有直观的几何图形.

## 三、二元函数的极限

在一元函数 $f(x)$ 当 $x\to x_0$ 时的极限定义中，要求 $f(x)$ 在点 $x_0$ 的某个去心邻域内有定义. 这表明两方面含义：

(1) 极限是研究当 $x\to x_0$ 时 $f(x)$ 的变化趋势，与 $f(x)$ 在点 $x_0$ 处是否有定义无关；

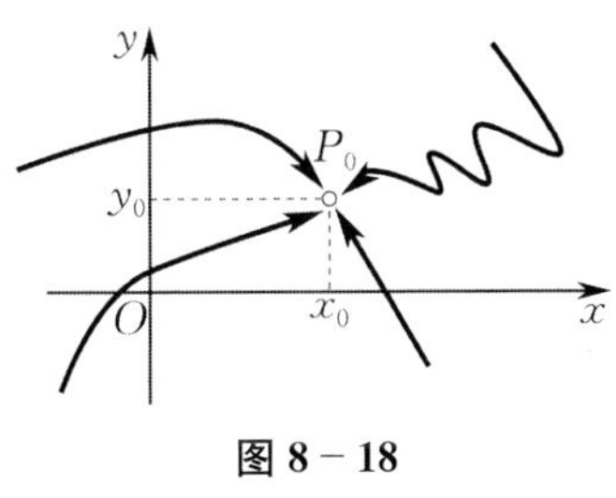


图 8－18

(2) 要求在点 $x_0$ 的任意邻域内都含有 $f(x)$ 的定义域中的点，实际上就是要求 $x_0$ 是 $f(x)$ 的定义域的聚点. 因此，对于定义在平面点集 $D$ 上的二元函数 $z=f(x,y)$，若考虑二元函数 $z=f(x,y)$ 当 $P(x,y)\to P_0(x_0,y_0)$ 时的极限，则也要求 $P_0(x_0,y_0)$ 为点集 $D$ 的聚点. 这里 $P(x,y)\to P_0(x_0,y_0)$ 是指点 $P$ 以任意方式趋于点 $P_0$（见图 8－18），即点 $P$ 与点 $P_0$ 之间的距离趋于 0，记作

$$|P_0P| = \sqrt{(x-x_0)^2+(y-y_0)^2} \to 0.$$

与一元函数的极限概念类似,若在 $P(x,y) \to P_0(x_0,y_0)$,即 $x \to x_0, y \to y_0$ 的过程中,$P(x,y)$ 所对应的函数值 $f(x,y)$ 都趋于一个确定的常数 $A$,则称 $A$ 为二元函数 $f(x,y)$ 当 $P(x,y) \to P_0(x_0,y_0)$ 时的极限. 利用"$\varepsilon$-$\delta$"语言可以更精确地描述这个极限,并可类推到 $n$ 元函数.

**定义 8.1.3** 设二元函数 $z=f(x,y)$ 的定义域为 $D$,$P_0(x_0,y_0)$ 是 $D$ 的聚点,$A$ 是一个常数. 如果对于任意给定的正数 $\varepsilon$(无论多么小),总存在正数 $\delta$,使得当 $P(x,y) \in \mathring{U}(P_0,\delta) \cap D$(见图 8-19)时,恒有

$$|f(P)-A| = |f(x,y)-A| < \varepsilon$$

成立,则称**函数** $z=f(x,y)$ **当** $P(x,y) \to P_0(x_0,y_0)$ **时以** $A$ **为极限**,记作

$$\lim_{(x,y)\to(x_0,y_0)} f(x,y) = A \quad 或 \quad \lim_{\substack{x\to x_0\\ y\to y_0}} f(x,y) = A,$$

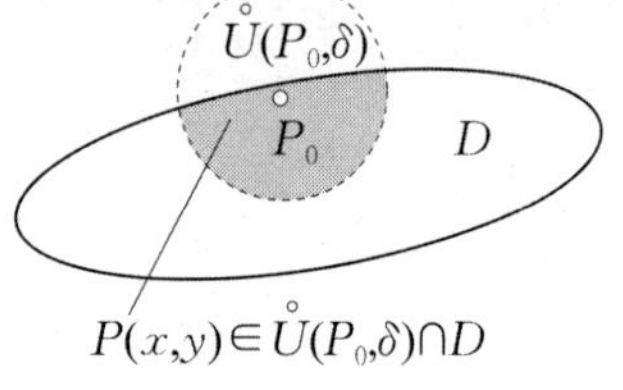


**图 8-19**

也记作

$$\lim_{P\to P_0} f(P) = A.$$

二元函数的极限也称为**二重极限**.

思考 二元函数极限的定义对于 $P_0(x_0,y_0)$ 是函数定义域的边界点的情形是否适用?

**例 8.1.6** 设函数 $f(x,y)=\sin\sqrt{x^2+y^2}$,证明:$\lim\limits_{(x,y)\to(0,0)} f(x,y) = 0$.

**证** 函数 $f(x,y)$ 的定义域为 $D=\mathbf{R}^2$,坐标原点 $O(0,0)$ 显然为 $D$ 的聚点. 由于

$$|f(x,y)-0| = |\sin\sqrt{x^2+y^2}-0| \leqslant \sqrt{x^2+y^2},$$

因此对于任意给定的 $\varepsilon>0$,取 $\delta=\varepsilon$,则当

$$0 < \sqrt{(x-0)^2+(y-0)^2} < \delta,$$

即 $P(x,y) \in \mathring{U}(O,\delta) \cap D$ 时,恒有

$$|f(x,y)-0| \leqslant \sqrt{x^2+y^2} < \varepsilon$$

成立. 根据二元函数极限的定义,证得 $\lim\limits_{(x,y)\to(0,0)} f(x,y) = 0$.

特别注意,虽然二元函数的极限与一元函数的极限的定义相似,但是二元函数的极限更为复杂. 对于一元函数的极限 $\lim\limits_{x\to a} f(x)$,自变量被限制在 $x$ 轴上,$x \to a$ 的"任意方式"是指 $x$ 从 $a$ 的左边、右边或忽左忽右地无限趋于确定的常数 $a$(见图 8-20(a)). 而二元函数必须是当点 $P$ 在定义域内以任意方式和途径趋于点 $P_0$ 时,$f(x,y)$ 都有极限且相等(见图 8-20(b)).

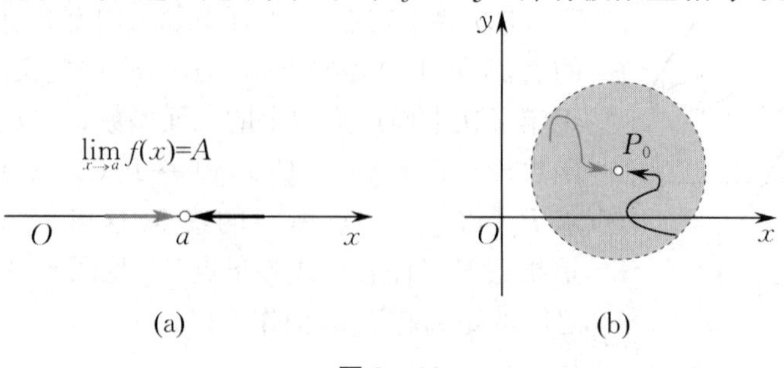


**图 8-20**

**例 8.1.7** 讨论函数 $f(x,y)=\dfrac{xy}{x^2+y^2}$ 当 $(x,y)\to(0,0)$ 时的极限是否存在.

**解** 当点 $(x,y)$ 沿着直线 $y=kx$ 趋于点 $(0,0)$ 时,有

$$\lim_{\substack{(x,y)\to(0,0)\\ y=kx}}\frac{xy}{x^2+y^2}=\lim_{x\to 0}\frac{kx^2}{x^2+k^2x^2}=\frac{k}{1+k^2}.$$

该极限值随着 $k$ 的变化而变化,这与极限定义中当点 $P(x,y)$ 以任意方式趋于点 $P_0(x_0,y_0)$ 时,函数 $f(x,y)$ 都无限趋于同一个常数 $A$ 的要求相违背,因此 $\lim\limits_{(x,y)\to(0,0)}f(x,y)$ 不存在.

那么,函数 $f(x,y)=\dfrac{xy}{x^2+y^2}$ 所表示的曲面在坐标原点 $(0,0)$ 附近的图形是怎样的呢?

从图 8-21(a) 可以看出,函数 $f(x,y)=\dfrac{xy}{x^2+y^2}$ 所表示的曲面关于平面 $y=x$ 对称,关于平面 $y=-x$ 也对称,而且该曲面在坐标原点附近出现缝隙或间断. 从图 8-21(b) 可以看出,函数 $f(x,y)$ 的等高线均为直线,当点 $P(x,y)$ 沿着直线 $y=kx$ 趋于点 $(0,0)$ 时,函数 $f(x,y)$ 趋于不同的值. 特别地,当点 $P(x,y)$ 沿着直线 $y=x$ 趋于点 $(0,0)$ 时,曲面上相应的点趋于 $z=0.5$;当点 $P(x,y)$ 沿着直线 $y=-x$ 趋于点 $(0,0)$ 时,曲面上相应的点趋于 $z=-0.5$.

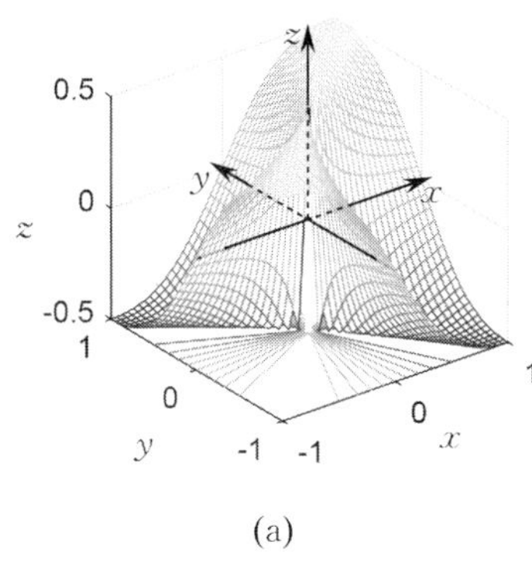


(a)

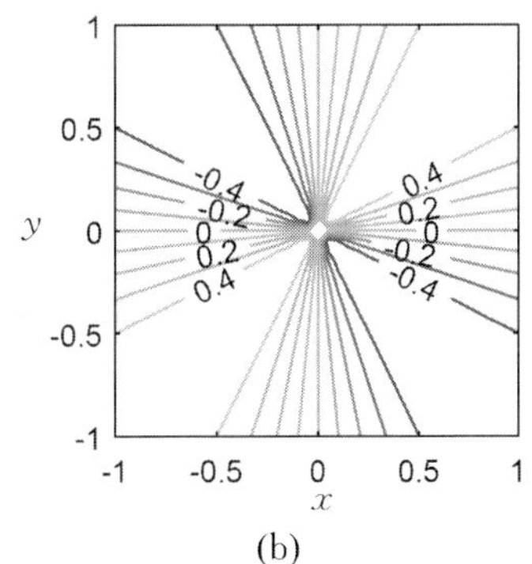


(b)

**图 8-21**

如果当点 $(x,y)$ 沿着不同斜率的直线趋于点 $(0,0)$ 时,函数 $f(x,y)$ 的极限均存在且相等,那么是否就能说 $f(x,y)$ 当 $(x,y)\to(0,0)$ 时的极限存在呢? 答案是否定的,可看例 8.1.8.

**例 8.1.8** 讨论函数 $f(x,y)=\dfrac{xy^2}{x^2+y^4}$ 当 $(x,y)\to(0,0)$ 时的极限是否存在.

**解** 当点 $(x,y)$ 沿着直线 $y=kx$ 趋于点 $(0,0)$ 时,有

$$\lim_{\substack{(x,y)\to(0,0)\\ y=kx}}\frac{xy^2}{x^2+y^4}=\lim_{x\to 0}\frac{k^2x^3}{x^2+k^4x^4}=\lim_{x\to 0}\frac{k^2x}{1+k^4x^2}=0.$$

当点 $(x,y)$ 沿着直线 $x=0$ 趋于点 $(0,0)$ 时,有

$$\lim_{\substack{(x,y)\to(0,0)\\ x=0}}\frac{xy^2}{x^2+y^4}=\lim_{y\to 0}f(0,y)=0.$$

这说明当点 $(x,y)$ 沿着所有可能斜率的直线趋于点 $(0,0)$ 时,函数 $f(x,y)$ 都趋于 0. 尽管如此,仍不能说函数 $f(x,y)$ 当 $(x,y)\to(0,0)$ 时以 0 为极限,这是因为点 $(x,y)$ 趋于点 $(0,0)$ 的方式除沿着直线外还有无穷多种. 例如,当点 $(x,y)$ 沿着抛物线 $x=y^2$ 趋于点 $(0,0)$ 时,有

$$\lim_{\substack{(x,y)\to(0,0)\\ x=y^2}}\frac{xy^2}{x^2+y^4}=\lim_{y\to 0}\frac{y^4}{y^4+y^4}=\frac{1}{2}.$$

由此可见，$\lim\limits_{(x,y)\to(0,0)} f(x,y)$ 不存在.

函数 $f(x,y)=\dfrac{xy^2}{x^2+y^4}$ 是 $x$ 的奇函数，如图 8-22(a) 所示，其图形关于平面 $x=0$ 反对称；又函数 $f(x,y)$ 是 $y$ 的偶函数，图形关于平面 $y=0$ 对称. 函数 $f(x,y)$ 所表示的曲面在坐标原点附近出现缝隙或间断.

观察图 8-22(b) 可以看出，函数 $f(x,y)$ 的等高线均为抛物线. 因此，当点$(x,y)$ 沿着曲线 $x=ky^2$ 趋于点$(0,0)$ 时，有

$$\lim_{\substack{(x,y)\to(0,0)\\ x=ky^2}} \frac{xy^2}{x^2+y^4}=\lim_{y\to 0}\frac{ky^4}{k^2y^4+y^4}=\frac{k}{k^2+1}.$$

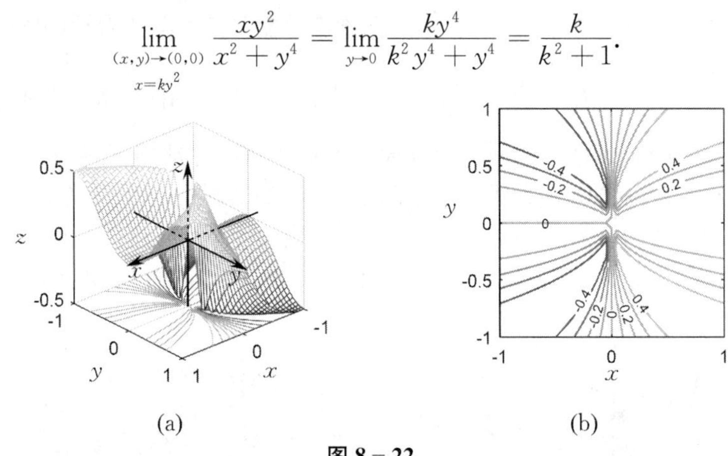


**图 8-22**

显然，上述极限值随着 $k$ 值的不同而改变，因此 $\lim\limits_{(x,y)\to(0,0)} f(x,y)$ 不存在.

思考　设函数 $f_1(x,y)=\dfrac{xy^n}{x^2+y^{2n}}$，$f_2(x,y)=\dfrac{x^my^n}{x^{2m}+y^{2n}}$，其中 $n,m$ 是正整数. 请读者自行讨论当$(x,y)\to(0,0)$ 时，函数 $f_1(x,y)$ 和 $f_2(x,y)$ 的极限是否存在.

例 8.1.7 和例 8.1.8 说明了二重极限要比一元函数的极限复杂得多，其主要原因是$(x,y)\to(x_0,y_0)$ 方式的任意性. 因此，有以下结论：

(1) 当点 $P$ 以某种特殊方式趋于点 $P_0$ 时，函数 $f(x,y)$ 的极限不存在，或者当点 $P$ 沿着两种特殊方式趋于点 $P_0$ 时，函数 $f(x,y)$ 趋于不同的值，则都可以断定二重极限不存在.

(2) 当点 $P$ 以某种特殊方式，甚至几种方式或途径趋于点 $P_0$ 时，即使函数 $f(x,y)$ 总是趋于同一个常数，也不能断定二重极限存在.

(3) 若已知 $\lim\limits_{(x,y)\to(x_0,y_0)} f(x,y)$ 存在，则可取一种特殊途径来求极限.

以上关于二元函数极限的描述，可相应地推广到一般的 $n$ 元函数 $u=f(P)$，即 $u=f(x_1,x_2,\cdots,x_n)$ 上. 与一元函数类似，多元函数的极限也具有四则运算法则，但求多元函数的极限往往比求一元函数的极限困难得多. 有时可将多元函数的极限化成一元函数的极限或用夹逼准则等方法来求多元函数的极限.

例如，设 $n$ 元函数 $u=f(P)$，要证 $\lim\limits_{P\to P_0} f(P)=0$，可利用不等式

$$0\leqslant |f(P)|\leqslant g(P).$$

若 $\lim\limits_{P\to P_0} g(P)=0$，则由夹逼准则可得 $\lim\limits_{P\to P_0} f(P)=0$.

在研究多元函数的极限时，我们着重计算二元函数的极限，然后将有关求二元函数极限

的结论推广到 $n(n\geqslant 3)$ 元函数上. 下面举例说明如何求一个二元函数的极限.

**例 8.1.9**　设函数 $f(x,y)=\dfrac{xy}{\sqrt{x^2+y^2}}$(见图 8-23),求 $\lim\limits_{(x,y)\to(0,0)}\dfrac{xy}{\sqrt{x^2+y^2}}$.

**解**　因为 $0\leqslant\dfrac{|xy|}{\sqrt{x^2+y^2}}\leqslant\dfrac{1}{2}\sqrt{x^2+y^2}$,而 $\lim\limits_{(x,y)\to(0,0)}\dfrac{1}{2}\sqrt{x^2+y^2}=0$,所以由夹逼准则得

$$\lim_{(x,y)\to(0,0)}\frac{xy}{\sqrt{x^2+y^2}}=0.$$

**例 8.1.10**　设函数 $f(x,y)=\dfrac{\sin(x^2y)}{x^2+y^2}$(见图 8-24),求 $\lim\limits_{(x,y)\to(0,0)}\dfrac{\sin(x^2y)}{x^2+y^2}$.

**解**　$\lim\limits_{(x,y)\to(0,0)}\dfrac{\sin(x^2y)}{x^2+y^2}=\lim\limits_{(x,y)\to(0,0)}\left[\dfrac{\sin(x^2y)}{x^2y}\cdot\dfrac{x^2y}{x^2+y^2}\right]$,其中 $\lim\limits_{(x,y)\to(0,0)}\dfrac{\sin(x^2y)}{x^2y}=1$,且

$$0\leqslant\left|\frac{x^2y}{x^2+y^2}\right|\leqslant\frac{1}{2}|x|.$$

根据夹逼准则,由 $\lim\limits_{(x,y)\to(0,0)}\dfrac{1}{2}|x|=0$ 可得 $\lim\limits_{(x,y)\to(0,0)}\dfrac{x^2y}{x^2+y^2}=0$,所以 $\lim\limits_{(x,y)\to(0,0)}\dfrac{\sin(x^2y)}{x^2+y^2}=0$.

思考　例 8.1.10 的解法有没有问题? 如果有,如何改进?

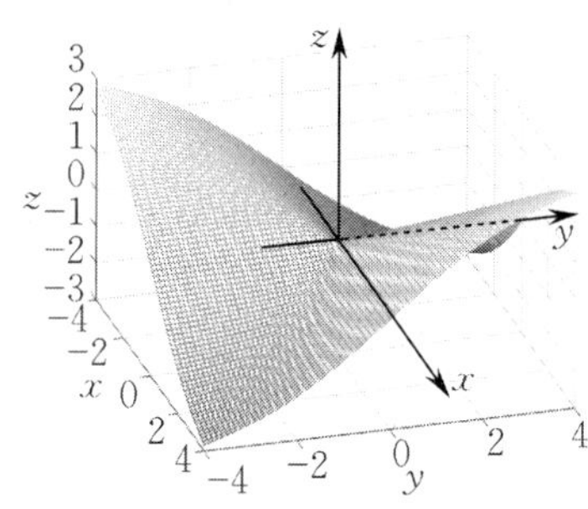

图 8-23

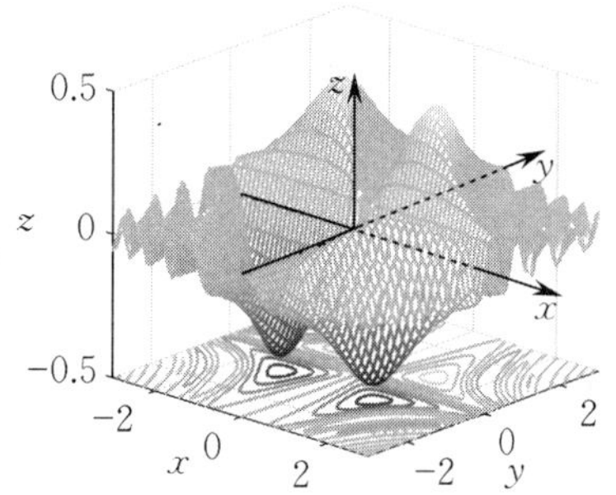

图 8-24

**例 8.1.11**　求 $\lim\limits_{(x,y)\to(0,2)}\dfrac{\sin(xy)}{x}$.

**解**　注意到当 $y\to 2$ 时,$y\neq 0$,所以

$$\lim_{(x,y)\to(0,2)}\frac{\sin(xy)}{x}=\lim_{(x,y)\to(0,2)}\left[\frac{\sin(xy)}{xy}\cdot y\right]=\lim_{xy\to 0}\frac{\sin(xy)}{xy}\cdot\lim_{y\to 2}y=2.$$

思考　例 8.1.11 与例 8.1.10 相比较,例 8.1.11 的解法为什么正确?

**例 8.1.12**　求 $\lim\limits_{(x,y)\to(\infty,a)}\left(1-\dfrac{1}{2x}\right)^{\frac{x^2}{x+y}}$.

**解**　当 $(x,y)\to(\infty,a)$ 时,该极限属于 $1^{\infty}$ 型未定式,因此

$$\lim_{(x,y)\to(\infty,a)}\left(1-\frac{1}{2x}\right)^{\frac{x^2}{x+y}}=\lim_{(x,y)\to(\infty,a)}\left[\left(1-\frac{1}{2x}\right)^{-2x}\right]^{-\frac{x}{2(x+y)}}=\mathrm{e}^{-\frac{1}{2}}.$$

还可以利用指数函数和对数函数的连续性,有

$$\lim_{(x,y)\to(\infty,a)}\left(1-\frac{1}{2x}\right)^{\frac{x^2}{x+y}}=\lim_{(x,y)\to(\infty,a)}\mathrm{e}^{\frac{x^2}{x+y}\ln\left(1-\frac{1}{2x}\right)}=\lim_{(x,y)\to(\infty,a)}\mathrm{e}^{\frac{x^2}{x+y}\cdot\left(-\frac{1}{2x}\right)}=\mathrm{e}^{-\frac{1}{2}},$$

其中当 $x\to\infty$ 时,$\ln\left(1-\dfrac{1}{2x}\right)\sim-\dfrac{1}{2x}$.

请读者自行总结其他二元函数的极限类型.

## 四、二元函数的连续性

与二元函数极限的定义一样,二元函数连续性的定义比一元函数更一般化.

**定义 8.1.4** 设二元函数 $z=f(x,y)$ 的定义域为 $D$,$P_0(x_0,y_0)$ 是 $D$ 的聚点,且 $P_0\in D$. 如果有

$$\lim_{(x,y)\to(x_0,y_0)} f(x,y)=f(x_0,y_0), \tag{8.1.2}$$

那么称**函数 $z=f(x,y)$ 在点 $P_0$ 处连续**①.

**注** 在一元函数连续的定义 $\lim\limits_{x\to x_0}f(x)=f(x_0)$ 中,要求一元函数 $y=f(x)$ 在点 $x_0$ 的某个邻域 $U(x_0,\delta)$ 内有定义. 但在定义 8.1.4 中,对"函数在点 $P_0$ 的某个邻域内有定义"并没有做要求,这一点与一元函数不同,这样就可以讨论二元函数 $f(x,y)$ 在定义域的边界上或沿曲线的连续性. 这些问题在后续内容中将被广泛提及.

**定义 8.1.5** 设函数 $f(x,y)$ 在点集 $D$(任意 $\mathbf{R}^2$ 的子集)上有定义. 若 $f(x,y)$ 在 $D$ 中的每一点处都连续,则称 **$f(x,y)$ 在 $D$ 上连续**,或称 **$f(x,y)$ 为 $D$ 上的连续函数**.

当 $D$ 是区域(或闭区域)时,二元连续函数 $z=f(x,y),(x,y)\in D$ 在几何上表示一张连续曲面.

下面讨论当二元函数 $z=f(x,y)$ 分别关于 $x$ 和 $y$ 都是一元连续函数时,能否得出 $f(x,y)$ 是二元连续函数? 形象地说就是,该二元函数所表示的曲面是用一根根连续的经线和纬线编织成的,那么这个曲面是否是一张连续曲面呢? 答案是否定的,可看下例.

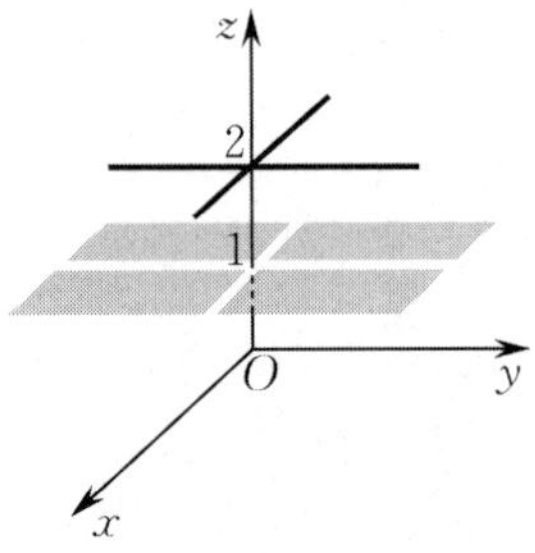

例如,对于二元函数 $f(x,y)=\begin{cases}1, & xy\neq 0,\\ 2, & xy=0,\end{cases}$ 由 $f(0,y)=f(x,0)\equiv 2$ 可知,$f(x,y)$ 在坐标原点处分别关于 $x$ 和 $y$ 是一元连续函数. 但 $f(x,y)$ 在坐标原点处显然是不连续的,即 $f(x,y)$ 在坐标原点处不是二元连续函数,如图 8-25 所示.

图 8-25

**例 8.1.13** 设 $D$ 表示单位闭圆域 $\{(x,y)\mid x^2+y^2\leqslant 1\}$(见图 8-26(a)),且有定义在 $D$ 上的函数

$$f(x,y)=\sqrt{1-x^2-y^2},\quad (x,y)\in D.$$

对于任意一点 $(x_0,y_0)\in D$,有

$$\lim_{\substack{(x,y)\to(x_0,y_0)\\(x,y)\in D}} f(x,y)=\sqrt{1-x_0^2-y_0^2}=f(x_0,y_0).$$

由此可见,函数 $f(x,y)$ 是单位闭圆域 $D$ 上的连续函数,如图 8-26(b) 所示.

---

① 定义 8.1.4 中的公式(8.1.2)可用"$\varepsilon$-$\delta$"语言叙述如下:$\forall\varepsilon>0,\exists\delta>0$,当 $P\in D$ 且 $|P_0P|<\delta$ 时,有

$$|f(P)-f(P_0)|<\varepsilon.$$

由此,当 $P_0$ 是 $D$ 的孤立点时,这个定义中的要求总是成立的. 因此,可以约定任意函数在其定义域的孤立点处都是连续的.

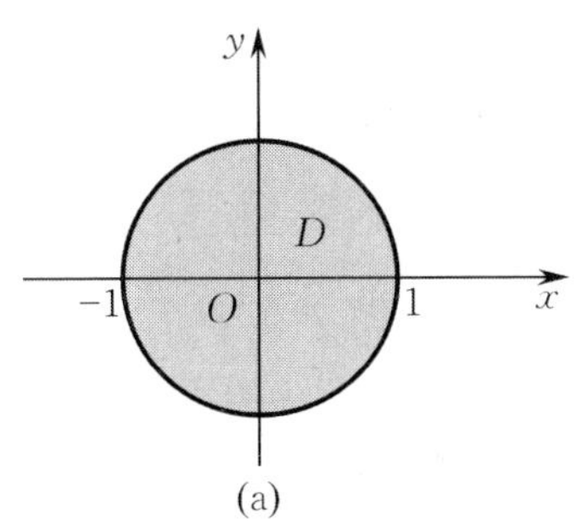

(a)

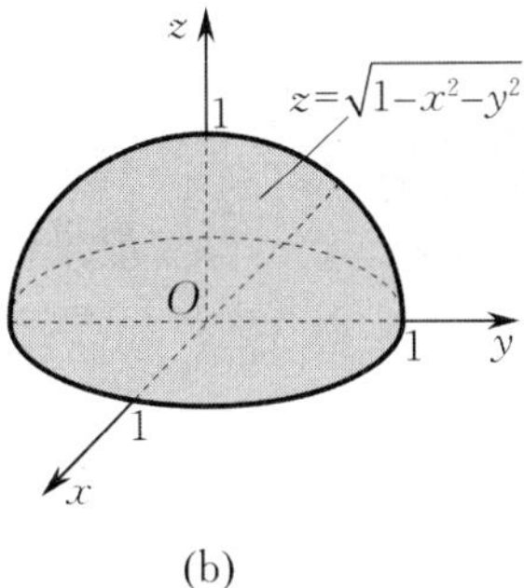

(b)

**图 8－26**

若函数 $f(x,y)$ 在点 $P_0$ 处不连续,则称 $P_0$ 是 $f(x,y)$ 的**间断点**.

当函数 $f(x,y)$ 在点 $P_0$ 处没有定义,或者虽有定义,但当 $P \to P_0$ 时函数 $f(x,y)$ 的极限不存在,或者极限虽存在,但极限值不等于该点处的函数值,则 $P_0$ 都是函数 $f(x,y)$ 的间断点.

二元函数间断点的产生与一元函数的情形类似,但是二元函数间断的情况要比一元函数复杂,它除有间断点外,还有间断线.例如,函数 $f(x,y)=\dfrac{x-y}{x-y^2}$ 在曲线 $x=y^2$ 上的每一点处都没有定义,所以曲线 $x=y^2$ 是该函数的间断线,且曲线上每一点都是该函数的间断点.

**例 8.1.14**　设函数

$$f(x,y)=\begin{cases}\dfrac{xy}{x^2+y^2}, & (x,y)\neq(0,0),\\ 0, & (x,y)=(0,0).\end{cases}$$

因为 $\lim\limits_{(x,y)\to(0,0)}\dfrac{xy}{x^2+y^2}$ 不存在(见例 8.1.7),所以(0,0) 是 $f(x,y)$ 的间断点.由图 8－21(a) 也可看出,函数 $f(x,y)$ 所表示的曲面在坐标原点附近出现缝隙或间断.除间断点外,它在 $\mathbf{R}^2$ 上连续.

将 $f(x,y)$ 改成

$$f_1(x,y)=\begin{cases}\dfrac{xy}{x^2+y^2}, & (x,y)\in\{(x,y)\mid y=kx,x\neq0\},\\ \dfrac{k}{1+k^2}, & (x,y)=(0,0),\end{cases}$$

其中 $k$ 为常数,可知函数 $f_1(x,y)$ 只定义在直线 $y=kx$ 上,且有

$$\lim_{\substack{(x,y)\to(0,0)\\ y=kx}}\frac{xy}{x^2+y^2}=\frac{k}{1+k^2}=f(0,0).$$

由此可得,函数 $f_1(x,y)$ 沿着直线 $y=kx$ 是连续的.

**例 8.1.15**　证明:函数 $f(x,y)=\begin{cases}(x^2+y^2)\sin\dfrac{1}{x^2+y^2}, & (x,y)\neq(0,0),\\ 0, & (x,y)=(0,0)\end{cases}$ 在坐标原点(0,0) 处连续.

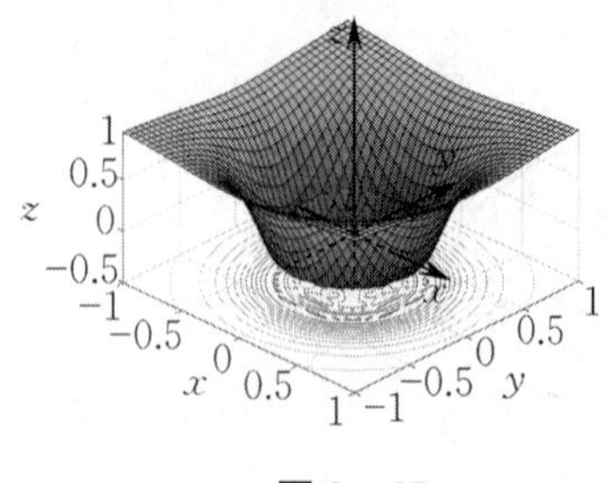


图 8-27

**证** 因为 $\lim\limits_{(x,y)\to(0,0)}(x^2+y^2)=0$,且 $\left|\sin\dfrac{1}{x^2+y^2}\right|\leqslant 1$,利用有界函数与无穷小量的乘积仍是无穷小量这条性质,即得

$$\lim_{(x,y)\to(0,0)}(x^2+y^2)\sin\frac{1}{x^2+y^2}=0=f(0,0),$$

所以函数 $f(x,y)$ 在坐标原点(0,0) 处连续(见图 8-27).

同一元初等函数一样,**多元初等函数**是指由具有不同自变量的基本初等函数经过有限次四则运算和复合运算得到的函数. 例如,$\dfrac{2-\sqrt{xy+4}}{xy}$,$e^{x-y}$,$\ln(1+x^2y^2)$ 等都是多元初等函数.

多元连续函数也有与一元连续函数相同的性质. 例如,多元连续函数的和、差、积、商(分母不等于 0) 都是连续函数;多元连续函数的复合函数也是连续函数. 多元初等函数在其定义区域内是连续的. 所谓**定义区域**,是指包含在定义域内的区域或闭区域.

关于多元连续函数与一元连续函数的关系,存在一个很有趣的数学问题:每个多元连续函数是否可以用一些连续的(具有不同自变量的) 一元函数通过运算(四则运算和复合运算) 来得到呢? 早在 1900 年,著名数学家希尔伯特(Hilbert) 在巴黎国际数学家大会上做过著名讲演,他所提出的 23 个问题中的第 13 个问题包含这样的猜想:并非一切三元连续函数都可以表示为二元连续函数的复合. 但是在 1957 年,数学家柯尔莫哥洛夫(Kolmogorov) 及其学生否定了这一猜想. 柯尔莫哥洛夫的研究结果已成为现今人工神经网络技术数学理论基础的重要组成部分.

根据多元初等函数的连续性,若要计算极限 $\lim\limits_{P\to P_0}f(P)$,其中 $P_0$ 是初等函数 $f(P)$ 定义区域内的一点,则有

$$\lim_{P\to P_0}f(P)=f(P_0).$$

**例 8.1.16** 求 $\lim\limits_{(x,y)\to(1,2)}\ln(x+y)$.

**解** 函数 $\ln(x+y)$ 是二元初等函数,它的定义域 $D=\{(x,y)\mid x+y>0\}$ 是一个区域,而点 $(1,2)\in D$,所以

$$\lim_{(x,y)\to(1,2)}\ln(x+y)=\ln(1+2)=\ln 3.$$

**例 8.1.17** 求 $\lim\limits_{(x,y)\to(0,0)}\dfrac{xy}{\sqrt{xy+1}-1}$.

**解** 将分母有理化,从而消去"零因子",得

$$\lim_{(x,y)\to(0,0)}\frac{xy}{\sqrt{xy+1}-1}=\lim_{(x,y)\to(0,0)}\frac{xy(\sqrt{xy+1}+1)}{xy+1-1}=\lim_{(x,y)\to(0,0)}(\sqrt{xy+1}+1)=2.$$

**注** (1) 例 8.1.17 中可以消去因子 $xy$,这是因为路径 $xy=0$ 不在函数 $\dfrac{xy}{\sqrt{xy+1}-1}$ 的定义域内.

(2) 例 8.1.17 中运算的最后一步用到了函数 $\sqrt{xy+1}+1$ 在坐标原点(0,0) 处的连

续性.

类似于闭区间上一元连续函数的性质,有界闭区域上的多元连续函数具有以下性质.

**性质 8.1.1(有界性定理)**　有界闭区域 $D$ 上的多元连续函数在 $D$ 上必有界.

**性质 8.1.2(最大值和最小值定理)**　有界闭区域 $D$ 上的多元连续函数在 $D$ 上必能取得最大值和最小值.

**性质 8.1.3(介值定理)**　有界闭区域 $D$ 上的多元连续函数必能取得介于最大值与最小值之间的任意值.

## 思考题 8.1

1. (1) 设有函数表达式 $z=4x^2+y^2$,其中 $(x,y)\in\{(x,y)\mid x^2+y^2=1\}$. 问:它是否是二元函数?其图形是什么?

(2) $z=f(x,y)=x$ 是二元函数吗?如果是,其定义域是什么?图形是什么?

2. 如何证明二重极限不存在?

3. 当点 $(x,y)$ 沿着无数多条直线趋于点 $(x_0,y_0)$ 时,函数 $f(x,y)$ 都趋于 $A$,能否断定 $\lim\limits_{(x,y)\to(x_0,y_0)}f(x,y)=A$?

4. 若一元函数 $f(x_0,y)$ 在点 $y_0$ 处连续,一元函数 $f(x,y_0)$ 在点 $x_0$ 处连续,那么二元函数 $f(x,y)$ 在点 $(x_0,y_0)$ 处是否必然连续?反之是否成立?

## 习　题 8.1

**(A)**

一、平面点集 $\{(x,y)\mid x>0,y>0\}\cup\{(x,y)\mid x<0,y<0\}$ 是(　　).

(A) 开区域　　(B) 闭区域　　(C) 开集　　(D) 闭集

二、平面点集 $\{(x,y)\mid |y|\geqslant 1\}$ 是(　　).

(A) 闭区域　　(B) 既非闭区域又非开区域

(C) 开区域　　(D) 既是闭区域又是开区域

三、填空题:

(1) 平面点集 $\{(x,y)\mid |xy|>1\}$ 的图形是__________,其边界是__________.

(2) 空间点集 $\{(x,y,z)\mid x^2+y^2\leqslant z,0\leqslant z\leqslant h\}$ 的图形是__________,其边界是__________.

四、求下列函数(值):

(1) 设 $f\left(x+y,\dfrac{y}{x}\right)=x^2-y^2$,求 $f(x,y)$;

(2) 设 $f(x,y)=\displaystyle\int_x^y\frac{1}{t}\mathrm{d}t$,求 $f(1,4)$.

五、求下列函数的定义域:

(1) $z=\sqrt{1-x^2}+\sqrt{y^2-1}$;　　(2) $z=\ln(x+y-1)+\dfrac{\sqrt{x}}{\sqrt{1-x^2-y^2}}$;

(3) $u=\arccos\dfrac{z}{\sqrt{x^2+y^2}}$;　　(4) $u=\dfrac{\sqrt{x}+\sqrt{y}+\sqrt{z}}{\sqrt{1-x^2-y^2-z^2}}$.

六、求下列极限:

(1) $\lim\limits_{(x,y)\to(0,0)}\dfrac{2-\sqrt{xy+4}}{xy}$;　　(2) $\lim\limits_{(x,y)\to(2,0)}\dfrac{\sin(xy)}{y}$;

(3) $\lim\limits_{(x,y)\to(0,0)} \dfrac{1-\cos(x^2+y^2)}{(x^2+y^2)e^{x^2y^2}}$.

七、证明下列极限不存在：

(1) $\lim\limits_{(x,y)\to(0,0)} \dfrac{x^2y^2}{x^2y^2+(x-y)^2}$；

(2) $\lim\limits_{(x,y)\to(0,0)} \dfrac{xy^3}{x^2+y^6}$；

(3) $\lim\limits_{(x,y)\to(0,0)} \dfrac{x^2y}{x^4+y^2}$.

八、指出下列函数在何处间断：

(1) $f(x,y)=\dfrac{x-y^2}{x^3+y^3}$；

(2) $f(x,y)=\dfrac{x+y}{xy}$.

**(B)**

一、下列平面点集中哪些是开集、闭集、区域、有界集、无界集？并指出其边界：

(1) $\{(x,y)\mid y>x^2\}$；

(2) $\{(x,y)\mid x^2+(y-1)^2\geqslant 1, x^2+(y-2)^2\leqslant 4\}$；

(3) $\{(x,y)\mid x\neq 0, y\neq 0\}$；

(4) $\{(x,y)\mid xy=0\}$；

(5) $\{(x,y)\mid 1<x^2+y^2\leqslant 2\}$；

(6) $\{(x,y)\mid x^2+y^2<1\}\cup\{(2,2)\}$.

二、求下列极限：

(1) $\lim\limits_{(x,y)\to(0,0)} \dfrac{\sin(xy)}{x}$；

(2) $\lim\limits_{(x,y)\to(+\infty,+\infty)} \left(\dfrac{xy}{x^2+y^2}\right)^{x^2}$.

三、计算极限 $\lim\limits_{(x,y)\to(0,0)} \dfrac{xy}{x+y}$ 时，下列算法是否正确？

(1) 原式 $=\lim\limits_{(x,y)\to(0,0)} \dfrac{1}{\dfrac{1}{y}+\dfrac{1}{x}}=0$；

(2) 令 $y=kx$，原式 $=\lim\limits_{x\to 0}\left(x\cdot\dfrac{k}{1+k}\right)=0$.

四、证明：

(1) 极限 $\lim\limits_{(x,y)\to(0,0)} \dfrac{x^3-y^3}{|x|^3+|y|^3}$ 不存在；

(2) $\lim\limits_{(x,y)\to(0,0)} \dfrac{x^2y}{e^{x^2+y^2}-1}=0$.

五、举例说明一个二元函数 $z=f(x,y)$ 在 $D=\{(x,y)\mid x^2+y^2<1\}$ 内连续，但在 $D$ 中无界.

# 第二节　偏导数与全微分

## 一、偏导数

### 1. 偏导数的定义

首先回忆一下一元函数 $y=f(x)$ 在点 $x_0$ 处的导数

$$f'(x_0)=\lim_{\Delta x\to 0}\frac{\Delta y}{\Delta x}=\lim_{\Delta x\to 0}\frac{f(x_0+\Delta x)-f(x_0)}{\Delta x},$$

它表示函数 $y=f(x)$ 在点 $x_0$ 处对自变量的变化率，在几何上表示曲线 $y=f(x)$ 在点 $x_0$ 处的切线的斜率. 对于多元函数，仍然需要研究它的变化率，但是多元函数含多个自变量，因此无法简单地使用导数的概念. 那么，该如何刻画多元函数的变化率呢？先看下面的引例.

**引例**　考察二元函数 $z=f(x,y)=\arctan\dfrac{y}{x}$.

假设暂时把 $y$ 固定在 $y=3$ 处，则 $z=f(x,3)=\arctan\frac{3}{x}$，可得到仅有一个自变量的一元函数. 求它关于 $x$ 的一阶导数，结果为 $-\frac{3}{x^2+9}$.

一般地，将 $y$ 固定，把它看作常量，让 $x$ 变动，这时 $z$ 是自变量为 $x$ 的一元函数. 对 $z$ 关于 $x$ 求导数$\left(\text{此导数记作}\frac{\partial z}{\partial x}\right)$，得到

$$\frac{\partial z}{\partial x}=\frac{1}{1+\left(\frac{y}{x}\right)^2}\cdot\left(-\frac{y}{x^2}\right)=-\frac{y}{x^2+y^2}.$$

类似地，将 $x$ 固定，把它看作常量，让 $y$ 变动，这时 $z$ 是自变量为 $y$ 的一元函数. 对 $z$ 关于 $y$ 求导数$\left(\text{此导数记作}\frac{\partial z}{\partial y}\right)$，得到

$$\frac{\partial z}{\partial y}=\frac{1}{1+\left(\frac{y}{x}\right)^2}\cdot\frac{1}{x}=\frac{x}{x^2+y^2}.$$

在上述求导过程中，由于对函数 $z=f(x,y)$ 的两个自变量 $x$ 和 $y$ 没有“平等”对待，因此称这种导数为偏导数. 例如，在热传导问题中，要研究物体内各点随时间变化的温度函数 $u=f(x,y,z,t)$ 对时间 $t$ 的变化率，就是暂时将 $x,y,z$ 看作常量，只看函数 $u$ 关于 $t$ 的变化率，并称该变化率为偏导数.

设有二元函数 $z=f(x,y)$，令 $y$ 暂时固定，$x$ 取得增量 $\Delta x$，在过点 $(x,y)$ 的水平直线上取一点 $(x+\Delta x,y)$，如图 8－28 所示. 这时，该函数的增量称为函数 $z=f(x,y)$ **关于 $x$ 的偏增量**，记作

$$\Delta_x z=f(x+\Delta x,y)-f(x,y).$$

类似可得函数 $z=f(x,y)$ **关于 $y$ 的偏增量**，记作

$$\Delta_y z=f(x,y+\Delta y)-f(x,y).$$

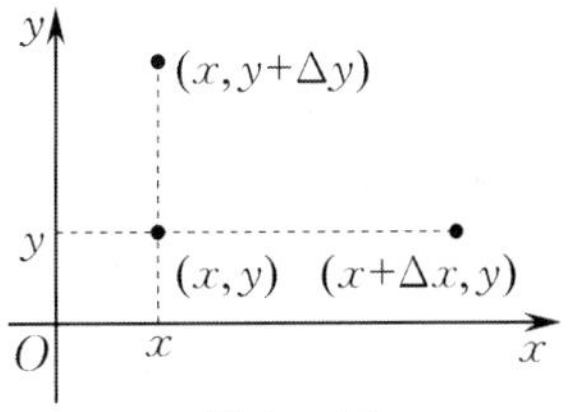

图 8－28

**定义 8.2.1**　设二元函数 $z=f(x,y)$ 在点 $(x_0,y_0)$ 的某个邻域内有定义，当 $y$ 固定在 $y_0$，而 $x$ 在 $x_0$ 处有增量 $\Delta x$（点 $(x_0+\Delta x,y_0)$ 仍在该邻域内）时，相应地，函数 $z=f(x,y)$ 有偏增量 $\Delta_x z=f(x_0+\Delta x,y_0)-f(x_0,y_0)$. 若极限

$$\lim_{\Delta x\to 0}\frac{\Delta_x z}{\Delta x}=\lim_{\Delta x\to 0}\frac{f(x_0+\Delta x,y_0)-f(x_0,y_0)}{\Delta x}$$

存在，则称此极限为函数 $z=f(x,y)$ **在点** $(x_0,y_0)$ **处对 $x$ 的偏导数**，记作

$$\left.\frac{\partial z}{\partial x}\right|_{(x_0,y_0)},\quad \left.\frac{\partial f}{\partial x}\right|_{(x_0,y_0)},\quad z_x(x_0,y_0)\quad \text{或}\quad f_x(x_0,y_0).$$

同理，函数 $z=f(x,y)$ **在点** $(x_0,y_0)$ **处对 $y$ 的偏导数**定义为

$$\lim_{\Delta y\to 0}\frac{\Delta_y z}{\Delta y}=\lim_{\Delta y\to 0}\frac{f(x_0,y_0+\Delta y)-f(x_0,y_0)}{\Delta y},$$

记作 $\left.\frac{\partial z}{\partial y}\right|_{(x_0,y_0)}$，$\left.\frac{\partial f}{\partial y}\right|_{(x_0,y_0)}$，$z_y(x_0,y_0)$ 或 $f_y(x_0,y_0)$.

根据偏导数的定义，求二元函数 $z=f(x,y)$ 在点 $(x_0,y_0)$ 处对 $x$ 的偏导数 $f_x(x_0,y_0)$ 时，

可以令 $y=y_0$,将问题转换为一元函数 $f(x,y_0)$ 在点 $x_0$ 处的求导问题;同样,求 $f_y(x_0,y_0)$ 时,可以令 $x=x_0$,将问题转换为一元函数 $f(x_0,y)$ 在点 $y_0$ 处的求导问题.

如果二元函数 $z=f(x,y)$ 在定义域 $D$ 内每一点 $(x,y)$ 处对 $x$ 的偏导数都存在,那么这个偏导数仍是 $x,y$ 的函数,称它为函数 $z=f(x,y)$ **对自变量 $x$ 的偏导函数**,记作 $\frac{\partial z}{\partial x},\frac{\partial f}{\partial x},z_x$ 或 $f_x(x,y)$. 同理,可以定义函数 $z=f(x,y)$ **对自变量 $y$ 的偏导函数**,记作 $\frac{\partial z}{\partial y},\frac{\partial f}{\partial y},z_y$ 或 $f_y(x,y)$. 偏导函数也简称为**偏导数**.

显然,函数 $z=f(x,y)$ 在点 $(x_0,y_0)$ 处对 $x$ 的偏导数 $f_x(x_0,y_0)$ 就是偏导函数 $f_x(x,y)$ 在点 $(x_0,y_0)$ 处的函数值;函数 $z=f(x,y)$ 在点 $(x_0,y_0)$ 处对 $y$ 的偏导数 $f_y(x_0,y_0)$ 就是偏导函数 $f_y(x,y)$ 在点 $(x_0,y_0)$ 处的函数值.

二元以上的函数的偏导数可类似定义. 例如,三元函数 $u=f(x,y,z)$ 在点 $(x,y,z)$ 处对 $x$ 的偏导数可定义为

$$f_x(x,y,z)=\lim_{\Delta x\to 0}\frac{f(x+\Delta x,y,z)-f(x,y,z)}{\Delta x},$$

其中 $(x,y,z)$ 是函数 $u=f(x,y,z)$ 定义域的内点.

**2. 偏导数的计算**

求多元函数对某个自变量的偏导数时,只需将这个自变量看作变量,其余的自变量均看作常量,转换为一元函数的求导问题即可.

**例 8.2.1** 求函数 $f(x,y,z)=(z-2^{xy})\sin(\ln x)$ 在点 $(1,0,2)$ 处的偏导数.

**分析** 求某一点处的偏导数时,可以先将一个自变量看作变量,其他自变量的值代入,变为一元函数,再求导数.

**解** 因为

$$f(x,0,2)=\sin(\ln x),\quad f(1,y,2)=0,\quad f(1,0,z)=0,$$

所以

$$f_x(1,0,2)=[\sin(\ln x)]'\Big|_{x=1}=\frac{1}{x}\cos(\ln x)\Big|_{x=1}=1,$$

$$f_y(1,0,2)=(0)'\Big|_{y=0}=0,\quad f_z(1,0,2)=(0)'\Big|_{z=2}=0.$$

**例 8.2.2** 求函数 $z=x^y(x>0,x\neq 1)$ 的偏导数.

**分析** 求 $\frac{\partial z}{\partial x}$ 时,把 $y$ 看作常量,则 $z=x^y$ 为幂函数;求 $\frac{\partial z}{\partial y}$ 时,把 $x$ 看作常量,则 $z=x^y$ 为指数函数.

**解** $\frac{\partial z}{\partial x}=yx^{y-1},\frac{\partial z}{\partial y}=x^y\ln x$.

**例 8.2.3** 已知函数 $r=\sqrt{x^2+y^2+z^2}$,证明:$\left(\frac{\partial r}{\partial x}\right)^2+\left(\frac{\partial r}{\partial y}\right)^2+\left(\frac{\partial r}{\partial z}\right)^2=1$.

**证** 把 $y$ 和 $z$ 均看作常量,则

$$\frac{\partial r}{\partial x}=\frac{2x}{2\sqrt{x^2+y^2+z^2}}=\frac{x}{r}.$$

由于所给函数关于自变量对称①，因此$\frac{\partial r}{\partial y}=\frac{y}{r}$，$\frac{\partial r}{\partial z}=\frac{z}{r}$，从而有

$$\left(\frac{\partial r}{\partial x}\right)^2+\left(\frac{\partial r}{\partial y}\right)^2+\left(\frac{\partial r}{\partial z}\right)^2=\frac{x^2+y^2+z^2}{r^2}=1.$$

**例 8.2.4** 已知理想气体的状态方程是 $pV=RT$（$R$ 为常量且 $R\neq 0$），证明：

$$\frac{\partial p}{\partial V}\cdot\frac{\partial V}{\partial T}\cdot\frac{\partial T}{\partial p}=-1.$$

**证**　由于

$$\frac{\partial p}{\partial V}=\frac{\partial}{\partial V}\left(\frac{RT}{V}\right)=-\frac{RT}{V^2}\quad（T\text{ 看作常量}），$$

$$\frac{\partial V}{\partial T}=\frac{\partial}{\partial T}\left(\frac{RT}{p}\right)=\frac{R}{p}\quad（p\text{ 看作常量}），$$

$$\frac{\partial T}{\partial p}=\frac{\partial}{\partial p}\left(\frac{pV}{R}\right)=\frac{V}{R}\quad（V\text{ 看作常量}），$$

因此

$$\frac{\partial p}{\partial V}\cdot\frac{\partial V}{\partial T}\cdot\frac{\partial T}{\partial p}=-\frac{RT}{V^2}\cdot\frac{R}{p}\cdot\frac{V}{R}=-\frac{RT}{pV}=-1.$$

这是热力学的一个重要公式，从这个公式可以看出，偏导数的记号$\frac{\partial p}{\partial V}$，$\frac{\partial V}{\partial T}$，$\frac{\partial T}{\partial p}$是一个整体记号，不能看作分子与分母的商，否则将得到$\frac{\partial p}{\partial V}\cdot\frac{\partial V}{\partial T}\cdot\frac{\partial T}{\partial p}=1$的错误结论. 这一点与一元函数的导数$\frac{\mathrm{d}y}{\mathrm{d}x}$可以看作 $\mathrm{d}y$ 与 $\mathrm{d}x$ 的商不同.

与一元复合函数类似，多元复合函数求偏导数也满足链式法则.

**3. 偏导数的几何意义**

一元函数在某一点处的导数的几何意义是它所表示曲线在该点处的切线斜率，下面考察二元函数偏导数的几何意义.

在空间直角坐标系中，二元函数 $z=f(x,y)$ 的图形为一张空间曲面 $S$（见图 8－29）. 若 $f_x(x_0,y_0)$ 存在，根据偏导数的定义，$f_x(x_0,y_0)$ 就是一元函数 $z=f(x,y_0)$ 在点 $x_0$ 处的导数. 而在几何上，一元函数 $z=f(x,y_0)$ 表示曲面 $S$ 与平面 $y=y_0$ 的交线 $L_1$：

$$\begin{cases}z=f(x,y),\\ y=y_0.\end{cases}$$

由一元函数导数的几何意义知，$f_x(x_0,y_0)$ 就是交线 $L_1$ 在点 $M_0(x_0,y_0,f(x_0,y_0))$ 处的切线 $M_0T_1$ 对 $x$ 轴的斜率，即 $M_0T_1$ 对 $x$ 轴倾角的正切 $\tan\alpha$.

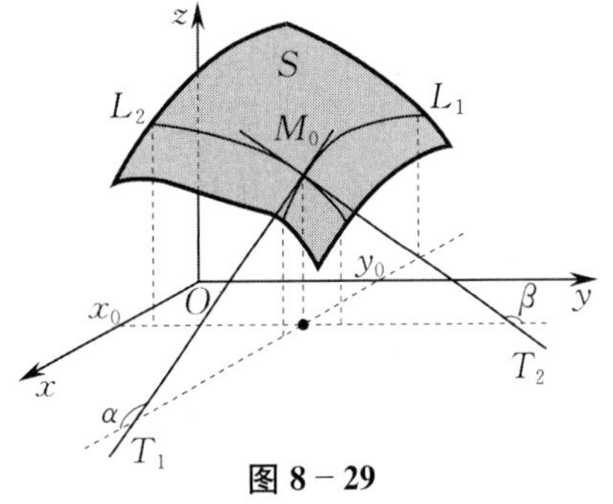

**图 8－29**

同理，$f_y(x_0,y_0)$ 就是曲面 $S$ 与平面 $x=x_0$ 的交线 $L_2$：$\begin{cases}z=f(x,y),\\ x=x_0\end{cases}$在点 $M_0$ 处的切线

① 若函数表达式中任意两个自变量对调后，仍为原来的函数，则称该函数关于这两个自变量对称.

$M_0T_2$ 对 $y$ 轴的斜率,即 $M_0T_2$ 对 $y$ 轴倾角的正切 $\tan\beta$.

由图 8-29 可见,函数 $z=f(x,y)$ 在点 $M_0$ 处的偏导数仅仅反映了 $f(x,y)$ 在曲线 $L_1$ 和 $L_2$ 上的变化,而无法反映 $f(x,y)$ 在点 $M_0$ 附近的整体变化情况,这也就是"偏"字的来源,是相对于后面即将学习的"全"微分而言的. 例如,二元函数

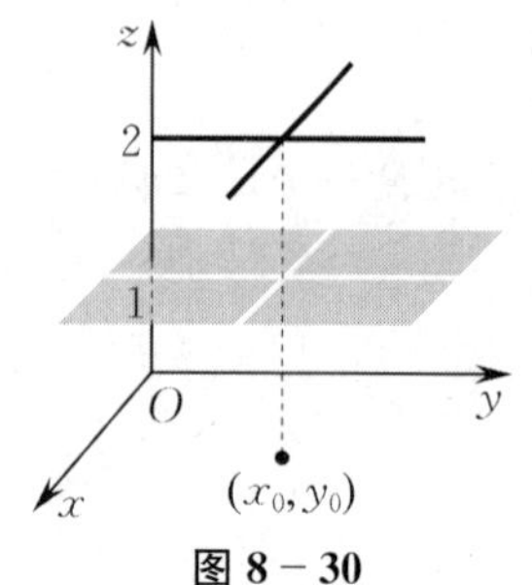

图 8 - 30

$$z=f(x,y)=\begin{cases}2, & x=x_0 \text{ 或 } y=y_0,\\ 1, & \text{其他}\end{cases}$$

在点 $(x_0,y_0)$ 处有 $f_x(x_0,y_0)=0, f_y(x_0,y_0)=0$. 我们知道,如果一元函数在某点处具有导数,那么它在该点处必定连续. 然而,该二元函数在点 $(x_0,y_0)$ 处是不连续的(见图 8-30),甚至在点 $(x_0,y_0)$ 处的极限也不存在.

**例 8.2.5** 平面 $x=0$ 与椭圆抛物面 $z=2x^2+y^2$ 的交线为抛物线 $z=y^2$(见图 8-31),求此抛物线在点 $(0,1,1)$ 处的切线斜率.

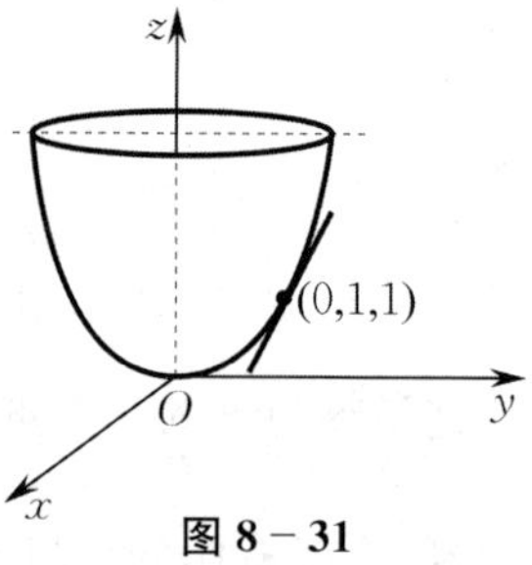

**解** 所求切线斜率为函数 $z=2x^2+y^2$ 在点 $(0,1)$ 处的偏导数

$$\left.\frac{\partial z}{\partial y}\right|_{(0,1)}=\left.2y\right|_{(0,1)}=2,$$

即此抛物线在点 $(0,1,1)$ 处的切线斜率为 2.

图 8 - 31

**例 8.2.6** 曲线 $\begin{cases}z=\dfrac{x^2+y^2}{4},\\ y=4\end{cases}$ 在点 $(2,4,5)$ 处的切线对 $x$ 轴的倾角 $\alpha(0\leqslant\alpha\leqslant\pi)$ 是多少?

**解** 因为 $\tan\alpha=\left.\dfrac{\partial z}{\partial x}\right|_{(2,4)}=\left.\dfrac{2x}{4}\right|_{(2,4)}=1$,所以 $\alpha=\dfrac{\pi}{4}$.

**4. 偏导数与连续的关系**

若一元函数在某一点处可导,则它必在该点处连续. 但对于二元函数 $z=f(x,y)$ 来说,偏导数的存在并不能保证其连续性,这是因为偏导数只反映二元函数沿特定方向的性质. 因此,偏导数 $f_x(x_0,y_0)$ 或 $f_y(x_0,y_0)$ 的存在只能保证一元函数 $z=f(x,y_0)$ 在点 $x_0$ 处连续或一元函数 $z=f(x_0,y)$ 在点 $y_0$ 处连续,但不能保证当点 $(x,y)$ 以任意方式趋于点 $(x_0,y_0)$ 时,二元函数 $z=f(x,y)$ 都趋于 $f(x_0,y_0)$.

**例 8.2.7** 求函数

$$z=f(x,y)=\begin{cases}\dfrac{xy}{x^2+y^2}, & (x,y)\neq(0,0),\\ 0, & (x,y)=(0,0)\end{cases}$$

在点 $(0,0)$ 处的偏导数,并讨论它在点 $(0,0)$ 处的连续性.

**分析** $(0,0)$ 是函数 $z=f(x,y)$ 的分界点,类似于一元分段函数,多元分段函数在分界点处的偏导数要用定义去求.

**解** 函数 $z=f(x,y)$ 在点 $(0,0)$ 处对 $x$ 的偏导数为

$$f_x(0,0)=\lim_{\Delta x\to 0}\frac{f(0+\Delta x,0)-f(0,0)}{\Delta x}=\lim_{\Delta x\to 0}\frac{0-0}{\Delta x}=0,$$

且该函数关于自变量 $x,y$ 是对称的，故 $f_y(0,0)=0$.

由例 8.1.7 可知，函数 $z=f(x,y)$ 在点(0,0)处的极限不存在，即 $z=f(x,y)$ 在点(0,0)处不连续.

**注**　函数 $z=f(x,y)$ 在点$(x_0,y_0)$处连续也不能保证它在点$(x_0,y_0)$处的偏导数存在.

**例 8.2.8**　讨论函数 $z=f(x,y)=\sqrt{x^2+y^2}$ 在点(0,0)处的偏导数与连续性.

**解**　因为 $z=f(x,y)=\sqrt{x^2+y^2}$ 是初等函数，它的定义域 $\mathbf{R}^2$ 是一个区域，而 $(0,0)\in\mathbf{R}^2$，所以函数 $z=f(x,y)$ 在点(0,0)处连续. 但

$$f_x(0,0)=\lim_{\Delta x\to 0}\frac{f(0+\Delta x,0)-f(0,0)}{\Delta x}=\lim_{\Delta x\to 0}\frac{|\Delta x|}{\Delta x}$$

不存在（见图 8－32），且由该函数关于自变量的对称性可知，$f_y(0,0)$ 也不存在.

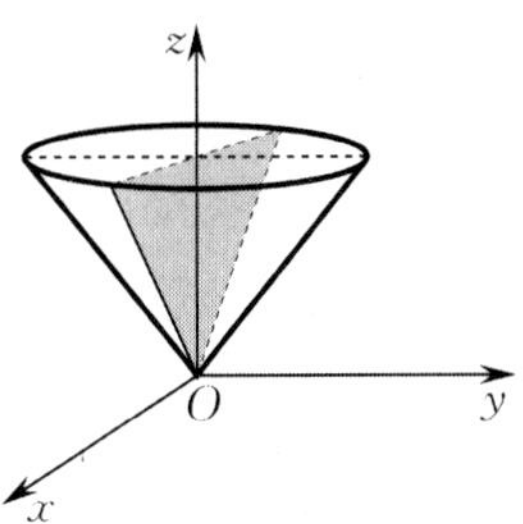

图 8－32

**5. 高阶偏导数**

设函数 $z=f(x,y)$ 在区域 $D$ 内具有偏导数 $\frac{\partial z}{\partial x}=f_x(x,y),\frac{\partial z}{\partial y}=f_y(x,y)$. 一般来说，在 $D$ 内 $f_x(x,y),f_y(x,y)$ 仍然是 $x,y$ 的函数，如果 $f_x(x,y),f_y(x,y)$ 关于 $x,y$ 的偏导数也存在，那么称 $f_x(x,y),f_y(x,y)$ 的偏导数是函数 $z=f(x,y)$ 的**二阶偏导数**. 按对自变量求导数的不同次序，函数 $z=f(x,y)$ 的二阶偏导数有如下四种情形：

(1) 对 $x$ 的二阶偏导数：$\frac{\partial}{\partial x}\left(\frac{\partial z}{\partial x}\right)$，记作 $\frac{\partial^2 z}{\partial x^2},\frac{\partial^2 f}{\partial x^2},f_{xx}(x,y)$ 或 $z_{xx}(x,y)$；

(2) 先对 $x$ 后对 $y$ 的二阶偏导数：$\frac{\partial}{\partial y}\left(\frac{\partial z}{\partial x}\right)$，记作 $\frac{\partial^2 z}{\partial x\partial y},\frac{\partial^2 f}{\partial x\partial y},f_{xy}(x,y)$ 或 $z_{xy}(x,y)$；

(3) 先对 $y$ 后对 $x$ 的二阶偏导数：$\frac{\partial}{\partial x}\left(\frac{\partial z}{\partial y}\right)$，记作 $\frac{\partial^2 z}{\partial y\partial x},\frac{\partial^2 f}{\partial y\partial x},f_{yx}(x,y)$ 或 $z_{yx}(x,y)$；

(4) 对 $y$ 的二阶偏导数：$\frac{\partial}{\partial y}\left(\frac{\partial z}{\partial y}\right)$，记作 $\frac{\partial^2 z}{\partial y^2},\frac{\partial^2 f}{\partial y^2},f_{yy}(x,y)$ 或 $z_{yy}(x,y)$.

若二阶偏导数的偏导数存在，则称它们是函数 $z=f(x,y)$ 的**三阶偏导数**，如

$$\frac{\partial}{\partial x}\left(\frac{\partial^2 z}{\partial x^2}\right)=\frac{\partial^3 z}{\partial x^3},\quad \frac{\partial}{\partial y}\left(\frac{\partial^2 z}{\partial x^2}\right)=\frac{\partial^3 z}{\partial x^2\partial y}$$

等. 类似地，可以定义四阶、五阶……$n$ 阶偏导数. 二阶及二阶以上的偏导数统称为**高阶偏导数**. 如果高阶偏导数中既有对 $x$ 也有对 $y$ 的偏导数，那么称此高阶偏导数为**混合偏导数**，如 $\frac{\partial^2 z}{\partial x\partial y},\frac{\partial^2 z}{\partial y\partial x}$ 等.

思考　$\left(\frac{\partial z}{\partial x}\right)^2$ 与 $\frac{\partial^2 z}{\partial x^2}$ 是否相同？$\frac{\partial z}{\partial x}\cdot\frac{\partial z}{\partial y}$ 与 $\frac{\partial^2 z}{\partial x\partial y}$ 是否相同？

**例 8.2.9**　求函数 $z=\mathrm{e}^{x+2y}$ 的所有二阶偏导数.

**解**　由于 $\frac{\partial z}{\partial x}=\mathrm{e}^{x+2y},\frac{\partial z}{\partial y}=2\mathrm{e}^{x+2y}$，因此有

$$\frac{\partial^2 z}{\partial x^2}=\frac{\partial}{\partial x}\left(\frac{\partial z}{\partial x}\right)=\frac{\partial(\mathrm{e}^{x+2y})}{\partial x}=\mathrm{e}^{x+2y},\quad \frac{\partial^2 z}{\partial x\partial y}=\frac{\partial}{\partial y}\left(\frac{\partial z}{\partial x}\right)=\frac{\partial(\mathrm{e}^{x+2y})}{\partial y}=2\mathrm{e}^{x+2y},$$

$$\frac{\partial^2 z}{\partial y\partial x}=\frac{\partial}{\partial x}\left(\frac{\partial z}{\partial y}\right)=\frac{\partial(2\mathrm{e}^{x+2y})}{\partial x}=2\mathrm{e}^{x+2y},\quad \frac{\partial^2 z}{\partial y^2}=\frac{\partial}{\partial y}\left(\frac{\partial z}{\partial y}\right)=\frac{\partial(2\mathrm{e}^{x+2y})}{\partial y}=4\mathrm{e}^{x+2y}.$$

例 8.2.9 中,函数 $z=\mathrm{e}^{x+2y}$ 的两个二阶混合偏导数相等,即$\frac{\partial^2 z}{\partial x\partial y}=\frac{\partial^2 z}{\partial y\partial x}$,但该结论并非对任意函数都成立.例如,对于函数

$$f(x,y)=\begin{cases}\dfrac{x^3 y}{x^2+y^2}, & (x,y)\neq(0,0),\\ 0, & (x,y)=(0,0),\end{cases}$$

可以证明 $f_{xy}(0,0)\neq f_{yx}(0,0)$(见习题 8.2(B) 的第九题).那么,在什么条件下,二阶混合偏导数才与求偏导数的次序无关呢?下面不加证明地给出相关定理.

**定理 8.2.1** 如果二元函数 $z=f(x,y)$ 的两个二阶混合偏导数$\frac{\partial^2 z}{\partial x\partial y}$和$\frac{\partial^2 z}{\partial y\partial x}$在区域$D$内连续,那么在该区域内有$\frac{\partial^2 z}{\partial x\partial y}=\frac{\partial^2 z}{\partial y\partial x}$.

定理 8.2.1 表明,两个二阶混合偏导数在偏导数连续的条件下与求偏导数的次序无关.那么,在没有求出全部二阶混合偏导数之前,怎样预先知道它们都连续呢?事实上,当函数及其偏导数都是多元初等函数时,可以根据"多元初等函数在其定义区域内是连续的"这一性质预先做出判断.

对于二元以上的函数,其高阶混合偏导数在偏导数连续的条件下也与求偏导数的次序无关.

**例 8.2.10** **(选择求偏导数的次序)** 求函数 $z=xy+\frac{\mathrm{e}^y}{1+y^2}$ 的二阶混合偏导数$\frac{\partial^2 z}{\partial y\partial x}$.

**解** 根据记号$\frac{\partial^2 z}{\partial y\partial x}$,需先求对 $y$ 的偏导数,再求对 $x$ 的偏导数.但函数 $z=xy+\frac{\mathrm{e}^y}{1+y^2}$ 是多元初等函数,其偏导数是连续函数,因此该函数的二阶混合偏导数与求偏导数的次序无关.如果先求对 $x$ 的偏导数,再求对 $y$ 的偏导数,那么可以容易得到$\frac{\partial z}{\partial x}=y$,$\frac{\partial^2 z}{\partial y\partial x}=\frac{\partial^2 z}{\partial x\partial y}=1$.

在例 8.2.10 中,如果先求对 $y$ 的偏导数,再求对 $x$ 的偏导数,那么计算量会增大(请读者自己试一下).

**6. 偏导数的应用**

偏导数在实际问题中具有广泛的应用,通过实际背景建立含有偏导数或高阶偏导数的方程(称为**偏微分方程**),以描述和解释自然现象.例如:

(1) 波动方程:$\frac{\partial^2 u}{\partial t^2}=a^2\frac{\partial^2 u}{\partial x^2}$,其中 $a$ 为常数.波动方程在弦振动、海浪、声波、光波、热传导及高频传输线等方面都有重要意义.

(2) 拉普拉斯(Laplace) 方程:

$$\frac{\partial^2 u}{\partial x^2}+\frac{\partial^2 u}{\partial y^2}+\frac{\partial^2 u}{\partial z^2}=0. \tag{8.2.1}$$

拉普拉斯方程在热传导理论、流体力学及电势理论中都有重要应用,它的解称为调和函数.

**例 8.2.11** 验证:函数 $u=\frac{1}{r}, r=\sqrt{x^2+y^2+z^2}$ 满足拉普拉斯方程

$$\frac{\partial^2 u}{\partial x^2}+\frac{\partial^2 u}{\partial y^2}+\frac{\partial^2 u}{\partial z^2}=0.$$

**证** $\frac{\partial u}{\partial x}=\frac{\mathrm{d}u}{\mathrm{d}r}\cdot\frac{\partial r}{\partial x}=-\frac{1}{r^2}\cdot\frac{2x}{2\sqrt{x^2+y^2+z^2}}=-\frac{x}{r^3}$,

$$\frac{\partial^2 u}{\partial x^2}=-\frac{1}{r^3}+\frac{3x}{r^4}\cdot\frac{\partial r}{\partial x}=-\frac{1}{r^3}+\frac{3x^2}{r^5}.$$

由于所给函数关于自变量对称,可得

$$\frac{\partial^2 u}{\partial y^2}=-\frac{1}{r^3}+\frac{3y^2}{r^5},\quad \frac{\partial^2 u}{\partial z^2}=-\frac{1}{r^3}+\frac{3z^2}{r^5},$$

因此

$$\frac{\partial^2 u}{\partial x^2}+\frac{\partial^2 u}{\partial y^2}+\frac{\partial^2 u}{\partial z^2}=-\frac{3}{r^3}+\frac{3(x^2+y^2+z^2)}{r^5}=0.$$

例 8.2.11 说明,函数 $u=\frac{1}{\sqrt{x^2+y^2+z^2}}$ 是拉普拉斯方程(8.2.1)的解.

## 二、全微分

### 1. 问题的引入

设一元函数 $y=f(x)$ 在点 $x_0$ 处可导.当自变量 $x$ 在点 $x_0$ 处有增量 $\Delta x$ 时,若函数相应的增量为

$$\Delta y=f(x_0+\Delta x)-f(x_0)=A\Delta x+o(\Delta x),$$

其中 $A$ 与 $\Delta x$ 无关,$o(\Delta x)$ 是当 $\Delta x\to 0$ 时 $\Delta x$ 的高阶无穷小量,则称 $y=f(x)$ 在点 $x_0$ 处可微,而 $A\Delta x$ 称为 $y=f(x)$ 在点 $x_0$ 处的微分,记作 $\mathrm{d}y=A\Delta x=f'(x)\mathrm{d}x$.当 $\Delta x\to 0$ 时,函数的增量 $\Delta y$ 可以用 $\mathrm{d}y$ 近似代替.

多元函数也有自变量的微小变化导致函数变化多少的问题.根据一元函数微分学中增量与微分的关系,对于二元函数 $z=f(x,y)$,若其中一个自变量固定,另一个自变量发生变化(假设 $f_x(x,y), f_y(x,y)$ 存在),则有

$$\underbrace{f(x+\Delta x,y)-f(x,y)}_{\Delta_x z,\text{其中}y\text{固定}}\approx f_x(x,y)\Delta x,$$

$$\underbrace{f(x,y+\Delta y)-f(x,y)}_{\Delta_y z,\text{其中}x\text{固定}}\approx f_y(x,y)\Delta y.$$

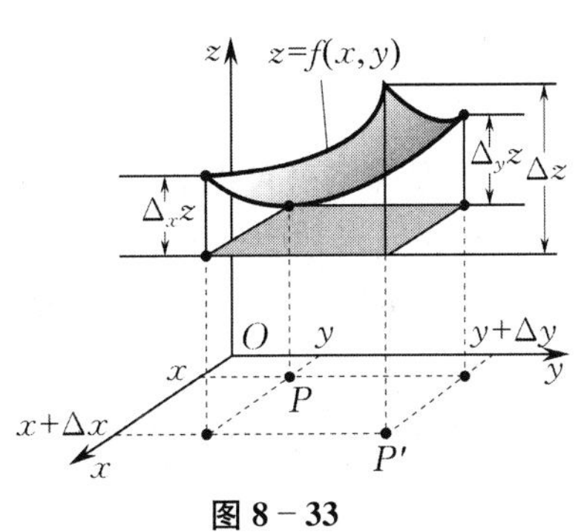

图 8－33

上面两式的左边分别叫作函数 $z=f(x,y)$ 对 $x$ 与对 $y$ 的**偏增量** $\Delta_x z$ 与 $\Delta_y z$(见图 8－33),而两式的右边分别叫作函数 $z=f(x,y)$ 对 $x$ 与对 $y$ 的**偏微分**.

如果函数 $z=f(x,y)$ 的两个自变量都发生变化,那么此时函数增量的形式与上述不同,这涉及全增量的问

题,下面给出定义.

设二元函数 $z=f(x,y)$ 在点 $P(x,y)$ 的某个邻域内有定义,$P'(x+\Delta x,y+\Delta y)$ 为该邻域内的任意一点,则称这两点的函数值之差 $f(x+\Delta x,y+\Delta y)-f(x,y)$ 为函数 $z=f(x,y)$ 在点 $P$ 处对应于自变量增量 $\Delta x,\Delta y$ 的**全增量**(见图 8-33),记作 $\Delta z$,即

$$\Delta z=f(x+\Delta x,y+\Delta y)-f(x,y).$$

一般来说,计算全增量会比较复杂,依照一元函数计算增量的方法,自然也希望用自变量的增量 $\Delta x,\Delta y$ 的线性函数来近似代替函数的全增量,且要求误差很小,下面通过实例加以说明.

**实例** 已知一个矩形金属薄片受热后在长和宽两个方向上都会发生变形,设受热前它的长和宽分别为 $x$ 和 $y(x>0,y>0)$,受热后它的长和宽分别改变了 $\Delta x$ 和 $\Delta y$,那么该金属薄片的面积 $A$ 改变了多少?

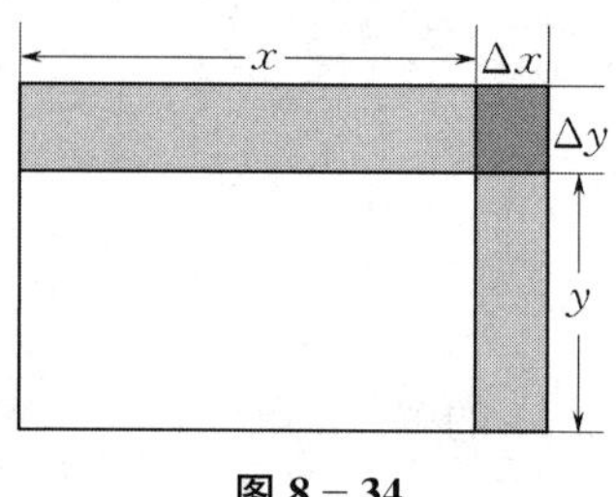


图 8-34

**解** 若记面积 $A$ 的增量为 $\Delta A$,如图 8-34 所示,则

$$\Delta A=\underbrace{y\Delta x+x\Delta y}_{\text{第一部分}}+\underbrace{\Delta x\Delta y}_{\text{第二部分}}.$$

它说明面积增量 $\Delta A$ 分为两部分:第一部分是自变量增量 $\Delta x$,$\Delta y$ 的线性函数 $y\Delta x+x\Delta y$,第二部分则满足

$$\lim_{(\Delta x,\Delta y)\to(0,0)}\frac{\Delta x\Delta y}{\sqrt{\Delta x^2+\Delta y^2}}=0.$$

因此,面积的增量 $\Delta A\approx y\Delta x+x\Delta y$. 这种近似计算 $\Delta A$ 的方法具有普遍意义.

**2. 全微分的定义**

**定义 8.2.2** 设二元函数 $z=f(x,y)$ 在点 $(x_0,y_0)$ 的某个邻域内有定义,$(x_0+\Delta x,y_0+\Delta y)$ 为该邻域内任意一点. 若函数在点 $(x_0,y_0)$ 处的全增量

$$\Delta z=f(x_0+\Delta x,y_0+\Delta y)-f(x_0,y_0)$$

可表示为

$$\Delta z=A\Delta x+B\Delta y+o(\rho),$$

其中 $A,B$ 仅与点 $(x_0,y_0)$ 有关,而与 $\Delta x,\Delta y$ 无关,$\rho=\sqrt{(\Delta x)^2+(\Delta y)^2}$,$o(\rho)$ 是当 $\rho\to0$ 时 $\rho$ 的高阶无穷小量,即 $\lim\limits_{\rho\to0}\dfrac{o(\rho)}{\rho}=0$,则称**函数** $z=f(x,y)$ **在点** $(x_0,y_0)$ **处是可微的**,而 $A\Delta x+B\Delta y$ 称为**函数** $z=f(x,y)$ **在点** $(x_0,y_0)$ **处的全微分**,记作 $\mathrm{d}z\Big|_{(x_0,y_0)}$,即

$$\mathrm{d}z\Big|_{(x_0,y_0)}=A\Delta x+B\Delta y.$$

**3. 多元函数可微的必要条件与充分条件**

在一元函数中,函数在某一点处可导与可微是等价的,但对于多元函数来说,可偏导与可微是否也等价?它们之间有何关系?全微分中与 $\Delta x,\Delta y$ 无关的常数 $A,B$ 如何确定?可看下面两个定理.

**定理 8.2.2**(**可微的必要条件**) 若二元函数 $z=f(x,y)$ 在点 $(x_0,y_0)$ 处可微,则

(1) $z=f(x,y)$ 在点 $(x_0,y_0)$ 处连续;

(2) $z=f(x,y)$ 在点 $(x_0,y_0)$ 处的偏导数存在，且 $A=f_x(x_0,y_0)$，$B=f_y(x_0,y_0)$，从而 $z=f(x,y)$ 在点 $(x_0,y_0)$ 处的全微分为 $\mathrm{d}z\Big|_{(x_0,y_0)}=f_x(x_0,y_0)\Delta x+f_y(x_0,y_0)\Delta y$.

**证**　因为函数 $z=f(x,y)$ 在点 $(x_0,y_0)$ 处可微，根据可微的定义有

$$\Delta z=f(x_0+\Delta x,y_0+\Delta y)-f(x_0,y_0)=A\Delta x+B\Delta y+o(\rho),\qquad(8.2.2)$$

其中 $A,B$ 是与 $\Delta x,\Delta y$ 无关的常数，$\rho=\sqrt{(\Delta x)^2+(\Delta y)^2}$.

(1) 当 $(\Delta x,\Delta y)\to(0,0)$ 时，$\rho\to 0$，$o(\rho)\to 0$，有

$$\begin{aligned}\lim_{(\Delta x,\Delta y)\to(0,0)}\Delta z&=\lim_{(\Delta x,\Delta y)\to(0,0)}(f(x_0+\Delta x,y_0+\Delta y)-f(x_0,y_0))\\&=\lim_{(\Delta x,\Delta y)\to(0,0)}(A\Delta x+B\Delta y+o(\rho))=0,\end{aligned}$$

所以函数 $z=f(x,y)$ 在点 $(x_0,y_0)$ 处连续.

(2) 因式(8.2.2)对于任意 $\Delta x,\Delta y$ 都成立，故当 $\Delta x\neq 0,\Delta y=0$ 时，$\rho=|\Delta x|$，所以有

$$f(x_0+\Delta x,y_0)-f(x_0,y_0)=A\Delta x+o(|\Delta x|).$$

对上式两边先同时除以 $\Delta x$，再令 $\Delta x\to 0$，可得

$$\lim_{\Delta x\to 0}\frac{f(x_0+\Delta x,y_0)-f(x_0,y_0)}{\Delta x}=\lim_{\Delta x\to 0}\frac{A\Delta x+o(|\Delta x|)}{\Delta x}=A,$$

即 $f_x(x_0,y_0)$ 存在且 $f_x(x_0,y_0)=A$.

同理可证，$f_y(x_0,y_0)$ 存在且 $f_y(x_0,y_0)=B$. 综上所述，可得

$$\mathrm{d}z\Big|_{(x_0,y_0)}=f_x(x_0,y_0)\Delta x+f_y(x_0,y_0)\Delta y.$$

**注**　定理 8.2.2 表明，若二元函数 $z=f(x,y)$ 在点 $(x_0,y_0)$ 处不连续或偏导数不存在，则 $z=f(x,y)$ 在点 $(x_0,y_0)$ 处必不可微.

由于自变量的增量等于自变量的微分，即 $\Delta x=\mathrm{d}x,\Delta y=\mathrm{d}y$，因此函数 $z=f(x,y)$ 在点 $(x_0,y_0)$ 处的全微分又可以写成

$$\mathrm{d}z\Big|_{(x_0,y_0)}=f_x(x_0,y_0)\mathrm{d}x+f_y(x_0,y_0)\mathrm{d}y.$$

若二元函数 $z=f(x,y)$ 在区域 $D$ 内每一点处都可微，则称该函数在区域 $D$ 内可微，且 $z=f(x,y)$ 在 $D$ 内任意一点 $(x,y)$ 处的全微分为

$$\mathrm{d}z=\frac{\partial z}{\partial x}\mathrm{d}x+\frac{\partial z}{\partial y}\mathrm{d}y.$$

**例 8.2.12**　函数 $z=f(x,y)$ 在点 $(x_0,y_0)$ 处可微的充分条件是(　　).

(A) $f(x,y)$ 在点 $(x_0,y_0)$ 处连续

(B) $f_x(x,y),f_y(x,y)$ 在点 $(x_0,y_0)$ 的某个邻域内存在

(C) 当 $\rho=\sqrt{(\Delta x)^2+(\Delta y)^2}\to 0$ 时，$\Delta z-f_x(x,y)\Delta x-f_y(x,y)\Delta y$ 是无穷小量

(D) 当 $\rho=\sqrt{(\Delta x)^2+(\Delta y)^2}\to 0$ 时，$\dfrac{\Delta z-f_x(x,y)\Delta x-f_y(x,y)\Delta y}{\rho}$ 是无穷小量

**解**　函数 $z=f(x,y)$ 连续不一定保证其可微，所以(A)错误；函数的偏导数存在不一定保证其可微，所以(B)错误；当 $\rho=\sqrt{(\Delta x)^2+(\Delta y)^2}\to 0$ 时，$\Delta z-f_x(x,y)\Delta x-f_y(x,y)\Delta y\to 0$ 并不一定能保证 $\Delta z-f_x(x,y)\Delta x-f_y(x,y)\Delta y$ 当 $\rho\to 0$ 时是 $\rho$ 的高阶无穷小量，所以(C)错误. 根据可微的定义，若 $\Delta z=A\Delta x+B\Delta y+o(\rho)$ 成立，则函数 $z=f(x,y)$ 在点 $(x_0,y_0)$ 处可微，

因此正确答案是(D).

由例 8.2.12 可知,只有当 $\Delta z-(f_x(x_0,y_0)\Delta x+f_y(x_0,y_0)\Delta y)=o(\rho)$,即

$$\lim_{\rho\to 0}\frac{\Delta z-(f_x(x_0,y_0)\Delta x+f_y(x_0,y_0)\Delta y)}{\rho}=0$$

时,才能说函数 $z=f(x,y)$ 在点$(x_0,y_0)$ 处可微.

**例 8.2.13** 设连续函数 $z=f(x,y)$ 满足 $\lim\limits_{(x,y)\to(0,1)}\dfrac{f(x,y)-2x+y-2}{\sqrt{x^2+(y-1)^2}}=0$,求 $\mathrm{d}z\Big|_{(0,1)}$.

**解** 由 $\lim\limits_{(x,y)\to(0,1)}\dfrac{f(x,y)-2x+y-2}{\sqrt{x^2+(y-1)^2}}=0$,得 $\lim\limits_{(x,y)\to(0,1)}(f(x,y)-2x+y-2)=0$. 又由 $f(x,y)$ 连续,得 $f(0,1)-0+1-2=0$,即 $f(0,1)=1$,故

$$\lim_{(x,y)\to(0,1)}\frac{f(x,y)-f(0,1)-2x+(y-1)}{\sqrt{x^2+(y-1)^2}}=0.$$

由此得 $f(x,y)-f(0,1)=2x-(y-1)+o(\rho)$,其中 $\rho=\sqrt{x^2+(y-1)^2}$. 因此,由全微分的定义可知所求全微分为

$$\mathrm{d}z\Big|_{(0,1)}=2\mathrm{d}x-\mathrm{d}y.$$

在一元函数中,函数在某一点处可导与可微是等价的,但该性质对于多元函数来说不一定成立. 例如,函数

$$z=f(x,y)=\begin{cases}\dfrac{xy}{\sqrt{x^2+y^2}}, & (x,y)\neq(0,0),\\ 0, & (x,y)=(0,0)\end{cases}$$

在点(0,0) 处有 $f_x(0,0)=0,f_y(0,0)=0$,从而有

$$\frac{\Delta z-(f_x(0,0)\Delta x+f_y(0,0)\Delta y)}{\rho}=\frac{f(0+\Delta x,0+\Delta y)-f(0,0)}{\sqrt{(\Delta x)^2+(\Delta y)^2}}=\frac{\Delta x\Delta y}{(\Delta x)^2+(\Delta y)^2},$$

其中 $\rho=\sqrt{(\Delta x)^2+(\Delta y)^2}$. 若点$(\Delta x,\Delta y)$ 按照 $\Delta y=\Delta x$ 的方式趋于点(0,0),则有

$$\lim_{\substack{(\Delta x,\Delta y)\to(0,0)\\ \Delta y=\Delta x}}\frac{\Delta x\Delta y}{(\Delta x)^2+(\Delta y)^2}=\lim_{\Delta x\to 0}\frac{\Delta x\Delta x}{(\Delta x)^2+(\Delta x)^2}=\frac{1}{2}\neq 0.$$

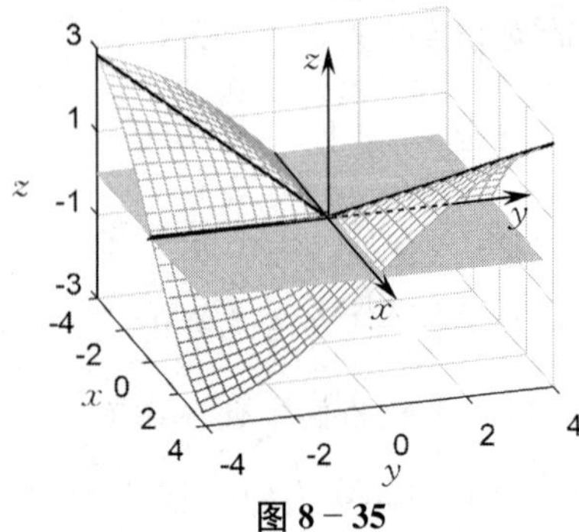

图 8-35

它并不随 $\rho\to 0$ 而趋于 0, 这表示当 $\rho\to 0$ 时,$\Delta z-(f_x(0,0)\Delta x+f_y(0,0)\Delta y)\neq o(\rho)$,故函数 $z=f(x,y)$ 在点(0,0) 处的全微分不存在,即该函数在点(0,0) 处不可微.

由图 8-35 可以看出,函数 $z=f(x,y)$ 在点(0,0) 处的两个偏导数存在,但曲面 $z=f(x,y)$ 与平面 $y=x$ 的交线在点(0,0) 处形成一个尖点,而尖点(0,0) 处的切线不存在,因此 $z=f(x,y)$ 在点(0,0) 处不可微.

上述讨论说明偏导数存在只是多元函数可微的必要条件而不是充分条件. 那么,什么条件才能保证多元函数可微呢?

**定理 8.2.3**（可微的充分条件） 若二元函数 $z=f(x,y)$ 的偏导数在点 $(x_0,y_0)$ 的某个邻域内存在，且 $f_x(x,y)$ 与 $f_y(x,y)$ 在点 $(x_0,y_0)$ 处连续，则 $z=f(x,y)$ 在点 $(x_0,y_0)$ 处可微.

**证** 设 $(x_0+\Delta x,y_0+\Delta y)$ 是点 $(x_0,y_0)$ 的某个邻域内的任意一点，则函数 $z=f(x,y)$ 的全增量 $\Delta z$ 可以表示为

$$\begin{aligned}\Delta z &= f(x_0+\Delta x,y_0+\Delta y)-f(x_0,y_0)\\ &= \underbrace{(f(x_0+\Delta x,y_0+\Delta y)-f(x_0,y_0+\Delta y))}_{\text{第一部分：}x\text{在}x_0\text{处有增量}\Delta x,\,y\text{保持}y_0+\Delta y\text{不变}}+\underbrace{(f(x_0,y_0+\Delta y)-f(x_0,y_0))}_{\text{第二部分：}x\text{保持}x_0\text{不变},\,y\text{在}y_0\text{处有增量}\Delta y}.\end{aligned}$$

可以把第一部分的表达式看作一元函数 $f(x,y_0+\Delta y)$ 关于 $x$ 的增量，把第二部分的表达式看作一元函数 $f(x_0,y)$ 关于 $y$ 的增量. 对它们分别应用一元函数的拉格朗日中值定理，得

$$\Delta z = f_x(x_0+\theta_1\Delta x,y_0+\Delta y)\Delta x+f_y(x_0,y_0+\theta_2\Delta y)\Delta y,$$

其中 $0<\theta_1<1,0<\theta_2<1$. 由于 $f_x(x,y)$ 与 $f_y(x,y)$ 在点 $(x_0,y_0)$ 处连续，因此有

$$\lim_{(\Delta x,\Delta y)\to(0,0)} f_x(x_0+\theta_1\Delta x,y_0+\Delta y)=f_x(x_0,y_0),$$

$$\lim_{(\Delta x,\Delta y)\to(0,0)} f_y(x_0,y_0+\theta_2\Delta y)=f_y(x_0,y_0),$$

即

$$f_x(x_0+\theta_1\Delta x,y_0+\Delta y)=f_x(x_0,y_0)+\alpha,\quad f_y(x_0,y_0+\theta_2\Delta y)=f_y(x_0,y_0)+\beta,$$

其中当 $\Delta x\to 0,\Delta y\to 0$ 时，$\alpha\to 0,\beta\to 0$. 于是，全增量 $\Delta z$ 可以表示为

$$\Delta z = f_x(x_0,y_0)\Delta x+f_y(x_0,y_0)\Delta y+\alpha\Delta x+\beta\Delta y.$$

下面只需证明 $\alpha\Delta x+\beta\Delta y$ 是 $\rho$ 的高阶无穷小量即可.

因为当 $\Delta x\to 0,\Delta y\to 0$ 时，有

$$0\leqslant\frac{|\alpha\Delta x+\beta\Delta y|}{\rho}\leqslant\frac{|\alpha|\,|\Delta x|}{\sqrt{(\Delta x)^2+(\Delta y)^2}}+\frac{|\beta|\,|\Delta y|}{\sqrt{(\Delta x)^2+(\Delta y)^2}}\leqslant|\alpha|+|\beta|\to 0,$$

所以 $\displaystyle\lim_{(\Delta x,\Delta y)\to(0,0)}\frac{\alpha\Delta x+\beta\Delta y}{\rho}=0$. 又由于 $\Delta x\to 0,\Delta y\to 0$ 等价于 $\rho\to 0$，因此

$$\lim_{\rho\to 0}\frac{\alpha\Delta x+\beta\Delta y}{\rho}=0,$$

即当 $\rho\to 0$ 时，有 $\alpha\Delta x+\beta\Delta y=o(\rho)$. 综上所述，函数 $z=f(x,y)$ 在点 $(x_0,y_0)$ 处可微.

**例 8.2.14** 求函数 $z=2x^2y+xy^2$ 在点 $(1,2)$ 处的全微分.

**解** $$\left.\frac{\partial z}{\partial x}\right|_{(1,2)}=\left.(4xy+y^2)\right|_{(1,2)}=12,\quad \left.\frac{\partial z}{\partial y}\right|_{(1,2)}=\left.(2x^2+2xy)\right|_{(1,2)}=6.$$

由于 $\dfrac{\partial z}{\partial x},\dfrac{\partial z}{\partial y}$ 在点 $(1,2)$ 处连续，因此所给函数在点 $(1,2)$ 处可微，且

$$\left.\mathrm{d}z\right|_{(1,2)}=\left.\frac{\partial z}{\partial x}\right|_{(1,2)}\mathrm{d}x+\left.\frac{\partial z}{\partial y}\right|_{(1,2)}\mathrm{d}y=12\mathrm{d}x+6\mathrm{d}y.$$

**注** 偏导数连续只是多元函数可微的充分条件，不是必要条件.

**例 8.2.15** 证明：函数

$$f(x,y)=\begin{cases}(x^2+y^2)\sin\dfrac{1}{x^2+y^2}, & x^2+y^2\neq 0,\\ 0, & x^2+y^2=0\end{cases}$$

在点$(0,0)$处可微,但其偏导数在点$(0,0)$处不连续.

**证** $f_x(0,0)=\lim\limits_{\Delta x\to 0}\dfrac{f(0+\Delta x,0)-f(0,0)}{\Delta x}=\lim\limits_{\Delta x\to 0}\Delta x\sin\dfrac{1}{(\Delta x)^2}=0.$

由函数关于自变量的对称性可知,$f_y(0,0)=0$. 于是,有

$$\begin{aligned}&\lim_{\rho\to 0}\frac{\Delta z-(f_x(0,0)\Delta x+f_y(0,0)\Delta y)}{\rho}\\&=\lim_{\rho\to 0}\frac{f(0+\Delta x,0+\Delta y)-f(0,0)-(0\cdot\Delta x+0\cdot\Delta y)}{\rho}\\&=\lim_{\rho\to 0}\frac{[(\Delta x)^2+(\Delta y)^2]\sin\dfrac{1}{(\Delta x)^2+(\Delta y)^2}}{\rho}=\lim_{\rho\to 0}\frac{\rho^2\sin\dfrac{1}{\rho^2}}{\rho}=0,\end{aligned}$$

即函数$f(x,y)$在点$(0,0)$处可微(见图 8-36).

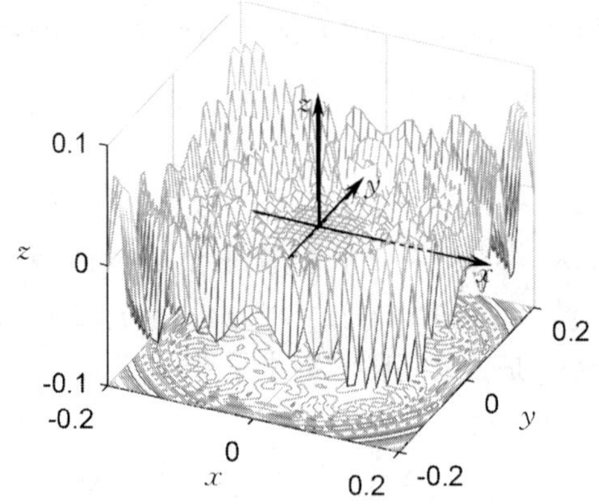


**图 8-36**

当$x^2+y^2\neq 0$时,$f_x(x,y)=2x\sin\dfrac{1}{x^2+y^2}-\dfrac{2x}{x^2+y^2}\cos\dfrac{1}{x^2+y^2}$,故

$$f_x(x,y)=\begin{cases}2x\sin\dfrac{1}{x^2+y^2}-\dfrac{2x}{x^2+y^2}\cos\dfrac{1}{x^2+y^2}, & x^2+y^2\neq 0,\\0, & x^2+y^2=0.\end{cases}$$

下面讨论$\lim\limits_{(x,y)\to(0,0)}f_x(x,y)=\lim\limits_{(x,y)\to(0,0)}\left(2x\sin\dfrac{1}{x^2+y^2}-\dfrac{2x}{x^2+y^2}\cos\dfrac{1}{x^2+y^2}\right)$是否存在.

当点$(x,y)$沿着$x$轴趋于点$(0,0)$时,因为$\lim\limits_{\substack{(x,y)\to(0,0)\\y=0}}2x\sin\dfrac{1}{x^2+y^2}=\lim\limits_{x\to 0}2x\sin\dfrac{1}{x^2}=0$,而$\lim\limits_{\substack{(x,y)\to(0,0)\\y=0}}\left(-\dfrac{2x}{x^2+y^2}\cos\dfrac{1}{x^2+y^2}\right)=-\lim\limits_{x\to 0}\dfrac{2}{x}\cos\dfrac{1}{x^2}$不存在,所以$\lim\limits_{(x,y)\to(0,0)}f_x(x,y)$不存在,即$f_x(x,y)$在点$(0,0)$处不连续. 同理,$f_y(x,y)$在点$(0,0)$处也不连续.

从图 8-36 可以看出函数$f(x,y)$在点$(0,0)$处可微的几何特征,即在点$(0,0)$的足够小的邻域内,函数$f(x,y)$的图形看上去像平面. 全微分的几何意义将在后面的内容中详细讨论.

根据前面的讨论,函数$z=f(x,y)$连续、偏导数存在、偏导数连续及可微的关系可归结

如下：

偏导数连续 ⇄ 可微 ⇄ 连续（全方位性）

偏导数存在 （单向性）

可见，这些性质中条件最强的是偏导数连续，次之是可微，而连续与偏导数存在两者互不可推出，没有明确的联系.

以上关于二元函数全微分的定义及可微的必要条件和充分条件可以类似地推广到三元及三元以上的函数. 例如，若三元函数 $u = f(x,y,z)$ 的三个偏导数都存在且连续，则其全微分也存在，且有

$$\mathrm{d}u = \frac{\partial u}{\partial x}\mathrm{d}x + \frac{\partial u}{\partial y}\mathrm{d}y + \frac{\partial u}{\partial z}\mathrm{d}z.$$

**例 8.2.16** 求函数 $u = x + \cos\frac{y}{2} + \mathrm{e}^{yz}$ 的全微分.

**解** 因为 $\frac{\partial u}{\partial x} = 1, \frac{\partial u}{\partial y} = -\frac{1}{2}\sin\frac{y}{2} + z\mathrm{e}^{yz}, \frac{\partial u}{\partial z} = y\mathrm{e}^{yz}$ 都连续，所以所求全微分为

$$\mathrm{d}u = \mathrm{d}x + \left(-\frac{1}{2}\sin\frac{y}{2} + z\mathrm{e}^{yz}\right)\mathrm{d}y + y\mathrm{e}^{yz}\mathrm{d}z.$$

**例 8.2.17** 求函数 $z = x^2y^2$ 在点 $(2,-1)$ 处，当 $\Delta x = 0.02, \Delta y = -0.01$ 时的全微分 $\mathrm{d}z$ 和全增量 $\Delta z$.

**解** $\left.\frac{\partial z}{\partial x}\right|_{(2,-1)} = \left.2xy^2\right|_{(2,-1)} = 4,\quad \left.\frac{\partial z}{\partial y}\right|_{(2,-1)} = \left.2x^2y\right|_{(2,-1)} = -8.$

由于 $\frac{\partial z}{\partial x}, \frac{\partial z}{\partial y}$ 在点 $(2,-1)$ 处连续，因此所给函数在点 $(2,-1)$ 处可微，且

$$\left.\mathrm{d}z\right|_{(2,-1)} = \left.\frac{\partial z}{\partial x}\right|_{(2,-1)}\Delta x + \left.\frac{\partial z}{\partial y}\right|_{(2,-1)}\Delta y = 4\times 0.02 + (-8)\times(-0.01) = 0.16,$$

$$\Delta z = (2+0.02)^2\times(-1-0.01)^2 - 2^2\times(-1)^2 \approx 0.1624.$$

### *4. 全微分在近似计算中的应用

设函数 $z = f(x,y)$ 在点 $(x_0,y_0)$ 处可微，则它在点 $(x_0,y_0)$ 处的全增量为

$$\Delta z = f(x_0+\Delta x, y_0+\Delta y) - f(x_0,y_0) = \underbrace{f_x(x_0,y_0)\Delta x + f_y(x_0,y_0)\Delta y}_{\left.\mathrm{d}z\right|_{(x_0,y_0)}} + o(\rho),$$

其中 $o(\rho)$ 是当 $\rho\to 0$ 时 $\rho$ 的高阶无穷小量. 因此，当 $|\Delta x|, |\Delta y|$ 都很小时，有近似公式：

$$\Delta z \approx \left.\mathrm{d}z\right|_{(x_0,y_0)} = f_x(x_0,y_0)\Delta x + f_y(x_0,y_0)\Delta y.$$

上式有时也写成

$$f(x_0+\Delta x, y_0+\Delta y) \approx f(x_0,y_0) + f_x(x_0,y_0)\Delta x + f_y(x_0,y_0)\Delta y. \tag{8.2.3}$$

利用公式(8.2.3) 可以计算函数的近似值.

若记 $x = x_0+\Delta x, y = y_0+\Delta y$，则公式(8.2.3) 可以变成

$$f(x,y) \approx \underbrace{f(x_0,y_0) + f_x(x_0,y_0)(x-x_0) + f_y(x_0,y_0)(y-y_0)}_{\text{线性函数}L(x,y)}.$$

这表明，若函数 $z = f(x,y)$ 在点 $(x_0,y_0)$ 处可微，则在点 $(x_0,y_0)$ 的某个邻域内，函数 $f(x,y)$

可以用线性函数 $L(x,y)$ 近似代替. 这就是二元函数全微分的实质.

**注** 引入微分的目的是把形式复杂的函数线性化,即用线性函数近似表示非线性函数,用线性手段研究非线性问题.

**例 8.2.18** 计算 $1.08^{3.96}$ 的近似值.

**解** 设函数 $f(x,y)=x^y$,则 $f_x(x,y)=yx^{y-1}$, $f_y(x,y)=x^y\ln x$.

令 $x_0=1, y_0=4, \Delta x=0.08, \Delta y=-0.04$,则由公式(8.2.3)有

$$\begin{aligned}1.08^{3.96}&=f(x_0+\Delta x,y_0+\Delta y)\approx f(1,4)+f_x(1,4)\Delta x+f_y(1,4)\Delta y\\&=1+4\times 1^3\times 0.08+1^4\times \ln 1\times(-0.04)=1.32.\end{aligned}$$

对于例 8.2.18,用计算器验证,其精确值是 1.356 307 ….

**例 8.2.19** 设有一个无盖圆柱形容器,其截面如图 8-37 所示,容器壁的厚度 $\Delta R$ 和底的厚度 $\Delta H$ 均为 $k$,内高为 $H$,内半径为 $R$. 已知容器内部体积为 $V=\pi R^2 H$,求容器外壳体积 $\Delta V$ 的近似值.

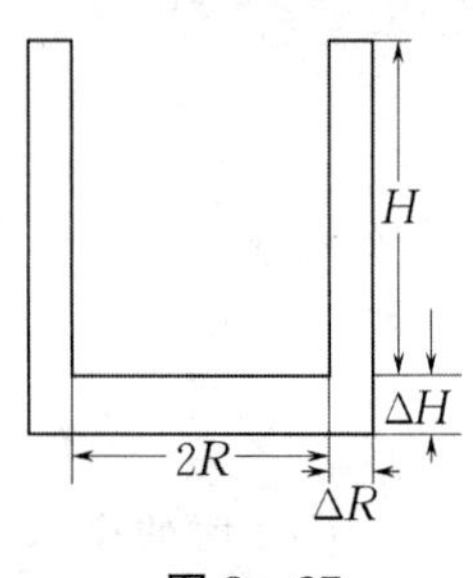

图 8-37

**解** 当 $k$ 很小时,可以用全微分近似计算全增量,即所求容器外壳体积为

$$\begin{aligned}\Delta V\approx \mathrm{d}V&=\frac{\partial V}{\partial R}\Delta R+\frac{\partial V}{\partial H}\Delta H\\&=2\pi RH\Delta R+\pi R^2\Delta H\\&=k\pi R(2H+R).\end{aligned}$$

## 思考题 8.2

1. 若 $f_x(x_0,y_0)$ 存在,则 $f_x(x_0,y_0)=\left.\dfrac{\mathrm{d}f(x,y_0)}{\mathrm{d}x}\right|_{x=x_0}$ 成立吗?

2. 设二元函数 $f(x,y)=\begin{cases}\dfrac{xy}{x^2+y^2}, & x^2+y^2\neq 0,\\ 1, & x^2+y^2=0.\end{cases}$ 由偏导数的定义,得

$$f_x(0,0)=\lim_{\Delta x\to 0}\frac{f(0+\Delta x,0)-f(0,0)}{\Delta x}=\lim_{\Delta x\to 0}\frac{0-1}{\Delta x}=\infty.$$

同理可得 $f_y(0,0)=\infty$,即 $f_x(0,0)$ 和 $f_y(0,0)$ 均不存在. 但若先将 $y=0$ 代入 $f(x,y)$,得 $f(x,0)=0$,则

$$f_x(0,0)=\left.\frac{\mathrm{d}f(x,0)}{\mathrm{d}x}\right|_{x=0}=0\Big|_{x=0}=0.$$

同理可得 $f_y(0,0)=0$. 以上哪个结果是对的?

3. 设函数 $f(x,y)$ 在点 $(x_0,y_0)$ 处的偏导数 $f_x(x_0,y_0)$ 存在,能否推出 $f(x,y)$ 在该点的某个邻域内一定有定义?

4. 设函数 $f(x,y)$ 在点 $(x_0,y_0)$ 处的两个偏导数 $f_x(x_0,y_0)$, $f_y(x_0,y_0)$ 都存在,能否推出 $f(x,y)$ 在该点处连续?

5. 在一元函数微分学中,一元函数 $f(x)$ 在点 $x_0$ 处可微 $\Leftrightarrow$ 可导 $\Rightarrow$ 连续 $\Rightarrow$ 有极限. 现设二元函数 $f(x,y)$ 在点 $(x_0,y_0)$ 的某个邻域内有定义,问:函数 $f(x,y)$ 在该点处连续、偏导数存在、可微及偏导数连续之间的关系如何?

6. 函数 $z=f(x,y)$ 在区域 $D$ 内具备什么条件时,等式 $\dfrac{\partial^2 z}{\partial x\partial y}=\dfrac{\partial^2 z}{\partial y\partial x}$ 恒成立?

7. 设函数 $f(x,y)=\begin{cases}0, & xy=0,\\ 1, & xy\neq 0,\end{cases}$ 讨论或证明下列问题：

(1) $f_x(0,0),f_y(0,0)$ 存在，但在点 $(0,0)$ 处 $f(x,y)$ 不连续. 由此可以得出什么结论？

(2) $f_x(x,y),f_y(x,y)$ 在什么情况下不存在？

(3) $f(x,y)$ 在点 $(0,0)$ 处不可微.

## 习　题　8.2

**(A)**

一、函数 $z=f(x,y)$ 在点 $P_0(x_0,y_0)$ 处的偏导数存在，则 $z=f(x,y)$ 在点 $P_0$ 处(　　).

(A) 一定连续　　(B) 一定不连续　　(C) 不一定连续　　(D) 无法判断是否连续

二、计算下列函数的偏导数：

(1) $f(x,y)=x^2+(y-1)\arcsin\sqrt{\dfrac{x}{y}}$，求 $f_x(x,1)$；　　(2) $f(x,y)=\arctan\dfrac{x^2+y^2}{x-y}$，求 $f_x(1,0)$.

三、求下列函数的一阶偏导数：

(1) $s=\dfrac{u^2+v^2}{uv}$；　　(2) $z=\sqrt{\ln(xy)}$；　　(3) $z=\sin(xy)+\cos^2(xy)$；

(4) $z=\ln\left(\tan\dfrac{x}{y}\right)$；　　(5) $u=\arctan(x-y)^z$.

四、曲线 $\begin{cases}z=\sqrt{1+x^2+y^2},\\ x=1\end{cases}$ 在点 $(1,1,\sqrt{3})$ 处的切线相对于 $y$ 轴的倾角是多少？

五、求下列函数的 $\dfrac{\partial^2 z}{\partial x^2}$ 和 $\dfrac{\partial^2 z}{\partial x\partial y}$：

(1) $z=\arctan\dfrac{y}{x}$；　　(2) $z=y^x$.

六、验证：函数 $r=\sqrt{x^2+y^2+z^2}$ 满足方程 $\dfrac{\partial^2 r}{\partial x^2}+\dfrac{\partial^2 r}{\partial y^2}+\dfrac{\partial^2 r}{\partial z^2}=\dfrac{2}{r}$.

七、求下列函数的全微分：

(1) $z=xy+\dfrac{x}{y}$；　　(2) $z=\arcsin\dfrac{y^2}{x}$；

(3) $z=\dfrac{y}{\sqrt{x^2+y^2}}$；　　(4) $u=x^{yz}$.

八、求函数 $z=\dfrac{y}{x}$ 当 $x=2,y=1,\Delta x=0.1,\Delta y=-0.2$ 的全增量和全微分.

九、设函数 $f(x,y)=\begin{cases}\dfrac{x^2y^2}{(x^2+y^2)^{\frac{3}{2}}}, & x^2+y^2\neq 0,\\ 0, & x^2+y^2=0,\end{cases}$ 证明：函数 $f(x,y)$ 在点 $(0,0)$ 处连续且偏导数存在，但不可微.

*十、有一个金属圆锥体受热后变形，其底面半径由 30 cm 增加到 30.1 cm，高由 60 cm 减少到 59.5 cm，求该圆锥体体积变化的近似值.

**(B)**

一、设函数 $u=\displaystyle\int_{xz}^{yz}e^{t^2}\,dt$，求 $\dfrac{\partial u}{\partial x},\dfrac{\partial u}{\partial y},\dfrac{\partial u}{\partial z}$.

二、设函数 $z=\displaystyle\int_{x}^{x^2+y^2}e^t\,dt$，求 $\dfrac{\partial^2 z}{\partial x^2},\dfrac{\partial^2 z}{\partial x\partial y}$.

三、函数 $f(x,y)=e^{\sqrt{x^2+y^4}}$ 在点(0,0) 处的偏导数的存在情况是(　　).

(A) $f_x(0,0)$, $f_y(0,0)$ 都存在　　(B) $f_x(0,0)$ 存在, $f_y(0,0)$ 不存在

(C) $f_x(0,0)$ 不存在, $f_y(0,0)$ 存在　　(D) $f_x(0,0)$, $f_y(0,0)$ 都不存在

四、已知关系式 $\frac{1}{u}=\frac{1}{x}+\frac{1}{y}+\frac{1}{z}$, 且 $x>y>z>0$. 当三个自变量 $x,y,z$ 分别增加 1 单位时, 哪个自变量对函数 $u$ 的变化影响最大?

五、设函数 $u=f(x,y,z)=\frac{x\cos y+y\cos z+z\cos x}{1+\cos x+\cos y+\cos z}$, 求 $\mathrm{d}u\Big|_{(0,0,0)}$.

六、设函数 $f(x,y)=\sqrt{|xy|}$, 则 $f(x,y)$ 在点(0,0) 处(　　).

(A) 连续, 偏导数不存在　　(B) 不连续, 偏导数存在

(C) 可微　　(D) 不可微

七、考虑二元函数 $f(x,y)$ 的下列四条性质:

① $f(x,y)$ 在点 $(x_0,y_0)$ 处连续;　　② $f(x,y)$ 在点 $(x_0,y_0)$ 处的两个偏导数连续;

③ $f(x,y)$ 在点 $(x_0,y_0)$ 处可微;　　④ $f(x,y)$ 在点 $(x_0,y_0)$ 处的两个偏导数存在.

若用"$P\Rightarrow Q$"表示可由性质 $P$ 推出性质 $Q$, 则有(　　).

(A) ②⇒③⇒①　　(B) ③⇒②⇒①　　(C) ③⇒④⇒①　　(D) ③⇒①⇒④

八、设函数 $u=f(r)$, $r=\sqrt{x^2+y^2+z^2}$, 当 $r>0$ 时函数 $u$ 满足拉普拉斯方程

$$\frac{\partial^2 u}{\partial x^2}+\frac{\partial^2 u}{\partial y^2}+\frac{\partial^2 u}{\partial z^2}=0,$$

其中 $f(r)$ 具有二阶偏导数, 且 $f(1)=f'(1)=1$. 试将拉普拉斯方程化为以 $r$ 为自变量的常微分方程, 并求 $f(r)$.

九、设函数 $f(x,y)=\begin{cases}\frac{x^3y}{x^2+y^2}, & (x,y)\neq(0,0),\\ 0, & (x,y)=(0,0),\end{cases}$ 证明: $f_{xy}(0,0)\neq f_{yx}(0,0)$.

十、证明: 函数 $f(x,y)=\begin{cases}\frac{x^2y}{x^2+y^2}, & (x,y)\neq(0,0),\\ 0, & (x,y)=(0,0)\end{cases}$ 在点(0,0) 处的偏导数存在, 但不可微.

# 第三节　多元复合函数与隐函数的求导法则

## 一、多元复合函数的求导法则

### 1. 多元复合函数的一阶求导法则

在一元函数中, 我们介绍了一元复合函数的求导法则: 若函数 $u=g(x)$ 在点 $x$ 处可导, 而函数 $y=f(u)$ 在对应点 $u=g(x)$ 处可导, 则复合函数 $y=f(g(x))$ 在点 $x$ 处可导, 且

$$\frac{\mathrm{d}y}{\mathrm{d}x}=\frac{\mathrm{d}y}{\mathrm{d}u}\cdot\frac{\mathrm{d}u}{\mathrm{d}x}=f'(u)g'(x).$$

现在将这一求导法则推广到多元复合函数的情形, 并按照多元复合函数的不同复合情形, 分三种情形讨论.

(1) 多元复合函数的中间变量均为一元函数的情形.

**定理 8.3.1**　设函数 $u=\varphi(x), v=\psi(x)$ 在点 $x$ 处可导，函数 $z=f(u,v)$ 在对应点 $(u,v)$ 处可微，则复合函数 $z=f(\varphi(x),\psi(x))$ 在点 $x$ 处可导，且

$$\frac{\mathrm{d}z}{\mathrm{d}x}=\frac{\partial z}{\partial u}\cdot\frac{\mathrm{d}u}{\mathrm{d}x}+\frac{\partial z}{\partial v}\cdot\frac{\mathrm{d}v}{\mathrm{d}x}. \tag{8.3.1}$$

**证**　给 $x$ 一个增量 $\Delta x(\Delta x\neq 0)$，相应地 $u=\varphi(x), v=\psi(x)$ 有增量 $\Delta u$ 和 $\Delta v$，从而函数 $z=f(u,v)$ 有增量 $\Delta z$. 由于函数 $z=f(u,v)$ 在点 $(u,v)$ 处可微，因此

$$\Delta z=\frac{\partial z}{\partial u}\Delta u+\frac{\partial z}{\partial v}\Delta v+o(\rho),$$

其中 $\rho=\sqrt{(\Delta u)^2+(\Delta v)^2}$，$o(\rho)$ 是当 $\rho\to 0$ 时 $\rho$ 的高阶无穷小量. 将上式两边同时除以 $\Delta x$，得

$$\frac{\Delta z}{\Delta x}=\frac{\partial z}{\partial u}\cdot\frac{\Delta u}{\Delta x}+\frac{\partial z}{\partial v}\cdot\frac{\Delta v}{\Delta x}+\frac{o(\rho)}{\Delta x}.$$

因为函数 $u=\varphi(x), v=\psi(x)$ 在点 $x$ 处可导，所以它们在点 $x$ 处必然连续，从而当 $\Delta x\to 0$ 时有 $\Delta u\to 0, \Delta v\to 0$. 注意到

$$\frac{o(\rho)}{\Delta x}=\frac{o(\rho)}{\rho}\cdot\frac{\rho}{\Delta x}=\frac{o(\rho)}{\rho}\cdot\frac{\sqrt{(\Delta u)^2+(\Delta v)^2}}{\Delta x}=\frac{o(\rho)}{\rho}\cdot\frac{|\Delta x|}{\Delta x}\sqrt{\left(\frac{\Delta u}{\Delta x}\right)^2+\left(\frac{\Delta v}{\Delta x}\right)^2},$$

且当 $\Delta x\to 0$ 时，$\rho=\sqrt{(\Delta u)^2+(\Delta v)^2}\to 0$，从而 $\frac{o(\rho)}{\rho}\to 0$. 又由于函数 $u=\varphi(x), v=\psi(x)$ 在点 $x$ 处可导，因此当 $\Delta x\to 0$ 时，有

$$\frac{\Delta u}{\Delta x}\to\frac{\mathrm{d}u}{\mathrm{d}x},\quad \frac{\Delta v}{\Delta x}\to\frac{\mathrm{d}v}{\mathrm{d}x},\quad \sqrt{\left(\frac{\Delta u}{\Delta x}\right)^2+\left(\frac{\Delta v}{\Delta x}\right)^2}\to\sqrt{\left(\frac{\mathrm{d}u}{\mathrm{d}x}\right)^2+\left(\frac{\mathrm{d}v}{\mathrm{d}x}\right)^2},$$

从而 $\frac{|\Delta x|}{\Delta x}\sqrt{\left(\frac{\Delta u}{\Delta x}\right)^2+\left(\frac{\Delta v}{\Delta x}\right)^2}$ 有界，所以 $\frac{o(\rho)}{\Delta x}\to 0$. 于是，有

$$\lim_{\Delta x\to 0}\frac{\Delta z}{\Delta x}=\lim_{\Delta x\to 0}\left[\frac{\partial z}{\partial u}\cdot\frac{\Delta u}{\Delta x}+\frac{\partial z}{\partial v}\cdot\frac{\Delta v}{\Delta x}+\frac{o(\rho)}{\Delta x}\right]=\frac{\partial z}{\partial u}\cdot\frac{\mathrm{d}u}{\mathrm{d}x}+\frac{\partial z}{\partial v}\cdot\frac{\mathrm{d}v}{\mathrm{d}x},$$

即

$$\frac{\mathrm{d}z}{\mathrm{d}x}=\frac{\partial z}{\partial u}\cdot\frac{\mathrm{d}u}{\mathrm{d}x}+\frac{\partial z}{\partial v}\cdot\frac{\mathrm{d}v}{\mathrm{d}x}.$$

需要注意的是，定理 8.3.1 中的条件与一元复合函数链式法则的条件不完全相同. 多元复合函数链式法则要求函数 $f(u,v)$ 在点 $(x_0,y_0)$ 处可微，那么能否将其改为函数 $f(u,v)$ 在点 $(x_0,y_0)$ 处可偏导呢？一般来说是不能的. 例如，如图 8-38 所示，函数

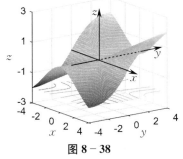

$$z=f(x,y)=\begin{cases}\dfrac{x^2y}{x^2+y^2}, & (x,y)\neq(0,0),\\ 0, & (x,y)=(0,0)\end{cases}$$

图 8-38

在点 $(0,0)$ 处的偏导数 $f_x(0,0)=0, f_y(0,0)=0$，但在点 $(0,0)$ 处不可微(见习题 8.2(B) 的第十题). 特别地，令 $\begin{cases}x=t,\\ y=t,\end{cases}$ 将之直接代入函数 $z=$

$f(x,y)$,得 $z=\begin{cases}\frac{1}{2}t, & t\neq 0,\\ 0, & t=0,\end{cases}$ 即 $z=\frac{1}{2}t$. 于是,当 $t=0$ 时,$\frac{\mathrm{d}z}{\mathrm{d}t}=\frac{1}{2}$. 然而,若套用链式法则,则当 $t=0$ 时,

$$\frac{\mathrm{d}z}{\mathrm{d}t}=\frac{\partial z}{\partial x}\cdot\frac{\mathrm{d}x}{\mathrm{d}t}+\frac{\partial z}{\partial y}\cdot\frac{\mathrm{d}y}{\mathrm{d}t}=f_x(0,0)\cdot 1+f_y(0,0)\cdot 1=0.$$

这显然是不正确的. 由此可见,多元复合函数链式法则中的可微性条件是很重要的.

为了便于掌握多元复合函数的求导法则,常用函数结构图来表示变量之间的复合关系. 例如,定理 8.3.1 的函数结构如图 8-39 所示.

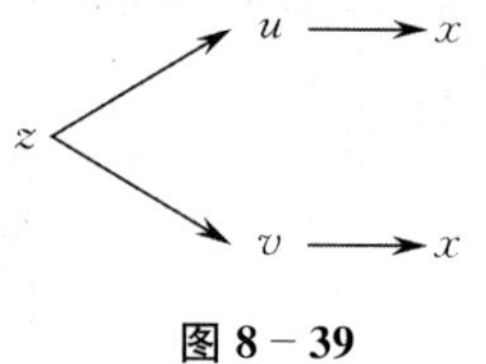

**图 8-39**

从图 8-39 中可以看到:一方面,从 $z$ 引出两个箭头指向中间变量 $u,v$,这表示 $z$ 是 $u,v$ 的函数,同理 $u$ 和 $v$ 都是 $x$ 的函数;另一方面,由 $z$ 出发通过中间变量到达 $x$ 的链有两条,这表示 $z$ 对 $x$ 的导数是两项之和,而每条链由两个箭头组成,表示每项由两个导数相乘得到. 例如,$z\to u\to x$ 表示$\frac{\partial z}{\partial u}\cdot\frac{\mathrm{d}u}{\mathrm{d}x}$,$z\to v\to x$ 表示$\frac{\partial z}{\partial v}\cdot\frac{\mathrm{d}v}{\mathrm{d}x}$,因此

$$\frac{\mathrm{d}z}{\mathrm{d}x}=\frac{\partial z}{\partial u}\cdot\frac{\mathrm{d}u}{\mathrm{d}x}+\frac{\partial z}{\partial v}\cdot\frac{\mathrm{d}v}{\mathrm{d}x}.$$

**注** 这里的 $u$ 和 $v$ 都是 $x$ 的一元函数,$u,v$ 对 $x$ 的导数用记号$\frac{\mathrm{d}u}{\mathrm{d}x},\frac{\mathrm{d}v}{\mathrm{d}x}$表示;$z$ 是 $u,v$ 的二元函数,其对应的是偏导数用记号$\frac{\partial z}{\partial u},\frac{\partial z}{\partial v}$表示;函数经过复合之后,最终 $z$ 是 $x$ 的一元函数,故 $z$ 对 $x$ 的导数用记号$\frac{\mathrm{d}z}{\mathrm{d}x}$表示,并称$\frac{\mathrm{d}z}{\mathrm{d}x}$为**全导数**. 公式(8.3.1)称为**全导数公式**.

公式(8.3.1)可以推广到复合函数的中间变量多于两个的情形. 例如,由函数 $z=f(u,v,w)$,$u=\varphi(x)$,$v=\psi(x)$,$w=\omega(x)$ 复合而成的复合函数 $z=f(\varphi(x),\psi(x),\omega(x))$,在与定理 8.3.1 类似的条件下有全导数公式:

$$\frac{\mathrm{d}z}{\mathrm{d}x}=\frac{\partial z}{\partial u}\cdot\frac{\mathrm{d}u}{\mathrm{d}x}+\frac{\partial z}{\partial v}\cdot\frac{\mathrm{d}v}{\mathrm{d}x}+\frac{\partial z}{\partial w}\cdot\frac{\mathrm{d}w}{\mathrm{d}x}.$$

**例 8.3.1** 设函数 $z=u^2v^2+\mathrm{e}^t$,$u=\sin t$,$v=\cos t$,求$\frac{\mathrm{d}z}{\mathrm{d}t}$.

**解** 函数结构如图 8-40 所示,于是

$$\frac{\mathrm{d}z}{\mathrm{d}t}=\frac{\partial z}{\partial u}\cdot\frac{\mathrm{d}u}{\mathrm{d}t}+\frac{\partial z}{\partial v}\cdot\frac{\mathrm{d}v}{\mathrm{d}t}+\frac{\partial z}{\partial t}=2uv^2\cdot\cos t+2u^2v\cdot(-\sin t)+\mathrm{e}^t$$
$$=2\sin t\cos^3 t-2\sin^3 t\cos t+\mathrm{e}^t=\frac{1}{2}\sin 4t+\mathrm{e}^t.$$

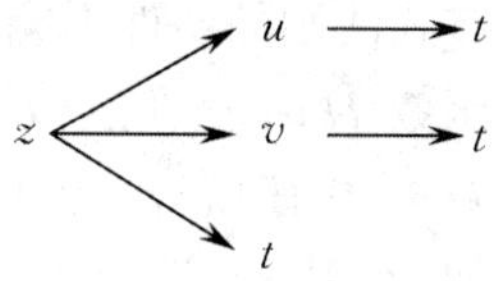

**图 8-40**

**例 8.3.2** 假设流体中一个质点的运动速度为 $\boldsymbol{v}=(v_x,v_y,v_z)$,其中 $v_x=f(x,y,z,t)$,$v_y=g(x,y,z,t)$,$v_z=h(x,y,z,t)$. 由于质点随流体运动,因此其位置$(x,y,z)$也随时间 $t$ 变化,即 $x=x(t)$,$y=y(t)$,$z=z(t)$. 试求质点运动的加速度

$$\boldsymbol{a}=\left(\frac{\mathrm{d}v_x}{\mathrm{d}t},\frac{\mathrm{d}v_y}{\mathrm{d}t},\frac{\mathrm{d}v_z}{\mathrm{d}t}\right).$$

**解** 由于 $v_x=f(x,y,z,t)$ 有四个中间变量,$x,y,z$ 均为 $t$ 的一元函数,而 $t$ 既是中间变

量,同时也是自变量,因此 $v_x = f(x,y,z,t)$ 是 $t$ 的一元函数. 由全导数公式(8.3.1),有

$$\frac{\mathrm{d}v_x}{\mathrm{d}t} = \frac{\partial v_x}{\partial x}\cdot\frac{\mathrm{d}x}{\mathrm{d}t} + \frac{\partial v_x}{\partial y}\cdot\frac{\mathrm{d}y}{\mathrm{d}t} + \frac{\partial v_x}{\partial z}\cdot\frac{\mathrm{d}z}{\mathrm{d}t} + \frac{\partial v_x}{\partial t} = f_x x' + f_y y' + f_z z' + f_t. \quad (8.3.2)$$

同理有

$$\frac{\mathrm{d}v_y}{\mathrm{d}t} = g_x x' + g_y y' + g_z z' + g_t, \quad \frac{\mathrm{d}v_z}{\mathrm{d}t} = h_x x' + h_y y' + h_z z' + h_t.$$

因此,所求加速度为

$$\boldsymbol{a} = (f_x x' + f_y y' + f_z z' + f_t, g_x x' + g_y y' + g_z z' + g_t, h_x x' + h_y y' + h_z z' + h_t).$$

对于例 8.3.2,公式(8.3.2) 中的$\frac{\partial v_x}{\partial t}$ 叫作**时变加速度**,$\frac{\partial v_x}{\partial x}\cdot\frac{\mathrm{d}x}{\mathrm{d}t} + \frac{\partial v_x}{\partial y}\cdot\frac{\mathrm{d}y}{\mathrm{d}t} + \frac{\partial v_x}{\partial z}\cdot\frac{\mathrm{d}z}{\mathrm{d}t}$ 叫作**位变加速度**,它们的物理意义这里不做详细讨论.

**例 8.3.3** 设函数 $z = xy$. 若因变量 $z$ 表示的是 $xOy$ 面上点 $(x,y)$ 处的温度,即在点 $(x,y)$ 处温度是 $xy$,而 $x = \cos\theta, y = \sin\theta$, 求$\frac{\mathrm{d}z}{\mathrm{d}\theta}$.

**解** 由全导数公式(8.3.1),有

$$\frac{\mathrm{d}z}{\mathrm{d}\theta} = \frac{\partial z}{\partial x}\cdot\frac{\mathrm{d}x}{\mathrm{d}\theta} + \frac{\partial z}{\partial y}\cdot\frac{\mathrm{d}y}{\mathrm{d}\theta} = y(-\sin\theta) + x\cos\theta = -\sin^2\theta + \cos^2\theta = \cos 2\theta.$$

例 8.3.3 中导数$\frac{\mathrm{d}z}{\mathrm{d}\theta}$ 的物理意义:由于满足 $x = \cos\theta, y = \sin\theta$ 的点 $(x,y)$ 的集合是 $xOy$ 面上的单位圆 $x^2 + y^2 = 1$,即温度函数 $z = xy$ 的定义区域是 $xOy$ 面上的单位圆 $x^2 + y^2 = 1$,而自变量 $\theta$ 表示点 $(x,y)$ 和坐标原点 $O(0,0)$ 的连线与 $x$ 轴正方向的夹角(见图 8-41). 因此,导数$\frac{\mathrm{d}z}{\mathrm{d}\theta}$ 表示温度 $z$ 沿着单位圆相对于角度 $\theta$ 的瞬时变化率,即当角度转过 $\mathrm{d}\theta$ 时,温度的变化大约为 $\mathrm{d}z$.

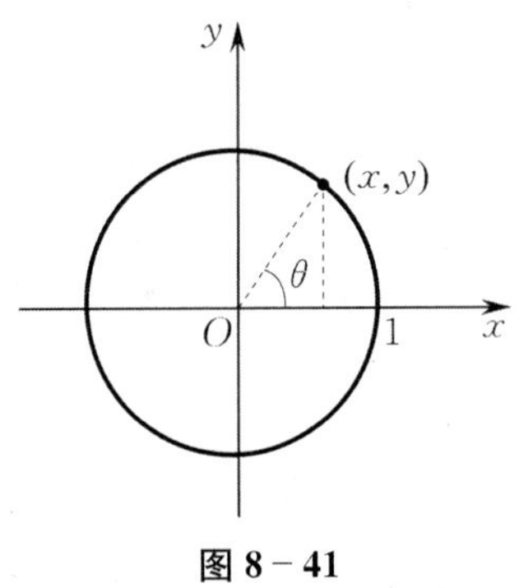

**图 8-41**

(2) 多元复合函数的中间变量均为多元函数的情形.

**定理 8.3.2** 设函数 $u = \varphi(x,y), v = \psi(x,y)$ 在点 $(x,y)$ 处都存在偏导数,函数 $z = f(u,v)$ 在对应点 $(u,v)$ 处可微,则复合函数 $z = f(\varphi(x,y), \psi(x,y))$ 在点 $(x,y)$ 处存在偏导数,且

$$\frac{\partial z}{\partial x} = \frac{\partial z}{\partial u}\cdot\frac{\partial u}{\partial x} + \frac{\partial z}{\partial v}\cdot\frac{\partial v}{\partial x}, \quad (8.3.3)$$

$$\frac{\partial z}{\partial y} = \frac{\partial z}{\partial u}\cdot\frac{\partial u}{\partial y} + \frac{\partial z}{\partial v}\cdot\frac{\partial v}{\partial y}. \quad (8.3.4)$$

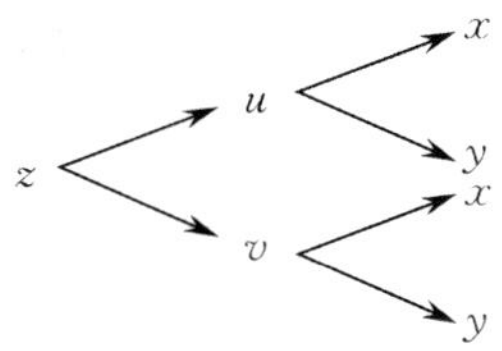

**图 8-42**

借助定理 8.3.2 的函数结构(见图 8-42),可以直接写出公式(8.3.3) 和公式(8.3.4). 例如,$z$ 到 $x$ 的链有两条,即$\frac{\partial z}{\partial x}$ 为两项之和:$z \to u \to x$ 表示$\frac{\partial z}{\partial u}\cdot\frac{\partial u}{\partial x}$,$z \to v \to x$ 表示$\frac{\partial z}{\partial v}\cdot\frac{\partial v}{\partial x}$,因此

$$\frac{\partial z}{\partial x}=\frac{\partial z}{\partial u}\cdot\frac{\partial u}{\partial x}+\frac{\partial z}{\partial v}\cdot\frac{\partial v}{\partial x}.$$

公式(8.3.3)和公式(8.3.4)可以推广到复合函数的中间变量多于两个的情形.例如,设函数 $u=\varphi(x,y),v=\psi(x,y),w=\omega(x,y)$ 在点$(x,y)$处都存在偏导数,而函数 $z=f(u,v,w)$ 在对应点$(u,v,w)$处可微,则复合函数 $z=f(\varphi(x,y),\psi(x,y),\omega(x,y))$ 在点$(x,y)$处存在偏导数,且

$$\frac{\partial z}{\partial x}=\frac{\partial z}{\partial u}\cdot\frac{\partial u}{\partial x}+\frac{\partial z}{\partial v}\cdot\frac{\partial v}{\partial x}+\frac{\partial z}{\partial w}\cdot\frac{\partial w}{\partial x},\quad \frac{\partial z}{\partial y}=\frac{\partial z}{\partial u}\cdot\frac{\partial u}{\partial y}+\frac{\partial z}{\partial v}\cdot\frac{\partial v}{\partial y}+\frac{\partial z}{\partial w}\cdot\frac{\partial w}{\partial y}.$$

**例 8.3.4** 设函数 $z=\mathrm{e}^{xy}\sin(x+y)$,求$\frac{\partial z}{\partial x},\frac{\partial z}{\partial y}$.

**解** 令 $u=xy,v=x+y$,则 $z=\mathrm{e}^u\sin v$,所以

$$\frac{\partial z}{\partial x}=\frac{\partial z}{\partial u}\cdot\frac{\partial u}{\partial x}+\frac{\partial z}{\partial v}\cdot\frac{\partial v}{\partial x}=\mathrm{e}^u\sin v\cdot y+\mathrm{e}^u\cos v\cdot 1=\mathrm{e}^{xy}[y\sin(x+y)+\cos(x+y)],$$

$$\frac{\partial z}{\partial y}=\frac{\partial z}{\partial u}\cdot\frac{\partial u}{\partial y}+\frac{\partial z}{\partial v}\cdot\frac{\partial v}{\partial y}=\mathrm{e}^u\sin v\cdot x+\mathrm{e}^u\cos v\cdot 1=\mathrm{e}^{xy}[x\sin(x+y)+\cos(x+y)].$$

**例 8.3.5** 设函数 $z=f\left(\frac{x}{y}\right)$,其中 $f$ 可微,证明:$x\frac{\partial z}{\partial x}+y\frac{\partial z}{\partial y}=0$.

**分析** 所给函数没有具体的表达式,这类函数称为**抽象函数**.求抽象函数的偏导数时一般先设中间变量.

**证** 令 $u=\frac{x}{y}$,则 $z=f(u)$,所以

$$\frac{\partial z}{\partial x}=\frac{\mathrm{d}z}{\mathrm{d}u}\cdot\frac{\partial u}{\partial x}=f'(u)\cdot\frac{1}{y}=\frac{1}{y}f'\left(\frac{x}{y}\right),\quad \frac{\partial z}{\partial y}=\frac{\mathrm{d}z}{\mathrm{d}u}\cdot\frac{\partial u}{\partial y}=f'(u)\cdot\left(-\frac{x}{y^2}\right)=-\frac{x}{y^2}f'\left(\frac{x}{y}\right),$$

因此
$$x\frac{\partial z}{\partial x}+y\frac{\partial z}{\partial y}=\frac{x}{y}f'\left(\frac{x}{y}\right)-\frac{x}{y}f'\left(\frac{x}{y}\right)=0.$$

(3) 多元复合函数的中间变量既有一元函数又有多元函数的情形.

**定理 8.3.3** 设函数 $u=\varphi(x)$ 在点 $x$ 处可导,$v=\psi(x,y)$ 在点$(x,y)$处存在偏导数,而函数 $z=f(u,v)$ 在对应点$(u,v)$处可微,则复合函数 $z=f(\varphi(x),\psi(x,y))$ 在点$(x,y)$处存在偏导数,且

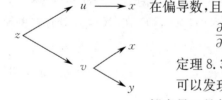

$$\frac{\partial z}{\partial x}=\frac{\partial z}{\partial u}\cdot\frac{\mathrm{d}u}{\mathrm{d}x}+\frac{\partial z}{\partial v}\cdot\frac{\partial v}{\partial x},\quad \frac{\partial z}{\partial y}=\frac{\partial z}{\partial v}\cdot\frac{\partial v}{\partial y}.$$

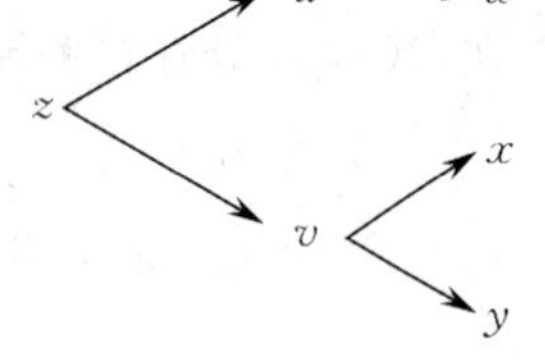

图 8-43

定理 8.3.3 的函数结构如图 8-43 所示.

可以发现,这三种情形中有一种特殊情形:复合函数的某些中间变量又是复合函数的自变量的情形.

**定理 8.3.4** 设函数 $z=f(u,x,y)$ 存在连续偏导数,而函数 $u=\varphi(x,y)$ 存在偏导数,则复合函数 $z=f(\varphi(x,y),x,y)$ 在点$(x,y)$处存在偏导数,且

$$\frac{\partial z}{\partial x}=\frac{\partial f}{\partial u}\cdot\frac{\partial u}{\partial x}+\frac{\partial f}{\partial x},\tag{8.3.5}$$

$$\frac{\partial z}{\partial y}=\frac{\partial f}{\partial u}\cdot\frac{\partial u}{\partial y}+\frac{\partial f}{\partial y}.\tag{8.3.6}$$

定理 8.3.4 的函数结构如图 8-44 所示.

为了避免混淆,公式(8.3.5)和公式(8.3.6)右边的 $z$ 换成了 $f$. 注意$\frac{\partial z}{\partial x}$和$\frac{\partial f}{\partial x}$是不同的:$\frac{\partial z}{\partial x}$是把函数$f(\varphi(x,y),x,y)$中的 $y$ 看作常量,对 $x$ 求偏导数;而$\frac{\partial f}{\partial x}$是把 $f(u,x,y)$ 中 $u,y$ 看作常量,对 $x$ 求偏导数. 前者是复合后 $z$ 对 $x$ 的偏导数,后者是复合前 $z$ 对 $x$ 的偏导数.

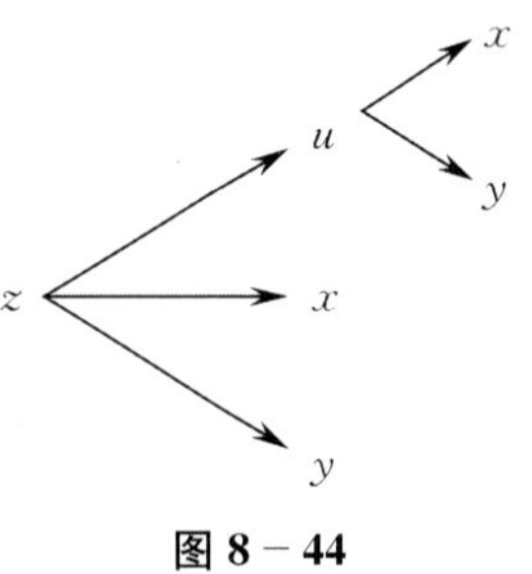


**图 8-44**

**例 8.3.6** 设函数 $z=f(u,x,y)=\arcsin(x+y+u)$,其中 $u=\sin(xy)$,求$\frac{\partial z}{\partial x},\frac{\partial z}{\partial y}$.

**解** 函数结构如图 8-44 所示,于是

$$\begin{aligned}\frac{\partial z}{\partial x}&=\frac{\partial f}{\partial u}\cdot\frac{\partial u}{\partial x}+\frac{\partial f}{\partial x}=\frac{1}{\sqrt{1-(x+y+u)^2}}\cdot y\cos(xy)+\frac{1}{\sqrt{1-(x+y+u)^2}}\\&=\frac{y\cos(xy)+1}{\sqrt{1-[x+y+\sin(xy)]^2}},\\\frac{\partial z}{\partial y}&=\frac{\partial f}{\partial u}\cdot\frac{\partial u}{\partial y}+\frac{\partial f}{\partial y}=\frac{1}{\sqrt{1-(x+y+u)^2}}\cdot x\cos(xy)+\frac{1}{\sqrt{1-(x+y+u)^2}}\\&=\frac{x\cos(xy)+1}{\sqrt{1-[x+y+\sin(xy)]^2}}.\end{aligned}$$

**2. 多元复合函数的高阶偏导数**

前面内容中已经给出高阶偏导数的定义,下面通过一个具体例子给出求复合函数高阶偏导数的方法.

**例 8.3.7** 设函数 $z=f(x+y,xy)$,其中 $f$ 存在二阶连续偏导数,求$\frac{\partial z}{\partial x},\frac{\partial^2 z}{\partial x\partial y}$.

**解** 令 $u=x+y,v=xy$,则 $z=f(u,v)$,于是

$$\frac{\partial z}{\partial x}=\frac{\partial f}{\partial u}\cdot\frac{\partial u}{\partial x}+\frac{\partial f}{\partial v}\cdot\frac{\partial v}{\partial x}=f_u+yf_v,$$

其中 $f_u$ 及 $f_v$ 仍是 $u,v$ 的函数,而 $u,v$ 是 $x,y$ 的函数,函数结构如图 8-45 所示. 由多元复合函数的链式法则,得

$$\begin{aligned}\frac{\partial^2 z}{\partial x\partial y}&=\frac{\partial}{\partial y}\left(\frac{\partial z}{\partial x}\right)=\frac{\partial}{\partial y}(f_u+yf_v)=\frac{\partial f_u}{\partial y}+\frac{\partial}{\partial y}(yf_v)=\frac{\partial f_u}{\partial y}+f_v+y\frac{\partial f_v}{\partial y}\\&=\left(\frac{\partial f_u}{\partial u}\cdot\frac{\partial u}{\partial y}+\frac{\partial f_u}{\partial v}\cdot\frac{\partial v}{\partial y}\right)+f_v+y\left(\frac{\partial f_v}{\partial u}\cdot\frac{\partial u}{\partial y}+\frac{\partial f_v}{\partial v}\cdot\frac{\partial v}{\partial y}\right)\\&=(f_{uu}\cdot 1+f_{uv}\cdot x)+f_v+y(f_{vu}\cdot 1+f_{vv}\cdot x)\\&=f_{uu}+xf_{uv}+yf_{vu}+xyf_{vv}+f_v.\end{aligned}$$

因 $f$ 存在二阶连续偏导数,故 $f_{uv}=f_{vu}$,从而 $xf_{uv}+yf_{vu}=(x+y)f_{uv}$. 于是,有

$$\frac{\partial^2 z}{\partial x\partial y}=f_{uu}+(x+y)f_{uv}+xyf_{vv}+f_v.$$

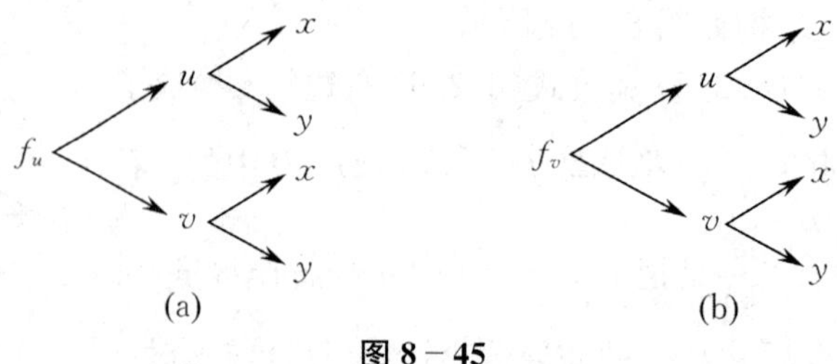


图 8－45

为了方便起见,有时用自然数 1,2 分别表示函数 $f(u,v)$ 中的两个中间变量 $u,v$,从而 $\frac{\partial f}{\partial u},\frac{\partial f}{\partial v},\frac{\partial^2 f}{\partial u\partial v},\frac{\partial^2 f}{\partial u^2}$ 和 $\frac{\partial^2 f}{\partial v^2}$ 分别可以用 $f'_1,f'_2,f''_{12},f''_{11}$ 和 $f''_{22}$ 表示,即

$$\frac{\partial z}{\partial x}=f'_1+yf'_2,$$

$$\frac{\partial^2 z}{\partial x\partial y}=\frac{\partial}{\partial y}(f'_1+yf'_2)=\frac{\partial f'_1}{\partial y}+f'_2+y\frac{\partial f'_2}{\partial y}=f''_{11}+(x+y)f''_{12}+xyf''_{22}+f'_2.$$

在解决物理、力学等问题时,常需要通过坐标变换将一种坐标系下的偏导关系转换到另一种坐标系下的偏导关系.

**例 8.3.8** 设函数 $u=u(x,y)$ 可微,在极坐标变换 $x=\rho\cos\theta,y=\rho\sin\theta$ 下,证明:

$$\left(\frac{\partial u}{\partial \rho}\right)^2+\frac{1}{\rho^2}\left(\frac{\partial u}{\partial \theta}\right)^2=\left(\frac{\partial u}{\partial x}\right)^2+\left(\frac{\partial u}{\partial y}\right)^2.$$

**证** 把 $u$ 看成 $\rho,\theta$ 的复合函数 $u=u(\rho\cos\theta,\rho\sin\theta)$,则

$$\frac{\partial u}{\partial \rho}=\frac{\partial u}{\partial x}\cdot\frac{\partial x}{\partial \rho}+\frac{\partial u}{\partial y}\cdot\frac{\partial y}{\partial \rho}=\frac{\partial u}{\partial x}\cdot\cos\theta+\frac{\partial u}{\partial y}\cdot\sin\theta,$$

$$\frac{\partial u}{\partial \theta}=\frac{\partial u}{\partial x}\cdot\frac{\partial x}{\partial \theta}+\frac{\partial u}{\partial y}\cdot\frac{\partial y}{\partial \theta}=\frac{\partial u}{\partial x}\cdot(-\rho\sin\theta)+\frac{\partial u}{\partial y}\cdot\rho\cos\theta,$$

于是

$$\begin{aligned}\left(\frac{\partial u}{\partial \rho}\right)^2+\frac{1}{\rho^2}\left(\frac{\partial u}{\partial \theta}\right)^2&=\left(\frac{\partial u}{\partial x}\cos\theta+\frac{\partial u}{\partial y}\sin\theta\right)^2+\frac{1}{\rho^2}\left(-\frac{\partial u}{\partial x}\rho\sin\theta+\frac{\partial u}{\partial y}\rho\cos\theta\right)^2\\&=\left(\frac{\partial u}{\partial x}\right)^2+\left(\frac{\partial u}{\partial y}\right)^2.\end{aligned}$$

**3. 一阶全微分的形式不变性**

我们知道,一元函数的微分具有一阶微分的形式不变性,即不论 $u$ 是自变量还是中间变量,对于函数 $y=f(u)$,都有 $dy=f'(u)du$. 多元函数的一阶全微分也具有同样的性质.

设函数 $z=f(u,v)$ 可微. 若 $u,v$ 是自变量,则函数 $z=f(u,v)$ 的全微分为

$$dz=\frac{\partial z}{\partial u}du+\frac{\partial z}{\partial v}dv.$$

若 $u,v$ 是中间变量,即 $u=\varphi(x,y),v=\psi(x,y)$,且 $\varphi(x,y),\psi(x,y)$ 可微,则复合函数 $z=f(\varphi(x,y),\psi(x,y))$ 的全微分为

$$dz=\frac{\partial z}{\partial x}dx+\frac{\partial z}{\partial y}dy.$$

将多元复合函数的求导公式(8.3.3) 和(8.3.4) 代入上式,则有

$$\mathrm{d}z=\left(\frac{\partial z}{\partial u}\cdot\frac{\partial u}{\partial x}+\frac{\partial z}{\partial v}\cdot\frac{\partial v}{\partial x}\right)\mathrm{d}x+\left(\frac{\partial z}{\partial u}\cdot\frac{\partial u}{\partial y}+\frac{\partial z}{\partial v}\cdot\frac{\partial v}{\partial y}\right)\mathrm{d}y$$
$$=\frac{\partial z}{\partial u}\left(\frac{\partial u}{\partial x}\mathrm{d}x+\frac{\partial u}{\partial y}\mathrm{d}y\right)+\frac{\partial z}{\partial v}\left(\frac{\partial v}{\partial x}\mathrm{d}x+\frac{\partial v}{\partial y}\mathrm{d}y\right).\tag{8.3.7}$$

注意到函数 $u=\varphi(x,y),v=\psi(x,y)$ 可微，故

$$\mathrm{d}u=\frac{\partial u}{\partial x}\mathrm{d}x+\frac{\partial u}{\partial y}\mathrm{d}y,\quad \mathrm{d}v=\frac{\partial v}{\partial x}\mathrm{d}x+\frac{\partial v}{\partial y}\mathrm{d}y.\tag{8.3.8}$$

将式(8.3.8)代入式(8.3.7)，得

$$\mathrm{d}z=\frac{\partial z}{\partial u}\mathrm{d}u+\frac{\partial z}{\partial v}\mathrm{d}v.$$

由此可见，无论 $z$ 是自变量 $u,v$ 的函数，还是中间变量 $u,v$ 的函数，其全微分的形式都是一样的，这个性质称为**一阶全微分的形式不变性**. 类似地，可以证明三元及三元以上的多元函数的一阶全微分也具有这一性质.

关于全微分的运算性质，应用一阶全微分的形式不变性容易证明它与一元函数微分法则相同，即

(1) $\mathrm{d}(u\pm v)=\mathrm{d}u\pm\mathrm{d}v$；　　(2) $\mathrm{d}(uv)=v\mathrm{d}u+u\mathrm{d}v$；

(3) $\mathrm{d}\left(\frac{u}{v}\right)=\frac{v\mathrm{d}u-u\mathrm{d}v}{v^2}$ $(v\neq 0)$；　　(4) $\mathrm{d}(f(u))=f'(u)\mathrm{d}u$ ($f$ 可导).

利用一阶全微分的形式不变性，可得求复合函数偏导数的另一种途径.

**例 8.3.9**　设函数 $z=f(x-y^2,xy)$，其中 $f$ 存在连续偏导数，求 $\frac{\partial z}{\partial x},\frac{\partial z}{\partial y}$.

**解**　用 1,2 分别表示中间变量 $x-y^2,xy$，则

$$\mathrm{d}z=\mathrm{d}f(x-y^2,xy)=f_1'\mathrm{d}(x-y^2)+f_2'\mathrm{d}(xy)$$
$$=f_1'\cdot(\mathrm{d}x-2y\mathrm{d}y)+f_2'\cdot(y\mathrm{d}x+x\mathrm{d}y)=(f_1'+yf_2')\mathrm{d}x+(xf_2'-2yf_1')\mathrm{d}y,$$

所以
$$\frac{\partial z}{\partial x}=f_1'+yf_2',\quad \frac{\partial z}{\partial y}=xf_2'-2yf_1'.$$

**例 8.3.10**　设函数 $u=f(x,y,t)$，$x=g(s,t)$，$y=h(s,t,x)$，$f,g,h$ 均可微，试利用一阶全微分的形式不变性，求 $\frac{\partial u}{\partial s},\frac{\partial u}{\partial t}$.

**解**　由一阶全微分的形式不变性，有 $\mathrm{d}u=\frac{\partial f}{\partial x}\mathrm{d}x+\frac{\partial f}{\partial y}\mathrm{d}y+\frac{\partial f}{\partial t}\mathrm{d}t$. 又因为

$$\mathrm{d}x=\frac{\partial g}{\partial s}\mathrm{d}s+\frac{\partial g}{\partial t}\mathrm{d}t,$$
$$\mathrm{d}y=\frac{\partial h}{\partial s}\mathrm{d}s+\frac{\partial h}{\partial t}\mathrm{d}t+\frac{\partial h}{\partial x}\mathrm{d}x=\frac{\partial h}{\partial s}\mathrm{d}s+\frac{\partial h}{\partial t}\mathrm{d}t+\frac{\partial h}{\partial x}\left(\frac{\partial g}{\partial s}\mathrm{d}s+\frac{\partial g}{\partial t}\mathrm{d}t\right),$$

所以

$$\mathrm{d}u=\frac{\partial f}{\partial x}\left(\frac{\partial g}{\partial s}\mathrm{d}s+\frac{\partial g}{\partial t}\mathrm{d}t\right)+\frac{\partial f}{\partial y}\left[\frac{\partial h}{\partial s}\mathrm{d}s+\frac{\partial h}{\partial t}\mathrm{d}t+\frac{\partial h}{\partial x}\left(\frac{\partial g}{\partial s}\mathrm{d}s+\frac{\partial g}{\partial t}\mathrm{d}t\right)\right]+\frac{\partial f}{\partial t}\mathrm{d}t$$
$$=\left(\frac{\partial f}{\partial x}\cdot\frac{\partial g}{\partial s}+\frac{\partial f}{\partial y}\cdot\frac{\partial h}{\partial s}+\frac{\partial f}{\partial y}\cdot\frac{\partial h}{\partial x}\cdot\frac{\partial g}{\partial s}\right)\mathrm{d}s+\left(\frac{\partial f}{\partial x}\cdot\frac{\partial g}{\partial t}+\frac{\partial f}{\partial y}\cdot\frac{\partial h}{\partial t}+\frac{\partial f}{\partial y}\cdot\frac{\partial h}{\partial x}\cdot\frac{\partial g}{\partial t}+\frac{\partial f}{\partial t}\right)\mathrm{d}t.$$

于是，有

$$\frac{\partial u}{\partial s}=\frac{\partial f}{\partial x}\cdot\frac{\partial g}{\partial s}+\frac{\partial f}{\partial y}\cdot\frac{\partial h}{\partial s}+\frac{\partial f}{\partial y}\cdot\frac{\partial h}{\partial x}\cdot\frac{\partial g}{\partial s},\quad \frac{\partial u}{\partial t}=\frac{\partial f}{\partial x}\cdot\frac{\partial g}{\partial t}+\frac{\partial f}{\partial y}\cdot\frac{\partial h}{\partial t}+\frac{\partial f}{\partial y}\cdot\frac{\partial h}{\partial x}\cdot\frac{\partial g}{\partial t}+\frac{\partial f}{\partial t}.$$

**注**　对于复合关系较复杂的函数，往往利用一阶全微分的形式不变性求其偏导数，全微分运算的层次较明确，不易出错. 值得注意的是，高阶全微分不再具有形式不变性.

## 二、隐函数的求导法则

### 1. 问题的引入

在第二章导数与微分中已经提出了隐函数的概念，并且指出在不经过显化的情况下，直接由方程 $F(x,y)=0$ 求出它所确定的隐函数 $y=f(x)$ 的导数的方法.

这里，有两个问题尚待解决：在什么条件下，方程 $F(x,y)=0$ 可以确定一个隐函数？在什么条件下，方程 $F(x,y)=0$ 所确定的隐函数 $y=f(x)$ 是连续且可导的？

先考察一个简单的方程

$$x^2+y^2-1=0.$$

显然，它在 $xOy$ 面上是一个单位圆. 一方面，在上半圆（或下半圆）上，除 $(1,0)$ 和 $(-1,0)$ 这两点外，任意点处都能取到一个这样的邻域：在此邻域内，方程 $x^2+y^2-1=0$ 唯一确定了 $x$ 和 $y$ 之间的函数关系，即 $y=\sqrt{1-x^2}$（或 $y=-\sqrt{1-x^2}$），其图形刚好是单位圆落在该邻域内的一段弧. 注意到圆上在这种点处的切线斜率都是存在的. 另一方面，在点 $(1,0)$ 和点 $(-1,0)$ 的任意邻域内，一个 $x$ 可能有两个满足方程 $x^2+y^2-1=0$ 的 $y$ 值与之对应，因而不能确定 $x$ 和 $y$ 之间的函数关系. 这说明隐函数存在是有一定条件的.

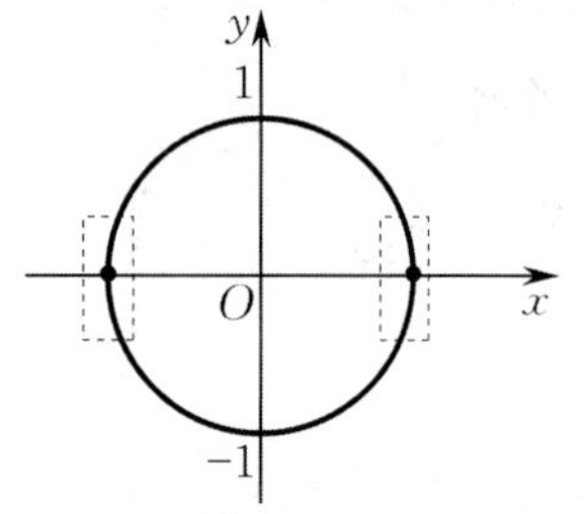

图 8－46

若将单位圆的方程写成 $F(x,y)=x^2+y^2-1=0$，容易发现 $(1,0)$ 和 $(-1,0)$ 是使得 $F_y(x,y)=0$ 的仅有的两个点（见图 8－46），这说明 $F_y(x,y)\neq 0$ 对确定 $y$ 是 $x$ 的隐函数可能有重要作用.

下面的定理给出了隐函数存在性和可微性的充分条件.

### 2. 一元函数的隐函数存在定理

**定理 8.3.5**（**隐函数存在定理 1**）　设函数 $F(x,y)$ 在点 $P_0(x_0,y_0)$ 的某个邻域内具有连续偏导数，且 $F(x_0,y_0)=0$，$F_y(x_0,y_0)\neq 0$，则方程 $F(x,y)=0$ 在点 $P_0$ 的某个邻域内能唯一确定一个连续且具有连续导数的函数 $y=f(x)$，它满足条件 $y_0=f(x_0)$，且有

$$\frac{\mathrm{d}y}{\mathrm{d}x}=-\frac{F_x(x,y)}{F_y(x,y)}. \tag{8.3.9}$$

定理 8.3.5 证明的理论性较强，这里仅推导公式(8.3.9).

将函数 $y=f(x)$ 代入方程 $F(x,y)=0$，得 $F(x,f(x))\equiv 0$，其左边是 $x$ 的一个复合函数，它的全导数应恒等于右边 0 的导数，即

$$F_x+F_y\frac{\mathrm{d}y}{\mathrm{d}x}=0.$$

由于 $F_y$ 连续且 $F_y(x_0,y_0)\neq 0$，不妨设 $F_y(x_0,y_0)>0$，因此存在点 $P_0(x_0,y_0)$ 的某个邻域，在该邻域内有 $F_y(x,y)>0$，即 $F_y(x,y)\neq 0$（请读者思考为什么），于是有

$$\frac{\mathrm{d}y}{\mathrm{d}x}=-\frac{F_x(x,y)}{F_y(x,y)}.$$

**注**　(1) 定理 8.3.5 的结论只是在满足条件的点 $(x_0,y_0)$ 的某个邻域内成立.

(2) $F_y(x_0,y_0)\neq 0$ 是隐函数存在的充分条件而非必要条件.

例如，对于方程 $F(x,y)=x-y^3=0$，函数 $y=\sqrt[3]{x}$ 的图形如图 8-47 所示，显然 $F(x,y)=0$ 在点(0,0)附近存在隐函数，但是 $F_y(0,0)=0$.

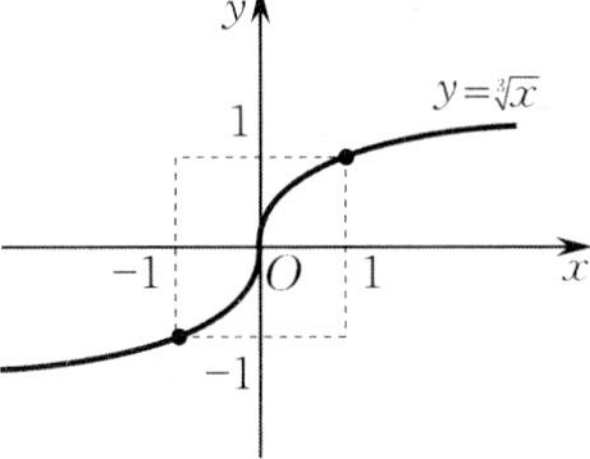


图 8-47

(3) 若将定理 8.3.5 中的条件 $F_y(x_0,y_0)\neq 0$ 改为 $F_x(x_0,y_0)\neq 0$，则相应的结论为方程 $F(x,y)=0$ 在点 $(x_0,y_0)$ 的某个邻域内能唯一确定一个连续且具有连续导数的函数 $x=g(y)$，它满足条件 $x_0=g(y_0)$，且 $\dfrac{\mathrm{d}x}{\mathrm{d}y}=-\dfrac{F_y(x,y)}{F_x(x,y)}$.

**例 8.3.11**　验证：方程 $y=xe^y+1$ 在点(0,1)的某个邻域内能唯一确定一个连续且具有连续导数的隐函数 $y=f(x)$，并求函数 $y=f(x)$ 在点(0,1)处的一阶导数和二阶导数.

**证**　设函数 $F(x,y)=xe^y-y+1$，则 $F_x=e^y$，$F_y=xe^y-1$，显然偏导数连续，且 $F(0,1)=0$，$F_y(0,1)=-1\neq 0$. 因此，由定理 8.3.5 可知，方程 $y=xe^y+1$ 在点(0,1)的某个邻域内能唯一确定一个连续且具有连续导数的隐函数 $y=f(x)$.

函数 $y=f(x)$ 在点(0,1)处的一阶导数为

$$\frac{\mathrm{d}y}{\mathrm{d}x}=-\frac{F_x}{F_y}=\frac{e^y}{1-xe^y}=\frac{e^y}{2-y},\quad \left.\frac{\mathrm{d}y}{\mathrm{d}x}\right|_{(0,1)}=e,$$

二阶导数为

$$\frac{\mathrm{d}^2y}{\mathrm{d}x^2}=\frac{e^y y'(2-y)+e^y y'}{(2-y)^2}=\frac{e^y(3-y)}{(2-y)^2}\cdot y'=\frac{e^{2y}(3-y)}{(2-y)^3},\quad \left.\frac{\mathrm{d}^2y}{\mathrm{d}x^2}\right|_{(0,1)}=2e^2.$$

**3. 多元函数的隐函数存在定理**

(1) 由单个方程所确定的隐函数.

与定理 8.3.5 一样，可以由三元函数 $F(x,y,z)$ 的性质来判断由方程

$$F(x,y,z)=0$$

所确定的二元隐函数 $z=f(x,y)$ 的存在性及求偏导数的公式，这就是下面的定理.

**定理 8.3.6**（**隐函数存在定理 2**）　设函数 $u=F(x,y,z)$ 在点 $P_0(x_0,y_0,z_0)$ 的某个邻域内具有连续偏导数，且 $F(x_0,y_0,z_0)=0$，$F_z(x_0,y_0,z_0)\neq 0$，则方程 $F(x,y,z)=0$ 在点 $P_0$ 的某个邻域内能唯一确定一个连续且具有连续偏导数的函数 $z=f(x,y)$，它满足条件 $z_0=f(x_0,y_0)$，且有

$$\frac{\partial z}{\partial x}=-\frac{F_x}{F_z},\quad \frac{\partial z}{\partial y}=-\frac{F_y}{F_z}. \tag{8.3.10}$$

与隐函数存在定理 1 类似，这里仅推导公式(8.3.10).

将函数 $z=f(x,y)$ 代入方程 $F(x,y,z)=0$，得 $F(x,y,f(x,y))\equiv 0$，该式两边分别对 $x$ 和 $y$ 求偏导数，得

$$F_x+F_z\frac{\partial z}{\partial x}=0,\quad F_y+F_z\frac{\partial z}{\partial y}=0.$$

由于 $F_z$ 连续且 $F_z(x_0,y_0,z_0)\neq 0$,因此存在点 $P_0(x_0,y_0,z_0)$ 的某个邻域,在该邻域内 $F_z\neq 0$,于是

$$\frac{\partial z}{\partial x}=-\frac{F_x}{F_z},\quad \frac{\partial z}{\partial y}=-\frac{F_y}{F_z}.$$

类似地,定理 8.3.6 可推广到由 $n+1$ 元方程 $F(x_1,x_2,\cdots,x_n,z)=0$ 所确定的 $n$ 元隐函数 $z=f(x_1,x_2,\cdots,x_n)$ 的存在性及求偏导数的公式:

$$\frac{\partial z}{\partial x_i}=-\frac{F_{x_i}}{F_z}\quad (i=1,2,\cdots,n).$$

**注** 定理 8.3.6 中所涉及的函数 $u=F(x,y,z)$ 虽然没有明确的几何意义,但是其结论具有几何意义:在定理 8.3.6 的条件下,方程 $F(x,y,z)=0$ 实际上确定了一个过点 $P_0(x_0,y_0,z_0)$ 的曲面 $z=f(x,y)$. 因此,这个定理可以称为**隐方程** $F(x,y,z)=0$ **所确定的曲面**. 同理,定理 8.3.5 可以称为**隐方程** $F(x,y)=0$ **所确定的曲线**.

**例 8.3.12** 求由方程 $x^2+y^2+z^2-2z=0$ 所确定的隐函数 $z=f(x,y)$ 的偏导数 $\frac{\partial z}{\partial x},\frac{\partial z}{\partial y}$.

**解** **方法一(公式法)** 设函数 $F(x,y,z)=x^2+y^2+z^2-2z$,若把 $x,y,z$ 看成独立的自变量,则

$$F_x=2x,\quad F_y=2y,\quad F_z=2z-2.$$

于是,由公式(8.3.10)得

$$\frac{\partial z}{\partial x}=-\frac{F_x}{F_z}=-\frac{2x}{2z-2}=\frac{x}{1-z},\quad \frac{\partial z}{\partial y}=-\frac{F_y}{F_z}=-\frac{2y}{2z-2}=\frac{y}{1-z}.$$

**方法二(直接法)** 将 $z$ 看成 $x,y$ 的函数,则方程 $x^2+y^2+z^2-2z=0$ 可以写成

$$x^2+y^2+(f(x,y))^2-2f(x,y)=0.$$

利用复合函数的链式法则,上述方程两边分别对 $x,y$ 求偏导数,得

$$2x+2z\frac{\partial z}{\partial x}-2\frac{\partial z}{\partial x}=0,\quad 2y+2z\frac{\partial z}{\partial y}-2\frac{\partial z}{\partial y}=0,$$

于是

$$\frac{\partial z}{\partial x}=\frac{x}{1-z},\quad \frac{\partial z}{\partial y}=\frac{y}{1-z}.$$

**方法三(全微分法)** 利用一阶全微分的形式不变性,在方程 $x^2+y^2+z^2-2z=0$ 两边同时求全微分(此时 $x,y,z$ 地位相等),得

$$2x\mathrm{d}x+2y\mathrm{d}y+2z\mathrm{d}z-2\mathrm{d}z=0,\quad 即\quad \mathrm{d}z=\frac{x}{1-z}\mathrm{d}x+\frac{y}{1-z}\mathrm{d}y,$$

于是

$$\frac{\partial z}{\partial x}=\frac{x}{1-z},\quad \frac{\partial z}{\partial y}=\frac{y}{1-z}.$$

**注** 利用一阶全微分的形式不变性求隐函数的导数时,不用分清哪个是自变量,哪个是因变量,因此十分方便.

**例 8.3.13** 设 $z=f(x,y)$ 是由方程 $\mathrm{e}^z-z+xy^3=0$ 所确定的隐函数,求 $\frac{\partial^2 z}{\partial x^2}$.

**解** 先在方程 $\mathrm{e}^z-z+xy^3=0$ 两边同时对 $x$ 求偏导数,并注意 $z$ 是 $x,y$ 的函数,得

$$e^z \cdot \frac{\partial z}{\partial x} - \frac{\partial z}{\partial x} + y^3 = 0, \tag{8.3.11}$$

则
$$\frac{\partial z}{\partial x} = \frac{y^3}{1-e^z}.$$

再在方程(8.3.11)两边同时对 $x$ 求偏导数,并注意 $z$ 是 $x,y$ 的函数,得

$$e^z \cdot \left(\frac{\partial z}{\partial x}\right)^2 + e^z \cdot \frac{\partial^2 z}{\partial x^2} - \frac{\partial^2 z}{\partial x^2} = 0,$$

即$\dfrac{\partial^2 z}{\partial x^2} = \dfrac{e^z}{1-e^z} \cdot \left(\dfrac{\partial z}{\partial x}\right)^2$. 于是,将$\dfrac{\partial z}{\partial x} = \dfrac{y^3}{1-e^z}$代入上式,得$\dfrac{\partial^2 z}{\partial x^2} = \dfrac{y^6 e^z}{(1-e^z)^3}$.

**例 8.3.14**　设有三元方程 $xy - z\ln y + e^{xz} = 1$. 根据隐函数存在定理 2, 存在点(0,1,1)的某个邻域,在此邻域内,该方程(　　).

(A) 只能确定一个具有连续偏导数的隐函数 $z = z(x,y)$

(B) 可确定两个具有连续偏导数的隐函数 $y = y(x,z)$ 和 $z = z(x,y)$

(C) 可确定两个具有连续偏导数的隐函数 $x = x(y,z)$ 和 $z = z(x,y)$

(D) 可确定两个具有连续偏导数的隐函数 $x = x(y,z)$ 和 $y = y(x,z)$

**解**　令函数 $F(x,y,z) = xy - z\ln y + e^{xz} - 1$, 显然 $F(0,1,1) = 0$. 又 $F_x = y + ze^{xz}$, $F_y = x - \dfrac{z}{y}$, $F_z = -\ln y + xe^{xz}$ 在点(0,1,1)的某个邻域内连续,且

$$F_x(0,1,1) = 2 \neq 0, \quad F_y(0,1,1) = -1 \neq 0, \quad F_z(0,1,1) = 0,$$

故选(D).

(2) 由方程组所确定的隐函数.

在实际问题中,经常会遇到由方程组所确定的隐函数的情形. 例如,空间曲线 $\Gamma$ 的一般式方程$\begin{cases} F(x,y,z) = 0, \\ G(x,y,z) = 0 \end{cases}$在什么条件下,可唯一确定 $y,z$ 为 $x$ 的一元可导函数 $y = y(x)$, $z = z(x)$? 若此结论成立,则空间曲线 $\Gamma$ 可以表示为参数式方程的形式:

$$\begin{cases} x = x, \\ y = y(x), \quad (x \text{ 为参数}). \\ z = z(x) \end{cases}$$

在给出相关结论之前,先介绍雅可比(Jacobi)行列式的概念.

设二元函数 $u = u(x,y)$, $v = v(x,y)$ 在平面区域 $D$ 内具有连续偏导数,由这些偏导数组成的二阶行列式

$$J = \begin{vmatrix} \dfrac{\partial u}{\partial x} & \dfrac{\partial u}{\partial y} \\ \dfrac{\partial v}{\partial x} & \dfrac{\partial v}{\partial y} \end{vmatrix}$$

称为函数 $u,v$ 关于变量 $x,y$ 的**雅可比行列式**,记作$\dfrac{\partial(u,v)}{\partial(x,y)}$.

同理,若三元函数 $u = u(x,y,z)$, $v = v(x,y,z)$, $w = w(x,y,z)$ 具有连续偏导数,则 $u$, $v$, $w$ 关于变量 $x,y,z$ 的雅可比行列式为

$$\frac{\partial(u,v,w)}{\partial(x,y,z)}=\begin{vmatrix}\frac{\partial u}{\partial x} & \frac{\partial u}{\partial y} & \frac{\partial u}{\partial z}\\ \frac{\partial v}{\partial x} & \frac{\partial v}{\partial y} & \frac{\partial v}{\partial z}\\ \frac{\partial w}{\partial x} & \frac{\partial w}{\partial y} & \frac{\partial w}{\partial z}\end{vmatrix}.$$

雅可比行列式在讨论由函数方程组所确定的隐函数和求它们的偏导数的过程中起着重要的作用.以后在多元函数积分学中,它还将显示其重要性.

**定理 8.3.7**(**隐函数存在定理 3**) 设三元函数 $F(x,y,z),G(x,y,z)$ 满足下列条件:

(1) $F(x,y,z),G(x,y,z)$ 在点 $P_0(x_0,y_0,z_0)$ 的某个邻域 $U(P_0)$ 内具有连续偏导数,

(2) $F(x_0,y_0,z_0)=0,G(x_0,y_0,z_0)=0$,

(3) $\left.\frac{\partial(F,G)}{\partial(y,z)}\right|_{(x_0,y_0,z_0)}\neq 0$,

则在点 $P_0(x_0,y_0,z_0)$ 的某个邻域 $U(P_0)$ 内,方程组 $\begin{cases}F(x,y,z)=0,\\G(x,y,z)=0\end{cases}$ 能唯一确定一个定义在点 $x_0$ 的某个邻域 $U(x_0)$ 内的两个一元隐函数 $y=y(x),z=z(x)$,使得

(1) $\begin{cases}F(x,y(x),z(x))\equiv 0,\\G(x,y(x),z(x))\equiv 0,\end{cases}x\in U(x_0)$ 且 $y_0=y(x_0),z_0=z(x_0)$;

(2) $y=y(x),z=z(x)$ 均在点 $x_0$ 的某个邻域 $U(x_0)$ 内具有连续导数,且

$$\frac{\mathrm{d}y}{\mathrm{d}x}=-\frac{\frac{\partial(F,G)}{\partial(x,z)}}{\frac{\partial(F,G)}{\partial(y,z)}},\quad \frac{\mathrm{d}z}{\mathrm{d}x}=-\frac{\frac{\partial(F,G)}{\partial(y,x)}}{\frac{\partial(F,G)}{\partial(y,z)}}. \tag{8.3.12}$$

证明从略.

同样,方程组 $\begin{cases}F(x,y,u,v)=0,\\G(x,y,u,v)=0\end{cases}$ 有两个方程、四个变量,可能确定两个二元隐函数,如 $u=u(x,y)$ 和 $v=v(x,y)$.但是,这样的二元隐函数是否存在,又具有哪些性质呢?事实上,类似隐函数存在定理 3,我们有下面的定理.

**定理 8.3.8**(**隐函数存在定理 4**) 设函数 $F(x,y,u,v),G(x,y,u,v)$ 在点 $P_0(x_0,y_0,u_0,v_0)$ 的某个邻域内对各个变量有连续偏导数.又 $F(x_0,y_0,u_0,v_0)=0,G(x_0,y_0,u_0,v_0)=0$,且偏导数所组成的雅可比行列式为

$$J=\left.\frac{\partial(F,G)}{\partial(u,v)}\right|_{(x_0,y_0,u_0,v_0)}=\left.\begin{vmatrix}\frac{\partial F}{\partial u} & \frac{\partial F}{\partial v}\\ \frac{\partial G}{\partial u} & \frac{\partial G}{\partial v}\end{vmatrix}\right|_{(x_0,y_0,u_0,v_0)}\neq 0,$$

则方程组 $\begin{cases}F(x,y,u,v)=0,\\G(x,y,u,v)=0\end{cases}$ 在点 $P_0$ 的某个邻域内能唯一确定一组连续且具有连续偏导数的隐函数 $u=u(x,y),v=v(x,y)$,且它们满足条件:

$$\frac{\partial u}{\partial x}=-\frac{1}{J}\cdot\frac{\partial(F,G)}{\partial(x,v)},\quad \frac{\partial v}{\partial x}=-\frac{1}{J}\cdot\frac{\partial(F,G)}{\partial(u,x)},$$
$$\frac{\partial u}{\partial y}=-\frac{1}{J}\cdot\frac{\partial(F,G)}{\partial(y,v)},\quad \frac{\partial v}{\partial y}=-\frac{1}{J}\cdot\frac{\partial(F,G)}{\partial(u,y)}. \tag{8.3.13}$$

下面仅推导公式(8.3.13).

将函数 $u=u(x,y),v=v(x,y)$ 代入方程组$\begin{cases}F(x,y,u,v)=0,\\G(x,y,u,v)=0,\end{cases}$得

$$\begin{cases}F(x,y,u(x,y),v(x,y))\equiv 0,\\G(x,y,u(x,y),v(x,y))\equiv 0.\end{cases}$$

应用复合函数的求导法则,将恒等式两边分别对 $x$ 求偏导数,得

$$\begin{cases}F_x+F_u\dfrac{\partial u}{\partial x}+F_v\dfrac{\partial v}{\partial x}=0,\\[2ex]G_x+G_u\dfrac{\partial u}{\partial x}+G_v\dfrac{\partial v}{\partial x}=0,\end{cases}\quad 即\quad \begin{cases}F_u\dfrac{\partial u}{\partial x}+F_v\dfrac{\partial v}{\partial x}=-F_x,\\[2ex]G_u\dfrac{\partial u}{\partial x}+G_v\dfrac{\partial v}{\partial x}=-G_x.\end{cases}$$

这是关于$\dfrac{\partial u}{\partial x},\dfrac{\partial v}{\partial x}$的线性方程组,由定理 8.3.8 需满足的条件可知,在点 $P_0$ 的某个邻域内,系数行列式

$$\frac{\partial(F,G)}{\partial(u,v)}=\begin{vmatrix}\dfrac{\partial F}{\partial u} & \dfrac{\partial F}{\partial v}\\[2ex]\dfrac{\partial G}{\partial u} & \dfrac{\partial G}{\partial v}\end{vmatrix}\neq 0,$$

从而可得到唯一的一组解:

$$\frac{\partial u}{\partial x}=\frac{\begin{vmatrix}-F_x & F_v\\-G_x & G_v\end{vmatrix}}{\begin{vmatrix}F_u & F_v\\G_u & G_v\end{vmatrix}}=-\frac{\begin{vmatrix}F_x & F_v\\G_x & G_v\end{vmatrix}}{\begin{vmatrix}F_u & F_v\\G_u & G_v\end{vmatrix}}=-\frac{\dfrac{\partial(F,G)}{\partial(x,v)}}{\dfrac{\partial(F,G)}{\partial(u,v)}},$$

$$\frac{\partial v}{\partial x}=\frac{\begin{vmatrix}F_u & -F_x\\G_u & -G_x\end{vmatrix}}{\begin{vmatrix}F_u & F_v\\G_u & G_v\end{vmatrix}}=-\frac{\begin{vmatrix}F_u & F_x\\G_u & G_x\end{vmatrix}}{\begin{vmatrix}F_u & F_v\\G_u & G_v\end{vmatrix}}=-\frac{\dfrac{\partial(F,G)}{\partial(u,x)}}{\dfrac{\partial(F,G)}{\partial(u,v)}}.$$

同理可得$\dfrac{\partial u}{\partial y}=-\dfrac{\dfrac{\partial(F,G)}{\partial(y,v)}}{\dfrac{\partial(F,G)}{\partial(u,v)}},\dfrac{\partial v}{\partial y}=-\dfrac{\dfrac{\partial(F,G)}{\partial(u,y)}}{\dfrac{\partial(F,G)}{\partial(u,v)}}$.

上述公式虽然形式复杂,但是有规律可循:每个偏导数的表达式都是一个分式,前面都带有负号,分母都是函数 $F,G$ 关于变量 $u,v$ 的雅可比行列式$\dfrac{\partial(F,G)}{\partial(u,v)}$,$\dfrac{\partial u}{\partial x}$的分子是把$\dfrac{\partial(F,G)}{\partial(u,v)}$中的 $u$ 换成 $x$ 的结果,$\dfrac{\partial v}{\partial x}$的分子是把$\dfrac{\partial(F,G)}{\partial(u,v)}$中的 $v$ 换成 $x$ 的结果.类似地,$\dfrac{\partial u}{\partial y},\dfrac{\partial v}{\partial y}$也符合这样的规律.

在实际计算中,可以不必套用这些公式,而是对所给方程两边同时求偏导数或者求微分.

**例 8.3.15**　设函数 $y=y(x),z=z(x)$ 由方程组$\begin{cases}z-x^2-y^2=0,\\x^2+2y^2+3z^2=16\end{cases}$所确定,求

$\dfrac{\mathrm{d}y}{\mathrm{d}x},\dfrac{\mathrm{d}z}{\mathrm{d}x}$.

**解** **方法一** 令函数 $F(x,y,z)=z-x^2-y^2$, $G(x,y,z)=x^2+2y^2+3z^2-16$, 则

$$\frac{\partial(F,G)}{\partial(x,z)}=\begin{vmatrix}-2x & 1\\ 2x & 6z\end{vmatrix}=-2x(6z+1),\quad \frac{\partial(F,G)}{\partial(y,x)}=\begin{vmatrix}-2y & -2x\\ 4y & 2x\end{vmatrix}=4xy,$$

$$\frac{\partial(F,G)}{\partial(y,z)}=\begin{vmatrix}-2y & 1\\ 4y & 6z\end{vmatrix}=-4y(3z+1).$$

当 $y(3z+1)\neq 0$ 时，由公式(8.3.12)得

$$\frac{\mathrm{d}y}{\mathrm{d}x}=-\frac{x(1+6z)}{2y(1+3z)},\quad \frac{\mathrm{d}z}{\mathrm{d}x}=\frac{x}{1+3z}.$$

**注** 可以不必记住公式(8.3.12)，而是直接在方程组两边同时对 $x$ 求导数，建立关于 $\dfrac{\mathrm{d}y}{\mathrm{d}x},\dfrac{\mathrm{d}z}{\mathrm{d}x}$ 的二元一次线性方程组，并通过解此方程组，求出 $\dfrac{\mathrm{d}y}{\mathrm{d}x},\dfrac{\mathrm{d}z}{\mathrm{d}x}$.

**方法二** 由题设知 $y,z$ 是 $x$ 的一元函数，在每个方程的两边同时对 $x$ 求导数，得

$$\begin{cases}\dfrac{\mathrm{d}z}{\mathrm{d}x}-2x-2y\dfrac{\mathrm{d}y}{\mathrm{d}x}=0,\\ 2x+4y\dfrac{\mathrm{d}y}{\mathrm{d}x}+6z\dfrac{\mathrm{d}z}{\mathrm{d}x}=0,\end{cases}\quad \text{即}\quad \begin{cases}-2y\dfrac{\mathrm{d}y}{\mathrm{d}x}+\dfrac{\mathrm{d}z}{\mathrm{d}x}=2x,\\ 2y\dfrac{\mathrm{d}y}{\mathrm{d}x}+3z\dfrac{\mathrm{d}z}{\mathrm{d}x}=-x.\end{cases}$$

解上述关于 $\dfrac{\mathrm{d}y}{\mathrm{d}x},\dfrac{\mathrm{d}z}{\mathrm{d}x}$ 的二元一次线性方程组，当 $y(3z+1)\neq 0$ 时，得

$$\frac{\mathrm{d}y}{\mathrm{d}x}=-\frac{x(1+6z)}{2y(1+3z)},\quad \frac{\mathrm{d}z}{\mathrm{d}x}=\frac{x}{1+3z}.$$

**例 8.3.16** 已知方程组 $\begin{cases}x+y+u+v=1,\\ x^2+y^2+u^2+v^2=2\end{cases}$ 确定了 $u,v$ 是 $x,y$ 的函数，求 $\dfrac{\partial u}{\partial x}$, $\dfrac{\partial u}{\partial y},\dfrac{\partial v}{\partial x}$ 和 $\dfrac{\partial v}{\partial y}$.

**解** 对所给方程组两边同时求全微分，得

$$\begin{cases}\mathrm{d}x+\mathrm{d}y+\mathrm{d}u+\mathrm{d}v=0,\\ 2x\mathrm{d}x+2y\mathrm{d}y+2u\mathrm{d}u+2v\mathrm{d}v=0,\end{cases}\quad \text{即}\quad \begin{cases}\mathrm{d}u+\mathrm{d}v=-\mathrm{d}x-\mathrm{d}y,\\ u\mathrm{d}u+v\mathrm{d}v=-x\mathrm{d}x-y\mathrm{d}y.\end{cases}$$

当系数行列式 $\begin{vmatrix}1 & 1\\ u & v\end{vmatrix}=v-u\neq 0$ 时，可解得

$$\mathrm{d}u=\frac{1}{v-u}[(x-v)\mathrm{d}x+(y-v)\mathrm{d}y],\quad \mathrm{d}v=\frac{1}{v-u}[(u-x)\mathrm{d}x+(u-y)\mathrm{d}y],$$

于是有

$$\frac{\partial u}{\partial x}=\frac{x-v}{v-u},\quad \frac{\partial u}{\partial y}=\frac{y-v}{v-u},\quad \frac{\partial v}{\partial x}=\frac{u-x}{v-u},\quad \frac{\partial v}{\partial y}=\frac{u-y}{v-u}.$$

读者可试着用下面的方法求解本题：先分别在所给方程两边同时对 $x$(或 $y$)求偏导数，再解出 $\dfrac{\partial u}{\partial x},\dfrac{\partial v}{\partial x}\left(\text{或}\dfrac{\partial u}{\partial y},\dfrac{\partial v}{\partial y}\right)$；或者直接利用公式(8.3.13)求解.

隐函数存在定理是多元函数微分学中的基础性定理. 由于定理的结论仅局限于单个方程(或方程组)解点附近的某个小范围内，因此这类定理属于局部存在性定理. 即便这样，隐函数存在定理在多元函数微分学的应用中仍起着重要的作用. 下面利用隐函数存在定理讨

论反函数组的问题.

### *4. 多元函数的反函数组存在定理

设有二元函数组

$$x=x(u,v),\quad y=y(u,v). \tag{8.3.14}$$

需要讨论的问题是:在什么条件下,二元函数组(8.3.14)能唯一确定其反函数组

$$u=u(x,y),\quad v=v(x,y)?$$

反函数的偏导数又如何求?

关于反函数组的存在性问题,其本质上是隐函数存在性问题的一种特殊情形.因此,处理上述问题时需将反函数组问题转化为定理8.3.8中的问题.

首先回顾一下一元函数的情形.在一元函数中,若函数 $y=f(x)$ 在区间 $I$ 上可导,且 $f'(x)\neq 0$,则其反函数 $x=\varphi(y)$ 在与点 $x$ 对应的点 $y$ 处存在、可导,且有$\dfrac{\mathrm{d}x}{\mathrm{d}y}=\dfrac{1}{\frac{\mathrm{d}y}{\mathrm{d}x}}$.

在多元函数中也有类似的结论.例如,把变换公式$\begin{cases}x=\rho\cos\theta,\\ y=\rho\sin\theta\end{cases}$(直角坐标与极坐标的变换公式)作为二元函数组,则其反函数组为

$$\rho=\sqrt{x^2+y^2},\quad \theta=\arctan\frac{y}{x}\text{①}\quad(\rho\neq 0),$$

且

$$\frac{\partial(x,y)}{\partial(\rho,\theta)}=\begin{vmatrix}\dfrac{\partial x}{\partial\rho} & \dfrac{\partial x}{\partial\theta}\\[2mm] \dfrac{\partial y}{\partial\rho} & \dfrac{\partial y}{\partial\theta}\end{vmatrix}=\begin{vmatrix}\cos\theta & -\rho\sin\theta\\ \sin\theta & \rho\cos\theta\end{vmatrix}=\rho,$$

$$\frac{\partial(\rho,\theta)}{\partial(x,y)}=\begin{vmatrix}\dfrac{\partial\rho}{\partial x} & \dfrac{\partial\rho}{\partial y}\\[2mm] \dfrac{\partial\theta}{\partial x} & \dfrac{\partial\theta}{\partial y}\end{vmatrix}=\begin{vmatrix}\dfrac{x}{\rho} & \dfrac{y}{\rho}\\[2mm] -\dfrac{y}{\rho^2} & \dfrac{x}{\rho^2}\end{vmatrix}=\frac{1}{\rho}.$$

可以看出,原函数组和反函数组的雅可比行列式之间的关系为$\dfrac{\partial(x,y)}{\partial(\rho,\theta)}=\dfrac{1}{\frac{\partial(\rho,\theta)}{\partial(x,y)}}$,这与一元函数及其反函数的导数之间的关系$\dfrac{\mathrm{d}x}{\mathrm{d}y}=\dfrac{1}{\frac{\mathrm{d}y}{\mathrm{d}x}}$类似.

下面利用隐函数存在定理证明反函数组存在定理及其求导公式.

**定理 8.3.9**(**反函数组存在定理**)　设函数组 $x=x(u,v)$,$y=y(u,v)$ 在点$(u,v)$的某个邻域内有连续偏导数,其雅可比行列式$\dfrac{\partial(x,y)}{\partial(u,v)}\neq 0$,则

---

① 事实上,$\theta=\arctan\frac{y}{x}+C$.当点$(x,y)$在第一、第四象限时,规定 $\theta$ 的取值范围为 $-\frac{\pi}{2}<\theta<\frac{\pi}{2}$,则 $C=0$;当点$(x,y)$在第二、第三象限时,规定 $\theta$ 的取值范围为$\frac{\pi}{2}<\theta<\frac{3\pi}{2}$,则 $C=\pi$,此时以下推导仍成立.

(1) 函数组

$$\begin{cases} x = x(u,v), \\ y = y(u,v) \end{cases} \tag{8.3.15}$$

在点$(x,y,u,v)$的某个邻域内唯一确定一组连续且具有连续偏导数的反函数组$u = u(x,y)$，$v = v(x,y)$.

(2) $\dfrac{\partial(u,v)}{\partial(x,y)} = \dfrac{1}{\dfrac{\partial(x,y)}{\partial(u,v)}}$.

**证** (1) 将函数组(8.3.15)改写成$\begin{cases} F(x,y,u,v) = x - x(u,v) = 0, \\ G(x,y,u,v) = y - y(u,v) = 0. \end{cases}$已知

$$J = \frac{\partial(F,G)}{\partial(u,v)} = \begin{vmatrix} \dfrac{\partial F}{\partial u} & \dfrac{\partial F}{\partial v} \\ \dfrac{\partial G}{\partial u} & \dfrac{\partial G}{\partial v} \end{vmatrix} = \begin{vmatrix} -\dfrac{\partial x}{\partial u} & -\dfrac{\partial x}{\partial v} \\ -\dfrac{\partial y}{\partial u} & -\dfrac{\partial y}{\partial v} \end{vmatrix} = \frac{\partial(x,y)}{\partial(u,v)} \neq 0,$$

由定理8.3.8易知，函数组(8.3.15)在点$(x,y,u,v)$的某个邻域内存在唯一一组连续且具有连续偏导数的反函数组$u = u(x,y)$，$v = v(x,y)$.

(2) 将反函数组$u = u(x,y)$，$v = v(x,y)$代入函数组(8.3.15)，得

$$\begin{cases} x \equiv x(u(x,y),v(x,y)), \\ y \equiv y(u(x,y),v(x,y)). \end{cases}$$

在上述方程组两边分别求全微分，得

$$\begin{cases} \mathrm{d}x = \dfrac{\partial x}{\partial u}\mathrm{d}u + \dfrac{\partial x}{\partial v}\mathrm{d}v, \\ \mathrm{d}y = \dfrac{\partial y}{\partial u}\mathrm{d}u + \dfrac{\partial y}{\partial v}\mathrm{d}v. \end{cases}$$

由$J \neq 0$，可解得

$$\mathrm{d}u = \underbrace{\frac{1}{J}\cdot\frac{\partial y}{\partial v}}_{\frac{\partial u}{\partial x}}\mathrm{d}x \underbrace{-\frac{1}{J}\cdot\frac{\partial x}{\partial v}}_{\frac{\partial u}{\partial y}}\mathrm{d}y, \quad \mathrm{d}v = \underbrace{-\frac{1}{J}\cdot\frac{\partial y}{\partial u}}_{\frac{\partial v}{\partial x}}\mathrm{d}x + \underbrace{\frac{1}{J}\cdot\frac{\partial x}{\partial u}}_{\frac{\partial v}{\partial y}}\mathrm{d}y,$$

从而有

$$\frac{\partial(u,v)}{\partial(x,y)} = \begin{vmatrix} \dfrac{1}{J}\cdot\dfrac{\partial y}{\partial v} & -\dfrac{1}{J}\cdot\dfrac{\partial x}{\partial v} \\ -\dfrac{1}{J}\cdot\dfrac{\partial y}{\partial u} & \dfrac{1}{J}\cdot\dfrac{\partial x}{\partial u} \end{vmatrix} = \frac{1}{J^2}\left(\frac{\partial x}{\partial u}\cdot\frac{\partial y}{\partial v} - \frac{\partial x}{\partial v}\cdot\frac{\partial y}{\partial u}\right) = \frac{1}{J} = \frac{1}{\dfrac{\partial(x,y)}{\partial(u,v)}}.$$

定理8.3.9可以推广到$n(n \geqslant 3)$元情形. 例如，若函数组$x = x(u,v,w)$，$y = y(u,v,w)$，$z = z(u,v,w)$唯一确定反函数组$u = u(x,y,z)$，$v = v(x,y,z)$，$w = w(x,y,z)$，则在一定条件下，有

$$\frac{\partial(u,v,w)}{\partial(x,y,z)} = \frac{1}{\dfrac{\partial(x,y,z)}{\partial(u,v,w)}}.$$

**注** 第九章重积分的换元法中将用到上述结论.

## 思考题 8.3

1. 设函数 $z=f(u,v,x)$，而 $u=\varphi(x)$，$v=\psi(x)$，$\frac{\mathrm{d}z}{\mathrm{d}x}=\frac{\partial f}{\partial u}\cdot\frac{\mathrm{d}u}{\mathrm{d}x}+\frac{\partial f}{\partial v}\cdot\frac{\mathrm{d}v}{\mathrm{d}x}+\frac{\partial f}{\partial x}$，试问：$\frac{\mathrm{d}z}{\mathrm{d}x}$ 与 $\frac{\partial f}{\partial x}$ 是否相同？为什么？

2. 方程 $F(x,y,z)=0$ 在什么条件下可在点 $P_0(x_0,y_0,z_0)$ 的某个邻域内确定一个具有连续偏导数的隐函数 $y=y(z,x)$？

3. 已知由方程 $F(x,y,z)=0$ 所确定的隐函数 $z=z(x,y)$，且

$$\frac{\partial z}{\partial x}=-\frac{F_x}{F_z} \quad 及 \quad \frac{\partial z}{\partial y}=-\frac{F_y}{F_z}.$$

试问：在求 $F_x,F_y,F_z$ 时，是否应将 $z$ 看成 $x,y$ 的函数？

4. 设 $u=u(x,y,z)$ 和 $v=v(x,y,z)$ 是由方程组 $\begin{cases}F(x,y,z,u,v)=0,\\G(x,y,z,u,v)=0\end{cases}$ 所确定的可微隐函数组，试写出 $\frac{\partial u}{\partial z}$ 和 $\frac{\partial v}{\partial z}$ 的表达式.

## 习题 8.3

**(A)**

一、设函数 $z=u^2+v^2$，而 $u=x+y$，$v=x-y$，求 $\frac{\partial z}{\partial x},\frac{\partial z}{\partial y}$.

二、设函数 $u=\frac{\mathrm{e}^{ax}(y-z)}{a^2+1}$，而 $y=a\sin x$，$z=\cos x$，求 $\frac{\mathrm{d}u}{\mathrm{d}x}$.

三、求下列函数的一阶偏导数，其中 $f$ 具有连续偏导数：

(1) $z=f(x^2-y^2,\mathrm{e}^{xy})$；　　(2) $u=f(x,xy,xyz)$.

四、设函数 $z=xy+xF(u)$，而 $u=\frac{y}{x}$，$F(u)$ 为可导函数，证明：$x\frac{\partial z}{\partial x}+y\frac{\partial z}{\partial y}=z+xy$.

五、设函数 $z=f(x^2+y^2)$，其中 $f$ 具有二阶导数，求 $\frac{\partial^2 z}{\partial x^2},\frac{\partial^2 z}{\partial x\partial y},\frac{\partial^2 z}{\partial y^2}$.

六、设函数 $z=f\left(x,\frac{x}{y}\right)$，其中 $f$ 具有二阶连续偏导数，求 $\frac{\partial^2 z}{\partial x^2},\frac{\partial^2 z}{\partial x\partial y}$.

七、设函数 $u=f(x,y,t)$，$x=g(s,t)$，$y=h(s,t)$，$f,g,h$ 均可微，利用一阶全微分的形式不变性，求 $\frac{\partial u}{\partial s},\frac{\partial u}{\partial t}$.

八、设 $\ln\sqrt{x^2+y^2}=\arctan\frac{y}{x}$，求 $\frac{\mathrm{d}y}{\mathrm{d}x}$.

九、已知方程 $x+2y+z-2\sqrt{xyz}=0$，求 $\frac{\partial z}{\partial x},\frac{\partial z}{\partial y}$.

十、设函数 $\Phi(u,v)$ 具有连续偏导数，证明：由方程 $\Phi(cx-az,cy-bz)=0$ 所确定的隐函数 $z=f(x,y)$ 满足 $a\frac{\partial z}{\partial x}+b\frac{\partial z}{\partial y}=c$.

十一、设函数 $f(x,y)$ 具有连续偏导数，且 $f(x,x^2)=1$，$f_x(x,x^2)=x$，求 $f_y(x,x^2)$.

十二、设方程 $\mathrm{e}^z-xyz=0$，求 $\frac{\partial^2 z}{\partial x^2}$.

十三、求由下列方程组所确定的隐函数的导数或偏导数：

(1) $\begin{cases} z = x^2 + y^2, \\ x^2 + 2y^2 + 3z^2 = 20, \end{cases}$ 求 $\dfrac{\mathrm{d}y}{\mathrm{d}x}, \dfrac{\mathrm{d}z}{\mathrm{d}x}$;

(2) $\begin{cases} u = f(ux, v+y), \\ v = g(u-x, v^2 y), \end{cases}$ 其中 $f,g$ 具有连续偏导数，求 $\dfrac{\partial u}{\partial x}, \dfrac{\partial v}{\partial x}$.

**(B)**

一、设函数 $f(u)$ 具有二阶连续偏导数，且 $z = f(\mathrm{e}^x \sin y)$ 满足方程 $\dfrac{\partial^2 z}{\partial x^2} + \dfrac{\partial^2 z}{\partial y^2} = \mathrm{e}^{2x} z$，求 $f(u)$ 的表达式.

二、设函数 $z = f(x,y)$ 在点 $(1,1)$ 处可微，且 $f(1,1) = 1$，$\left.\dfrac{\partial f}{\partial x}\right|_{(1,1)} = 2$，$\left.\dfrac{\partial f}{\partial y}\right|_{(1,1)} = 3$，$\varphi(x) = f(x, f(x,x))$，求 $\left.\dfrac{\mathrm{d}}{\mathrm{d}x}\varphi^3(x)\right|_{x=1}$.

三、设函数 $z(x,y) = \dfrac{1}{2}(\varphi(y+ax) + \varphi(y-ax)) + \dfrac{1}{2a}\displaystyle\int_{y-ax}^{y+ax} \psi(t)\mathrm{d}t$，其中函数 $\varphi$ 具有二阶连续导数，$\psi$ 具有一阶连续导数，常数 $a \neq 0$，求 $\dfrac{\partial^2 z}{\partial x^2} - a^2 \dfrac{\partial^2 z}{\partial y^2}$.

四、设由方程 $F(x,y,z) = 0$ 能确定连续可微的隐函数 $x = x(y,z)$，$y = y(z,x)$ 及 $z = z(x,y)$.

(1) 验证：$\dfrac{\partial x}{\partial y} \cdot \dfrac{\partial y}{\partial z} \cdot \dfrac{\partial z}{\partial x} = -1$，由此能说明什么？

(2) 试证(1)中的式子在依赖关系 $\dfrac{xy}{z} - 1 = 0$ $\left(\text{这相应于理想气体的状态方程} \dfrac{pV}{T} = R\right)$ 下是成立的.

五、设函数 $x = \mathrm{e}^u \cos v$，$y = \mathrm{e}^u \sin v$，$z = uv$，求 $\dfrac{\partial z}{\partial x}, \dfrac{\partial z}{\partial y}$.

六、设函数 $y = f(x,t)$，而 $t$ 是由方程 $F(x,y,t) = 0$ 所确定的 $x,y$ 的函数，其中 $f,F$ 都具有连续偏导数，证明：$\dfrac{\mathrm{d}y}{\mathrm{d}x} = \dfrac{f_x F_t - f_t F_x}{F_t + f_t F_y}$.

七、求由方程组 $\begin{cases} x = \mathrm{e}^u + u\sin v, \\ y = \mathrm{e}^u - u\cos v \end{cases}$ 所确定的反函数组的偏导数 $\dfrac{\partial u}{\partial x}, \dfrac{\partial u}{\partial y}, \dfrac{\partial v}{\partial x}, \dfrac{\partial v}{\partial y}$.

# 第四节　多元函数微分学在几何学上的应用

## 一、空间曲线的切线与法平面

若给定空间曲线 $\Gamma$ 及 $\Gamma$ 上一点 $P_0$，该如何求点 $P_0$ 的切线与法平面呢？

### 1. 由参数式方程所确定的空间曲线

设空间曲线 $\Gamma$ 的参数式方程为

$$\begin{cases} x = x(t), \\ y = y(t), \qquad \alpha \leqslant t \leqslant \beta, \\ z = z(t), \end{cases}$$

其中函数 $x,y,z$ 均可导，且导数不全为 0.

在空间曲线 $\Gamma$ 上取对应于 $t = t_0$ 的一点 $P_0(x_0, y_0, z_0)$ 及对应于 $t = t_0 + \Delta t(\Delta t \neq 0)$ 的邻近一点 $P(x_0 + \Delta x, y_0 + \Delta y, z_0 + \Delta z)$，则由空间解析几何知识可知，空间曲线 $\Gamma$ 的割线 $P_0 P$

的方向向量为

$$(\Delta x,\Delta y,\Delta z) \quad 或 \quad \left(\frac{\Delta x}{\Delta t},\frac{\Delta y}{\Delta t},\frac{\Delta z}{\Delta t}\right),$$

由此可得割线 $P_0P$ 的方程为

$$\frac{x-x_0}{\frac{\Delta x}{\Delta t}}=\frac{y-y_0}{\frac{\Delta y}{\Delta t}}=\frac{z-z_0}{\frac{\Delta z}{\Delta t}}.$$

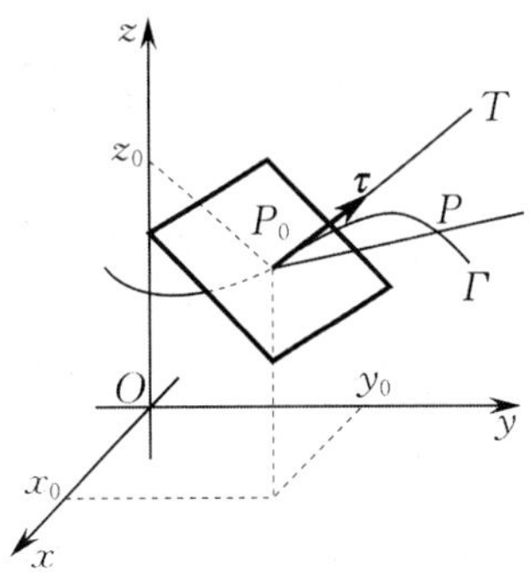

图 8－48

如图 8－48 所示，当点 $P$ 沿着空间曲线 $\Gamma$ 趋于点 $P_0$ 时，割线 $P_0P$ 的极限位置 $P_0T$ 就是空间曲线 $\Gamma$ 在点 $P_0$ 处的**切线**. 当 $P\to P_0$ 时，对上式取极限 $\Delta t\to 0$，得到空间曲线 $\Gamma$ 在点 $P_0$ 处的**切线方程**为

$$\frac{x-x_0}{x'(t_0)}=\frac{y-y_0}{y'(t_0)}=\frac{z-z_0}{z'(t_0)}.$$

这里要求 $x'(t),y'(t),z'(t)$ 不全为 0，如果有个别为 0，则应按照空间解析几何中有关空间直线的对称式方程的说明来理解. 切线的方向向量称为空间曲线的**切向量**. 向量 $\boldsymbol{\tau}=(x'(t_0),y'(t_0),z'(t_0))$ 就是空间曲线 $\Gamma$ 在点 $P_0$ 处的一个切向量. 通过点 $P_0$ 且与切线垂直的平面称为空间曲线 $\Gamma$ 在点 $P_0$ 处的**法平面**(见图 8－48). 显然，法平面是通过点 $P_0(x_0,y_0,z_0)$ 且以 $\boldsymbol{\tau}$ 为法向量的平面，因此**法平面方程**为

$$x'(t_0)(x-x_0)+y'(t_0)(y-y_0)+z'(t_0)(z-z_0)=0.$$

**例 8.4.1** 已知螺旋线的参数式方程为 $\begin{cases}x=a\cos t,\\ y=a\sin t,\\ z=bt\end{cases}$ ($a,b$ 是不为 0 的常数).

(1) 求螺旋线在 $t=\frac{\pi}{2}$ 对应点处的切线方程和法平面方程.

(2) 证明：螺旋线的切线与 $z$ 轴成定角.

**解** (1) 由 $x'(t)\Big|_{t=\frac{\pi}{2}}=-a\sin t\Big|_{t=\frac{\pi}{2}}=-a,y'(t)\Big|_{t=\frac{\pi}{2}}=a\cos t\Big|_{t=\frac{\pi}{2}}=0,z'(t)\Big|_{t=\frac{\pi}{2}}=b$，可得螺旋线在 $t=\frac{\pi}{2}$ 对应点处的切向量为

$$\boldsymbol{\tau}\Big|_{t=\frac{\pi}{2}}=(-a,0,b).$$

又当 $t=\frac{\pi}{2}$ 时，对应点为 $P_0\left(0,a,\frac{\pi b}{2}\right)$，因此螺旋线在点 $P_0$ 处的切线方程为

$$\begin{cases}\dfrac{x}{-a}=\dfrac{z-\frac{\pi b}{2}}{b},\\ y-a=0,\end{cases} \quad 即 \quad \begin{cases}bx+az=\dfrac{\pi}{2}ab,\\ y=a,\end{cases}$$

法平面方程为

$$(-a)\cdot x+0\cdot(y-a)+b\cdot\left(z-\frac{\pi b}{2}\right)=0, \quad 即 \quad 2ax-2bz+\pi b^2=0.$$

(2) 螺旋线的切向量为 $\boldsymbol{\tau}=(-a\sin t,a\cos t,b)$，取 $z$ 轴的方向向量为 $\boldsymbol{k}=(0,0,1)$，则螺

旋线的切线与 $z$ 轴夹角 $\varphi$ 的余弦为

$$\cos\varphi=\frac{|\boldsymbol{\tau}\cdot\boldsymbol{k}|}{|\boldsymbol{\tau}|\,|\boldsymbol{k}|}=\frac{|b|}{\sqrt{(-a\sin t)^2+(a\cos t)^2+b^2}\cdot 1}=\frac{|b|}{\sqrt{a^2+b^2}},$$

即 $\varphi=\arccos\dfrac{|b|}{\sqrt{a^2+b^2}}$ 为定角.

**例 8.4.2** 求曲线 $L:\begin{cases}y^2=2mx,\\ z^2=m-x\end{cases}$ 在点 $(x_0,y_0,z_0)$ 处的切线方程及法平面方程.

**解** 将 $x$ 视为参数,则曲线 $L$ 的参数式方程为 $\begin{cases}x=x,\\ y^2=2mx,\\ z^2=m-x.\end{cases}$ 将这三个方程两边分别对参数 $x$ 求导数,得

$$x'=1,\quad 2yy'=2m,\quad 2zz'=-1.$$

于是,在点 $(x_0,y_0,z_0)$ 处,有 $x'=1,y'=\dfrac{m}{y_0},z'=-\dfrac{1}{2z_0}$,即曲线 $L$ 在该点处的切向量为 $\boldsymbol{s}=\left(1,\dfrac{m}{y_0},-\dfrac{1}{2z_0}\right)$. 因此,曲线 $L$ 的切线方程为

$$x-x_0=\frac{y-y_0}{\dfrac{m}{y_0}}=\frac{z-z_0}{-\dfrac{1}{2z_0}},$$

法平面方程为

$$(x-x_0)+\frac{m}{y_0}(y-y_0)-\frac{1}{2z_0}(z-z_0)=0.$$

如果空间光滑曲线①是由两个曲面的交线表示的,那么该如何求出其切向量呢?从例 8.4.2 可以看出,可以将交线方程转化为参数式方程进行处理.

**2. 由一般式方程所确定的空间曲线**

当空间曲线 $\Gamma$ 的方程由

$$\begin{cases}F(x,y,z)=0,\\ G(x,y,z)=0\end{cases}\tag{8.4.1}$$

给出(两个曲面方程的联立)时,设 $P_0(x_0,y_0,z_0)$ 是空间曲线 $\Gamma$ 上的一点,$F,G$ 对各变量具有连续偏导数,且雅可比行列式

$$\left.\frac{\partial(F,G)}{\partial(y,z)}\right|_{(x_0,y_0,z_0)}\neq 0,$$

则根据隐函数存在定理 3,方程组(8.4.1)在点 $P_0$ 的某个邻域内确定了一组具有连续导数的隐函数 $y=y(x),z=z(x)$. 此时,空间曲线 $\Gamma$ 可用以 $x$ 为参数的参数式方程表示,即

$$\begin{cases}x=x,\\ y=y(x),\\ z=z(x),\end{cases}$$

① 若连续曲线上的每一点都有切线,且当切点连续变动时,切线也连续转动,则称此曲线为**光滑曲线**.

其切向量为 $\boldsymbol{\tau}=(1,y'(x),z'(x))$. 因此，要求出空间曲线 $\Gamma$ 在点 $P_0$ 处的切线方程和法平面方程，只需求出 $y'(x_0),z'(x_0)$ 即可. 为此，在方程组(8.4.1)两边分别对 $x$ 求导数，得

$$\begin{cases}F_x+F_y\dfrac{\mathrm{d}y}{\mathrm{d}x}+F_z\dfrac{\mathrm{d}z}{\mathrm{d}x}=0,\\ G_x+G_y\dfrac{\mathrm{d}y}{\mathrm{d}x}+G_z\dfrac{\mathrm{d}z}{\mathrm{d}x}=0,\end{cases}\quad \text{即}\quad \begin{cases}F_y\dfrac{\mathrm{d}y}{\mathrm{d}x}+F_z\dfrac{\mathrm{d}z}{\mathrm{d}x}=-F_x,\\ G_y\dfrac{\mathrm{d}y}{\mathrm{d}x}+G_z\dfrac{\mathrm{d}z}{\mathrm{d}x}=-G_x,\end{cases}$$

解得 $\dfrac{\mathrm{d}y}{\mathrm{d}x}=y'(x),\dfrac{\mathrm{d}z}{\mathrm{d}x}=z'(x)$，故空间曲线 $\Gamma$ 在点 $P_0$ 处的切向量为 $\boldsymbol{\tau}=(1,y'(x),z'(x))\Big|_{P_0}$.

切向量 $\boldsymbol{\tau}$ 也可以利用定理 8.3.7 求出. 根据定理 8.3.7，有 $y'(x)=\dfrac{\frac{\partial(F,G)}{\partial(z,x)}}{\frac{\partial(F,G)}{\partial(y,z)}},z'(x)=\dfrac{\frac{\partial(F,G)}{\partial(x,y)}}{\frac{\partial(F,G)}{\partial(y,z)}}$，故空间曲线 $\Gamma$ 在点 $P_0$ 处的切向量为 $\boldsymbol{\tau}=\left(\dfrac{\partial(F,G)}{\partial(y,z)}\Big|_{P_0},\dfrac{\partial(F,G)}{\partial(z,x)}\Big|_{P_0},\dfrac{\partial(F,G)}{\partial(x,y)}\Big|_{P_0}\right)$.

**注**　当 $\dfrac{\partial(F,G)}{\partial(y,z)}\Big|_{P_0}=0$，而 $\dfrac{\partial(F,G)}{\partial(x,y)}\Big|_{P_0}$ 或 $\dfrac{\partial(F,G)}{\partial(z,x)}\Big|_{P_0}$ 中至少有一个不为 0 时，可以得到同样的结果. 例如，若 $\dfrac{\partial(F,G)}{\partial(x,y)}\Big|_{P_0}\neq 0$（其他条件不变），则可唯一确定隐函数 $x=x(z),y=y(z)$.

**例 8.4.3**　求两个圆柱面的交线 $\begin{cases}x^2+y^2=1,\\x^2+z^2=1\end{cases}$ 在点 $P_0\left(\dfrac{\sqrt{2}}{2},\dfrac{\sqrt{2}}{2},\dfrac{\sqrt{2}}{2}\right)$ 处的切线方程和法平面方程.

**解**　过点 $P_0$ 由两个圆柱面 $\begin{cases}x^2+y^2=1,\\x^2+z^2=1\end{cases}$ 确定了一条光滑的交线 $\begin{cases}y=y(x),\\z=z(x)\end{cases}$（见图 8-49），将 $x$ 视为参数，则该交线的参数式方程为 $\begin{cases}x=x,\\y=y(x),\\z=z(x).\end{cases}$ 对参数 $x$ 求导数，可得交线在点 $P_0$ 处的切向量为

$$\boldsymbol{\tau}=(1,y'(x),z'(x))\Big|_{P_0}.$$

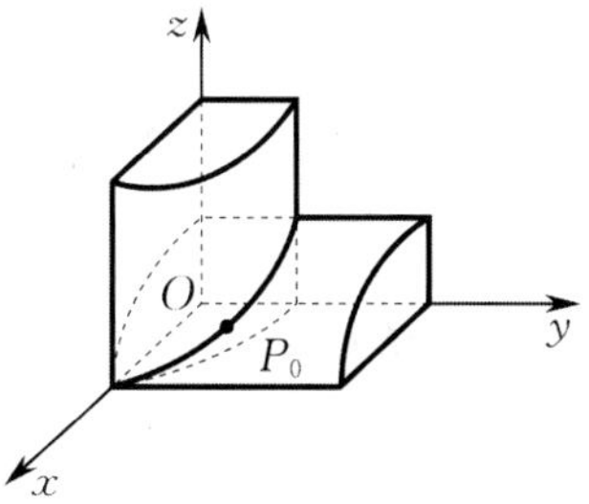

在原方程组两边分别对 $x$ 求导数，得 $\begin{cases}2x+2yy'=0,\\2x+2zz'=0,\end{cases}$ 解得 $y'=-\dfrac{x}{y},z'=-\dfrac{x}{z}$，从而


图 8-49

$$\boldsymbol{\tau}=(1,y'(x),z'(x))\Big|_{P_0}=(1,-1,-1).$$

因此，所求切线方程为

$$x-\frac{\sqrt{2}}{2}=\frac{y-\frac{\sqrt{2}}{2}}{-1}=\frac{z-\frac{\sqrt{2}}{2}}{-1},$$

法平面方程为

$$\left(x-\frac{\sqrt{2}}{2}\right)-\left(y-\frac{\sqrt{2}}{2}\right)-\left(z-\frac{\sqrt{2}}{2}\right)=0,\quad 即\quad x-y-z+\frac{\sqrt{2}}{2}=0.$$

**例 8.4.4** 求曲线 $\begin{cases}2x^2+3y^2+z^2=9,\\ z^2=3x^2+y^2\end{cases}$ 在点 $(1,-1,2)$ 处的切线方程和法平面方程.

**解** **方法一** 在方程组两边分别对 $x$ 求导数,得

$$\begin{cases}4x+6yy'+2zz'=0,\\ 2zz'=6x+2yy',\end{cases}$$

解得 $y'=-\dfrac{5x}{4y}$,$z'=\dfrac{7x}{4z}$. 由此可得

$$\boldsymbol{\tau}\Big|_{(1,-1,2)}=(1,y'(x),z'(x))\Big|_{(1,-1,2)}=\left(1,\frac{5}{4},\frac{7}{8}\right)/\!/(8,10,7).$$

因此,所求切线方程为

$$\frac{x-1}{8}=\frac{y+1}{10}=\frac{z-2}{7},$$

法平面方程为

$$8(x-1)+10(y+1)+7(z-2)=0,\quad 即\quad 8x+10y+7z-12=0.$$

**方法二** 令函数 $F(x,y,z)=2x^2+3y^2+z^2-9$,$G(x,y,z)=3x^2+y^2-z^2$,则

$$\frac{\partial(F,G)}{\partial(y,z)}\Big|_{(1,-1,2)}=\begin{vmatrix}6y & 2z\\ 2y & -2z\end{vmatrix}_{(1,-1,2)}=-16yz\Big|_{(1,-1,2)}=32,$$

$$\frac{\partial(F,G)}{\partial(z,x)}\Big|_{(1,-1,2)}=\begin{vmatrix}2z & 4x\\ -2z & 6x\end{vmatrix}_{(1,-1,2)}=20xz\Big|_{(1,-1,2)}=40,$$

$$\frac{\partial(F,G)}{\partial(x,y)}\Big|_{(1,-1,2)}=\begin{vmatrix}4x & 6y\\ 6x & 2y\end{vmatrix}_{(1,-1,2)}=-28xy\Big|_{(1,-1,2)}=28.$$

由此可得 $\boldsymbol{\tau}=(32,40,28)/\!/(8,10,7)$,因此所求切线方程为

$$\frac{x-1}{8}=\frac{y+1}{10}=\frac{z-2}{7},$$

法平面方程为

$$8x+10y+7z-12=0.$$

## 二、曲面的切平面与法线

对于一元函数 $y=f(x)$,我们用函数 $f(x)$ 在点 $x_0$ 处的线性化函数 $L(x)=f(x_0)+f'(x_0)(x-x_0)$ 来估计点 $x_0$ 附近的 $x$ 的函数值 $f(x)$,即

$$f(x)\approx f(x_0)+f'(x_0)(x-x_0).$$

从几何上看,就是用切线近似表示曲线.

那么对于二元函数 $z=f(x,y)$,其图形是曲面,该用什么来估计定点 $P_0(x_0,y_0)$ 附近的函数值 $f(x,y)$ 呢?一般地,曲线用切线估计,自然想到用切平面去估计曲面.下面把一元函数的线性化推广到二元函数上.

若曲面 $\Sigma$ 上过点 $P_0$ 的所有曲线在点 $P_0$ 处的切线都在同一个平面上，则称此平面为曲面 $\Sigma$ 在点 $P_0$ 处的**切平面**.

设曲面 $\Sigma$ 的方程为 $F(x,y,z)=0$，$P_0(x_0,y_0,z_0)$ 是 $\Sigma$ 上的一点，函数 $F(x,y,z)$ 在点 $P_0$ 处具有连续偏导数，且 $F_x(x_0,y_0,z_0)$，$F_y(x_0,y_0,z_0)$，$F_z(x_0,y_0,z_0)$ 不同时为0①. 下面在上述假设下证明曲面 $\Sigma$ 在点 $P_0$ 处的切平面存在，并求出切平面方程.

思考　前面介绍了空间曲线的切线的计算，那么能否将切平面问题转化为切线问题来讨论呢?

在曲面 $\Sigma$ 上任取一条过点 $P_0$ 的曲线 $\Gamma$(见图8-50)，设其参数式方程为

$$x=x(t),\quad y=y(t),\quad z=z(t),\qquad (8.4.2)$$

其中 $t=t_0$ 对应于点 $P_0(x_0,y_0,z_0)$，且 $x'(t_0)$，$y'(t_0)$，$z'(t_0)$ 不同时为0，则曲线 $\Gamma$ 在点 $P_0$ 处的切向量为

$$\boldsymbol{\tau}=(x'(t_0),y'(t_0),z'(t_0)).$$

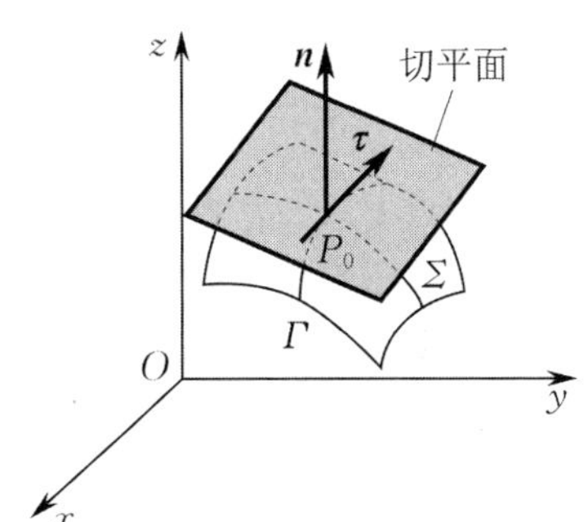


**图8-50**

又因为曲线 $\Gamma$ 在曲面 $\Sigma$ 上，所以有恒等式：

$$F(x(t),y(t),z(t))\equiv 0.$$

由于函数 $F$ 在点 $P_0$ 处具有连续偏导数，且 $x'(t_0)$，$y'(t_0)$，$z'(t_0)$ 存在，因此上述恒等式在 $t=t_0$ 时有全导数：

$$\left.\frac{\mathrm{d}F}{\mathrm{d}t}\right|_{t=t_0}=\left.\left(\frac{\partial F}{\partial x}\cdot\frac{\mathrm{d}x}{\mathrm{d}t}+\frac{\partial F}{\partial y}\cdot\frac{\mathrm{d}y}{\mathrm{d}t}+\frac{\partial F}{\partial z}\cdot\frac{\mathrm{d}z}{\mathrm{d}t}\right)\right|_{t=t_0}=0,$$

即
$$F_x(x_0,y_0,z_0)x'(t_0)+F_y(x_0,y_0,z_0)y'(t_0)+F_z(x_0,y_0,z_0)z'(t_0)=0.\qquad (8.4.3)$$

这一结论的含义是什么? 进一步分析，若记向量

$$\boldsymbol{n}=(F_x(x_0,y_0,z_0),F_y(x_0,y_0,z_0),F_z(x_0,y_0,z_0)),$$

则式(8.4.3)可写成 $\boldsymbol{n}\cdot\boldsymbol{\tau}=0$，即 $\boldsymbol{n}$ 与 $\boldsymbol{\tau}$ 互相垂直. 因为参数式方程(8.4.2)表示曲面 $\Sigma$ 上过点 $P_0$ 的任意一条曲线，这些曲线在点 $P_0$ 处的切向量都与过点 $P_0$ 的向量 $\boldsymbol{n}$ 垂直，所以曲面上过点 $P_0$ 的所有曲线在点 $P_0$ 处的切线都在同一个平面上，该平面就是曲面 $\Sigma$ 在点 $P_0$ 处的**切平面**. 而 $\boldsymbol{n}$ 就是切平面在点 $P_0$ 处的一个法向量，于是**切平面方程**为

$$F_x(x_0,y_0,z_0)(x-x_0)+F_y(x_0,y_0,z_0)(y-y_0)+F_z(x_0,y_0,z_0)(z-z_0)=0.$$

过点 $P_0$ 且与切平面垂直的直线称为曲面在该点处的**法线**. 由解析几何可知，法线以法向量 $\boldsymbol{n}$ 作为方向向量，因此**法线方程**为

$$\frac{x-x_0}{F_x(x_0,y_0,z_0)}=\frac{y-y_0}{F_y(x_0,y_0,z_0)}=\frac{z-z_0}{F_z(x_0,y_0,z_0)}.$$

曲面 $\Sigma$ 在点 $P_0$ 处的切平面的法向量 $\boldsymbol{n}$ 也称为 $\Sigma$ 在点 $P_0$ 处的**法向量**. 例如，向量

$$\boldsymbol{n}=(F_x(x_0,y_0,z_0),F_y(x_0,y_0,z_0),F_z(x_0,y_0,z_0))$$

就是曲面 $\Sigma$ 在点 $P_0(x_0,y_0,z_0)$ 处的一个法向量.

接下来应用上述结论，讨论下面的特殊情形.

---

① 这样的曲面称为**光滑曲面**. 从几何上看，光滑曲面上每一点处都存在着连续变动的切平面和法线. 显然，光滑性蕴含可微性，但可微性不一定蕴含光滑性(见例8.2.15).

如果曲面 $\Sigma$ 的方程是由显函数 $z=f(x,y)$ 的形式给出的,则可令函数

$$F(x,y,z)=f(x,y)-z,$$

这时有

$$F_x(x,y,z)=f_x(x,y),\quad F_y(x,y,z)=f_y(x,y),\quad F_z(x,y,z)=-1.$$

于是,当函数 $f(x,y)$ 的偏导数 $f_x(x,y),f_y(x,y)$ 在点$(x_0,y_0)$处连续时,曲面 $\Sigma$ 在点 $P_0(x_0,y_0,z_0)$ 处的切平面方程为

$$f_x(x_0,y_0)(x-x_0)+f_y(x_0,y_0)(y-y_0)-(z-z_0)=0, \tag{8.4.4}$$

法线方程为

$$\frac{x-x_0}{f_x(x_0,y_0)}=\frac{y-y_0}{f_y(x_0,y_0)}=\frac{z-z_0}{-1}.$$

曲面 $\Sigma$ 在点 $P_0(x_0,y_0,z_0)$ 处的法向量为

$$\boldsymbol{n}=(-f_x(x_0,y_0),-f_y(x_0,y_0),1)\quad 或\quad \boldsymbol{n}=(f_x(x_0,y_0),f_y(x_0,y_0),-1).$$

如果用 $\alpha,\beta,\gamma$ 表示曲面的法向量的方向角,并假设法向量与 $z$ 轴正方向夹角 $\gamma$ 为锐角(法向量的方向是向上的),则法向量的方向余弦为

$$\cos\alpha=\frac{-f_x(x_0,y_0)}{\sqrt{1+f_x^2(x_0,y_0)+f_y^2(x_0,y_0)}},$$

$$\cos\beta=\frac{-f_y(x_0,y_0)}{\sqrt{1+f_x^2(x_0,y_0)+f_y^2(x_0,y_0)}},$$

$$\cos\gamma=\frac{1}{\sqrt{1+f_x^2(x_0,y_0)+f_y^2(x_0,y_0)}}.$$

**例 8.4.5** 求椭球面 $x^2+2y^2+3z^2=6$ 在点$(1,1,1)$处的切平面方程与法线方程.

**解** 设函数 $F(x,y,z)=x^2+2y^2+3z^2-6$,则 $F_x=2x,F_y=4y,F_z=6z$,于是

$$F_x(1,1,1)=2,\quad F_y(1,1,1)=4,\quad F_z(1,1,1)=6.$$

因此,所求切平面方程为

$$2(x-1)+4(y-1)+6(z-1)=0,\quad 即\quad x+2y+3z=6,$$

法线方程为

$$x-1=\frac{y-1}{2}=\frac{z-1}{3}.$$

**例 8.4.6** 在曲面 $z=xy$ 上求一点,使得在该点处的法线垂直于平面 $x+2y+z+9=0$,并写出法线方程.

**解** 设所求点为 $M_0(x_0,y_0,z_0)$,曲面 $z=f(x,y)=xy$,则 $f_x=y,f_y=x$.因此,曲面在点 $M_0$ 处的法向量为 $\boldsymbol{n}_0=(y,x,-1)\Big|_{M_0}=(y_0,x_0,-1)$.

因法线垂直于平面 $x+2y+z+9=0$,故法向量 $\boldsymbol{n}_0=(y_0,x_0,-1)$ 平行于已知平面的法向量$(1,2,1)$,从而对应的坐标成比例,即

$$\frac{y_0}{1}=\frac{x_0}{2}=\frac{-1}{1}.$$

由此解得 $x_0=-2,y_0=-1$,并可求得 $z_0=x_0y_0=2$.于是,所求点为 $M_0(-2,-1,2)$,曲面在点 $M_0$ 处的法向量为 $\boldsymbol{n}_0=(1,2,1)$,所求法线方程为

$$x+2=\frac{y+1}{2}=z-2.$$

**例 8.4.7**　求椭球面 $3x^2+y^2+z^2=16$ 在点 $(-1,-2,3)$ 处的切平面与 $xOy$ 面的夹角的余弦.

**解**　设函数 $F(x,y,z)=3x^2+y^2+z^2-16$，椭球面的法向量为

$$\boldsymbol{n}=(F_x,F_y,F_z)=(6x,2y,2z),$$

则椭球面在点 $(-1,-2,3)$ 处的法向量为 $\boldsymbol{n}_1=(-6,-4,6)$. 取 $xOy$ 面的一个法向量 $\boldsymbol{n}_2=(0,0,1)$，记 $\boldsymbol{n}_1$ 与 $\boldsymbol{n}_2$ 的夹角为 $\theta$，则所求夹角 $\theta$ 的余弦为

$$\cos\theta=\frac{|\boldsymbol{n}_1\cdot\boldsymbol{n}_2|}{|\boldsymbol{n}_1||\boldsymbol{n}_2|}=\frac{6}{\sqrt{(-6)^2+(-4)^2+6^2}\cdot 1}=\frac{3\sqrt{22}}{22}.$$

**定理 8.4.1**　曲面 $z=f(x,y)$ 在点 $P_0(x_0,y_0,z_0)(z_0=f(x_0,y_0))$ 处存在不平行于 $z$ 轴的切平面的充要条件是函数 $z=f(x,y)$ 在点 $(x_0,y_0)$ 处可微.

证明从略.

## 三、二元函数全微分的几何意义

由定理8.4.1可知，若函数 $z=f(x,y)$ 在点 $(x_0,y_0)$ 处可微，则曲面 $\Sigma:z=f(x,y)$ 在点 $P_0(x_0,y_0,z_0)(z_0=f(x_0,y_0))$ 处存在切平面，且切平面方程为

$$z-z_0=f_x(x_0,y_0)(x-x_0)+f_y(x_0,y_0)(y-y_0). \tag{8.4.5}$$

这为我们认识全微分提供了直观的几何模型. 方程(8.4.5)右边的表达式恰好是函数 $z=f(x,y)$ 在点 $(x_0,y_0)$ 处的全微分，即

$$dz=f_x(x_0,y_0)\Delta x+f_y(x_0,y_0)\Delta y,$$

其中 $\Delta x=x-x_0,\Delta y=y-y_0$；而方程(8.4.4)左边的 $z-z_0$ 表示点 $P_0$ 处切平面上点的竖坐标的增量(见图 8-51 中的 $NM$).

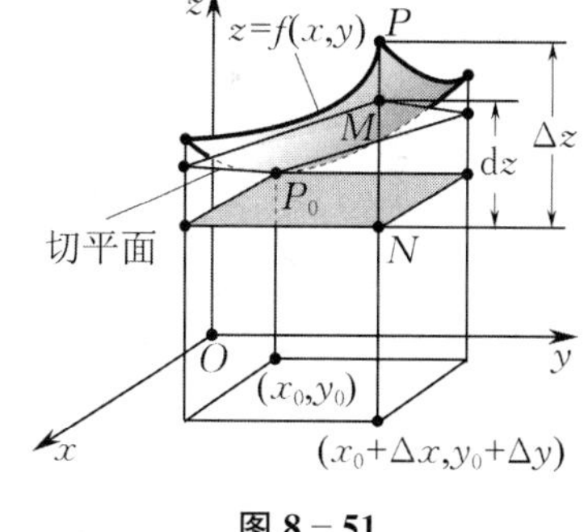

图 8-51

因此，全微分的几何意义是：函数 $z=f(x,y)$ 在点 $(x_0,y_0)$ 处的全微分 $dz$，在几何上表示曲面 $z=f(x,y)$ 在点 $P_0(x_0,y_0,f(x_0,y_0))$ 处的切平面上点的竖坐标 $z$ 的增量.

当 $|\Delta x|$ 和 $|\Delta y|$ 充分小时，用全微分 $dz$ 去近似代替函数 $z=f(x,y)$ 的增量 $\Delta z$(见图 8-51 中的 $NP$)，在几何上就是用曲面在点 $P_0$ 处的切平面去近似代替该曲面("以平代曲")，即

$$f(x_0+\Delta x,y_0+\Delta y)\approx f(x_0,y_0)+f_x(x_0,y_0)\Delta x+f_y(x_0,y_0)\Delta y.$$

上式就是近似公式(8.2.3)，它是局部线性化思想在二元函数近似计算中的体现. 这种局部"以平代曲"的思想在实际中被广泛应用. 例如，计算机图形学中就是通过拼接若干充分小的平面来显示形状任意复杂曲面的. 科学与工程计算中应用广泛的求解非线性方程组的牛顿迭代法也是基于在迭代点附近利用线性方程组近似表示非线性方程组的思想. 事实上，生活中我们也能体会到"以平代曲"，例如地球表面是曲面，但由于我们的视野有限，看到的却是

“地球是平的”. 也就是说,地球的曲面在局部范围内被近似成了一个平面.

## 思考题 8.4

1. 由方程 $F(x,y)=0$ 所确定的平面曲线在某一点处的切向量与法平面的法向量应如何去求?

2. 如果平面 $3x+\lambda y-3z+16=0$ 与椭球面 $3x^2+y^2+z^2=16$ 相切,求 $\lambda$ 的值.

3. 已知曲面 $\Sigma: z=f(x,y)$ 在点 $M_0(x_0,y_0,z_0)$ 处的切平面方程为

$$f_x(M_0)(x-x_0)+f_y(M_0)(y-y_0)=z-z_0,$$

此切平面方程的左边实际上是函数 $z=f(x,y)$ 在点 $(x_0,y_0)$ 处的全微分. 试问:函数 $z=f(x,y)$ 在点 $(x_0,y_0)$ 处的全微分的几何意义是什么?

4. 若函数 $z=f(x,y)$ 在点 $P_0(x_0,y_0)$ 处存在偏导数,问:曲面 $z=f(x,y)$ 在点 $(x_0,y_0,f(x_0,y_0))$ 处是否一定有切平面?

## 习题 8.4

**(A)**

一、求曲线 $x=\dfrac{t}{1+t}, y=\dfrac{1+t}{t}, z=t^2$ 在对应 $t=1$ 的点处的切线方程和法平面方程.

二、求曲线 $\begin{cases} x^2+y^2+z^2-3x=0, \\ 2x-3y+5z-4=0 \end{cases}$ 在点 $(1,1,1)$ 处的切线方程和法平面方程.

三、求曲面 $\mathrm{e}^z-z+xy=3$ 在点 $(2,1,0)$ 处的切平面方程和法线方程.

四、求旋转抛物面 $z=x^2+y^2$ 在点 $M(1,2,5)$ 处的切平面方程和法线方程.

五、求椭球面 $\dfrac{x^2}{2}+y^2+\dfrac{z^2}{4}=1$ 的平行于平面 $2x+2y+z+5=0$ 的切平面方程.

六、椭球面 $3x^2+y^2+z^2=12$ 在点 $M(-1,0,3)$ 处的切平面与平面 $z=0$ 的夹角是(    ).

(A) $\dfrac{\pi}{6}$　　(B) $\dfrac{\pi}{4}$　　(C) $\dfrac{\pi}{3}$　　(D) $\dfrac{\pi}{2}$

七、试证:曲面 $\sqrt{x}+\sqrt{y}+\sqrt{z}=\sqrt{a}\,(a>0)$ 在任意点处的切平面与各坐标轴的截距之和等于 $a$.

**(B)**

一、在曲线 $x=t, y=-t^2, z=t^3$ 的所有切线中,与平面 $x+2y+z=-4$ 平行的切线(    ).

(A) 只有 1 条　　(B) 只有 2 条　　(C) 至少有 3 条　　(D) 不存在

二、设函数 $z=f(x,y)$ 在点 $(0,0)$ 附近有定义,且 $f_x(0,0)=3, f_y(0,0)=1$,则(    ).

(A) 曲面 $z=f(x,y)$ 在点 $(0,0,f(0,0))$ 处的法向量为 $(3,1,1)$

(B) 曲面 $z=f(x,y)$ 在点 $(0,0,f(0,0))$ 处的法向量为 $(3,1,0)$

(C) 曲线 $\begin{cases} z=f(x,y), \\ y=0 \end{cases}$ 在点 $(0,0,f(0,0))$ 处的切向量为 $(1,0,3)$

(D) 曲面 $z=f(x,y)$ 在点 $(0,0,f(0,0))$ 处的法向量为 $(3,0,1)$

三、求由曲线 $\begin{cases} 3x^2+2y^2=12, \\ z=0 \end{cases}$ 绕 $y$ 轴旋转一周所形成的旋转曲面在点 $(0,\sqrt{3},\sqrt{2})$ 处指向外侧的单位法向量.

四、在曲面 $z=xy$ 上求一点,使得在该点处的法线垂直于平面 $x-2y+z=6$,并写出曲面在该点处的法线方程和切平面方程.

五、证明:曲面 $f\left(\dfrac{x-a}{z-c},\dfrac{y-b}{z-c}\right)=0$ 的切平面过一定点,其中函数 $f$ 是连续可微函数, $a,b,c$ 为常数.

# 第五节　方向导数与梯度

## 一、方向导数

平面上的任意一点有无限多个方向，前面研究的偏导数 $f_x(x_0,y_0)$，$f_y(x_0,y_0)$，实际上仅仅反映了函数 $z=f(x,y)$ 在点 $P_0(x_0,y_0)$ 处沿平行于 $x$ 轴方向和平行于 $y$ 轴方向的变化率. 在实际问题中，常常需要知道函数 $z=f(x,y)$ 在点 $P_0(x_0,y_0)$ 处沿任意方向或沿某一方向的变化率. 例如，在热传导问题中，需要研究温度函数沿温度下降方向的变化率；预报某地的风向和风力，必须知道气压在该处沿某些方向的变化率；对于流体、磁感线之类的研究，往往需要讨论它们沿曲面的法线方向的流量(通量) 等. 总之，我们需要研究函数沿任意指定方向的变化率.

### 1. 一元函数方向导数的定义

**定义 8.5.1**　设一元函数 $y=f(x)$ 在点 $x_0$ 的某个邻域 $U(x_0)$ 内有定义. 对于任意给定的 $x\in U(x_0)$，令 $\rho=|x-x_0|$，若极限 $\lim\limits_{\rho\to 0^+}\dfrac{f(x)-f(x_0)}{\rho}$ 存在，则称此极限为函数 $y=f(x)$ 在点 $x_0$ 处沿方向 $\boldsymbol{l}=\overrightarrow{x_0x}$ 的**方向导数**，记作 $f'_{\boldsymbol{l}}(x_0)$.

一元函数 $y=f(x)$ 在点 $x_0$ 处的方向导数只有两种情况：当 $x<x_0$ 时，$\boldsymbol{l}$ 是 $x$ 轴负方向，$f'_{\boldsymbol{l}}(x_0)=-f'(x_0)$；当 $x>x_0$ 时，$\boldsymbol{l}$ 是 $x$ 轴正方向，$f'_{\boldsymbol{l}}(x_0)=f'(x_0)$.

### 2. 二元函数方向导数的定义

**定义 8.5.2**　设二元函数 $z=f(x,y)$ 在点 $P_0(x_0,y_0)$ 的某个邻域 $U(P_0)$ 内有定义，$L$ 为点 $P_0$ 沿方向 $\boldsymbol{l}$ 发出的射线，$P(x_0+\Delta x,y_0+\Delta y)$ 为 $L$ 上的另一点(见图 8－52)，且 $P\in U(P_0)$. 若极限

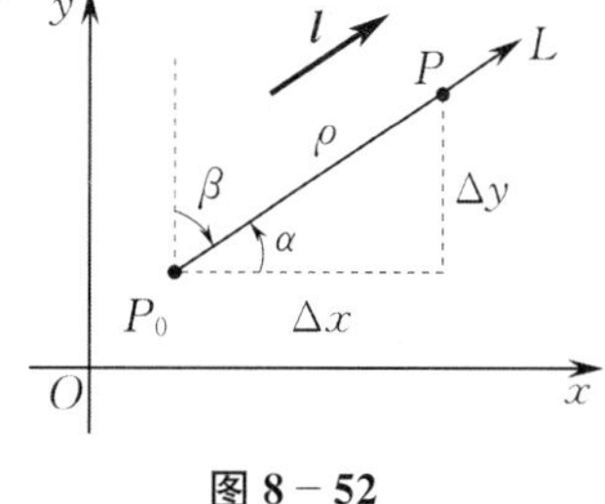

图 8－52

$$\lim_{P\to P_0}\frac{f(P)-f(P_0)}{|P_0P|}=\lim_{\rho\to 0^+}\frac{f(x_0+\Delta x,y_0+\Delta y)-f(x_0,y_0)}{\rho}$$

存在，其中 $\rho=|P_0P|=\sqrt{(\Delta x)^2+(\Delta y)^2}$ 为点 $P_0$ 和点 $P$ 之间的距离，则称此极限为函数 $z=f(x,y)$ 在点 $P_0(x_0,y_0)$ 处沿方向 $\boldsymbol{l}$ 的方向导数，记作 $\left.\dfrac{\partial f}{\partial \boldsymbol{l}}\right|_{P_0}$，即

$$\left.\frac{\partial f}{\partial \boldsymbol{l}}\right|_{P_0}=\lim_{\rho\to 0^+}\frac{f(x_0+\Delta x,y_0+\Delta y)-f(x_0,y_0)}{\rho}.$$

值得注意的是，即使方向 $\boldsymbol{l}$ 与 $x$ 轴、$y$ 轴正方向一致，方向导数与偏导数也是不同的. 在方向导数的定义中，分母 $\rho>0$，即方向导数是沿一个方向的单向变化率. 而在偏导数的定义中，分母 $\Delta x$ 或 $\Delta y$ 可正可负.

思考　沿任意方向的方向导数均存在，能否保证偏导数存在?

答案是否定的. 例如，函数 $z=\sqrt{x^2+y^2}$ 在点(0,0) 处沿任意方向的方向导数均存在，且有

$$\left.\frac{\partial f}{\partial \boldsymbol{l}}\right|_{(0,0)}=\lim_{\rho\to 0^+}\frac{\sqrt{(0+\Delta x)^2+(0+\Delta y)^2}-0}{\rho}=\lim_{\rho\to 0^+}\frac{\rho}{\rho}=1.$$

但函数在点(0,0)处的两个偏导数均不存在,如

$$\lim_{\Delta x\to 0}\frac{\sqrt{(0+\Delta x)^2+0}-0}{\Delta x}=\lim_{\Delta x\to 0}\frac{|\Delta x|}{\Delta x},$$

故$\left.\dfrac{\partial f}{\partial x}\right|_{(0,0)}$不存在.

**注** 上面的例子说明,即使函数 $z=f(x,y)$ 在某点处沿任意方向的方向导数均存在,也不能保证它在该点处的偏导数一定存在.

沿任意方向的方向导数与偏导数的关系由下述定理给出.

**定理 8.5.1** 设二元函数 $z=f(x,y)$ 在点 $P_0(x_0,y_0)$ 处可微,则函数 $z=f(x,y)$ 在点 $P_0$ 处沿任意方向 $\boldsymbol{l}(\boldsymbol{l}\neq\boldsymbol{0})$ 的方向导数均存在,且有

$$\left.\frac{\partial f}{\partial \boldsymbol{l}}\right|_{(x_0,y_0)}=f_x(x_0,y_0)\cos\alpha+f_y(x_0,y_0)\cos\beta,\tag{8.5.1}$$

其中 $\cos\alpha,\cos\beta$ 为 $\boldsymbol{l}$ 的方向余弦.

**分析** 只能用定义建立方向导数和偏导数的关系.因此,需要分析 $\Delta z$ 与 $\rho$ 之间的关系,联系两者的桥梁是 $\Delta x,\Delta y$.

**证** 因为函数 $z=f(x,y)$ 在点 $P_0(x_0,y_0)$ 处可微,所以该函数在点 $P_0$ 处的增量可表示为

$$f(x_0+\Delta x,y_0+\Delta y)-f(x_0,y_0)=f_x(x_0,y_0)\Delta x+f_y(x_0,y_0)\Delta y+o(\rho).$$

由图 8-52 可知,$\Delta x=\rho\cos\alpha,\Delta y=\rho\cos\beta$,其中 $\rho=\sqrt{(\Delta x)^2+(\Delta y)^2}$,因此有

$$\begin{aligned}\frac{f(x_0+\Delta x,y_0+\Delta y)-f(x_0,y_0)}{\rho}&=f_x(x_0,y_0)\frac{\Delta x}{\rho}+f_y(x_0,y_0)\frac{\Delta y}{\rho}+\frac{o(\rho)}{\rho}\\&=f_x(x_0,y_0)\cos\alpha+f_y(x_0,y_0)\cos\beta+\frac{o(\rho)}{\rho},\end{aligned}$$

从而有

$$\lim_{\rho\to 0^+}\frac{f(x_0+\Delta x,y_0+\Delta y)-f(x_0,y_0)}{\rho}=f_x(x_0,y_0)\cos\alpha+f_y(x_0,y_0)\cos\beta.$$

这就证明了函数 $z=f(x,y)$ 在点 $P_0(x_0,y_0)$ 处沿任意方向 $\boldsymbol{l}$ 的方向导数均存在,且有

$$\left.\frac{\partial f}{\partial \boldsymbol{l}}\right|_{(x_0,y_0)}=f_x(x_0,y_0)\cos\alpha+f_y(x_0,y_0)\cos\beta.$$

由公式(8.5.1)可知,

方向 $\boldsymbol{l}$ 沿 $x$ 轴正方向时,$\cos\alpha=1,\cos\beta=0,\left.\dfrac{\partial f}{\partial \boldsymbol{l}}\right|_{P_0}=f_x(x_0,y_0)$.

方向 $\boldsymbol{l}$ 沿 $x$ 轴负方向时,$\cos\alpha=-1,\cos\beta=0,\left.\dfrac{\partial f}{\partial \boldsymbol{l}}\right|_{P_0}=-f_x(x_0,y_0)$.

方向 $\boldsymbol{l}$ 沿 $y$ 轴正方向时,$\cos\alpha=0,\cos\beta=1,\left.\dfrac{\partial f}{\partial \boldsymbol{l}}\right|_{P_0}=f_y(x_0,y_0)$.

方向 $\boldsymbol{l}$ 沿 $y$ 轴负方向时,$\cos\alpha=0,\cos\beta=-1,\left.\dfrac{\partial f}{\partial \boldsymbol{l}}\right|_{P_0}=-f_y(x_0,y_0)$.

类似地,如果三元函数 $u=f(x,y,z)$ 在点 $P_0(x_0,y_0,z_0)$ 处可微,则 $u=f(x,y,z)$ 在点 $P_0(x_0,y_0,z_0)$ 处沿方向 $\boldsymbol{l}$ 的方向导数存在,且

$$\left.\frac{\partial f}{\partial \boldsymbol{l}}\right|_{(x_0,y_0,z_0)}=f_x(x_0,y_0,z_0)\cos\alpha+f_y(x_0,y_0,z_0)\cos\beta+f_z(x_0,y_0,z_0)\cos\gamma,$$

其中 $\cos\alpha,\cos\beta,\cos\gamma$ 为 $\boldsymbol{l}$ 的方向余弦.

**例 8.5.1** 求函数 $u=\ln(x+\sqrt{y^2+z^2})$ 在点 $A(1,0,1)$ 处沿点 $A$ 指向点 $B(3,-2,2)$ 方向的方向导数.

**解** 这里 $\boldsymbol{l}$ 为向量 $\overrightarrow{AB}=(2,-2,1)$ 的方向,$\overrightarrow{AB}$ 的方向余弦为

$$\cos\alpha=\frac{2}{3},\quad \cos\beta=-\frac{2}{3},\quad \cos\gamma=\frac{1}{3}.$$

又

$$\left.\frac{\partial u}{\partial x}\right|_A=\left.\frac{1}{x+\sqrt{y^2+z^2}}\right|_A=\frac{1}{2},$$

$$\left.\frac{\partial u}{\partial y}\right|_A=\left.\frac{1}{x+\sqrt{y^2+z^2}}\cdot\frac{y}{\sqrt{y^2+z^2}}\right|_A=0,$$

$$\left.\frac{\partial u}{\partial z}\right|_A=\left.\frac{1}{x+\sqrt{y^2+z^2}}\cdot\frac{z}{\sqrt{y^2+z^2}}\right|_A=\frac{1}{2},$$

因此所求方向导数为

$$\left.\frac{\partial u}{\partial \boldsymbol{l}}\right|_A=\frac{1}{2}\cdot\frac{2}{3}+0\cdot\left(-\frac{2}{3}\right)+\frac{1}{2}\cdot\frac{1}{3}=\frac{1}{2}.$$

**例 8.5.2** 求函数 $f(x,y)=x^2-xy+y^2$ 在点$(1,1)$ 处沿与 $x$ 轴正方向夹角为 $\alpha$ 的方向 $\boldsymbol{l}$ 的方向导数,并问:在怎样的方向上此方向导数有最大值、最小值或等于 0?

**解** 由方向导数的计算公式 $\left.\frac{\partial f}{\partial \boldsymbol{l}}\right|_{(1,1)}=f_x(1,1)\cos\alpha+f_y(1,1)\sin\alpha$,得

$$\left.\frac{\partial f}{\partial \boldsymbol{l}}\right|_{(1,1)}=(2x-y)\Big|_{(1,1)}\cos\alpha+(2y-x)\Big|_{(1,1)}\sin\alpha=\cos\alpha+\sin\alpha=\sqrt{2}\sin\left(\alpha+\frac{\pi}{4}\right).$$

因此,当沿 $\alpha=\frac{\pi}{4}$ 方向时,方向导数有最大值 $\sqrt{2}$;当沿 $\alpha=\frac{5\pi}{4}$ 方向时,方向导数有最小值 $-\sqrt{2}$;当沿 $\alpha=\frac{3\pi}{4}$ 或 $\frac{7\pi}{4}$ 方向时,方向导数等于 0.

下面考察在一个温度场中某一点 $P_0(1,1)$ 沿不同方向的温度变化率(方向导数)的例子,利用物理背景加深对方向导数概念的理解.

**例 8.5.3** 给定一个温度分布函数

$$z=f(x,y)=\sqrt{4-(x-2)^2-(y-2)^2},\quad (x,y)\in D,$$

其中 $D:(x-2)^2+(y-2)^2\leqslant 4$ 是闭圆域. 求在点 $P_0(1,1)$ 处,温度值 $z$ 沿与 $x$ 轴正方向分别成 $-45°,0°,30°,45°$ 角方向的温度变化率(方向导数).

**解** 由

$$f_x(x,y)=\frac{-(x-2)}{\sqrt{4-(x-2)^2-(y-2)^2}},$$

$$f_y(x,y)=\frac{-(y-2)}{\sqrt{4-(x-2)^2-(y-2)^2}},$$

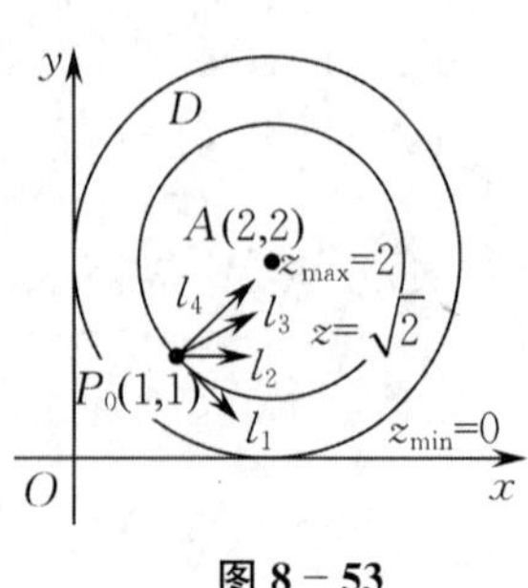


图 8－53

得点 $P_0(1,1)$ 处的偏导数为 $f_x(1,1)=f_y(1,1)=\frac{\sqrt{2}}{2}$.

利用方向导数的计算公式 $\left.\frac{\partial f}{\partial \boldsymbol{l}}\right|_{(1,1)}=f_x(1,1)\cos\theta+f_y(1,1)\sin\theta$ 分别计算在点 $P_0(1,1)$ 处，沿图 8－53 所示四条射线 $l_1,l_2,l_3$ 和 $l_4$ 方向的方向导数，即求温度变化率.

沿射线 $l_1$ 方向：$\theta=-45°$，$\left.\frac{\partial f}{\partial \boldsymbol{l}}\right|_{(1,1)}=\frac{\sqrt{2}}{2}\cdot\frac{\sqrt{2}}{2}+\frac{\sqrt{2}}{2}\cdot\left(-\frac{\sqrt{2}}{2}\right)=0.$

沿射线 $l_2$ 方向：$\theta=0°$，$\left.\frac{\partial f}{\partial \boldsymbol{l}}\right|_{(1,1)}=\frac{\sqrt{2}}{2}\cdot 1+\frac{\sqrt{2}}{2}\cdot 0=\frac{\sqrt{2}}{2}.$

沿射线 $l_3$ 方向：$\theta=30°$，$\left.\frac{\partial f}{\partial \boldsymbol{l}}\right|_{(1,1)}=\frac{\sqrt{2}}{2}\cdot\frac{\sqrt{3}}{2}+\frac{\sqrt{2}}{2}\cdot\frac{1}{2}=\frac{\sqrt{2}}{4}(\sqrt{3}+1).$

沿射线 $l_4$ 方向：$\theta=45°$，$\left.\frac{\partial f}{\partial \boldsymbol{l}}\right|_{(1,1)}=\frac{\sqrt{2}}{2}\cdot\frac{\sqrt{2}}{2}+\frac{\sqrt{2}}{2}\cdot\frac{\sqrt{2}}{2}=1.$

图 8－53 是函数 $z$ 在闭圆域 $D$ 上的等温线示意图. 在圆心 $A(2,2)$ 处温度值最高：$z_{max}=f(2,2)=2$，温度从圆心逐渐向 $D$ 的边界降低，$D$ 的边界上的所有点的温度值最低：$z_{min}=0$，过点 $P_0(1,1)$ 的圆周上的温度均相等，且 $z=f(1,1)=\sqrt{2}$.

沿射线 $l_1$ 方向，温度实际上是沿等温线 $z=\sqrt{2}$ 变化，因此温度变化率(方向导数)为 0；沿射线 $l_2,l_3$ 和 $l_4$ 方向，温度均从较低向较高处变化，因此温度变化率(方向导数)均为正值，并且在射线 $l_4$ 方向上方向导数达到最大(参看后面内容中梯度的概念).

**3. 方向导数的几何意义**

方向导数 $\left.\frac{\partial f}{\partial \boldsymbol{l}}\right|_{P_0(x_0,y_0)}$ 是曲面 $z=f(x,y)$ 在点 $M_0(x_0,y_0,f(x_0,y_0))$ 处沿方向 $\boldsymbol{l}$ 的变化率. 如图 8－54 所示，当限制自变量沿方向 $\boldsymbol{l}$ 变化时，点 $M_0$ 形成过 $\boldsymbol{l}$ 的垂直平面与曲面 $z=f(x,y)$ 的交线. 这条交线在点 $M_0$ 处有一条切线 $M_0T$，记此切线与方向 $\boldsymbol{l}$ 的夹角为 $\theta$，则由方向导数的定义得

$$\left.\frac{\partial z}{\partial \boldsymbol{l}}\right|_{P_0}=\tan\theta.$$

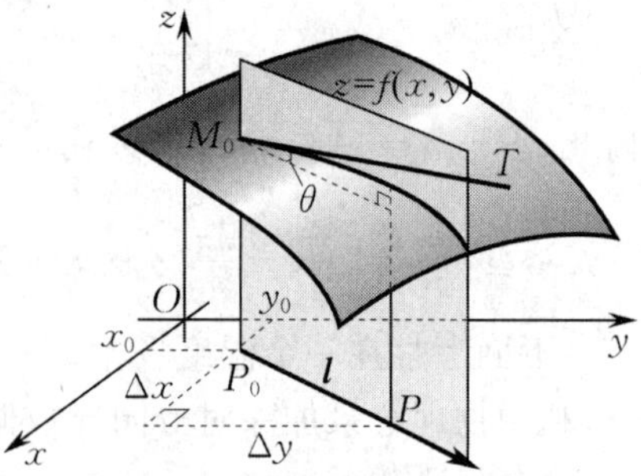

图 8－54

值得注意的是，若一元函数可导，则其必连续. 而对于二元函数 $f(x,y)$，即使在一点处沿任意方向 $\boldsymbol{l}$ 的方向导数均存在，也不能保证 $f(x,y)$ 在该点处连续. 请看下面的例子.

**例 8.5.4** 求函数

$$f(x,y)=\begin{cases}\dfrac{xy^2}{x^2+y^4}, & (x,y)\neq(0,0),\\ 0, & (x,y)=(0,0)\end{cases}$$

在点$(0,0)$处沿方向$\boldsymbol{l}=(\cos\alpha,\sin\alpha)$的方向导数.

**解**　当$\cos\alpha\neq 0$时,有

$$\begin{aligned}\left.\frac{\partial f}{\partial \boldsymbol{l}}\right|_{(0,0)}&=\lim_{\rho\to 0^+}\frac{f(0+\Delta x,0+\Delta y)-f(0,0)}{\rho}=\lim_{\rho\to 0^+}\frac{f(\rho\cos\alpha,\rho\sin\alpha)-f(0,0)}{\rho}\\&=\lim_{\rho\to 0^+}\frac{\rho^3\cos\alpha\sin^2\alpha}{\rho(\rho^2\cos^2\alpha+\rho^4\sin^4\alpha)}=\lim_{\rho\to 0^+}\frac{\cos\alpha\sin^2\alpha}{\cos^2\alpha+\rho^2\sin^4\alpha}=\frac{\sin^2\alpha}{\cos\alpha}.\end{aligned}$$

当$\cos\alpha=0$时,由于$f(\rho\cos\alpha,\rho\sin\alpha)-f(0,0)=0$,因此$\left.\dfrac{\partial f}{\partial \boldsymbol{l}}\right|_{(0,0)}=0$.

显然,例8.5.4中的函数$f(x,y)$在点$(0,0)$处沿任意方向$\boldsymbol{l}=(\cos\alpha,\sin\alpha)$的方向导数均存在,但由例8.1.8可知,函数$f(x,y)$在点$(0,0)$处不连续.

例8.5.4说明:

(1) 二元函数$f(x,y)$在某一点处沿任意方向的方向导数均存在,并不能保证函数$f(x,y)$在该点处连续.同时也可以看到,即使函数$f(x,y)$在某一点处沿任意直线连续,也不能保证函数$f(x,y)$在该点处连续.

(2) 函数在某一点处可微是方向导数存在的充分条件而不是必要条件.

## 二、梯度

### 1. 问题的提出

多元函数在一点处有无限多个方向导数,在这些方向导数中,我们感兴趣的是最大的一个方向导数(它直接反映了函数在该点处的变化率的数量级)等于多少?它是沿什么方向达到最大的?例如,当热量由热源向四周扩散时,往往需要知道温度变化最快的方向及其相应的变化率.为此引入梯度的概念.

问题　函数$z=f(x,y)$在点$P(x,y)$处沿哪一方向的变化率最大?

设$\boldsymbol{e}_l=(\cos\alpha,\cos\beta)$是方向$\boldsymbol{l}$上的单位向量.若函数$z=f(x,y)$在点$P$处可微,则

$$\frac{\partial f}{\partial \boldsymbol{l}}=\frac{\partial f}{\partial x}\cos\alpha+\frac{\partial f}{\partial y}\cos\beta=\left(\frac{\partial f}{\partial x},\frac{\partial f}{\partial y}\right)\cdot(\cos\alpha,\cos\beta).$$

将向量$\left(\dfrac{\partial f}{\partial x},\dfrac{\partial f}{\partial y}\right)$记作$\boldsymbol{G}$,则

$$\frac{\partial f}{\partial \boldsymbol{l}}=\boldsymbol{G}\cdot\boldsymbol{e}_l=|\boldsymbol{G}||\boldsymbol{e}_l|\cos\theta=|\boldsymbol{G}|\cos\theta\leqslant|\boldsymbol{G}|,\quad \theta=(\widehat{\boldsymbol{G},\boldsymbol{e}_l}).\tag{8.5.2}$$

显然,当$\cos\theta=1$,即$\theta=0$时,$\dfrac{\partial f}{\partial \boldsymbol{l}}$有最大值$|\boldsymbol{G}|$.也就是说,当沿方向$\left(\dfrac{\partial f}{\partial x},\dfrac{\partial f}{\partial y}\right)$时,函数$z=f(x,y)$的变化率最大.

### 2. 梯度的定义

**定义 8.5.3**　设二元函数$z=f(x,y)$在点$P_0(x_0,y_0)$处的偏导数存在,则称向量$f_x(x_0,y_0)\boldsymbol{i}+f_y(x_0,y_0)\boldsymbol{j}$为函数$z=f(x,y)$在点$P_0$处的**梯度**,记作$\mathbf{grad}f(x_0,y_0)$,即

$$\mathbf{grad}f(x_0,y_0)=f_x(x_0,y_0)\boldsymbol{i}+f_y(x_0,y_0)\boldsymbol{j}=(f_x(x_0,y_0),f_y(x_0,y_0)).$$

根据公式(8.5.2),方向导数$\frac{\partial f}{\partial \boldsymbol{l}}$就是梯度 $\mathbf{grad}f(x_0,y_0)$ 在方向 $\boldsymbol{e}_l$ 上的投影,且具有以下性质:

(1) 当 $\boldsymbol{e}_l$ 与 $\mathbf{grad}f(x_0,y_0)$ 同向时,方向导数有最大值 $|\mathbf{grad}f(x_0,y_0)|$,即沿梯度的方向,函数增加最快;

(2) 当 $\boldsymbol{e}_l$ 与 $\mathbf{grad}f(x_0,y_0)$ 反向时,方向导数有最小值 $-|\mathbf{grad}f(x_0,y_0)|$,即沿梯度的相反方向,函数减少最快;

(3) 当 $\boldsymbol{e}_l$ 与 $\mathbf{grad}f(x_0,y_0)$ 垂直时,方向导数为 0,此时函数变化率为 0.

因此,函数在某一点处的梯度是这样一个向量:它的方向是函数在该点处的方向导数取得最大值的方向,它的模等于方向导数的最大值.

例如,例 8.5.3 中的温度分布函数 $z=f(x,y)=\sqrt{4-(x-2)^2-(y-2)^2}$ 在点 $P_0(1,1)$ 处的梯度为

$$\mathbf{grad}z\Big|_{(1,1)}=\frac{\sqrt{2}}{2}\boldsymbol{i}+\frac{\sqrt{2}}{2}\boldsymbol{j}.$$

而射线 $l_4$ 的方向为 $\cos\theta\boldsymbol{i}+\sin\theta\boldsymbol{j}=\frac{\sqrt{2}}{2}\boldsymbol{i}+\frac{\sqrt{2}}{2}\boldsymbol{j}$,即 $\mathbf{grad}z\Big|_{(1,1)}$ 与射线 $l_4$ 同向,该方向恰好是温度升高最快的方向.

类似地,可以定义三元函数 $u=f(x,y,z)$ 在点 $P_0(x_0,y_0,z_0)$ 处的梯度为

$$\mathbf{grad}f(x_0,y_0,z_0)=f_x(x_0,y_0,z_0)\boldsymbol{i}+f_y(x_0,y_0,z_0)\boldsymbol{j}+f_z(x_0,y_0,z_0)\boldsymbol{k}.$$

同样,当函数 $u=f(x,y,z)$ 在点 $P_0(x_0,y_0,z_0)$ 处可微,$\boldsymbol{e}_l=(\cos\alpha,\cos\beta,\cos\gamma)$ 为方向 $\boldsymbol{l}$ 上的单位向量时,有

$$\frac{\partial f}{\partial \boldsymbol{l}}\Big|_{(x_0,y_0,z_0)}=\mathbf{grad}f(x_0,y_0,z_0)\cdot\boldsymbol{e}_l=|\mathbf{grad}f(x_0,y_0,z_0)|\cos\theta.$$

梯度 $\mathbf{grad}f$ 又记作$\nabla f$,即

$$\nabla f=\frac{\partial f}{\partial x}\boldsymbol{i}+\frac{\partial f}{\partial y}\boldsymbol{j}+\frac{\partial f}{\partial z}\boldsymbol{k},$$

其中$\nabla=\boldsymbol{i}\frac{\partial}{\partial x}+\boldsymbol{j}\frac{\partial}{\partial y}+\boldsymbol{k}\frac{\partial}{\partial y}$ 称为**哈密顿**(Hamilton) **算子**①,记号“∇”读作 Nabla.

**例 8.5.5** 求函数 $u=xy^2+yz^3$ 在点 $P_0(2,-1,1)$ 处的梯度及沿方向 $\boldsymbol{l}=2\boldsymbol{i}+2\boldsymbol{j}-\boldsymbol{k}$ 的方向导数.

**解** 由$\frac{\partial u}{\partial x}=y^2,\frac{\partial u}{\partial y}=2xy+z^3,\frac{\partial u}{\partial z}=3yz^2$,得

$$\frac{\partial u}{\partial x}\Big|_{(2,-1,1)}=1,\quad \frac{\partial u}{\partial y}\Big|_{(2,-1,1)}=-3,\quad \frac{\partial u}{\partial z}\Big|_{(2,-1,1)}=-3,$$

---

① 算子是函数到函数的映射,即 $f(x)\xrightarrow{\nabla}\nabla f$. 而对于集合 $A$ 中的任意一个元素,在对应法则 $f$ 下,都能在集合 $B$ 中找到一个唯一的元素和它对应,那么就称 $f$ 为建立在集合 $A$ 与集合 $B$ 之间的**映射**. 注意,这里的集合 $A$ 与集合 $B$ 可以是任意类型的集合. 显然,当建立映射的集合是数集时,此时的映射关系就是函数关系. 因此,映射是函数的推广,而函数是特殊的映射.

从而 $\mathbf{grad}u\Big|_{(2,-1,1)}=\boldsymbol{i}-3\boldsymbol{j}-3\boldsymbol{k}.$

又 $\boldsymbol{l}=2\boldsymbol{i}+2\boldsymbol{j}-\boldsymbol{k}$ 的单位向量为 $\boldsymbol{e}_l=\dfrac{\boldsymbol{l}}{|\boldsymbol{l}|}=\dfrac{2}{3}\boldsymbol{i}+\dfrac{2}{3}\boldsymbol{j}-\dfrac{1}{3}\boldsymbol{k}$，因此

$$\frac{\partial f}{\partial \boldsymbol{l}}\Big|_{(2,-1,1)}=\mathbf{grad}u\Big|_{(2,-1,1)}\cdot\boldsymbol{e}_l=(\boldsymbol{i}-3\boldsymbol{j}-3\boldsymbol{k})\cdot\left(\frac{2}{3}\boldsymbol{i}+\frac{2}{3}\boldsymbol{j}-\frac{1}{3}\boldsymbol{k}\right)=-\frac{1}{3}.$$

**例 8.5.6**　问：函数 $f(x,y)=\dfrac{x^2}{2}+\dfrac{y^2}{2}$ 在点 $P_0(1,1)$ 处沿哪一方向增加最快？方向导数的最大值是多少？沿哪一方向减少最快？沿哪一方向函数变化率为 0？

**解**　由 $\dfrac{\partial f}{\partial x}=x,\dfrac{\partial f}{\partial y}=y$，得 $\dfrac{\partial f}{\partial x}\Big|_{(1,1)}=1,\dfrac{\partial f}{\partial y}\Big|_{(1,1)}=1$，从而

$$\mathbf{grad}f(1,1)=(1,1),\quad |\mathbf{grad}f(1,1)|=\sqrt{2}.$$

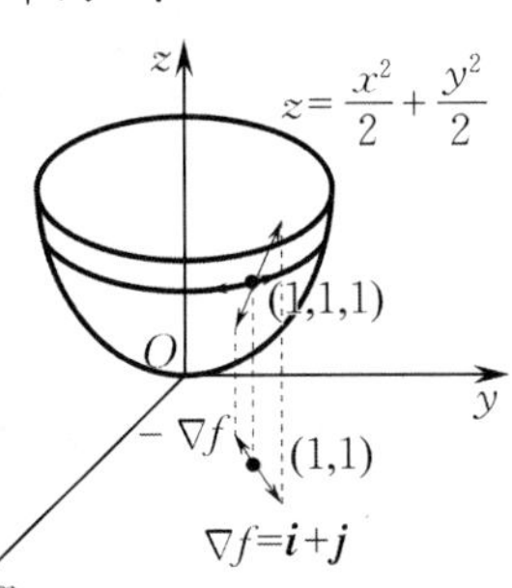


图 8－55

因此有：

(1) 函数 $f(x,y)$ 在点 $P_0$ 处沿方向 $\mathbf{grad}f(1,1)=(1,1)$ 增加最快，即方向导数最大，最大值是 $\sqrt{2}$（见图 8－55）；

(2) 函数 $f(x,y)$ 在点 $P_0$ 处沿方向 $-\mathbf{grad}f(1,1)=(-1,-1)$ 减少最快；

(3) 函数 $f(x,y)$ 在点 $P_0$ 处的函数变化率为 0 的方向是垂直于 $\mathbf{grad}f(1,1)=(1,1)$ 的方向：$(-1,1)$ 或 $(1,-1)$.

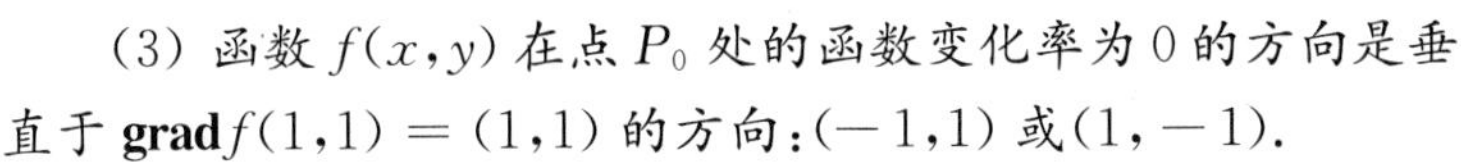

**3. 梯度的几何意义**

先介绍梯度与等高线的关系.

设二元函数 $z=f(x,y)$ 可微. 根据第一节的介绍，等高线 $f(x,y)=C$ 是曲面 $z=f(x,y)$ 被平面 $z=C$（$C$ 为常数）所截得的曲线 $L$：$\begin{cases}z=f(x,y),\\ z=C\end{cases}$ 在 $xOy$ 面上的投影曲线 $L^*$（见图 8－56）.

如图 8－57 所示，在等高线 $f(x,y)=C$ 上的任意一点 $P(x,y)$ 处的切线方程为

$$Y-y=\frac{\mathrm{d}y}{\mathrm{d}x}(X-x),$$

将其改写为对称式方程 $\dfrac{X-x}{\mathrm{d}x}=\dfrac{Y-y}{\mathrm{d}y}$，可知此切线的方向向量（$L^*$ 的切向量）为 $(\mathrm{d}x,\mathrm{d}y)$.

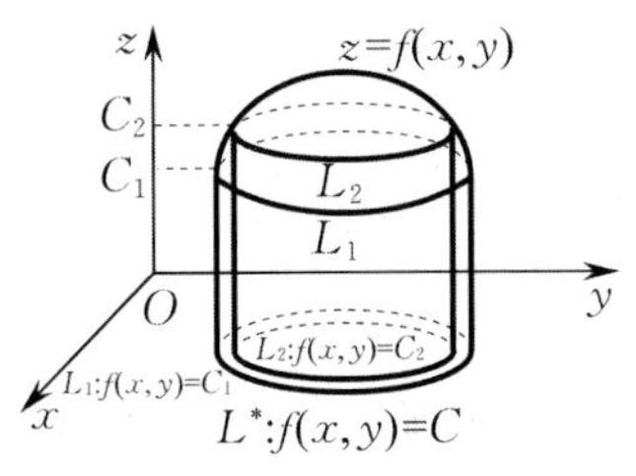


图 8－56

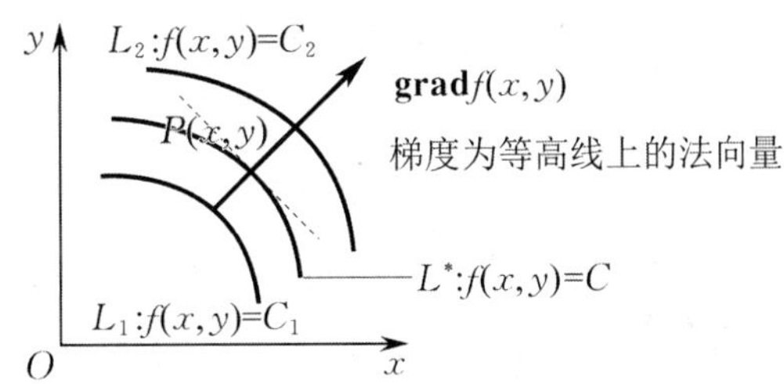


图 8－57

另外，对投影曲线方程 $L^*:f(x,y)=C$ 两边同时求全微分，得

$$\frac{\partial f}{\partial x}\mathrm{d}x+\frac{\partial f}{\partial y}\mathrm{d}y=0,\quad 即\quad \underbrace{\left(\frac{\partial f}{\partial x}\boldsymbol{i}+\frac{\partial f}{\partial y}\boldsymbol{j}\right)}_{\mathbf{grad}f}\cdot\underbrace{(\mathrm{d}x\boldsymbol{i}+\mathrm{d}y\boldsymbol{j})}_{L^*\text{的切向量}}=0.$$

上式表明,梯度 $\mathbf{grad}f(x,y)$ 为等高线 $L^*$ 上点 $P$ 处的法向量,并且从数值较低的等高线指向数值较高的等高线(设 $C_2>C>C_1$).

为了更形象地理解梯度的特征,不妨设 $z=f(x,y)$ 为如图 8-58(a) 所示形如小山的曲面,图 8-58(b) 表示这座小山的等高线. 从山脚下一点出发,作一条曲线,使其垂直于所有等高线,就得到一条从该点出发最陡的上山路线,如图 8-58(b) 中的虚线. 登山者如果沿梯度方向攀登,山路最陡,也最费力;如果总是沿着与梯度垂直的方向走,那么一定上不了山,因为在这种情况下,登山者实际上总是在一条等高线上走.

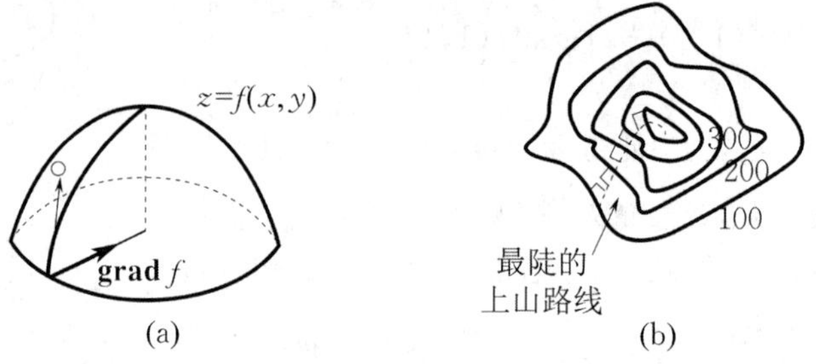


图 8-58

**例 8.5.7** 求函数 $z=1-\left(\frac{x^2}{a^2}+\frac{y^2}{b^2}\right)$ 在点 $M\left(\frac{a}{\sqrt{2}},\frac{b}{\sqrt{2}}\right)$ 处沿曲线 $\frac{x^2}{a^2}+\frac{y^2}{b^2}=1$ $(a,b>0)$ 在该点的内法线方向上的方向导数.

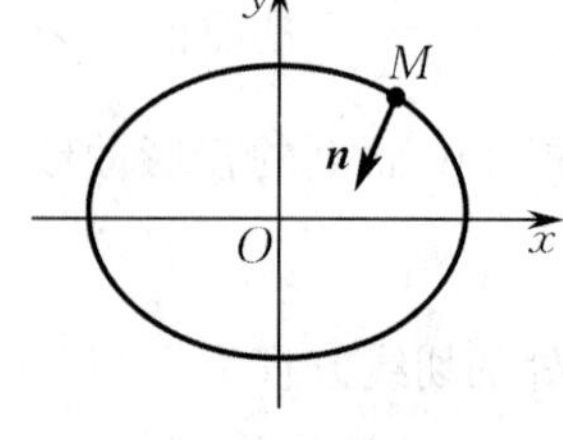


图 8-59

**解** 令函数 $f(x,y)=\frac{x^2}{a^2}+\frac{y^2}{b^2}-1$,则曲线 $\frac{x^2}{a^2}+\frac{y^2}{b^2}=1$ 的内法向量(见图 8-59)为

$$\boldsymbol{n}=-(f_x,f_y)\Big|_M=-\left(\frac{2x}{a^2},\frac{2y}{b^2}\right)\Big|_M=\left(-\frac{\sqrt{2}}{a},-\frac{\sqrt{2}}{b}\right).$$

又

$$\mathbf{grad}z\Big|_M=\left(\frac{\partial z}{\partial x},\frac{\partial z}{\partial y}\right)\Big|_M=\left(-\frac{2x}{a^2},-\frac{2y}{b^2}\right)\Big|_M=\left(-\frac{\sqrt{2}}{a},-\frac{\sqrt{2}}{b}\right),$$

因此曲线 $\frac{x^2}{a^2}+\frac{y^2}{b^2}=1$ 的内法线方向就是 $\mathbf{grad}z\Big|_M$,从而

$$\frac{\partial z}{\partial \boldsymbol{n}}\Big|_M=\left|\mathbf{grad}z\Big|_M\right|=|\boldsymbol{n}|=\sqrt{\left(-\frac{\sqrt{2}}{a}\right)^2+\left(-\frac{\sqrt{2}}{b}\right)^2}=\frac{\sqrt{2(a^2+b^2)}}{ab}.$$

下面举例说明关于梯度的一些实际意义.

**例 8.5.8** 由物理学可知,位于坐标原点的点电荷 $q$ 在其周围形成一电场,在任意点 $P(x,y,z)$ 处所产生的电势为 $u=\frac{q}{4\pi\varepsilon_0 r}$,其中 $\varepsilon_0$ 是介电常数,$\boldsymbol{r}=(x,y,z)$,$r=\sqrt{x^2+y^2+z^2}$. 试证:

$$\mathbf{grad}u=-\boldsymbol{E},$$

其中电场强度 $\boldsymbol{E}=\dfrac{q}{4\pi\varepsilon_0 r^2}\cdot\dfrac{\boldsymbol{r}}{r}$.

**证** $\dfrac{\partial u}{\partial x}=\dfrac{q}{4\pi\varepsilon_0}\cdot\dfrac{\partial}{\partial x}\left(\dfrac{1}{r}\right)=\dfrac{q}{4\pi\varepsilon_0}\left(-\dfrac{1}{r^2}\right)\cdot\dfrac{\partial r}{\partial x}=-\dfrac{q}{4\pi\varepsilon_0 r^2}\cdot\dfrac{x}{r}=-\dfrac{q}{4\pi\varepsilon_0 r^3}x.$

同理可得 $\dfrac{\partial u}{\partial y}=-\dfrac{q}{4\pi\varepsilon_0 r^3}y,\dfrac{\partial u}{\partial z}=-\dfrac{q}{4\pi\varepsilon_0 r^3}z$，于是

$$\mathbf{grad}u=\frac{\partial u}{\partial x}\boldsymbol{i}+\frac{\partial u}{\partial y}\boldsymbol{j}+\frac{\partial u}{\partial z}\boldsymbol{k}=-\frac{q}{4\pi\varepsilon_0 r^3}(x\boldsymbol{i}+y\boldsymbol{j}+z\boldsymbol{k})=-\frac{q}{4\pi\varepsilon_0 r^2}\cdot\frac{\boldsymbol{r}}{r},$$

故 $\mathbf{grad}u=-\boldsymbol{E}$，即电场强度为电势的负梯度. 这说明电场强度指向电势减少最快的方向.

**例 8.5.9** 假设在房间里放置一热源，则在同一时刻，房间里每一位置都对应一个确定的温度. 这样，在房间里就分布着一个温度场

$$T=\varphi(x,y,z),$$

其中 $\varphi(x,y,z)$ 表示点 $(x,y,z)$ 处的温度.

为描述温度场中热量的流动情况，需要清楚：(1) 热量的流动方向；(2) 热量的流动量.

实验结果表明：(1) 在温度场内任意一点处，热量是向着温度降低最快的方向($-\mathbf{grad}\varphi$ 方向) 流动的；(2) 因为单位时间内流过单位截面积的热量 $q$ 与温度 $T$ 的变化率成正比，所以该关系可表示为 $q=k|\mathbf{grad}\varphi|$，其中比例系数 $k$ 称为**热导率**.

显然，以上两点可合并为一个向量等式：

$$\boldsymbol{q}=-k\,\mathbf{grad}\varphi\quad(\boldsymbol{q}\text{ 称为热流量向量}).$$

这就是**傅里叶(Fourier) 热传导定律**. 傅里叶热传导定律在数学物理方程中有重要应用.

## 思考题 8.5

1. 求由曲线 $L:\begin{cases}2x^2+y^2=3,\\ z=0\end{cases}$ 绕 $y$ 轴旋转一周所形成的旋转曲面在点 $M(0,1,1)$ 处的指向外侧的单位法向量.

2. 讨论函数 $z=f(x,y)=\sqrt{x^2+y^2}$ 在点 $(0,0)$ 处的偏导数是否存在，方向导数是否存在.

3. 梯度与方向导数有何关系?

4. 在给定点处，函数沿梯度方向的变化率最大，即函数增加最快. 那么，函数减少最快的方向是哪一方向?

## 习　题　8.5

### (A)

一、求函数 $z=x^2+y^2$ 在点 $(1,2)$ 处沿从点 $(1,2)$ 到点 $(2,2+\sqrt{3})$ 方向的方向导数.

二、求函数 $u=x^2+y^2+z^2$ 在曲线 $x=t,y=t^2,z=t^3$ 上点 $(1,1,1)$ 处，沿曲线在该点处的切线正方向(对应 $t$ 增大的方向) 的方向导数.

三、求函数 $u=x+y+z$ 在球面 $x^2+y^2+z^2=1$ 上点 $(x_0,y_0,z_0)$ 处，沿球面在该点的外法线方向的方向导数.

四、求下列函数在指定点处的梯度：

(1) $u=\ln(x^2+y^2+z^2)$，在点 $(1,2,-2)$ 处；

(2) $u = xy^2z$，在点$(1,-1,2)$处.

五、已知函数 $f(x,y,z) = x^2 + y^z$.

(1) 求该函数在点 $P(1,1,2)$ 处沿方向 $\boldsymbol{l} = (1,2,2)$ 的方向导数；

(2) 求该函数在点 $P(1,1,2)$ 处的梯度；

(3) 问：该函数在点 $P(1,1,2)$ 处沿哪一方向增加最快？沿此方向的方向导数是多少？

六、一个登山者在山坡上的点 $P\left(-\frac{3}{2},-1,\frac{3}{4}\right)$ 处，山坡的高度 $z$ 可近似表示为 $z = 5 - x^2 - 2y^2$，其中 $x$ 和 $y$ 是水平直角坐标. 他决定按最陡的道路登山，问：他应该沿哪一方向登山？

七、设 $u,v$ 都是 $x,y,z$ 的函数，$u,v$ 的各偏导数都存在且连续. 证明：

(1) $\mathbf{grad}(u+v) = \mathbf{grad}u + \mathbf{grad}v$；　　(2) $\mathbf{grad}(uv) = v\,\mathbf{grad}u + u\,\mathbf{grad}v$；

(3) $\mathbf{grad}f(u) = f'(u)\mathbf{grad}u$，其中 $f$ 是可微函数.

**(B)**

一、已知函数 $u = xyz$，求：

(1) 在点 $M_0(3,4,5)$ 处沿圆锥面 $z = \sqrt{x^2+y^2}$ 的内法线方向 $\boldsymbol{l}$（与 $z$ 轴的夹角为锐角）；

(2) 该函数在点 $M_0(3,4,5)$ 处沿方向 $\boldsymbol{l}$ 的方向导数.

二、设函数 $f(r)$ 可导，其中 $r = \sqrt{x^2+y^2+z^2}$ 为点 $P(x,y,z)$ 处的向径 $\boldsymbol{r}$ 的模，试证：

$$\mathbf{grad}f(r) = f'(r)\boldsymbol{r}^0.$$

三、设一个金属球体内任意一点处的温度 $T$（单位：℃）与该点到球心（设为坐标原点 $O$）的距离（单位：m）成反比，且已知点$(1,2,2)$处的温度为 120 ℃.

(1) 证明：球体内任意一点（异于球心）处温度 $T$ 升高最快的方向总是指向球心的方向；

(2) 求 $T$ 在点$(1,2,2)$沿着指向点$(2,1,3)$方向的变化率.

四、设平面温度场 $T(x,y) = 100 - x^2 - 2y^2$，$A(4,2)$ 为该温度场内的一点.

(1) 问：从点 $A$ 出发，沿哪一方向温度升高最快？沿哪一方向温度降低最快？升高或降低的速率各是多少？沿什么方向温度变化最慢？

(2) 温度场内一粒子从点 $A$ 出发始终沿着温度升高最快的方向运动，求该粒子运动的路径方程.

# 第六节　多元函数的极值与最值

在工程技术领域中，经常会遇到诸如用料最省、收益最大、效率最高等问题. 在一元函数微积分学中，我们已经建立了一元函数的最值理论. 与一元函数的情形类似，多元函数的最大值、最小值与极大值、极小值有着密切的联系. 下面以二元函数为例，先讨论多元函数的极值问题，再研究多元函数的最值，最后介绍求解多元函数的条件极值问题的拉格朗日乘数法. 拉格朗日乘数法在经济学、工程学中（如设计多级火箭），以及数学中均有重要作用.

## 一、多元函数的极值

如图 8-60 所示，曲面的山峰或山谷均为极值. 下面用数学语言描述极值.

**定义 8.6.1**　设二元函数 $z = f(x,y)$ 在点 $P_0(x_0,y_0)$ 的某个邻域 $U(P_0)$ 内有定义. 如果对于每一点 $P(x,y) \in U(P_0)$，都有

$$f(x,y) \leqslant f(x_0,y_0) \quad (\text{或 } f(x,y) \geqslant f(x_0,y_0)),$$

则称函数 $f(x,y)$ 在点 $P_0$ 处有**极大值**(或**极小值**)，点 $P_0(x_0,y_0)$ 称为函数 $f(x,y)$ 的**极大值点**(或**极小值点**).

极大值和极小值统称为**极值**，使函数取得极值的点称为**极值点**.

**注**　这里所讨论的极值点只限于定义域的内点.

例如，函数 $f(x,y)=\sqrt{x^2+y^2}$ 在点(0,0)处有极小值. 如图 8-61(a)所示，点(0,0,0)是开口向上的圆锥面 $f(x,y)=\sqrt{x^2+y^2}$ 的顶点.

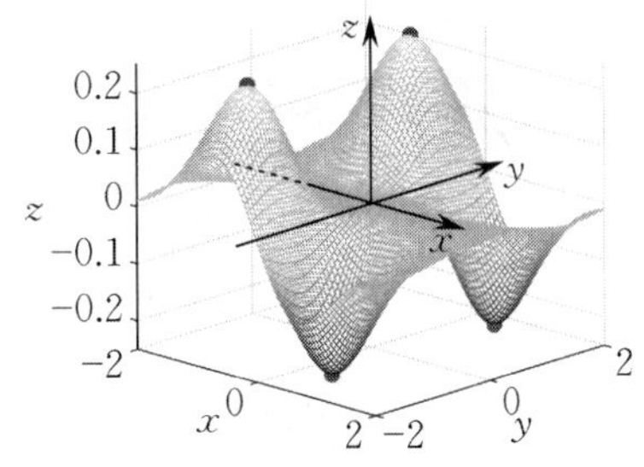


图 8-60

又如，函数 $g(x,y)=4-x^2-4y^2$ 在点(0,0)处有极大值. 如图 8-61(b)所示，点(0,0,4)是开口向下的椭圆抛物面 $g(x,y)=4-x^2-4y^2$ 的顶点.

再如，函数 $h(x,y)=xy$ 在点(0,0)处没有极值. 如图 8-61(c)所示，函数 $h(x,y)=xy$ 的图形是马鞍面，它在点(0,0)处呈现鞍点，即在点(0,0)的任一邻域内，既有使得 $h(x,y)>h(0,0)=0$ 的第Ⅰ,Ⅲ卦限中的点，又有使得 $h(x,y)<h(0,0)=0$ 的第Ⅵ,Ⅷ卦限中的点.

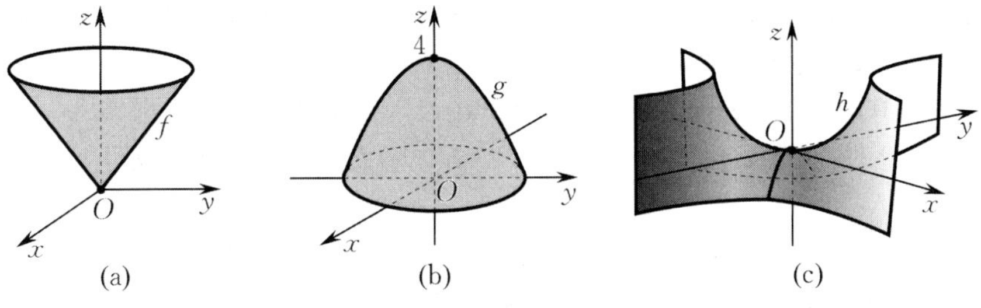


图 8-61

以上例子比较特殊，根据图形就容易看出函数的极值. 但对于一般函数来说，并不容易看出其极值，因此有必要进一步研究函数取得极值的必要条件或充分条件. 对于可导的一元函数的极值问题，可以用一阶、二阶导数来解决. 类似地，对于偏导数存在的二元函数的极值问题，可以用偏导数来解决.

**定理 8.6.1**（**极值的必要条件**）　设二元函数 $z=f(x,y)$ 在点 $P_0(x_0,y_0)$ 处具有偏导数，且在点 $P_0(x_0,y_0)$ 处取得极值，则必有

$$f_x(x_0,y_0)=0,\quad f_y(x_0,y_0)=0.$$

**证**　不妨设函数 $z=f(x,y)$ 在点 $P_0(x_0,y_0)$ 处有极大值. 由极大值的定义，对于每一点 $P(x,y)\in U(P_0)$，都有

$$f(x,y)\leqslant f(x_0,y_0).$$

特别地，在该邻域内取 $y=y_0$ 且 $x\neq x_0$ 的点，上述不等式仍成立，即 $f(x,y_0)\leqslant f(x_0,y_0)$. 这表明一元函数 $f(x,y_0)$ 在点 $x=x_0$ 处有极大值，根据一元可导函数取得极值的必要条件

$$\left.\frac{\mathrm{d}f(x,y_0)}{\mathrm{d}x}\right|_{x=x_0}=0,$$

可得 $f_x(x_0,y_0)=0$. 同理可得 $f_y(x_0,y_0)=0$.

图 8-62 给出了这一证明过程的直观图示：若 $(x_0,y_0)$ 为二元函数 $z=f(x,y)$ 的极大值点，则 $x_0$ 为一元函数 $f(x,y_0)$ 的极大值点，$y_0$ 为一元函数 $f(x_0,y)$ 的极大值点.

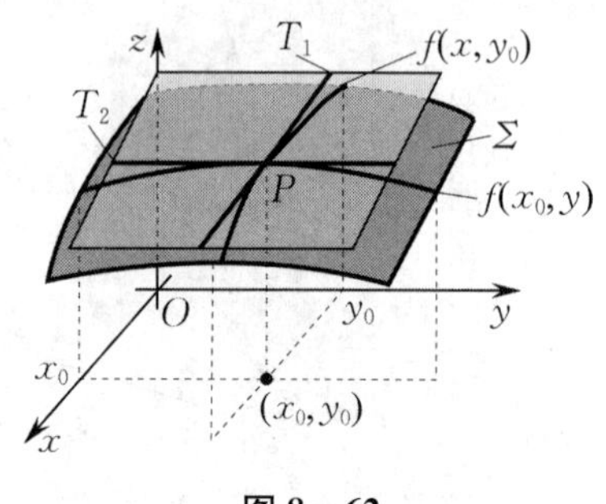


图 8 - 62

类似于一元函数,称使得 $f_x(x,y)=0, f_y(x,y)=0$ 成立的 $(x_0,y_0)$ 为函数 $f(x,y)$ 的**驻点**. 由定理 8.6.1 可知,偏导数存在的函数的极值点必定是驻点,但反过来,驻点未必是极值点. 例如,对于函数 $h(x,y)=xy$,显然有 $h_x(0,0)=0, h_y(0,0)=0$,即 $(0,0)$ 为函数 $h(x,y)$ 的驻点,但不是极值点.

那么驻点满足怎样的条件才一定是极值点呢? 下面的定理回答了这个问题.

**定理 8.6.2**(**极值的充分条件**) 设二元函数 $z=f(x,y)$ 在点 $P_0(x_0,y_0)$ 的某个邻域内具有二阶连续偏导数,且 $f_x(x,y)=0, f_y(x,y)=0$. 若记

$$A=f_{xx}(x_0,y_0),\quad B=f_{xy}(x_0,y_0),\quad C=f_{yy}(x_0,y_0),\quad \Delta=\begin{vmatrix}A & B\\ B & C\end{vmatrix}=AC-B^2,$$

则 $f(x,y)$ 在点 $P_0(x_0,y_0)$ 处是否有极值的情况如下:

(1) 当 $\Delta>0$ 时,函数 $z=f(x,y)$ 在点 $P_0(x_0,y_0)$ 处有极值,且当 $A<0$ 时,函数有极大值,当 $A>0$ 时,函数有极小值;

(2) 当 $\Delta<0$ 时,函数 $z=f(x,y)$ 在点 $P_0(x_0,y_0)$ 处没有极值;

(3) 当 $\Delta=0$ 时,函数 $z=f(x,y)$ 在点 $P_0(x_0,y_0)$ 处可能有极值,也可能没有极值,需另做讨论.

证明从略.

**注** 当 $\Delta=0$ 时,函数是否有极值需另做讨论. 例如,函数 $z_1=x^4+y^4, z_2=x^2+y^3$ 在点 $(0,0)$ 处均有 $\Delta=0$,但函数 $z_1$ 在点 $(0,0)$ 处有极小值(见图 8 - 63),函数 $z_2$ 在点 $(0,0)$ 处没有极值(见图 8 - 64).

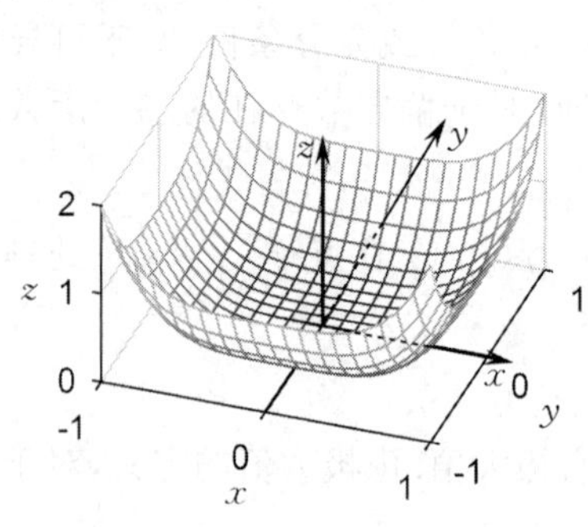


图 8 - 63

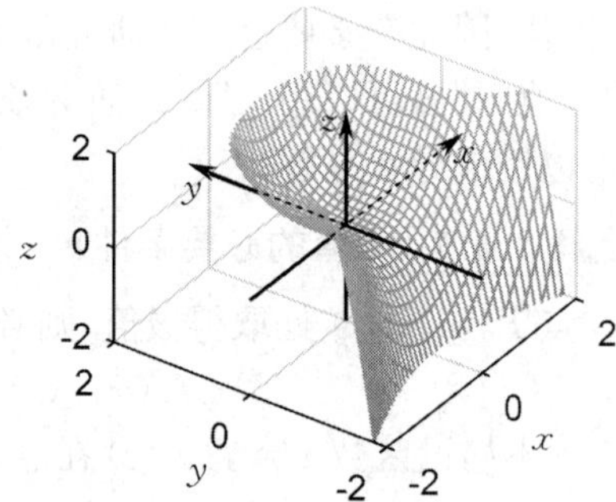


图 8 - 64

根据定理 8.6.1 和定理 8.6.2,具有二阶连续偏导数的二元函数 $z=f(x,y)$ 的极值的求解步骤如下:

(1) 解方程组 $\begin{cases}f_x(x,y)=0,\\ f_y(x,y)=0,\end{cases}$ 求出所有驻点;

(2) 对于每个驻点 $(x_0,y_0)$,求出二阶偏导数的值 $A, B$ 及 $C$;

(3) 写出 $\Delta=\begin{vmatrix}A & B\\ B & C\end{vmatrix}=AC-B^2$ 的符号,根据定理 8.6.2 判定 $f(x_0,y_0)$ 是否为极值,

是极大值还是极小值,并算出极值.

**例 8.6.1**　求函数 $z=f(x,y)=-x^4-y^4+4xy-1$ 的极值.

**解**　先解方程组 $\begin{cases} f_x(x,y)=-4x^3+4y=0, \\ f_y(x,y)=-4y^3+4x=0, \end{cases}$ 得驻点为 $(0,0)$,$(1,1)$ 和 $(-1,-1)$.

再求函数 $z=f(x,y)$ 的二阶偏导数:

$$f_{xx}(x,y)=-12x^2,\quad f_{xy}(x,y)=4,\quad f_{yy}(x,y)=-12y^2.$$

在点 $(0,0)$ 处,$A=0,B=4,C=0,\Delta=\begin{vmatrix} A & B \\ B & C \end{vmatrix}=AC-B^2=-16<0$,所以根据定理 8.6.2,函数在点 $(0,0)$ 处没有极值;

在点 $(1,1)$ 处,$A=-12,B=4,C=-12,\Delta=\begin{vmatrix} A & B \\ B & C \end{vmatrix}=AC-B^2=128>0$,所以根据定理 8.6.2,函数在点 $(1,1)$ 处有极值,且由 $A=-12<0$ 可知,函数在点 $(1,1)$ 处有极大值 $f(1,1)=1$;

点 $(-1,-1)$ 的情况与点 $(1,1)$ 相同,函数在点 $(-1,-1)$ 处有极大值 $f(-1,-1)=1$.

图 8-65(a) 是由计算机软件画出的例 8.6.1 中函数 $z=f(x,y)$ 的图形. 可以看出在点 $(1,1)$ 和 $(-1,-1)$ 处,曲面 $z=f(x,y)$ 分别有一个"峰",其高度均为 1,但是在点 $(0,0)$ 处,曲面 $z=f(x,y)$ 却没有"谷",实际上在该点附近,曲面呈马鞍面形.

根据梯度与等高线的关系,梯度的方向沿着等高线的法线方向,且指向函数增长的方向,因此极值点周围应该有等高线环绕. 从图 8-65(b) 可以清楚地看到,函数 $z=f(x,y)$ 的两个极值点 $(1,1)$ 和 $(-1,-1)$ 的周围都有等高线环绕,而点 $(0,0)$ 的周围没有等高线环绕,故 $(0,0)$ 不是极值点,曲面 $z=f(x,y)$ 在点 $(0,0)$ 处呈现"鞍点".

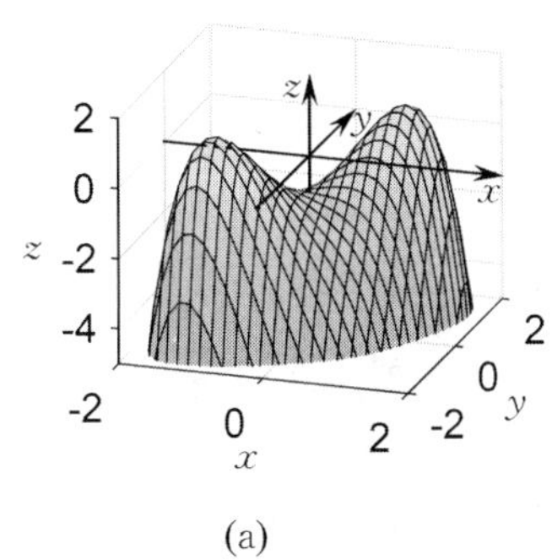

(a)

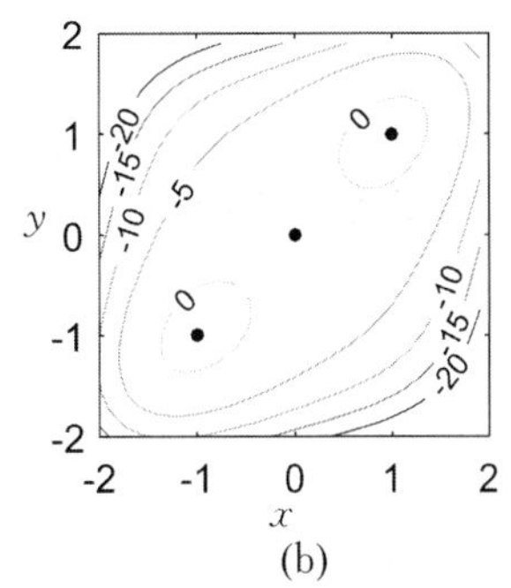

(b)

**图 8-65**

我们知道,可导且有有限多个驻点的一元函数,在它的两个极大值点之间必定有极小值点,而例 8.6.1 表明,这一结论对多元函数未必成立.

**注**　在讨论多元函数极值问题时,如果函数在所讨论的邻域内具有偏导数,则由定理 8.6.1 可知,极值只可能在驻点处取得,此时只需对各个驻点利用定理 8.6.2 判定其是否为极值点即可;但如果函数在个别点处的偏导数不存在,即这些点不是驻点,但也可能是极值点. 例如,函数 $f(x,y)=\sqrt{x^2+y^2}$ 在点 $(0,0)$ 处的偏导数不存在,即 $(0,0)$ 不是驻点,但该函数在点 $(0,0)$ 处有极小值.

## 二、多元函数的最值

求多元函数的最值问题具有重要的实际意义.在第一节中已经指出,如果二元函数 $z=f(x,y)$ 在有界闭区域 $D$ 上连续,则二元函数 $f(x,y)$ 在 $D$ 上必能取得最大值和最小值.

回顾求可导的一元函数 $y=f(x)$ 在闭区间$[a,b]$上的最值的解法.由于最值可能在区间内部取得,也可能在区间端点处取得,因此求一元函数的最值的步骤是:首先求出区间内部的所有驻点及不可导点(所有可能的极值点),然后将这些点处的函数值与两个端点处的函数值做比较,其中最大的就是最大值,最小的就是最小值.与一元函数的最值问题一样,求二元函数 $z=f(x,y)$ 在有界闭区域 $D$ 上的最大值与最小值的步骤是:

(1) 求出二元函数 $z=f(x,y)$ 在 $D$ 内的所有驻点及偏导数不存在的点处的函数值;

(2) 求出二元函数 $z=f(x,y)$ 在 $D$ 的边界上的最大值与最小值;

(3) 比较这些函数值的大小,其中最大的即为最大值,最小的即为最小值.

**例 8.6.2** 求函数 $f(x,y)=x^2y(4-x-y)$ 在由直线 $x+y=6$,$x$ 轴及 $y$ 轴所围成的有界闭区域 $D$(见图 8-66) 上的最大值与最小值.

**解** (1) 求出函数 $f(x,y)$ 在 $D$ 内的所有驻点及偏导数不存在的点.解方程组

$$\begin{cases} f_x(x,y)=2xy(4-x-y)-x^2y=xy(8-3x-2y)=0, \\ f_y(x,y)=x^2(4-x-y)-x^2y=x^2(4-x-2y)=0, \end{cases}$$

得 $D$ 内唯一驻点$(2,1)$,且 $f(2,1)=4$.

(2) 求出函数 $f(x,y)$ 在 $D$ 的边界上的最大值与最小值.

在边界 $x=0$ 和 $y=0$ 上,$f(x,y)=0$.

在边界 $x+y=6$ 上,$y=6-x$.令函数 $h(x)=f(x,6-x)=2x^2(x-6)$,由

$$h'(x)=4x(x-6)+2x^2=0,$$

得 $x_1=0$,$x_2=4$,且 $f(0,6)=0$,$f(4,2)=-64$.

(3) 比较这些函数值可知,$f(2,1)=4$ 为最大值,$f(4,2)=-64$ 为最小值,如图 8-67 所示.

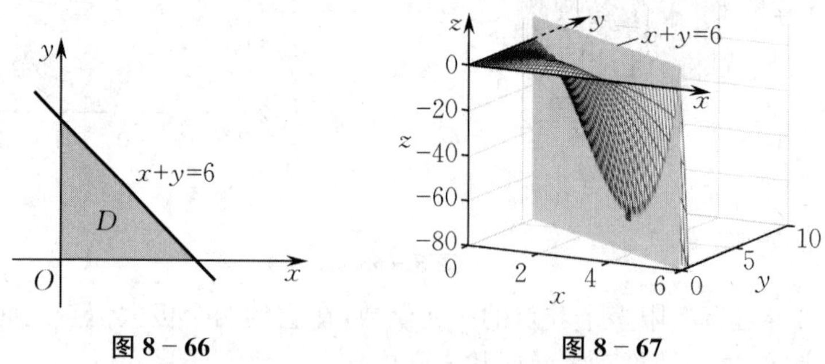


图 8-66　　图 8-67

思考 (1) 如果函数 $f(x,y)$ 在有界闭区域 $D$ 上连续,$(x_0,y_0)$ 是 $f(x,y)$ 在 $D$ 内的唯一驻点,且是极值点,那么 $f(x_0,y_0)$ 是否一定是 $f(x,y)$ 在 $D$ 上的最值?

(2) 求函数 $f(x,y)=x^3-x+y^2$ 在有界闭区域 $D=\{(x,y)\mid |x|\leqslant 2,|y|\leqslant 1\}$上的最小值.从这个最值问题可以得出什么结论?

对于带实际背景的最值问题,如果根据问题的实际背景可以断定函数 $z=f(x,y)$ 的最

值一定存在且在区域 $D$ 内取得,那么这种情况可以不考虑 $z=f(x,y)$ 在 $D$ 的边界上的取值问题. 特别地,若求得 $z=f(x,y)$ 在 $D$ 内有唯一驻点,则可以直接判定在该驻点处的函数值就是所求的最大值或最小值.

**例 8.6.3** 有一个宽为 $L$ cm 的长方形铁板,把它的两边折起来做成一断面为等腰梯形的水槽,问:怎样折才能使得断面的面积最大?

**解** 设折起来的边长为 $x$ cm,倾角为 $\alpha$,如图 8-68 所示,则断面(等腰梯形)的下底边长为 $(L-2x)$ cm,上底边长为 $(L-2x+2x\cos\alpha)$ cm,高为 $x\sin\alpha$ cm,所以断面的面积(单位:$\mathrm{cm}^2$)为

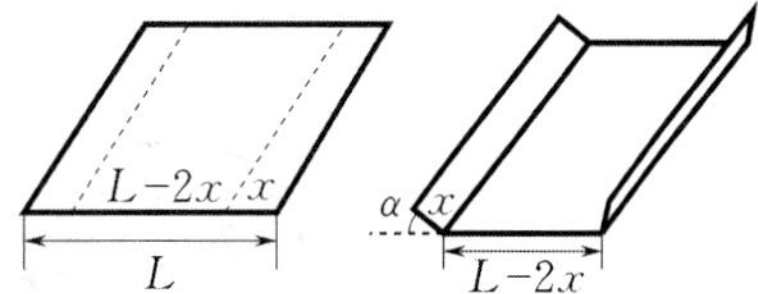


图 8-68

$$A=L\cdot x\sin\alpha-2x^2\sin\alpha+x^2\sin\alpha\cos\alpha$$

$$\left(0<x<\frac{L}{2},0<\alpha<\frac{\pi}{2}\right).$$

可见,断面的面积 $A$ 是 $x$ 和 $\alpha$ 的二元函数. 下面求这个二元函数 $A=A(x,\alpha)$ 在有界区域 $D=\left\{(x,\alpha)\,\middle|\,0<x<\frac{L}{2},0<\alpha<\frac{\pi}{2}\right\}$ 内的最大值. 令方程组

$$\begin{cases}\dfrac{\partial A}{\partial x}=L\sin\alpha-4x\sin\alpha+2x\sin\alpha\cos\alpha=0,\\[2mm]\dfrac{\partial A}{\partial\alpha}=Lx\cos\alpha-2x^2\cos\alpha+x^2(\cos^2\alpha-\sin^2\alpha)=0,\end{cases}$$

因为 $\sin\alpha\neq 0,x\neq 0$,所以上述方程组可化为

$$\begin{cases}L=4x-2x\cos\alpha,\\L\cos\alpha-2x\cos\alpha+x(\cos^2\alpha-\sin^2\alpha)=0,\end{cases}$$

解得 $\alpha=\frac{\pi}{3},x=\frac{L}{3}$,因此可知该函数在 $D$ 内有唯一驻点.

由该问题的实际背景可知,断面面积的最大值一定存在,且在 $D$ 内取得. 由驻点的唯一性可知,当 $x=\frac{L}{3},\alpha=\frac{\pi}{3}$ 时,能使水槽断面的面积最大.

## 三、条件极值

### 1. 条件极值的概念

**引例** 求函数 $z=x^2+y^2$ 的极值就是求它在定义域内的极值,前面已判定其在点 $(0,0)$ 处有极小值. 若求函数 $z=x^2+y^2$ 在条件 $x+y=1$ 下的极值,这时自变量受到约束,因此不能在函数的整个定义域上求极值,只能在定义域的一部分,即直线 $x+y=1$ 上求极值.

引例中,前者只要求自变量在定义域内变化,而没有其他约束条件,称为**无条件极值**;后者要求自变量受到某条件的约束,称为**条件极值**.

那么,如何求条件极值?在有些情况下,可以把条件极值化为无条件极值. 例如,从引例的条件 $x+y=1$ 中解出 $y=1-x$,将 $y=1-x$ 代入 $z=x^2+y^2$ 中,得 $z=2x^2-2x+1$,这时二元函数的条件极值问题就变为一元函数的无条件极值问题. 令 $z'=4x-2=0$,得 $x=\frac{1}{2}$,求得极值为 $z\Big|_{x=\frac{1}{2}}=\frac{1}{2}$,如图 8-69 所示.

下面利用等高线来解释条件极值的几何意义.

对于上述例子,函数 $z=x^2+y^2$ 的等高线是一族同心圆 $x^2+y^2=C^2$(见图 8-70),其中 $C_1<C_2<C_3=1<C_4$. 约束条件是直线 $L:x+y=1$,求函数 $z=x^2+y^2$ 在此约束条件下的极小值点,就是在 $L$ 上寻找这样的点 $P_0$:函数 $z$ 在点 $P_0$ 处的值达到极小. 几何上,就是求使等高线 $x^2+y^2=C^2$ 与直线 $x+y=1$ 相交的最小的 $C$ 值. 显然,点 $P_0$ 是直线 $L$ 与圆的切点 $\left(\frac{1}{2},\frac{1}{2}\right)$.

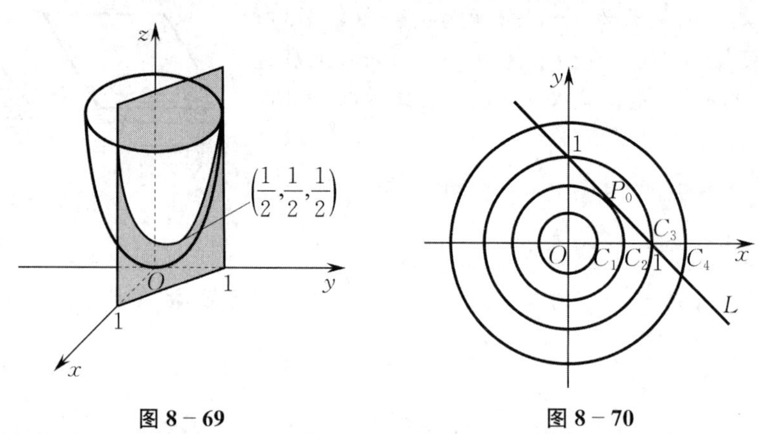


图 8-69　　　　图 8-70

**2. 拉格朗日乘数法**

由于在大多数情况下,将条件极值化为无条件极值并不容易,因此下面将介绍一种不用消元就可以直接求解条件极值的方法 —— **拉格朗日乘数法**. 拉格朗日乘数法能有效地求出所有可能极值点,至于可能极值点是否是极值点往往可由实际问题本身的性质来确定.

考察二元函数 $z=f(x,y)$ 在约束条件 $\varphi(x,y)=0$ 下取得极值的必要条件.

如果 $P_0(x_0,y_0)$ 是函数 $z=f(x,y)$ 在约束条件 $\varphi(x,y)=0$ 下的极值点,那么点 $P_0(x_0,y_0)$ 首先要满足 $\varphi(x,y)=0$,即 $\varphi(x_0,y_0)=0$. 假定在点 $P_0(x_0,y_0)$ 的某个邻域内,函数 $z=f(x,y)$ 与 $\varphi(x,y)$ 均有连续偏导数,且 $\varphi_y(x_0,y_0)\neq 0$,由隐函数存在定理 1 可知,方程 $\varphi(x,y)=0$ 在点 $P_0$ 的某个邻域内能唯一确定一个连续且具有连续导数的函数 $y=g(x)$,将它代入函数 $z=f(x,y)$ 中,得

$$z=f(x,g(x)).$$

因 $P_0(x_0,y_0)$ 是函数 $z=f(x,y)$ 的极值点,故 $x=x_0$ 必定也是一元函数 $z=f(x,g(x))$ 的极值点. 于是,根据可导的一元函数取得极值的必要条件,有

$$\left.\frac{\mathrm{d}z}{\mathrm{d}x}\right|_{x=x_0}=f_x(x_0,y_0)+f_y(x_0,y_0)g'(x_0)=0. \tag{8.6.1}$$

又

$$g'(x_0)=\left.\frac{\mathrm{d}y}{\mathrm{d}x}\right|_{x=x_0}=-\frac{\varphi_x(x_0,y_0)}{\varphi_y(x_0,y_0)}, \tag{8.6.2}$$

将式(8.6.2)代入式(8.6.1),可得

$$f_x(x_0,y_0)-f_y(x_0,y_0)\frac{\varphi_x(x_0,y_0)}{\varphi_y(x_0,y_0)}=0. \tag{8.6.3}$$

因此,$\varphi(x_0,y_0)=0$ 和式(8.6.3)就是函数 $z=f(x,y)$ 在约束条件 $\varphi(x,y)=0$ 下在点 $P_0(x_0,y_0)$ 处取得极值的必要条件.

设 $\lambda_0=-\dfrac{f_y(x_0,y_0)}{\varphi_y(x_0,y_0)}$，则上述必要条件可改写为

$$\begin{cases}f_x(x_0,y_0)+\lambda_0\varphi_x(x_0,y_0)=0,\\ f_y(x_0,y_0)+\lambda_0\varphi_y(x_0,y_0)=0,\\ \varphi(x_0,y_0)=0.\end{cases}\tag{8.6.4}$$

若引入辅助变量$\lambda$和辅助函数$L(x,y,\lambda)=f(x,y)+\lambda\varphi(x,y)$，则方程组(8.6.4)可写成

$$\begin{cases}L_x(x_0,y_0,\lambda)=f_x(x_0,y_0)+\lambda\varphi_x(x_0,y_0)=0,\\ L_y(x_0,y_0,\lambda)=f_y(x_0,y_0)+\lambda\varphi_y(x_0,y_0)=0,\\ L_\lambda(x_0,y_0,\lambda)=\varphi(x_0,y_0)=0.\end{cases}$$

称函数 $L(x,y,\lambda)=f(x,y)+\lambda\varphi(x,y)$ 为**拉格朗日函数**，$\lambda$ 为**拉格朗日乘数**.

**3. 拉格朗日乘数法的几何意义**

求函数 $z=f(x,y)$ 在约束条件 $\varphi(x,y)=0$ 下的极值，即当点$(x,y)$被限制在平面曲线 $\varphi(x,y)=0$ 上时，求函数 $z=f(x,y)$ 的极值.

在约束条件 $\varphi(x,y)=0$ 下，求函数 $z=f(x,y)$（见图 8－71(a)）的极大值，就是求使得等高线 $f(x,y)=C$ 与 $\varphi(x,y)=0$ 相交的最大的 $C$ 值，即考察当点$(x,y)$在 $\varphi(x,y)=0$ 对应的平面曲线上移动时，等高线对应的函数值的变化来获取极值点的位置和极值. 如图 8－71(b) 所示，当 $\varphi(x,y)=0$ 与等高线 $f(x,y)=C$ 相切时，$C$ 的值最大. 此时，切点 $P_0(x_0,y_0)$ 就是极大值点，$C$ 就是极大值.

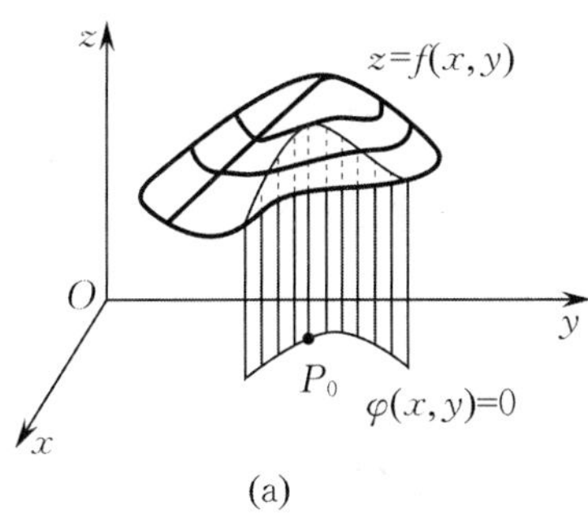

(a)

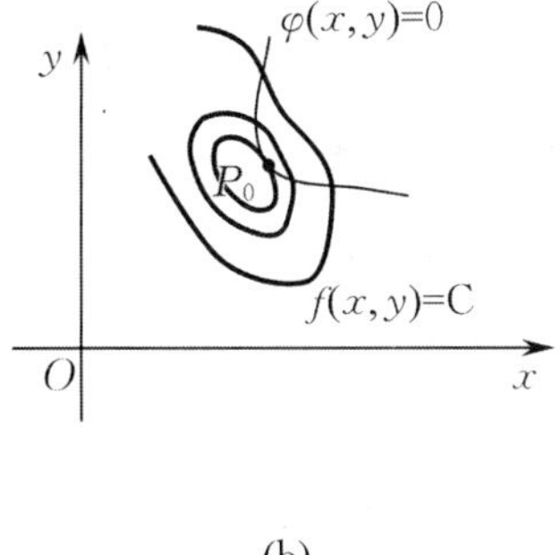

(b)

**图 8－71**

$\varphi(x,y)=0$ 与 $f(x,y)=C$ 相切，意味着它们有公共切线，所以在切点 $P_0(x_0,y_0)$ 处，它们的法向量是平行的，梯度也是平行的，从而存在常数 $\lambda$，使得

$$\mathbf{grad}f\Big|_{(x_0,y_0)}=-\lambda\mathbf{grad}\varphi\Big|_{(x_0,y_0)},$$

即在切点 $P_0(x_0,y_0)$ 处满足方程组

$$\begin{cases}f_x+\lambda\varphi_x=0,\\ f_y+\lambda\varphi_y=0,\\ \varphi(x,y)=0.\end{cases}$$

综上所述，可得到用拉格朗日乘数法求函数 $z=f(x,y)$ 在约束条件 $\varphi(x,y)=0$ 下的极值点的步骤：

(1) 构造拉格朗日函数 $L(x,y,\lambda)=f(x,y)+\lambda\varphi(x,y)$；

(2) 将 $L(x,y,\lambda)$ 分别对 $x,y,\lambda$ 求一阶偏导数,并使之均等于 0,可得方程组

$$\begin{cases}L_x(x,y,\lambda)=f_x(x,y)+\lambda\varphi_x(x,y)=0,\\L_y(x,y,\lambda)=f_y(x,y)+\lambda\varphi_y(x,y)=0,\\L_\lambda(x,y,\lambda)=\varphi(x,y)=0;\end{cases}$$

(3) 求出(2)中的方程组的解 $(x,y,\lambda)$,其中 $(x,y)$ 就是函数 $f(x,y)$ 在约束条件 $\varphi(x,y)=0$ 下的可能极值点;

(4) 判定可能极值点 $(x,y)$ 是否为条件极值的极值点.

**例 8.6.4** 求函数 $f(x,y)=y^2-x^2$ 在约束条件 $\frac{x^2}{4}+y^2=1$ 下的最大值和最小值.

**解** 构造拉格朗日函数 $L(x,y,\lambda)=y^2-x^2+\lambda\left(\frac{x^2}{4}+y^2-1\right)$.

将 $L(x,y,\lambda)$ 分别对 $x,y,\lambda$ 求一阶偏导数,并使之均等于 0,可得方程组

$$\begin{cases}L_x=-2x+\frac{1}{2}\lambda x=0,\\L_y=2y+2\lambda y=0,\\L_\lambda=\frac{x^2}{4}+y^2-1=0.\end{cases}$$

解第一个方程得 $x=0$ 或 $\lambda=4$,解第二个方程得 $y=0$ 或 $\lambda=-1$,而由第三个方程知 $x,y$ 不能同时为 0. 因此,当 $x\neq0$ 时,得可能极值点 $(2,0)$, $(-2,0)$;当 $y\neq0$ 时,得可能极值点 $(0,1)$, $(0,-1)$.

由于函数 $f(x,y)=y^2-x^2$ 在 $D=\left\{(x,y)\,\middle|\,\frac{x^2}{4}+y^2=1\right\}$ 上必取得最大值和最小值,且 $f(2,0)=f(-2,0)=-4$, $f(0,1)=f(0,-1)=1$,因此所求最大值为 1,最小值为 $-4$.

从图 8-72 可以看出,函数 $f(x,y)=y^2-x^2$ 在约束条件 $\frac{x^2}{4}+y^2=1$ 下的最大值和最小值分别为两个曲面的交线上的最高点和最低点的竖坐标.

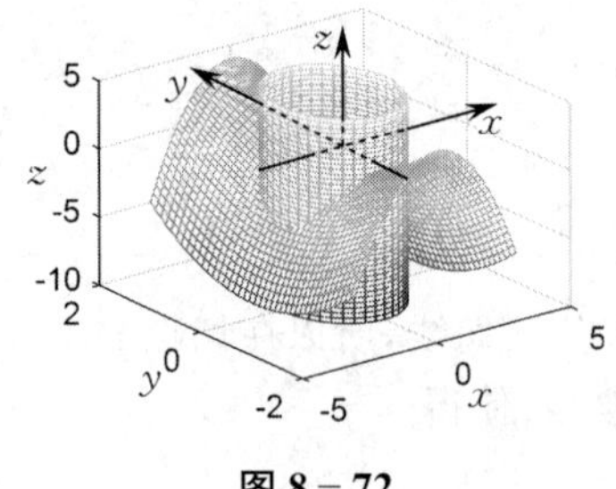


图 8-72

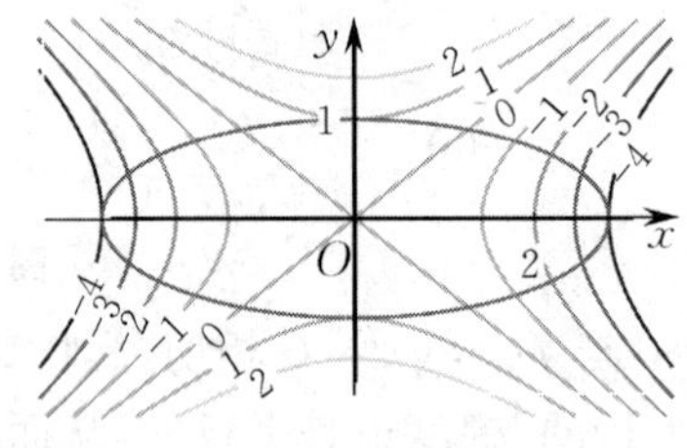


图 8-73

如图 8-73 所示,函数 $f(x,y)=y^2-x^2$ 的等高线是双曲线族 $y^2-x^2=C$,双曲线离坐标原点越远,$f(x,y)$ 的绝对值越大. 要在椭圆 $\frac{x^2}{4}+y^2=1$ 上求使得 $f(x,y)$ 取得极值的点,只要观察哪条双曲线既与椭圆相交又离坐标原点最远即可. 与椭圆相切的双曲线离坐标原点最远,即最值点出现在等高线 $y^2-x^2=C$ 与椭圆 $\frac{x^2}{4}+y^2=1$ 的切点处,这正是拉格朗日乘数法的关键思想的体现.

**例 8.6.5** 求函数 $f(x,y)=x^2+y^2$ 在约束条件 $x^2+y^2+x+y-1=0$ 下的最值.

**解**　构造拉格朗日函数 $L(x,y,\lambda)=x^2+y^2+\lambda(x^2+y^2+x+y-1)$.

将 $L(x,y,\lambda)$ 分别对 $x,y,\lambda$ 求一阶偏导数，并使之均等于 0，可得方程组

$$\begin{cases}L_x=2x+\lambda(2x+1)=0,\\ L_y=2y+\lambda(2y+1)=0,\\ L_\lambda=x^2+y^2+x+y-1=0.\end{cases}$$

由上述方程组的前两个方程得 $x=y$；将 $x=y$ 代入第三个方程得 $2x^2+2x-1=0$，解得 $x=\frac{-1\pm\sqrt{3}}{2}$，即得可能极值点 $M_1\left(-\frac{1+\sqrt{3}}{2},-\frac{1+\sqrt{3}}{2}\right)$，$M_2\left(\frac{-1+\sqrt{3}}{2},\frac{-1+\sqrt{3}}{2}\right)$.

由于 $f(x,y)\Big|_{M_1}=2+\sqrt{3}$，$f(x,y)\Big|_{M_2}=2-\sqrt{3}$，因此 $f_{\max}=2+\sqrt{3}$，$f_{\min}=2-\sqrt{3}$.

从图 8-74(a) 可以看出，函数 $f(x,y)=x^2+y^2$ 在约束条件 $x^2+y^2+x+y-1=0$ 下的最大值和最小值分别为两个曲面的交线上的最高点和最低点的竖坐标. 从图 8-74(b) 可以看出，最值点出现在等高线 $x^2+y^2=C$ 与曲线 $x^2+y^2+x+y-1=0$ 的切点处. 由于函数 $f(x,y)=x^2+y^2$ 的等高线是一系列同心圆，离坐标原点越远，函数值越大，因此 $M_1\left(-\frac{1+\sqrt{3}}{2},-\frac{1+\sqrt{3}}{2}\right)$ 是最大值点，且最大值为 $f_{\max}=2+\sqrt{3}\approx 3.732\,1$；$M_2\left(\frac{-1+\sqrt{3}}{2},\frac{-1+\sqrt{3}}{2}\right)$ 是最小值点，且最小值为 $f_{\min}=2-\sqrt{3}\approx 0.267\,9$.

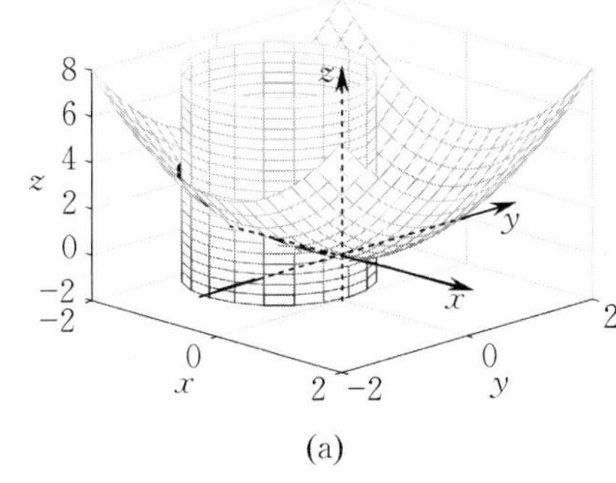

(a)

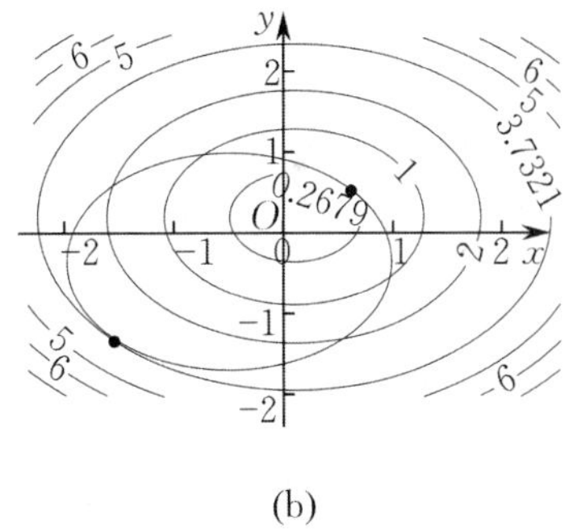

(b)

**图 8-74**

由例 8.6.4 和例 8.6.5 可以发现，用拉格朗日乘数法求解条件极值问题时，拉格朗日乘数 $\lambda$ 有时可以不必求出.

拉格朗日乘数法还可以推广到自变量多于两个而约束条件多于一个的情形. 例如，求函数 $u=f(x,y,z)$ 在约束条件 $\varphi(x,y,z)=0$ 和 $\psi(x,y,z)=0$ 下的可能极值点的步骤是：

(1) 构造拉格朗日函数 $L(x,y,z,\lambda,\mu)=f(x,y,z)+\lambda\varphi(x,y,z)+\mu\psi(x,y,z)$.

(2) 将 $L(x,y,z,\lambda,\mu)$ 分别对 $x,y,z,\lambda,\mu$ 求一阶偏导数，并使之均等于 0，得方程组

$$\begin{cases}L_x(x,y,z,\lambda,\mu)=f_x(x,y,z)+\lambda\varphi_x(x,y,z)+\mu\psi_x(x,y,z)=0,\\ L_y(x,y,z,\lambda,\mu)=f_y(x,y,z)+\lambda\varphi_y(x,y,z)+\mu\psi_y(x,y,z)=0,\\ L_z(x,y,z,\lambda,\mu)=f_z(x,y,z)+\lambda\varphi_z(x,y,z)+\mu\psi_z(x,y,z)=0,\\ L_\lambda(x,y,z,\lambda,\mu)=\varphi(x,y,z)=0,\\ L_\mu(x,y,z,\lambda,\mu)=\psi(x,y,z)=0.\end{cases}$$

(3) 求出(2) 中的方程组的解$(x,y,z,\lambda,\mu)$,其中$(x,y,z)$就是函数$u=f(x,y,z)$在约束条件$\varphi(x,y,z)=0$和$\psi(x,y,z)=0$下的可能极值点.

至于所求可能极值点是否为极值点,在实际问题中往往可根据问题本身的性质来判定.

上面的问题从几何上看,就是求函数$u=f(x,y,z)$在曲面$\varphi(x,y,z)=0$和$\psi(x,y,z)=0$的交线$C$上的极值.

**例 8.6.6** 要用钢板制作一个容积为$V$的长方体开口水箱,若不计钢板的厚度,怎样制作所用材料最省?

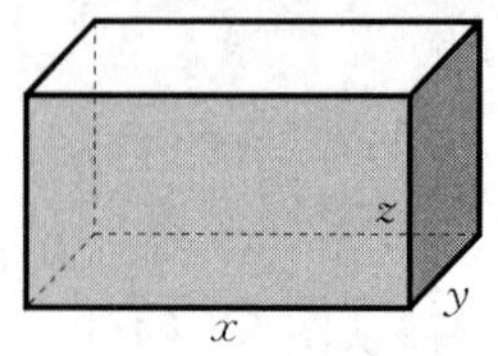

图 8-75

**解** 设水箱的长、宽、高分别为$x,y,z$(见图8-75),则水箱容积为$V=xyz$,制作水箱所用的钢板面积为

$$S=xy+2(xz+yz).$$

因此,该实际问题可归结为求函数$S=xy+2(xz+yz)$在约束条件$V=xyz$下的最小值.

构造拉格朗日函数

$$L(x,y,z,\lambda)=xy+2(xz+yz)+\lambda(xyz-V).$$

将$L(x,y,z,\lambda)$分别对$x,y,z,\lambda$求一阶偏导数,并使之均等于0,可得方程组

$$\begin{cases}L_x=y+2z+\lambda yz=0,\\L_y=x+2z+\lambda xz=0,\\L_z=2(x+y)+\lambda xy=0,\\L_\lambda=xyz-V=0,\end{cases}$$

其中$x,y,z$均为正数. 由方程组的前两个方程得$x=y$,由第一个方程和第三个方程得$x=2z$,将$x=y=2z$代入最后一个方程得

$$x=y=\sqrt[3]{2V},\quad z=\frac{1}{2}\sqrt[3]{2V}.$$

这是唯一的可能极值点,由实际问题可知,$S$一定存在最小值,所以它也是$S$取得最小值的点. 因此,当水箱的高为$\frac{1}{2}\sqrt[3]{2V}$,长、宽为高的2倍时,所用材料最省,即所用钢板面积最小,且最小面积为$S=3\sqrt[3]{4V^2}$.

思考 (1) 当水箱封闭时,欲使所用材料最省,长、宽、高应分别为多少?

(2) 当开口水箱底部的造价为侧面的 2 倍时,欲使造价最省,应如何构造拉格朗日函数?长、宽、高分别为多少?

上面讨论了求解多元函数无条件极值和条件极值问题的方法. 从理论上讲,已经可以用于寻找多元函数的极值和最值. 但是,在实践中还会遇到不少困难. 例如,为了获得多元函数(或拉格朗日函数) 的驻点,需要求解方程组,而这种方程组一般是非线性的. 目前,并没有一个普遍适用的方法可用于求解非线性方程组,从上面的几个例子可以看出,它仅依赖于直觉和经验. 为此,需要进一步建立可操作的数值计算方法(该方面的算法已有很多),并且能够在计算机上实现. 这些算法在非线性优化的书籍中均有介绍.

## 思考题 8.6

1. 函数 $z=f(x,y)$ 的驻点如何定义？

2. 若函数 $z=f(x,y)$ 在点 $P_0(x_0,y_0)$ 处有极值，那么在该点处是否必有$\frac{\partial z}{\partial x}=\frac{\partial z}{\partial y}=0$？

3. 若函数 $z=f(x,y)$ 在点 $P_0(x_0,y_0)$ 处有$\frac{\partial z}{\partial x}=\frac{\partial z}{\partial y}=0$，该点是否必是极值点？

4. 若一元函数 $f(x_0,y)$ 及 $f(x,y_0)$ 在点$(x_0,y_0)$ 处均取得极值，二元函数 $f(x,y)$ 在点$(x_0,y_0)$ 处是否也取得极值？反之呢？

5. 由拉格朗日乘数法求得的可能极值点$(x,y)$ 一定是极值点吗？

6. 不需要具体求解，指出解决如下问题的两个不同的解题思路：

设椭球面$\frac{x^2}{a^2}+\frac{y^2}{b^2}+\frac{z^2}{c^2}=1$与平面$Ax+By+Cz+D=0$没有交点，求椭球面与平面之间的最小距离.

## 习 题 8.6

**(A)**

一、求函数 $f(x,y)=x^3+y^3-3(x^2+y^2)$ 的极值.

二、求函数 $z=xy(4-x-y)$ 在由直线 $x=1,y=0$ 及 $x+y=6$ 所围成的闭区域 $D$ 上的最大值和最小值.

三、将周长为 $2p$ 的矩形绕它的一个边旋转一周形成一个圆柱体，问：当矩形的长、宽各为多少时，才可使得圆柱体的体积最大？

四、从斜边的长为 $l$ 的所有直角三角形中，求周长最大的一个.

五、求内接于半径为 $a$ 的球体且有最大体积的长方体.

六、在某行星表面安装一个无线电望远镜，为了减少干扰，要将该无线电望远镜安装在磁场最弱的位置.假设该行星为一个球体，其半径为6单位.若以球心为坐标原点建立空间直角坐标系 $Oxyz$，则行星表面上点$(x,y,z)$ 处的磁场强度为 $H(x,y,z)=6x-y^2+xz+60$.问：应将该无线电望远镜安装在何处？

七、在直线$\begin{cases}y+2=0,\\x+2z=7\end{cases}$上找一点，使得它到点$(0,-1,1)$ 的距离最短，并求最短距离.

八、旋转抛物面 $z=x^2+y^2$ 被平面 $x+y+z=1$ 截成一个椭圆，求坐标原点到该椭圆的最长距离与最短距离.

**(B)**

一、设函数 $f(x,y)$ 在点 $O(0,0)$ 的某个邻域内连续，且有

$$\lim_{(x,y)\to(0,0)}\frac{f(x,y)-f(0,0)}{x^2+1-x\sin y-\cos^2 y}=A<0.$$

讨论函数 $f(x,y)$ 在点 $O(0,0)$ 处是否有极值，如果有，是极大值还是极小值.

二、已知平面上的三个质点 $P_1(x_1,y_1),P_2(x_2,y_2),P_3(x_3,y_3)$，其质量分别为 $m_1,m_2,m_3$. 求一点 $P(x,y)$，使得该质点系对点 $P$ 的转动惯量最小.

三、求旋转抛物面 $z=x^2+y^2$ 与平面 $x+y-2z=2$ 之间的最短距离.

四、已知函数 $f(x,y)$ 满足 $f_{xy}(x,y)=2(y+1)e^x, f_x(x,0)=(x+1)e^x, f(0,y)=y^2+2y$，求 $f(x,y)$ 的极值.

五、求由方程 $x^2-6xy+10y^2-2yz-z^2+18=0$ 所确定的函数 $z=z(x,y)$ 的极值.

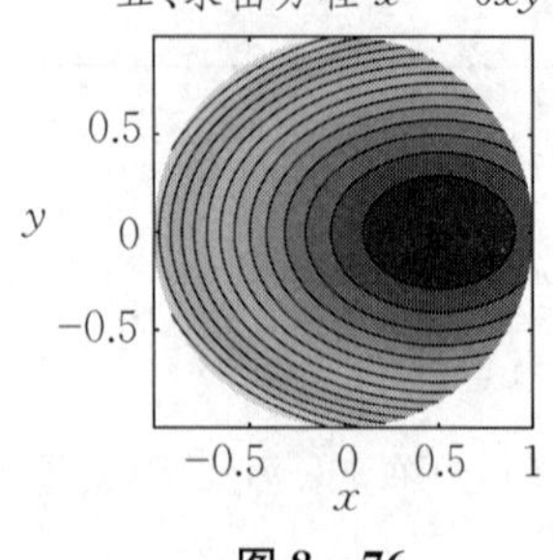

图 8-76

六、形状为椭球 $4x^2+y^2+4z^2\leqslant 16$ 的空间探测器进入地球大气层后,其表面开始受热.已知 1 h 后,在探测器表面的点 $(x,y,z)$ 处的温度分布函数为 $T(x,y,z)=8x^2+4yz-16z+600$,求此时该探测器表面温度最高的点.

七、设一圆板 $D$ 占有平面闭区域 $\{(x,y)\mid x^2+y^2\leqslant 1\}$.该圆板被加热后,在其表面点 $(x,y)$ 处的温度为 $T(x,y)=x^2+2y^2-x$,求该圆板表面温度最高与最低的点.

图 8-76 表示温度 $T(x,y)=x^2+2y^2-x$ 在圆板 $D$ 上的分布.你的答案与该图是否一致?

# 第七节　应用实例

## 实例一:弦振动方程的解

**例 8.7.1**　演奏弦乐器(如提琴、二胡等)的人用弓在弦上来回拉动,弓所接触的只是弦的很小一段,似乎应该只引起这一小段的振动.实际上,振动总是传播到整根弦,弦的各处都会引起振动.人们用数学方法研究这种弦振动传播现象.

考虑一根绷紧的弦,它不振动时在一条直线上,取此直线为 $x$ 轴.在时刻 $t=0$ 拨动此弦使其振动,设函数 $u(x,t)$ 表示弦上与横坐标 $x$ 对应的点在时刻 $t$ 的横向位移,则用讨论张力的方法可推得 $u(x,t)$ 满足偏微分方程

$$\frac{\partial^2 u}{\partial t^2}=a^2\frac{\partial^2 u}{\partial x^2}\quad (a>0),$$

该方程称为**弦振动方程**①,其中 $u$ 具有二阶连续偏导数,试求解此方程.

**解　方法一**　做变量替换 $\begin{cases}x=\dfrac{1}{2}(\xi+\eta),\\ t=\dfrac{1}{2a}(\xi-\eta),\end{cases}$ 即 $\begin{cases}\xi=x+at,\\ \eta=x-at,\end{cases}$ 则 $u=u(x,t)$ 可以看成复合函数 $u=u(\xi,\eta)$,于是

$$\frac{\partial u}{\partial x}=\frac{\partial u}{\partial \xi}\cdot\frac{\partial \xi}{\partial x}+\frac{\partial u}{\partial \eta}\cdot\frac{\partial \eta}{\partial x}=\frac{\partial u}{\partial \xi}+\frac{\partial u}{\partial \eta},$$

$$\frac{\partial^2 u}{\partial x^2}=\frac{\partial^2 u}{\partial \xi^2}\cdot\frac{\partial \xi}{\partial x}+\frac{\partial^2 u}{\partial \xi\partial \eta}\cdot\frac{\partial \eta}{\partial x}+\frac{\partial^2 u}{\partial \eta\partial \xi}\cdot\frac{\partial \xi}{\partial x}+\frac{\partial^2 u}{\partial \eta^2}\cdot\frac{\partial \eta}{\partial x}=\frac{\partial^2 u}{\partial \xi^2}+2\frac{\partial^2 u}{\partial \xi\partial \eta}+\frac{\partial^2 u}{\partial \eta^2},$$

$$\frac{\partial u}{\partial t}=\frac{\partial u}{\partial \xi}\cdot\frac{\partial \xi}{\partial t}+\frac{\partial u}{\partial \eta}\cdot\frac{\partial \eta}{\partial t}=a\left(\frac{\partial u}{\partial \xi}-\frac{\partial u}{\partial \eta}\right),$$

$$\frac{\partial^2 u}{\partial t^2}=a\left(\frac{\partial^2 u}{\partial \xi^2}\cdot\frac{\partial \xi}{\partial t}+\frac{\partial^2 u}{\partial \xi\partial \eta}\cdot\frac{\partial \eta}{\partial t}-\frac{\partial^2 u}{\partial \eta\partial \xi}\cdot\frac{\partial \xi}{\partial t}-\frac{\partial^2 u}{\partial \eta^2}\cdot\frac{\partial \eta}{\partial t}\right)=a^2\left(\frac{\partial^2 u}{\partial \xi^2}-2\frac{\partial^2 u}{\partial \xi\partial \eta}+\frac{\partial^2 u}{\partial \eta^2}\right).$$

将 $\dfrac{\partial^2 u}{\partial x^2},\dfrac{\partial^2 u}{\partial t^2}$ 代入原方程,得

① 弦振动方程是数学物理中一个极为重要的方程,也称为**波动方程**.

$$\frac{\partial^2 u}{\partial\xi\partial\eta}=0,$$

从而原方程被很大程度地简化. 下面先对 $\eta$ 积分，得 $\frac{\partial u}{\partial\xi}=f(\xi)$；再对 $\xi$ 积分，可得通解

$$u=\int f(\xi)\mathrm{d}\xi+f_2(\eta)=f_1(\xi)+f_2(\eta)=f_1(x+at)+f_2(x-at),$$

其中 $f_1,f_2$ 为任意函数.

通解的物理意义：所有 $f(x-at)$ 形式的函数描述的是沿 $x$ 轴正方向传播的波，其速度为 $a$；而所有 $f(x+at)$ 形式的函数描述的是沿 $x$ 轴负方向传播的波，其速度也为 $a$.

**方法二(微分法)**　做变量替换 $\begin{cases}\xi=x+at,\\ \eta=x-at,\end{cases}$ 则 $\mathrm{d}\xi=\mathrm{d}x+a\mathrm{d}t,\mathrm{d}\eta=\mathrm{d}x-a\mathrm{d}t$. 由于 $u$ 具有二阶连续偏导数，因此 $u$ 可微，从而利用一阶全微分的形式不变性，得

$$\mathrm{d}u=\frac{\partial u}{\partial\xi}\mathrm{d}\xi+\frac{\partial u}{\partial\eta}\mathrm{d}\eta=\left(\frac{\partial u}{\partial\xi}+\frac{\partial u}{\partial\eta}\right)\mathrm{d}x+a\left(\frac{\partial u}{\partial\xi}-\frac{\partial u}{\partial\eta}\right)\mathrm{d}t,$$

即 $\frac{\partial u}{\partial x}=\frac{\partial u}{\partial\xi}+\frac{\partial u}{\partial\eta},\frac{\partial u}{\partial t}=a\left(\frac{\partial u}{\partial\xi}-\frac{\partial u}{\partial\eta}\right)$. 继续求偏导数，得

$$\frac{\partial^2 u}{\partial x^2}=\frac{\partial}{\partial\xi}\left(\frac{\partial u}{\partial\xi}+\frac{\partial u}{\partial\eta}\right)\frac{\partial\xi}{\partial x}+\frac{\partial}{\partial\eta}\left(\frac{\partial u}{\partial\xi}+\frac{\partial u}{\partial\eta}\right)\frac{\partial\eta}{\partial x}=\frac{\partial^2 u}{\partial\xi^2}+2\frac{\partial^2 u}{\partial\xi\partial\eta}+\frac{\partial^2 u}{\partial\eta^2},$$

$$\frac{\partial^2 u}{\partial t^2}=a\frac{\partial}{\partial\xi}\left(\frac{\partial u}{\partial\xi}-\frac{\partial u}{\partial\eta}\right)\frac{\partial\xi}{\partial t}+a\frac{\partial}{\partial\eta}\left(\frac{\partial u}{\partial\xi}-\frac{\partial u}{\partial\eta}\right)\frac{\partial\eta}{\partial t}=a^2\left(\frac{\partial^2 u}{\partial\xi^2}-2\frac{\partial^2 u}{\partial\xi\partial\eta}+\frac{\partial^2 u}{\partial\eta^2}\right).$$

由此可得 $a^2\frac{\partial^2 u}{\partial x^2}-\frac{\partial^2 u}{\partial t^2}=4a^2\frac{\partial^2 u}{\partial\xi\partial\eta}=0$，即 $\frac{\partial^2 u}{\partial\xi\partial\eta}=0$. 先对 $\eta$ 积分，再对 $\xi$ 积分，可得通解为

$$u=f_1(\xi)+f_2(\eta)=f_1(x+at)+f_2(x-at),$$

其中 $f_1,f_2$ 为任意函数.

**注**　在解偏微分方程时，经常需要做变量替换以简化方程，然后求解.

## 实例二：半椭球面屋顶雨滴的下滑曲线

**例 8.7.2**　设一大礼堂的屋顶为半椭球面 $z=\sqrt{1-\frac{x^2}{4}-\frac{y^2}{9}}$，表面光滑无摩擦，在无风的雨天，雨滴落在上面会向下滑，求雨滴下滑曲线的方程.

**分析**　由于重力的作用，雨滴会沿 $z$ 下降最快的方向往下滑，也就是沿 $z$ 的负梯度方向 $(-\mathbf{grad}z)$ 下滑.

**解**　$\mathbf{grad}z=\frac{\partial z}{\partial x}\boldsymbol{i}+\frac{\partial z}{\partial y}\boldsymbol{j}=\frac{-1}{z}\left(\frac{x}{4}\boldsymbol{i}+\frac{y}{9}\boldsymbol{j}\right)$ 与所求下滑曲线的平面投影曲线的切向量 $(\mathrm{d}x,\mathrm{d}y)$ 平行，即

$$\frac{\mathrm{d}y}{\mathrm{d}x}=\frac{4}{9}\cdot\frac{y}{x},$$

解得平面投影曲线的方程为 $\begin{cases}y=Cx^{\frac{4}{9}},\\ z=0.\end{cases}$ 于是，雨滴下滑曲线(见图 8－77) 的方程为

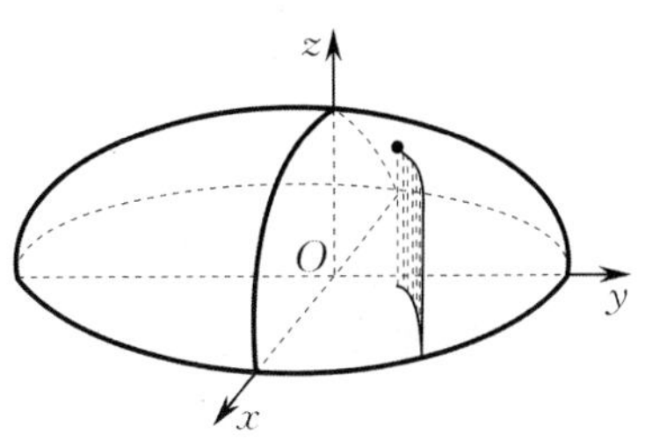

图 8－77

$$\begin{cases} z=\sqrt{1-\dfrac{x^2}{4}-\dfrac{y^2}{9}}, \\ y=Cx^{\frac{4}{9}}. \end{cases}$$

掌握客观事物的发展规律是常微分方程所研究的一个内容. 雨滴从半椭球面屋顶下滑的路线是一条空间曲线,即柱面$y=Cx^{\frac{4}{9}}$与半椭球面$z=\sqrt{1-\frac{x^2}{4}-\frac{y^2}{9}}$的交线. 建立柱面方程$y=Cx^{\frac{4}{9}}$是例 8.7.2 的解题关键.

## 实例三:两电荷间的引力问题

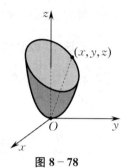

**例 8.7.3** 已知在空间直角坐标系 $Oxyz$ 的坐标原点 $O$ 处有一个单位正电荷. 设另一个单位负电荷在椭圆$\begin{cases} z=x^2+y^2, \\ x+y+z=1 \end{cases}$上移动(见图 8-78),问:两电荷间的引力何时最大? 何时最小?

图 8-78

**解** 当负电荷在椭圆上的点$(x,y,z)$处时,两电荷间的引力为

$$f(x,y,z)=\frac{k}{x^2+y^2+z^2}\quad (k>0 \text{ 为引力常数}).$$

此时,问题转化为求函数 $f(x,y,z)$ 在约束条件 $z=x^2+y^2$, $x+y+z=1$ 下的最大值和最小值.

为了简单起见,考虑函数 $g(x,y,z)=x^2+y^2+z^2$,则 $f(x,y,z)$ 的最大(或最小)值就是 $g(x,y,z)$ 的最小(或最大)值. 接下来求函数 $g(x,y,z)=x^2+y^2+z^2$ 在约束条件 $z=x^2+y^2$, $x+y+z=1$ 下的最值.

构造拉格朗日函数

$$L(x,y,z,\lambda,\mu)=x^2+y^2+z^2+\lambda(x^2+y^2-z)+\mu(x+y+z-1).$$

将 $L(x,y,z,\lambda,\mu)$ 分别对 $x,y,z,\lambda,\mu$ 求一阶偏导数,并使之均等于 0,可得方程组

$$\begin{cases} L_x=2x+2\lambda x+\mu=0, \\ L_y=2y+2\lambda y+\mu=0, \\ L_z=2z-\lambda+\mu=0, \\ L_\lambda=x^2+y^2-z=0, \\ L_\mu=x+y+z-1=0. \end{cases}$$

解上述方程组得可能极值点

$$M_1\left(\frac{-1+\sqrt{3}}{2},\frac{-1+\sqrt{3}}{2},2-\sqrt{3}\right),\quad M_2\left(\frac{-1-\sqrt{3}}{2},\frac{-1-\sqrt{3}}{2},2+\sqrt{3}\right).$$

将点 $M_1$, $M_2$ 代入函数 $g(x,y,z)=x^2+y^2+z^2$ 中,得

$$g(x,y,z)\Big|_{M_1}=9-5\sqrt{3},\quad g(x,y,z)\Big|_{M_2}=9+5\sqrt{3}.$$

根据问题的实际意义,函数 $g(x,y,z)=x^2+y^2+z^2$ 在

$$D=\{(x,y,z)\mid z=x^2+y^2, x+y+z=1\}$$

上必有最大值和最小值. 因此,函数 $g(x,y,z)$ 在点 $M_1$, $M_2$ 处分别有最小值和最大值,从而函数 $f(x,y,z)$ 在点 $M_1$, $M_2$ 处分别有最大值和最小值,即两电荷间的引力当单位负电荷在点

$M_1$ 处最大、在点 $M_2$ 处最小.

## 习　题　8.7

一、证明：利用变量替换 $\begin{cases}\xi = x - \dfrac{1}{3}y, \\ \eta = x - y\end{cases}$ 可将方程 $\dfrac{\partial^2 u}{\partial x^2} + 4\dfrac{\partial^2 u}{\partial x \partial y} + 3\dfrac{\partial^2 u}{\partial y^2} = 0$ 化简为 $\dfrac{\partial^2 u}{\partial \xi \partial \eta} = 0$，其中 $u$ 具有二阶连续偏导数.

*二、最小二乘法是一种重要的数据分析(回归分析)方法①.请用相关知识，完成下列练习：

(1) 通过实验或测量，得到变量 $x, y$ 的一组数据点 $(x_1, y_1), (x_2, y_2), \cdots, (x_n, y_n)$. 如果这些数据点几乎分布在一条直线 $y = ax + b$ 上，那么希望找出这条直线，使得各数据点到直线的偏差的平方和最小. 换句话说，就是寻找使得函数

$$Q(a,b) = (ax_1 + b - y_1)^2 + (ax_2 + b - y_2)^2 + \cdots + (ax_n + b - y_n)^2$$

的值最小的 $a$ 和 $b$，即求函数 $Q(a,b)$ 的最小值点. 试证：满足条件的 $a$ 和 $b$ 为

$$a = \frac{n\sum_{i=1}^{n} x_i y_i - \left(\sum_{i=1}^{n} x_i\right)\left(\sum_{i=1}^{n} y_i\right)}{n\sum_{i=1}^{n} x_i^2 - \left(\sum_{i=1}^{n} x_i\right)^2}, \quad b = \frac{\left(\sum_{i=1}^{n} x_i^2\right)\left(\sum_{i=1}^{n} y_i\right) - \left(\sum_{i=1}^{n} x_i y_i\right)\left(\sum_{i=1}^{n} x_i\right)}{n\sum_{i=1}^{n} x_i^2 - \left(\sum_{i=1}^{n} x_i\right)^2}.$$

(2) 为了测定刀具的磨损速度，每隔 1 h 测一次刀具的厚度，得如表 8-1 所示的实验数据. 试找出一个线性拟合表中实验数据的近似表达式 $y = f(t)$.

**表 8-1**

| $t$/h | 0 | 1 | 2 | 3 | 4 | 5 | 6 | 7 |
|---|---|---|---|---|---|---|---|---|
| $y$/mm | 27.0 | 26.8 | 26.5 | 26.3 | 26.1 | 25.7 | 25.3 | 24.8 |

## 总 习 题 八

一、设函数 $f(x,y) = \begin{cases}\dfrac{x^2 y}{x^2 + y^2}, & x^2 + y^2 \neq 0, \\ 0, & x^2 + y^2 = 0,\end{cases}$ 求 $f_x(x,y), f_y(x,y)$.

二、求函数 $z = \ln(x + y^2)$ 的一阶、二阶偏导数.

三、设变量 $x, y, z$ 满足方程 $z = f(x,y)$ 及 $g(x,y,z) = 0$，其中 $f$ 与 $g$ 均具有连续偏导数，求 $\dfrac{\mathrm{d}y}{\mathrm{d}x}$.

四、求螺旋线 $x = a\cos t, y = a\sin t, z = bt (a \neq 0, b \neq 0)$ 在点 $(a,0,0)$ 处的切线方程及法平面方程.

五、在椭圆抛物面 $z = x^2 + 2y^2$ 上求一点，使得椭圆抛物面在该点处的切平面垂直于直线 $\begin{cases}2x + y = 0, \\ y + 3z = 0,\end{cases}$ 并写出该点处的法线方程.

六、证明：曲面 $(z - 2x)^2 = (z - 3y)^3$ 上任意一点处的法线都平行于平面 $3x + 2y + 6z - 1 = 0$.

七、求函数 $u = x^2 + y^2 + z^2$ 在椭球面 $\dfrac{x^2}{a^2} + \dfrac{y^2}{b^2} + \dfrac{z^2}{c^2} = 1 (a, b, c > 0)$ 上的点 $M_0(x_0, y_0, z_0)$ 处沿外法线

---

① **最小二乘法**在工程领域有广泛的应用. 例如，发射卫星时，各个测控点对卫星进行跟踪观测后得到观测数据，然后对这些观测数据进行拟合，得到一些拟合曲线，最后分析拟合曲线和卫星的预定轨道之间的误差是否在预定的范围内，以便及时对卫星发出修正指令，调整卫星的实际运行轨道. 最小二乘法的理论在许多应用领域有着新的形式和发展. 有兴趣的读者可查阅相关书籍，自行学习.

方向的方向导数.

八、设函数 $f(x,y)=x^2-xy+y^2$,求:(1) 该函数在点(1,1)处的梯度;(2) 该函数在点(1,1)处各方向导数中的最大值.

九、求旋转抛物面 $z=x^2+y^2$ 与平面 $x+y-z=1$ 之间的最短距离.

十、在第Ⅰ卦限内作椭球面$\frac{x^2}{a^2}+\frac{y^2}{b^2}+\frac{z^2}{c^2}=1(a,b,c>0)$的一个切平面,使得由该切平面与三个坐标面所围成的四面体的体积最小.求该切平面的切点,以及所围四面体的最小体积.

十一、设有一个小山,取它的底部所在的平面为 $xOy$ 面,其底部所占的闭区域为

$$D=\{(x,y)\mid x^2+y^2-xy\leqslant 75\},$$

小山的高度函数为 $h(x,y)=75-x^2-y^2+xy$.

(1) 设 $M(x_0,y_0)$ 为 $D$ 中的一点,问:$h(x,y)$ 在该点处沿平面上什么方向的方向导数最大?若记最大的方向导数为 $g(x_0,y_0)$,试写出 $g(x_0,y_0)$ 的表达式.

(2) 现欲利用此小山开展攀岩活动,为此需要在山脚寻找一上山坡度最大的点作为攀登的起点,即要在 $D$ 的边界 $x^2+y^2-xy=75$ 上找出使得(1)中的 $g(x_0,y_0)$ 达到最大值的点.试确定攀登起点的位置.

## 单元测试八

**单项选择题**(满分 100):

1. (4 分) 函数 $z=\arcsin(x^2+y^2)$ 的定义域为(　　).

(A) $\{(x,y)\mid 0\leqslant x^2+y^2\leqslant 1\}$　　(B) $\{(x,y)\mid -1\leqslant x^2+y^2\leqslant 1\}$

(C) $\left\{(x,y)\middle| 0\leqslant x^2+y^2\leqslant \frac{\pi}{2}\right\}$　　(D) $\left\{(x,y)\middle| 0< x^2+y^2< \frac{\pi}{2}\right\}$

2. (4 分) 当 $x\to 0,y\to 0$ 时,函数$\frac{xy}{3x^4+y^2}$的极限(　　).

(A) 等于 0　　(B) 等于$\frac{1}{3}$　　(C) 等于$\frac{1}{4}$　　(D) 不存在

3. (4 分) 极限 $\lim\limits_{(x,y)\to(0,0)}\frac{x^2y}{x^2+y^2}$(　　).

(A) 等于 0　　(B) 等于 1　　(C) 不存在　　(D) 无法确定

4. (4 分) 下列函数中,有且仅有一个间断点的是(　　).

(A) $\frac{y}{x}$　　(B) $\mathrm{e}^{-x}\ln(x^2+y^2)$　　(C) $\frac{x}{x+y}$　　(D) $\arctan(xy)$

5. (4 分) 设函数 $z=x\sin y$,则$\left.\frac{\partial z}{\partial y}\right|_{\left(1,\frac{\pi}{4}\right)}=$(　　).

(A) $\frac{\sqrt{2}}{2}$　　(B) $-\frac{\sqrt{2}}{2}$　　(C) $\sqrt{2}$　　(D) $-\sqrt{2}$

6. (4 分) 函数 $z=\frac{\sin(xy)}{x}$ 在点(0,0)处的极限(　　).

(A) 等于 1　　(B) 等于 0　　(C) 等于 $\infty$　　(D) 不存在

7. (4 分) 函数 $z=f(x,y)$ 在点 $P_0(x_0,y_0)$ 处不连续,则该函数(　　).

(A) 在点 $P_0$ 处一定没有定义

(B) 在点 $P_0$ 处的极限一定不存在

(C) 在点 $P_0$ 处可能有定义，也可能有极限

(D) 在点 $P_0$ 处有定义，也有极限，但极限值不等于该点处的函数值

8. (4分) 函数 $f(x,y)=\begin{cases}\dfrac{xy^2}{x^2+y^4}, & x^2+y^2\neq 0,\\ 0, & x^2+y^2=0\end{cases}$ 在点(0,0)处(　　).

(A) 连续且偏导数存在　　(B) 连续但偏导数不存在

(C) 不连续但偏导数存在　　(D) 不连续且偏导数不存在

9. (4分) 设函数 $\varphi(x,y)=\int_0^{x^2y}e^{-t^2}\,dt$，则 $\dfrac{\partial\varphi}{\partial x}=$(　　).

(A) $e^{-x^4y^2}$　　(B) $e^{-x^4y^2}2xy$　　(C) $e^{-x^4y^2}(-2x)$　　(D) $e^{-x^4y^2}(-2x^2y)$

10. (4分) 若 $f_x(a,b)$ 存在，则 $\lim\limits_{x\to 0}\dfrac{f(x+a,b)-f(a-x,b)}{x}=$(　　).

(A) $f_x(a,b)$　　(B) 0　　(C) $2f_x(a,b)$　　(D) $\dfrac{1}{2}f_x(a,b)$

11. (4分) 设函数 $f\left(x,\dfrac{y}{x}\right)=x\sin\dfrac{xy}{x^2+y^2}$，则 $\dfrac{\partial f(x,y)}{\partial x}=$(　　).

(A) $\sin\dfrac{xy}{x^2+y^2}+x\cos\dfrac{xy}{x^2+y^2}\cdot\dfrac{y(y^2-x^2)}{(x^2+y^2)^2}$　　(B) $x\sin\dfrac{y}{1+y^2}$

(C) $\sin\dfrac{y}{1+y^2}$　　(D) $x\cos\dfrac{y}{1+y^2}$

12. (4分) 设函数 $z=y\sin(xy)+(1-y)\arctan x+e^{-2y}$，则 $\left.\dfrac{\partial z}{\partial x}\right|_{(1,0)}=$(　　).

(A) $\dfrac{3}{2}$　　(B) $\dfrac{1}{2}$　　(C) $\dfrac{\pi}{4}$　　(D) 0

13. (4分) 设函数 $z=\arctan\left(xy+\dfrac{\pi}{4}\right)$，则下列结论中正确的是(　　).

(A) $\dfrac{\partial^2 z}{\partial x\partial y}-\dfrac{\partial^2 z}{\partial y\partial x}\geqslant 0$　　(B) $\dfrac{\partial^2 z}{\partial x\partial y}-\dfrac{\partial^2 z}{\partial y\partial x}=0$

(C) $\dfrac{\partial^2 z}{\partial x\partial y}-\dfrac{\partial^2 z}{\partial y\partial x}\leqslant 0$　　(D) $\dfrac{\partial^2 z}{\partial x\partial y}-\dfrac{\partial^2 z}{\partial y\partial x}\neq 0$

14. (4分) 函数 $z=f(x,y)$ 的偏导数 $\dfrac{\partial z}{\partial x},\dfrac{\partial z}{\partial y}$ 在点 $(x_0,y_0)$ 处连续是 $z=f(x,y)$ 在点 $(x_0,y_0)$ 处可微的(　　).

(A) 充分条件但非必要条件　　(B) 必要条件但非充分条件

(C) 充要条件　　(D) 既非充分条件也非必要条件

15. (4分) 函数 $z=f(x,y)$ 在点 $(x_0,y_0)$ 处的全微分存在是 $z=f(x,y)$ 在点 $(x_0,y_0)$ 处连续的(　　).

(A) 充分条件但非必要条件　　(B) 必要条件但非充分条件

(C) 充要条件　　(D) 既非充分条件也非必要条件

16. (4分) 使得 $df=\Delta f$ 的函数 $f(x,y)$ 是(　　).

(A) $ax+by+c$　　(B) $e^x+e^y$　　(C) $x^2+y^2$　　(D) $\sin(xy)$

17. (4分) 设函数 $f(x,y)=\begin{cases}xy\sin\dfrac{1}{\sqrt{x^2+y^2}}, & (x,y)\neq(0,0),\\ 0, & (x,y)=(0,0),\end{cases}$ 则 $f(x,y)$ 在点(0,0)处(　　).

(A) 不连续　　(B) 连续但不可微　　(C) 可微　　(D) 偏导数不存在

18. (4分) 设函数 $f(x,y)$ 在点 $(x_0,y_0)$ 处的偏导数存在,则 $f(x,y)$ 在点 $(x_0,y_0)$ 处(　　).

(A) 有极限　　(B) 连续

(C) 可微　　(D) 以上选项都不正确

19. (4分) 设函数 $z=z(x,y)$ 由方程 $F(x-az,y-bz)=0$ 确定,其中 $F(u,v)$ 可微,$a,b$ 为常数,则有(　　).

(A) $a\frac{\partial z}{\partial x}+b\frac{\partial z}{\partial y}=1$　　(B) $b\frac{\partial z}{\partial x}+a\frac{\partial z}{\partial y}=1$　　(C) $a\frac{\partial z}{\partial x}-b\frac{\partial z}{\partial y}=1$　　(D) $b\frac{\partial z}{\partial x}-a\frac{\partial z}{\partial y}=1$

20. (4分) 设函数 $z=z(x,y)$,则利用变量替换 $\begin{cases}u=x,\\ v=\frac{y}{x}\end{cases}$ 可以把方程 $x\frac{\partial z}{\partial x}+y\frac{\partial z}{\partial y}=z$ 化简为方程(　　).

(A) $u\frac{\partial z}{\partial u}=z$　　(B) $v\frac{\partial z}{\partial v}=z$　　(C) $u\frac{\partial z}{\partial v}=z$　　(D) $v\frac{\partial z}{\partial u}=z$

21. (4分) 在曲线 $x=t,y=t^2,z=t^3$ 的所有切线中,与平面 $x+6y+12z=1$ 平行的切线(　　).

(A) 只有1条　　(B) 只有2条　　(C) 至少有3条　　(D) 不存在

22. (4分) 函数 $z=\sqrt{x^2+y^2}$ 在点 $(0,0)$ 处(　　).

(A) 不连续　　(B) 连续且偏导数存在　　(C) 有极小值　　(D) 没有极值

23. (4分) 函数 $z=xy$ 在约束条件 $x+y=1$ 下的极大值为(　　).

(A) $\frac{1}{2}$　　(B) $-\frac{1}{2}$　　(C) $\frac{1}{4}$　　(D) 1

24. (2分) 设函数 $u=u(x,y),v=v(x,y)$ 由方程组 $\begin{cases}x=u+v,\\ y=u^2+v^2\end{cases}$ 确定,则当 $u\neq v$ 时,$\frac{\partial u}{\partial x}=$(　　).

(A) $\frac{x}{u-v}$　　(B) $\frac{-v}{u-v}$　　(C) $\frac{-u}{u-v}$　　(D) $\frac{y}{u-v}$

25. (2分) 设函数 $z=f(x,y)$ 在点 $(x_0,y_0)$ 处可微,且 $f_x(x_0,y_0)=0,f_y(x_0,y_0)=0$,则该函数在点 $(x_0,y_0)$ 处(　　).

(A) 必有极值,可能是极大值,也可能是极小值　　(B) 可能有极值,也可能没有极值

(C) 必有极大值　　(D) 必有极小值

26. (2分) 函数 $f(x,y,z)=\sqrt{3+x^2+y^2+z^2}$ 在点 $(1,-1,2)$ 处的梯度是(　　).

(A) $\left(\frac{1}{3},-\frac{1}{3},\frac{2}{3}\right)$　　(B) $2\left(\frac{1}{3},-\frac{1}{3},\frac{2}{3}\right)$

(C) $\left(\frac{1}{9},-\frac{1}{9},\frac{2}{9}\right)$　　(D) $2\left(\frac{1}{9},-\frac{1}{9},\frac{2}{9}\right)$

27. (2分) 设 $M(x,y,z)$ 为平面 $x+y+z=1$ 上的点,且该点到两定点 $(1,0,1),(2,0,1)$ 的距离的平方和最小,则该点的坐标为(　　).

(A) $\left(1,\frac{1}{2},\frac{1}{2}\right)$　　(B) $\left(1,-\frac{1}{2},\frac{1}{2}\right)$　　(C) $\left(1,-\frac{1}{2},-\frac{1}{2}\right)$　　(D) $\left(1,\frac{1}{2},-\frac{1}{2}\right)$

本章参考答案

# 第九章

# 多元函数积分学1——重积分

多元函数的积分包括重积分、曲线积分和曲面积分，是一元函数定积分的推广. 定积分是某种确定形式的和式的极限，将这种和式的极限推广到定义在平面闭区域上的二元函数和空间有界闭区域上的三元函数，便可得到二重积分和三重积分的概念. 本章将介绍重积分（包括二重积分和三重积分）的概念、性质和计算方法，以及它们的一些应用.

## 第一节　二重积分的概念与性质

为了直观起见，下面通过两个实际问题来引入二重积分的概念.

### 一、二重积分概念的实际背景

**1. 几何背景——曲顶柱体的体积**

所谓**曲顶柱体**，是指以 $xOy$ 面上的有界闭区域 $D$①为底，以 $D$ 的边界曲线为准线、母线平行于 $z$ 轴的柱面为侧面，以曲面 $z=f(x,y)$ ($f(x,y)\geqslant 0$ 且在 $D$ 上连续）为顶的空间立体 $\Omega$（见图 9-1). 那么，如何计算曲顶柱体 $\Omega$ 的体积呢?

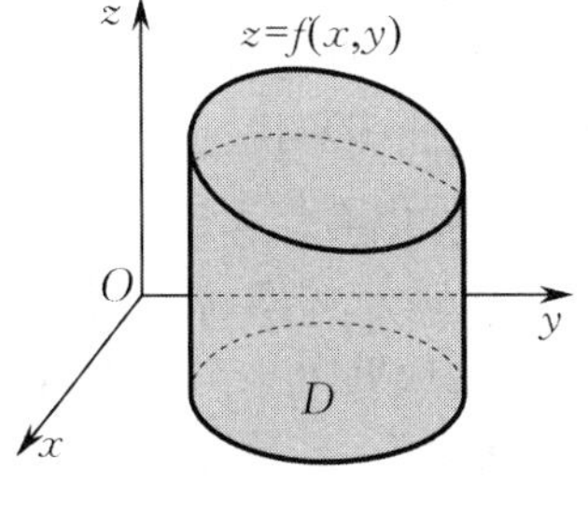


**图 9-1**

如果柱体是平顶柱体，即高不变，则它的体积为

$$V=\text{底面积}\times\text{高}.$$

然而，在计算曲顶柱体的体积时，高 $f(x,y)$ 是变化的，因此不能用上式计算，但可以运用第五章中计算曲边梯形面积的思想来计算上述曲顶柱体的体积.

具体计算步骤如下：

(1) **分割**：将曲顶柱体 $\Omega$ 分割成若干个小曲顶柱体. 将闭区域 $D$ 任意分割成 $n$ 个小闭区域 $\Delta\sigma_i\,(i=1,2,\cdots,n)$，$\Delta\sigma_i$ 同时也表示第 $i$ 个小闭区域的面积. 以小闭区域的边界曲线为准线，作母线平行于 $z$ 轴的柱面，这些柱面将曲顶柱体分成 $n$ 个小曲顶柱体（见图 9-2). 设这些小曲顶柱体的体积为 $\Delta V_i\,(i=1,2,\cdots,n)$，则曲顶柱体 $\Omega$ 的体积为

---

① 为了方便起见，本章后面除特别说明外，均假定平面闭区域和空间有界闭区域是有界的，且平面闭区域有有限面积，空间有界闭区域有有限体积.

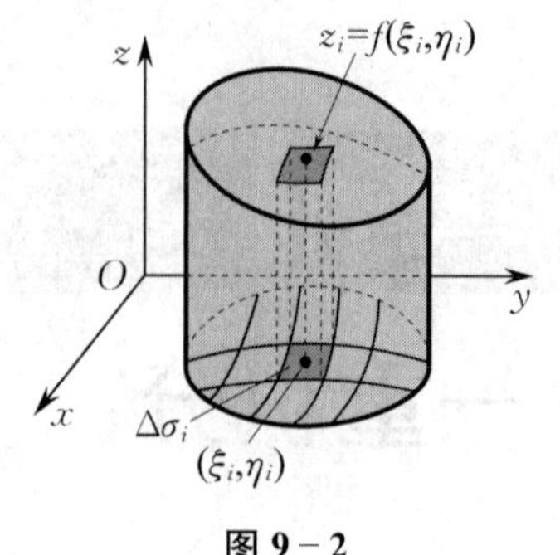


图 9-2

$$V=\sum_{i=1}^{n}\Delta V_i.$$

(2) **近似**:用小平顶柱体的体积近似代替小曲顶柱体的体积. 在每个小闭区域 $\Delta\sigma_i(i=1,2,\cdots,n)$ 内任取一点 $(\xi_i,\eta_i)$,用以 $\Delta\sigma_i$ 为底,$f(\xi_i,\eta_i)$ 为高的小平顶柱体的体积作为相应小曲顶柱体体积的近似值,即

$$\Delta V_i\approx f(\xi_i,\eta_i)\Delta\sigma_i.$$

(3) **求和**:用这 $n$ 个小平顶柱体的体积和作为曲顶柱体体积 $V$ 的近似值,即

$$V=\sum_{i=1}^{n}\Delta V_i\approx\sum_{i=1}^{n}f(\xi_i,\eta_i)\Delta\sigma_i.$$

(4) **取极限**:当对闭区域 $D$ 的分割无限细,即当各个小闭区域 $\Delta\sigma_i(i=1,2,\cdots,n)$ 的直径中的最大值 $\lambda$ 趋于 0 时,取上述和式的极限,便得所求曲顶柱体的体积为

$$V=\lim_{\lambda\to 0}\sum_{i=1}^{n}f(\xi_i,\eta_i)\Delta\sigma_i.$$

**2. 物理背景 —— 平面薄片的质量**

设有一个质量非均匀的平面薄片在 $xOy$ 面上占有闭区域 $D$(见图 9-3),它在点 $(x,y)$ 处的面密度为 $\mu(x,y)$($\mu(x,y)>0$ 且在 $D$ 上连续),求此平面薄片的质量 $M$.

如果薄片是均匀的,即面密度为常数,则薄片的质量为

$$M=\text{面密度}\times\text{面积}.$$

现在,由于面密度 $\mu(x,y)$ 不是常数,而是变量,因此薄片的质量不能直接用上式来计算,但可以用类似于求曲顶柱体体积的思想来解决这一问题,即化“非均匀”为“均匀”.

把薄片任意分割成 $n$ 个小块 $\Delta\sigma_1,\Delta\sigma_2,\cdots,\Delta\sigma_n$,由于 $\mu(x,y)$ 连续,因此当小块 $\Delta\sigma_i(i=1,2,\cdots,n)$ 的直径很小时,这些小块就可以近似看作质量均匀的薄片. 在每个小块 $\Delta\sigma_i(i=1,2,\cdots,n)$ 上任取一点 $(\xi_i,\eta_i)$,则 $\mu(\xi_i,\eta_i)\Delta\sigma_i$ 可看作第 $i$ 个小块的质量的近似值(见图 9-3). 通过求和、取极限,便可得到整个平面薄片的质量为

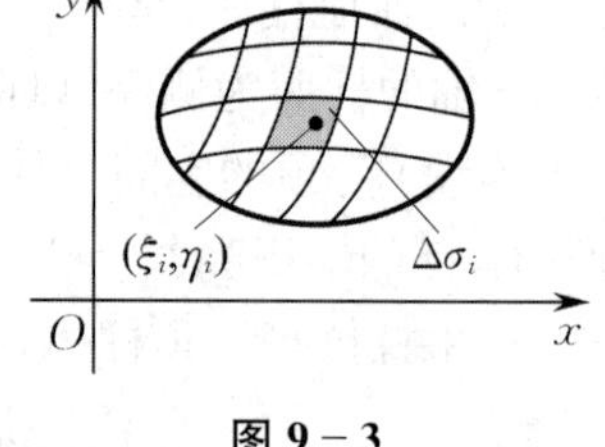


图 9-3

$$M=\lim_{\lambda\to 0}\sum_{i=1}^{n}\mu(\xi_i,\eta_i)\Delta\sigma_i,$$

其中 $\lambda$ 是所有小块的直径中的最大值.

上述两个实际问题中,虽然实际背景不同,但解决问题的思路相同,而且都可归结为同一类型的和式极限问题. 在工程技术中有许多实际问题都可以化为上述形式的和式极限,把它们从实际意义中提取出来,仅保留其数学结构的特征,便得到下面二重积分的定义.

## 二、二重积分的概念

**1. 二重积分的定义**

**定义 9.1.1** 设函数 $f(x,y)$ 在有界闭区域 $D$ 上有界. 将 $D$ 任意分成 $n$ 个小闭区域

$$\Delta\sigma_1,\quad \Delta\sigma_2,\quad \cdots,\quad \Delta\sigma_n,$$

其中 $\Delta\sigma_i$ 表示第 $i$ 个小闭区域,也表示其面积. 在 $\Delta\sigma_i(i=1,2,\cdots,n)$ 上任取一点 $(\xi_i,\eta_i)$,做乘积 $f(\xi_i,\eta_i)\Delta\sigma_i$,并做和式

$$\sum_{i=1}^{n} f(\xi_i,\eta_i)\Delta\sigma_i.$$

记 $\lambda=\max\limits_{1\leqslant i\leqslant n}\{\Delta\sigma_i$ 的直径$\}$,如果无论对 $D$ 怎样划分,且无论点 $(\xi_i,\eta_i)$ 在 $\Delta\sigma_i$ 上怎样选取,当 $\lambda\to 0$ 时,上述和式的极限总是存在,则称**函数** $f(x,y)$ **在** $D$ **上可积**,并称此极限为函数 $f(x,y)$ 在 $D$ 上的**二重积分**,记作 $\iint\limits_D f(x,y)\mathrm{d}\sigma$,即

$$\iint\limits_D f(x,y)\mathrm{d}\sigma=\lim_{\lambda\to 0}\sum_{i=1}^{n} f(\xi_i,\eta_i)\Delta\sigma_i,$$

其中 $f(x,y)$ 称为**被积函数**,$f(x,y)\mathrm{d}\sigma$ 称为**被积表达式**,$\mathrm{d}\sigma$ 称为**面积元素**,$x$ 与 $y$ 称为**积分变量**,$D$ 称为**积分区域**,$\sum\limits_{i=1}^{n} f(\xi_i,\eta_i)\Delta\sigma_i$ 称为**积分和**.

**注**　二重积分 $\iint\limits_D f(x,y)\mathrm{d}\sigma$ 只与被积函数 $f(x,y)$ 及积分区域 $D$ 有关,而与 $D$ 的分法及点 $(\xi_i,\eta_i)$ 的取法无关.

与定积分类似,下面不加证明地给出二重积分存在的两个充分条件.

**定理 9.1.1**　若函数 $f(x,y)$ 在有界闭区域 $D$ 上连续,则 $f(x,y)$ 在 $D$ 上可积.

**定理 9.1.2**　若函数 $f(x,y)$ 在有界闭区域 $D$ 上有界,且分片连续(可把 $D$ 分成有限个小闭区域,使得 $f(x,y)$ 在每个小闭区域上都连续),则 $f(x,y)$ 在 $D$ 上可积.

**2. 二重积分的几何意义**

当 $f(x,y)\geqslant 0$ 时,$\iint\limits_D f(x,y)\mathrm{d}\sigma$ 表示以 $D$ 为底,$z=f(x,y)$ 为顶的曲顶柱体的体积;当 $f(x,y)\leqslant 0$ 时,$\iint\limits_D f(x,y)\mathrm{d}\sigma$ 表示以 $D$ 为底,$z=f(x,y)$ 为顶的曲顶柱体体积的相反值. 一般地,当 $f(x,y)$ 的符号不定时,根据上正下负原则,$\iint\limits_D f(x,y)\mathrm{d}\sigma$ 表示曲顶柱体体积的代数和.

**例 9.1.1**　利用二重积分的几何意义,确定二重积分 $I=\iint\limits_D \sqrt{R^2-x^2-y^2}\,\mathrm{d}\sigma$ 的值,其中 $D=\{(x,y)\mid x^2+y^2\leqslant R^2\}$.

**解**　由题意知,被积函数 $f(x,y)=\sqrt{R^2-x^2-y^2}$ 表示半径为 $R$ 的上半球面,积分区域 $D$ 是半径为 $R$ 的闭圆域(见图 9-4). 根据二重积分的几何意义,所求二重积分为上半球体的体积,即

$$I=\iint\limits_D \sqrt{R^2-x^2-y^2}\,\mathrm{d}\sigma=\frac{2}{3}\pi R^3.$$

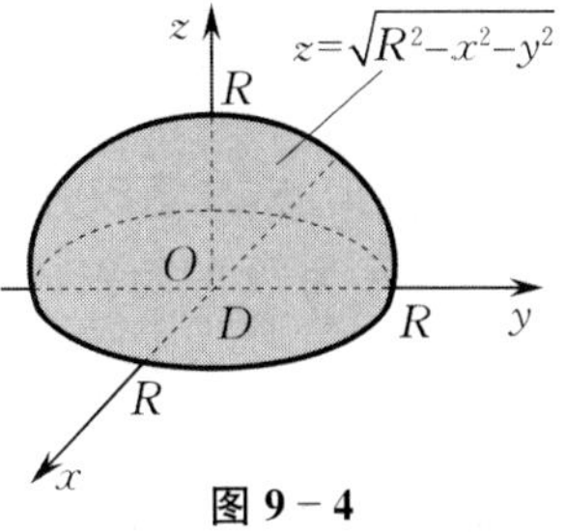

图 9-4

## 三、二重积分的性质

二重积分具有与定积分类似的性质.假设下列性质中所涉及的二重积分均存在,积分区域 $D$ 是 $xOy$ 面上的有界闭区域.

**性质 9.1.1(线性性)** 设 $k_1,k_2$ 为常数,则

$$\iint\limits_D (k_1 f(x,y) \pm k_2 g(x,y))\mathrm{d}\sigma = k_1\iint\limits_D f(x,y)\mathrm{d}\sigma \pm k_2\iint\limits_D g(x,y)\mathrm{d}\sigma.$$

**性质 9.1.2(积分区域可加性)** 如果闭区域 $D$ 被有限条曲线分割成除边界外互不重叠的有限个小闭区域,则在 $D$ 上的二重积分等于在各个小闭区域上的二重积分的和.

例如,若闭区域 $D = D_1 \cup D_2$,且闭区域 $D_1$ 与 $D_2$ 没有公共内点(见图 9-5),则

$$\iint\limits_D f(x,y)\mathrm{d}\sigma = \iint\limits_{D_1} f(x,y)\mathrm{d}\sigma + \iint\limits_{D_2} f(x,y)\mathrm{d}\sigma.$$

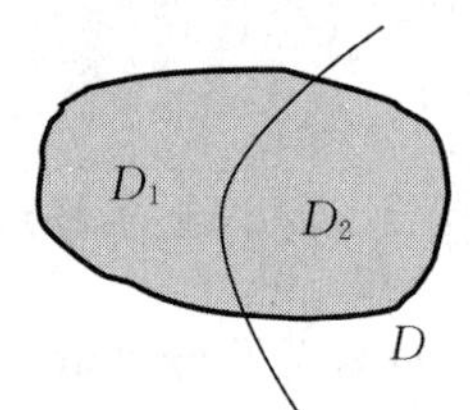

图 9-5

这个性质表明二重积分对于积分区域具有可加性.

**性质 9.1.3(几何度量性)** 如果在闭区域 $D$ 上,$f(x,y)=1$,$\sigma$ 为 $D$ 的面积,则

$$\sigma = \iint\limits_D 1\cdot \mathrm{d}\sigma = \iint\limits_D \mathrm{d}\sigma.$$

该性质的几何意义表示高为 1 的平顶柱体的体积就等于该柱体的底面积.

**性质 9.1.4(保序性)** 如果在闭区域 $D$ 上,$f(x,y) \leqslant \varphi(x,y)$,则有

$$\iint\limits_D f(x,y)\mathrm{d}\sigma \leqslant \iint\limits_D \varphi(x,y)\mathrm{d}\sigma.$$

特别地,有

$$\left|\iint\limits_D f(x,y)\mathrm{d}\sigma\right| \leqslant \iint\limits_D |f(x,y)|\mathrm{d}\sigma.$$

以上性质的证明与定积分性质的证明方法类似,因此从略.

思考 比较下列积分值的大小关系:

$$I_1 = \iint\limits_{D_1} |xy|\mathrm{d}\sigma,\quad D_1 = \{(x,y) \mid x^2+y^2 \leqslant 1\},$$

$$I_2 = \iint\limits_{D_2} |xy|\mathrm{d}\sigma,\quad D_2 = \{(x,y) \mid |x|+|y| \leqslant 1\},$$

$$I_3 = \iint\limits_{D_3} |xy|\mathrm{d}\sigma,\quad D_3 = \{(x,y) \mid -1 \leqslant x \leqslant 1, -1 \leqslant y \leqslant 1\}.$$

**性质 9.1.5(二重积分估值定理)** 设 $M,m$ 分别是函数 $f(x,y)$ 在闭区域 $D$ 上的最大值和最小值,$\sigma$ 为 $D$ 的面积,则

$$m\sigma \leqslant \iint\limits_D f(x,y)\mathrm{d}\sigma \leqslant M\sigma. \tag{9.1.1}$$

**证** 因为 $m \leqslant f(x,y) \leqslant M$,所以由性质 9.1.4,有

$$\iint_D m\,\mathrm{d}\sigma \leqslant \iint_D f(x,y)\,\mathrm{d}\sigma \leqslant \iint_D M\,\mathrm{d}\sigma.$$

再应用性质 9.1.1 和性质 9.1.3，便得估值不等式(9.1.1).

不等式(9.1.1) 是对二重积分估值的不等式，称为**二重积分的估值公式**.

**性质 9.1.6(二重积分中值定理)**　设函数 $f(x,y)$ 在闭区域 $D$ 上连续，$\sigma$ 为 $D$ 的面积，则在 $D$ 上至少存在一点 $(\xi,\eta)$，使得

$$\iint_D f(x,y)\,\mathrm{d}\sigma = f(\xi,\eta)\sigma.$$

**证**　由于函数 $f(x,y)$ 在闭区域 $D$ 上连续，因此 $f(x,y)$ 在 $D$ 上必取得最大值 $M$ 和最小值 $m$. 显然，面积 $\sigma \neq 0$，故将二重积分的估值公式(9.1.1) 中的不等式两边均除以面积 $\sigma$，可得

$$m \leqslant \frac{1}{\sigma}\iint_D f(x,y)\,\mathrm{d}\sigma \leqslant M.$$

这说明，$\dfrac{1}{\sigma}\iint\limits_D f(x,y)\,\mathrm{d}\sigma$ 是介于函数 $f(x,y)$ 的最大值 $M$ 与最小值 $m$ 之间的确定的值. 根据闭区域上连续函数的介值定理，在 $D$ 上至少存在一点 $(\xi,\eta)$，使得

$$\frac{1}{\sigma}\iint_D f(x,y)\,\mathrm{d}\sigma = f(\xi,\eta).$$

上式两边各乘以 $\sigma$，就得所要证的公式.

**注**　(1) 二重积分中值定理的几何意义：若 $f(x,y) \geqslant 0$，则曲顶柱体的体积等于某个同底平顶柱体的体积.

(2) $f(\xi,\eta) = \dfrac{1}{\sigma}\iint\limits_D f(x,y)\,\mathrm{d}\sigma$ 实际上是函数 $f(x,y)$ 在闭区域 $D$ 上的平均值.

**例 9.1.2**　比较二重积分 $\iint\limits_D (x+y)^2\,\mathrm{d}\sigma$ 与 $\iint\limits_D (x+y)^3\,\mathrm{d}\sigma$ 的大小，其中积分区域 $D$ 是由圆周 $(x-2)^2+(y-1)^2=2$ 所围成的闭区域.

**解**　先比较 $x+y$ 在 $D$ 上的取值与 1 的大小关系. 由于圆心 $(2,1)$ 到直线 $x+y=1$ 的距离等于 $\sqrt{2}$，恰好是圆的半径，可知直线 $x+y=1$ 是圆的切线(见图 9-6)，从而在 $D$ 上处处有 $x+y \geqslant 1$，故 $(x+y)^2 \leqslant (x+y)^3$.

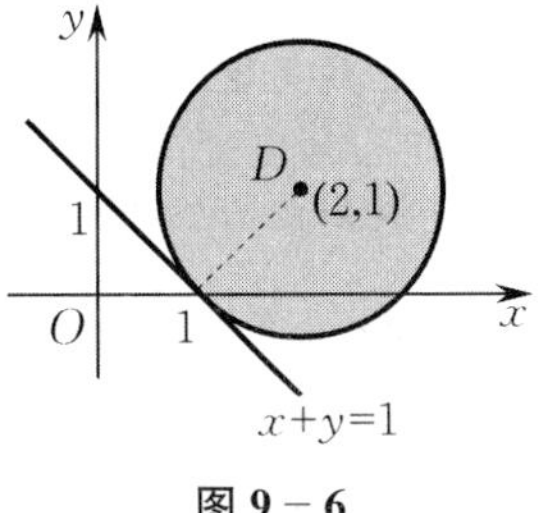

图 9-6

于是，由性质 9.1.4 得

$$\iint_D (x+y)^2\,\mathrm{d}\sigma \leqslant \iint_D (x+y)^3\,\mathrm{d}\sigma.$$

**例 9.1.3**　估计二重积分 $\iint\limits_D \mathrm{e}^{\sin x\cos y}\,\mathrm{d}\sigma$ 的值，其中 $D=\{(x,y)\,|\,x^2+y^2 \leqslant 4\}$.

**解**　对于任意 $(x,y) \in D$，有 $-1 \leqslant \sin x\cos y \leqslant 1$，所以

$$\frac{1}{\mathrm{e}} \leqslant \mathrm{e}^{\sin x\cos y} \leqslant \mathrm{e}.$$

又因闭区域 $D$ 的面积为 $\sigma = 4\pi$，故

$$\frac{4\pi}{\mathrm{e}} \leqslant \iint_D \mathrm{e}^{\sin x\cos y}\,\mathrm{d}\sigma \leqslant 4\pi\mathrm{e}.$$

## 思考题 9.1

1. 利用二重积分的定义证明：

(1) $\iint\limits_D d\sigma = \sigma$($\sigma$表示闭区域$D$的面积)；　　(2) $\iint\limits_D kf(x,y)d\sigma = k\iint\limits_D f(x,y)d\sigma$ ($k$为常数).

2. 当函数$f(x,y) \geqslant 0$时，$\iint\limits_D f(x,y)d\sigma$的几何意义是什么？物理意义是什么？

3. 若函数$f(x,y)$在有界闭区域$D$上连续，则由二重积分中值定理可知，至少存在一点$(\xi,\eta) \in D$，使得$\iint\limits_D f(x,y)d\sigma = f(\xi,\eta)\sigma$，其中$\sigma$为$D$的面积. 试解释二重积分中值定理的几何意义.

## 习题 9.1

**(A)**

一、根据二重积分的性质，比较下列二重积分的大小：

(1) $\iint\limits_D (x+y)^2 d\sigma$ ______ $\iint\limits_D (x+y)^3 d\sigma$，其中$D$是由$x$轴、$y$轴与直线$x+y=1$所围成的闭区域；

(2) $\iint\limits_D (x+y)^2 d\sigma$ ______ $\iint\limits_D (x+y)^3 d\sigma$，其中$D$是由圆$(x-2)^2+(y-1)^2=2$所围成的闭区域；

(3) $\iint\limits_D \ln(x+y)d\sigma$ ______ $\iint\limits_D \ln^2(x+y)d\sigma$，其中$D$是三角形闭区域，三个顶点分别为$(1,0),(0,1),(1,1)$；

(4) $\iint\limits_D \ln(x+y)d\sigma$ ______ $\iint\limits_D \ln^2(x+y)d\sigma$，其中$D$是矩形闭区域：$3 \leqslant x \leqslant 5, 0 \leqslant y \leqslant 1$.

二、利用二重积分的性质估计下列二重积分的值：

(1) 设$D$是矩形闭区域：$0 \leqslant x \leqslant 1, 0 \leqslant y \leqslant 1$，则______ $\leqslant \iint\limits_D xy(x+y)d\sigma \leqslant$ ______；

(2) 设$D$是矩形闭区域：$0 \leqslant x \leqslant \pi, 0 \leqslant y \leqslant \pi$，则______ $\leqslant \iint\limits_D \sin^2 x \sin^2 y d\sigma \leqslant$ ______；

(3) 设$D$是矩形闭区域：$0 \leqslant x \leqslant 1, 0 \leqslant y \leqslant 2$，则______ $\leqslant \iint\limits_D (x+y+1)d\sigma \leqslant$ ______；

(4) 设$D$是圆形闭区域：$x^2+y^2 \leqslant 4$，则______ $\leqslant \iint\limits_D (x^2+4y^2+9)d\sigma \leqslant$ ______.

三、设$a$为正常数，利用二重积分的几何意义，确定下列二重积分的值：

(1) $\iint\limits_D (a-\sqrt{x^2+y^2})d\sigma$，其中$D=\{(x,y) \mid x^2+y^2 \leqslant a^2\}$；

(2) $\iint\limits_D \sqrt{a^2-x^2-y^2}\,d\sigma$，其中$D=\{(x,y) \mid x^2+y^2 \leqslant a^2\}$.

**(B)**

一、设$f(x,y)$是闭区域$D=\{(x,y) \mid x^2+y^2 \leqslant r^2\}$上的连续函数，求$\lim\limits_{r \to 0^+} \dfrac{1}{\pi r^2}\iint\limits_D f(x,y)d\sigma$.

二、设二重积分$I_1 = \iint\limits_D \cos\sqrt{x^2+y^2}\,d\sigma$，$I_2 = \iint\limits_D \cos(x^2+y^2)d\sigma$，$I_3 = \iint\limits_D \cos(x^2+y^2)^2 d\sigma$，其中$D=\{(x,y) \mid x^2+y^2 \leqslant 1\}$，则(　　).

(A) $I_3 > I_2 > I_1$　　(B) $I_1 > I_2 > I_3$　　(C) $I_2 > I_1 > I_3$　　(D) $I_3 > I_1 > I_2$

三、利用二重积分的性质，估计 $I=\iint\limits_{D}(x+y+10)\mathrm{d}\sigma$ 的值，其中 $D$ 是由圆 $x^2+y^2=4$ 所围成的闭区域.

四、设函数 $f(x,y)$ 与 $g(x,y)$ 都在有界闭区域 $D$ 上连续，且 $g(x,y)$ 在 $D$ 上符号不变. 证明：在 $D$ 上至少存在一点 $(\xi,\eta)$，使得

$$\iint\limits_{D}f(x,y)g(x,y)\mathrm{d}\sigma=f(\xi,\eta)\iint\limits_{D}g(x,y)\mathrm{d}\sigma.$$

# 第二节　二重积分的计算方法

按照二重积分的定义计算二重积分，对少数比较简单的被积函数和积分区域来说是可行的，但对于一般的被积函数和积分区域而言，这是一件比较困难的事情. 因此，需要寻求一种有效的计算方法. 本节将介绍直角坐标系下二重积分的计算方法，其基本思想是将二重积分化为二次积分来计算.

## 一、利用直角坐标系计算二重积分

由本章第一节的知识可知，二重积分的值与闭区域 $D$ 的分法无关. 在直角坐标系中，为了计算方便，我们做特殊的分法：若用一组平行于坐标轴的直线来划分 $D$(见图 9-7)，则除靠近边界曲线的一些小闭区域[①]外，其余小闭区域均为小矩形闭区域. 此时，小矩形闭区域的面积为 $\mathrm{d}\sigma=\mathrm{d}x\mathrm{d}y$(称 $\mathrm{d}x\mathrm{d}y$ 为**直角坐标系下的面积元素**)，从而二重积分可记作

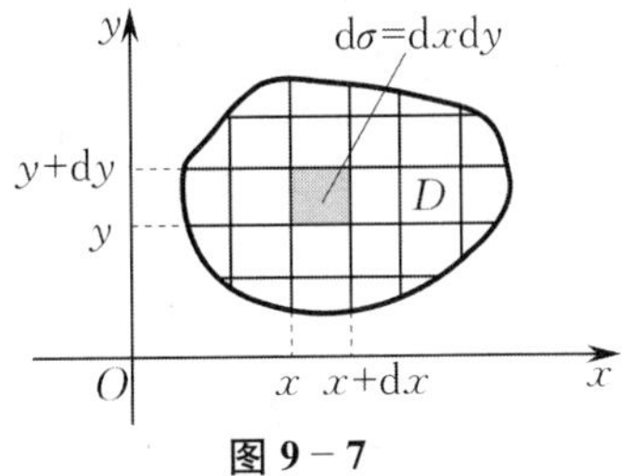

图 9-7

$$\iint\limits_{D}f(x,y)\mathrm{d}\sigma=\iint\limits_{D}f(x,y)\mathrm{d}x\mathrm{d}y.$$

下面用几何观点讨论二重积分 $\iint\limits_{D}f(x,y)\mathrm{d}x\mathrm{d}y$ 的计算公式. 讨论中假定 $f(x,y)\geqslant 0$.

**1. $D$ 为 $X$-型区域或 $Y$-型区域**

这里的 $X$-型区域(见图 9-8(a)) 和 $Y$-型区域(见图 9-8(b))，其特点是：任意一条平行于 $y$ 轴(或 $x$ 轴) 的直线穿过积分区域 $D$ 的内部时，直线与 $D$ 的边界曲线相交不多于两点.

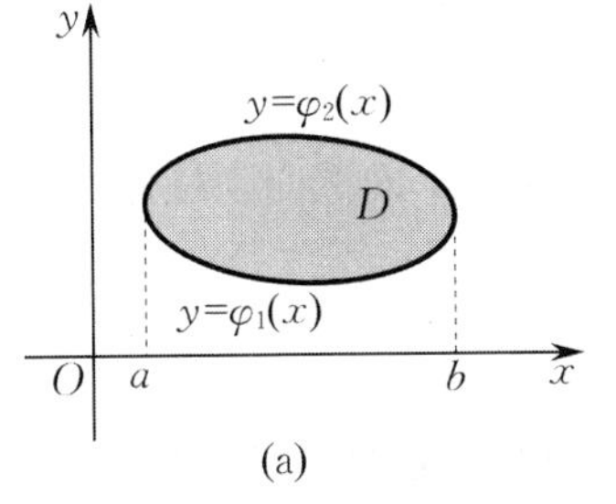

(a)

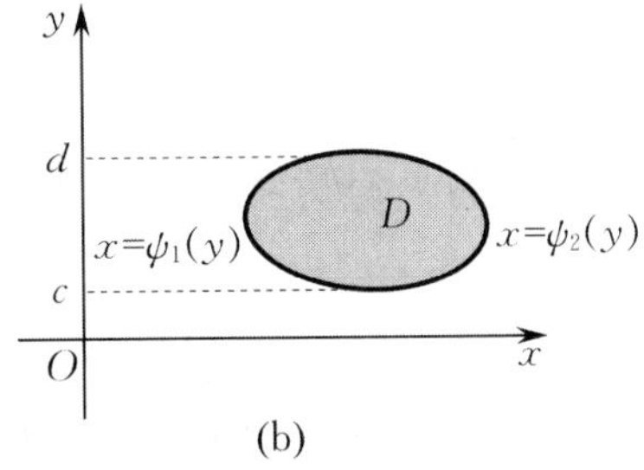

(b)

图 9-8

① 求和式的极限时，这些小闭区域对应项的和式的极限为 0，因而这些小闭区域可略去不计.

(1) $X$-型区域. 设积分区域 $D$ 是 $X$-型区域,即 $D$ 可用不等式组

$$a \leqslant x \leqslant b, \quad \varphi_1(x) \leqslant y \leqslant \varphi_2(x)$$

表示(见图 9-9),其中函数 $\varphi_1(x)$,$\varphi_2(x)$ 在闭区间$[a,b]$上连续.

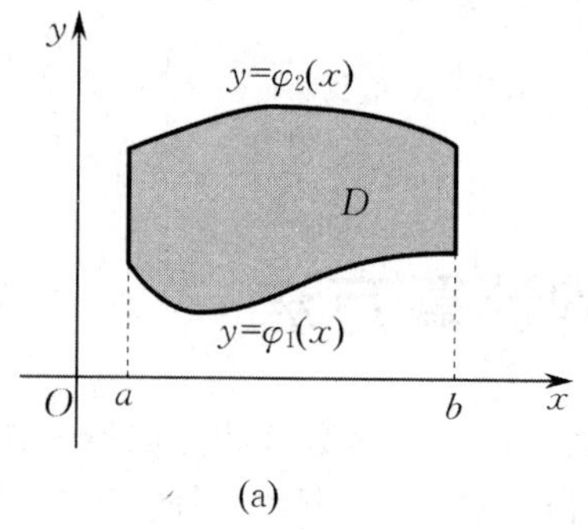

(a)

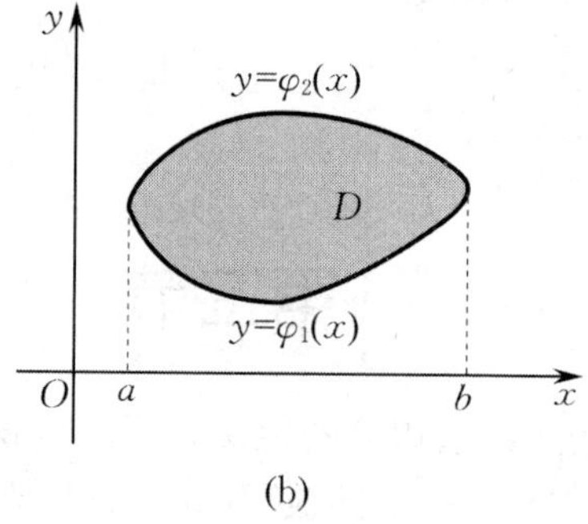

(b)

**图 9-9**

按照二重积分的几何意义,$\iint\limits_D f(x,y)\mathrm{d}x\mathrm{d}y$ 的值等于以 $D$ 为底,以曲面 $z=f(x,y)$ 为顶的曲顶柱体的体积. 下面应用第五章中计算平行截面面积为已知的立体的体积的方法,来计算这个曲顶柱体的体积.

先计算截面面积. 为此,在闭区间$[a,b]$上任取一点 $x_0$,作垂直于 $x$ 轴的平面 $x=x_0$,该平面截曲顶柱体所得截面是一个以闭区间$[\varphi_1(x_0),\varphi_2(x_0)]$为底,以曲线 $z=f(x_0,y)$ 为曲边的曲边梯形(见图 9-10(a) 中的阴影部分),其截面面积(见图 9-10(b)) 为

$$A(x_0)=\int_{\varphi_1(x_0)}^{\varphi_2(x_0)} f(x_0,y)\mathrm{d}y.$$

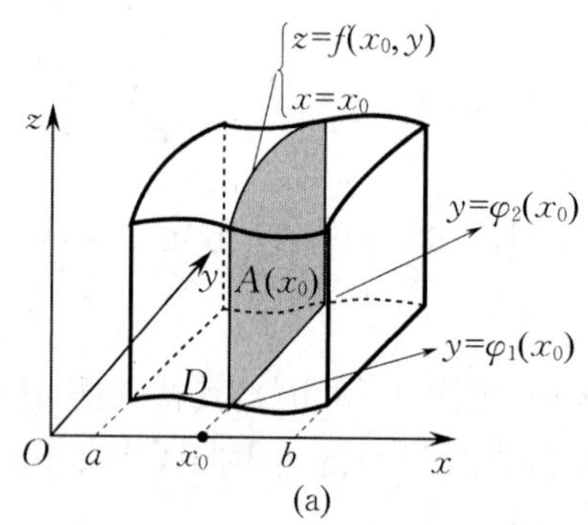

(a)

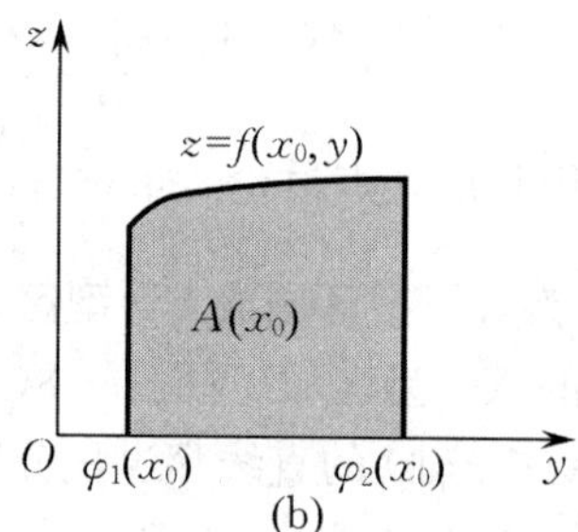

(b)

**图 9-10**

一般地,过闭区间$[a,b]$上任意一点 $x$ 且平行于 $yOz$ 面的平面截曲顶柱体所得截面的面积为

$$A(x)=\int_{\varphi_1(x)}^{\varphi_2(x)} f(x,y)\mathrm{d}y.$$

于是,应用计算平行截面面积为已知的立体体积的方法,可得曲顶柱体的体积为

$$V=\int_a^b A(x)\mathrm{d}x=\int_a^b\left(\int_{\varphi_1(x)}^{\varphi_2(x)} f(x,y)\mathrm{d}y\right)\mathrm{d}x,$$

这个体积就是所求二重积分的值,即

$$V=\iint_D f(x,y)\mathrm{d}x\mathrm{d}y=\int_a^b\left(\int_{\varphi_1(x)}^{\varphi_2(x)}f(x,y)\mathrm{d}y\right)\mathrm{d}x. \tag{9.2.1}$$

这样，就把二重积分转化为**先对 $y$ 积分、后对 $x$ 积分的二次积分**，也称为**累次积分**. 第一次计算定积分 $\int_{\varphi_1(x)}^{\varphi_2(x)}f(x,y)\mathrm{d}y$ 时，把 $x$ 看作常数，把 $y$ 看作积分变量；第二次计算定积分时，$x$ 为积分变量. 公式(9.2.1)也可写成

$$\iint_D f(x,y)\mathrm{d}x\mathrm{d}y=\int_a^b\mathrm{d}x\int_{\varphi_1(x)}^{\varphi_2(x)}f(x,y)\mathrm{d}y. \tag{9.2.2}$$

(2) $Y$-型区域. 设积分区域 $D$ 是 $Y$-型区域，即 $D$ 可以用不等式组

$$c\leqslant y\leqslant d,\quad \psi_1(y)\leqslant x\leqslant\psi_2(y)$$

表示(见图 9-11)，其中函数 $\psi_1(y),\psi_2(y)$ 在闭区间 $[c,d]$ 上连续.

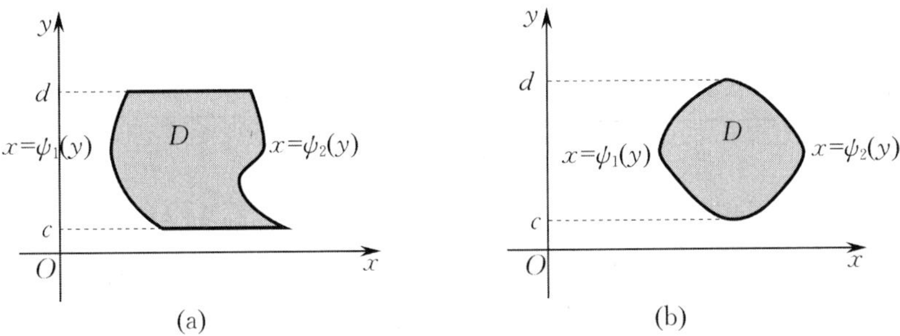


**图 9-11**

按照上面的推导方法，类似可得直角坐标系下二重积分的另一个计算公式：

$$\iint_D f(x,y)\mathrm{d}x\mathrm{d}y=\int_c^d\left(\int_{\psi_1(y)}^{\psi_2(y)}f(x,y)\mathrm{d}x\right)\mathrm{d}y, \tag{9.2.3}$$

也可写成

$$\iint_D f(x,y)\mathrm{d}x\mathrm{d}y=\int_c^d\mathrm{d}y\int_{\psi_1(y)}^{\psi_2(y)}f(x,y)\mathrm{d}x. \tag{9.2.4}$$

这样，就把二重积分转化为**先对 $x$ 积分、后对 $y$ 积分的二次积分**.

**注**　当去掉 $f(x,y)\geqslant 0,(x,y)\in D$ 的限制时，仍然可以证明公式(9.2.1)和(9.2.3)成立，但证明过程比较复杂，此处省略不证.

应用公式(9.2.1)时，积分区域 $D$ 必须是 $X$-型区域，而应用公式(9.2.3)时，积分区域 $D$ 必须是 $Y$-型区域. 如果积分区域 $D$ 既是 $X$-型的，又是 $Y$-型的，则由公式(9.2.2)及(9.2.4)，可得

$$\int_a^b\mathrm{d}x\int_{\varphi_1(x)}^{\varphi_2(x)}f(x,y)\mathrm{d}y=\int_c^d\mathrm{d}y\int_{\psi_1(y)}^{\psi_2(y)}f(x,y)\mathrm{d}x. \tag{9.2.5}$$

公式(9.2.5)表明，这两个不同次序的二次积分相等，因为它们都等于二重积分 $\iint_D f(x,y)\mathrm{d}x\mathrm{d}y$. 由此可知，二次积分在某些情况下是可以交换次序的，称为**二次积分换序**.

**2. $D$ 既非 $X$-型区域又非 $Y$-型区域**

如果积分区域 $D$ 既不是 $X$-型区域，也不是 $Y$-型区域，那么可用平行于坐标轴的直线将 $D$ 分割成几个小区域，使每个小区域都成为 $X$-型区域或 $Y$-型区域，如图 9-12 所示. 再利用积分区域的可加性，分别计算出每个小区域上的二重积分，最后求和便得所求二重积分，即

$$\iint_D f(x,y)\mathrm{d}\sigma=\iint_{D_1} f(x,y)\mathrm{d}\sigma+\iint_{D_2} f(x,y)\mathrm{d}\sigma+\iint_{D_3} f(x,y)\mathrm{d}\sigma.$$

化二重积分为二次积分时，积分上、下限的确定是关键.积分上、下限是根据积分区域 $D$ 确定的，一般先画出 $D$ 的草图.假设 $D$ 是 $X$-型的(见图 9-13)，在闭区间 $[a,b]$ 上任取一点 $x$，过点 $x$ 作平行于 $y$ 轴的直线穿过 $D$，则该直线与 $D$ 的交点的纵坐标从 $\varphi_1(x)$ 变到 $\varphi_2(x)$，$\varphi_1(x)$ 和 $\varphi_2(x)$ 就是公式(9.2.1)中把 $x$ 看作常数而对 $y$ 积分时的积分下限和积分上限.因为上面的 $x$ 是在 $[a,b]$ 上任意取定的，所以再对 $x$ 积分时，积分上、下限就是 $b,a$.

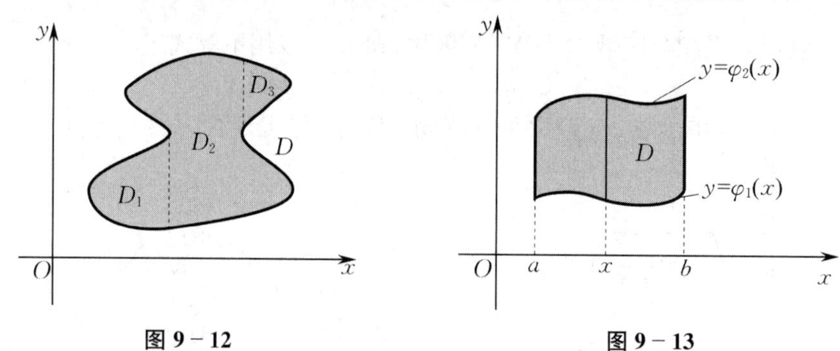


图 9-12　　　　图 9-13

**例 9.2.1**　求在旋转抛物面 $z=x^2+y^2$ 之下，平面闭区域 $D$ 之上的立体的体积，其中 $D$ 是由直线 $y=2x$ 和 $y=x^2$ 所围成的闭区域.

**解　方法一**　由二重积分的几何意义可知，所求立体的体积为 $\iint\limits_D(x^2+y^2)\mathrm{d}x\mathrm{d}y$，积分区域 $D$ 如图 9-14(a) 所示.

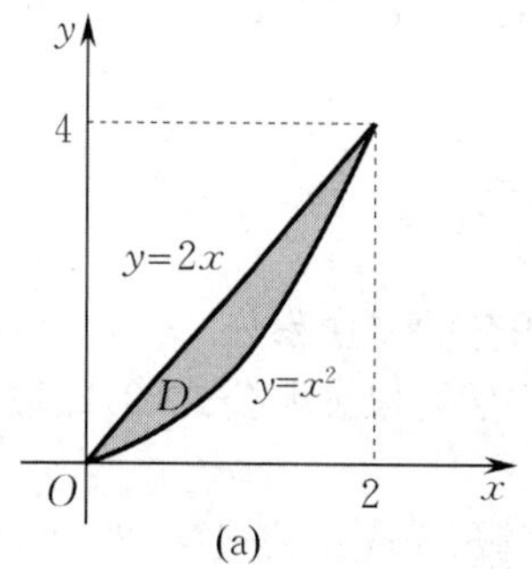


(a)

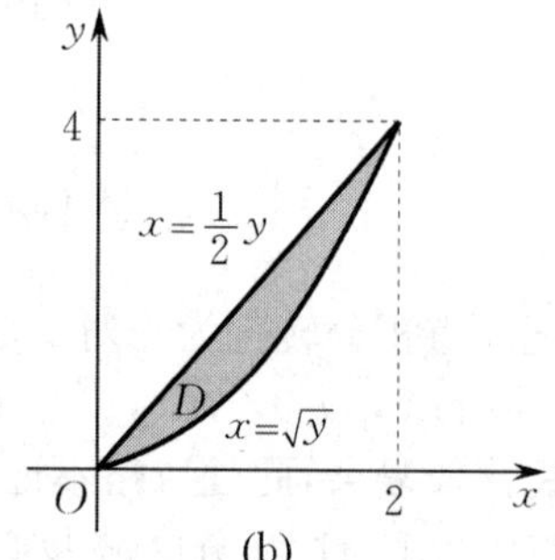


(b)

图 9-14

积分区域 $D$ 是 $X$-型的，积分变量 $x$ 的取值范围是闭区间 $[0,2]$.在 $[0,2]$ 上任取一点 $x$，过点 $x$ 作平行于 $y$ 轴的直线穿过 $D$，则该直线与 $D$ 的交点的纵坐标从 $y=x^2$ 变到 $y=2x$.于是，利用公式(9.2.1)得

$$\iint_D(x^2+y^2)\mathrm{d}x\mathrm{d}y=\int_0^2\left[\int_{x^2}^{2x}(x^2+y^2)\mathrm{d}y\right]\mathrm{d}x=\int_0^2\left(\frac{14}{3}x^3-x^4-\frac{x^6}{3}\right)\mathrm{d}x=\frac{216}{35}.$$

**方法二**　如图 9-14(b) 所示，积分区域 $D$ 是 $Y$-型的，积分变量 $y$ 的取值范围是闭区间 $[0,4]$.在 $[0,4]$ 上任取一点 $y$，过点 $y$ 作平行于 $x$ 轴的直线穿过 $D$，则该直线与 $D$ 的交点的横坐标从 $x=\dfrac{y}{2}$ 变到 $x=\sqrt{y}$.于是，利用公式(9.2.3)得

$$\iint\limits_D (x^2+y^2)\mathrm{d}x\mathrm{d}y=\int_0^4\left[\int_{\frac{y}{2}}^{\sqrt{y}}(x^2+y^2)\mathrm{d}x\right]\mathrm{d}y=\frac{216}{35}.$$

思考　二重积分的外层定积分的积分上、下限为什么总是常数？

**例 9.2.2**　计算二重积分 $\iint\limits_D \frac{x^2}{y^2}\mathrm{d}x\mathrm{d}y$，其中 $D$ 是由直线 $x=2$，$y=x$ 及曲线 $xy=1$ 所围成的闭区域.

**解　方法一**　积分区域 $D$ 如图 9－15(a) 所示，求得 $D$ 的边界曲线的交点坐标为 $A(2,2)$，$B(1,1)$，$C\left(2,\frac{1}{2}\right)$. 选择先对 $y$ 积分、后对 $x$ 积分，这时 $D$ 用不等式组表示为 $1\leqslant x\leqslant 2$，$\frac{1}{x}\leqslant y\leqslant x$，于是

$$\iint\limits_D \frac{x^2}{y^2}\mathrm{d}x\mathrm{d}y=\int_1^2\mathrm{d}x\int_{\frac{1}{x}}^{x}\frac{x^2}{y^2}\mathrm{d}y=\frac{9}{4}.$$

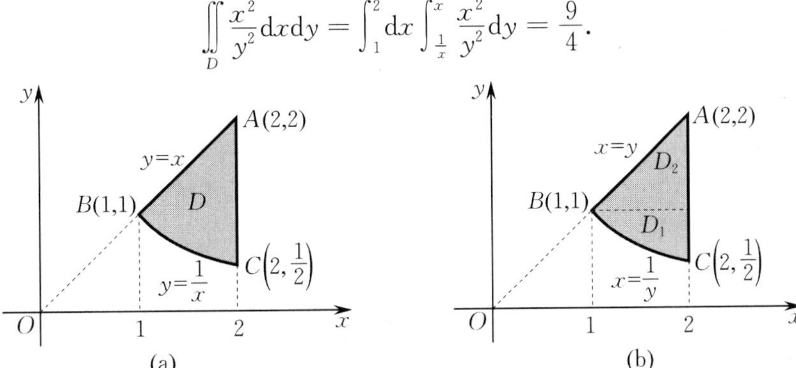


**图 9－15**

**方法二**　也可选择先对 $x$ 积分、后对 $y$ 积分，但需要用直线 $y=1$ 将 $D$ 分成 $D_1$ 和 $D_2$ 两部分，如图 9－15(b) 所示，其中 $D_1$ 用不等式组表示为 $\frac{1}{2}\leqslant y\leqslant 1$，$\frac{1}{y}\leqslant x\leqslant 2$，$D_2$ 用不等式组表示为 $1\leqslant y\leqslant 2$，$y\leqslant x\leqslant 2$，于是

$$\iint\limits_D \frac{x^2}{y^2}\mathrm{d}x\mathrm{d}y=\iint\limits_{D_1}\frac{x^2}{y^2}\mathrm{d}x\mathrm{d}y+\iint\limits_{D_2}\frac{x^2}{y^2}\mathrm{d}x\mathrm{d}y=\int_{\frac{1}{2}}^{1}\mathrm{d}y\int_{\frac{1}{y}}^{2}\frac{x^2}{y^2}\mathrm{d}x+\int_1^2\mathrm{d}y\int_y^2\frac{x^2}{y^2}\mathrm{d}x=\frac{9}{4}.$$

显然，例 9.2.2 中先对 $x$ 积分要比先对 $y$ 积分麻烦得多. 因此，恰当地选择二次积分的积分次序使得计算更为简单，是化二重积分为二次积分的关键步骤.

**例 9.2.3**　计算二重积分 $\iint\limits_D \frac{\sin y}{y}\mathrm{d}x\mathrm{d}y$，其中 $D$ 是由抛物线 $y^2=x$ 及直线 $y=x$ 所围成的闭区域.

**解**　积分区域 $D$ 如图 9－16 所示. 由于 $\int\frac{\sin y}{y}\mathrm{d}y$"积"不出来，即 $\frac{\sin y}{y}$ 的原函数不是初等函数，因此只能选择先对 $x$ 积分，则

$$\iint\limits_D \frac{\sin y}{y}\mathrm{d}x\mathrm{d}y=\int_0^1\mathrm{d}y\int_{y^2}^{y}\frac{\sin y}{y}\mathrm{d}x=\int_0^1(1-y)\sin y\mathrm{d}y$$
$$=1-\sin 1.$$

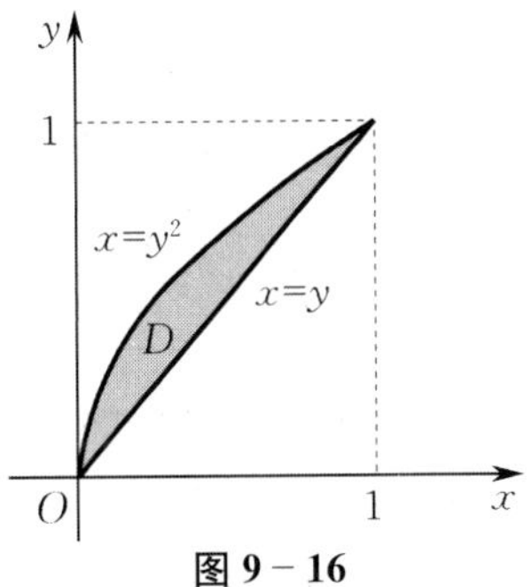


**图 9－16**

上述几个例子说明,在化二重积分为二次积分时,为了便于计算,需要选择恰当的二次积分的积分次序.这时,既要考虑积分区域 $D$ 的形状,又要考虑被积函数 $f(x,y)$ 的特点.

**例 9.2.4** 计算二重积分 $I=\iint\limits_D \frac{y}{(1+x^2+y^2)^{\frac{3}{2}}}\mathrm{d}x\mathrm{d}y$,其中 $D=\{(x,y)\mid 0\leqslant x\leqslant 1, 0\leqslant y\leqslant 1\}$.

**解** $I=\int_0^1\mathrm{d}x\int_0^1\frac{y}{\sqrt{(1+x^2+y^2)^3}}\mathrm{d}y=\int_0^1\left(\frac{1}{\sqrt{1+x^2}}-\frac{1}{\sqrt{2+x^2}}\right)\mathrm{d}x$

$$=\left[\ln(x+\sqrt{1+x^2})-\ln(x+\sqrt{2+x^2})\right]\Big|_0^1=\ln\frac{2+\sqrt{2}}{1+\sqrt{3}}.$$

**例 9.2.5** 求由两个底圆半径都等于 $R$ 的直交圆柱面(两个圆柱面的轴线成 $90^\circ$ 角相交)所围成的立体①的体积.

**解** 设这两个圆柱面的方程分别为

$$x^2+y^2=R^2,\quad x^2+z^2=R^2.$$

由于所求立体的对称性,因此只要求出其在第Ⅰ卦限部分(见图 9-18(a))的体积再乘以 8 即可.

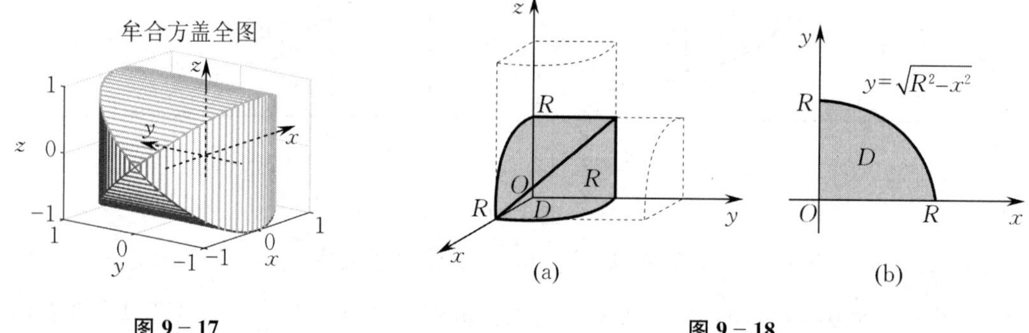


图 9-17　　图 9-18

所求立体在第Ⅰ卦限部分可以看成曲顶为圆柱面 $z=\sqrt{R^2-x^2}$,底为闭区域

$$D=\{(x,y)\mid 0\leqslant y\leqslant\sqrt{R^2-x^2},0\leqslant x\leqslant R\}\quad(\text{见图 }9-18(\text{b}))$$

的曲顶柱体.于是,所求立体的体积为

$$V=8\iint\limits_D\sqrt{R^2-x^2}\,\mathrm{d}x\mathrm{d}y=8\int_0^R\left(\int_0^{\sqrt{R^2-x^2}}\sqrt{R^2-x^2}\,\mathrm{d}y\right)\mathrm{d}x$$

$$=8\int_0^R(R^2-x^2)\mathrm{d}x=\frac{16}{3}R^3.$$

计算二重积分 $\iint\limits_D\sqrt{R^2-x^2}\,\mathrm{d}x\mathrm{d}y$ 时,由于被积函数只含 $x$,因此先对 $y$ 积分、后对 $x$ 积分更为简便.若先对 $x$ 积分、后对 $y$ 积分,则计算要复杂一些.

---

① 我国古代数学家刘徽称该立体为牟合方盖(见图 9-17).古代称伞为"盖",而"牟"为相同的意思,"牟合方盖"即对合在一起的两个全等方伞.刘徽将球体体积的计算归结为牟合方盖体积的计算,得到公式 $\frac{V_{\text{球}}}{V_{\text{牟}}}=\frac{\pi}{4}$.尽管他没有找到牟合方盖体积的计算方法,但是他为后人指明了方向.该问题后来被祖冲之和他的儿子祖暅解决.

## 二、利用对称性和奇偶性简化二重积分的计算

在第五章中我们知道，奇函数或偶函数在对称区间上的定积分可以相抵消或合成，从而简化定积分的计算. 事实上，二重积分也有类似的结论，具体内容如下：

设函数 $f(x,y)$ 在有界闭区域 $D$ 上连续，则有以下结论.

(1) 若积分区域 $D$ 关于 $x$ 轴对称，$D_1=\{(x,y)\mid(x,y)\in D,y\geqslant 0\}$，且被积函数 $f(x,y)$ 为 $y$ 的偶函数（见图 9－19(a)）或奇函数（见图 9－19(b)），则有

$$\iint\limits_D f(x,y)\mathrm{d}x\mathrm{d}y=\begin{cases}2\iint\limits_{D_1}f(x,y)\mathrm{d}x\mathrm{d}y, & f(x,y)\text{ 为 }y\text{ 的偶函数，即 }f(x,-y)=f(x,y),\\ 0, & f(x,y)\text{ 为 }y\text{ 的奇函数，即 }f(x,-y)=-f(x,y).\end{cases}$$

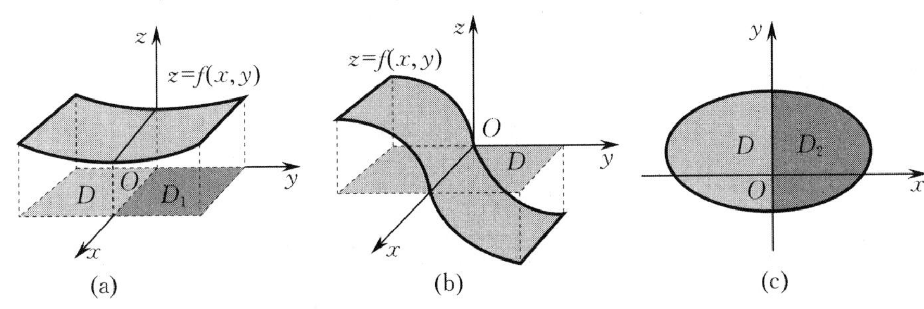


**图 9－19**

(2) 若积分区域 $D$ 关于 $y$ 轴对称（见图 9－19(c)），$D_2=\{(x,y)\mid(x,y)\in D,x\geqslant 0\}$，且被积函数 $f(x,y)$ 为 $x$ 的偶函数或奇函数，则有

$$\iint\limits_D f(x,y)\mathrm{d}x\mathrm{d}y=\begin{cases}2\iint\limits_{D_2}f(x,y)\mathrm{d}x\mathrm{d}y, & f(x,y)\text{ 为 }x\text{ 的偶函数，即 }f(-x,y)=f(x,y),\\ 0, & f(x,y)\text{ 为 }x\text{ 的奇函数，即 }f(-x,y)=-f(x,y).\end{cases}$$

上述结论称为**二重积分的对称性**.

思考　请读者分别说明二重积分对称性的几何意义和物理意义.

**例 9.2.6**　计算二重积分 $\iint\limits_D(|x|+|y|)\mathrm{d}x\mathrm{d}y$，其中 $D=\{(x,y)\mid |x|+|y|\leqslant 1\}$.

**解**　由于积分区域 $D$ 同时关于 $x$ 轴和 $y$ 轴对称（见图 9－20），且被积函数 $f(x,y)=|x|+|y|$ 既为 $x$ 的偶函数，也为 $y$ 的偶函数，因此

$$\begin{aligned}\iint\limits_D(|x|+|y|)\mathrm{d}x\mathrm{d}y&=4\iint\limits_{D_1}(|x|+|y|)\mathrm{d}x\mathrm{d}y\\&=4\iint\limits_{D_1}(x+y)\mathrm{d}x\mathrm{d}y\\&=4\int_0^1\mathrm{d}x\int_0^{1-x}(x+y)\mathrm{d}y=\frac{4}{3}.\end{aligned}$$

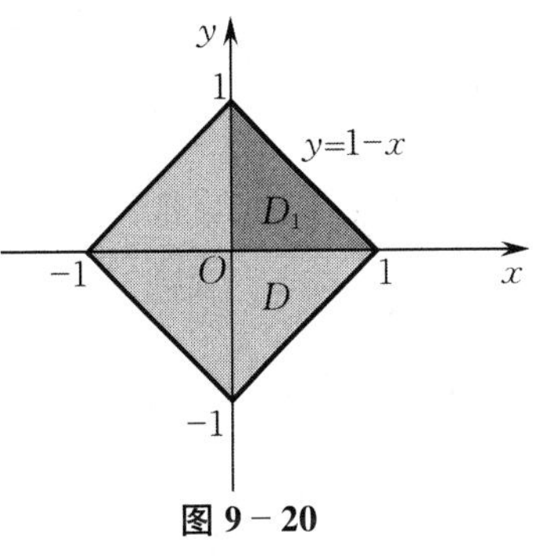


**图 9－20**

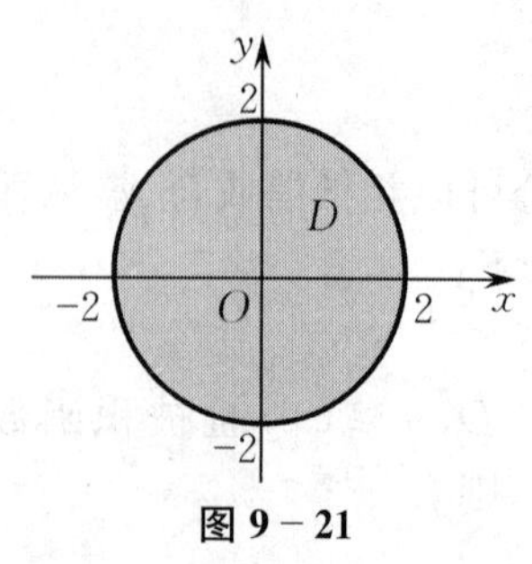

图 9-21

**例 9.2.7** 计算二重积分 $I=\iint\limits_{D}(x-y+5)\mathrm{d}x\mathrm{d}y$,其中 $D=\{(x,y)\mid x^2+y^2\leqslant 4\}$.

**解** 因为积分区域 $D$ 同时关于 $x$ 轴和 $y$ 轴对称(见图 9-21),所以有 $\iint\limits_{D}x\mathrm{d}x\mathrm{d}y=\iint\limits_{D}y\mathrm{d}x\mathrm{d}y=0$,于是

$$I=5\iint\limits_{D}\mathrm{d}x\mathrm{d}y=20\pi.$$

## 思考题 9.2

1. 若 $f(-x,y)=-f(x,y)$,$\iint\limits_{D}f(x,y)\mathrm{d}x\mathrm{d}y=0$ 一定成立吗?

2. 设函数 $f(x,y)$ 在正方形闭区域 $D=\{(x,y)\mid -1\leqslant x\leqslant 1,-1\leqslant y\leqslant 1\}$ 上可积,问:

$$\iint\limits_{D}f(x,y)\mathrm{d}x\mathrm{d}y=4\int_0^1\left(\int_0^1 f(x,y)\mathrm{d}x\right)\mathrm{d}y$$

一定成立吗?

3. 试利用二重积分的对称性,计算二重积分 $I=\iint\limits_{D}[\sin(x^3y^2)+\sin(x^2y^3)]\mathrm{d}x\mathrm{d}y$,其中 $D$ 是以坐标原点为圆心,以 $R$ 为半径的闭圆域.

4. 将二重积分 $\iint\limits_{D}f(x,y)\mathrm{d}x\mathrm{d}y$ 化为二次积分,其中 $D=\{(x,y)\mid x^2+y^2\leqslant 1,y\geqslant 0\}$,下面结论是否正确?

$$\iint\limits_{D}f(x,y)\mathrm{d}x\mathrm{d}y=\int_{-1}^1\mathrm{d}x\int_0^1 f(x,y)\mathrm{d}y.$$

## 习 题 9.2

**(A)**

一、将二重积分 $I=\iint\limits_{D}f(x,y)\mathrm{d}x\mathrm{d}y$ 化为二次积分,其中积分区域 $D$ 是:

(1) 由直线 $y=x$ 及抛物线 $y^2=4x$ 所围成的闭区域;

(2) 由直线 $y=x,x=2$ 及双曲线 $y=\dfrac{1}{x}(x>0)$ 所围成的闭区域.

二、改变下列二次积分的积分次序:

(1) $\int_0^1\mathrm{d}y\int_0^y f(x,y)\mathrm{d}x$; (2) $\int_0^1\mathrm{d}y\int_{-\sqrt{1-y^2}}^{\sqrt{1-y^2}}f(x,y)\mathrm{d}x$; (3) $\int_1^{\mathrm{e}}\mathrm{d}x\int_0^{\ln x}f(x,y)\mathrm{d}y$.

三、计算下列二重积分:

(1) $\iint\limits_{D}x\sqrt{y}\,\mathrm{d}x\mathrm{d}y$,其中 $D$ 是由两条抛物线 $y=\sqrt{x}$,$y=x^2$ 所围成的闭区域;

(2) $\iint\limits_{D}xy^2\mathrm{d}x\mathrm{d}y$,其中 $D$ 是由圆 $x^2+y^2=4$ 及 $y$ 轴所围成的右半闭区域;

(3) $\iint\limits_{D}(x^2+y^2-x)\mathrm{d}x\mathrm{d}y$,其中 $D$ 是由直线 $y=2,y=x$ 及 $y=2x$ 所围成的闭区域;

(4) $\iint\limits_{D}(x^2+xy^2)\mathrm{d}x\mathrm{d}y$,其中 $D=\{(x,y)\mid |x|+|y|\leqslant 1\}$;

(5) $\iint\limits_D e^{-\frac{y^2}{2}}\mathrm{d}x\mathrm{d}y$，其中 $D=\{(x,y)\mid x\leqslant y\leqslant 1,0\leqslant x\leqslant 1\}$.

四、设平面薄片所占的闭区域 $D$ 由直线 $x+y=2$，$y=x$ 及 $x$ 轴所围成，它的面密度为 $\mu(x,y)=x^2+y^2$，求该平面薄片的质量.

五、求由平面 $x=0$，$y=0$，$x+y=1$ 所围成的柱体被平面 $z=0$ 及抛物面 $x^2+y^2=6-z$ 截得的立体的体积.

六、求以 $xOy$ 面上由直线 $x+y=1$，$x=0$ 及 $y=0$ 所围成的三角形闭区域为底，以马鞍面 $z=xy$ 为顶的曲顶柱体的体积.

**(B)**

一、设函数 $f(x,y)$ 连续，且 $f(x,y)=x+\iint\limits_D yf(u,v)\mathrm{d}u\mathrm{d}v$，其中 $D$ 是由双曲线 $y=\dfrac{1}{x}$，直线 $x=1$ 及 $y=2$ 所围成的闭区域，求 $f(x,y)$ 的表达式.

二、求 $\lim\limits_{t\to0^+}\dfrac{1}{t^2}\int_0^t\mathrm{d}x\int_0^{t-x}e^{x^2+y^2}\mathrm{d}y$.

三、已知函数 $f(x)$ 具有三阶连续导数，且 $f(0)=f'(0)=f''(0)=-1$，$f(2)=-\dfrac{1}{2}$，求

$$I=\int_0^2\mathrm{d}x\int_0^x\sqrt{(2-x)(2-y)}\,f'''(y)\mathrm{d}y.$$

四、计算二重积分 $\iint\limits_D e^{\max\{x^2,y^2\}}\mathrm{d}x\mathrm{d}y$，其中 $D=\{(x,y)\mid 0\leqslant x\leqslant 1,0\leqslant y\leqslant 1\}$.

五、设函数 $f(x,y)=\begin{cases}2x, & 0\leqslant x\leqslant 1,0\leqslant y\leqslant 1,\\ 0, & \text{其他},\end{cases}$ $F(t)=\iint\limits_D f(x,y)\mathrm{d}x\mathrm{d}y$，其中积分区域 $D=\{(x,y)\mid x+y\leqslant t\}$，求 $F(t)$ 的表达式.

六、若二元函数 $z(x,y)$ 在 $xOy$ 面上任一有界闭区域 $D$ 上存在连续偏导数，且

$$\iint\limits_D\left(\frac{\partial z}{\partial x}\right)^2\mathrm{d}x\mathrm{d}y=\iint\limits_D\left(2xz\frac{\partial z}{\partial x}-x^2z^2\right)\mathrm{d}x\mathrm{d}y,$$

求 $z(x,y)$ 的表达式.

# 第三节　二重积分的换元法

一般地，计算二重积分时遇到的困难主要来自两个方面：一是被积函数比较复杂，二是积分区域比较复杂. 克服这些困难的思路是做适当的变量替换. 与一元函数定积分一样，做变量替换的目的是把复杂的被积函数或积分区域简化，从而使得二重积分便于计算.

本节首先介绍最常用的极坐标变换，然后介绍一般的变量替换.

## 一、极坐标变换下二重积分的计算

在介绍极坐标变换之前，先看下面的引例.

**引例 1**　计算二重积分 $I=\iint\limits_D\sqrt{x^2+y^2}\,\mathrm{d}\sigma$，其中 $D=\{(x,y)\mid x^2+y^2\leqslant 1\}$.

**解**　所求二重积分是以闭圆域 $x^2+y^2\leqslant 1$ 为底，以上半圆锥面 $z=\sqrt{x^2+y^2}$ 为顶的立

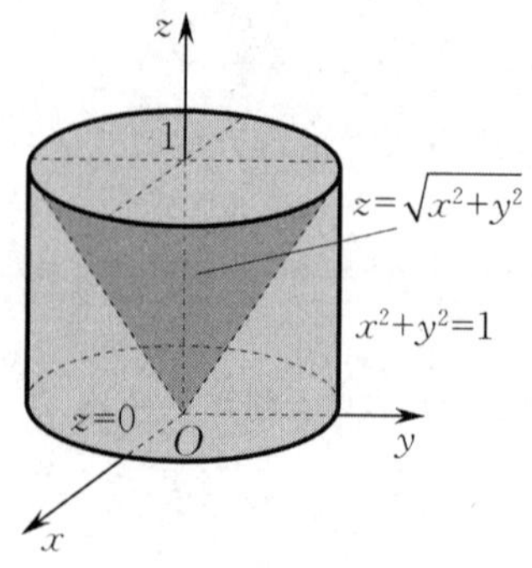


图 9－22

体(见图 9－22)的体积.考虑到积分区域同时关于 $x$ 轴和 $y$ 轴对称,且被积函数既是 $x$ 的偶函数,也是 $y$ 的偶函数,因此若利用直角坐标系下的二重积分计算公式,有

$$I = 4\int_0^1 \mathrm{d}x\int_0^{\sqrt{1-x^2}} \sqrt{x^2+y^2}\,\mathrm{d}y.$$

先对 $y$ 积分,利用分部积分法,得

$$I = 2\int_0^1 \left(\sqrt{1-x^2} + x^2\ln\frac{1+\sqrt{1-x^2}}{x}\right)\mathrm{d}x.$$

显然,要算出上面的定积分并不容易,所以应考虑别的简便计算方法.

一般地,当被积函数呈现 $f(x^2+y^2)$ 形式,或者当积分区域的边界由圆弧段及射线组成时,用极坐标变换往往可将被积函数和积分区域简化.下面将介绍如何做极坐标变换,并将极坐标系下的二重积分转化为二次积分.

将直角坐标系下的二重积分转化为极坐标系下的二重积分,需同时将被积函数 $f(x,y)$、积分区域 $D$ 及面积元素 $\mathrm{d}\sigma = \mathrm{d}x\mathrm{d}y$ 用极坐标表示.

如图 9－23 所示,在直角坐标系 $Oxy$ 中,若取坐标原点 $O$ 作为极坐标系的极点,取 $x$ 轴的正半轴作为极轴,则点 $P$ 的直角坐标$(x,y)$ 与极坐标$(\rho,\theta)$ 之间有如下关系式:

$$\begin{cases} x = \rho\cos\theta, \\ y = \rho\sin\theta. \end{cases}$$

因此,被积函数 $f(x,y)$ 的极坐标形式为 $f(\rho\cos\theta,\rho\sin\theta)$.现在问题的关键是极坐标系下的面积元素 $\mathrm{d}\sigma$ 用 $\rho,\theta$ 应如何表示?

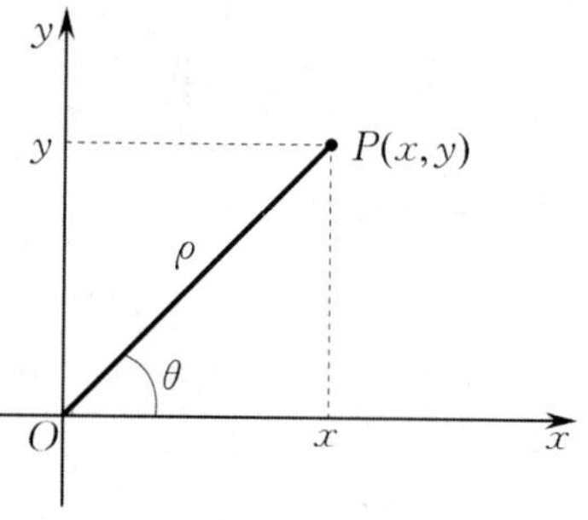


图 9－23

假定从极点 $O$ 出发且穿过闭区域 $D$ 内部的射线与 $D$ 的边界曲线相交不多于两点.用以极点为中心的一族同心圆:$\rho=$ 常数,以及从极点出发的一族射线:$\theta=$ 常数,把 $D$ 分成 $n$ 个小闭区域(见图 9－24(a)).考虑由 $\rho,\theta$ 分别取得微小增量 $\mathrm{d}\rho,\mathrm{d}\theta$ 所围成的小闭区域的面积 $\Delta\sigma$(见图 9－24(b) 中的阴影部分),易知其面积为

$$\Delta\sigma = \frac{1}{2}(\rho+\mathrm{d}\rho)^2\cdot\mathrm{d}\theta - \frac{1}{2}\rho^2\mathrm{d}\theta = \rho\mathrm{d}\rho\mathrm{d}\theta + \frac{1}{2}(\mathrm{d}\rho)^2\mathrm{d}\theta.$$

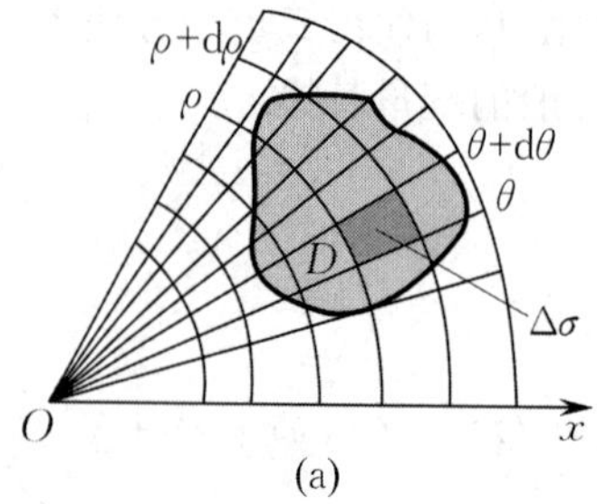


(a)

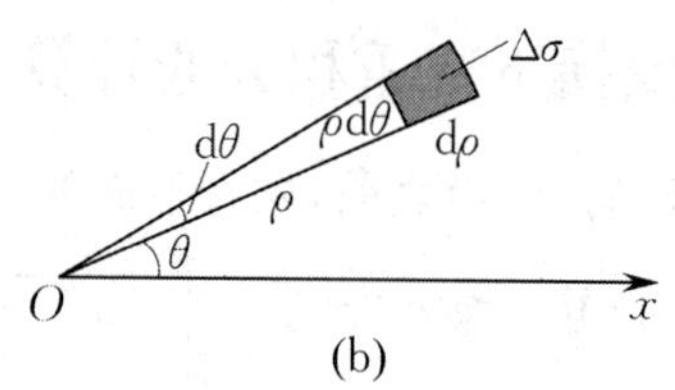


(b)

图 9－24

当 $\mathrm{d}\rho,\mathrm{d}\theta$ 都充分小时，若略去 $\mathrm{d}\rho\mathrm{d}\theta$ 的高阶无穷小量 $\frac{1}{2}(\mathrm{d}\rho)^2\mathrm{d}\theta$，则可得 $\Delta\sigma$ 的近似公式 $\Delta\sigma\approx\rho\mathrm{d}\rho\mathrm{d}\theta$，于是**极坐标系下的面积元素**为 $\mathrm{d}\sigma=\rho\mathrm{d}\rho\mathrm{d}\theta$.

假定积分区域 $D$ 在极坐标系下表示为 $D'$，又在直角坐标系下有 $\mathrm{d}\sigma=\mathrm{d}x\mathrm{d}y$，则有

$$\iint\limits_{D} f(x,y)\mathrm{d}x\mathrm{d}y=\iint\limits_{D'} f(\rho\cos\theta,\rho\sin\theta)\rho\mathrm{d}\rho\mathrm{d}\theta. \tag{9.3.1}$$

这就是二重积分从直角坐标系到极坐标系的变换公式.

公式(9.3.1)表明，若要把二重积分中的变量从直角坐标变换为极坐标，只需把被积函数中的 $x,y$ 分别换成 $\rho\cos\theta,\rho\sin\theta$，并把直角坐标系下的面积元素 $\mathrm{d}x\mathrm{d}y$ 换成极坐标系下的面积元素 $\rho\mathrm{d}\rho\mathrm{d}\theta$ 即可.

极坐标系下的二重积分同样可以化为二次积分来计算. 通常情况下，极坐标系下的二次积分的积分次序是**先对 $\rho$ 积分**、**后对 $\theta$ 积分**. 下面分三种情况讨论：

(1) 积分区域 $D$ 不包含极点. 设积分区域 $D$ 介于射线 $\theta=\alpha,\theta=\beta$ 之间，如图 9-25 所示，在闭区间 $[\alpha,\beta]$ 上任取极角 $\theta$，从极点出发引射线 $\theta=\theta$ 穿过 $D$ 的内部，则该射线与 $D$ 的交点 $A,B$ 的极径 $\rho$ 从 $\varphi_1(\theta)$ 变到 $\varphi_2(\theta)$. 因此，$D$ 可以表示为 $\varphi_1(\theta)\leqslant\rho\leqslant\varphi_2(\theta),\alpha\leqslant\theta\leqslant\beta$，其中函数 $\varphi_1(\theta),\varphi_2(\theta)$ 在闭区间 $[\alpha,\beta]$ 上连续. 于是，在闭区间 $[\varphi_1(\theta),\varphi_2(\theta)]$ 上先以 $\rho$ 为积分变量做定积分

$$F(\theta)=\int_{\varphi_1(\theta)}^{\varphi_2(\theta)} f(\rho\cos\theta,\rho\sin\theta)\rho\mathrm{d}\rho.$$

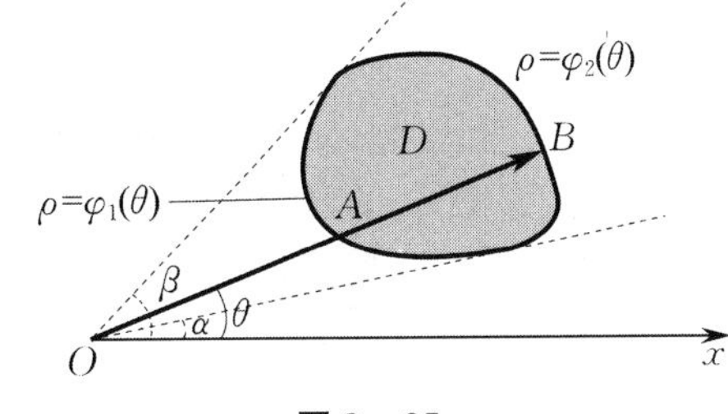

图 9-25

又因为 $\theta$ 的变化范围是闭区间 $[\alpha,\beta]$，再以 $\theta$ 为积分变量，做定积分 $\int_{\alpha}^{\beta}F(\theta)\mathrm{d}\theta$. 由此得出极坐标系下的二重积分化为二次积分的公式为

$$\iint\limits_{D} f(\rho\cos\theta,\rho\sin\theta)\rho\mathrm{d}\rho\mathrm{d}\theta=\int_{\alpha}^{\beta}\left(\int_{\varphi_1(\theta)}^{\varphi_2(\theta)} f(\rho\cos\theta,\rho\sin\theta)\rho\mathrm{d}\rho\right)\mathrm{d}\theta.$$

上式也可写成

$$\iint\limits_{D} f(\rho\cos\theta,\rho\sin\theta)\rho\mathrm{d}\rho\mathrm{d}\theta=\int_{\alpha}^{\beta}\mathrm{d}\theta\int_{\varphi_1(\theta)}^{\varphi_2(\theta)} f(\rho\cos\theta,\rho\sin\theta)\rho\mathrm{d}\rho. \tag{9.3.2}$$

(2) 积分区域 $D$ 的边界曲线过极点. 积分区域 $D$ 如图 9-26 所示，可用不等式组表示为 $0\leqslant\rho\leqslant\varphi(\theta),\alpha\leqslant\theta\leqslant\beta$，于是

$$\iint\limits_{D} f(\rho\cos\theta,\rho\sin\theta)\rho\mathrm{d}\rho\mathrm{d}\theta=\int_{\alpha}^{\beta}\mathrm{d}\theta\int_{0}^{\varphi(\theta)} f(\rho\cos\theta,\rho\sin\theta)\rho\mathrm{d}\rho.$$

(3) 极点包含在积分区域 $D$ 的内部. 积分区域 $D$ 如图 9-27 所示，可用不等式组表示为 $0\leqslant\rho\leqslant\varphi(\theta),0\leqslant\theta\leqslant2\pi$，于是

$$\iint\limits_{D} f(\rho\cos\theta,\rho\sin\theta)\rho\mathrm{d}\rho\mathrm{d}\theta=\int_{0}^{2\pi}\mathrm{d}\theta\int_{0}^{\varphi(\theta)} f(\rho\cos\theta,\rho\sin\theta)\rho\mathrm{d}\rho.$$

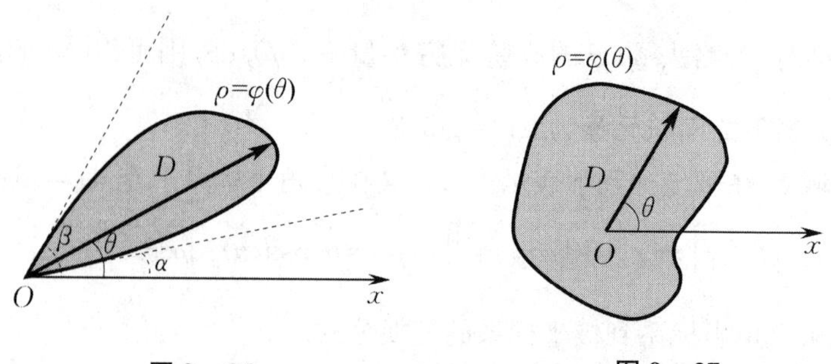


图 9－26　　　　图 9－27

**注**　由二重积分的性质 9.1.3 可知,闭区域 $D$ 的面积 $\sigma$ 在极坐标系下可表示为 $\sigma=\iint\limits_D \mathrm{d}\sigma=\iint\limits_D \rho\mathrm{d}\rho\mathrm{d}\theta$. 若闭区域 $D$ 如图 9－26 所示,则由公式(9.3.2),有

$$\sigma=\iint\limits_D \rho\mathrm{d}\rho\mathrm{d}\theta=\int_\alpha^\beta \mathrm{d}\theta\int_0^{\varphi(\theta)}\rho\mathrm{d}\rho=\frac{1}{2}\int_\alpha^\beta \varphi^2(\theta)\mathrm{d}\theta.$$

思考　设图 9－28(a) 和 9－28(b) 中的闭区域 $D$ 分别与 $x$ 轴、$y$ 轴相切于坐标原点 $O$,试问 $\theta$ 的变化范围是什么?

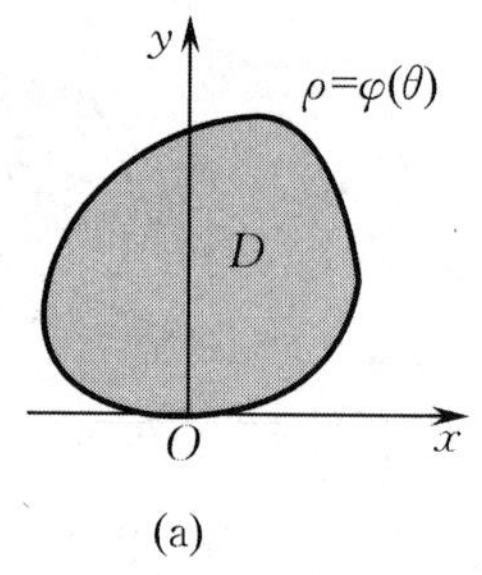


(a)

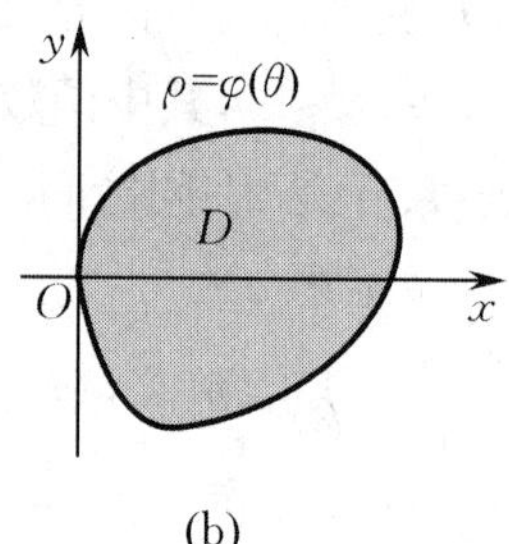


(b)

图 9－28

**例 9.3.1**　计算二重积分 $\iint\limits_D \sin\sqrt{x^2+y^2}\,\mathrm{d}\sigma$,其中 $D$ 可表示为 $\pi^2\leqslant x^2+y^2\leqslant 4\pi^2$.

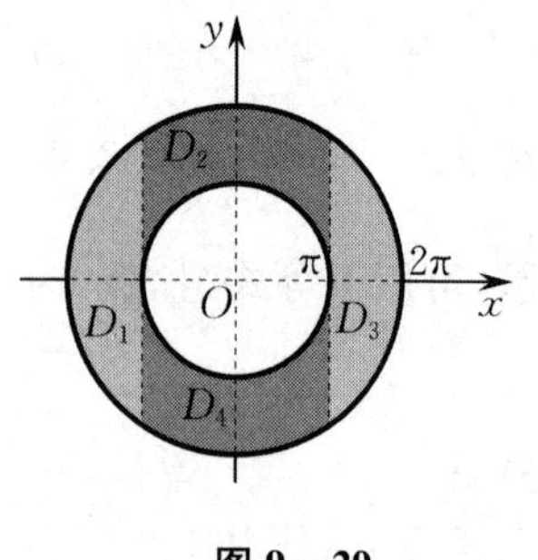


图 9－29

**分析**　若用直角坐标计算,则必须将 $D$ 分为 $D_1,D_2,D_3,D_4$(见图 9－29)后,再分别计算每个闭区域上的二重积分,然后求和,计算比较复杂.因此,本题可用极坐标计算.

**解**　在极坐标系下,积分区域 $D$ 可表示为

$$D'=\{(\rho,\theta)\mid \pi\leqslant\rho\leqslant 2\pi,0\leqslant\theta\leqslant 2\pi\},$$

于是

$$\iint\limits_D \sin\sqrt{x^2+y^2}\,\mathrm{d}\sigma=\iint\limits_{D'}\sin\rho\cdot\rho\mathrm{d}\rho\mathrm{d}\theta=\int_0^{2\pi}\mathrm{d}\theta\int_\pi^{2\pi}\rho\sin\rho\mathrm{d}\rho$$

$$=2\pi\cdot(-\rho\cos\rho+\sin\rho)\Big|_\pi^{2\pi}=-6\pi^2.$$

**例 9.3.2**　求球体 $x^2+y^2+z^2\leqslant 1$ 与圆柱面 $x^2+y^2=y$ 的重叠部分立体(称为**维安尼(Viviani)立体**)的体积.

**解**　由所求立体的对称性(见图 9－30(a)),只要求出其在第 Ⅰ 卦限内的部分体积,再乘

以4,即得所求立体的体积.在第Ⅰ卦限内的立体是一个曲顶柱体,其底为$xOy$面内由$x\geqslant 0$和$x^2+y^2\leqslant y$所围成的闭区域$D$(见图9-30(b)中的阴影部分),而曲顶的方程为$z=\sqrt{1-x^2-y^2}$.因此,所求立体的体积为

$$V=4\iint\limits_{D}\sqrt{1-x^2-y^2}\,\mathrm{d}\sigma,$$

其中$D$是圆心在$\left(0,\frac{1}{2}\right)$,半径为$\frac{1}{2}$的闭圆域的右半部分.积分区域$D$在极坐标系下可表示为

$$D'=\left\{(\rho,\theta)\,\middle|\,0\leqslant\rho\leqslant\sin\theta,0\leqslant\theta\leqslant\frac{\pi}{2}\right\},$$

于是
$$\begin{aligned}V&=4\iint\limits_{D'}\sqrt{1-\rho^2}\cdot\rho\mathrm{d}\rho\mathrm{d}\theta=4\int_0^{\frac{\pi}{2}}\mathrm{d}\theta\int_0^{\sin\theta}\sqrt{1-\rho^2}\cdot\rho\mathrm{d}\rho\\&=-\frac{4}{3}\int_0^{\frac{\pi}{2}}(\cos^3\theta-1)\mathrm{d}\theta=\frac{4}{3}\left(\frac{\pi}{2}-\frac{2}{3}\right).\end{aligned}$$

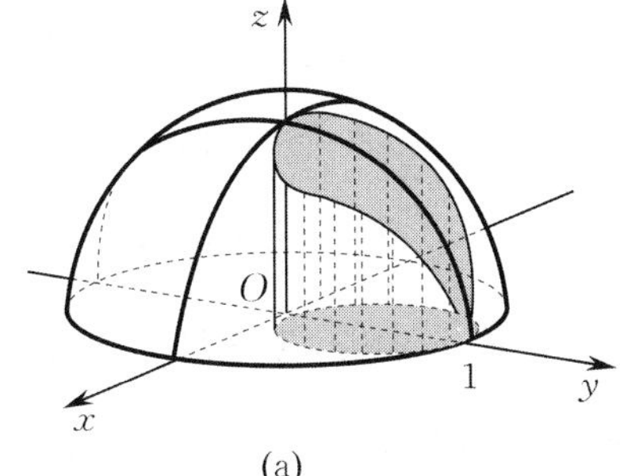

(a)

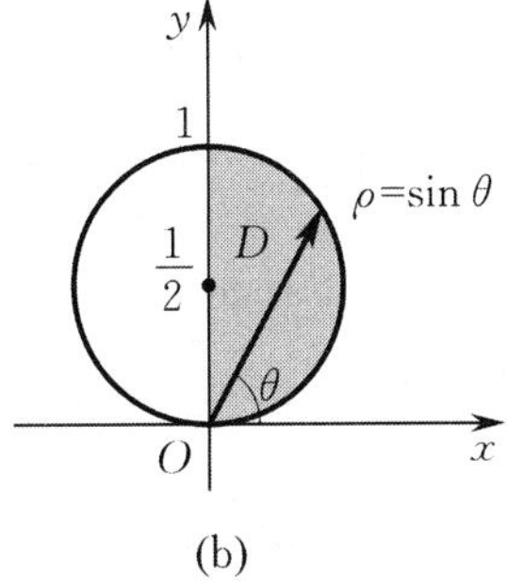

(b)

**图9-30**

由例9.3.2可知,若用两个圆柱面$x^2+y^2=\pm y$去截球体$x^2+y^2+z^2\leqslant 1$,则所截下部分的体积为$2V$,而球体所剩下立体的体积为

$$\frac{4}{3}\pi-2V=\frac{16}{9}.$$

结果表明,一个由部分球面与部分圆柱面所围成的立体的体积与$\pi$无关,从而否定了由球面作为组成曲面的立体体积必与$\pi$有关这一猜想.这个结果的发现者是意大利数学家维维安尼.

**例9.3.3**　化直角坐标系下的二次积分$I=\int_0^1\mathrm{d}x\int_{1-x}^{\sqrt{1-x^2}}f(x,y)\mathrm{d}y$为极坐标系下的二次积分.

**分析**　本题的解题步骤与直角坐标系下改变二次积分的积分次序的步骤相同.

**解**　首先根据所给二次积分的积分上、下限写出积分区域:

$$D=\{(x,y)\mid 1-x\leqslant y\leqslant\sqrt{1-x^2},0\leqslant x\leqslant 1\},$$

并画出积分区域$D$的图形(见图9-31).将$D$的边界曲线化为极坐标形式:当$x=0$时,$\rho\cos\theta=0,\theta=\frac{\pi}{2}$;当$x=1$时,$y=0$,即$\rho\sin\theta=0,\theta=0$;当$y=\sqrt{1-x^2}$时,$\rho\sin\theta=$

$\sqrt{1-(\rho\cos\theta)^2}$，$\rho=1$；当 $y=1-x$ 时，$\rho\sin\theta=1-\rho\cos\theta$，$\rho=\dfrac{1}{\sin\theta+\cos\theta}$. 因此，在极坐标系下的积分区域 $D$ 可表示为

$$D'=\left\{(\rho,\theta)\,\middle|\,\frac{1}{\sin\theta+\cos\theta}\leqslant\rho\leqslant 1,0\leqslant\theta\leqslant\frac{\pi}{2}\right\}.$$

然后将被积函数和面积元素均化为极坐标形式，于是 $I$ 在极坐标系下的表达式为

$$I=\int_0^{\frac{\pi}{2}}\mathrm{d}\theta\int_{\frac{1}{\sin\theta+\cos\theta}}^{1}f(\rho\cos\theta,\rho\sin\theta)\rho\mathrm{d}\rho.$$

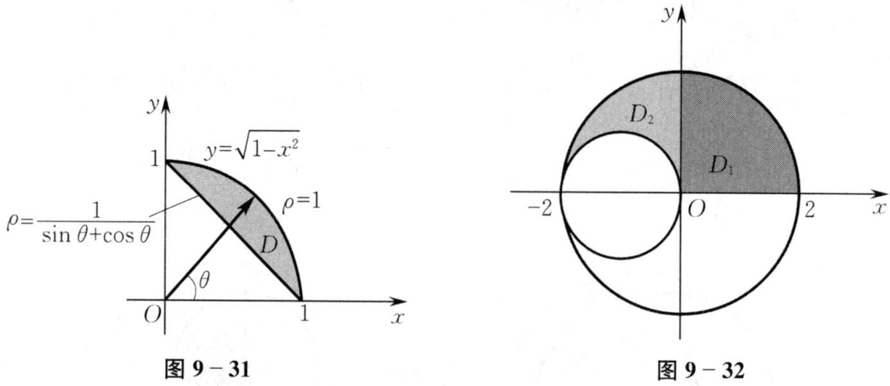


图 9-31　　图 9-32

**例 9.3.4**　计算二重积分 $I=\iint\limits_D(\sqrt{x^2+y^2}+y)\mathrm{d}\sigma$，其中 $D$ 为 $\begin{cases}x^2+y^2\leqslant 4,\\(x+1)^2+y^2\geqslant 1.\end{cases}$

**解**　如图 9-32 所示，由积分区域的对称性和被积函数的奇偶性可知

$$\iint\limits_D y\mathrm{d}\sigma=0,\quad\iint\limits_D\sqrt{x^2+y^2}\mathrm{d}\sigma=2\iint\limits_{D_1+D_2}\sqrt{x^2+y^2}\mathrm{d}\sigma.$$

因此

$$\begin{aligned}I&=2\Big(\iint\limits_{D_1}\sqrt{x^2+y^2}\mathrm{d}\sigma+\iint\limits_{D_2}\sqrt{x^2+y^2}\mathrm{d}\sigma\Big)=2\Big(\int_0^{\frac{\pi}{2}}\mathrm{d}\theta\int_0^2\rho^2\mathrm{d}\rho+\int_{\frac{\pi}{2}}^{\pi}\mathrm{d}\theta\int_{-2\cos\theta}^{2}\rho^2\mathrm{d}\rho\Big)\\&=2\Big[\frac{4}{3}\pi+\Big(\frac{4}{3}\pi-\frac{16}{9}\Big)\Big]=\frac{16}{9}(3\pi-2).\end{aligned}$$

**例 9.3.5**　计算二重积分 $\iint\limits_D\mathrm{e}^{-x^2-y^2}\mathrm{d}x\mathrm{d}y$，其中 $D$ 为闭圆域：$x^2+y^2\leqslant a^2$，并证明：

$$J=\int_0^{+\infty}\mathrm{e}^{-x^2}\mathrm{d}x=\frac{\sqrt{\pi}}{2}.$$

**解**　在极坐标系下，$D$ 可表示为 $\{(\rho,\theta)\mid 0\leqslant\rho\leqslant a,0\leqslant\theta\leqslant 2\pi\}$，则

$$\iint\limits_D\mathrm{e}^{-x^2-y^2}\mathrm{d}x\mathrm{d}y=\int_0^{2\pi}\Big(\int_0^a\mathrm{e}^{-\rho^2}\rho\mathrm{d}\rho\Big)\mathrm{d}\theta=\int_0^{2\pi}\Big(-\frac{1}{2}\mathrm{e}^{-a^2}+\frac{1}{2}\Big)\mathrm{d}\theta=\pi(1-\mathrm{e}^{-a^2}).$$

如果直接用直角坐标计算此题，则需要计算 $\int\mathrm{e}^{-x^2}\mathrm{d}x$，但它“积”不出来(原函数不能用初等函数表示)，因而无法计算. 由此可见利用极坐标计算某些二重积分的优越性.

下面利用这个结果计算反常积分 $J=\int_0^{+\infty}\mathrm{e}^{-x^2}\mathrm{d}x$.

设 $J(a)=\int_0^a e^{-x^2}dx$，根据反常积分的定义有 $J=\lim\limits_{a\to+\infty}J(a)$，且

$$J^2(a)=\int_0^a e^{-x^2}dx\cdot\int_0^a e^{-y^2}dy=\iint\limits_{S_a}e^{-(x^2+y^2)}dxdy,$$

其中 $S_a$ 为正方形闭区域：$0\leqslant x\leqslant a,0\leqslant y\leqslant a$. 另设

$$D_a=\{(x,y)\mid x^2+y^2\leqslant a^2,x\geqslant 0,y\geqslant 0\},$$
$$D_{\sqrt{2}a}=\{(x,y)\mid x^2+y^2\leqslant 2a^2,x\geqslant 0,y\geqslant 0\},$$

显然 $D_a\subset S_a\subset D_{\sqrt{2}a}$（见图 9-33）. 又因 $e^{-(x^2+y^2)}>0$，故

$$\iint\limits_{D_a}e^{-(x^2+y^2)}dxdy\leqslant\iint\limits_{S_a}e^{-(x^2+y^2)}dxdy\leqslant\iint\limits_{D_{\sqrt{2}a}}e^{-(x^2+y^2)}dxdy.$$

又由上面已得的结果，有

$$\frac{\pi}{4}(1-e^{-a^2})<J^2(a)<\frac{\pi}{4}(1-e^{-2a^2}),$$

当 $a\to+\infty$ 时，由夹逼准则得

$$J^2=\frac{\pi}{4},$$

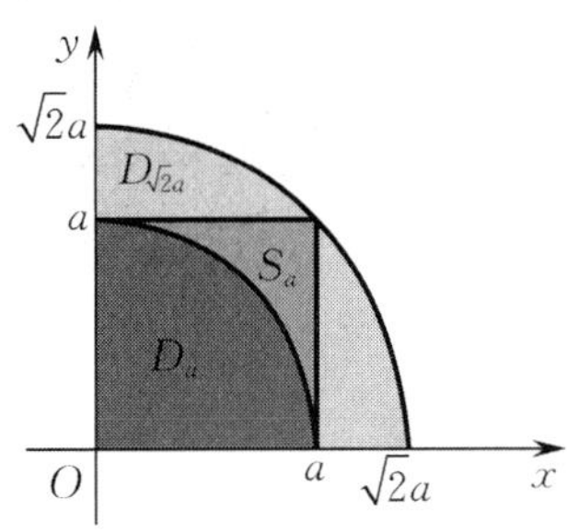


图 9-33

于是

$$J=\int_0^{+\infty}e^{-x^2}dx=\frac{\sqrt{\pi}}{2}.$$

这个公式把重要的两个数 e 与 π 和谐地联系在一起，其在概率论和其他数学分支中都占有重要的地位.

## *二、一般变量替换下二重积分的计算

在实际问题中，仅用直角坐标和极坐标来计算二重积分是不够的. 下面看一个引例.

**引例 2**　计算二重积分 $\iint\limits_D dxdy$，其中 $D=\left\{(x,y)\,\middle|\,\frac{x^2}{a^2}+\frac{y^2}{b^2}\leqslant 1\right\}$.

本题直接积分比较麻烦，若做变量替换 $\begin{cases}u=\dfrac{x}{a},\\ v=\dfrac{y}{b}\end{cases}$ $(a,b>0)$，则积分区域 $D$ 可用闭圆域：

$D'=\{(u,v)\mid u^2+v^2\leqslant 1\}$ 表示，且 $du=\frac{1}{a}dx,dv=\frac{1}{b}dy,dudv=\frac{1}{ab}dxdy$，故

$$\iint\limits_D dxdy=\iint\limits_{D'}ab\,dudv=\pi ab.$$

显然，变量替换的主要目的是简化被积函数或积分区域，从而更容易求得二重积分. 那么，二重积分的一般变量替换的形式是怎样的呢？我们先回顾一下定积分的换元积分法.

设函数 $f(x)$ 在闭区间 $D_x=[a,b]$ 上连续，函数 $x=\varphi(t)$ 在闭区间 $[\alpha,\beta]$ 或 $[\beta,\alpha]$ 上单调连续可导，其中 $a=\varphi(\alpha),b=\varphi(\beta)$，且当 $\alpha<\beta(\varphi'(t)>0)$ 时，记 $D_t=[\alpha,\beta]$；当 $\alpha>\beta$ $(\varphi'(t)<0)$ 时，记 $D_t=[\beta,\alpha]$. 因此有如下定积分换元公式：

$$\int_{D_x}f(x)dx\xlongequal{x=\varphi(t)}\int_{D_t}f(\varphi(t))\mid\varphi'(t)\mid dt. \tag{9.3.3}$$

同样,对二重积分$\iint\limits_D f(x,y)\mathrm{d}\sigma$做变量替换

$$\begin{cases}x=x(u,v),\\ y=y(u,v)\end{cases}$$

时,除把被积函数 $f(x,y)$ 变成 $f(x(u,v),y(u,v))$ 外,还要把 $xOy$ 面上的积分区域 $D$ 变成 $uOv$ 面上的积分区域 $D_{uv}$,并把 $D$ 中的面积元素 $\mathrm{d}\sigma$ 变成 $D_{uv}$ 中的面积元素 $\mathrm{d}\sigma^*$. 下面不加证明地将公式(9.3.3)推广到二重积分的情形.

**定理 9.3.1** 设函数 $f(x,y)$ 在 $xOy$ 面内的有界闭区域 $D$ 上连续,变量替换 $x=x(u,v)$, $y=y(u,v)$ 将 $uOv$ 面上的闭区域 $D'$ 一对一地变换到 $xOy$ 面上的 $D$(见图 9-34),函数 $x=x(u,v)$, $y=y(u,v)$ 在闭区域 $D'$ 上对 $u,v$ 具有连续偏导数,且在 $D'$ 上其雅可比行列式为

$$J=\frac{\partial(x,y)}{\partial(u,v)}=\begin{vmatrix}\dfrac{\partial x}{\partial u} & \dfrac{\partial x}{\partial v}\\[2mm] \dfrac{\partial y}{\partial u} & \dfrac{\partial y}{\partial v}\end{vmatrix}\neq 0,$$

则

$$\iint\limits_D f(x,y)\mathrm{d}x\mathrm{d}y=\iint\limits_{D'} f(x(u,v),y(u,v))\,|J|\,\mathrm{d}u\mathrm{d}v. \tag{9.3.4}$$

公式(9.3.4)称为**二重积分的一般换元公式**. 其中,$\mathrm{d}u\mathrm{d}v$ 是平面直角坐标系 $Ouv$ 下的**面积元素**,$|J|$ 是变换后面积元素的**伸缩率**,即面积元素 $\mathrm{d}x\mathrm{d}y$ 是 $\mathrm{d}u\mathrm{d}v$ 的 $|J|$ 倍.

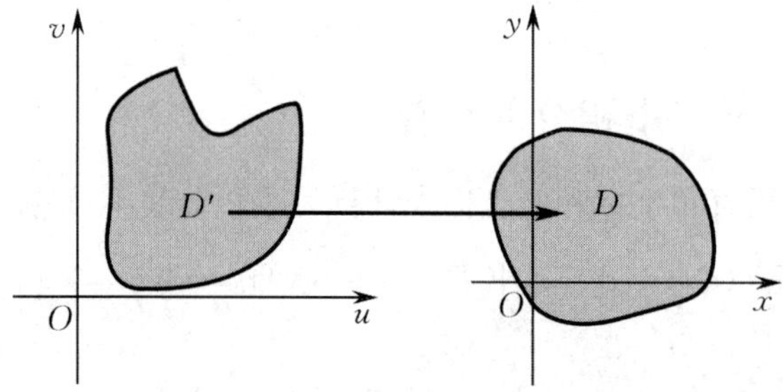


图 9-34

**注** (1) 比较公式(9.3.3)和(9.3.4)可知,雅可比行列式 $J$ 相当于一元函数的导数.

(2) 若 $J$ 只在 $D'$ 内个别点或某一条曲线上为 0,而在其他点处不为 0,则公式(9.3.4)仍然成立. 特别地,对于极坐标变换 $T$:

$$\begin{cases}x=\rho\cos\theta,\\ y=\rho\sin\theta,\end{cases}\quad \rho\geqslant 0,0\leqslant\theta<2\pi,$$

此时,

$$J=\frac{\partial(x,y)}{\partial(\rho,\theta)}=\begin{vmatrix}\dfrac{\partial x}{\partial \rho} & \dfrac{\partial x}{\partial \theta}\\[2mm] \dfrac{\partial y}{\partial \rho} & \dfrac{\partial y}{\partial \theta}\end{vmatrix}=\begin{vmatrix}\cos\theta & -\rho\sin\theta\\ \sin\theta & \rho\cos\theta\end{vmatrix}=\rho\geqslant 0,$$

它仅在极点 $\rho=0$ 处为 0,在其余点处均不为 0,于是由公式(9.3.4)得

$$\iint_D f(x,y)\mathrm{d}x\mathrm{d}y=\iint_{D'} f(\rho\cos\theta,\rho\sin\theta)\rho\mathrm{d}\rho\mathrm{d}\theta.$$

可见，极坐标变换是二重积分换元法的一种常用的特殊情形.

**例 9.3.6** 计算二重积分 $\iint_D \cos\frac{y-x}{y+x}\mathrm{d}x\mathrm{d}y$，其中 $D$ 是由 $x$ 轴、$y$ 轴及直线 $x+y=1$，$x+y=2$ 所围成的闭区域.

**解** 由于给定的被积函数在直角坐标系 $Oxy$ 中难以计算，故采用换元法. 做变量替换 $\begin{cases}u=y-x,\\ v=y+x,\end{cases}$ 则 $\begin{cases}x=\dfrac{v-u}{2},\\ y=\dfrac{u+v}{2}.\end{cases}$ 然后用这两个表达式替换 $D$ 的边界方程，便可得到 $D'$ 的边界方程，即

$$v=1,\quad v=2,\quad u=v,\quad u=-v.$$

因此，在此变量替换下，与 $xOy$ 面上的积分区域 $D$ 对应的 $uOv$ 面上的积分区域 $D'$ 为 $\{(u,v)\mid -v\leqslant u\leqslant v,1\leqslant v\leqslant 2\}$（见图 9－35），其雅可比行列式为

$$J=\frac{\partial(x,y)}{\partial(u,v)}=\begin{vmatrix}x_u & x_v\\ y_u & y_v\end{vmatrix}=\begin{vmatrix}-\dfrac{1}{2} & \dfrac{1}{2}\\ \dfrac{1}{2} & \dfrac{1}{2}\end{vmatrix}=-\frac{1}{2}.$$

于是，

$$\iint_D \cos\frac{y-x}{y+x}\mathrm{d}x\mathrm{d}y=\iint_{D'}\cos\frac{u}{v}\cdot\left|-\frac{1}{2}\right|\mathrm{d}u\mathrm{d}v=\frac{1}{2}\int_1^2\mathrm{d}v\int_{-v}^{v}\cos\frac{u}{v}\mathrm{d}u=\frac{3}{2}\sin 1.$$

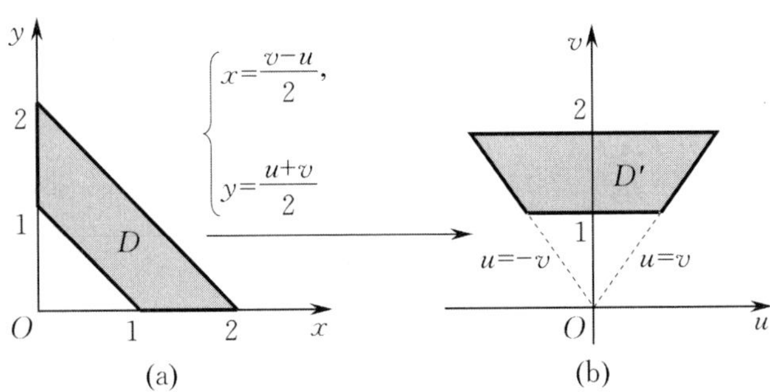


**图 9－35**

**例 9.3.7** 计算二重积分 $\iint_D \sqrt{1-\frac{x^2}{a^2}-\frac{y^2}{b^2}}\mathrm{d}x\mathrm{d}y$，其中 $D$ 为椭圆 $\frac{x^2}{a^2}+\frac{y^2}{b^2}=1$ 所围成的闭区域（$a,b>0$）.

**解** 做广义极坐标变换：$x=a\rho\cos\theta,y=b\rho\sin\theta$，其中 $\rho\geqslant 0,0\leqslant\theta\leqslant 2\pi$. 在此变量替换下，$D$ 的边界方程 $\frac{x^2}{a^2}+\frac{y^2}{b^2}=1$ 变换为 $\rho=1,0\leqslant\theta\leqslant 2\pi$，因此与 $D$ 对应的积分区域 $D'$ 为 $\{(\rho,\theta)\mid 0\leqslant\rho\leqslant 1,0\leqslant\theta\leqslant 2\pi\}$（见图 9－36）. 此变量替换在 $D'$ 上的雅可比行列式为

$$J=\frac{\partial(x,y)}{\partial(\rho,\theta)}=\begin{vmatrix}x_\rho & x_\theta\\ y_\rho & y_\theta\end{vmatrix}=\begin{vmatrix}a\cos\theta & -a\rho\sin\theta\\ b\sin\theta & b\rho\cos\theta\end{vmatrix}=ab\rho,$$

其中 $J$ 仅在 $\rho=0$ 时为 0,所以

$$\iint\limits_D\sqrt{1-\frac{x^2}{a^2}-\frac{y^2}{b^2}}\,\mathrm{d}x\mathrm{d}y=\iint\limits_{D'}\sqrt{1-\rho^2}\cdot ab\rho\mathrm{d}\rho\mathrm{d}\theta=ab\int_0^{2\pi}\mathrm{d}\theta\int_0^1\sqrt{1-\rho^2}\,\rho\mathrm{d}\rho=\frac{2}{3}\pi ab.$$

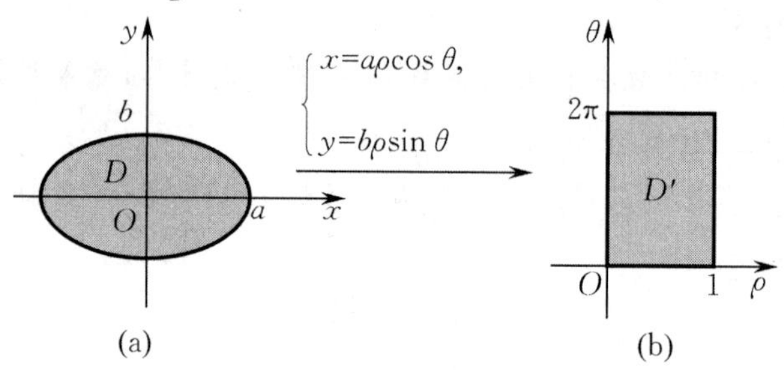


图 9-36

**例 9.3.8** 求由曲线 $y^2=px,y^2=qx,x^2=ay$ 及 $x^2=by(0<p<q,0<a<b)$ 所围成的闭区域 $D$ 的面积 $A$.

**解** 根据积分区域 $D$(见图 9-37(a))的特点,如果在直角坐标系下计算面积,则需将积分区域 $D$ 划分成几块小区域,计算比较复杂.因此可做曲线坐标变换:$u=\dfrac{y^2}{x},v=\dfrac{x^2}{y}$,在此变量替换下,积分区域 $D$ 将变换为 $uOv$ 面上的矩形闭区域 $D'=\{(u,v)\mid p\leqslant u\leqslant q,a\leqslant v\leqslant b\}$(见图 9-37(b)).由于

$$J'=\frac{\partial(u,v)}{\partial(x,y)}=\begin{vmatrix}u_x & u_y\\ v_x & v_y\end{vmatrix}=\begin{vmatrix}-\dfrac{y^2}{x^2} & \dfrac{2y}{x}\\ \dfrac{2x}{y} & -\dfrac{x^2}{y^2}\end{vmatrix}=1-4=-3\neq 0,$$

由定理 8.3.9 可知,$J=\dfrac{\partial(x,y)}{\partial(u,v)}=\dfrac{1}{\dfrac{\partial(u,v)}{\partial(x,y)}}=-\dfrac{1}{3}\neq 0$,所以

$$A=\iint\limits_D\mathrm{d}x\mathrm{d}y=\iint\limits_{D'}|J|\,\mathrm{d}u\mathrm{d}v=\frac{1}{3}\int_p^q\mathrm{d}u\int_a^b\mathrm{d}v=\frac{1}{3}(q-p)(b-a).$$

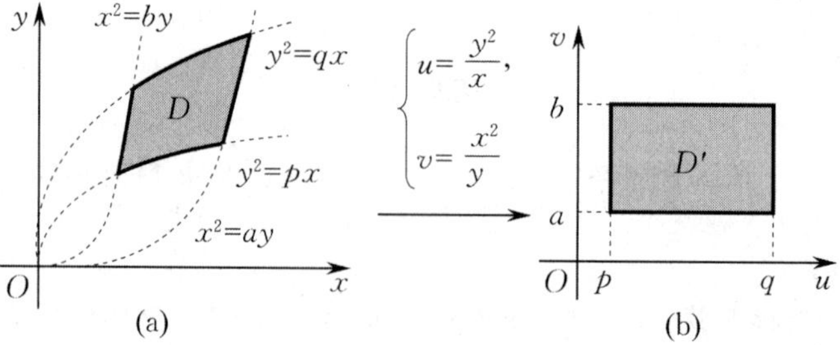


图 9-37

**注** (1) 例 9.3.8 中利用函数组 $u=u(x,y),v=v(x,y)$ 与反函数组 $x=x(u,v),y=y(u,v)$ 之间的偏导数关系

$$\frac{\partial(x,y)}{\partial(u,v)}=\frac{1}{\frac{\partial(u,v)}{\partial(x,y)}}$$

来求$\frac{\partial(x,y)}{\partial(u,v)}$,避免了从原函数组直接解出反函数组这一复杂步骤.但在简单情况下,也可以直接解出反函数组,然后求$\frac{\partial(x,y)}{\partial(u,v)}$.

(2) 做二重积分的一般变量替换 $x=x(u,v)$, $y=y(u,v)$ 时,应注意以下两个问题:

① 要能够使被积函数尽可能简化,以便容易积分;

② 要使以新变量表示的积分区域 $D'$ 更为简单,从而使积分上、下限容易确定.

## 思考题 9.3

1. 设 $f(x,y)$ 为连续函数,则$\int_0^{\frac{\pi}{4}}\mathrm{d}\theta\int_0^1 f(\rho\cos\theta,\rho\sin\theta)\rho\mathrm{d}\rho=$(　　).

(A) $\int_0^{\frac{\sqrt{2}}{2}}\mathrm{d}x\int_x^{\sqrt{1-x^2}}f(x,y)\mathrm{d}y$　　(B) $\int_0^{\frac{\sqrt{2}}{2}}\mathrm{d}x\int_0^{\sqrt{1-x^2}}f(x,y)\mathrm{d}y$

(C) $\int_0^{\frac{\sqrt{2}}{2}}\mathrm{d}y\int_y^{\sqrt{1-y^2}}f(x,y)\mathrm{d}x$　　(D) $\int_0^{\frac{\sqrt{2}}{2}}\mathrm{d}y\int_0^{\sqrt{1-y^2}}f(x,y)\mathrm{d}x$

2. 在什么情况下,用极坐标求二重积分可以简化计算?

3. 计算二重积分$\iint\limits_D \mathrm{e}^{\frac{y}{x+y}}\mathrm{d}\sigma$,其中 $D$ 是由直线 $x+y=1$, $x=0$ 及 $y=0$ 所围成的闭区域.

## 习　题 9.3

**(A)**

一、把下列二次积分化为极坐标形式($a>0$),并计算其积分值:

(1) $\int_0^{2a}\mathrm{d}x\int_0^{\sqrt{2ax-x^2}}(x^2+y^2)\mathrm{d}y$;　　(2) $\int_0^{a}\mathrm{d}y\int_0^{\sqrt{a^2-y^2}}(x^2+y^2)\mathrm{d}x$.

二、利用极坐标计算下列二重积分:

(1) $\iint\limits_D \mathrm{e}^{-(x^2+y^2)}\mathrm{d}\sigma$,其中 $D$ 是圆 $x^2+y^2=1$ 所围成的闭区域;

(2) $\iint\limits_D \ln(1+x^2+y^2)\mathrm{d}\sigma$,其中 $D$ 是由圆 $x^2+y^2=1$ 及坐标轴所围成的在第一象限内的闭区域.

三、选用适当的坐标计算下列二重积分:

(1) $\iint\limits_D \sqrt{\frac{1-x^2-y^2}{1+x^2+y^2}}\mathrm{d}\sigma$,其中 $D$ 是由圆 $x^2+y^2=1$ 及坐标轴所围成的在第一象限内的闭区域;

(2) $\iint\limits_D \sqrt{x^2+y^2}\mathrm{d}\sigma$,其中 $D$ 是环形闭区域:$a^2\leqslant x^2+y^2\leqslant b^2(0<a<b)$.

四、求由曲面 $z=x^2+2y^2$ 及 $z=6-2x^2-y^2$ 所围成立体的体积.

* 五、做适当的变量替换,计算下列二重积分:

(1) $\iint\limits_D x^2y^2\mathrm{d}x\mathrm{d}y$,其中 $D$ 是由曲线 $xy=2$, $xy=4$ 及直线 $y=x$, $y=3x$ 在第一象限内所围成的闭区域;

(2) $\iint\limits_D\left(\frac{x^2}{a^2}+\frac{y^2}{b^2}\right)\mathrm{d}x\mathrm{d}y$,其中 $D$ 为$\frac{x^2}{a^2}+\frac{y^2}{b^2}\leqslant 1(a>0,b>0)$.

**(B)**

一、计算二重积分 $I=\iint\limits_D |x^2+y^2-1|\,\mathrm{d}\sigma$,其中 $D=\{(x,y)\mid 0\leqslant x\leqslant 1,0\leqslant y\leqslant 1\}$.

二、求由曲面 $z=1+x^2+y^2$ 在点 $M_0(1,-1,3)$ 处的切平面与曲面 $z=x^2+y^2$ 所围成立体的体积 $V$.

三、设函数 $f(t)$ 在 $(-\infty,+\infty)$ 上连续,且满足

$$f(t)=2\iint\limits_D (x^2+y^2)f(\sqrt{x^2+y^2})\mathrm{d}x\mathrm{d}y+t^4,$$

其中 $D$ 为 $x^2+y^2\leqslant t^2$,求 $f(t)$.

*四、设函数 $f$ 连续,且 $D=\{(x,y)\mid |x|+|y|\leqslant 1\}$. 证明:$\iint\limits_D f(x+y)\mathrm{d}x\mathrm{d}y=\int_{-1}^{1}f(u)\mathrm{d}u$.

# 第四节　三 重 积 分

三重积分是二重积分的推广,它在物理和力学中都有着重要的应用. 例如,在一部机器设备上,有一质量均匀的正圆锥形零件绕其对称轴转动,问如何把它固定在转轴上? 由于转动产生振动,因此应将零件固定在质心上. 那么,如何确定该零件的质心,即如何求质心坐标呢?

该问题的解决需要用到三重积分的知识.

## 一、三重积分的概念

在引入二重积分的概念时,求过平面薄片的质量. 类似地,现在考虑求空间立体的质量问题. 设有一质量分布不均匀的物体占有空间有界闭区域 $\Omega$,它在点 $(x,y,z)\in\Omega$ 处的体密度为 $\mu(x,y,z)$,其中 $\mu(x,y,z)$ 是 $\Omega$ 上的非负连续函数,求该物体的质量 $M$.

类似于求平面薄片的质量,将空间有界闭区域 $\Omega$ 任意分割成 $n$ 个小闭区域 $\Delta V_i(i=1,2,\cdots,n)$,其中 $\Delta V_i$ 表示第 $i$ 个小闭区域,也表示它的体积. 在每个 $\Delta V_i$ 上任取一点 $(\xi_i,\eta_i,\zeta_i)$,显然 $\Delta V_i$ 的质量 $\Delta M_i$ 近似等于 $\mu(\xi_i,\eta_i,\zeta_i)\Delta V_i$,即

$$\Delta M_i\approx\mu(\xi_i,\eta_i,\zeta_i)\Delta V_i\quad(i=1,2,\cdots,n).$$

于是,该物体的质量为

$$M=\sum_{i=1}^{n}\Delta M_i\approx\sum_{i=1}^{n}\mu(\xi_i,\eta_i,\zeta_i)\Delta V_i.$$

记 $\lambda=\max\limits_{1\leqslant i\leqslant n}\{d_i\}$,其中 $d_i$ 为 $\Delta V_i(i=1,2,\cdots,n)$ 的直径(该直径定义类似于平面上有界闭区域的直径定义),则当 $\lambda\to 0$ 时,上述和式的极限就等于物体的质量 $M$,即

$$M=\lim_{\lambda\to 0}\sum_{i=1}^{n}\mu(\xi_i,\eta_i,\zeta_i)\Delta V_i.$$

这就是三重积分的物理背景. 由此可见,三重积分与二重积分的定义方式是一样的,只是把二重积分定义中的平面闭区域和面积分别改为空间有界闭区域和体积,类似地,可以得到下面三重积分的定义.

**定义 9.4.1**　设 $f(x,y,z)$ 是定义在空间有界闭区域 $\Omega$ 上的有界函数. 将 $\Omega$ 任意分成 $n$

个小闭区域 $\Delta V_i(i=1,2,\cdots,n)$，且 $\Delta V_i$ 也表示它的体积. 在 $\Delta V_i(i=1,2,\cdots,n)$ 中任取一点 $(\xi_i,\eta_i,\zeta_i)$，做乘积 $f(\xi_i,\eta_i,\zeta_i)\Delta V_i$，并做和式

$$\sum_{i=1}^{n} f(\xi_i,\eta_i,\zeta_i)\Delta V_i.$$

记 $\lambda=\max\limits_{1\leqslant i\leqslant n}\{d_i\}$，$d_i$ 为 $\Delta V_i(i=1,2,\cdots,n)$ 的直径，当 $\lambda\to 0$ 时，如果上述和式的极限总是存在(它不依赖于 $\Omega$ 的分法及点 $(\xi_i,\eta_i,\zeta_i)$ 的取法)，则称**函数** $f(x,y,z)$ **在** $\Omega$ **上可积**，并称此极限为函数 $f(x,y,z)$ 在 $\Omega$ 上的**三重积分**，记作 $\iiint\limits_{\Omega} f(x,y,z)\mathrm{d}V$，即

$$\iiint\limits_{\Omega} f(x,y,z)\mathrm{d}V=\lim_{\lambda\to 0}\sum_{i=1}^{n} f(\xi_i,\eta_i,\zeta_i)\Delta V_i,$$

其中 $f(x,y,z)$ 称为**被积函数**，$f(x,y,z)\mathrm{d}V$ 称为**被积表达式**，$\mathrm{d}V$ 称为**体积元素**，$\Omega$ 称为**积分区域**，$x,y,z$ 称为**积分变量**.

上述定义中对积分区域 $\Omega$ 的分割是任意的. 在直角坐标系下，如果函数 $f(x,y,z)$ 在 $\Omega$ 上可积，那么可用平行于坐标面的平面来分割 $\Omega$，从而除包含 $\Omega$ 的边界点的一些不规则的小闭区域外，其余的小闭区域 $\Delta V_i$ 都是长方体. 设小长方体 $\Delta V_i$ 的边长为 $\Delta x_i,\Delta y_i,\Delta z_i$，则小长方体的体积为 $\Delta V_i=\Delta x_i\Delta y_i\Delta z_i$. 因此，与二重积分类似，三重积分在**直角坐标系下的体积元素**为 $\mathrm{d}V=\mathrm{d}x\mathrm{d}y\mathrm{d}z$，于是三重积分也可记作

$$\iiint\limits_{\Omega} f(x,y,z)\mathrm{d}V=\iiint\limits_{\Omega} f(x,y,z)\mathrm{d}x\mathrm{d}y\mathrm{d}z.$$

由三重积分的定义可知，占有空间有界闭区域 $\Omega$ 的物体的质量 $M$ 等于其体密度 $\mu(x,y,z)$ 在 $\Omega$ 上的三重积分，即

$$M=\iiint\limits_{\Omega}\mu(x,y,z)\mathrm{d}V.$$

特别地，当 $\mu(x,y,z)=1$ 时，三重积分 $\iiint\limits_{\Omega}\mathrm{d}V$ 的数值就等于物体的体积.

与二重积分类似，下面不加证明地给出三重积分的存在定理.

**定理 9.4.1**　若函数 $f(x,y,z)$ 在空间有界闭区域 $\Omega$ 上连续，则 $f(x,y,z)$ 在 $\Omega$ 上可积.

三重积分的性质与二重积分的性质类似，读者可以对照二重积分的性质自行写出，这里不再详述.

## 二、三重积分的计算方法

从二重积分的计算方法不难看出，将较高重积分化为较低重积分是解决问题的关键. 那么，如何将三重积分化为二重积分和定积分呢？一般来说，有两种方法："先一后二"法和"先二后一"法.

**1. "先一后二"法(投影法)**

首先考虑有如下几何特征的积分区域 $\Omega$(见图 9－38). 设 $\Omega$ 是柱形区域，其上、下底面分别为连续曲面

$$z=z_2(x,y),\quad z=z_1(x,y),$$

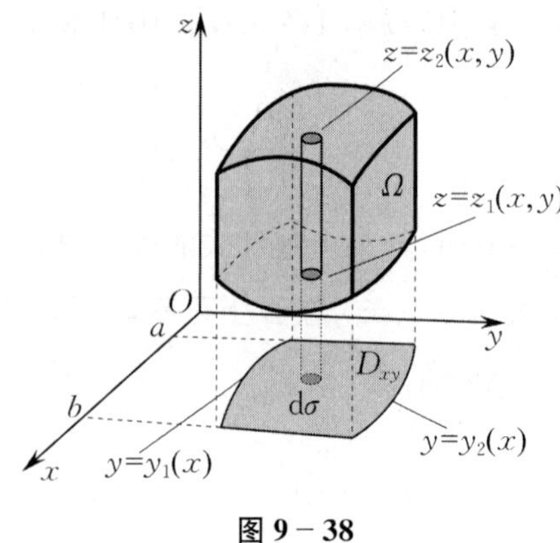


图 9-38

其中 $z_2(x,y)\geqslant z_1(x,y)$,它们在 $xOy$ 面上的投影区域为 $D_{xy}$. $\Omega$ 的侧面由柱面围成,其母线平行于 $z$ 轴,准线是 $D_{xy}$ 的边界曲线,于是 $\Omega$ 可表示为

$$\Omega=\{(x,y,z)\mid z_1(x,y)\leqslant z\leqslant z_2(x,y),(x,y)\in D_{xy}\}.$$

称这样的 $\Omega$ 为 $xy$ **型空间积分区域**,其特点是任意一条平行于 $z$ 轴且穿过 $\Omega$ 内部的直线与 $\Omega$ 的边界曲面相交不多于两点.

为了便于理解,不妨设被积函数 $f(x,y,z)\geqslant 0$,且把 $f(x,y,z)$ 看成立体 $\Omega$ 的体密度,则三重积分可以看成 $\Omega$ 的质量,即 $M=\iiint\limits_{\Omega}f(x,y,z)\mathrm{d}V$. 下面从立体 $\Omega$ 的质量模型出发,导出 $\iiint\limits_{\Omega}f(x,y,z)\mathrm{d}V$ 的计算公式.

先在 $D_{xy}$ 内某一点 $(x,y)$ 处任取一面积元素 $\mathrm{d}\sigma=\mathrm{d}x\mathrm{d}y$,以 $\mathrm{d}\sigma$ 的边界曲线为准线,作母线平行于 $z$ 轴的柱面,将此柱面截取 $\Omega$ 的部分看成一根细棒,则该细棒的质量为

$$\mathrm{d}M(x,y)=\left(\int_{z_1(x,y)}^{z_2(x,y)}f(x,y,z)\mathrm{d}z\right)\mathrm{d}x\mathrm{d}y,$$

其中 $z$ 是积分变量,$x,y$ 可看作常数.

再对闭区域 $D_{xy}$ 上所有细棒的质量无限累加,便可得到 $\Omega$ 的质量为

$$M=\iint\limits_{D_{xy}}\mathrm{d}M(x,y)=\iint\limits_{D_{xy}}\left(\int_{z_1(x,y)}^{z_2(x,y)}f(x,y,z)\mathrm{d}z\right)\mathrm{d}x\mathrm{d}y.$$

若闭区域 $D_{xy}$ 可以表示为 $D_{xy}=\{(x,y)\mid y_1(x)\leqslant y\leqslant y_2(x),a\leqslant x\leqslant b\}$,则

$$M=\int_a^b\mathrm{d}x\int_{y_1(x)}^{y_2(x)}\mathrm{d}y\int_{z_1(x,y)}^{z_2(x,y)}f(x,y,z)\mathrm{d}z.$$

抽去上述质量问题的具体含义,便可得到直角坐标系下三重积分的计算公式:

$$\begin{aligned}\iiint\limits_{\Omega}f(x,y,z)\mathrm{d}V&=\iint\limits_{D_{xy}}\left(\int_{z_1(x,y)}^{z_2(x,y)}f(x,y,z)\mathrm{d}z\right)\mathrm{d}x\mathrm{d}y\\&=\int_a^b\mathrm{d}x\int_{y_1(x)}^{y_2(x)}\mathrm{d}y\int_{z_1(x,y)}^{z_2(x,y)}f(x,y,z)\mathrm{d}z.\end{aligned}\tag{9.4.1}$$

这样便将三重积分化为了三次积分.

**注** 当去掉 $f(x,y,z)\geqslant 0,(x,y,z)\in\Omega$ 的限制时,仍然可以证明公式(9.4.1)成立,但证明过程比较复杂,此处省略.

公式(9.4.1)是将空间有界闭区域 $\Omega$($xy$ **型**)投影到 $xOy$ 面而得到的. 类似地,当 $\Omega$ 是 $yz$ **型**或 $zx$ **型空间有界闭区域**时,也可将 $\Omega$ 投影到 $yOz$ 面或 $zOx$ 面上. 例如,将空间有界闭区域 $\Omega$($zx$ **型**)投影到 $zOx$ 面上时,设投影区域为 $D_{zx}$,则 $\Omega$ 可表示为

$$\Omega=\{(x,y,z)\mid y_1(x,z)\leqslant y\leqslant y_2(x,z),(x,z)\in D_{zx}\}.$$

于是,有

$$\iiint\limits_{\Omega}f(x,y,z)\mathrm{d}V=\iint\limits_{D_{zx}}\left(\int_{y_1(x,z)}^{y_2(x,z)}f(x,y,z)\mathrm{d}y\right)\mathrm{d}x\mathrm{d}z.$$

上述这种先求定积分、后求二重积分的计算方法称为**"先一后二"法**. 由于该方法中最后的二重积分是在 $\Omega$ 的投影区域上进行的，因此也称其为**投影法**.

思考　若穿过空间有界闭区域 $\Omega$ 且平行于对应坐标轴的直线与 $\Omega$ 的边界曲面的交点多于两个，应如何化三重积分为三次积分？

**例 9.4.1**　计算三重积分 $\iiint\limits_{\Omega}(x+y+z)\mathrm{d}x\mathrm{d}y\mathrm{d}z$，其中积分区域 $\Omega$ 为长方体：

$$\Omega=\{(x,y,z)\mid 1\leqslant x\leqslant 2,-2\leqslant y\leqslant 1,0\leqslant z\leqslant 1\}.$$

**解**　根据公式(9.4.1)，有

$$\iiint\limits_{\Omega}(x+y+z)\mathrm{d}x\mathrm{d}y\mathrm{d}z=\int_1^2\mathrm{d}x\int_{-2}^1\mathrm{d}y\int_0^1(x+y+z)\mathrm{d}z$$

$$=\int_1^2\mathrm{d}x\int_{-2}^1\left(x+y+\frac{1}{2}\right)\mathrm{d}y=\int_1^2 3x\mathrm{d}x=\frac{9}{2}.$$

特别地，若积分区域 $\Omega$ 为长方体：$\Omega=\{(x,y,z)\mid a\leqslant x\leqslant b,c\leqslant y\leqslant d,e\leqslant z\leqslant f\}$，且被积函数 $f(x,y,z)=g(x)h(y)l(z)$，则三重积分可化为三个定积分的乘积，即

$$\iiint\limits_{\Omega}f(x,y,z)\mathrm{d}x\mathrm{d}y\mathrm{d}z=\int_a^b g(x)\mathrm{d}x\int_c^d h(y)\mathrm{d}y\int_e^f l(z)\mathrm{d}z.$$

**例 9.4.2**　计算三重积分 $I=\iiint\limits_{\Omega}x\mathrm{d}x\mathrm{d}y\mathrm{d}z$，其中 $\Omega$ 是由平面 $x+y+z=1$ 及三个坐标面所围成的空间有界闭区域.

**解**　积分区域 $\Omega$ 如图 9-39(a) 所示，它在 $xOy$ 面上的投影区域(见图 9-39(b)) 为

$$D_{xy}=\{(x,y)\mid 0\leqslant y\leqslant 1-x,0\leqslant x\leqslant 1\}.$$

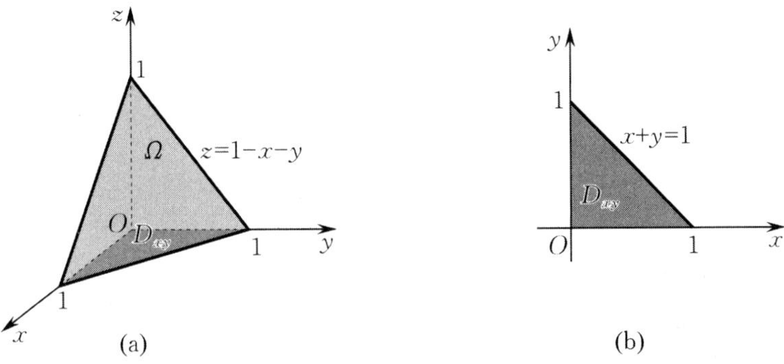


**图 9-39**

在 $D_{xy}$ 内任取一点 $(x,y)$，过该点作平行于 $z$ 轴的直线，该直线从平面 $z=0$ 处穿入 $\Omega$，从平面 $z=1-x-y$ 处穿出 $\Omega$，即

$$\Omega=\{(x,y,z)\mid 0\leqslant z\leqslant 1-x-y,0\leqslant y\leqslant 1-x,0\leqslant x\leqslant 1\}.$$

因此，

$$I=\iint\limits_{D_{xy}}\left(\int_0^{1-x-y}x\mathrm{d}z\right)\mathrm{d}x\mathrm{d}y=\int_0^1\mathrm{d}x\int_0^{1-x}\mathrm{d}y\int_0^{1-x-y}x\mathrm{d}z$$

$$=\int_0^1\mathrm{d}x\int_0^{1-x}x(1-x-y)\mathrm{d}y=\int_0^1 x\left[(1-x)^2-\frac{1}{2}(1-x)^2\right]\mathrm{d}x$$

$$=\frac{1}{2}\int_0^1 x(1-x)^2\mathrm{d}x \xlongequal{t=1-x} \frac{1}{2}\int_0^1(1-t)t^2\mathrm{d}t=\frac{1}{24}.$$

思考 如何利用例 9.4.2 中的结论 $\iiint\limits_{\Omega} x\mathrm{d}x\mathrm{d}y\mathrm{d}z=\frac{1}{24}$ 求出 $\iiint\limits_{\Omega}(x+y+z)\mathrm{d}x\mathrm{d}y\mathrm{d}z$ 的值? 请读者自己试一试.

**例 9.4.3** 计算由旋转抛物面 $x^2+y^2=6-z$, $yOz$ 面, $zOx$ 面及平面 $y=4z$, $x=1$, $y=2$ 所围成的立体的体积.

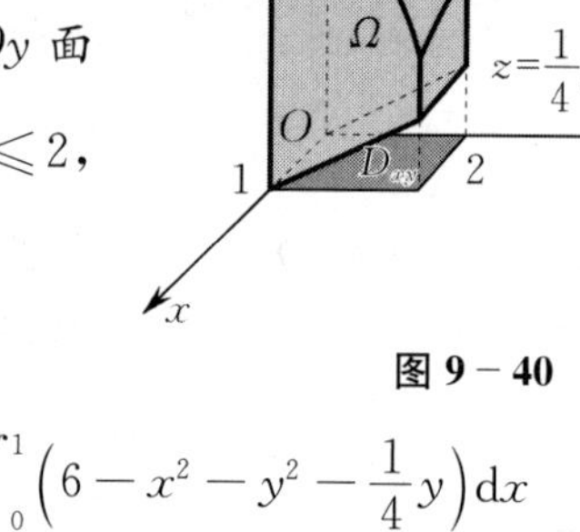

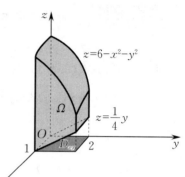


图 9-40

**解** 如图 9-40 所示,空间有界闭区域 $\Omega$ 的上边界面为 $z=6-x^2-y^2$,下边界面为 $z=\frac{1}{4}y$,$\Omega$ 在 $xOy$ 面上的投影区域 $D_{xy}$ 是矩形闭区域:$0\leqslant x\leqslant 1, 0\leqslant y\leqslant 2$,故所求立体的体积为

$$V=\iiint\limits_{\Omega}\mathrm{d}x\mathrm{d}y\mathrm{d}z=\iint\limits_{D_{xy}}\left(\int_{\frac{1}{4}y}^{6-x^2-y^2}\mathrm{d}z\right)\mathrm{d}x\mathrm{d}y$$

$$=\iint\limits_{D_{xy}}\left(6-x^2-y^2-\frac{1}{4}y\right)\mathrm{d}x\mathrm{d}y=\int_0^2\mathrm{d}y\int_0^1\left(6-x^2-y^2-\frac{1}{4}y\right)\mathrm{d}x$$

$$=\int_0^2\left(\frac{17}{3}-y^2-\frac{1}{4}y\right)\mathrm{d}y=\frac{49}{6}.$$

**例 9.4.4** 将三次积分 $I=\int_{-1}^1\mathrm{d}x\int_{-\sqrt{1-x^2}}^{\sqrt{1-x^2}}\mathrm{d}y\int_{\sqrt{x^2+y^2}}^1 f(x,y,z)\mathrm{d}z$ 改为先对 $x$、再对 $y$、最后对 $z$ 的三次积分.

**解** 如图 9-41(a) 所示,易知 $\int_{-1}^1\mathrm{d}x\int_{-\sqrt{1-x^2}}^{\sqrt{1-x^2}}\mathrm{d}y\int_{\sqrt{x^2+y^2}}^1 f(x,y,z)\mathrm{d}z=\iiint\limits_{\Omega}f(x,y,z)\mathrm{d}V$,其中空间有界闭区域

$$\Omega=\{(x,y,z)\mid -1\leqslant x\leqslant 1, -\sqrt{1-x^2}\leqslant y\leqslant\sqrt{1-x^2}, \sqrt{x^2+y^2}\leqslant z\leqslant 1\}.$$

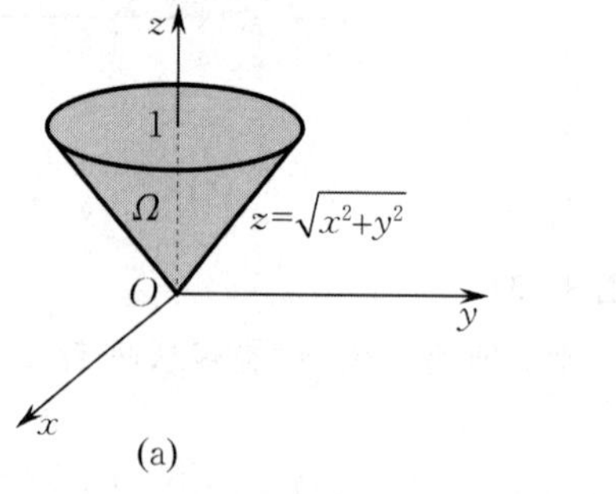


(a)

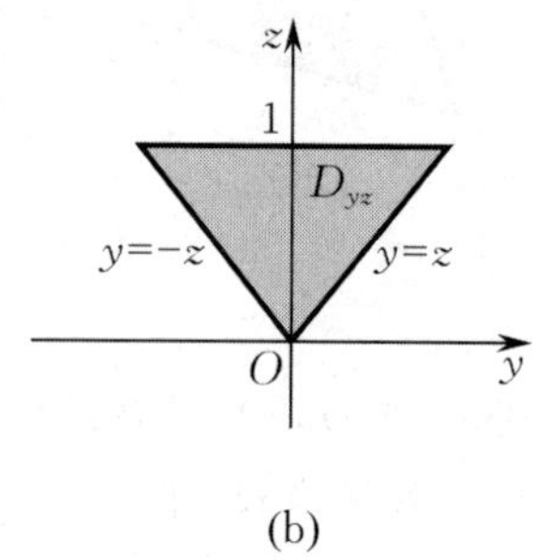


(b)

图 9-41

将 $\Omega$ 投影到 $yOz$ 面上,可以得到 $D_{yz}=\{(y,z)\mid -z\leqslant y\leqslant z, 0\leqslant z\leqslant 1\}$(见图 9-41(b)),因此

$$I=\iiint_{\Omega} f(x,y,z)\mathrm{d}V=\iint_{D_{yz}}\left(\int_{-\sqrt{z^2-y^2}}^{\sqrt{z^2-y^2}} f(x,y,z)\mathrm{d}x\right)\mathrm{d}y\mathrm{d}z$$

$$=\int_0^1\mathrm{d}z\int_{-z}^{z}\mathrm{d}y\int_{-\sqrt{z^2-y^2}}^{\sqrt{z^2-y^2}} f(x,y,z)\mathrm{d}x.$$

**2. “先二后一”法(截面法)**

除“先一后二”法外，还可以用先求二重积分、再求定积分的方法，即用**“先二后一”法**求三重积分. 下面仍以求立体 $\Omega$ 的质量模型导出“先二后一”法的计算公式.

设积分区域 $\Omega$ 如图 9－42(a) 所示，将 $\Omega$ 向 $z$ 轴投影，得投影区间$[c,d]$. 对于任意的 $z\in[c,d]$，用过点$(0,0,z)$ 且平行于 $xOy$ 面的平面截 $\Omega$ 得到截面 $D_z$，则

$$\Omega=\{(x,y,z)\mid c\leqslant z\leqslant d,(x,y)\in D_z\}.$$

此时，立体 $\Omega$ 恰好夹在两个平行平面 $z=c$ 和 $z=d$ 之间，$D_z$ 是随 $z\in[c,d]$ 变化而变化的平面闭区域.

如图 9－42(b) 所示，以截面 $D_z$ 为底面，厚度为 $\mathrm{d}z$ 的薄柱体的质量为

$$\mathrm{d}m(z)=\left(\iint_{D_z} f(x,y,z)\mathrm{d}x\mathrm{d}y\right)\mathrm{d}z.$$

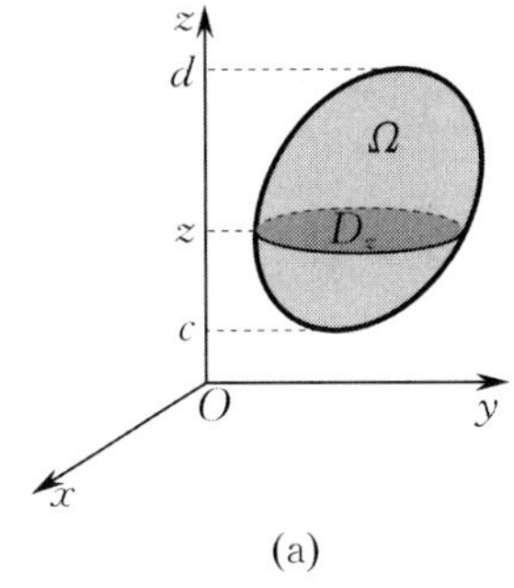

(a)

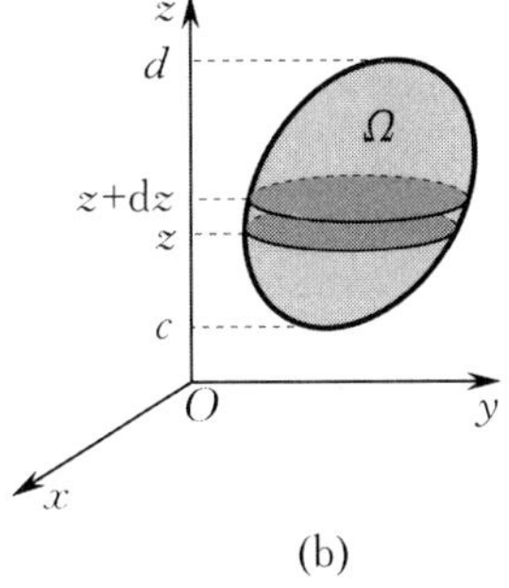

(b)

**图 9－42**

由于 $\Omega$ 的质量就是 $\Omega$ 内所有这种薄柱体的质量的无限累加，因此

$$M=\int_c^d \mathrm{d}m(z)=\int_c^d\left(\iint_{D_z} f(x,y,z)\mathrm{d}x\mathrm{d}y\right)\mathrm{d}z,$$

于是

$$\iiint_{\Omega} f(x,y,z)\mathrm{d}x\mathrm{d}y\mathrm{d}z=\int_c^d\mathrm{d}z\iint_{D_z} f(x,y,z)\mathrm{d}x\mathrm{d}y.$$

**注**　由于“先二后一”法中的二重积分是在 $\Omega$ 的截面区域上进行的，故该方法也称为**截面法**. 计算 $\iint\limits_{D_z} f(x,y,z)\mathrm{d}x\mathrm{d}y$ 时，将 $z$ 暂时看成常数.

**例 9.4.5**　计算三重积分 $\iiint\limits_{\Omega} z^2\mathrm{d}x\mathrm{d}y\mathrm{d}z$，其中 $\Omega$ 是由椭球面 $\dfrac{x^2}{a^2}+\dfrac{y^2}{b^2}+\dfrac{z^2}{c^2}=1$ 所围成的空间有界闭区域.

**分析**　因被积函数 $f(x,y,z)=z^2$ 只与积分变量 $z$ 有关，故用“先二后一”法求解本例.

**解**　将积分区域 $\Omega$ 投影到 $z$ 轴上，得投影区间$[-c,c]$. 过投影区间$[-c,c]$上任意一点 $z$ 作平行于 $xOy$ 面的平面，该平面截 $\Omega$ 所得截面为一椭圆闭区域(见图 9－43 中的阴影部

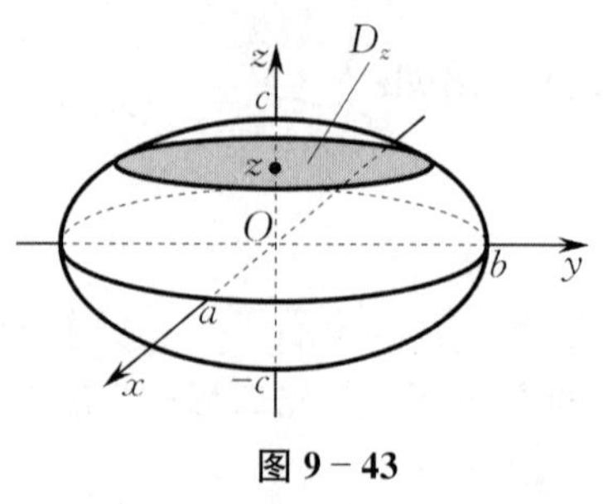

图 9－43

分)$D_z$:

$$\frac{x^2}{a^2}+\frac{y^2}{b^2}\leqslant 1-\frac{z^2}{c^2},$$

则 $\Omega$ 可以表示为

$$\Omega=\left\{(x,y,z)\,\middle|\,-c\leqslant z\leqslant c,\frac{x^2}{a^2}+\frac{y^2}{b^2}\leqslant 1-\frac{z^2}{c^2}\right\}.$$

因此

$$\iiint\limits_{\Omega}z^2\mathrm{d}x\mathrm{d}y\mathrm{d}z=\int_{-c}^{c}z^2\mathrm{d}z\iint\limits_{D_z}\mathrm{d}x\mathrm{d}y=\int_{-c}^{c}z^2\cdot A_{D_z}\mathrm{d}z,$$

其中 $A_{D_z}$ 为 $D_z$ 的面积. 由 $D_z$ 的边界方程$\frac{x^2}{a^2}+\frac{y^2}{b^2}=1-\frac{z^2}{c^2}$,即

$$\frac{x^2}{a^2\left(1-\frac{z^2}{c^2}\right)}+\frac{y^2}{b^2\left(1-\frac{z^2}{c^2}\right)}=1,$$

得椭圆面积的计算公式为

$$A_{D_z}=\pi\cdot a\sqrt{1-\frac{z^2}{c^2}}\cdot b\sqrt{1-\frac{z^2}{c^2}}=\pi ab\left(1-\frac{z^2}{c^2}\right).$$

于是 $$\iiint\limits_{\Omega}z^2\mathrm{d}x\mathrm{d}y\mathrm{d}z=\int_{-c}^{c}\pi ab\left(1-\frac{z^2}{c^2}\right)z^2\mathrm{d}z=2\pi ab\int_{0}^{c}\left(1-\frac{z^2}{c^2}\right)z^2\mathrm{d}z=\frac{4}{15}\pi abc^3.$$

若将例 9.4.5 中的被积函数 $z^2$ 改为 1,可得椭球体$\frac{x^2}{a^2}+\frac{y^2}{b^2}+\frac{z^2}{c^2}\leqslant 1$ 的体积为

$$\iiint\limits_{\Omega}\mathrm{d}x\mathrm{d}y\mathrm{d}z=\int_{-c}^{c}\mathrm{d}z\iint\limits_{D_z}\mathrm{d}x\mathrm{d}y=\int_{-c}^{c}\pi ab\left(1-\frac{z^2}{c^2}\right)\mathrm{d}z=\frac{4}{3}\pi abc.$$

特别地,若 $a=b=c=R$,可得球体 $x^2+y^2+z^2\leqslant R^2$ 的体积为$\frac{4}{3}\pi R^3$.

**注** 一般地,当被积函数只含一个积分变量或$\iint\limits_{D_z}f(x,y,z)\mathrm{d}x\mathrm{d}y$ 比较容易计算时,采用"先二后一"法较为简便.

**例 9.4.6** 用"先二后一"法计算三重积分 $I=\iiint\limits_{\Omega}x\mathrm{d}x\mathrm{d}y\mathrm{d}z$,其中 $\Omega$ 由平面 $x+y+z=1$ 及三个坐标面围成.

**解** 由于积分区域 $\Omega$ 关于 $x,y,z$ 地位相同,所以利用轮换对称性(用 $x$ 替换 $y$,用 $y$ 替换 $z$,用 $z$ 替换 $x$),有$\iiint\limits_{\Omega}x\mathrm{d}x\mathrm{d}y\mathrm{d}z=\iiint\limits_{\Omega}z\mathrm{d}x\mathrm{d}y\mathrm{d}z$. 用"先二后一"法计算 $I$,可得

$$\iiint\limits_{\Omega}z\mathrm{d}x\mathrm{d}y\mathrm{d}z=\int_{0}^{1}z\mathrm{d}z\iint\limits_{D_z}\mathrm{d}x\mathrm{d}y,$$

其中 $D_z=\{(x,y)\mid x+y\leqslant 1-z,x\geqslant 0,y\geqslant 0\}$(见图 9－44).

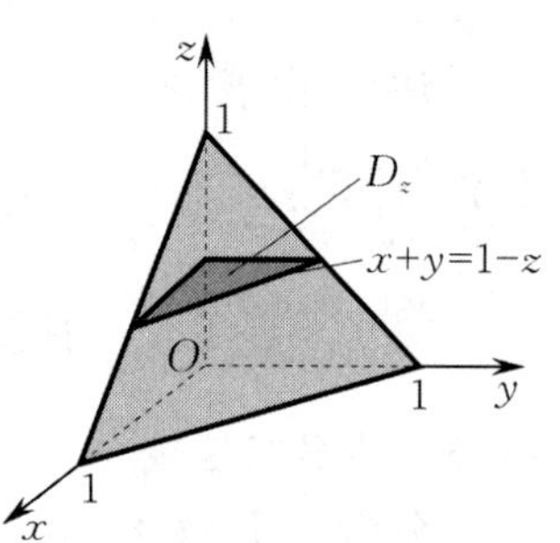

图 9－44

又$\iint\limits_{D_z}\mathrm{d}x\mathrm{d}y=\frac{1}{2}(1-z)(1-z)$，因此

$$I=\iiint\limits_{\Omega}z\,\mathrm{d}x\mathrm{d}y\mathrm{d}z=\int_0^1 z\cdot\frac{1}{2}(1-z)^2\mathrm{d}z=\frac{1}{24}.$$

例 9.4.6 也可以直接计算$\iiint\limits_{\Omega}x\,\mathrm{d}x\mathrm{d}y\mathrm{d}z$，即将积分区域$\Omega$向$x$轴投影，并用平行于$yOz$面的平面截$\Omega$得截面$D_x$来计算此三重积分，请读者自己试一试.

现在回答例 9.4.2 留下的思考：由轮换对称性(用$x$替换$y$，用$y$替换$z$，用$z$替换$x$)，有

$$\iiint\limits_{\Omega}x\,\mathrm{d}x\mathrm{d}y\mathrm{d}z=\iiint\limits_{\Omega}y\,\mathrm{d}x\mathrm{d}y\mathrm{d}z=\iiint\limits_{\Omega}z\,\mathrm{d}x\mathrm{d}y\mathrm{d}z,$$

因此
$$I=\iiint\limits_{\Omega}(x+y+z)\mathrm{d}x\mathrm{d}y\mathrm{d}z=3\iiint\limits_{\Omega}z\,\mathrm{d}x\mathrm{d}y\mathrm{d}z=\frac{1}{8}.$$

**3. 利用对称性、奇偶性计算三重积分**

与二重积分计算方法类似，三重积分也可以利用积分区域的对称性和被积函数的奇偶性简化计算. 例如，设函数$f(x,y,z)$在空间有界闭区域$\Omega$上连续，当$\Omega$关于$xOy$面(平面$z=0$)对称，且被积函数$f(x,y,z)$为$z$的偶函数或奇函数，即$f(x,y,-z)=f(x,y,z)$或$f(x,y,-z)=-f(x,y,z)$时，有

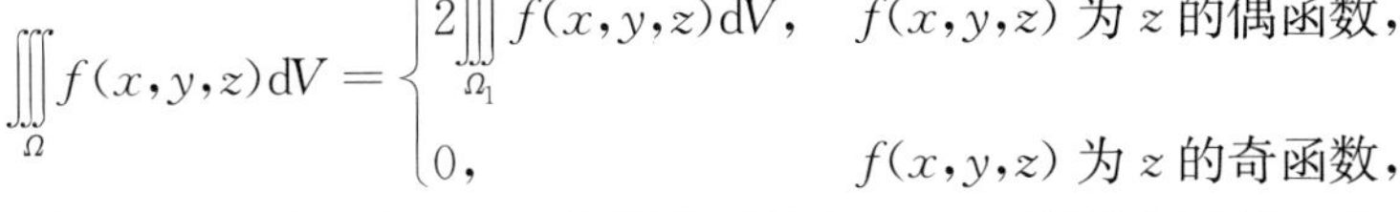

$$\iiint\limits_{\Omega}f(x,y,z)\mathrm{d}V=\begin{cases}2\iiint\limits_{\Omega_1}f(x,y,z)\mathrm{d}V, & f(x,y,z)\text{ 为 } z \text{ 的偶函数},\\ 0, & f(x,y,z)\text{ 为 } z \text{ 的奇函数},\end{cases}$$

其中$\Omega_1$表示$\Omega$在$z\geqslant 0$的部分(见图 9-45). 当积分区域$\Omega$关于$yOz$面对称或关于$zOx$面对称时，也有类似的结论，请读者自己完成.

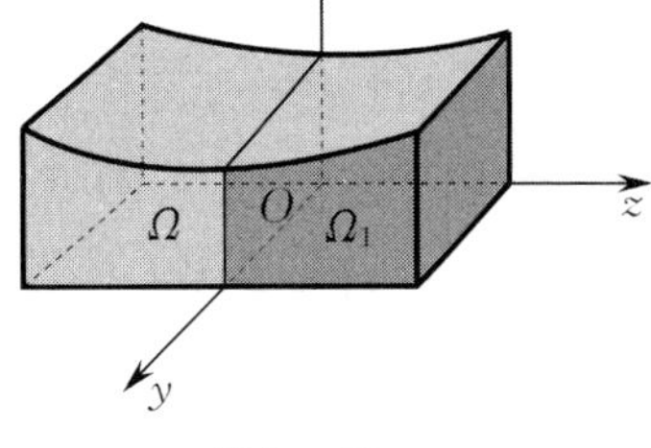


图 9-45

**例 9.4.7**　(1) 计算三重积分$\iiint\limits_{\Omega}y\mathrm{e}^{xz}\mathrm{d}x\mathrm{d}y\mathrm{d}z$，其中积分区域$\Omega$：$x^2+y^2\leqslant z\leqslant 1$；

(2) 计算三重积分$\iiint\limits_{\Omega}xz\,\mathrm{d}x\mathrm{d}y\mathrm{d}z$，其中积分区域$\Omega$由曲面$z=x^2+y^2$和$z=1-x^2$围成.

**解**　(1) 被积函数$f(x,y,z)=y\mathrm{e}^{xz}$为$y$的奇函数，且积分区域$\Omega$关于$zOx$面对称，故

$$\iiint\limits_{\Omega}y\mathrm{e}^{xz}\mathrm{d}x\mathrm{d}y\mathrm{d}z=0.$$

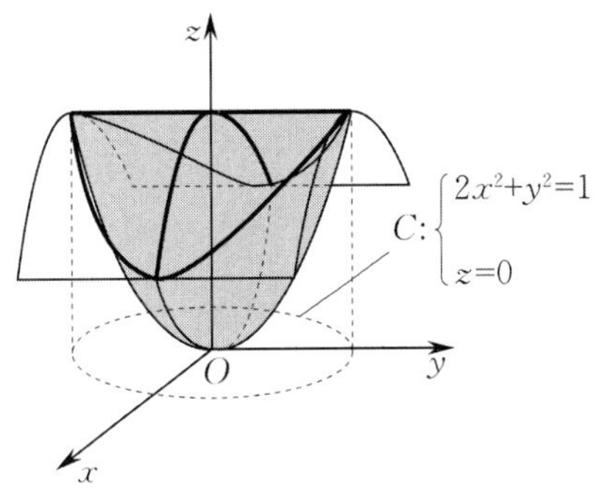


图 9-46

(2) 先求两曲面的交线的投影柱面. 由

$$\begin{cases}z=x^2+y^2,\\ z=1-x^2\end{cases}$$

消去$z$，得交线的投影柱面方程为$2x^2+y^2=1$，如图 9-46 所示. 显然，积分区域$\Omega$关于$yOz$面对称，而被积函数$f(x,y,z)=xz$为$x$的奇函数，故

$$\iiint\limits_{\Omega}xz\,\mathrm{d}x\mathrm{d}y\mathrm{d}z=0.$$

## 三、三重积分的换元法

类似于二重积分，三重积分$\iiint\limits_{\Omega} f(x,y,z)\mathrm{d}V$也可以做变量替换：

$$\begin{cases} x = x(r,s,t), \\ y = y(r,s,t), \\ z = z(r,s,t). \end{cases}$$

若函数 $x(r,s,t),y(r,s,t),z(r,s,t)$ 在空间有界闭区域 $\Omega'$ 上对 $r,s,t$ 具有连续偏导数，且 $\dfrac{\partial(x,y,z)}{\partial(r,s,t)} \neq 0$，则建立了 $Orst$ 坐标系中空间有界闭区域$\Omega'$ 和 $Oxyz$ 坐标系中空间有界闭区域 $\Omega$ 的一一对应关系. 与二重积分换元法类似，有

$$\mathrm{d}V = \left|\frac{\partial(x,y,z)}{\partial(r,s,t)}\right| \mathrm{d}r\mathrm{d}s\mathrm{d}t.$$

因此，三重积分的换元公式为

$$\iiint\limits_{\Omega} f(x,y,z)\mathrm{d}V = \iiint\limits_{\Omega'} f(x(r,s,t),y(r,s,t),z(r,s,t)) \left|\frac{\partial(x,y,z)}{\partial(r,s,t)}\right| \mathrm{d}r\mathrm{d}s\mathrm{d}t. \quad (9.4.2)$$

如果雅可比行列式$\dfrac{\partial(x,y,z)}{\partial(r,s,t)}$只在空间有界闭区域 $\Omega'$ 上个别点处或有限条曲线、有限块曲面上为 0，那么公式(9.4.2) 仍然成立.

雅可比行列式$\dfrac{\partial(x,y,z)}{\partial(r,s,t)}$相当于一元函数的导数，读者可以将上述三重积分的换元公式(9.4.2) 与定积分的换元公式$\int_a^b f(x)\mathrm{d}x = \int_\alpha^\beta f(\varphi(t))\varphi'(t)\mathrm{d}t$ 做比较.

下面给出应用最为广泛的两种变量替换：柱面坐标变换和球面坐标变换.

**1. 柱面坐标变换**

(1) 柱面坐标的概念. 三维空间的柱面坐标系就是由平面极坐标系加上 $z$ 轴而构成的坐标系. 设 $P(x,y,z)$ 为空间中的一点，它在 $xOy$ 面上的投影 $M$ 的极坐标为$(\rho,\theta)$(见图 9-47)，则称点$(\rho,\theta,z)$ 为点 $P$ 的**柱面坐标**. 显然，直角坐标与柱面坐标的关系为

$$\begin{cases} x = \rho\cos\theta, \\ y = \rho\sin\theta, \\ z = z, \end{cases}$$

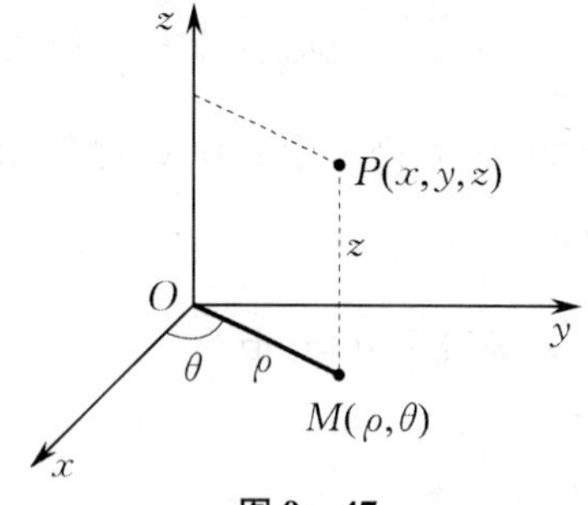

**图 9-47**

其中 $\rho,\theta,z$ 的取值范围分别为 $0\leqslant\rho<+\infty, 0\leqslant\theta\leqslant 2\pi$(或 $-\pi\leqslant\theta\leqslant\pi$)，$-\infty<z<+\infty$.

柱面坐标系的三个坐标面是：

$\rho=$ 常数，表示以 $z$ 轴为中心的圆柱面(见图 9-48(a))；

$\theta=$ 常数，表示过 $z$ 轴的半平面(见图 9-48(b))；

$z=$ 常数，表示与 $xOy$ 面平行的平面(见图 9-48(c)).

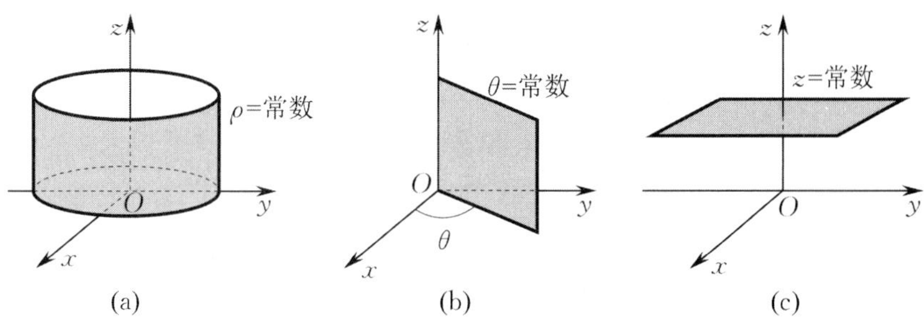


**图 9－48**

(2) 计算方法. 下面推导三重积分$\iiint\limits_{\Omega}f(x,y,z)\mathrm{d}V$在柱面坐标系下的表达式. 为此,需将被积函数$f(x,y,z)$、积分区域$\Omega$及体积元素$\mathrm{d}V$都用柱面坐标表示.

由于柱面坐标变换的雅可比行列式

$$\frac{\partial(x,y,z)}{\partial(\rho,\theta,z)}=\begin{vmatrix}\frac{\partial x}{\partial\rho} & \frac{\partial x}{\partial\theta} & \frac{\partial x}{\partial z}\\ \frac{\partial y}{\partial\rho} & \frac{\partial y}{\partial\theta} & \frac{\partial y}{\partial z}\\ \frac{\partial z}{\partial\rho} & \frac{\partial z}{\partial\theta} & \frac{\partial z}{\partial z}\end{vmatrix}=\begin{vmatrix}\cos\theta & -\rho\sin\theta & 0\\ \sin\theta & \rho\cos\theta & 0\\ 0 & 0 & 1\end{vmatrix}=\rho\geqslant 0,$$

它仅在$\rho=0$处为0,在其余点处均不为0,因此由公式(9.4.2)可得**柱面坐标变换下三重积分的换元公式**为

$$\iiint\limits_{\Omega}f(x,y,z)\mathrm{d}V=\iiint\limits_{\Omega'}f(\rho\cos\theta,\rho\sin\theta,z)\rho\mathrm{d}\rho\mathrm{d}\theta\mathrm{d}z,$$

其中$\Omega'$,$f(\rho\cos\theta,\rho\sin\theta,z)$分别为积分区域$\Omega$、被积函数$f(x,y,z)$在柱面坐标系下的表达式,称$\mathrm{d}V=\rho\mathrm{d}\rho\mathrm{d}\theta\mathrm{d}z$为**柱面坐标系下的体积元素**.

计算三重积分时,若在二重积分部分的积分区域$D$和被积函数采用极坐标表示比较方便时,可利用柱面坐标来计算.

柱面坐标系下的三重积分同样可化为三次积分来计算,将之化为三次积分时确定积分上、下限的方法与直角坐标系下化为三次积分时确定积分上、下限的方法相仿. 下面通过几个例子说明.

**例 9.4.8**　计算三重积分$\iiint\limits_{\Omega}\sqrt{x^2+y^2}\,\mathrm{d}V$,其中$\Omega$是由右半圆柱面$x^2+y^2=2x$及平面$z=0,z=a(a>0),y=0$所围成的空间有界闭区域.

**解**　积分区域$\Omega$如图 9－49 所示,$\Omega$在$xOy$面上的投影区域为

$$D=\{(x,y)\mid x^2+y^2\leqslant 2x,y\geqslant 0\},$$

它在极坐标系下的表达式为

$$D'=\left\{(\rho,\theta)\,\middle|\,0\leqslant\rho\leqslant 2\cos\theta,0\leqslant\theta\leqslant\frac{\pi}{2}\right\}.$$

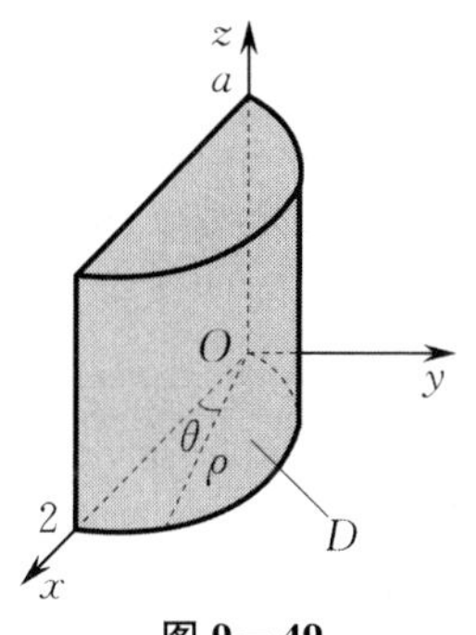


**图 9－49**

由于积分区域$\Omega$夹在平面$z=0$与$z=a$之间,即$0\leqslant z\leqslant a$,因此$\Omega$可表示为

$$\Omega' = \left\{(\rho,\theta,z)\,\middle|\,0\leqslant z\leqslant a, 0\leqslant\rho\leqslant 2\cos\theta, 0\leqslant\theta\leqslant\frac{\pi}{2}\right\}.$$

于是

$$\iiint\limits_{\Omega}\sqrt{x^2+y^2}\,\mathrm{d}V = \iiint\limits_{\Omega'}\rho^2\,\mathrm{d}\rho\mathrm{d}\theta\mathrm{d}z = \int_0^{\frac{\pi}{2}}\mathrm{d}\theta\int_0^{2\cos\theta}\rho^2\,\mathrm{d}\rho\int_0^a\mathrm{d}z$$

$$= a\int_0^{\frac{\pi}{2}}\mathrm{d}\theta\int_0^{2\cos\theta}\rho^2\,\mathrm{d}\rho = \frac{8a}{3}\underbrace{\int_0^{\frac{\pi}{2}}\cos^3\theta\,\mathrm{d}\theta}_{\text{瓦里斯公式}} = \frac{16}{9}a.$$

**例 9.4.9** 计算三重积分 $I=\iiint\limits_{\Omega} z\sqrt{x^2+y^2}\,\mathrm{d}V$，其中 $\Omega$ 是由旋转抛物面 $x^2+y^2=z$ 与 $x^2+y^2=4-z$ 所围成的空间有界闭区域.

**解** 积分区域 $\Omega$ 如图 9-50 所示，旋转抛物面 $x^2+y^2=z$ 与 $x^2+y^2=4-z$ 的交线为

$$\begin{cases}x^2+y^2=z,\\ x^2+y^2=4-z,\end{cases}$$

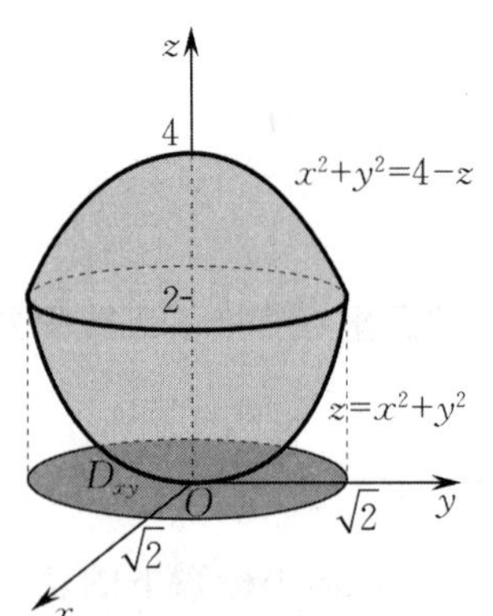


图 9-50

消去 $z$ 得 $\Omega$ 关于 $xOy$ 面的投影柱面的方程为 $x^2+y^2=2$，从而得 $\Omega$ 在 $xOy$ 面上的投影区域为 $D_{xy}: x^2+y^2\leqslant 2$.

由积分区域 $\Omega$ 的底 $x^2+y^2=z$ 与顶 $x^2+y^2=4-z$，得它们的柱面坐标方程分别为 $\rho^2=z$ 与 $\rho^2=4-z$，因此 $\Omega$ 可表示为

$$\Omega'=\{(\rho,\theta,z)\mid \rho^2\leqslant z\leqslant 4-\rho^2, 0\leqslant\rho\leqslant\sqrt{2}, 0\leqslant\theta\leqslant 2\pi\}.$$

于是

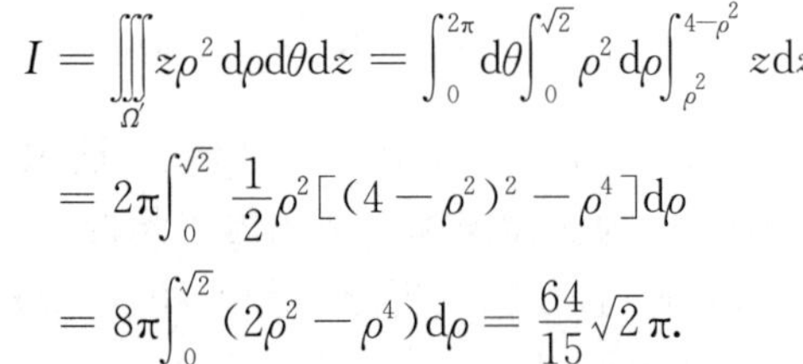

$$I=\iiint\limits_{\Omega'} z\rho^2\,\mathrm{d}\rho\mathrm{d}\theta\mathrm{d}z = \int_0^{2\pi}\mathrm{d}\theta\int_0^{\sqrt{2}}\rho^2\,\mathrm{d}\rho\int_{\rho^2}^{4-\rho^2} z\,\mathrm{d}z$$

$$=2\pi\int_0^{\sqrt{2}}\frac{1}{2}\rho^2[(4-\rho^2)^2-\rho^4]\,\mathrm{d}\rho$$

$$=8\pi\int_0^{\sqrt{2}}(2\rho^2-\rho^4)\,\mathrm{d}\rho = \frac{64}{15}\sqrt{2}\pi.$$

**例 9.4.10** 计算三重积分 $\iiint\limits_{\Omega} y\,\mathrm{d}x\mathrm{d}y\mathrm{d}z$，其中 $\Omega$ 是由球面 $x^2+y^2+z^2=1$ 与右半圆锥面 $y=\sqrt{x^2+z^2}$ 所围成的空间有界闭区域.

**分析** 如图 9-51 所示，若先对 $z$ 积分，由于沿 $z$ 轴方向的下方曲面和上方曲面均由两个曲面组成，且积分区域 $\Omega$ 在 $xOy$ 面上的投影区域相对复杂，因此计算比较麻烦. 同理，先对 $x$ 积分的情形与先对 $z$ 积分的情形类似，因此先对 $y$ 积分.

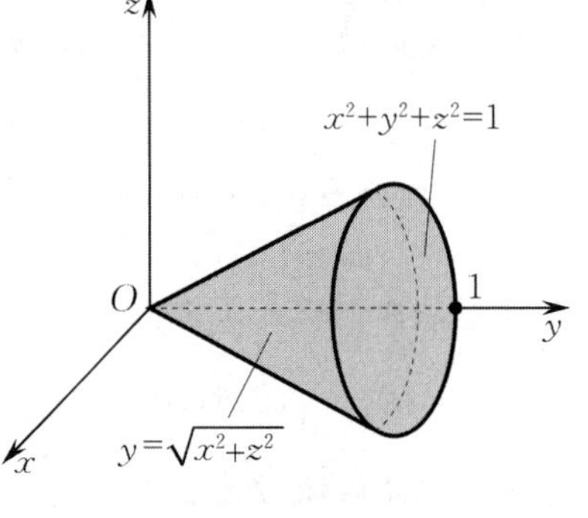


图 9-51

**解** 首先求积分区域 $\Omega$ 在 $zOx$ 面上的投影区域 $D_{zx}$. 将球面 $x^2+y^2+z^2=1$ 与右半圆锥面 $y=\sqrt{x^2+z^2}$ 的交线 $\begin{cases}y=\sqrt{x^2+z^2},\\ x^2+y^2+z^2=1\end{cases}$ 消去 $y$，得 $\Omega$ 在 $zOx$ 面上的投影

柱面为 $x^2+z^2=\dfrac{1}{2}$，故 $D_{zx}$ 为 $x^2+z^2\leqslant\dfrac{1}{2}$.

因为此情形是沿 $y$ 轴方向做柱面坐标积分，所以柱面坐标变换应为

$$x=\rho\sin\theta,\quad z=\rho\cos\theta,\quad y=y.$$

因此，积分区域可表示为

$$\Omega'=\left\{(\rho,\theta,y)\,\middle|\,0\leqslant\theta\leqslant2\pi,0\leqslant\rho\leqslant\frac{\sqrt{2}}{2},\rho\leqslant y\leqslant\sqrt{1-\rho^2}\right\},$$

于是

$$\iiint_{\Omega}y\,\mathrm{d}x\mathrm{d}y\mathrm{d}z=\iiint_{\Omega'}y\rho\,\mathrm{d}\rho\mathrm{d}\theta\mathrm{d}y=\int_0^{2\pi}\mathrm{d}\theta\int_0^{\frac{\sqrt{2}}{2}}\rho\mathrm{d}\rho\int_{\rho}^{\sqrt{1-\rho^2}}y\mathrm{d}y$$

$$=2\pi\int_0^{\frac{\sqrt{2}}{2}}\left(\frac{1}{2}-\rho^2\right)\rho\mathrm{d}\rho=\frac{\pi}{8}.$$

一般地，若积分区域 $\Omega$ 在坐标面上的投影区域为闭圆域、环形闭区域、扇形闭区域，而被积函数 $f(x,y,z)$ 具有 $zf(x^2+y^2),zf\left(\dfrac{y}{x}\right)$ 或 $yf(x^2+z^2),yf\left(\dfrac{z}{x}\right)$ 或 $xf(y^2+z^2)$，$xf\left(\dfrac{z}{y}\right)$ 等形式时，利用柱面坐标计算三重积分能简化运算.

**2. 球面坐标变换**

(1) 球面坐标的概念. 如图 9-52 所示，设空间中一点 $P(x,y,z)$ 在 $xOy$ 面上的投影为点 $M$. 记点 $P$ 与坐标原点之间的距离 $|\overrightarrow{OP}|=r$，$z$ 轴正方向与向量 $\overrightarrow{OP}$ 的夹角为 $\varphi$，$x$ 轴正方向按逆时针旋转到向量 $\overrightarrow{OM}$ 的夹角为 $\theta$，则称 $(r,\varphi,\theta)$ 为点 $P$ 的**球面坐标**.

图 9-52

显然，点 $P$ 的直角坐标 $(x,y,z)$ 与球面坐标 $(r,\varphi,\theta)$ 的关系为

$$\begin{cases}x=r\sin\varphi\cos\theta,\\ y=r\sin\varphi\sin\theta,\\ z=r\cos\varphi,\end{cases}$$

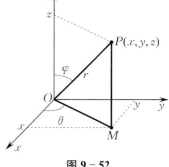

其中 $r,\varphi,\theta$ 的取值范围分别为 $0\leqslant r<+\infty,0\leqslant\varphi\leqslant\pi,0\leqslant\theta\leqslant2\pi$（或 $-\pi\leqslant\theta\leqslant\pi$）.

球面坐标系的三个坐标面是：

$r=$ 常数，表示以坐标原点为球心的球面（见图 9-53(a)）；

$\varphi=$ 常数，表示以坐标原点为顶点，以 $z$ 轴为中心轴的圆锥面（见图 9-53(b)）；

$\theta=$ 常数，表示过 $z$ 轴的半平面（见图 9-53(c)）.

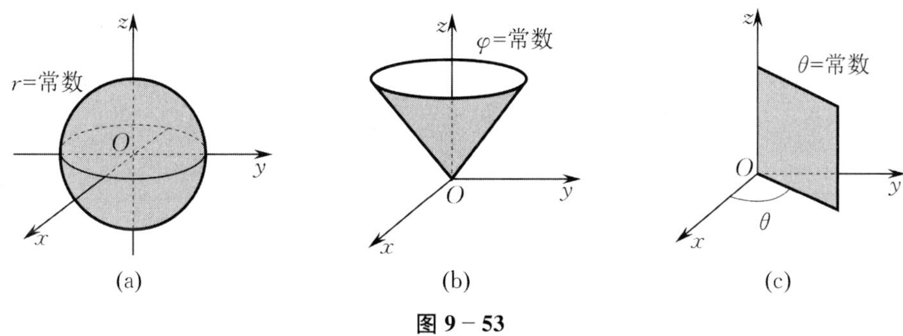


图 9-53

(2) 计算方法. 类似于柱面坐标变换，下面主要讨论球面坐标系中的体积元素的表达式. 由于球面坐标变换的雅可比行列式

$$\frac{\partial(x,y,z)}{\partial(r,\varphi,\theta)}=\begin{vmatrix}\frac{\partial x}{\partial r} & \frac{\partial x}{\partial \varphi} & \frac{\partial x}{\partial \theta}\\ \frac{\partial y}{\partial r} & \frac{\partial y}{\partial \varphi} & \frac{\partial y}{\partial \theta}\\ \frac{\partial z}{\partial r} & \frac{\partial z}{\partial \varphi} & \frac{\partial z}{\partial \theta}\end{vmatrix}=\begin{vmatrix}\sin\varphi\cos\theta & r\cos\varphi\cos\theta & -r\sin\varphi\sin\theta\\ \sin\varphi\sin\theta & r\cos\varphi\sin\theta & r\sin\varphi\cos\theta\\ \cos\varphi & -r\sin\varphi & 0\end{vmatrix}=r^2\sin\varphi\geqslant 0,$$

它仅在 $r=0$ 或 $\varphi=0,\pi$ 处为 0，故**球面坐标系下的体积元素**为

$$\mathrm{d}V=r^2\sin\varphi\mathrm{d}r\mathrm{d}\varphi\mathrm{d}\theta.$$

于是，**球面坐标变换下三重积分的换元公式**为

$$\iiint\limits_{\Omega}f(x,y,z)\mathrm{d}V=\iiint\limits_{\Omega'}f(r\sin\varphi\cos\theta,r\sin\varphi\sin\theta,r\cos\varphi)r^2\sin\varphi\mathrm{d}r\mathrm{d}\varphi\mathrm{d}\theta,$$

其中 $\Omega'$，$f(r\sin\varphi\cos\theta,r\sin\varphi\sin\theta,r\cos\varphi)$ 分别为积分区域 $\Omega$、被积函数 $f(x,y,z)$ 在球面坐标系下的表达式.

类似地，球面坐标系下的三重积分也可以化为三次积分来计算，化为三次积分时积分上、下限应根据 $r,\varphi,\theta$ 在积分区域中的变化范围来确定.

需要注意的是，三重积分化为球面坐标系下的三次积分时，总是先对 $r$、再对 $\varphi$、最后对 $\theta$ 积分. 例如，若坐标原点在积分区域 $\Omega$ 内，且 $\Omega$ 的边界曲面的球面坐标方程为 $r=r(\varphi,\theta)$，则 $\Omega$ 在球面坐标系下可表示为

$$\Omega'=\{(r,\varphi,\theta)\mid 0\leqslant\theta\leqslant 2\pi,0\leqslant\varphi\leqslant\pi,0\leqslant r\leqslant r(\varphi,\theta)\}.$$

于是

$$\iiint\limits_{\Omega}f(x,y,z)\mathrm{d}V=\int_0^{2\pi}\mathrm{d}\theta\int_0^{\pi}\mathrm{d}\varphi\int_0^{r(\varphi,\theta)}f(r\sin\varphi\cos\theta,r\sin\varphi\sin\theta,r\cos\varphi)r^2\sin\varphi\mathrm{d}r.$$

特别地，当积分区域 $\Omega$ 是由球心在坐标原点，半径为 $R$ 的球面 $r=R$ 所围成时，有

$$\iiint\limits_{\Omega}f(x,y,z)\mathrm{d}V=\int_0^{2\pi}\mathrm{d}\theta\int_0^{\pi}\mathrm{d}\varphi\int_0^{R}f(r\sin\varphi\cos\theta,r\sin\varphi\sin\theta,r\cos\varphi)r^2\sin\varphi\mathrm{d}r.$$

例如，半径为 $R$ 的球体的体积为

$$V=\iiint\limits_{\Omega}\mathrm{d}V=\int_0^{2\pi}\mathrm{d}\theta\int_0^{\pi}\mathrm{d}\varphi\int_0^{R}r^2\sin\varphi\mathrm{d}r=\frac{4}{3}\pi R^3.$$

利用球面坐标计算三重积分时，应熟悉以下常用曲面的球面坐标方程：

| 直角坐标方程 | 球面坐标方程 |
| --- | --- |
| 平面：$z=0$ | $\varphi=\frac{\pi}{2}(0\leqslant\theta\leqslant 2\pi)$； |
| 球面：$x^2+y^2+z^2=R^2$ | $r=R\ (0\leqslant\theta\leqslant 2\pi,0\leqslant\varphi\leqslant\pi)$， |
| $x^2+y^2+z^2=2Rz$ | $r=2R\cos\varphi\left(0\leqslant\theta\leqslant 2\pi,0\leqslant\varphi\leqslant\frac{\pi}{2}\right)$； |
| 上半圆锥面：$z=\sqrt{x^2+y^2}$ | $\varphi=\frac{\pi}{4}(0\leqslant\theta\leqslant 2\pi)$. |

**例 9.4.11** 计算三重积分 $\iiint\limits_{\Omega}z^3\mathrm{d}V$，其中积分区域 $\Omega$ 由球面 $x^2+y^2+z^2=2Rz$ 与上

半圆锥面$\sqrt{x^2+y^2}=z\tan\alpha\left(0<\alpha<\dfrac{\pi}{2}\right)$所围成.

**解**　在球面坐标系下积分区域$\Omega$的边界方程$x^2+y^2+z^2=2Rz$和$\sqrt{x^2+y^2}=z\tan\alpha\left(0<\alpha<\dfrac{\pi}{2}\right)$分别为$r=2R\cos\varphi$和$\varphi=\alpha$(见图9-54(a)).

将积分区域$\Omega$向$xOy$面投影,得$0\leqslant\theta\leqslant2\pi$(见图9-54(b)).如图9-54(c)所示,任取一$\theta\in[0,2\pi]$,过$z$轴作半平面,得$0\leqslant\varphi\leqslant\alpha$.在该半平面上,任取一$\varphi\in[0,\alpha]$,过坐标原点作射线,得$0\leqslant r\leqslant2R\cos\varphi$.因此,$\Omega$在球面坐标系下可表示为

$$\Omega'=\{(r,\varphi,\theta)\mid0\leqslant\theta\leqslant2\pi,0\leqslant\varphi\leqslant\alpha,0\leqslant r\leqslant2R\cos\varphi\},$$

于是

$$\begin{aligned}\iiint_{\Omega}z^3\,\mathrm{d}V&=\iiint_{\Omega'}r^5\cos^3\varphi\sin\varphi\,\mathrm{d}r\mathrm{d}\varphi\mathrm{d}\theta=\int_0^{2\pi}\mathrm{d}\theta\int_0^{\alpha}\cos^3\varphi\sin\varphi\,\mathrm{d}\varphi\int_0^{2R\cos\varphi}r^5\,\mathrm{d}r\\&=2\pi\cdot\frac{32}{3}R^6\int_0^{\alpha}\cos^9\varphi\sin\varphi\,\mathrm{d}\varphi=\frac{32\pi}{15}R^6(1-\cos^{10}\alpha).\end{aligned}$$

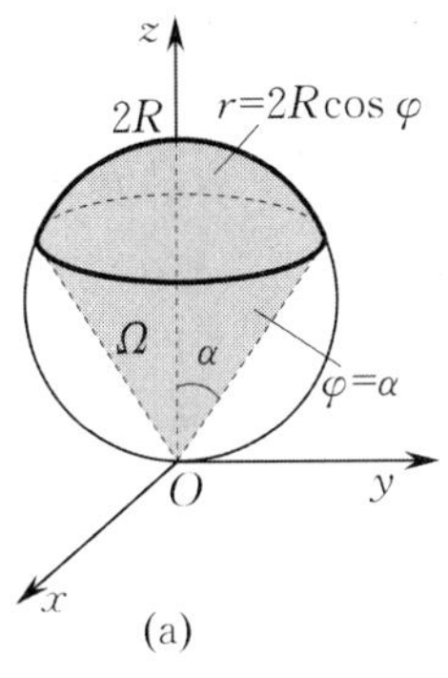

(a)

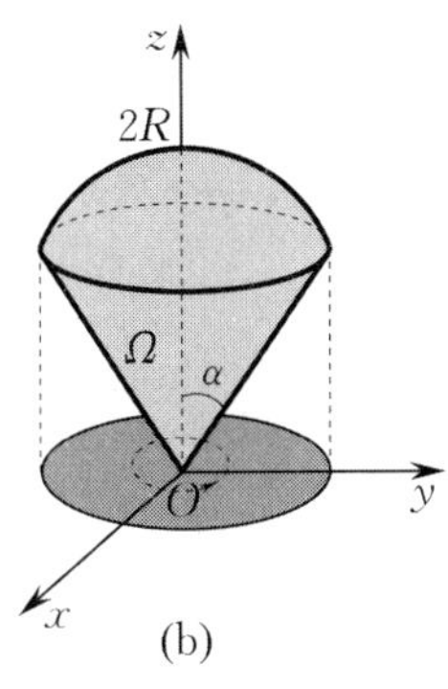

(b)

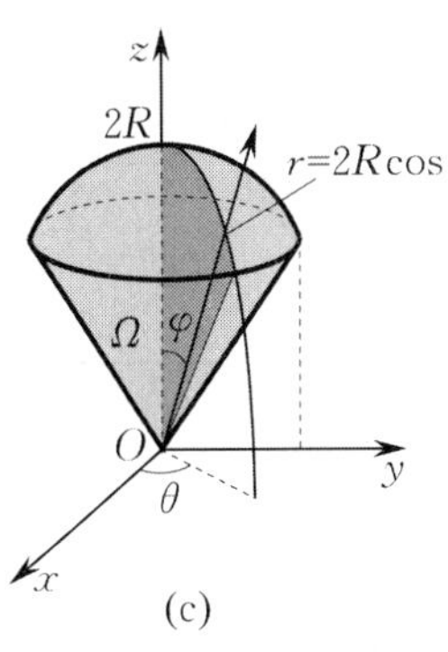

(c)

**图 9-54**

**例 9.4.12**　计算三重积分$I=\iiint_{\Omega}(x^2+y^2+z^2)\mathrm{d}V$,其中积分区域$\Omega$由上半圆锥面$z=\sqrt{x^2+y^2}$和平面$z=1$所围成.

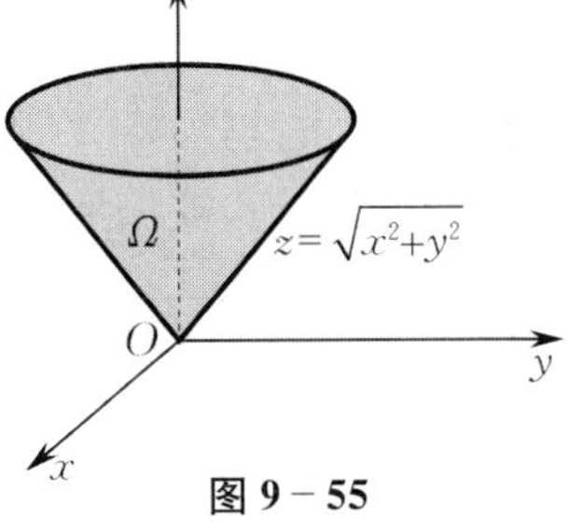

**图 9-55**

**解**　积分区域$\Omega$如图9-55所示,在球面坐标系下$\Omega$的边界方程$z=\sqrt{x^2+y^2}$和$z=1$分别为$\varphi=\dfrac{\pi}{4}$和$r=\dfrac{1}{\cos\varphi}$.因此,$\Omega$在球面坐标系下可表示为

$$\Omega'=\left\{(r,\varphi,\theta)\,\middle|\,0\leqslant\theta\leqslant2\pi,0\leqslant\varphi\leqslant\frac{\pi}{4},0\leqslant r\leqslant\frac{1}{\cos\varphi}\right\},$$

于是

$$I=\iiint_{\Omega'}r^2\cdot r^2\sin\varphi\,\mathrm{d}r\mathrm{d}\varphi\mathrm{d}\theta=\int_0^{2\pi}\mathrm{d}\theta\int_0^{\frac{\pi}{4}}\sin\varphi\,\mathrm{d}\varphi\int_0^{\frac{1}{\cos\varphi}}r^4\,\mathrm{d}r=\frac{2\pi}{5}\int_0^{\frac{\pi}{4}}\frac{\sin\varphi}{\cos^5\varphi}\mathrm{d}\varphi=\frac{3}{10}\pi.$$

思考　能否用柱面坐标求解例9.4.12?

**例 9.4.13**　计算三重积分$\iiint_{\Omega}\sqrt{x^2+y^2+z^2}\,\mathrm{d}V$,其中积分区域$\Omega$由球面$x^2+y^2+z^2=$

$z$ 所围成.

**解** 积分区域$\Omega$如图 9－56 所示,$\Omega$在球面坐标系下可表示为

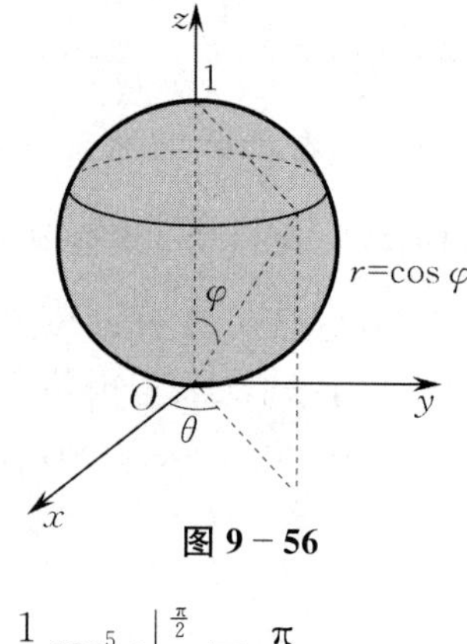

图 9－56

$$\Omega'=\left\{(r,\varphi,\theta)\,\middle|\,0\leqslant\theta\leqslant 2\pi,0\leqslant\varphi\leqslant\frac{\pi}{2},0\leqslant r\leqslant\cos\varphi\right\},$$

于是

$$\begin{aligned}\iiint_{\Omega}\sqrt{x^2+y^2+z^2}\,\mathrm{d}V&=\iiint_{\Omega'}r\cdot r^2\sin\varphi\mathrm{d}r\mathrm{d}\varphi\mathrm{d}\theta\\&=\int_0^{2\pi}\mathrm{d}\theta\int_0^{\frac{\pi}{2}}\sin\varphi\mathrm{d}\varphi\int_0^{\cos\varphi}r^3\mathrm{d}r\\&=2\pi\int_0^{\frac{\pi}{2}}\frac{1}{4}\sin\varphi\cos^4\varphi\mathrm{d}\varphi=-\frac{\pi}{2}\cdot\frac{1}{5}\cos^5\varphi\Big|_0^{\frac{\pi}{2}}=\frac{\pi}{10}.\end{aligned}$$

**例 9.4.14** 计算三重积分$\iiint_{\Omega}(2y+\sqrt{x^2+z^2})\mathrm{d}x\mathrm{d}y\mathrm{d}z$,其中积分区域$\Omega$由曲面$x^2+y^2+z^2=a^2,x^2+y^2+z^2=4a^2(a>0)$及$\sqrt{x^2+z^2}=y$所围成.

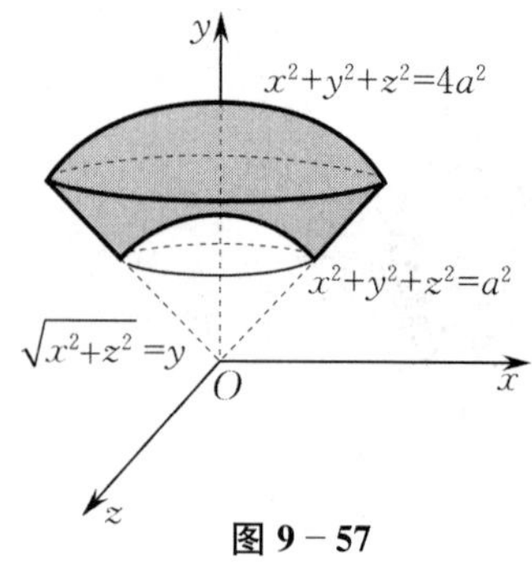

图 9－57

**解** 显然,积分区域用球面坐标表示时更容易计算该三重积分(见图 9－57).球面坐标变换应为

$$x=r\sin\varphi\cos\theta,\quad z=r\sin\varphi\sin\theta,\quad y=r\cos\varphi,$$

且 $\mathrm{d}V=r^2\sin\varphi\mathrm{d}r\mathrm{d}\varphi\mathrm{d}\theta$,$\Omega$在球面坐标系下可表示为

$$\Omega'=\left\{(r,\varphi,\theta)\,\middle|\,a\leqslant r\leqslant 2a,0\leqslant\varphi\leqslant\frac{\pi}{4},0\leqslant\theta\leqslant 2\pi\right\},$$

因此

$$\begin{aligned}\iiint_{\Omega}(2y+\sqrt{x^2+z^2})\mathrm{d}x\mathrm{d}y\mathrm{d}z&=\int_0^{2\pi}\mathrm{d}\theta\int_0^{\frac{\pi}{4}}\mathrm{d}\varphi\int_a^{2a}(2r\cos\varphi+r\sin\varphi)r^2\sin\varphi\mathrm{d}r\\&=2\pi\cdot\frac{15}{4}a^4\int_0^{\frac{\pi}{4}}(\sin 2\varphi+\sin^2\varphi)\mathrm{d}\varphi=\frac{15}{8}a^4\pi\left(1+\frac{\pi}{2}\right).\end{aligned}$$

**注** 三重积分的计算是选择直角坐标、柱面坐标或球面坐标转化成三次积分,通常要综合考虑积分区域和被积函数的特点.一般来说,当积分区域$\Omega$的边界中有柱面或圆锥面时,常选择柱面坐标;当被积函数具有 $f(x^2+y^2+z^2)$ 的形式或积分区域的形状为球体、锥体或它们的一部分时,常选择球面坐标.

## 思考题 9.4

1. 若$\Omega$为$\mathbf{R}^3$中关于$xOy$面(平面$z=0$)对称的空间有界闭区域,$f(x,y,z)$为$\Omega$上的连续函数,则当$f(x,y,z)$关于\_\_\_\_\_\_\_\_为奇函数时,$\iiint_{\Omega}f(x,y,z)\mathrm{d}V=0$;当$f(x,y,z)$关于\_\_\_\_\_\_\_\_为偶函数时,$\iiint_{\Omega}f(x,y,z)\mathrm{d}V=$\_\_\_\_\_\_\_\_$\iiint_{\Omega_1}f(x,y,z)\mathrm{d}V$,其中$\Omega_1$为$\Omega$在$z\geqslant 0$的部分.

2. 若$f(-x,y,z)=f(x,y,z)$,$\iiint_{\Omega}f(x,y,z)\mathrm{d}V=2\iiint_{\Omega_1}f(x,y,z)\mathrm{d}V$是否一定成立,其中$\Omega_1$是积分区域

$\Omega$ 在 $x \geqslant 0$ 的部分?

3. 在什么情况下,用“先二后一”法计算三重积分比较方便?

4. 一般在什么情况下用球面坐标计算三重积分?

## 习　题　9.4

**(A)**

一、设有一物体占有空间有界闭区域 $\Omega$,物体上分布着体密度为 $\mu=\mu(x,y,z)$ 的电荷,且 $\mu(x,y,z)$ 在 $\Omega$ 上连续. 试用三重积分表示该物体的全部电荷量 $Q$.

二、设有一物体占有空间有界闭区域 $\Omega$:$0\leqslant x\leqslant 1,0\leqslant y\leqslant 1,0\leqslant z\leqslant 1$,其在点 $(x,y,z)$ 处的体密度为 $\mu(x,y,z)=x+y+z$,求该物体的质量.

三、计算下列三重积分:

(1) $\iiint\limits_{\Omega}\dfrac{1}{(1+x+y+z)^3}\mathrm{d}x\mathrm{d}y\mathrm{d}z$,其中积分区域 $\Omega$ 由平面 $x=0,y=0,z=0$ 及 $x+y+z=1$ 所围成;

(2) $\iiint\limits_{\Omega}xz\mathrm{d}x\mathrm{d}y\mathrm{d}z$,其中积分区域 $\Omega$ 由平面 $z=0,z=y,y=1$ 及抛物柱面 $y=x^2$ 所围成;

(3) $\iiint\limits_{\Omega}z\mathrm{d}x\mathrm{d}y\mathrm{d}z$,其中积分区域 $\Omega$ 由上半圆锥面 $z=\dfrac{h}{R}\sqrt{x^2+y^2}$ 与平面 $z=h(R>0,h>0)$ 所围成;

(4) $\iiint\limits_{\Omega}(x+y+z)\mathrm{d}x\mathrm{d}y\mathrm{d}z$,其中积分区域 $\Omega$ 由平面 $x+y+z=1$ 与三个坐标面所围成.

四、填空题:

(1) 设三重积分 $I=\iiint\limits_{\Omega}f(x,y,z)\mathrm{d}V$,其中积分区域 $\Omega$ 由曲面 $z=x^2+y^2$ 与 $z=\sqrt{x^2+y^2}$ 所围成,则在直角坐标系和柱面坐标系下的三次积分分别为

$I_{直}=$ ________________;$I_{柱}=$ ________________.

(2) 设三重积分 $I=\iiint\limits_{\Omega}f(x,y,z)\mathrm{d}V$,其中积分区域 $\Omega$ 由曲面 $z=\sqrt{x^2+y^2}$,$x^2+y^2=1$ 及平面 $z=0$ 所围成,则在直角坐标系和柱面坐标系下的三次积分分别为

$I_{直}=$ ________________;$I_{柱}=$ ________________.

(3) 设三重积分 $I=\iiint\limits_{\Omega}f(x^2+y^2)\mathrm{d}V$,其中积分区域 $\Omega$ 由曲面 $z=\sqrt{x^2+y^2}$ 与 $x^2+y^2+z^2=1(z\geqslant 0)$ 所围成,则在三种坐标系下的三次积分分别为

$I_{直}=$ ________________;$I_{柱}=$ ________________;$I_{球}=$ ________________.

五、选用适当的坐标计算下列三重积分:

(1) $\iiint\limits_{\Omega}xy\mathrm{d}V$,其中积分区域 $\Omega$ 是由圆柱面 $x^2+y^2=1$ 及平面 $z=1,z=0,x=0,y=0$ 所围成的第 Ⅰ 卦限内的空间有界闭区域;

(2) $\iiint\limits_{\Omega}z\mathrm{d}V$,其中积分区域 $\Omega=\{(x,y,z)\,|\,x^2+y^2+(z-a)^2\leqslant a^2,x^2+y^2\leqslant z^2\}(a>0)$.

六、利用三重积分计算由下列曲面所围成的立体的体积:

(1) $z=\sqrt{x^2+y^2}$ 及 $z=x^2+y^2$;

(2) $x^2+y^2+z^2=2az(a>0)$ 及 $x^2+y^2=z^2$(含有 $z$ 轴的部分).

**(B)**

一、设函数 $f(x)$ 在 $(-\infty,+\infty)$ 上可积,证明:$\iiint\limits_{\Omega} f(z)\mathrm{d}V=\pi\int_{-1}^{1}(1-z^2)f(z)\mathrm{d}z$,其中积分区域 $\Omega$ 由球面 $x^2+y^2+z^2=1$ 所围成.

二、设三重积分 $M=\iiint\limits_{\Omega}(x^3\cos y-x^2y^2-x^4)\mathrm{d}V$, $N=\iiint\limits_{\Omega}(x^2\sin y+x^2y^3-z^3)\mathrm{d}V$, $P=\iiint\limits_{\Omega}(z^3+x^4\cos^2 y+x^2z^2)\mathrm{d}V$,其中积分区域 $\Omega$ 为 $x^2+y^2+z^2\leqslant h^2$,试比较 $M,N,P$ 的大小.

三、设积分区域 $\Omega$ 由锥面 $z=\sqrt{x^2+y^2}$ 和球面 $x^2+y^2+z^2=4$ 所围成,求三重积分 $I=\iiint\limits_{\Omega}(x+y+z)^2\mathrm{d}V$.

四、计算三重积分 $\iiint\limits_{\Omega}|x^2+y^2+z^2-1|\mathrm{d}V$,其中积分区域 $\Omega$ 为 $x^2+y^2+z^2\leqslant 2$.

五、设 $f(u)$ 是连续可导的函数,且 $f(0)=0, f'(0)=1$. 已知

$$F(t)=\iiint\limits_{\Omega}f(\sqrt{x^2+y^2+z^2})\mathrm{d}x\mathrm{d}y\mathrm{d}z,$$

其中积分区域 $\Omega$ 为 $x^2+y^2+z^2\leqslant t^2(t>0)$,求 $F'(t)$ 和 $\lim\limits_{t\to 0^+}\dfrac{F(t)}{\pi t^4}$.

六、将三次积分 $I=\int_0^1\mathrm{d}x\int_0^1\mathrm{d}y\int_0^{x^2+y^2}f(x,y,z)\mathrm{d}z$ 的积分次序改为先对 $y$ 积分、再对 $z$ 积分、最后对 $x$ 积分.

*七、计算三重积分 $\iiint\limits_{\Omega}\left(\dfrac{x^2}{a^2}+\dfrac{y^2}{b^2}+\dfrac{z^2}{c^2}\right)\mathrm{d}x\mathrm{d}y\mathrm{d}z$,其中积分区域 $\Omega$ 由椭球面 $\dfrac{x^2}{a^2}+\dfrac{y^2}{b^2}+\dfrac{z^2}{c^2}=1(a,b,c>0)$ 所围成.

# 第五节　重积分的应用

与第五章定积分的应用类似,本节将利用微元法讨论重积分在几何学和物理学上的应用.

## 一、几何应用

### 1. 平面图形的面积

由二重积分的性质可知,平面图形的面积为 $A=\iint\limits_{D}\mathrm{d}\sigma$,其中 $D$ 为积分区域.

**例 9.5.1** 设平面上两定点间的距离为 $2a(a>0)$,动点到两定点的距离之积为 $a^2$,称动点的轨迹为**双纽线**. 求由双纽线所围成的平面图形的面积.

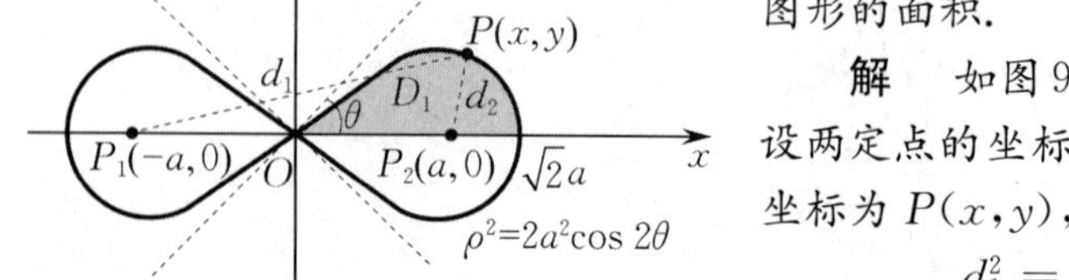


图 9-58

**解** 如图 9-58 所示,建立平面直角坐标系 $Oxy$. 设两定点的坐标分别为 $P_1(-a,0), P_2(a,0)$,动点的坐标为 $P(x,y)$,则有

$$d_1^2=|PP_1|^2=(x+a)^2+y^2,$$

$$d_2^2=|PP_2|^2=(x-a)^2+y^2,$$

其中 $d_1, d_2$ 分别为动点 $P$ 到定点 $P_1, P_2$ 的距离. 依题意知 $d_1 \cdot d_2 = a^2$, 即 $[(x+a)^2+y^2]\cdot[(x-a)^2+y^2]=a^4$, 整理得双纽线的方程为

$$(x^2+y^2)^2 = 2a^2(x^2-y^2).$$

下面在极坐标系下计算由双纽线所围成的平面图形的面积. 令 $x=\rho\cos\theta, y=\rho\sin\theta$, 则双纽线的方程用极坐标表示为 $\rho^2=2a^2\cos 2\theta$. 因为 $\rho^2 \geqslant 0$, 所以 $\theta \in \left[-\frac{\pi}{4}, \frac{\pi}{4}\right] \cup \left[\frac{3\pi}{4}, \frac{5\pi}{4}\right]$. 由于平面图形具有对称性, 因此只需求该平面图形在第一象限的部分 $D_1$ 的面积再乘以 4 即可. 于是, 所求面积为

$$A = 4\iint_{D_1} \mathrm{d}\sigma = 4\int_0^{\frac{\pi}{4}} \mathrm{d}\theta \int_0^{a\sqrt{2\cos 2\theta}} \rho \mathrm{d}\rho = 4a^2 \int_0^{\frac{\pi}{4}} \cos 2\theta \mathrm{d}\theta = 2a^2.$$

**2. 空间立体的体积**

由二重积分的几何意义可知, 当连续函数 $f(x,y) \geqslant 0$ 时, 二重积分 $\iint_D f(x,y)\mathrm{d}\sigma$ 表示以曲面 $z=f(x,y)$ 为顶, 以 $D$ 为底的曲顶柱体的体积, 即 $V=\iint_D f(x,y)\mathrm{d}\sigma$.

类似地, 空间立体 $\Omega$ 的体积可以用三重积分表示为 $V=\iiint_\Omega \mathrm{d}V$, 其中 $\Omega$ 为积分区域.

**例 9.5.2** 求由曲面 $z=6-x^2-y^2$ 与 $z=\sqrt{x^2+y^2}$ 所围成的立体的体积.

**解** 画出题目所给立体 $\Omega$ 的图形, 如图 9－59 所示, $\Omega$ 在 $xOy$ 面上的投影区域为 $D=\{(x,y) \mid x^2+y^2 \leqslant 4\}$. 因此, $\Omega$ 在柱面坐标系下可表示为

$$\Omega' = \{(\rho,\theta,z) \mid 0 \leqslant \theta \leqslant 2\pi, 0 \leqslant \rho \leqslant 2, \rho \leqslant z \leqslant 6-\rho^2\},$$

于是 $\Omega$ 的体积为

$$\begin{aligned} V &= \iiint_\Omega \mathrm{d}V = \int_0^{2\pi} \mathrm{d}\theta \int_0^2 \rho \mathrm{d}\rho \int_\rho^{6-\rho^2} \mathrm{d}z \\ &= \int_0^{2\pi} \mathrm{d}\theta \int_0^2 (6-\rho^2-\rho)\rho \mathrm{d}\rho \\ &= 2\pi \cdot \left(3\rho^2 - \frac{1}{4}\rho^4 - \frac{1}{3}\rho^3\right)\Bigg|_0^2 = \frac{32}{3}\pi. \end{aligned}$$

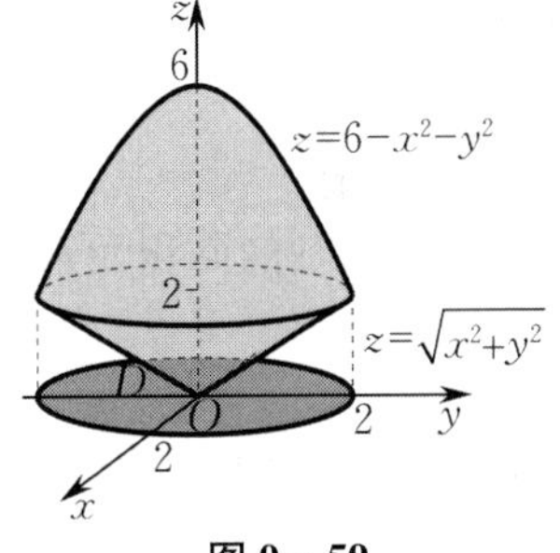

图 9－59

**3. 曲面的面积**

由二重积分的性质可知, 平面闭区域 $D$ 的面积等于 $A_D=\iint_D \mathrm{d}\sigma$. 事实上, 空间中的曲面 $S$ 的面积也可以通过二重积分来计算. 下面利用微元法推导曲面面积的计算公式.

如图 9－60(a) 所示, 设空间曲面 $S$ 的方程为 $z=f(x,y)$, $S$ 在 $xOy$ 面上的投影区域为 $D_{xy}$, 函数 $z=f(x,y)$ 在 $D_{xy}$ 上具有连续偏导数 $f_x(x,y), f_y(x,y)$ (曲面 $S$ 为光滑曲面①), 求曲面 $S$ 的面积.

---

① 前面已经介绍过光滑曲面, 这种曲面要求每点都有切平面, 且随着切点连续变动切平面也连续变动, 这等价于法向量连续变动. 若曲面 $S$ 的方程为 $z=f(x,y)$, 则其法向量为 $\pm(-f_x(x,y), -f_y(x,y), 1)$, 法向量连续变动相当于偏导数 $f_x(x,y), f_y(x,y)$ 连续.

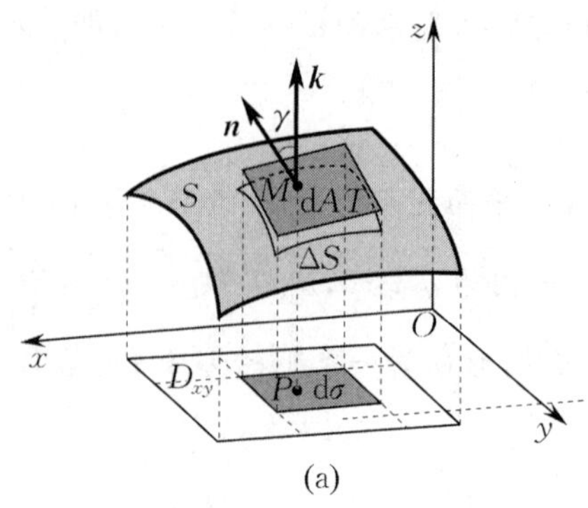

(a)

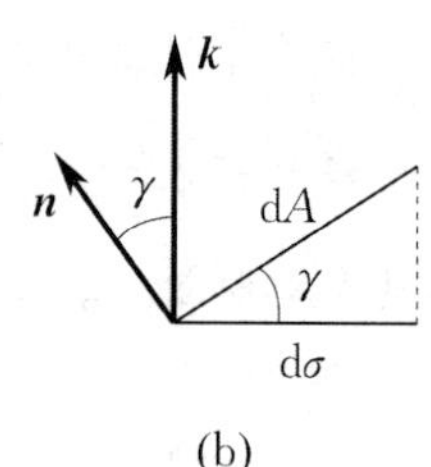

(b)

图 9－60

在曲面$S$上任取一小曲面$\Delta S$(其面积也记作$\Delta S$),$\Delta S$在$xOy$面上的投影区域记作$\mathrm{d}\sigma$(其面积也记作$\mathrm{d}\sigma$),在$\mathrm{d}\sigma$内任取一点$P(x,y)$,它在曲面上对应的点为$M(x,y,f(x,y))$.过点$M$作曲面$S$的切平面$T$,将切平面$T$上与$\mathrm{d}\sigma$对应的小切平面记作$\mathrm{d}A$(其面积也记作$\mathrm{d}A$).因为$z=f(x,y)$具有连续偏导数,$S$是光滑曲面,所以当$\mathrm{d}\sigma$的直径很小时,可用小切平面的面积$\mathrm{d}A$近似替代小曲面的面积$\Delta S$.又由投影定理有

$$\mathrm{d}\sigma=\mathrm{d}A\cdot\cos\gamma,$$

其中$\gamma$是切平面$T$与$xOy$面之间的夹角(见图9－60(b)),也是点$M$处曲面$S$的法向量(指向向上)$\boldsymbol{n}=(-f_x(x,y),-f_y(x,y),1)$与$z$轴的方向向量$\boldsymbol{k}=(0,0,1)$的夹角,且$0\leqslant\gamma\leqslant\frac{\pi}{2}$,故

$$\cos\gamma=\frac{1}{\sqrt{1+f_x^2(x,y)+f_y^2(x,y)}},$$

从而得**曲面$S$的面积元素**为

$$\mathrm{d}A=\frac{\mathrm{d}\sigma}{\cos\gamma}=\sqrt{1+f_x^2(x,y)+f_y^2(x,y)}\,\mathrm{d}\sigma.$$

于是,将$\mathrm{d}A$在曲面$S$上无限累加,便得**曲面$S$的面积计算公式**为

$$A=\iint\limits_{D_{xy}}\sqrt{1+f_x^2(x,y)+f_y^2(x,y)}\,\mathrm{d}x\mathrm{d}y.$$

同理,若曲面的方程为$x=g(y,z)$或$y=h(z,x)$,则可分别将曲面投影到$yOz$面上(投影区域记作$D_{yz}$)或$zOx$面上(投影区域记作$D_{zx}$),于是

$$A=\iint\limits_{D_{yz}}\sqrt{1+g_y^2(y,z)+g_z^2(y,z)}\,\mathrm{d}y\mathrm{d}z\quad\text{或}\quad A=\iint\limits_{D_{zx}}\sqrt{1+h_z^2(z,x)+h_x^2(z,x)}\,\mathrm{d}z\mathrm{d}x.$$

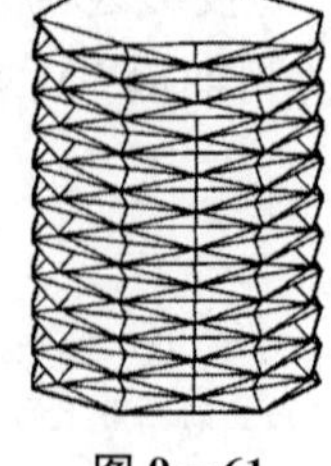
图 9－61

**注** 在第五章中,我们用弧内接折线长度之和的极限作为光滑曲线弧长的定义.那么,对于曲面,能否类似地把光滑曲面的面积定义为曲面的内接多边形面积之和的极限呢?答案是否定的.施瓦茨曾经给出一个反例:在圆柱面上,他作出了由三角形组成的内接多面形(见图9－61),结果发现这些三角形的面积之和可以有不同的极限.对于具体细节,有兴趣的读者可以参阅菲赫金哥尔茨(Fikhtengolz)的《微积分学教程》中译本第三卷第二分册中的内容.

**例 9.5.3**　求球面 $x^2+y^2+z^2=9$ 介于平面 $z=1,z=2$ 之间的曲面的面积.

**解**　该曲面是球面 $z=\sqrt{9-x^2-y^2}$ 在闭区域 $D_{xy}:5\leqslant x^2+y^2\leqslant 8$ 上的部分(见图 9-62). 由于

$$z_x=\frac{-x}{\sqrt{9-x^2-y^2}},\quad z_y=\frac{-y}{\sqrt{9-x^2-y^2}},$$

$$\sqrt{1+z_x^2+z_y^2}=\frac{3}{\sqrt{9-x^2-y^2}},$$

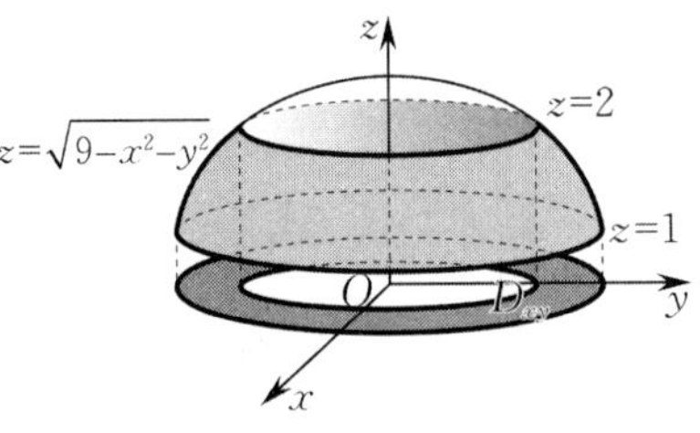


图 9-62

因此所求曲面的面积为

$$A=\iint\limits_{D_{xy}}\sqrt{1+z_x^2+z_y^2}\,\mathrm{d}x\mathrm{d}y=\iint\limits_{D_{xy}}\frac{3}{\sqrt{9-x^2-y^2}}\mathrm{d}x\mathrm{d}y=3\int_0^{2\pi}\mathrm{d}\theta\int_{\sqrt{5}}^{\sqrt{8}}\frac{\rho\mathrm{d}\rho}{\sqrt{9-\rho^2}}=6\pi.$$

**例 9.5.4**　求曲面 $z=\sqrt{x^2+y^2}$ 被圆柱面 $x^2+y^2=ax(a>0)$ 所截下的有限曲面的面积.

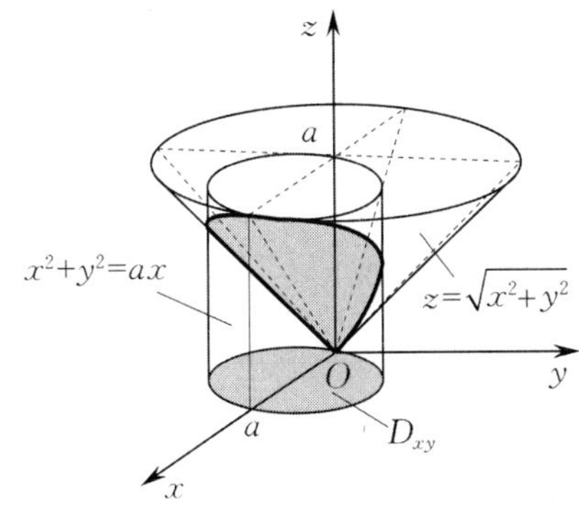


图 9-63

**解**　如图 9-63 所示,被截下的有限曲面在 $xOy$ 面上的投影为

$$D_{xy}=\{(x,y)\mid x^2+y^2\leqslant ax\}.$$

由于

$$z_x=\frac{x}{\sqrt{x^2+y^2}},\quad z_y=\frac{y}{\sqrt{x^2+y^2}},$$

$$\sqrt{1+z_x^2+z_y^2}=\sqrt{2},$$

因此所求曲面的面积为

$$A=\iint\limits_{D_{xy}}\sqrt{2}\,\mathrm{d}x\mathrm{d}y=\frac{\sqrt{2}}{4}\pi a^2.$$

**例 9.5.5**　求由圆柱面 $x^2+y^2=R^2$ 和 $x^2+z^2=R^2$ 所围成的立体的表面积.

**解**　由所求立体的对称性可知,其表面积 $A$ 等于如图 9-64(a) 所示立体的上侧表面积 $A_0$ 的 16 倍. 此上侧面的表达式为 $z=\sqrt{R^2-x^2}$,如图 9-64(b) 所示,它在 $xOy$ 面上的投影为

$$D_{xy}=\{(x,y)\mid x^2+y^2\leqslant R^2,x\geqslant 0,y\geqslant 0\},$$

且 $\sqrt{1+z_x^2+z_y^2}=\dfrac{R}{\sqrt{R^2-x^2}}$. 于是,所求曲面的面积为

$$A=16\iint\limits_{D_{xy}}\sqrt{1+z_x^2+z_y^2}\,\mathrm{d}x\mathrm{d}y=16R\iint\limits_{D_{xy}}\frac{1}{\sqrt{R^2-x^2}}\mathrm{d}x\mathrm{d}y$$

$$=16R\int_0^R\frac{1}{\sqrt{R^2-x^2}}\mathrm{d}x\int_0^{\sqrt{R^2-x^2}}\mathrm{d}y=16R^2.$$

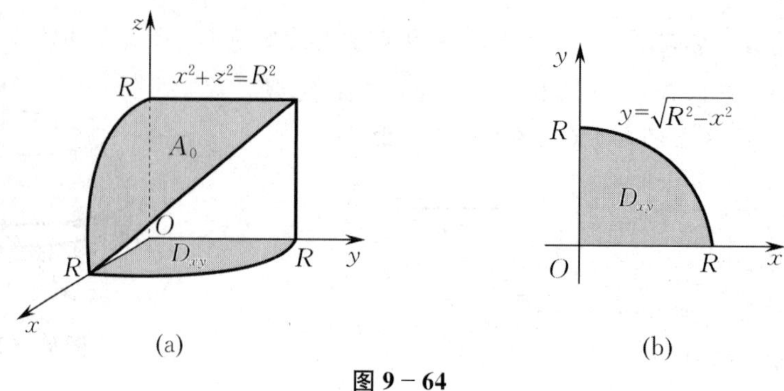


**图 9－64**

**注**　例 9.5.5 中,$\iint\limits_{D_{xy}}\dfrac{1}{\sqrt{R^2-x^2}}\mathrm{d}x\mathrm{d}y$ 为反常二重积分,解题过程中简化了极限形式.

## 二、物理应用

### 1. 物体的质量

平面薄片的质量 $m$ 等于它的面密度 $\mu(x,y)$ 在薄片所占闭区域 $D$ 上的二重积分,即

$$m=\iint\limits_{D}\mu(x,y)\mathrm{d}\sigma.$$

空间物体 $\Omega$ 的质量 $m$ 等于它的体密度 $\mu(x,y,z)$ 在 $\Omega$ 上的三重积分,即

$$m=\iiint\limits_{\Omega}\mu(x,y,z)\mathrm{d}V.$$

**例 9.5.6**　一个半径为 2 cm 的球体上某点处的体密度与点到球心的距离成正比,该球面上各点处的体密度等于 2 g/cm$^3$,试求该球体的质量.

**解**　选球心作为坐标原点 $O$,则球面的方程为 $x^2+y^2+z^2=4$. 设球体的体密度 $\mu(x,y,z)=k\sqrt{x^2+y^2+z^2}$,因为球面上各点处的体密度等于 2 g/cm$^3$,所以 $k=1$ g/cm$^4$,从而球体的体密度 $\mu(x,y,z)=\sqrt{x^2+y^2+z^2}$. 因此,该球体的质量(单位:g)为

$$m=\iiint\limits_{\Omega}\sqrt{x^2+y^2+z^2}\,\mathrm{d}V=\int_0^{2\pi}\mathrm{d}\theta\int_0^{\pi}\mathrm{d}\varphi\int_0^2 r^3\sin\varphi\mathrm{d}r=16\pi.$$

### 2. 物体的质心

物体的**质心**是一个常用的概念,在实际问题中经常会遇到质心问题. 例如,要使起重机保持稳定,其质心位置应满足一定条件;飞机、轮船、车辆等交通工具的运动稳定性也与它们的质心位置密切相关;若高速转动的飞轮的质心不在转动轴线上,则会引起剧烈振动而影响机器的正常工作和寿命.

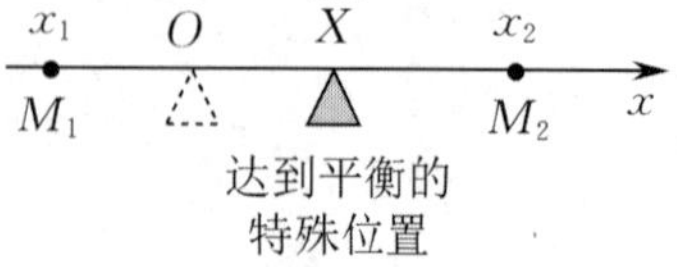

$x_1$　$O$　$\overline{X}$　$x_2$

$M_1$　　　$M_2$　$x$

达到平衡的特殊位置

**图 9－65**

先讨论最简单的两个质点系的质心. 例如,如图 9－65 所示,一副担子的两边挑的东西质量分别为 $M_1$,$M_2$,人们挑担子时总是选择质心 $\overline{X}$ 这个位置. $\overline{X}$ 是根据静力矩相等的原理,即由方程

$$\overline{X}(M_1+M_2)=x_1M_1+x_2M_2$$

算出来的.

一般地，考虑平面上由 $n$ 个质点组成的质点系，其位置分别为 $(x_i, y_i)(i=1,2,\cdots,n)$，每个质点的质量为 $m_i(i=1,2,\cdots,n)$. 根据物理学知识，该质点系的质心坐标 $(\bar{x},\bar{y})$ 的计算公式为

$$\bar{x}=\frac{\sum_{i=1}^{n} m_i x_i}{\sum_{i=1}^{n} m_i}=\frac{m_y}{m}, \quad \bar{y}=\frac{\sum_{i=1}^{n} m_i y_i}{\sum_{i=1}^{n} m_i}=\frac{m_x}{m},$$

其中 $m_y=\sum_{i=1}^{n} m_i x_i, m_x=\sum_{i=1}^{n} m_i y_i$ 分别是该质点系对 $y$ 轴和 $x$ 轴的**静力矩**(也称为**一阶矩**)，而 $m=\sum_{i=1}^{n} m_i$ 为该质点系的总质量.

在很多实际应用中，通常需要求钢圆盘、钢三角形等薄板的质心. 假定在这种情形下质量分布是连续的，下面用微元法来探讨平面薄板的质心坐标.

设平面薄板占有 $xOy$ 面上的有界闭区域 $D$，其上任意一点 $(x,y)$ 处的面密度为 $\mu(x,y)$，且 $\mu(x,y)$ 在 $D$ 上连续. 如图 9－66 所示，在有界闭区域 $D$ 上任取一直径很小的小闭区域 $\mathrm{d}\sigma$(其面积也记作 $\mathrm{d}\sigma$)，质量记作 $\mathrm{d}m$. 设 $(x,y)$ 是 $\mathrm{d}\sigma$ 上的任意一点，如果把每个小闭区域看成质量集中在点 $(x,y)$ 的质点，则 $\mathrm{d}\sigma$ 对 $x$ 轴和 $y$ 轴的静力矩微元分别为

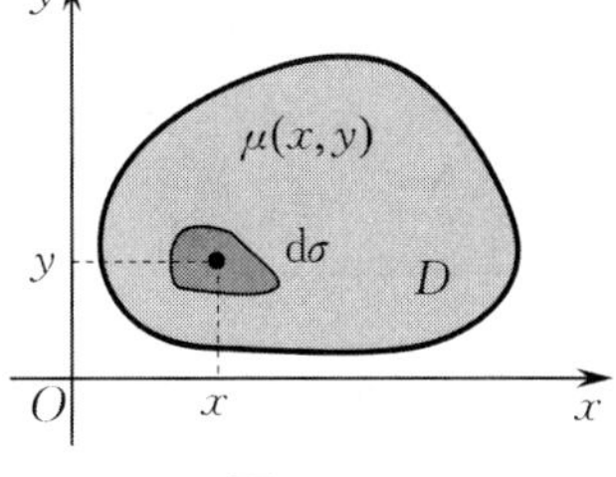

**图 9－66**

$$\mathrm{d}m_x=y\mathrm{d}m=y\mu(x,y)\mathrm{d}\sigma, \quad \mathrm{d}m_y=x\mathrm{d}m=x\mu(x,y)\mathrm{d}\sigma.$$

将 $\mathrm{d}m_x, \mathrm{d}m_y$ 在 $D$ 上积分便可得到平面薄板对 $x$ 轴和 $y$ 轴的静力矩分别为

$$m_x=\iint_D y\mu(x,y)\mathrm{d}\sigma, \quad m_y=\iint_D x\mu(x,y)\mathrm{d}\sigma.$$

另设 $m$ 是平面薄板的质量，$(\bar{x},\bar{y})$ 是 $D$ 的质心，则有

$$m_x=\bar{y}m, \quad m_y=\bar{x}m,$$

其中 $m=\iint_D \mu(x,y)\mathrm{d}\sigma$. 于是，平面薄板的质心 $(\bar{x},\bar{y})$ 的坐标为

$$\bar{x}=\frac{m_y}{m}=\frac{\iint_D x\mu(x,y)\mathrm{d}\sigma}{\iint_D \mu(x,y)\mathrm{d}\sigma}, \quad \bar{y}=\frac{m_x}{m}=\frac{\iint_D y\mu(x,y)\mathrm{d}\sigma}{\iint_D \mu(x,y)\mathrm{d}\sigma}.$$

特别地，若平面薄板均匀，即 $D$ 上的面密度 $\mu(x,y)$ 为常数，则质心也叫作**形心**，其坐标为

$$\bar{x}=\frac{\iint_D x\,\mathrm{d}\sigma}{\iint_D \mathrm{d}\sigma}=\frac{1}{A}\iint_D x\,\mathrm{d}\sigma, \quad \bar{y}=\frac{\iint_D y\,\mathrm{d}\sigma}{\iint_D \mathrm{d}\sigma}=\frac{1}{A}\iint_D y\,\mathrm{d}\sigma,$$

其中 $A=\iint_D \mathrm{d}\sigma$ 为闭区域 $D$ 的面积.

同理可得空间非均匀物体 $\Omega$ 的质心$(\bar{x},\bar{y},\bar{z})$的坐标为

$$\bar{x}=\frac{\iiint\limits_{\Omega}x\mu(x,y,z)\mathrm{d}V}{\iiint\limits_{\Omega}\mu(x,y,z)\mathrm{d}V},\quad \bar{y}=\frac{\iiint\limits_{\Omega}y\mu(x,y,z)\mathrm{d}V}{\iiint\limits_{\Omega}\mu(x,y,z)\mathrm{d}V},\quad \bar{z}=\frac{\iiint\limits_{\Omega}z\mu(x,y,z)\mathrm{d}V}{\iiint\limits_{\Omega}\mu(x,y,z)\mathrm{d}V},$$

其中 $\mu(x,y,z)$ 是 $\Omega$ 在点$(x,y,z)$处的体密度，且 $\mu(x,y,z)$ 在 $\Omega$ 上连续，$\iiint\limits_{\Omega}\mu(x,y,z)\mathrm{d}V$ 是 $\Omega$ 的质量.

特别地，当 $\mu(x,y,z)$ 为常数时，便得到空间物体 $\Omega$ 的形心坐标，请读者自行写出.

**例 9.5.7** 求由直线 $2x+y=6$ 和两坐标轴所围成的三角形均匀薄板的形心.

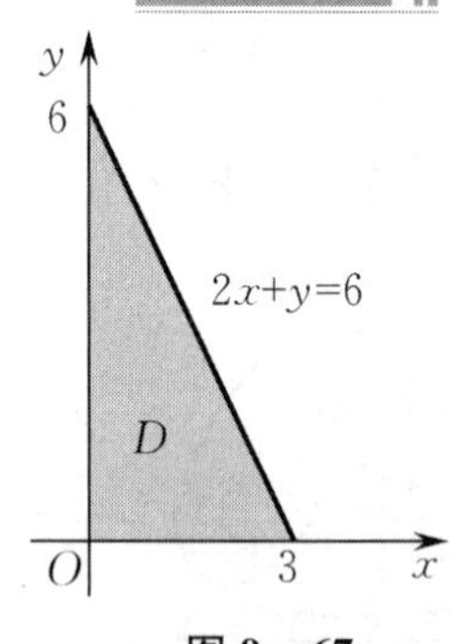

图 9－67

**解** 因为薄板均匀，所以其形心坐标为 $\bar{x}=\frac{1}{A}\iint\limits_{D}x\,\mathrm{d}\sigma,\bar{y}=\frac{1}{A}\iint\limits_{D}y\,\mathrm{d}\sigma$.

而三角形薄板的面积(见图 9－67)为 $A=\frac{1}{2}\cdot 3\cdot 6=9$，因此

$$\bar{x}=\frac{1}{9}\iint\limits_{D}x\,\mathrm{d}\sigma=\frac{1}{9}\int_0^3\mathrm{d}x\int_0^{6-2x}x\mathrm{d}y=\frac{1}{9}\int_0^3(6x-2x^2)\mathrm{d}x=1,$$

$$\bar{y}=\frac{1}{9}\iint\limits_{D}y\,\mathrm{d}\sigma=\frac{1}{9}\int_0^6\mathrm{d}y\int_0^{3-\frac{y}{2}}y\mathrm{d}x=\frac{1}{9}\int_0^6\left(3y-\frac{y^2}{2}\right)\mathrm{d}y=2,$$

即所求薄板的形心坐标为(1,2).

**例 9.5.8** 设有一个球体 $\Omega=\{(x,y,z)\mid x^2+y^2+(z-R)^2\leqslant R^2\}$，其在点$(x,y,z)\in\Omega$ 处的体密度等于该点到坐标原点的距离的平方，求 $\Omega$ 的质心.

**解** 由题意知，球体 $\Omega$ 在点$(x,y,z)$处的体密度为

$$\mu(x,y,z)=x^2+y^2+z^2.$$

因为 $\Omega$ 及体密度 $\mu(x,y,z)$ 均关于 $z$ 轴对称，所以可设 $\Omega$ 的质心坐标为$(0,0,\bar{z})$. 又 $\Omega$ 的质量为

$$m=\iiint\limits_{\Omega}\mu(x,y,z)\mathrm{d}V=\iiint\limits_{\Omega}(x^2+y^2+z^2)\mathrm{d}V=\int_0^{2\pi}\mathrm{d}\theta\int_0^{\frac{\pi}{2}}\mathrm{d}\varphi\int_0^{2R\cos\varphi}r^2\cdot r^2\sin\varphi\mathrm{d}r$$

$$=2\pi\int_0^{\frac{\pi}{2}}\frac{32}{5}R^5\cos^5\varphi\sin\varphi\mathrm{d}\varphi=\frac{32}{15}\pi R^5,$$

因此

$$\bar{z}=\frac{1}{m}\iiint\limits_{\Omega}z\mu(x,y,z)\mathrm{d}V=\frac{1}{m}\iiint\limits_{\Omega}z\cdot(x^2+y^2+z^2)\mathrm{d}V$$

$$=\frac{1}{m}\int_0^{2\pi}\mathrm{d}\theta\int_0^{\frac{\pi}{2}}\mathrm{d}\varphi\int_0^{2R\cos\varphi}r\cos\varphi\cdot r^2\cdot r^2\sin\varphi\mathrm{d}r$$

$$=\frac{2\pi}{m}\int_0^{\frac{\pi}{2}}\frac{64}{6}R^6\cos^7\varphi\sin\varphi\mathrm{d}\varphi=\frac{5}{4}R,$$

即 $\Omega$ 的质心为 $\left(0,0,\frac{5}{4}R\right)$.

**3. 物体的转动惯量**

很多机器上都装有飞轮，即使切断机器的动力电源，正在转动的飞轮也不会立即停止转动，而是还要持续转动一段时间才会慢慢停下来. 转动物体所具有的这种能够保持原有转动

状态的性质,称为**转动惯性**. 而反映转动惯性大小的物理量,称为**转动惯量**.

从物理学来看,如果一个质量为 $m$ 的质点,绕轴 $L$ 转动的角速度为 $\omega$,则该质点的线速度为 $v=r\omega$,其中 $r$ 为转动半径(质点到轴 $L$ 的距离),于是该质点的转动动能为

$$E=\frac{1}{2}mv^2=\frac{1}{2}(mr^2)\omega^2.$$

由上式可以看出,当角速度 $\omega$ 一定时,转动动能 $E$ 与 $mr^2$ 成正比. 质量或转动半径越大,转动动能就越大. 这就是我们所使用的大锤锤头质量大、锤把比较长的原因. 因此,$mr^2$ 反映了质量为 $m$ 的质点绕轴 $L$ 转动的惯性,即转动惯量(数学上也称为**二阶矩**),记作

$$I=mr^2.$$

设 $xOy$ 面上有 $n$ 个质量为 $m_i$,坐标为 $(x_i,y_i)(i=1,2,\cdots,n)$ 的质点,由物理学可知,该质点系关于 $x$ 轴、$y$ 轴及坐标原点 $O$ 的转动惯量依次为

$$I_x=\sum_{i=1}^{n}m_iy_i^2,\quad I_y=\sum_{i=1}^{n}m_ix_i^2,\quad I_O=\sum_{i=1}^{n}m_i(x_i^2+y_i^2).$$

下面将这组公式推广到平面薄板上. 设有一平面薄板在 $xOy$ 面上占有有界闭区域 $D$,点 $(x,y)$ 处的面密度 $\mu(x,y)$ 是 $D$ 上的连续函数,求此平面薄板关于 $x$ 轴、$y$ 轴及坐标原点 $O$ 的转动惯量. 与推导平面薄板关于坐标轴的静力矩类似,应用微元法易得此平面薄板关于 $x$ 轴、$y$ 轴及坐标原点 $O$ 的转动惯量分别为

$$I_x=\iint_D y^2\mu(x,y)\mathrm{d}\sigma,\quad I_y=\iint_D x^2\mu(x,y)\mathrm{d}\sigma,\quad I_O=\iint_D (x^2+y^2)\mu(x,y)\mathrm{d}\sigma.$$

类似地,可将上述公式推广到空间物体上. 设空间物体占有空间有界闭区域 $\Omega$,在点 $(x,y,z)$ 处的体密度为 $\mu(x,y,z)$,且 $\mu(x,y,z)$ 在 $\Omega$ 上连续,则该物体关于 $x$ 轴、$y$ 轴、$z$ 轴及坐标原点 $O$ 的转动惯量分别为

$$I_x=\iiint_\Omega (y^2+z^2)\mu(x,y,z)\mathrm{d}V,\quad I_y=\iiint_\Omega (x^2+z^2)\mu(x,y,z)\mathrm{d}V,$$

$$I_z=\iiint_\Omega (x^2+y^2)\mu(x,y,z)\mathrm{d}V,\quad I_O=\iiint_\Omega (x^2+y^2+z^2)\mu(x,y,z)\mathrm{d}V.$$

**例 9.5.9**　设摆线的一拱 $\begin{cases}x=a(t-\sin t),\\ y=a(1-\cos t)\end{cases}$ 与 $x$ 轴围成一均匀薄板,其中 $a>0$, $0\leqslant t\leqslant 2\pi$,求该薄板关于 $x$ 轴的转动惯量.

**解**　薄板所占闭区域 $D$ 如图 9-68 所示. 设摆线的直角坐标方程为 $y=y(x)$,薄板的面密度为 $\mu(x,y)=\mu$,则该薄板关于 $x$ 轴的转动惯量为

$$\begin{aligned}I_x&=\iint_D y^2\mu(x,y)\mathrm{d}\sigma=\mu\iint_D y^2\mathrm{d}\sigma=\mu\int_0^{2\pi a}\mathrm{d}x\int_0^{y(x)}y^2\mathrm{d}y\\&=\frac{1}{3}\mu\int_0^{2\pi a}y^3(x)\mathrm{d}x=\frac{1}{3}\mu a^4\int_0^{2\pi}(1-\cos t)^4\mathrm{d}t\\&=\frac{1}{3}\mu a^4\int_0^{2\pi}\left(2\sin^2\frac{t}{2}\right)^4\mathrm{d}t\\&=\frac{35}{12}\pi\mu a^4.\end{aligned}$$

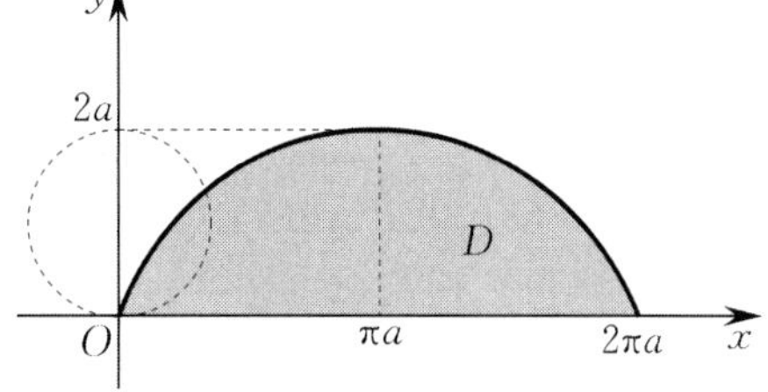

图 9-68

**例 9.5.10** 求体密度为 1 的均匀球体 $\Omega=\{(x,y,z)\mid x^2+y^2+z^2\leqslant 1\}$ 分别关于 $x$ 轴、$y$ 轴、$z$ 轴及坐标原点 $O$ 的转动惯量.

**解** 球体 $\Omega$ 关于 $x$ 轴、$y$ 轴及 $z$ 轴的转动惯量分别为

$$I_x=\iiint\limits_{\Omega}(y^2+z^2)\mathrm{d}V,\quad I_y=\iiint\limits_{\Omega}(x^2+z^2)\mathrm{d}V,\quad I_z=\iiint\limits_{\Omega}(x^2+y^2)\mathrm{d}V.$$

又由对称性有 $I_x=I_y=I_z=I$,上面三式相加得 $3I=\iiint\limits_{\Omega}2(x^2+y^2+z^2)\mathrm{d}V$,从而 $\Omega$ 关于坐标原点 $O$ 的转动惯量为 $I_O=\iiint\limits_{\Omega}(x^2+y^2+z^2)\mathrm{d}V=\dfrac{3}{2}I$.

因此,在球面坐标系下,有

$$\begin{aligned}I&=\frac{2}{3}I_O=\frac{2}{3}\iiint\limits_{\Omega}(x^2+y^2+z^2)\mathrm{d}V=\frac{2}{3}\iiint\limits_{\Omega}r^2\cdot r^2\sin\varphi\mathrm{d}r\mathrm{d}\varphi\mathrm{d}\theta\\&=\frac{2}{3}\int_0^{2\pi}\mathrm{d}\theta\int_0^{\pi}\sin\varphi\mathrm{d}\varphi\int_0^1 r^4\mathrm{d}r=\frac{8}{15}\pi,\end{aligned}$$

即

$$I_x=I_y=I_z=I=\frac{8}{15}\pi,\quad I_O=\frac{3}{2}I=\frac{4}{5}\pi.$$

***4. 引力**

设有一个质量为 $m$ 的质点位于空间点 $P(x,y,z)$ 处,另有一个单位质量的质点位于点 $P_0(x_0,y_0,z_0)$ 处,则由万有引力定律知,该质点对单位质量质点的引力为

$$\boldsymbol{F}=\frac{Gm}{r^3}(x-x_0,y-y_0,z-z_0),$$

其中 $G$ 为引力常数,$r$ 为两质点间的距离,且

$$r=|\overrightarrow{P_0P}|=\sqrt{(x-x_0)^2+(y-y_0)^2+(z-z_0)^2}.$$

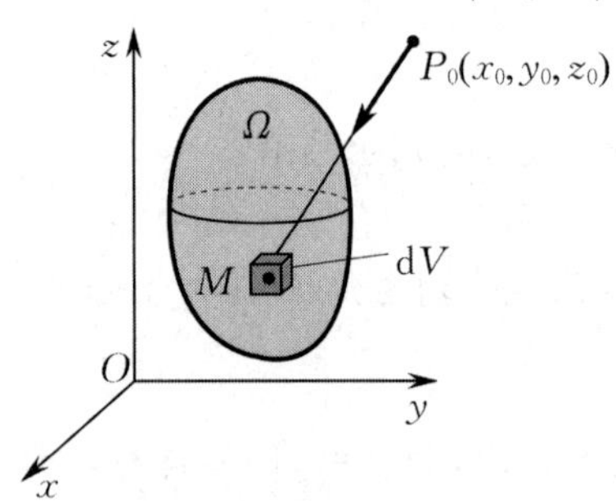

图 9-69

设一个物体占有空间有界闭区域 $\Omega$,它在点 $(x,y,z)$ 处的体密度为 $\mu(x,y,z)$,且 $\mu(x,y,z)$ 在 $\Omega$ 上连续. 在 $\Omega$ 外一点 $P_0(x_0,y_0,z_0)$ 处有一个单位质量的质点,求物体对该单位质量质点的引力.

下面利用微元法进行分析.

在 $\Omega$ 内任取一直径很小的小闭区域 $\mathrm{d}V$(其体积也记作 $\mathrm{d}V$),$M(x,y,z)$ 为 $\mathrm{d}V$ 中的任意一点,把这一小块物体的质量 $\mu(x,y,z)\mathrm{d}V$ 近似看作集中在点 $M(x,y,z)$ 处(见图 9-69). 根据万有引力定律可知,这一小块物体对点 $P_0(x_0,y_0,z_0)$ 处的单位质量质点的引力近似为

$$\begin{aligned}\mathrm{d}\boldsymbol{F}&=(\mathrm{d}F_x,\mathrm{d}F_y,\mathrm{d}F_z)\\&=\left(G\frac{\mu(x,y,z)(x-x_0)}{r^3}\mathrm{d}V,G\frac{\mu(x,y,z)(y-y_0)}{r^3}\mathrm{d}V,G\frac{\mu(x,y,z)(z-z_0)}{r^3}\mathrm{d}V\right),\end{aligned}$$

其中 $\mathrm{d}F_x,\mathrm{d}F_y,\mathrm{d}F_z$ 分别为引力元素 $\mathrm{d}\boldsymbol{F}$ 在 $x$ 轴、$y$ 轴和 $z$ 轴上的分量,$G$ 为引力常数,$r=\sqrt{(x-x_0)^2+(y-y_0)^2+(z-z_0)^2}$. 因此,所求引力为 $\boldsymbol{F}=F_x\boldsymbol{i}+F_y\boldsymbol{j}+F_z\boldsymbol{k}$,其中

$$F_x = \iiint\limits_{\Omega} \frac{G\mu(x,y,z)(x-x_0)}{r^3}\mathrm{d}V,$$

$$F_y = \iiint\limits_{\Omega} \frac{G\mu(x,y,z)(y-y_0)}{r^3}\mathrm{d}V,$$

$$F_z = \iiint\limits_{\Omega} \frac{G\mu(x,y,z)(z-z_0)}{r^3}\mathrm{d}V.$$

如果将上述空间立体$\Omega$换成位于$xOy$面上的平面薄板$D$,且假定$D$上任意一点$(x,y)$处的面密度为$\mu(x,y)$,则求$D$对位于点$P_0(x_0,y_0)$处单位质量质点的引力的方法与上面类似,只要将上面公式中$\Omega$上的三重积分换成平面闭区域$D$上的二重积分,并将被积函数中的体密度$\mu(x,y,z)$换成面密度$\mu(x,y)$即可.

**注**　在具体计算引力时,常常不是三个分量都必须通过积分求出,有时利用物体形状的对称性,可直接得到某个方向上的分量为 0.

**例 9.5.11**　求由圆柱面$x^2+y^2=R^2$及平面$z=a,z=b(0<a<b)$所围成的体密度为$\mu$($\mu$为常数)的均匀圆柱体对位于坐标原点处的单位质量质点的引力$\boldsymbol{F}$.

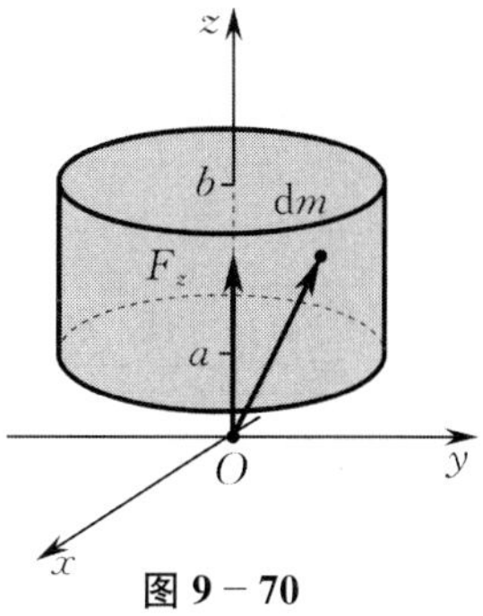

图 9－70

**解**　如图 9－70 所示,以单位质量质点所在位置为坐标原点$O$,以圆柱的中心轴为$z$轴建立空间直角坐标系,则该圆柱体所占空间有界闭区域为

$$\Omega=\{(x,y,z)\mid a\leqslant z\leqslant b,x^2+y^2\leqslant R^2\}.$$

根据对称性有$F_x=0,F_y=0$,而

$$F_z=\iiint\limits_{\Omega}\frac{G\mu z}{(x^2+y^2+z^2)^{\frac{3}{2}}}\mathrm{d}V=G\mu\int_0^{2\pi}\mathrm{d}\theta\int_0^R\rho\mathrm{d}\rho\int_a^b\frac{z}{(\rho^2+z^2)^{\frac{3}{2}}}\mathrm{d}z$$

$$=2\pi G\mu\int_0^R\left(\frac{\rho}{\sqrt{\rho^2+a^2}}-\frac{\rho}{\sqrt{\rho^2+b^2}}\right)\mathrm{d}\rho$$

$$=2\pi G\mu(\sqrt{R^2+a^2}-a-\sqrt{R^2+b^2}+b).$$

因此,所求引力为$\boldsymbol{F}=(0,0,2\pi G\mu(b-a+\sqrt{R^2+a^2}-\sqrt{R^2+b^2}))$.

**例 9.5.12**　在计算导弹、卫星等飞行体的轨道时,需要了解它们在地球上空不同高度所受到的地球的引力.设地球半径为$R$,体密度为$\mu$($\mu$为常数),飞行体的质量为$m$,且距地面高度为$h(h>0)$,求地球对飞行体的引力.

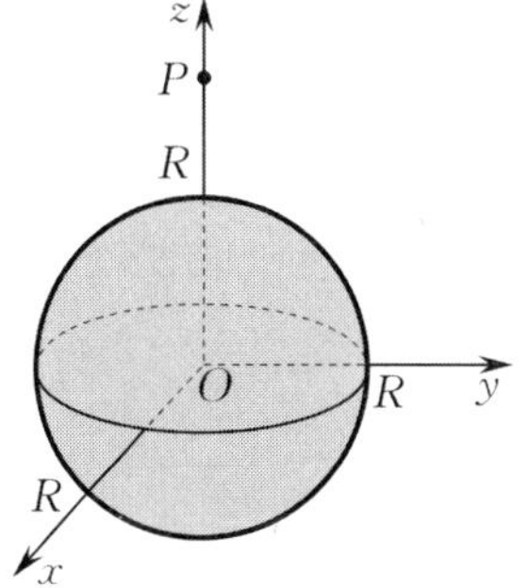

图 9－71

**解**　如图 9－71 所示,以地球中心为坐标原点$O$建立空间直角坐标系,将飞行体视为位于$z$轴上点$P$处的质点,则地球所占的空间有界闭区域为

$$\Omega=\{(x,y,z)\mid x^2+y^2+z^2\leqslant R^2\}.$$

设飞行体的坐标为$P(0,0,a)$,且$a=R+h$,地球上任意一点的坐标为$(x,y,z)$,由$\Omega$的对称性、均匀性可知$F_x=F_y=0$.用“先二后一”法计算三重积分$F_z$,有

$$F_z = Gm\mu\iiint\limits_{\Omega}\frac{z-a}{[x^2+y^2+(z-a)^2]^{\frac{3}{2}}}\mathrm{d}V$$
$$= Gm\mu\int_{-R}^{R}(z-a)\mathrm{d}z\iint\limits_{D_z}\frac{1}{[x^2+y^2+(z-a)^2]^{\frac{3}{2}}}\mathrm{d}x\mathrm{d}y,$$

其中 $D_z$ 为闭圆域:$x^2+y^2\leqslant R^2-z^2(-R\leqslant z\leqslant R)$. 用极坐标计算二重积分,有

$$F_z = Gm\mu\int_{-R}^{R}(z-a)\mathrm{d}z\int_0^{2\pi}\mathrm{d}\theta\int_0^{\sqrt{R^2-z^2}}\frac{\rho}{[\rho^2+(z-a)^2]^{\frac{3}{2}}}\mathrm{d}\rho$$
$$= 2\pi Gm\mu\int_{-R}^{R}(z-a)\frac{-1}{\sqrt{\rho^2+(z-a)^2}}\Bigg|_{\rho=0}^{\rho=\sqrt{R^2-z^2}}\mathrm{d}z$$
$$= 2\pi Gm\mu\int_{-R}^{R}(z-a)\left(\frac{1}{a-z}-\frac{1}{\sqrt{R^2-2az+a^2}}\right)\mathrm{d}z$$
$$= 2\pi Gm\mu\Big[-2R+\frac{1}{a}\underbrace{\int_{-R}^{R}(z-a)\mathrm{d}(\sqrt{R^2+a^2-2az})}_{\text{分部积分}}\Big]$$
$$= 2\pi Gm\mu\Big[-2R+\frac{1}{a}(z-a)\sqrt{R^2+a^2-2az}\Big|_{z=-R}^{z=R}-\frac{1}{a}\int_{-R}^{R}\sqrt{R^2+a^2-2az}\,\mathrm{d}z\Big]$$
$$= 2\pi Gm\mu\Big[-2R+4R+\frac{1}{3a^2}(R^2+a^2-2az)^{\frac{3}{2}}\Big|_{z=-R}^{z=R}\Big]$$
$$= -\frac{4\pi Gm\mu R^3}{3a^2} = -G\frac{mM}{(R+h)^2}.$$

因此,地球对飞行体的引力为

$$\boldsymbol{F} = \left(0,0,-G\frac{mM}{(R+h)^2}\right),$$

其中 $M=\frac{4\pi R^3}{3}\mu$ 为地球的质量.

上述结果说明,均匀球体对球外一质点的引力如同球的质量完全集中于球心时两个质点间的引力.

## 思考题 9.5

1. 二重积分和三重积分在物理学方面可解决什么问题?在几何学方面可解决什么问题?
2. 分别写出 $xOy$ 面内薄板 $D$ 及空间物体 $\Omega$ 的质心坐标的计算公式.
3. 分别写出 $xOy$ 面内薄板 $D$ 关于三条坐标轴与坐标原点的转动惯量,以及空间物体 $\Omega$ 关于三条坐标轴与坐标原点的转动惯量的计算公式.

## 习 题 9.5

**(A)**

一、求平面 $6x+3y+2z=12$ 在第 Ⅰ 卦限部分的面积.

二、求球面 $x^2+y^2+z^2=a^2$ 被圆柱面 $x^2+y^2=ax(a>0)$ 所截下的有限曲面的面积.

三、设均匀薄板 $D$ 占有介于圆 $\rho=a\cos\theta,\rho=b\cos\theta(0<a<b)$ 之间的闭区域,求 $D$ 的质心.

四、利用三重积分计算由曲面 $z=\sqrt{A^2-x^2-y^2}$,$z=\sqrt{a^2-x^2-y^2}(A>a>0)$ 及平面 $z=0$ 所围

成的立体的质心(设体密度 $\mu=1$).

五、设均匀薄板(面密度为1)所占闭区域 $D$ 由抛物线 $y^2=\frac{9}{2}x$ 与直线 $x=2$ 所围成,求转动惯量 $I_x$ 和 $I_y$.

六、一个均匀物体(体密度为常数 $\mu$)所占空间有界闭区域 $\Omega$ 由曲面 $z=x^2+y^2$ 及平面 $z=0$, $|x|=a$, $|y|=a$ 所围成.求:(1) 物体的体积;(2) 物体的质心;(3) 物体关于 $z$ 轴的转动惯量.

*七、设面密度为常数 $\mu$,半径为 $R$ 的均匀圆形薄板所占闭区域为 $D$: $x^2+y^2\leqslant R^2$, $z=0$,求该薄板对位于 $z$ 轴上点 $M_0(0,0,a)(a>0)$ 处单位质量质点的引力.

**(B)**

一、在某一生产过程中,要在均匀半圆形薄板的直径上接上一个一边与直径等长的均匀矩形薄板,为了使整个均匀薄板的质心恰好落在圆心上,问:接上去的均匀矩形薄板另一边的长度应是多少?

二、求由抛物线 $y=x^2$ 及直线 $y=1$ 所围成的均匀薄片(面密度为常数 $\mu$)关于直线 $y=-1$ 的转动惯量.

三、证明:平面有界闭区域 $D$ 绕该平面内不与它相交的轴旋转而成的旋转体,其体积等于 $D$ 的面积 $A$ 与 $D$ 的形心所划出的圆周之长的乘积(古鲁金(Guldin) 第二定理).

四、设有一个由曲线 $y=\ln x$,直线 $y=0$ 及 $x=\mathrm{e}$ 所围成的均匀薄板(面密度为1),问:此薄板绕哪一条垂直于 $x$ 轴的直线旋转时转动惯量最小?

五、已知椭球体 $\Omega$: $\frac{x^2}{a^2}+\frac{y^2}{b^2}+\frac{z^2}{c^2}\leqslant 1$ 内一点 $P(x,y,z)$ 处的体密度为 $\mu(x,y,z)=\frac{x^2}{a^2}+\frac{y^2}{b^2}+\frac{z^2}{c^2}$,求该椭球体的质量 $M$.

*六、求由曲面 $(x^2+y^2+z^2)^2=a^3z$ ($a>0$ 为常数) 所围成的立体的体积.

## 总习题九

一、计算下列二重积分:

(1) $\iint\limits_D (x^2-y^2)\mathrm{d}\sigma$,其中闭区域 $D$ 为 $0\leqslant y\leqslant \sin x$, $0\leqslant x\leqslant \pi$;

(2) $\iint\limits_D (y^2+3x-6y+9)\mathrm{d}\sigma$,其中闭区域 $D$ 为 $x^2+y^2\leqslant R^2$.

二、计算下列三重积分:

(1) $\iiint\limits_\Omega \frac{z\ln(x^2+y^2+z^2+1)}{x^2+y^2+z^2+1}\mathrm{d}V$,其中 $\Omega$ 是由球面 $x^2+y^2+z^2=1$ 所围成的空间有界闭区域;

(2) $\iiint\limits_\Omega (y^2+z^2)\mathrm{d}x\mathrm{d}y\mathrm{d}z$,其中 $\Omega$ 是由 $xOy$ 面上的曲线 $y^2=2x$ 绕 $x$ 轴旋转一周所形成的曲面与平面 $x=5$ 所围成的空间有界闭区域;

(3) $\iiint\limits_\Omega z^2\mathrm{d}x\mathrm{d}y\mathrm{d}z$,其中 $\Omega$ 是球体 $x^2+y^2+z^2\leqslant R^2$ 和 $x^2+y^2+z^2\leqslant 2Rz$ ($R>0$) 的公共部分.

三、求平面 $\frac{x}{a}+\frac{y}{b}+\frac{z}{c}=1$ ($a,b,c>0$) 被三个坐标面所截下的有限部分的面积.

四、求曲面 $z=\sqrt{x^2+y^2}$ 被椭圆柱面 $x^2+\frac{y^2}{4}=1$ 所截下的部分的面积.

五、设有一个球心在坐标原点、半径为 $R$ 的球体,在其上任意一点处的体密度与该点到球心的距离成正比,试求该球体的质量.

六、设体密度为1的均匀物体所占空间是由上半球面 $z=\sqrt{2-x^2-y^2}$ 和上半圆锥面 $z=\sqrt{x^2+y^2}$ 所围成的空间有界闭区域 $\Omega$(包含在圆锥内).求:(1) 物体的体积;(2) 物体的质心;(3) 物体关于 $z$ 轴的转动惯量.

## 单元测试九(1)

**单项选择题**(满分 100):

1. (5 分) 二重积分$\iint\limits_D f(x,y)\mathrm{d}x\mathrm{d}y$的值与(　　).

(A) 被积函数 $f(x,y)$ 及积分变量 $x,y$ 有关　　(B) 积分区域 $D$ 及积分变量 $x,y$ 无关

(C) 被积函数 $f(x,y)$ 及积分区域 $D$ 有关　　(D) 被积函数 $f(x,y)$ 无关,与积分区域 $D$ 有关

2. (5 分) 设函数 $f(x,y)$ 连续,交换积分次序后,$\int_0^1 \mathrm{d}x\int_0^x f(x,y)\mathrm{d}y=$(　　).

(A) $\int_0^1 \mathrm{d}y\int_y^1 f(x,y)\mathrm{d}x$　　(B) $\int_0^1 \mathrm{d}y\int_0^1 f(x,y)\mathrm{d}x$

(C) $\int_0^1 \mathrm{d}y\int_0^y f(x,y)\mathrm{d}x$　　(D) $\int_0^x \mathrm{d}y\int_0^1 f(x,y)\mathrm{d}x$

3. (5 分) 设积分区域 $D$:$|x|+|y|\leqslant 1$,则$\iint\limits_D \mathrm{d}x\mathrm{d}y=$(　　).

(A) 2　　(B) 1　　(C) 0　　(D) 4

4. (5 分) 设平面闭区域 $D$ 为$(x-2)^2+(y-1)^2\leqslant 1$. 若 $I_1=\iint\limits_D (x+y)^2\mathrm{d}\sigma$, $I_2=\iint\limits_D (x+y)^3\mathrm{d}\sigma$,则(　　).

(A) $I_1<I_2$　　(B) $I_1=I_2$　　(C) $I_1>I_2$　　(D) 不能比较

5. (5 分) 设二重积分 $I=\iint\limits_D \dfrac{\mathrm{d}x\mathrm{d}y}{1+\cos^2 x+\sin^2 y}$,其中 $D=\{(x,y)\mid |x|+|y|\leqslant 1\}$,则 $I$ 满足(　　).

(A) $\dfrac{2}{3}\leqslant I\leqslant 2$　　(B) $2\leqslant I\leqslant 3$　　(C) $0\leqslant I\leqslant \dfrac{1}{2}$　　(D) $-1\leqslant I\leqslant 0$

6. (5 分) 若 $f(x,y)$ 是关于 $x$ 的奇函数,积分区域 $D$ 关于 $y$ 轴对称,对称部分分别记为 $D_1$ 和 $D_2$,且 $f(x,y)$ 在 $D$ 上连续,则$\iint\limits_D f(x,y)\mathrm{d}\sigma=$(　　).

(A) 0　　(B) $2\iint\limits_{D_1} f(x,y)\mathrm{d}\sigma$　　(C) $4\iint\limits_{D_1} f(x,y)\mathrm{d}\sigma$　　(D) $2\iint\limits_{D_2} f(x,y)\mathrm{d}\sigma$

7. (5 分) 设 $D_1$ 是由 $x$ 轴、$y$ 轴及直线 $x+y=1$ 所围成的闭区域,$f$ 是闭区域 $D$:$|x|+|y|\leqslant 1$ 上的连续函数,则二重积分$\iint\limits_D f(x^2,y^2)\mathrm{d}x\mathrm{d}y=$(　　)$\iint\limits_{D_1} f(x^2,y^2)\mathrm{d}x\mathrm{d}y$.

(A) 2　　(B) 4　　(C) 8　　(D) $\dfrac{1}{2}$

8. (5 分) 设闭区域 $D=\{(x,y)\mid x^2+y^2\leqslant a^2, y\geqslant 0\}$, $D_1=\{(x,y)\mid x^2+y^2\leqslant a^2, y\geqslant 0, x\geqslant 0\}$,则下列选项中错误的是(　　).

(A) $\iint\limits_D x^2y\mathrm{d}\sigma=2\iint\limits_{D_1} x^2y\mathrm{d}\sigma$　　(B) $\iint\limits_D x^2y\mathrm{d}\sigma=2\iint\limits_{D_1} xy^2\mathrm{d}\sigma$

(C) $\iint\limits_D xy^2\mathrm{d}\sigma=2\iint\limits_{D_1} xy^2\mathrm{d}\sigma$　　(D) $\iint\limits_D xy^2\mathrm{d}\sigma=0$

9. (5 分) 设闭区域 $D_1$ 与 $D_2$ 关于 $y$ 轴对称,且 $D_1$,$D_2$ 没有公共内点,$f(x,y)$ 是定义在 $D_1\cup D_2$ 上的连续函数,则$\iint\limits_D f(x^2,y)\mathrm{d}x\mathrm{d}y=$(　　).

(A) $2\iint\limits_{D_1} f(x^2,y)\mathrm{d}x\mathrm{d}y$　　(B) $4\iint\limits_{D_2} f(x^2,y)\mathrm{d}x\mathrm{d}y$

(C) $4\iint\limits_{D_1} f(x^2, y)\mathrm{d}x\mathrm{d}y$ (D) $\frac{1}{2}\iint\limits_{D_2} f(x^2, y)\mathrm{d}x\mathrm{d}y$

10. (5分) 设积分区域 $D: 0 \leqslant y \leqslant x^2, |x| \leqslant 2$,则$\iint\limits_{D} xy^2\mathrm{d}x\mathrm{d}y = ($ $)$.

(A) 0 (B) $\frac{32}{3}$ (C) $\frac{64}{3}$ (D) 256

11. (5分) 设函数 $f(x,y)$ 连续,且 $f(x,y) = 4xy^2 + \iint\limits_{D} yf(u,v)\mathrm{d}u\mathrm{d}v$,其中 $D$ 是由直线 $y = x, x = 0$ 及 $y = 1$ 所围成的平面闭区域,则 $f_{xy}(x,y) = ($ $)$.

(A) $4x$ (B) $4y$ (C) $8x$ (D) $8y$

12. (5分) 设函数 $f(x,y)$ 连续,当 $t \to 0^+$ 时,有$\iint\limits_{D} f(x,y)\mathrm{d}x\mathrm{d}y = o(t^2)$ 成立,其中积分区域 $D = \{(x,y) \mid x^2 + y^2 \leqslant t^2\}$,则 $f(0,0) = ($ $)$.

(A) 2 (B) 1 (C) 0 (D) $\frac{1}{2}$

13. (5分) 设函数 $f(x,y)$ 连续,交换积分次序后,$\int_1^{\mathrm{e}}\mathrm{d}x\int_0^{\ln x} f(x,y)\mathrm{d}y = ($ $)$.

(A) $\int_1^{\mathrm{e}}\mathrm{d}y\int_0^{\ln x} f(x,y)\mathrm{d}x$ (B) $\int_{\mathrm{e}^y}^{\mathrm{e}}\mathrm{d}y\int_0^1 f(x,y)\mathrm{d}x$

(C) $\int_0^{\ln x}\mathrm{d}y\int_1^{\mathrm{e}} f(x,y)\mathrm{d}x$ (D) $\int_0^1\mathrm{d}y\int_{\mathrm{e}^y}^{\mathrm{e}} f(x,y)\mathrm{d}x$

14. (5分) 设函数 $f(x,y)$ 连续,交换积分次序后,$\int_0^1\mathrm{d}y\int_0^{\sqrt{1-y}} f(x,y)\mathrm{d}x = ($ $)$.

(A) $\int_0^1\mathrm{d}x\int_0^{\sqrt{1-x}} f(x,y)\mathrm{d}y$ (B) $\int_0^{\sqrt{1-y}}\mathrm{d}x\int_0^1 f(x,y)\mathrm{d}y$

(C) $\int_0^1\mathrm{d}x\int_0^{1-x^2} f(x,y)\mathrm{d}y$ (D) $\int_0^1\mathrm{d}x\int_0^{1+x^2} f(x,y)\mathrm{d}y$

15. (5分) 设函数 $f(x,y)$ 连续,交换积分次序后,$\int_0^1\mathrm{d}x\int_0^{x^2} f(x,y)\mathrm{d}y + \int_1^2\mathrm{d}x\int_0^{2-x} f(x,y)\mathrm{d}y = ($ $)$.

(A) $\int_0^1\mathrm{d}y\int_0^y f(x,y)\mathrm{d}x + \int_1^2\mathrm{d}y\int_0^{2-y} f(x,y)\mathrm{d}x$

(B) $\int_0^1\mathrm{d}y\int_0^{x^2} f(x,y)\mathrm{d}x + \int_1^2\mathrm{d}y\int_0^{2-x} f(x,y)\mathrm{d}x$

(C) $\int_0^1\mathrm{d}y\int_{\sqrt{y}}^{2-y} f(x,y)\mathrm{d}x$

(D) $\int_0^1\mathrm{d}y\int_{x^2}^{2-x} f(x,y)\mathrm{d}x$

16. (5分) 设函数 $f(x,y)$ 连续,交换积分次序后,$\int_{-1}^0\mathrm{d}x\int_{x+1}^{\sqrt{1+x^2}} f(x,y)\mathrm{d}y = ($ $)$.

(A) $\int_0^1\mathrm{d}y\int_{-1}^{y-1} f(x,y)\mathrm{d}x + \int_1^2\mathrm{d}y\int_{-1}^{\sqrt{y^2-1}} f(x,y)\mathrm{d}x$ (B) $\int_0^1\mathrm{d}y\int_{-1}^{y-1} f(x,y)\mathrm{d}x$

(C) $\int_0^1\mathrm{d}y\int_{-1}^{y-1} f(x,y)\mathrm{d}x + \int_1^{\sqrt{2}}\mathrm{d}y\int_{-1}^{-\sqrt{y^2-1}} f(x,y)\mathrm{d}x$ (D) $\int_0^2\mathrm{d}y\int_{-1}^{-\sqrt{y^2-1}} f(x,y)\mathrm{d}x$

17. (3分) 设积分区域 $D: x^2 + y^2 \leqslant 1$,则$\iint\limits_{D} \sqrt[5]{x^2 + y^2}\,\mathrm{d}\sigma$ 的值为( ).

(A) $\frac{5\pi}{3}$ (B) $\frac{5\pi}{6}$ (C) $\frac{10\pi}{7}$ (D) $\frac{10\pi}{11}$

18. (3 分) 设积分区域 $D$ 为 $x^2+y^2\leqslant 1$，$f$ 是 $D$ 上的连续函数，则 $\iint\limits_D f(\sqrt{x^2+y^2})\mathrm{d}x\mathrm{d}y=$ (　　).

(A) $2\pi\int_0^1 \rho f(\rho)\mathrm{d}\rho$　　(B) $4\pi\int_0^1 \rho f(\rho)\mathrm{d}\rho$　　(C) $2\pi\int_0^1 f(\rho^2)\mathrm{d}\rho$　　(D) $4\pi\int_0^{\rho} \rho f(\rho)\mathrm{d}\rho$

19. (3 分) 由球面 $x^2+y^2+z^2=4a^2$ 与柱面 $x^2+y^2=2ax(a>0)$ 所围成的立体的体积 $V$ 为(　　).

(A) $4\int_0^{\frac{\pi}{2}}\mathrm{d}\theta\int_0^{2a\cos\theta}\sqrt{4a^2-\rho^2}\,\mathrm{d}\rho$　　(B) $4\int_0^{\frac{\pi}{2}}\mathrm{d}\theta\int_0^{2a\cos\theta}\rho\sqrt{4a^2-\rho^2}\,\mathrm{d}\rho$

(C) $8\int_0^{\frac{\pi}{2}}\mathrm{d}\theta\int_0^{2a\cos\theta}\rho\sqrt{4a^2-\rho^2}\,\mathrm{d}\rho$　　(D) $\int_{-\frac{\pi}{2}}^{\frac{\pi}{2}}\mathrm{d}\theta\int_0^{2a\cos\theta}\rho\sqrt{4a^2-\rho^2}\,\mathrm{d}\rho$

20. (3 分) 设函数 $f(u)$ 连续，积分区域 $D=\{(x,y)\mid x^2+y^2\leqslant 2y\}$，则 $\iint\limits_D f(xy)\mathrm{d}x\mathrm{d}y=$ (　　).

(A) $\int_{-1}^1\mathrm{d}x\int_{-\sqrt{1-x^2}}^{\sqrt{1-x^2}}f(xy)\mathrm{d}y$　　(B) $2\int_0^2\mathrm{d}y\int_0^{\sqrt{2y-y^2}}f(xy)\mathrm{d}x$

(C) $\int_0^{\pi}\mathrm{d}\theta\int_0^{2\sin\theta}f(\rho^2\sin\theta\cos\theta)\mathrm{d}\rho$　　(D) $\int_0^{\pi}\mathrm{d}\theta\int_0^{2\sin\theta}f(\rho^2\sin\theta\cos\theta)\rho\mathrm{d}\rho$

21. (3 分) 若积分区域 $D$ 为 $(x-1)^2+y^2\leqslant 1$，则二重积分 $\iint\limits_D f(x,y)\mathrm{d}x\mathrm{d}y$ 化成二次积分为(　　)，其中 $F(\rho,\theta)=f(\rho\cos\theta,\rho\sin\theta)\rho$.

(A) $\int_0^{\pi}\mathrm{d}\theta\int_0^{2\cos\theta}F(\rho,\theta)\mathrm{d}\rho$　　(B) $\int_{-\pi}^{\pi}\mathrm{d}\theta\int_0^{2\cos\theta}F(\rho,\theta)\mathrm{d}\rho$

(C) $\int_{-\frac{\pi}{2}}^{\frac{\pi}{2}}\mathrm{d}\theta\int_0^{2\cos\theta}F(\rho,\theta)\mathrm{d}\rho$　　(D) $2\int_0^{\frac{\pi}{2}}\mathrm{d}\theta\int_0^{2\cos\theta}F(\rho,\theta)\mathrm{d}\rho$

22. (3 分) 设函数 $f(t)$ 连续，则二次积分 $\int_0^{\frac{\pi}{2}}\mathrm{d}\theta\int_{2\cos\theta}^2 f(\rho^2)\rho\mathrm{d}\rho=$ (　　).

(A) $\int_0^2\mathrm{d}x\int_{\sqrt{2x-x^2}}^{\sqrt{4-x^2}}\sqrt{x^2+y^2}\,f(x^2+y^2)\mathrm{d}y$　　(B) $\int_0^2\mathrm{d}x\int_{\sqrt{2x-x^2}}^{\sqrt{4-x^2}}f(x^2+y^2)\mathrm{d}y$

(C) $\int_0^2\mathrm{d}x\int_{1+\sqrt{2x-x^2}}^{\sqrt{4-x^2}}\sqrt{x^2+y^2}\,f(x^2+y^2)\mathrm{d}y$　　(D) $\int_0^2\mathrm{d}x\int_{1+\sqrt{2x-x^2}}^{\sqrt{4-x^2}}f(x^2+y^2)\mathrm{d}y$

23. (2 分) 设圆形薄板的圆心在坐标原点，其半径为 $R$，面密度为 $\mu(x,y)=x^2+y^2$，则圆形薄板的质量为(　　)，已知圆形薄板的面积 $A=\pi R^2$.

(A) $R^2A$　　(B) $2R^2A$　　(C) $3R^2A$　　(D) $\frac{1}{2}R^2A$

## 单元测试九(2)

**单项选择题**(满分 100)：

1. (7 分) $\iiint\limits_{\Omega} z\mathrm{d}V$ 在直角坐标系下化成三次积分为(　　)，其中 $\Omega$ 是由平面 $x=3,x=0,y=3,y=0,z=3$ 及 $z=0$ 所围成的空间有界闭区域.

(A) $\int_3^0\mathrm{d}x\int_0^3\mathrm{d}y\int_0^3 z\mathrm{d}z$　　(B) $\int_0^3\mathrm{d}x\int_0^3\mathrm{d}y\int_0^3 z\mathrm{d}z$

(C) $\int_0^3\mathrm{d}x\int_3^0\mathrm{d}y\int_0^3 z\mathrm{d}z$　　(D) $\int_0^3\mathrm{d}x\int_0^3\mathrm{d}y\int_3^0 z\mathrm{d}z$

2. (7 分) 设空间有界闭区域 $\Omega$：$x^2+y^2+z^2\leqslant R^2(R>0)$，则 $\iiint\limits_{\Omega}(x^2+y^2)\mathrm{d}x\mathrm{d}y\mathrm{d}z=$ (　　).

(A) $\frac{8}{3}\pi R^5$　　(B) $\frac{4}{3}\pi R^5$　　(C) $\frac{8}{15}\pi R^5$　　(D) $\frac{16}{15}\pi R^5$

3. (7 分) 已知 $\Omega$ 是由球面 $x^2+y^2+z^2=a^2(a>0)$ 所围成的空间有界闭区域，则 $\iiint\limits_{\Omega}\mathrm{d}V$ 在球面坐标系下化成三次积分为(　　).

(A) $\int_0^{2\pi}\mathrm{d}\theta\int_0^{\frac{\pi}{2}}\sin\varphi\mathrm{d}\varphi\int_0^a r^2\mathrm{d}r$　　(B) $\int_0^{2\pi}\mathrm{d}\theta\int_0^{\frac{\pi}{2}}\mathrm{d}\varphi\int_0^a r\mathrm{d}r$

(C) $\int_0^{2\pi}\mathrm{d}\theta\int_0^{\pi}\mathrm{d}\varphi\int_0^a r\mathrm{d}r$　　(D) $\int_0^{2\pi}\mathrm{d}\theta\int_0^{\pi}\sin\varphi\mathrm{d}\varphi\int_0^a r^2\mathrm{d}r$

4. (7 分) 设空间有界闭区域 $\Omega: x^2+y^2+z^2\leqslant 1, z\geqslant 0$，则 $\iiint\limits_{\Omega}z\mathrm{d}V=$(　　).

(A) $4\int_0^{\frac{\pi}{2}}\mathrm{d}\theta\int_0^{\pi}\mathrm{d}\varphi\int_0^1 r^3\sin\varphi\cos\varphi\mathrm{d}r$　　(B) $\int_0^{\frac{\pi}{2}}\mathrm{d}\theta\int_0^{\pi}\mathrm{d}\varphi\int_0^1 r^2\sin\varphi\mathrm{d}r$

(C) $\int_0^{2\pi}\mathrm{d}\theta\int_0^{\frac{\pi}{2}}\mathrm{d}\varphi\int_0^1 r^3\sin\varphi\cos\varphi\mathrm{d}r$　　(D) $\int_0^{2\pi}\mathrm{d}\theta\int_0^{\pi}\mathrm{d}\varphi\int_0^1 r^3\sin\varphi\cos\varphi\mathrm{d}r$

5. (7 分) 设 $\Omega$ 是由曲面 $3x^2+y^2=z, z=1-x^2$ 所围成的空间有界闭区域，且函数 $f(x,y,z)$ 在 $\Omega$ 上连续，则 $\iiint\limits_{\Omega}f(x,y,z)\mathrm{d}V=$(　　).

(A) $\int_0^1\mathrm{d}z\int_{-\sqrt{z}}^{\sqrt{z}}\mathrm{d}y\int_{-\sqrt{\frac{z-y^2}{3}}}^{\sqrt{\frac{z-y^2}{3}}}f(x,y,z)\mathrm{d}x$　　(B) $2\int_0^{\frac{1}{2}}\mathrm{d}x\int_0^{\sqrt{1-4x^2}}\mathrm{d}y\int_{3x^2+y^2}^{1-x^2}f(x,y,z)\mathrm{d}z$

(C) $2\int_{-\frac{1}{2}}^{\frac{1}{2}}\mathrm{d}x\int_{-\sqrt{1-4x^2}}^{\sqrt{1-4x^2}}\mathrm{d}y\int_{1-x^2}^{3x^2+y^2}f(x,y,z)\mathrm{d}z$　　(D) $\int_{-1}^1\mathrm{d}y\int_{-\frac{\sqrt{1-y^2}}{2}}^{\frac{\sqrt{1-y^2}}{2}}\mathrm{d}x\int_{3x^2+y^2}^{1-x^2}f(x,y,z)\mathrm{d}z$

6. (7 分) 设 $\Omega$ 是由平面 $x=0, y=0, z=0$ 及 $2x+y+z-1=0$ 所围成的空间有界闭区域，且函数 $f(x,y,z)$ 在 $\Omega$ 上连续，则 $\iiint\limits_{\Omega}f(x,y,z)\mathrm{d}V=$(　　).

(A) $\int_0^1\mathrm{d}y\int_0^1\mathrm{d}x\int_0^{1-2x-y}f(x,y,z)\mathrm{d}z$　　(B) $\int_0^1\mathrm{d}y\int_0^{\frac{1-y}{2}}\mathrm{d}x\int_0^{1-2x-y}f(x,y,z)\mathrm{d}z$

(C) $\int_0^1\mathrm{d}y\int_0^{\frac{1}{2}}\mathrm{d}x\int_0^1 f(x,y,z)\mathrm{d}z$　　(D) $\int_0^1\mathrm{d}z\int_0^{\frac{1}{2}}\mathrm{d}x\int_0^{1-2x}f(x,y,z)\mathrm{d}y$

7. (7 分) 由 $x^2+y^2+z^2\leqslant 2z, z\leqslant x^2+y^2$ 所围成的立体的体积是(　　).

(A) $\int_0^{2\pi}\mathrm{d}\theta\int_0^1\rho\mathrm{d}\rho\int_{\rho^2}^{\sqrt{1-\rho^2}}\mathrm{d}z$　　(B) $\int_0^{2\pi}\mathrm{d}\theta\int_0^{\rho}\rho\mathrm{d}\rho\int_1^{1-\sqrt{1-\rho^2}}\mathrm{d}z$

(C) $\int_0^{2\pi}\mathrm{d}\theta\int_0^1\rho\mathrm{d}\rho\int_{1-\sqrt{1-\rho^2}}^{\rho^2}\mathrm{d}z$　　(D) $\int_0^{2\pi}\mathrm{d}\theta\int_0^1\rho\mathrm{d}\rho\int_{\rho^2}^{1-\rho^2}\mathrm{d}z$

8. (7 分) 设 $\Omega$ 是由曲面 $z=x^2+y^2$ 及平面 $y=x, y=0, z=1$ 所围成的空间有界闭区域在第 Ⅰ 卦限的部分，且函数 $f(x,y,z)$ 在 $\Omega$ 上连续，则 $\iiint\limits_{\Omega}f(x,y,z)\mathrm{d}V=$(　　).

(A) $\int_0^1\mathrm{d}y\int_y^{\sqrt{1-y^2}}\mathrm{d}x\int_{x^2+y^2}^1 f(x,y,z)\mathrm{d}z$　　(B) $\int_0^{\frac{\sqrt{2}}{2}}\mathrm{d}y\int_y^{\sqrt{1-y^2}}\mathrm{d}x\int_{x^2+y^2}^1 f(x,y,z)\mathrm{d}z$

(C) $\int_0^{\frac{\sqrt{2}}{2}}\mathrm{d}x\int_y^{\sqrt{1-y^2}}\mathrm{d}y\int_{x^2+y^2}^1 f(x,y,z)\mathrm{d}z$　　(D) $\int_0^{\frac{\sqrt{2}}{2}}\mathrm{d}y\int_y^{\sqrt{1-y^2}}\mathrm{d}x\int_0^1 f(x,y,z)\mathrm{d}z$

9. (7 分) 设空间有界闭区域 $\Omega: x^2+y^2+(z-1)^2\leqslant 1$，则 $\iiint\limits_{\Omega}f(x^2+y^2+z^2)\mathrm{d}V=$(　　)，其中 $f$ 是连续函数.

(A) $\int_0^{2\pi}\mathrm{d}\theta\int_0^{\pi}\mathrm{d}\varphi\int_0^1 f(r^2)r^2\sin\varphi\mathrm{d}r$　　(B) $\int_0^{2\pi}\mathrm{d}\theta\int_0^{\frac{\pi}{2}}\mathrm{d}\varphi\int_0^1 f(r^2)r^2\sin\varphi\mathrm{d}r$

(C) $\int_0^{2\pi}\mathrm{d}\theta\int_0^{2\pi}\mathrm{d}\varphi\int_0^1 f(r^2)r^2\sin\varphi\mathrm{d}r$ (D) $\int_0^{2\pi}\mathrm{d}\theta\int_0^{\frac{\pi}{2}}\mathrm{d}\varphi\int_0^{2\cos\varphi} f(r^2)r^2\sin\varphi\mathrm{d}r$

10. (7分) 设$\Omega$是由曲面$z=3\sqrt{x^2+y^2}$,$x^2+y^2=y$及平面$z=0$所围成的立体,则$\iiint\limits_{\Omega} f(x^2+y^2+z^2)\mathrm{d}V=$(　　),其中$f$是连续函数.

(A) $\int_0^{2\pi}\mathrm{d}\theta\int_0^{\sin\theta}\rho\mathrm{d}\rho\int_0^{3\rho}f(\rho^2+z^2)\mathrm{d}z$ (B) $\int_0^{\pi}\mathrm{d}\theta\int_0^{\sin\theta}\rho\mathrm{d}\rho\int_0^{3\rho}f(\rho^2+z^2)\mathrm{d}z$

(C) $\int_{-\frac{\pi}{2}}^{\frac{\pi}{2}}\mathrm{d}\theta\int_0^{\sin\theta}\rho\mathrm{d}\rho\int_0^{3\rho}f(\rho^2+z^2)\mathrm{d}z$ (D) $\int_0^{\pi}\mathrm{d}\theta\int_0^{\cos\theta}\rho\mathrm{d}\rho\int_0^{3\rho}f(\rho^2+z^2)\mathrm{d}z$

11. (7分) 设$\Omega$是由曲面$z=x^2+y^2$及平面$z=1$所围成的空间有界闭区域在第Ⅰ卦限的部分,且$f(x,y,z)$是连续函数,则$\iiint\limits_{\Omega}f(x,y,z)\mathrm{d}V\neq$(　　).

(A) $\int_0^1\mathrm{d}z\int_0^{\sqrt{z}}\mathrm{d}x\int_0^{\sqrt{z-x^2}}f(x,y,z)\mathrm{d}y$ (B) $\int_0^1\mathrm{d}x\int_0^{\sqrt{1-x^2}}\mathrm{d}y\int_0^{x^2+y^2}f(x,y,z)\mathrm{d}z$

(C) $\int_0^{\frac{\pi}{2}}\mathrm{d}\theta\int_0^1\rho\mathrm{d}\rho\int_{\rho^2}^1 f(\rho\cos\theta,\rho\sin\theta,z)\mathrm{d}z$ (D) $\int_0^1\mathrm{d}x\int_0^{\sqrt{1-x^2}}\mathrm{d}y\int_{x^2+y^2}^1 f(x,y,z)\mathrm{d}z$

12. (7分) 设球体$\Omega$:$x^2+y^2+z^2\leqslant 1$,$\Omega_1$是$\Omega$位于$z\geqslant 0$部分的半球体,$f$是连续函数. 若$I=\iiint\limits_{\Omega}(x+y+z)f(x^2+y^2+z^2)\mathrm{d}V$,则(　　).

(A) $I>0$ (B) $I<0$

(C) $I=0$ (D) $I=2\iiint\limits_{\Omega_1}(x+y+z)f(x^2+y^2+z^2)\mathrm{d}V$

13. (6分) 设空间有界闭区域$\Omega_1$:$x^2+y^2+z^2\leqslant R^2,z\geqslant 0$,$\Omega_2$:$x^2+y^2+z^2\leqslant R^2,x\geqslant 0,y\geqslant 0,z\geqslant 0$,则下列等式成立的是(　　).

(A) $\iiint\limits_{\Omega_1}x\mathrm{d}V=4\iiint\limits_{\Omega_2}x\mathrm{d}V$ (B) $\iiint\limits_{\Omega_1}(x+z)\mathrm{d}V=4\iiint\limits_{\Omega_2}(x+z)\mathrm{d}V$

(C) $\iiint\limits_{\Omega_1}(x+z)\mathrm{d}V=4\iiint\limits_{\Omega_2}z\mathrm{d}V$ (D) $\iiint\limits_{\Omega_1}xyz\mathrm{d}V=4\iiint\limits_{\Omega_2}xyz\mathrm{d}V$

14. (6分) 设$\Omega$为一个空间有界闭区域,且$f(x,y,z)$在$\Omega$上是连续函数. 由积分中值定理,有$\iiint\limits_{\Omega}f(x,y,z)\mathrm{d}V=f(\xi,\eta,\zeta)\cdot V$,$(\xi,\eta,\zeta)\in\Omega$,其中$V$为$\Omega$的体积,则下列选项中正确的是(　　).

(A) 当$f(x,y,z)$分别关于$x,y,z$为奇函数时,$f(\xi,\eta,\zeta)=0$

(B) $f(\xi,\eta,\zeta)\neq 0$

(C) 当$\Omega$为球体:$x^2+y^2+z^2\leqslant 1$时,$f(\xi,\eta,\zeta)=f(0,0,0)$

(D) $f(\xi,\eta,\zeta)$的正负与$f(x,y,z)$的奇偶性无必然联系

15. (4分) 曲面$z=\sqrt{x^2+y^2}$包含在圆柱面$x^2+y^2=2x$内部的那部分曲面的面积$A=$(　　).

(A) $\pi$ (B) $\sqrt{2}\pi$ (C) $2\sqrt{2}\pi$ (D) $\sqrt{3}\pi$

本章参考答案

# 第十章

# 多元函数积分学2——曲线积分与曲面积分

第九章已经把定积分的被积函数由一元函数推广到多元函数,积分范围由数轴上一个区间的情形推广为平面或空间内一个闭区域的情形.本章先将积分概念推广到积分范围为一段曲线或一个曲面①的情形,即曲线积分和曲面积分,并讨论它们的性质与计算;然后将牛顿-莱布尼茨公式推广到二维和三维欧氏空间,从而得到格林公式、高斯公式与斯托克斯公式;最后介绍曲线积分与路径的无关性和场论初步.

## 第一节　对弧长的曲线积分

### 一、对弧长的曲线积分的概念与性质

**定义 10.1.1**　如果连续曲线上每一点处都有切线,且当切点连续变动时,切线也连续转动,则称此曲线为**光滑曲线**.

例如,曲线 $y=\begin{cases}x^2, & x\leqslant 0,\\ x, & x>0\end{cases}$ 在坐标原点 $(0,0)$ 处的切线就不是连续转动的,所以它分段光滑,即分别在区间 $(-\infty,0]$ 和 $(0,+\infty)$ 上光滑.

**引例**　曲线弧段的质量.设平面上有一条光滑曲线弧段 $L$,它的两个端点分别为 $A,B$,且 $L$ 上任一点 $M(x,y)$ 处的线密度为连续函数 $\mu(x,y)$,求此曲线弧段的质量.

用分点 $A=P_0,P_1,\cdots,P_{i-1},P_i,\cdots,P_{n-1},P_n=B$ 将曲线弧段 $L$ 任意分为 $n$ 个小弧段 $\widehat{P_{i-1}P_i}$,其长度分别为 $\Delta s_i(i=1,2,\cdots,n)$,如图 10-1 所示.

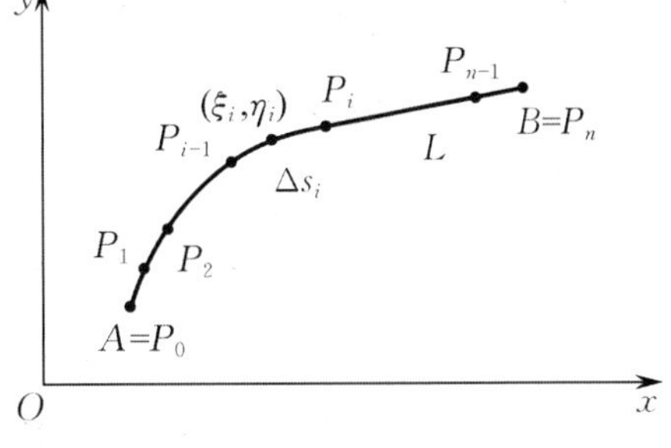


图 10-1

现考虑小弧段 $\widehat{P_{i-1}P_i}$ 的质量.在小弧段 $\widehat{P_{i-1}P_i}$ 上任取一点 $(\xi_i,\eta_i)$,曲线在点 $(\xi_i,\eta_i)$ 处的线密度为 $\mu(\xi_i,\eta_i)$.当 $\Delta s_i$ 很小时,由于线密度连续,因此可以用点 $(\xi_i,\eta_i)$ 处的线密度代替此小弧段上其他各点处的线密度,从而得到此小弧段的质量的近似值为

① 本章讨论的均为具有有限长度的曲线和具有有限面积的曲面.

$$\Delta m_i \approx \mu(\xi_i, \eta_i)\Delta s_i \quad (i = 1, 2, \cdots, n).$$

于是,整段曲线弧的质量的近似值为

$$m = \sum_{i=1}^{n} \Delta m_i \approx \sum_{i=1}^{n} \mu(\xi_i, \eta_i)\Delta s_i.$$

显然,当分点越多,小弧段的长度越小时,近似值就越接近于曲线弧段的质量.

记 $\lambda = \max\{\Delta s_1, \Delta s_2, \cdots, \Delta s_n\}$,则曲线弧段的质量 $m$ 可精确地表达为当 $\lambda \to 0$ 时上述和式的极限,即

$$m = \lim_{\lambda \to 0} \sum_{i=1}^{n} \mu(\xi_i, \eta_i)\Delta s_i.$$

这种和式的极限在研究其他物理量或几何量时也会遇到,由此可以抽象出对弧长的曲线积分的概念.

**定义 10.1.2** 设 $L$ 为 $xOy$ 面上的一条光滑曲线弧,函数 $f(x,y)$ 在 $L$ 上有界.将曲线弧 $L$ 任意分成 $n$ 个小弧段 $\overset{\frown}{P_0P_1}$ ,$\overset{\frown}{P_1P_2}$ ,$\cdots$,$\overset{\frown}{P_{n-1}P_n}$ ,每个小弧段的长度为 $\Delta s_i (i = 1, 2, \cdots, n)$.在 $\overset{\frown}{P_{i-1}P_i}$ 上任取一点 $(\xi_i, \eta_i)$,并做和式 $\sum\limits_{i=1}^{n} f(\xi_i, \eta_i)\Delta s_i$,记 $\lambda = \max\limits_{1 \leqslant i \leqslant n}\{\Delta s_i\}$,如果极限

$$\lim_{\lambda \to 0} \sum_{i=1}^{n} f(\xi_i, \eta_i)\Delta s_i$$

总是存在,且不依赖于 $L$ 的分法和点 $(\xi_i, \eta_i)$ 的取法,则称此极限为函数 $f(x,y)$ 在曲线弧 $L$ 上**对弧长的曲线积分**或**第一类曲线积分**,记作 $\int_L f(x,y)\mathrm{d}s$,即

$$\int_L f(x,y)\mathrm{d}s = \lim_{\lambda \to 0} \sum_{i=1}^{n} f(\xi_i, \eta_i)\Delta s_i,$$

其中 $f(x,y)$ 称为**被积函数**,$L$ 称为**积分弧段**,$\mathrm{d}s$ 称为**弧长微元**(**或弧微分**).

这样,引例中曲线弧的质量可表示为 $m = \int_L \mu(x,y)\mathrm{d}s$.我们不加证明地给出如下定理.

**定理 10.1.1** 当函数 $f(x,y)$ 在光滑曲线弧或分段光滑曲线弧 $L$ 上连续时,对弧长的曲线积分 $\int_L f(x,y)\mathrm{d}s$ 一定存在,即 $f(x,y)$ 在曲线 $L$ 上可积.

**注** 以后总假定 $L$ 是光滑或分段光滑的,函数 $f(x,y)$ 在 $L$ 上是连续的.

若 $L$ 是闭曲线,则函数 $f(x,y)$ 在 $L$ 上对弧长的曲线积分记作 $\oint_L f(x,y)\mathrm{d}s$.

与定积分类似,对弧长的曲线积分有如下性质.

**性质 10.1.1(线性性)** 设 $k_1, k_2$ 为常数,则

$$\int_L (k_1 f(x,y) \pm k_2 g(x,y))\mathrm{d}s = k_1\int_L f(x,y)\mathrm{d}s \pm k_2\int_L g(x,y)\mathrm{d}s.$$

**性质 10.1.2(积分弧段的可加性)** 设 $L$ 由曲线弧 $L_1$ 和 $L_2$ 连接而成,则

$$\int_L f(x,y)\mathrm{d}s = \int_{L_1} f(x,y)\mathrm{d}s + \int_{L_2} f(x,y)\mathrm{d}s.$$

**性质 10.1.3(几何度量性)** 当 $f(x,y) = 1$ 时,$\int_L \mathrm{d}s$ 就是曲线弧 $L$ 的长度.

## 二、对弧长的曲线积分的计算

设函数 $f(x,y)$ 在曲线弧 $L$ 上有定义且连续，$L$ 的参数式方程为

$$\begin{cases} x=\varphi(t), \\ y=\psi(t) \end{cases} \quad (\alpha \leqslant t \leqslant \beta),$$

其中 $\varphi(t),\psi(t)$ 在$[\alpha,\beta]$上具有连续导数，且 $\varphi'^2(t)+\psi'^2(t)\neq 0$，则根据定理10.1.1可知，曲线积分$\int_L f(x,y)\mathrm{d}s$ 存在. 下面讨论曲线积分$\int_L f(x,y)\mathrm{d}s$ 的计算方法.

根据曲线弧 $L$ 的弧微分公式

$$\mathrm{d}s=\sqrt{(\mathrm{d}x)^2+(\mathrm{d}y)^2}=\sqrt{\varphi'^2(t)+\psi'^2(t)}\,\mathrm{d}t,$$

且被积函数 $f(x,y)$ 在 $L$ 上有定义，所以有

$$f(x,y)\mathrm{d}s=f(\varphi(t),\psi(t))\sqrt{\varphi'^2(t)+\psi'^2(t)}\,\mathrm{d}t.$$

根据对弧长的曲线积分的定义，将 $f(x,y)\mathrm{d}s$ 沿 $L$ 对小弧段进行无限累加(积分)就等于 $f(\varphi(t),\psi(t))\sqrt{\varphi'^2(t)+\psi'^2(t)}\,\mathrm{d}t$ 在$[\alpha,\beta]$上对变量 $t$ 的无限累加(积分)，因此有

$$\int_L f(x,y)\mathrm{d}s=\int_\alpha^\beta f(\varphi(t),\psi(t))\sqrt{\varphi'^2(t)+\psi'^2(t)}\,\mathrm{d}t \quad (\alpha<\beta). \tag{10.1.1}$$

**注** 公式(10.1.1)右边的定积分的下限 $\alpha$ 一定小于上限 $\beta$. 这是因为 $\mathrm{d}s$ 是小弧段的长度，它总是正的. 于是，当用$\sqrt{\varphi'^2(t)+\psi'^2(t)}\,\mathrm{d}t$ 去替代 $\mathrm{d}s$ 时，也要求 $\mathrm{d}t>0$.

在学习弧微分时，对不同的曲线表达形式给出了各种不同的弧微分公式. 相应地，对弧长的曲线积分也有不同形式的计算公式.

若下面的函数和曲线都满足定理10.1.1的条件，则还有如下公式.

(1) 若 $L$ 的方程为 $y=y(x)(a\leqslant x\leqslant b)$，则有

$$\int_L f(x,y)\mathrm{d}s=\int_a^b f(x,y(x))\sqrt{1+y'^2(x)}\,\mathrm{d}x;$$

(2) 若 $L$ 的方程为 $x=x(y)(c\leqslant y\leqslant d)$，则有

$$\int_L f(x,y)\mathrm{d}s=\int_c^d f(x(y),y)\sqrt{1+x'^2(y)}\,\mathrm{d}y;$$

(3) 若 $L$ 的极坐标方程为 $\rho=\rho(\theta)(\alpha\leqslant\theta\leqslant\beta)$，则有

$$\int_L f(x,y)\mathrm{d}s=\int_\alpha^\beta f(\rho(\theta)\cos\theta,\rho(\theta)\sin\theta)\sqrt{\rho^2(\theta)+\rho'^2(\theta)}\,\mathrm{d}\theta.$$

此外，再补充下面两个结论.

(1) 对称性：设积分弧段 $L$ 关于 $y$ 轴对称，则

$$\int_L f(x,y)\mathrm{d}s=\begin{cases} 0, & f(x,y)\text{ 是 } x \text{ 的奇函数}, \\ 2\int_{L_1} f(x,y)\mathrm{d}s, & f(x,y)\text{ 是 } x \text{ 的偶函数}, \end{cases}$$

其中 $L_1$ 为 $L$ 上的 $x\geqslant 0$ 的那部分弧段.

设积分弧段 $L$ 关于 $x$ 轴对称，则

$$\int_L f(x,y)\mathrm{d}s=\begin{cases} 0, & f(x,y)\text{ 是 } y \text{ 的奇函数}, \\ 2\int_{L_1} f(x,y)\mathrm{d}s, & f(x,y)\text{ 是 } y \text{ 的偶函数}, \end{cases}$$

其中 $L_1$ 为 $L$ 上的 $y\geqslant 0$ 的那部分弧段.

设积分弧段 $L$ 关于直线 $y=x$ 对称,则有

$$\int_L f(x,y)\mathrm{d}s=\int_L f(y,x)\mathrm{d}s.$$

(2) 物理应用:设曲线弧 $L$ 为 $xOy$ 面上的曲线,其在点 $(x,y)$ 处的线密度为 $\mu(x,y)$,则 $L$ 关于 $x$ 轴、$y$ 轴的转动惯量分别为

$$I_x=\int_L y^2\mu(x,y)\mathrm{d}s,\quad I_y=\int_L x^2\mu(x,y)\mathrm{d}s,$$

$L$ 的质心坐标为

$$\bar{x}=\frac{\int_L x\mu(x,y)\mathrm{d}s}{\int_L \mu(x,y)\mathrm{d}s},\quad \bar{y}=\frac{\int_L y\mu(x,y)\mathrm{d}s}{\int_L \mu(x,y)\mathrm{d}s}.$$

**例 10.1.1** 计算曲线积分 $\int_L xy\mathrm{d}s$,其中 $L$ 是圆 $x^2+y^2=a^2(a>0)$ 在第一象限内的部分.

**解** 显然,$L$ 可由参数式方程 $x=a\cos t,y=a\sin t\left(0\leqslant t\leqslant\frac{\pi}{2}\right)$ 表示,则

$$\int_L xy\mathrm{d}s=\int_0^{\frac{\pi}{2}}a\cos t\cdot a\sin t\cdot a\mathrm{d}t=a^3\int_0^{\frac{\pi}{2}}\cos t\sin t\mathrm{d}t=\frac{1}{2}a^3.$$

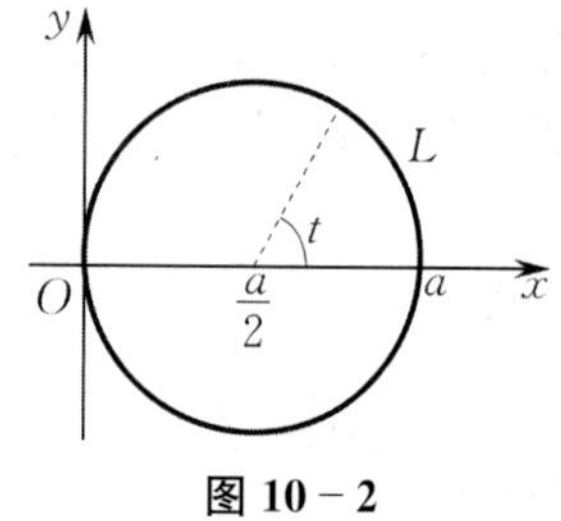

图 10 - 2

**例 10.1.2** 计算曲线积分 $I=\oint_L\sqrt{x^2+y^2}\mathrm{d}s$,其中 $L$ 为圆 $x^2+y^2=ax(a>0)$.

**解** 如图 10 - 2 所示,若以 $t$ 为参数,则 $L$ 可表示为

$$\begin{cases}x=\dfrac{a}{2}+\dfrac{a}{2}\cos t,\\ y=\dfrac{a}{2}\sin t\end{cases}\quad(0\leqslant t\leqslant 2\pi).$$

由于

$$\mathrm{d}s=\sqrt{(x')^2+(y')^2}\mathrm{d}t=\frac{a}{2}\mathrm{d}t,\quad \sqrt{x^2+y^2}=a\sqrt{\frac{1+\cos t}{2}}=a\left|\cos\frac{t}{2}\right|,$$

因此

$$I=\int_0^{2\pi}a\left|\cos\frac{t}{2}\right|\cdot\frac{a}{2}\mathrm{d}t=a^2\int_0^{\pi}|\cos u|\mathrm{d}u=2a^2\int_0^{\frac{\pi}{2}}\cos u\mathrm{d}u=2a^2.$$

思考 请读者用极坐标求解例 10.1.2.

**例 10.1.3** 求半径为 $a$、中心角为 $2\varphi$ 的均匀圆弧的质心坐标.

**解** 建立适当的平面直角坐标系,如图 10 - 3 所示. 因圆弧均匀,故其质心在 $x$ 轴上,即 $\bar{y}=0$,且

$$\bar{x}=\frac{\int_L x\mathrm{d}s}{\int_L\mathrm{d}s}=\frac{\int_{-\varphi}^{\varphi}a\cos t\cdot a\mathrm{d}t}{2a\varphi}=\frac{a\sin\varphi}{\varphi},$$

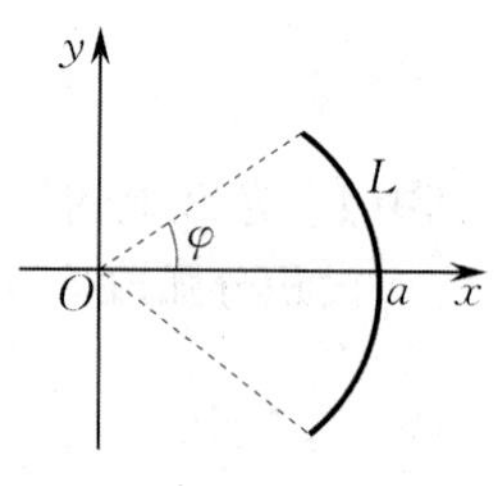

图 10 - 3

于是质心坐标为 $\left(\dfrac{a\sin\varphi}{\varphi},0\right)$.

以上讨论的是平面上对弧长的曲线积分.类似地,可将定义 10.1.2 推广到积分弧段为空间曲线弧 $\Gamma$ 的情形,即

$$\int_\Gamma f(x,y,z)\mathrm{d}s=\lim_{\lambda\to 0}\sum_{i=1}^{n} f(\xi_i,\eta_i,\zeta_i)\Delta s_i.$$

设空间曲线弧 $\Gamma$ 的参数式方程为 $x=\varphi(t),y=\psi(t),z=\omega(t)(\alpha\leqslant t\leqslant\beta)$,则有

$$\int_\Gamma f(x,y,z)\mathrm{d}s=\int_\alpha^\beta f(\varphi(t),\psi(t),\omega(t))\sqrt{\varphi'^2(t)+\psi'^2(t)+\omega'^2(t)}\,\mathrm{d}t.$$

**例 10.1.4** 计算空间螺线 $x=\cos t,y=\sin t,z=t$ 对应于参数 $t=0$ 到 $t=2\pi$ 的一段弧 $\Gamma$ 关于坐标原点 $O$ 的转动惯量(假定螺线质量分布均匀,线密度 $\mu=1$).

**解** 由于 $\mathrm{d}s=\sqrt{(-\sin t)^2+\cos^2 t+1}\,\mathrm{d}t=\sqrt{2}\,\mathrm{d}t$,$x^2+y^2+z^2=1+t^2$,因此所求转动惯量为

$$I_O=\int_\Gamma(x^2+y^2+z^2)\mathrm{d}s=\int_0^{2\pi}(1+t^2)\cdot\sqrt{2}\,\mathrm{d}t=\sqrt{2}\int_0^{2\pi}(1+t^2)\mathrm{d}t=\frac{2\sqrt{2}}{3}\pi(3+4\pi^2).$$

如果空间曲线弧 $\Gamma$ 以一般式方程 $\begin{cases}F(x,y,z)=0,\\G(x,y,z)=0\end{cases}$ 给出,那么通常需要先将一般式方程转化为参数式方程.

**例 10.1.5** 计算曲线积分 $\oint_\Gamma x^2\mathrm{d}s$,其中 $\Gamma$ 为圆 $\begin{cases}x^2+y^2+z^2=1,\\x+y+z=0.\end{cases}$

**解** **方法一** $\Gamma$ 的图形如图 10-4 所示.首先将 $\Gamma$ 化为参数式方程:从 $\begin{cases}x^2+y^2+z^2=1,\\x+y+z=0\end{cases}$ 中消去 $z$,得 $\frac{3}{4}x^2+\left(y+\frac{x}{2}\right)^2=\frac{1}{2}$,令 $x=\sqrt{\frac{2}{3}}\cos t,y+\frac{x}{2}=\frac{1}{\sqrt{2}}\sin t(0\leqslant t\leqslant 2\pi)$,则 $\Gamma$ 的参数式方程为

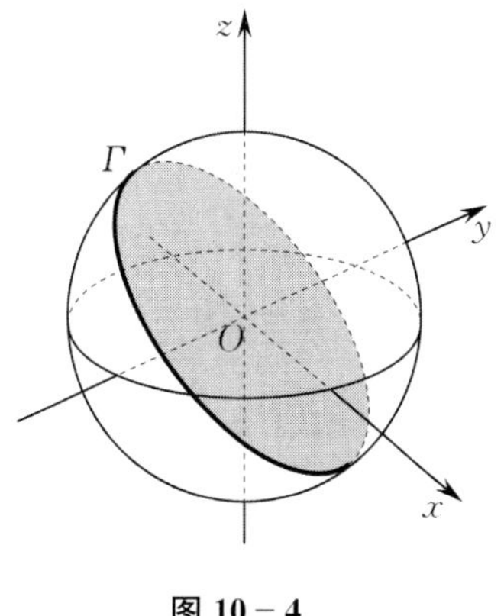

图 10-4

$$\begin{cases}x=\sqrt{\frac{2}{3}}\cos t,\\ y=\frac{1}{\sqrt{2}}\sin t-\frac{x}{2}=\frac{1}{\sqrt{2}}\sin t-\frac{1}{\sqrt{6}}\cos t,\quad 0\leqslant t\leqslant 2\pi.\\ z=-x-y=-\frac{1}{\sqrt{6}}\cos t-\frac{1}{\sqrt{2}}\sin t,\end{cases}$$

于是 $\mathrm{d}s=\sqrt{x'^2(t)+y'^2(t)+z'^2(t)}\,\mathrm{d}t=\mathrm{d}t$,因此

$$\oint_\Gamma x^2\mathrm{d}s=\int_0^{2\pi}\frac{2}{3}\cos^2 t\mathrm{d}t=\frac{2}{3}\pi.$$

**方法二** 因 $\Gamma$ 的方程中 $x,y,z$ 的地位相同,故可用 $x$ 替换 $y$,$y$ 替换 $z$,$z$ 替换 $x$,于是

$$\oint_\Gamma x^2\mathrm{d}s=\oint_\Gamma y^2\mathrm{d}s=\oint_\Gamma z^2\mathrm{d}s=\frac{1}{3}\oint_\Gamma(x^2+y^2+z^2)\mathrm{d}s=\frac{1}{3}\oint_\Gamma\mathrm{d}s=\frac{2\pi}{3},$$

其中 $\oint_\Gamma\mathrm{d}s=2\pi$ 为 $\Gamma$ 的周长.

从上面的求解过程可以看出,利用直接代入法计算对弧长的曲线积分的前提是积分弧段 $\Gamma$ 需要由参数式方程的形式给出,但是这一点对一般的曲线来说常常不容易做到.因此,有

时候可以结合积分的一些性质(如对称性等)来进行计算.

### 思考题 10.1

1. 对弧长的曲线积分的定义中,$\Delta s_i$ 的符号可能为负吗?

2. 设 $L$ 是 $x$ 轴上从点 $A(a,0)$ 到点 $B(b,0)$ 的线段,试问:曲线积分 $\int_L f(x)\mathrm{d}s$ 与定积分 $\int_a^b f(x)\mathrm{d}x$ 有什么关系?

3. 设 $L$ 为椭圆 $\frac{x^2}{4}+\frac{y^2}{3}=1$,其周长为 $a$,计算曲线积分 $\oint_L(2xy+3x^2+4y^2)\mathrm{d}s$.

### 习题 10.1

**(A)**

一、计算下列对弧长的曲线积分($a>0$):

(1) $\oint_L(x^2+y^2)^n\mathrm{d}s$,其中 $L$ 为圆 $x=a\cos t, y=a\sin t(0\leqslant t\leqslant 2\pi)$;

(2) $\int_L(x+y)\mathrm{d}s$,其中 $L$ 为联结(1,0) 及(0,1) 两点间的线段;

(3) $\oint_L \mathrm{e}^{\sqrt{x^2+y^2}}\mathrm{d}s$,其中 $L$ 为圆 $x^2+y^2=a^2$,直线 $y=x$ 及 $x$ 轴在第一象限内所围成的闭曲线;

(4) $\int_\Gamma \frac{1}{x^2+y^2+z^2}\mathrm{d}s$,其中 $\Gamma$ 为曲线 $x=\mathrm{e}^t\cos t, y=\mathrm{e}^t\sin t, z=\mathrm{e}^t$ 上对应于 $t$ 从 0 变到 2 的一段弧.

二、求半径为 $a$、中心角为 $2\varphi$ 的均匀圆弧(线密度 $\mu=1$) 关于其对称轴的转动惯量 $I$.

三、设螺旋形弹簧一圈的方程为 $x=a\cos t, y=a\sin t, z=kt\ (0\leqslant t\leqslant 2\pi)$,它的线密度为 $\mu(x,y,z)=x^2+y^2+z^2$. 求:(1) 它关于 $z$ 轴的转动惯量 $I_z$;(2) 它的质心.

**(B)**

一、计算曲线积分 $I=\oint_L(x^2+y^3)\mathrm{d}s$,其中 $L$ 为圆 $x^2+y^2=a^2$.

二、计算曲线积分 $\oint_\Gamma(z+y^2)\mathrm{d}s$,其中 $\Gamma$ 为圆周 $\begin{cases}x^2+y^2+z^2=R^2,\\ x+y+z=0.\end{cases}$

三、计算曲线积分 $\oint_\Gamma(x^2+y^2+z^2)\mathrm{d}s$,其中 $\Gamma$ 是球面 $x^2+y^2+z^2=\frac{9}{2}$ 与平面 $x+z=1$ 的交线.

# 第二节　对坐标的曲线积分

对坐标的曲线积分是 19 世纪早期为解决流体力学和电磁学等问题而提出来的. 本节将详细讨论对坐标的曲线积分的概念、性质和计算.

## 一、对坐标的曲线积分的概念与性质

**引例**　变力沿曲线所做的功. 设一个质点在 $xOy$ 面内从点 $A$ 沿光滑曲线弧 $L$ 移动到点 $B$,移动时质点受变力 $\boldsymbol{F}(x,y)=P(x,y)\boldsymbol{i}+Q(x,y)\boldsymbol{j}$ 的作用,其中函数 $P(x,y)$,$Q(x,y)$ 在 $L$ 上连续. 求此过程中变力 $\boldsymbol{F}(x,y)$ 所做的功 $W$(见图 10-5).

如果 $\boldsymbol{F}$ 是恒力,且质点是从点 $A$ 沿直线移动到点 $B$,则力 $\boldsymbol{F}$ 所做的功为 $W=\boldsymbol{F}\cdot\overrightarrow{AB}$. 而

现在的问题是质点在每一点处所受的力 $\boldsymbol{F}(x,y)$ 都不一样(其大小和方向都有变化),且所移动的路线是曲线弧 $L$. 下面用定积分的数学思想:分割、近似、求和、取极限来解决这个问题.

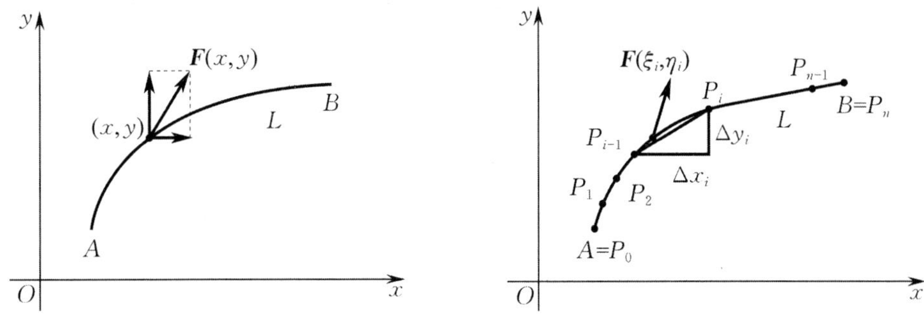


图 10-5　　　　图 10-6

用分点 $A=P_0,P_1,\cdots,P_{i-1},P_i,\cdots,P_n=B$ 将曲线弧 $L$ 任意分为 $n$ 个有向小弧段 $\overset{\frown}{P_{i-1}P_i}$ (见图 10-6). 在分割相当细密时,此时的有向小弧段 $\overset{\frown}{P_{i-1}P_i}$ 的长度很小,所以可将它近似看作向量 $\overrightarrow{P_{i-1}P_i}=(\Delta x_i)\boldsymbol{i}+(\Delta y_i)\boldsymbol{j}$,其中 $\Delta x_i=x_i-x_{i-1}$,$\Delta y_i=y_i-y_{i-1}$ 分别为向量 $\overrightarrow{P_{i-1}P_i}$ 在 $x$ 轴与 $y$ 轴上的投影. 又因为 $P(x,y)$,$Q(x,y)$ 在 $L$ 上连续,所以可用 $\overset{\frown}{P_{i-1}P_i}$ 上任意一点 $(\xi_i,\eta_i)$ 处的力

$$\boldsymbol{F}(\xi_i,\eta_i)=P(\xi_i,\eta_i)\boldsymbol{i}+Q(\xi_i,\eta_i)\boldsymbol{j}$$

来近似这个小弧段各点处所受的力. 于是,变力 $\boldsymbol{F}(x,y)$ 沿有向小弧段 $\overset{\frown}{P_{i-1}P_i}$ 所做的功为

$$\begin{aligned}\Delta W_i &\approx \boldsymbol{F}(\xi_i,\eta_i)\cdot\overrightarrow{P_{i-1}P_i}=(P(\xi_i,\eta_i)\boldsymbol{i}+Q(\xi_i,\eta_i)\boldsymbol{j})\cdot((\Delta x_i)\boldsymbol{i}+(\Delta y_i)\boldsymbol{j})\\&=P(\xi_i,\eta_i)\Delta x_i+Q(\xi_i,\eta_i)\Delta y_i,\end{aligned}$$

从而
$$W=\sum_{i=1}^{n}\Delta W_i\approx\sum_{i=1}^{n}(P(\xi_i,\eta_i)\Delta x_i+Q(\xi_i,\eta_i)\Delta y_i).$$

令 $\lambda$ 为各小段弧长度的最大值,则当 $\lambda\to0$ 时上述和式的极限就是变力 $\boldsymbol{F}(x,y)$ 沿有向曲线弧所做的功,即

$$W=\lim_{\lambda\to0}\sum_{i=1}^{n}(P(\xi_i,\eta_i)\Delta x_i+Q(\xi_i,\eta_i)\Delta y_i).$$

这里应特别指出的是变力 $\boldsymbol{F}(x,y)$ 对质点所做的功 $W$ 与质点沿曲线弧 $L$ 的方向有关. 由点 $A$ 到点 $B$ 所做的功与由点 $B$ 到点 $A$ 所做的功大小相等、符号相反,即一个为正功,另一个为负功,所以上述极限是具有方向性的.

抽去上述引例的物理意义,便可得到对坐标的曲线积分的定义.

**定义 10.2.1** 设 $L$ 为 $xOy$ 面内从点 $A$ 到点 $B$ 的一条有向光滑曲线弧,函数 $P(x,y)$,$Q(x,y)$ 在 $L$ 上有界. 用分点 $A=P_0,P_1,\cdots,P_{i-1},P_i,\cdots,P_n=B$ 将曲线弧 $L$ 任意分成 $n$ 个有向小弧段 $\overset{\frown}{P_{i-1}P_i}$ $(i=1,2,\cdots,n)$,每个小弧段 $\overset{\frown}{P_{i-1}P_i}$ 的长度为 $\Delta s_i$. 令 $\Delta x_i=x_i-x_{i-1}$,$\Delta y_i=y_i-y_{i-1}$,在 $\overset{\frown}{P_{i-1}P_i}$ 上任取一点 $(\xi_i,\eta_i)$,并做和式 $\sum\limits_{i=1}^{n}(P(\xi_i,\eta_i)\Delta x_i+Q(\xi_i,\eta_i)\Delta y_i)$. 记 $\lambda=\max\limits_{1\leqslant i\leqslant n}\{\Delta s_i\}$,如果极限

$$\lim_{\lambda\to0}\sum_{i=1}^{n}(P(\xi_i,\eta_i)\Delta x_i+Q(\xi_i,\eta_i)\Delta y_i)$$

总是存在,且不依赖于$L$的分法和点$(\xi_i,\eta_i)$的取法,则称此极限为函数$P(x,y)$,$Q(x,y)$在有向曲线弧$L$上**对坐标$x,y$的曲线积分**,记作$\int_L P(x,y)\mathrm{d}x+Q(x,y)\mathrm{d}y$,即

$$\int_L P(x,y)\mathrm{d}x+Q(x,y)\mathrm{d}y=\lim_{\lambda\to 0}\sum_{i=1}^{n}(P(\xi_i,\eta_i)\Delta x_i+Q(\xi_i,\eta_i)\Delta y_i).$$

对坐标的曲线积分也称为**第二类曲线积分**.

可以证明,当函数$P(x,y)$,$Q(x,y)$在有向光滑曲线弧$L$上连续时,对坐标的曲线积分$\int_L P(x,y)\mathrm{d}x$及$\int_L Q(x,y)\mathrm{d}y$都存在.因此,在以后的讨论中,总假定$P(x,y)$,$Q(x,y)$在$L$上连续.

在实际应用中,经常出现的形式是$\int_L P(x,y)\mathrm{d}x+\int_L Q(x,y)\mathrm{d}y$,为了简便起见,把该式写成

$$\int_L P(x,y)\mathrm{d}x+Q(x,y)\mathrm{d}y,$$

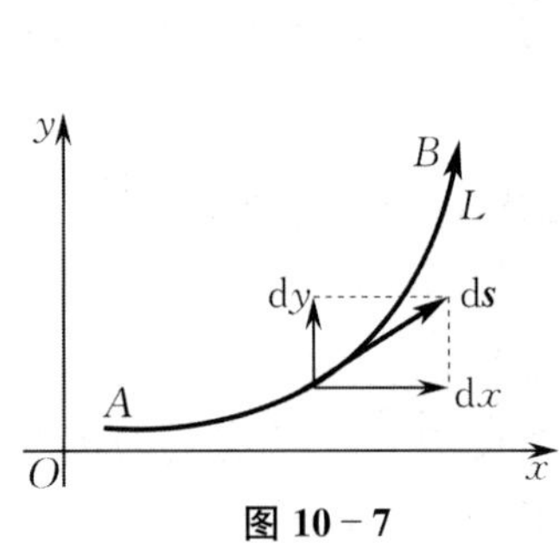

图 10-7

或写成向量形式

$$\int_L \boldsymbol{F}(x,y)\cdot\mathrm{d}\boldsymbol{s},$$

其中$\boldsymbol{F}(x,y)=P(x,y)\boldsymbol{i}+Q(x,y)\boldsymbol{j}$为向量值函数,$\mathrm{d}\boldsymbol{s}=\mathrm{d}x\boldsymbol{i}+\mathrm{d}y\boldsymbol{j}$(见图 10-7).$\int_L \boldsymbol{F}(x,y)\cdot\mathrm{d}\boldsymbol{s}$也称为向量值函数$\boldsymbol{F}(x,y)$在有向曲线弧$L$上对坐标的曲线积分.

从上述定义可知,本节开始时讨论的功可以表示为

$$W=\int_L P(x,y)\mathrm{d}x+Q(x,y)\mathrm{d}y\quad 或\quad W=\int_L \boldsymbol{F}(x,y)\cdot\mathrm{d}\boldsymbol{s}.$$

类似地,可将定义 10.2.1 推广到积分弧段为空间有向曲线弧$\Gamma$的情形,即

$$\int_\Gamma P(x,y,z)\mathrm{d}x=\lim_{\lambda\to 0}\sum_{i=1}^{n}P(\xi_i,\eta_i,\zeta_i)\Delta x_i,$$

$$\int_\Gamma Q(x,y,z)\mathrm{d}y=\lim_{\lambda\to 0}\sum_{i=1}^{n}Q(\xi_i,\eta_i,\zeta_i)\Delta y_i,$$

$$\int_\Gamma R(x,y,z)\mathrm{d}z=\lim_{\lambda\to 0}\sum_{i=1}^{n}R(\xi_i,\eta_i,\zeta_i)\Delta z_i.$$

它们合并起来的形式为

$$\int_\Gamma P(x,y,z)\mathrm{d}x+Q(x,y,z)\mathrm{d}y+R(x,y,z)\mathrm{d}z.$$

由上述曲线积分的定义可以推出对坐标的曲线积分的一些基本性质.为了方便起见,下面用向量形式表示,并假定其中的向量值函数在曲线弧$L$上连续.

**性质 10.2.1(线性性)** 设$k_1,k_2$为常数,则

$$\int_L (k_1\boldsymbol{F}_1(x,y)+k_2\boldsymbol{F}_2(x,y))\cdot\mathrm{d}\boldsymbol{s}=k_1\int_L \boldsymbol{F}_1(x,y)\cdot\mathrm{d}\boldsymbol{s}+k_2\int_L \boldsymbol{F}_2(x,y)\cdot\mathrm{d}\boldsymbol{s}.$$

**性质 10.2.2(积分弧段的可加性)** 若有向曲线弧$L$可分成两段光滑的有向曲线弧$L_1$和$L_2$,则

$$\int_L \boldsymbol{F}(x,y)\cdot \mathrm{d}\boldsymbol{s}=\int_{L_1}\boldsymbol{F}(x,y)\cdot \mathrm{d}\boldsymbol{s}+\int_{L_2}\boldsymbol{F}(x,y)\cdot \mathrm{d}\boldsymbol{s}.$$

**性质 10.2.3(积分路径的有向性)** 设 $L$ 是有向光滑曲线弧,$L^-$ 是与 $L$ 方向相反的有向曲线弧,则

$$\int_{L^-}\boldsymbol{F}(x,y)\cdot \mathrm{d}\boldsymbol{s}=-\int_L \boldsymbol{F}(x,y)\cdot \mathrm{d}\boldsymbol{s}.$$

性质 10.2.3 表明,当积分弧段的方向改变时,对坐标的曲线积分要改变符号.因此,关于对坐标的曲线积分,必须注意其积分弧段的方向.

## 二、对坐标的曲线积分的计算

设函数 $P(x,y),Q(x,y)$ 在有向曲线弧 $L$ 上有定义且连续,$L$ 的参数式方程为

$$\begin{cases}x=\varphi(t),\\ y=\psi(t),\end{cases}$$

其中参数 $t$ 单调地由 $\alpha$ 变到 $\beta$.若 $\varphi(t),\psi(t)$ 在以 $\alpha$ 及 $\beta$ 为端点的闭区间上具有连续导数,且 $\varphi'^2(t)+\psi'^2(t)\neq 0$,则曲线积分 $\int_L P(x,y)\mathrm{d}x+Q(x,y)\mathrm{d}y$ 存在.下面讨论对坐标的曲线积分 $\int_L P(x,y)\mathrm{d}x+Q(x,y)\mathrm{d}y$ 的计算方法.

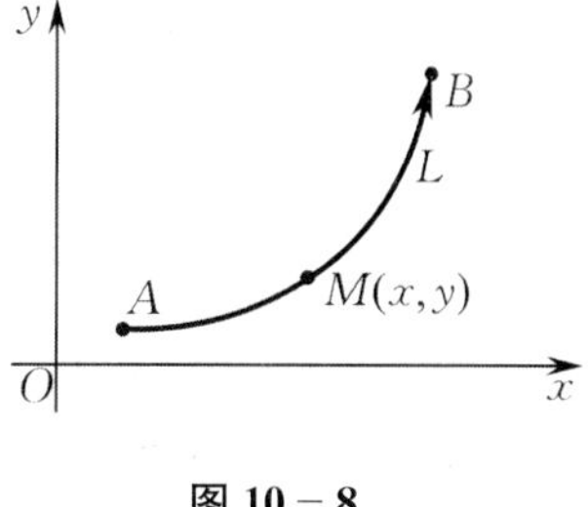


图 10-8

当参数 $t$ 单调地由 $\alpha$ 变到 $\beta$ 时,点 $M(x,y)$ 从 $L$ 的起点 $A$ 沿 $L$ 移动到终点 $B$(见图 10-8).由于函数 $P(x,y),Q(x,y)$ 在曲线弧 $L$ 上有定义,且 $\mathrm{d}x=\varphi'(t)\mathrm{d}t,\mathrm{d}y=\psi'(t)\mathrm{d}t$,因此曲线积分的被积表达式可表示为

$$P(x,y)\mathrm{d}x+Q(x,y)\mathrm{d}y=(P(\varphi(t),\psi(t))\varphi'(t)+Q(\varphi(t),\psi(t))\psi'(t))\mathrm{d}t.$$

从上式可以看出,把上式左边的被积表达式沿曲线弧 $L$ 的正方向从点 $A$ 到点 $B$ 进行无限累加(积分),等于将右边的式子对变量 $t$ 从 $\alpha$ 到 $\beta$ 进行无限累加(积分),因此有

$$\int_L P(x,y)\mathrm{d}x+Q(x,y)\mathrm{d}y=\int_\alpha^\beta(P(\varphi(t),\psi(t))\varphi'(t)+Q(\varphi(t),\psi(t))\psi'(t))\mathrm{d}t. \tag{10.2.1}$$

公式(10.2.1)表明,计算对坐标的曲线积分 $\int_L P(x,y)\mathrm{d}x+Q(x,y)\mathrm{d}y$ 时,只要把 $x,y,\mathrm{d}x,\mathrm{d}y$ 依次换成 $\varphi(t),\psi(t),\varphi'(t)\mathrm{d}t,\psi'(t)\mathrm{d}t$ 即可.

**注** 积分下限 $\alpha$ 对应于 $L$ 的起点,积分上限 $\beta$ 对应于 $L$ 的终点,$\alpha$ 不一定小于 $\beta$.

如果平面上的有向光滑曲线弧 $L$ 由直角坐标方程 $y=\varphi(x)$ 给出,$L$ 的起点对应于 $x=a$,终点对应于 $x=b$,则

$$\int_L P(x,y)\mathrm{d}x+Q(x,y)\mathrm{d}y=\int_a^b(P(x,\varphi(x))+Q(x,\varphi(x))\varphi'(x))\mathrm{d}x.$$

如果平面上的有向光滑曲线弧 $L$ 由直角坐标方程 $x=\psi(y)$ 给出,$L$ 的起点对应于 $y=c$,终点对应于 $y=d$,则

$$\int_L P(x,y)\mathrm{d}x+Q(x,y)\mathrm{d}y=\int_c^d(P(\psi(y),y)\psi'(y)+Q(\psi(y),y))\mathrm{d}y.$$

如果空间中的有向光滑曲线弧 $\Gamma$ 由参数式方程 $x=\varphi(t),y=\psi(t),z=\omega(t)$ 给出,$\Gamma$ 的

起点对应于 $t=\alpha$,终点对应于 $t=\beta$,则

$$\int_{\Gamma}P(x,y,z)\mathrm{d}x+Q(x,y,z)\mathrm{d}y+R(x,y,z)\mathrm{d}z$$
$$=\int_{\alpha}^{\beta}(P(\varphi(t),\psi(t),\omega(t))\varphi'(t)+Q(\varphi(t),\psi(t),\omega(t))\psi'(t)+R(\varphi(t),\psi(t),\omega(t))\omega'(t))\mathrm{d}t.$$

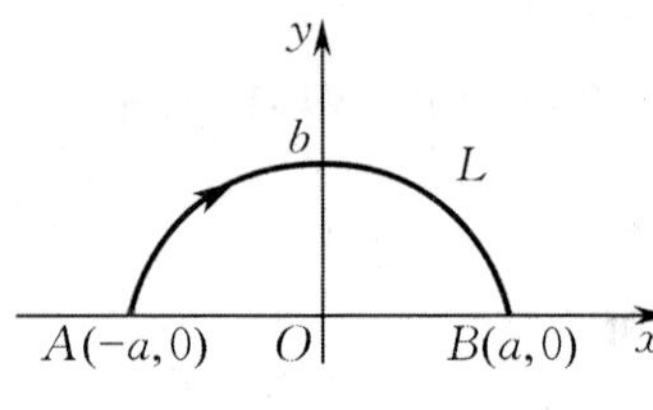


图 10-9

**例 10.2.1** 计算曲线积分 $\int_L(x+y)\mathrm{d}x-(x-y)\mathrm{d}y$,其中 $L$ 为椭圆 $\frac{x^2}{a^2}+\frac{y^2}{b^2}=1$ 的上半部分($y\geqslant 0$) 从点 $A(-a,0)$ 到点 $B(a,0)$ 的有向曲线弧.

**解** $L$ 的参数式方程是 $x=a\cos t,y=b\sin t$,参数 $t$ 单调地由 $\pi$ 变到 0(见图 10-9),因此

$$\int_L(x+y)\mathrm{d}x-(x-y)\mathrm{d}y=\int_{\pi}^{0}[(a\cos t+b\sin t)(-a\sin t)-(a\cos t-b\sin t)b\cos t]\mathrm{d}t$$
$$=\int_{\pi}^{0}[(b^2-a^2)\sin t\cos t-ab]\mathrm{d}t=\pi ab.$$

**例 10.2.2** 计算曲线积分 $I=\int_L xy\mathrm{d}x+(x+y)\mathrm{d}y$,其中 $L$ 分别为(见图 10-10)

(1) 从点 $O(0,0)$ 到点 $B(1,1)$ 的有向线段;

(2) 抛物线 $y=x^2$ 上从点 $O(0,0)$ 到点 $B(1,1)$ 的有向曲线弧;

(3) 从点 $O(0,0)$ 到点 $A(1,0)$ 再到点 $B(1,1)$ 的有向折线段.

**解** (1) 有向线段 $\overrightarrow{OB}$ 的方程为 $y=x$,$x$ 单调地由 0 变到 1,故

$$I=\int_0^1 x^2\mathrm{d}x+2x\mathrm{d}x=\frac{4}{3}.$$

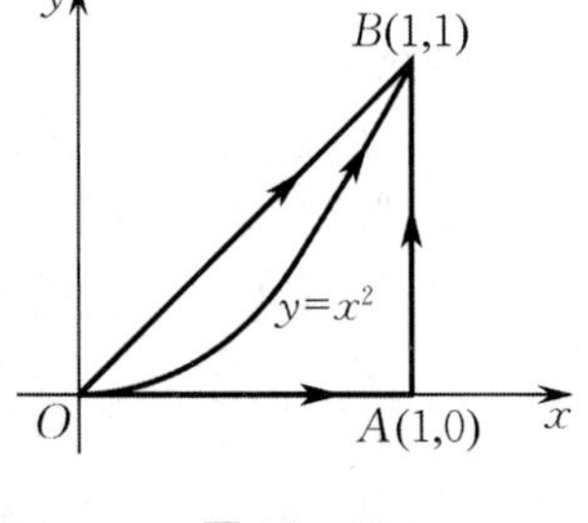


图 10-10

(2) 有向曲线弧 $\overset{\frown}{OB}$ 的方程为 $y=x^2$,$x$ 单调地由 0 变到 1,故

$$I=\int_0^1 x^3\mathrm{d}x+(x+x^2)\cdot 2x\mathrm{d}x=\frac{17}{12}.$$

(3) 有向折线段 $\overrightarrow{OAB}=\overrightarrow{OA}+\overrightarrow{AB}$,且 $\overrightarrow{OA}$ 的方程为 $y=0$,此时 $x$ 单调地由 0 变到 1;$\overrightarrow{AB}$ 的方程为 $x=1$,此时 $y$ 单调地由 0 变到 1,故

$$I=\int_{\overrightarrow{OA}}\underbrace{xy\mathrm{d}x}_{y=0}+\underbrace{(x+y)\mathrm{d}y}_{\mathrm{d}y=0}+\int_{\overrightarrow{AB}}\underbrace{xy\mathrm{d}x}_{\mathrm{d}x=0}+\underbrace{(x+y)\mathrm{d}y}_{x=1}=\int_0^1(1+y)\mathrm{d}y=\frac{3}{2}.$$

**例 10.2.3** 计算曲线积分 $I=\int_{\Gamma}y\mathrm{d}x-x\mathrm{d}y+(x+z)\mathrm{d}z$,其中 $\Gamma$ 是点 $A(3,2,1)$ 到点 $B(0,0,0)$ 的有向线段.

**解** 直线 $AB$ 的方程是 $\frac{x}{3}=\frac{y}{2}=z$,将之化为参数式方程得 $x=3t,y=2t,z=t$. 当从点 $A$ 移动到点 $B$ 时,参数 $t$ 单调地由 1 变到 0,故

$$I=\int_1^0[2t\cdot 3-3t\cdot 2+(3t+t)\cdot 1]\mathrm{d}t=-2.$$

**例 10.2.4** 设在变力 $\boldsymbol{F}=(y,-x,z)$ 的作用下,质点由点 $A(R,0,0)$ 沿 $\Gamma$ 移动到点

$B(R,0,2\pi k)$. 试求变力 $\boldsymbol{F}$ 对质点所做的功，其中 $\Gamma$ 分别为(见图 10 - 11)

(1) 曲线弧 $x=R\cos t, y=R\sin t, z=kt$；

(2) 有向线段 $\overrightarrow{AB}$.

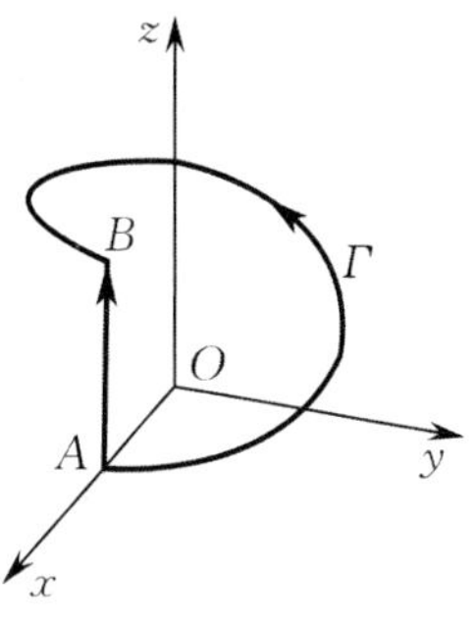

图 10 - 11

**解**　(1) $W=\int_{\Gamma}\boldsymbol{F}\cdot \mathrm{d}\boldsymbol{s}=\int_{\Gamma}y\mathrm{d}x-x\mathrm{d}y+z\mathrm{d}z$

$$=\int_0^{2\pi}(-R^2+k^2t)\mathrm{d}t=2\pi(\pi k^2-R^2).$$

(2) 有向线段 $\overrightarrow{AB}$ 的参数式方程为 $x=R, y=0, z=t$，参数 $t$ 单调地由 0 变到 $2\pi k$，故

$$W=\int_{\Gamma}\boldsymbol{F}\cdot \mathrm{d}\boldsymbol{s}=\int_{\overline{AB}}\underbrace{y\mathrm{d}x}_{y=0}-\underbrace{x\mathrm{d}y}_{\mathrm{d}y=0}+\underbrace{z\mathrm{d}z}_{z=t}=\int_0^{2\pi k}t\mathrm{d}t=2\pi^2k^2.$$

## 三、两类曲线积分之间的联系

由对弧长的曲线积分和对坐标的曲线积分的定义，可以看出对弧长的曲线积分与积分路径的方向无关，而对坐标的曲线积分与积分路径的方向是相关的. 但它们的计算最终都化为了定积分，因而两类曲线积分之间是有联系的. 下面利用弧微分 $\mathrm{d}s$ 和它在坐标轴上的投影 $\mathrm{d}x, \mathrm{d}y$ 的关系来寻求两者之间的联系.

设一有向光滑曲线弧 $L$ 的参数式方程为

$$\begin{cases}x=\varphi(t),\\ y=\psi(t),\end{cases}$$

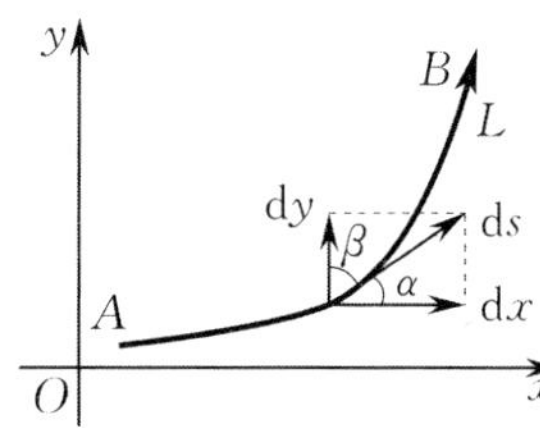

图 10 - 12

其中参数 $t$ 单调地由 $a$ 变到 $b$，$L$ 的起点 $A$、终点 $B$ 分别对应于参数 $t=a$ 和 $t=b$. 为了确定起见，假定参数增加的方向为曲线的正方向，另设 $\alpha,\beta$ 依次为 $x$ 轴正方向、$y$ 轴正方向与曲线弧 $L$ 的切线的正方向的夹角(见图 10 - 12)，则有

$$\frac{\mathrm{d}x}{\mathrm{d}s}=\cos\alpha,\quad \frac{\mathrm{d}y}{\mathrm{d}s}=\sin\alpha=\cos\beta,$$

其中 $\cos\alpha, \cos\beta$ 也称为有向曲线弧 $L$ 上点 $(x,y)$ 处的单位切向量的方向余弦，切向量的指向与曲线弧 $L$ 的方向一致. 因此，有

$$\mathrm{d}x=\cos\alpha\mathrm{d}s,\quad \mathrm{d}y=\cos\beta\mathrm{d}s,$$

从而

$$\int_L P(x,y)\mathrm{d}x+Q(x,y)\mathrm{d}y=\int_L(P(x,y)\cos\alpha+Q(x,y)\cos\beta)\mathrm{d}s.$$

类似地，当 $\Gamma$ 是空间有向光滑曲线弧时，有

$$\int_{\Gamma}P(x,y,z)\mathrm{d}x+Q(x,y,z)\mathrm{d}y+R(x,y,z)\mathrm{d}z$$
$$=\int_{\Gamma}(P(x,y,z)\cos\alpha+Q(x,y,z)\cos\beta+R(x,y,z)\cos\gamma)\mathrm{d}s,$$

其中 $\cos\alpha, \cos\beta, \cos\gamma$ 是曲线弧 $\Gamma$ 上点 $(x,y,z)$ 处的单位切向量的方向余弦.

**注**　两类曲线积分的区别在于对坐标的曲线积分是有方向的，而对弧长的曲线积分是没有方向的. 上面公式中之所以能用对弧长的曲线积分表示对坐标的曲线积分，是因为在被积函数中含有方向余弦，当曲线弧的方向相反时，各方向余弦的符号也会相应改变.

若记 $\boldsymbol{F}=(P,Q,R)$，$\boldsymbol{\tau}^0=(\cos\alpha,\cos\beta,\cos\gamma)$，则有

$$\int_\Gamma P\mathrm{d}x+Q\mathrm{d}y+R\mathrm{d}z=\int_\Gamma(\boldsymbol{F}\cdot\boldsymbol{\tau}^0)\mathrm{d}s.$$

上式表明，向量值函数 $\boldsymbol{F}$ 对坐标的曲线积分等于数量值函数 $\boldsymbol{F}\cdot\boldsymbol{\tau}^0$ 对弧长的曲线积分.

**例 10.2.5** 设 $\Gamma$ 为曲线 $x=t,y=t^2,z=t^3$ 上从点 $A(2,4,8)$ 到点 $B(0,0,0)$ 的一段弧，试将对坐标的曲线积分 $I=\int_\Gamma(y^2-z^2)\mathrm{d}x+2yz\mathrm{d}y-x^2\mathrm{d}z$ 化成对弧长的曲线积分.

**解** 曲线的切向量为 $(1,2t,3t^2)$，沿 $\Gamma$ 方向的单位切向量为

$$\boldsymbol{\tau}^0=-\frac{(1,2t,3t^2)}{\sqrt{1+4t^2+9t^4}}=\frac{(-1,-2x,-3y)}{\sqrt{1+4x^2+9y^2}},$$

故 $\cos\alpha=\dfrac{-1}{\sqrt{1+4x^2+9y^2}}$，$\cos\beta=\dfrac{-2x}{\sqrt{1+4x^2+9y^2}}$，$\cos\gamma=\dfrac{-3y}{\sqrt{1+4x^2+9y^2}}$.

于是

$$I=\int_\Gamma\frac{(y^2-z^2)(-1)+2yz(-2x)-x^2(-3y)}{\sqrt{1+4x^2+9y^2}}\mathrm{d}s=\int_\Gamma\frac{-y^2+z^2-4xyz+3x^2y}{\sqrt{1+4x^2+9y^2}}\mathrm{d}s.$$

## 思考题 10.2

1. 对坐标的曲线积分 $\int_L P(x,y)\mathrm{d}x+Q(x,y)\mathrm{d}y$ 的物理意义是什么？

2. 当曲线 $L$ 的参数式方程与参数的变化范围给定之后(如 $L$: $x=a\cos t,y=a\sin t(t\in[0,2\pi]$，$a$ 是正常数))，试问：如何表示 $L$ 的方向(如 $L$ 为顺时针方向、逆时针方向)？

3. 设 $L$ 为抛物线 $x=y^2$ 上从点 $A(1,1)$ 到坐标原点的有向曲线弧，则

$$\int_L y^2\mathrm{d}x-x\mathrm{d}y=\int_0^1 y^2\cdot 2y\mathrm{d}y-y^2\mathrm{d}y=\frac{1}{6}.$$

上述解法是否正确？为什么？

4. 将对坐标的曲线积分的公式化为定积分计算时，它的上、下限是怎样确定的？

## 习 题 10.2

**(A)**

一、填空题：

(1) 设 $L$ 是有向曲线弧，$L^-$ 与 $L$ 为方向相反的同一曲线弧，则 $\int_{L^-}P(x,y)\mathrm{d}x+Q(x,y)\mathrm{d}y$ $=$ ________.

(2) 设一个质点在 $xOy$ 面内受变力 $\boldsymbol{F}=P(x,y)\boldsymbol{i}+Q(x,y)\boldsymbol{j}$ 的作用沿光滑曲线弧 $L$ 从点 $A$ 移动到点 $B$，其中函数 $P(x,y),Q(x,y)$ 在 $L$ 上连续，则变力 $\boldsymbol{F}$ 所做的功为________.

(3) 设 $\Gamma$ 为直线 $x=3t,y=2t,z=t$ 上从点 $A(3,2,1)$ 到点 $B(0,0,0)$ 的一段直线. 若将对坐标的曲线积分化为定积分来计算，则 $\int_\Gamma P(x,y,z)\mathrm{d}x+Q(x,y,z)\mathrm{d}y+R(x,y,z)\mathrm{d}z=$ ________.

二、计算下列对坐标的曲线积分：

(1) $\int_L(x^2-y^2)\mathrm{d}x$，其中 $L$ 为抛物线 $y=x^2$ 上从点 $(0,0)$ 到点 $(2,4)$ 的有向曲线弧；

(2) $\oint_L xy\mathrm{d}x$，其中 $L$ 为圆 $(x-a)^2+y^2=a^2(a>0)$ 及 $x$ 轴所围成的在第一象限内的闭曲线(按逆时针方向绕行)；

(3) $\int_{\Gamma} x\mathrm{d}x + y\mathrm{d}y + (x+y-1)\mathrm{d}z$，其中 $\Gamma$ 为从点(1,1,1) 到点(2,3,4) 的有向直线段.

三、计算曲线积分$\int_{L}(x+y)\mathrm{d}x + (y-x)\mathrm{d}y$，其中 $L$ 分别为

(1) 抛物线 $y^2 = x$ 上从点(1,1) 到点(4,2) 的有向曲线弧；

(2) 先沿直线从点(1,1) 到点(1,2)，再沿直线从点(1,2) 到点(4,2) 的有向折线段.

四、将对坐标的曲线积分$\int_{L} P(x,y)\mathrm{d}x + Q(x,y)\mathrm{d}y$ 化成对弧长的曲线积分，其中 $L$ 分别为

(1) 沿上半圆 $x^2 + y^2 = 2x$ 从点(0,0) 到点(1,1) 的有向曲线弧；

(2) 抛物线 $y = x^2$ 上从点(1,1) 到点(0,0) 的有向曲线弧.

**(B)**

一、计算曲线积分$\oint_{\Gamma} xyz\mathrm{d}z$，其中 $\Gamma$ 是用平面 $y = z$ 截球面 $x^2 + y^2 + z^2 = 1$ 所得的截痕，从 $z$ 轴的正方向看去，沿逆时针方向.

二、设一个质点在点 $M(x,y)$ 处受到变力 $\boldsymbol{F}$ 的作用，$\boldsymbol{F}$ 的大小与点 $M$ 到坐标原点 $O$ 的距离成正比，$\boldsymbol{F}$ 的方向恒指向坐标原点. 在变力 $\boldsymbol{F}$ 的作用下，此质点由点 $A(a,0)$ 沿椭圆$\dfrac{x^2}{a^2} + \dfrac{y^2}{b^2} = 1$ 按逆时针方向移动到点 $B(0,b)$，求力 $\boldsymbol{F}$ 所做的功.

三、证明：曲线积分的估计式为 $\left|\int_{L} P(x,y)\mathrm{d}x + Q(x,y)\mathrm{d}y\right| \leqslant LM$，其中 $L$ 为积分弧段的长度，$M = \max\limits_{(x,y)\in L} \sqrt{P^2(x,y) + Q^2(x,y)}$.

四、在变力 $\boldsymbol{F} = yz\boldsymbol{i} + zx\boldsymbol{j} + xy\boldsymbol{k}$ 的作用下，质点由坐标原点沿直线移动到椭球面$\dfrac{x^2}{a^2} + \dfrac{y^2}{b^2} + \dfrac{z^2}{c^2} = 1$ 上第Ⅰ卦限的点 $M(x_0, y_0, z_0)$. 问：当 $x_0, y_0, z_0$ 取何值时，力 $\boldsymbol{F}$ 所做的功 $W$ 最大？并求出 $W$ 的最大值.

# 第三节　对面积的曲面积分

本节将积分概念推广到积分范围为一个曲面的情形，即曲面积分.

## 一、对面积的曲面积分的概念与性质

**引例**　曲面的质量. 设有光滑曲面 $\Sigma$，在其上每一点 $M(x,y,z)$ 处的面密度为连续函数 $\mu(x,y,z)$，求曲面 $\Sigma$ 的质量 $m$.

下面用类似于曲线积分中求曲线质量的方法处理这个问题.

用曲线把曲面 $\Sigma$ 任意分割成 $n$ 个小曲面 $\Delta S_i (i = 1, 2, \cdots, n)$，其面积也用 $\Delta S_i$ 表示. 在小曲面 $\Delta S_i$ 上任取一点 $M_i(\xi_i, \eta_i, \zeta_i)$（见图 10－13），在点 $M_i$ 处的面密度为 $\mu_i(\xi_i, \eta_i, \zeta_i)$，则当 $\Delta S_i$ 很小时，可以把小曲面 $\Delta S_i$ 上各点处的面密度都近似为 $\mu_i(\xi_i, \eta_i, \zeta_i)$. 于是，它的质量可以近似用 $\mu_i(\xi_i, \eta_i, \zeta_i)\Delta S_i$ 来代替，即

$$\Delta m_i \approx \mu_i(\xi_i, \eta_i, \zeta_i)\Delta S_i \quad (i = 1, 2, \cdots, n).$$

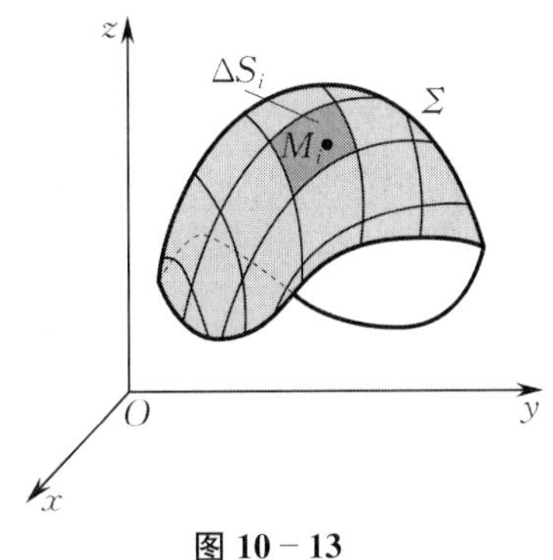


图 10－13

因此,曲面 $\Sigma$ 的质量为

$$m \approx \sum_{i=1}^{n} \mu_i(\xi_i, \eta_i, \zeta_i)\Delta S_i.$$

当分割得越细时,近似值就越接近于曲面 $\Sigma$ 的质量. 用 $\lambda$ 表示 $n$ 个小曲面 $\Delta S_i$ 的直径(曲面上任意两点间距离的最大值)的最大值,则曲面 $\Sigma$ 的质量 $m$ 可精确地表示为当 $\lambda \to 0$ 时上述和式的极限,即

$$m = \lim_{\lambda \to 0} \sum_{i=1}^{n} \mu_i(\xi_i, \eta_i, \zeta_i)\Delta S_i.$$

考虑上式右边这类形式的极限问题,就引出对面积的曲面积分的概念.

**定义 10.3.1** 设函数 $f(x,y,z)$ 在光滑曲面 $\Sigma$ 上有界. 把 $\Sigma$ 任意分割成 $n$ 个小曲面 $\Delta S_i(i=1,2,\cdots,n)$,$\Delta S_i$ 同时也代表第 $i$ 个小曲面的面积,在 $\Delta S_i$ 上任取一点 $M_i(\xi_i, \eta_i, \zeta_i)$,做乘积 $f(\xi_i, \eta_i, \zeta_i)\Delta S_i$,并做和式 $\sum\limits_{i=1}^{n} f(\xi_i, \eta_i, \zeta_i)\Delta S_i$. 如果当 $\Delta S_i(i=1,2,\cdots,n)$ 的直径的最大值 $\lambda \to 0$ 时,上述和式的极限总是存在,且不依赖于曲面 $\Sigma$ 的分法和点 $M_i$ 的取法,则称此极限为函数 $f(x,y,z)$ 在 $\Sigma$ 上**对面积的曲面积分**或**第一类曲面积分**,记作 $\iint\limits_{\Sigma} f(x,y,z)\mathrm{d}S$,即

$$\iint\limits_{\Sigma} f(x,y,z)\mathrm{d}S = \lim_{\lambda \to 0} \sum_{i=1}^{n} f(\xi_i, \eta_i, \zeta_i)\Delta S_i,$$

其中 $f(x,y,z)$ 称为**被积函数**,$\Sigma$ 称为**积分曲面**,$\mathrm{d}S$ 称为**曲面面积微元**.

当 $\Sigma$ 是闭曲面时,采用记号 $\oiint\limits_{\Sigma} f(x,y,z)\mathrm{d}S$.

可以证明,当函数 $f(x,y,z)$ 在光滑曲面 $\Sigma$ 上连续时,对面积的曲面积分总是存在. 因此,在下面的讨论中总假设 $f(x,y,z)$ 在 $\Sigma$ 上连续.

根据上述定义,引例中光滑曲面 $\Sigma$ 的质量为 $m = \iint\limits_{\Sigma} \mu(x,y,z)\mathrm{d}S$,$\Sigma$ 的质心坐标为

$$\bar{x} = \frac{1}{m}\iint\limits_{\Sigma} x\mu(x,y,z)\mathrm{d}S, \quad \bar{y} = \frac{1}{m}\iint\limits_{\Sigma} y\mu(x,y,z)\mathrm{d}S, \quad \bar{z} = \frac{1}{m}\iint\limits_{\Sigma} z\mu(x,y,z)\mathrm{d}S.$$

特别地,当 $\mu(x,y,z)=1$ 时,有 $m = \iint\limits_{\Sigma} 1\mathrm{d}S = \iint\limits_{\Sigma} \mathrm{d}S = S$($S$ 为 $\Sigma$ 的面积).

如果 $\Sigma$ 是分片光滑的(由有限个光滑曲面所组成的曲面),则函数在 $\Sigma$ 上对面积的曲面积分等于函数在光滑的各片曲面上对面积的曲面积分之和. 例如,若光滑曲面 $\Sigma$ 分为两个无公共内点的光滑曲面 $\Sigma_1$ 与 $\Sigma_2$(记作 $\Sigma = \Sigma_1 + \Sigma_2$),则

$$\iint\limits_{\Sigma} f(x,y,z)\mathrm{d}S = \iint\limits_{\Sigma_1} f(x,y,z)\mathrm{d}S + \iint\limits_{\Sigma_2} f(x,y,z)\mathrm{d}S.$$

对面积的曲面积分还有与重积分类似的其他性质,这里不再详述.

## 二、对面积的曲面积分的计算

设被积函数 $f(x,y,z)$ 在光滑曲面 $\Sigma$ 上连续,$\Sigma$ 由方程 $z=z(x,y)$,$(x,y)\in D_{xy}$ 给出,

其中 $D_{xy}$ 是 $\Sigma$ 在 $xOy$ 面上的投影区域，函数 $z=z(x,y)$ 在 $D_{xy}$ 上具有连续偏导数. 下面讨论对面积的曲面积分 $\iint\limits_{\Sigma} f(x,y,z)\mathrm{d}S$ 的计算方法.

因为被积函数 $f(x,y,z)$ 在 $\Sigma: z=z(x,y)$ 上有定义，且根据曲面面积微元公式有

$$\mathrm{d}S=\sqrt{1+z_x^2(x,y)+z_y^2(x,y)}\,\mathrm{d}x\mathrm{d}y,$$

所以曲面积分的被积表达式可表示为

$$f(x,y,z)\mathrm{d}S=f(x,y,z(x,y))\sqrt{1+z_x^2(x,y)+z_y^2(x,y)}\,\mathrm{d}x\mathrm{d}y.$$

从上式可以看出，将 $f(x,y,z)\mathrm{d}S$ 沿曲面 $\Sigma$ 进行无限累加（积分），就是将上式右边的式子 $f(x,y,z(x,y))\sqrt{1+z_x^2(x,y)+z_y^2(x,y)}\,\mathrm{d}x\mathrm{d}y$ 沿 $\Sigma$ 的投影区域 $D_{xy}$ 对变量 $x,y$ 的无限累加（积分），由此可以得到对面积的曲面积分的计算公式

$$\iint\limits_{\Sigma} f(x,y,z)\mathrm{d}S=\iint\limits_{D_{xy}} f(x,y,z(x,y))\sqrt{1+z_x^2(x,y)+z_y^2(x,y)}\,\mathrm{d}x\mathrm{d}y. \tag{10.3.1}$$

公式(10.3.1)表明，计算 $\iint\limits_{\Sigma} f(x,y,z)\mathrm{d}S$ 时，如果积分曲面 $\Sigma$ 的方程为 $z=z(x,y)$，则只要将 $f(x,y,z)$ 中的 $z$ 换成 $z(x,y)$，曲面面积微元 $\mathrm{d}S$ 换成 $\sqrt{1+z_x^2(x,y)+z_y^2(x,y)}\,\mathrm{d}x\mathrm{d}y$，并确定 $\Sigma$ 在 $xOy$ 面上的投影区域 $D_{xy}$，这样就可将对面积的曲面积分化为二重积分.

类似地，如果光滑曲面 $\Sigma$ 由方程 $x=x(y,z)$，$(y,z)\in D_{yz}$ 给出，则有

$$\iint\limits_{\Sigma} f(x,y,z)\mathrm{d}S=\iint\limits_{D_{yz}} f(x(y,z),y,z)\sqrt{1+x_y^2(y,z)+x_z^2(y,z)}\,\mathrm{d}y\mathrm{d}z,$$

其中 $D_{yz}$ 表示曲面 $\Sigma$ 在 $yOz$ 面上的投影区域.

如果光滑曲面 $\Sigma$ 由方程 $y=y(z,x)$，$(z,x)\in D_{zx}$ 给出，则有

$$\iint\limits_{\Sigma} f(x,y,z)\mathrm{d}S=\iint\limits_{D_{zx}} f(x,y(z,x),z)\sqrt{1+y_z^2(z,x)+y_x^2(z,x)}\,\mathrm{d}z\mathrm{d}x,$$

其中 $D_{zx}$ 表示曲面 $\Sigma$ 在 $zOx$ 面上的投影区域.

**例 10.3.1** 计算曲面积分 $\iint\limits_{\Sigma}(z+4x+2y)\mathrm{d}S$，其中 $\Sigma$ 为平面 $x+\frac{y}{2}+\frac{z}{4}=1$ 在第 Ⅰ 卦限内的部分.

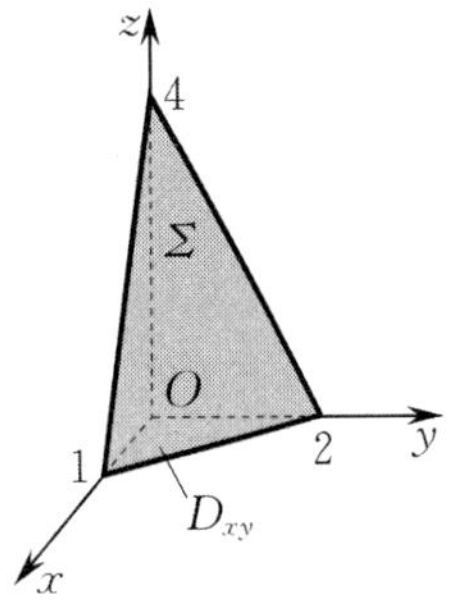

**解** $\Sigma$ 的方程为 $z=4-4x-2y$，$\Sigma$ 在 $xOy$ 面上的投影区域为 $D_{xy}=\left\{(x,y)\,\middle|\,x\geqslant 0,y\geqslant 0,x+\frac{y}{2}\leqslant 1\right\}$（见图 10-14）. 又 $z_x(x,y)=-4$，$z_y(x,y)=-2$，则

$$\mathrm{d}S=\sqrt{1+z_x^2(x,y)+z_y^2(x,y)}\,\mathrm{d}x\mathrm{d}y=\sqrt{21}\,\mathrm{d}x\mathrm{d}y,$$

所以 $$\iint\limits_{\Sigma}(z+4x+2y)\mathrm{d}S=\iint\limits_{D_{xy}}4\cdot\sqrt{21}\,\mathrm{d}x\mathrm{d}y=4\sqrt{21}.$$



图 10-14

**例 10.3.2** 计算曲面积分 $I=\iint\limits_{\Sigma}(x^2+y^2+z^2)\mathrm{d}S$，其中 $\Sigma$ 为圆柱面 $x^2+y^2=1$ $(y\geqslant 0)$ 介于平面 $z=1$ 和 $z=2$ 之间的部分.

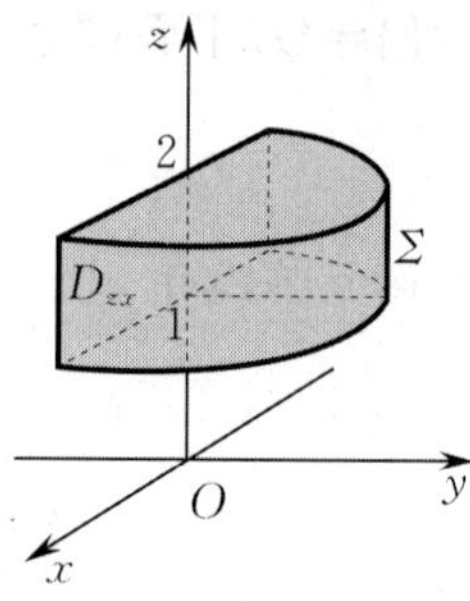

图 10-15

**解** 如图10-15所示,$\Sigma$的方程为$y=\sqrt{1-x^2}$,$\Sigma$在$zOx$面上的投影区域为

$$D_{zx}=\{(x,z)\mid -1\leqslant x\leqslant 1,1\leqslant z\leqslant 2\}.$$

又$y_x(z,x)=\dfrac{-x}{\sqrt{1-x^2}}$,$y_z(z,x)=0$,则

$$\mathrm{d}S=\sqrt{1+y_z^2(z,x)+y_x^2(z,x)}\,\mathrm{d}z\mathrm{d}x=\frac{1}{\sqrt{1-x^2}}\mathrm{d}z\mathrm{d}x,$$

所以

$$I=\iint\limits_{D_{zx}}(1+z^2)\cdot\frac{1}{\sqrt{1-x^2}}\mathrm{d}z\mathrm{d}x=\int_1^2(1+z^2)\mathrm{d}z\int_{-1}^1\frac{1}{\sqrt{1-x^2}}\mathrm{d}x=\frac{10\pi}{3}.$$

思考 例10.3.2能否将$\Sigma$向$xOy$面或$yOz$面投影?

**例 10.3.3** 求面密度为$\mu=\sqrt{1+4z}$的抛物面薄壳$\Sigma$:$z=x^2+y^2(z\leqslant 1)$的质量.

**解** 所求质量为$M=\iint\limits_{\Sigma}\sqrt{1+4z}\,\mathrm{d}S$.曲面$\Sigma$在$xOy$面上的投影区域(见图10-16)为

$$D_{xy}=\{(x,y)\mid x^2+y^2\leqslant 1\},$$

且$z_x(x,y)=2x$,$z_y(x,y)=2y$,则

$$\mathrm{d}S=\sqrt{1+z_x^2(x,y)+z_y^2(x,y)}\,\mathrm{d}x\mathrm{d}y=\sqrt{1+4(x^2+y^2)}\,\mathrm{d}x\mathrm{d}y.$$

因此

$$M=\iint\limits_{\Sigma}\sqrt{1+4z}\,\mathrm{d}S=\iint\limits_{D_{xy}}\sqrt{1+4(x^2+y^2)}\cdot\sqrt{1+4(x^2+y^2)}\,\mathrm{d}x\mathrm{d}y$$

$$=\int_0^{2\pi}\mathrm{d}\theta\int_0^1(1+4\rho^2)\rho\mathrm{d}\rho=3\pi.$$

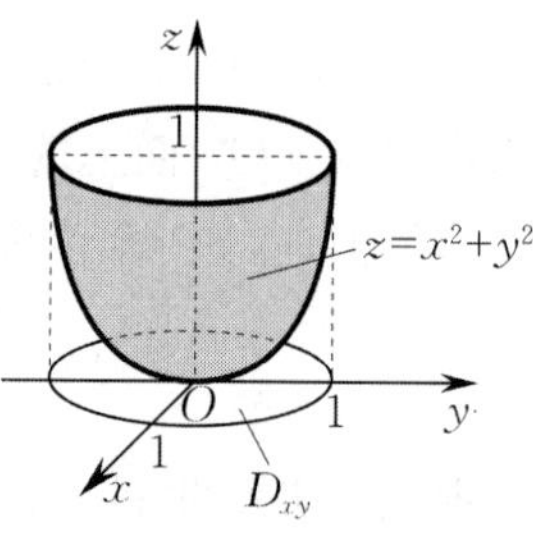

图 10-16

**例 10.3.4** 已知上半球面$\Sigma$:$z=\sqrt{R^2-x^2-y^2}\,(R>0)$的面密度为常数$\mu$,求:

(1) 它的形心坐标;

(2) 它关于$z$轴的转动惯量$I_z$.

**解** (1) 由于上半球面$\Sigma$关于$yOz$面和$zOx$面对称,且质量均匀,故$\bar{x}=0$,$\bar{y}=0$.易知它的形心位于$z$轴上,下面只需求

$$\bar{z}=\frac{\iint\limits_{\Sigma}\mu z\,\mathrm{d}S}{\iint\limits_{\Sigma}\mu\,\mathrm{d}S}=\frac{\iint\limits_{\Sigma}z\,\mathrm{d}S}{\iint\limits_{\Sigma}\mathrm{d}S}.$$

上半球面$\Sigma$在$xOy$面上的投影区域为$D_{xy}=\{(x,y)\mid x^2+y^2\leqslant R^2\}$,且

$$\mathrm{d}S=\sqrt{1+z_x^2(x,y)+z_y^2(x,y)}\,\mathrm{d}x\mathrm{d}y=\frac{R}{\sqrt{R^2-x^2-y^2}}\mathrm{d}x\mathrm{d}y,$$

所以

$$\iint\limits_{\Sigma}z\,\mathrm{d}S=\iint\limits_{D_{xy}}\sqrt{R^2-x^2-y^2}\cdot\frac{R}{\sqrt{R^2-x^2-y^2}}\mathrm{d}x\mathrm{d}y=\pi R^3.$$

又$\iint\limits_{\Sigma} \mathrm{d}S = 2\pi R^2$，故$\bar{z} = \dfrac{\pi R^3}{2\pi R^2} = \dfrac{R}{2}$，从而形心坐标为$\left(0,0,\dfrac{R}{2}\right)$.

$$(2)\ I_z = \iint\limits_{\Sigma} (x^2+y^2)\mu \mathrm{d}S = \mu \iint\limits_{D_{xy}} (x^2+y^2)\frac{R}{\sqrt{R^2-x^2-y^2}}\mathrm{d}x\mathrm{d}y$$

$$= \mu R\int_0^{2\pi}\mathrm{d}\theta\int_0^R \frac{\rho^3}{\sqrt{R^2-\rho^2}}\mathrm{d}\rho = 2\pi\mu R\int_0^R \frac{\rho^3}{\sqrt{R^2-\rho^2}}\mathrm{d}\rho$$

$$\xlongequal{\rho = R\sin t} 2\pi\mu R\int_0^{\frac{\pi}{2}} R^3\sin^3 t\mathrm{d}t = \frac{4}{3}\pi\mu R^4.$$

**注**　例10.3.4(2)中的$\iint\limits_{D_{xy}} \dfrac{x^2+y^2}{\sqrt{R^2-x^2-y^2}}\mathrm{d}x\mathrm{d}y$为反常二重积分，解题过程中简化了极限书写形式.

## 思考题 10.3

1. 在对面积的曲面积分化为二重积分的公式中，因子$\sqrt{1+z_x^2+z_y^2}$有什么几何意义？

2. 设有一个分布着质量的曲面$\Sigma$，其在点$(x,y,z)$处的面密度为$\mu(x,y,z)$，用对面积的曲面积分表示该曲面关于$x$轴的转动惯量.

3. 当$\Sigma$是$xOy$面内的一个闭区域时，曲面积分$\iint\limits_{\Sigma} f(x,y,z)\mathrm{d}S$与二重积分有什么关系？

4. 如何利用对面积的曲面积分$\iint\limits_{\Sigma} f(x,y,z)\mathrm{d}S$的奇偶性或对称性简化曲面积分的计算？

## 习　题　10.3

**(A)**

一、计算曲面积分$\iint\limits_{\Sigma} 1\cdot \mathrm{d}S$，其中$\Sigma$为抛物面$z=2-(x^2+y^2)$在$xOy$面上方的部分.

二、计算曲面积分$\iint\limits_{\Sigma}(x^2+y^2)\mathrm{d}S$，其中$\Sigma$为锥面$z=\sqrt{x^2+y^2}$及平面$z=1$所围成的空间有界闭区域的整个边界曲面.

三、设$\Sigma: x^2+y^2+z^2=a^2(z\geqslant 0)$，则下列曲面积分中等于0的是(　　).

(A) $\iint\limits_{\Sigma} x\sin z\mathrm{d}S$　　(B) $\iint\limits_{\Sigma} x^2\sin z\mathrm{d}S$

(C) $\iint\limits_{\Sigma}(x^2+y^2)\sin z\mathrm{d}S$　　(D) $\iint\limits_{\Sigma} x^2\cos z\mathrm{d}S$

四、计算下列对面积的曲面积分：

(1) $\iint\limits_{\Sigma}\left(z+2x+\dfrac{4}{3}y\right)\mathrm{d}S$，其中$\Sigma$为平面$\dfrac{x}{2}+\dfrac{y}{3}+\dfrac{z}{4}=1$在第Ⅰ卦限中的部分；

(2) $\iint\limits_{\Sigma}(xy+yz+zx)\mathrm{d}S$，其中$\Sigma$为锥面$z=\sqrt{x^2+y^2}$被圆柱面$x^2+y^2=2ax$所截得的有限部分.

五、求面密度为$\mu=z$的抛物面薄壳$z=\dfrac{1}{2}(x^2+y^2)(0\leqslant z\leqslant 1)$的质量.

六、求面密度为$\mu_0$($\mu_0$为常数)的均匀半球壳$x^2+y^2+z^2=a^2(z\geqslant 0)$关于$z$轴的转动惯量.

**(B)**

一、计算曲面积分 $I=\iint\limits_{\Sigma}z\mathrm{d}S$,其中 $\Sigma$ 为圆柱面 $x^2+y^2=R^2$ 被平面 $x=0,y=0,z=0$ 及 $z=1$ 截得的第 Ⅰ 卦限的部分.

二、计算曲面积分 $I=\iint\limits_{\Sigma}x^2\mathrm{d}S$,其中 $\Sigma$ 为圆柱面 $x^2+y^2=a^2$ 介于平面 $z=0$ 与 $z=h$ 之间的部分.

三、设 $\Sigma: x^2+y^2+z^2=a^2(z\geqslant 0)$,$\Sigma_1$ 为 $\Sigma$ 在第 Ⅰ 卦限中的部分,则有(　　).

(A) $\iint\limits_{\Sigma}x\mathrm{d}S=4\iint\limits_{\Sigma_1}x\mathrm{d}S$　(B) $\iint\limits_{\Sigma}y\mathrm{d}S=4\iint\limits_{\Sigma_1}y\mathrm{d}S$　(C) $\iint\limits_{\Sigma}z\mathrm{d}S=4\iint\limits_{\Sigma_1}x\mathrm{d}S$　(D) $\iint\limits_{\Sigma}xyz\mathrm{d}S=4\iint\limits_{\Sigma_1}xyz\mathrm{d}S$

# 第四节　对坐标的曲面积分

本节讨论对坐标的曲面积分问题.这类问题在流体力学、电磁学等领域中经常出现,是一类具有应用背景的积分问题.

## 一、预备知识

我们知道,对坐标的曲线积分与积分路径的方向有关.对坐标的曲面积分也具有方向性,如流体从曲面的一侧流向另一侧的净流量问题等.为此,先介绍有向曲面及其在坐标面上的投影.

### 1. 有向曲面

假定曲面 $\Sigma$ 是光滑的.通常我们所遇到的曲面 $\Sigma$ 都是双侧的.例如,方程 $z=z(x,y)$ 所表示的曲面有**上侧**和**下侧**之分[①](见图 10-17);方程 $y=y(x,z)$ 所表示的曲面有**左侧**和**右侧**之分;方程 $x=x(y,z)$ 所表示的曲面有**前侧**和**后侧**之分;对于闭曲面,有**内侧**和**外侧**之分(见图 10-18).

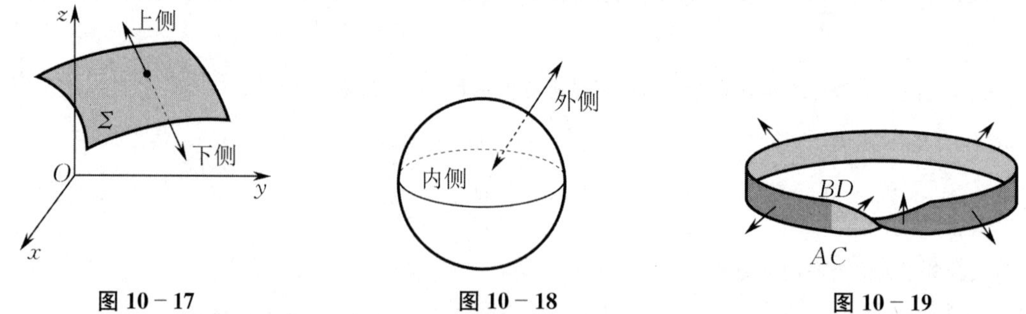


**图 10-17**　　**图 10-18**　　**图 10-19**

**注**　并不是所有的曲面都是双侧曲面.例如,著名的默比乌斯(Mobius)带就是只有一侧的曲面.它是把一细长矩形纸条的一端扭转 180°,再与另一端粘合起来所得的曲面(见图 10-19).如果用一种颜色涂这个曲面,可以不经过边缘,而涂遍全部曲面,这在双侧曲面上是做不到的.

① 按惯例,这里假定 $z$ 轴垂直向上.

以后所考虑的曲面均为双侧曲面，并通过规定法向量的方向来区分曲面的两侧. 例如，对于闭曲面，如果取它的法向量的方向朝外，则认为取定曲面的外侧. 这种取定了法向量，亦即选定了侧的双侧曲面称为**有向曲面**.

那么，对于曲面的两侧，用数学语言如何描述呢？

设曲面 $\Sigma$ 的方程是 $z=z(x,y)$，函数 $z=z(x,y)$ 具有连续偏导数. 由第八章第四节可知，曲面 $\Sigma$ 的法向量为 $\boldsymbol{n}=\pm(-z_x,-z_y,1)$，$\boldsymbol{n}$ 的方向余弦分别是

$$\cos\alpha=\pm\frac{-z_x}{\sqrt{1+z_x^2+z_y^2}},\quad \cos\beta=\pm\frac{-z_y}{\sqrt{1+z_x^2+z_y^2}},\quad \cos\gamma=\pm\frac{1}{\sqrt{1+z_x^2+z_y^2}}.$$

若要表示曲面的上侧(或下侧)，此时法向量应方向朝上(或朝下)，它的第三个分量应大于 0(或小于 0)，即 $\cos\gamma>0$(或 $\cos\gamma<0$)，于是有

$$\boldsymbol{n}_{\text{上侧}}=(-z_x,-z_y,1),\quad \boldsymbol{n}_{\text{下侧}}=(z_x,z_y,-1).$$

**2. 有向曲面元素在坐标面上的投影**

设 $\Sigma$ 是有向曲面，在 $\Sigma$ 上取一个小曲面 $\Delta S$，把 $\Delta S$ 投影到 $xOy$ 面上得一投影区域，该投影区域的面积记作 $(\Delta\sigma)_{xy}$(见图 10-20). 假定 $\Delta S$ 上各点处的法向量与 $z$ 轴的夹角 $\gamma$ 的余弦 $\cos\gamma$ 有相同的符号($\cos\gamma$ 都是正的或都是负的). 规定 $\Delta S$ 在 $xOy$ 面上的**有向投影** $(\Delta S)_{xy}$ 为

$$(\Delta S)_{xy}=\begin{cases}(\Delta\sigma)_{xy}, & 0\leqslant\gamma<\dfrac{\pi}{2},\text{即}\cos\gamma>0,\\ -(\Delta\sigma)_{xy}, & \dfrac{\pi}{2}<\gamma\leqslant\pi,\text{即}\cos\gamma<0,\\ 0, & \gamma=\dfrac{\pi}{2},\text{即}\cos\gamma=0,\end{cases}$$

其中 $\cos\gamma=0$ 时，$(\Delta\sigma)_{xy}=0$. $\Delta S$ 在 $xOy$ 面上的有向投影 $(\Delta S)_{xy}$ 实际上就是 $\Delta S$ 在 $xOy$ 面上的投影区域的面积加上符号.

类似可以定义 $\Delta S$ 在 $yOz$ 面及 $zOx$ 面上的有向投影 $(\Delta S)_{yz}$ 及 $(\Delta S)_{zx}$.

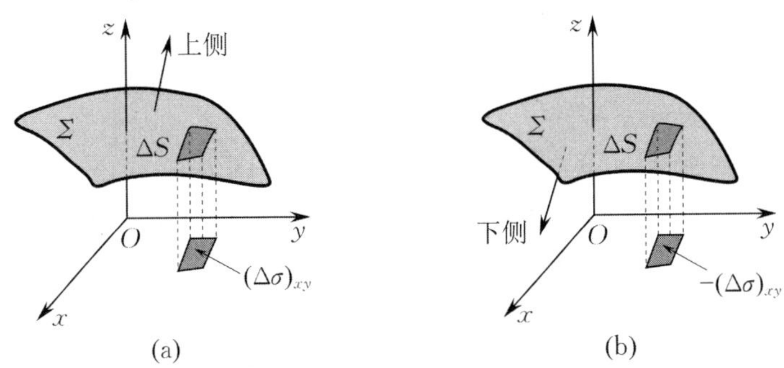


**图 10－20**

由上可知，有向曲面在坐标面上的有向投影有正、负之分. 具体来说就是，曲面上侧为正($\cos\gamma>0$)，下侧为负($\cos\gamma<0$)(见图 10－21(a))；前侧为正($\cos\alpha>0$)，后侧为负($\cos\alpha<0$)(见图 10－21(b))；右侧为正($\cos\beta>0$)，左侧为负($\cos\beta<0$)(见图 10－21(c)).

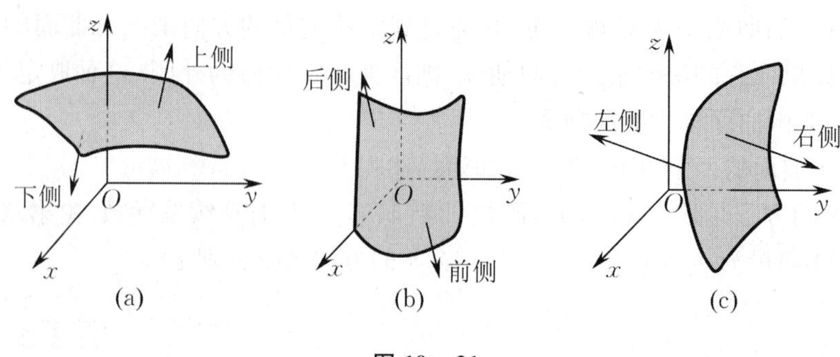


图 10 - 21

## 二、对坐标的曲面积分的概念与性质

**引例** 流向曲面一侧的流量. 设有不可压缩流体(假定密度为 1) 在 $Oxyz$ 空间中稳定流动(流速与时间无关),其速度场为

$$\boldsymbol{v}(x,y,z)=P(x,y,z)\boldsymbol{i}+Q(x,y,z)\boldsymbol{j}+R(x,y,z)\boldsymbol{k},$$

$\Sigma$ 是速度场中的一片有向光滑曲面,函数 $P(x,y,z)$,$Q(x,y,z)$,$R(x,y,z)$ 在 $\Sigma$ 上都连续,求在单位时间内流向 $\Sigma$ 指定侧的流体的流量 $\Phi$(见图 10 - 22).

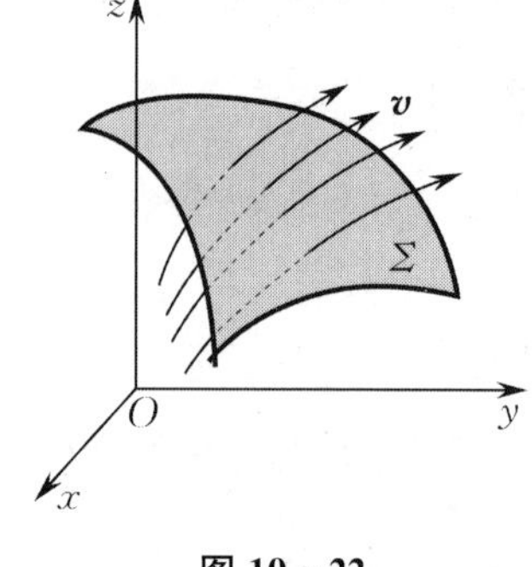


图 10 - 22

如果流体的流速是常向量 $\boldsymbol{v}$,$\Sigma$ 为一平面闭区域(其面积为 $A$),则流体在单位时间内流向平面闭区域 $\Sigma$、流向向量 $\boldsymbol{n}^0$ 所指一侧的流量就是以 $A$ 为底、以 $|\boldsymbol{v}|$ 为斜高的斜柱体的体积(见图 10 - 23),即

$$\Phi=A|\boldsymbol{v}|\cos\theta=A\boldsymbol{v}\cdot\boldsymbol{n}^0,$$

其中 $\boldsymbol{n}^0$ 为该平面的单位法向量,$\theta$ 为 $\boldsymbol{v}$ 和 $\boldsymbol{n}^0$ 之间的夹角 $\left(\theta<\frac{\pi}{2}\right)$. 显然,当 $\theta=\frac{\pi}{2}$ 时,流体的流量为 0,即 $\Phi=A\boldsymbol{v}\cdot\boldsymbol{n}^0=0$; 当 $\theta>\frac{\pi}{2}$ 时,$A\boldsymbol{v}\cdot\boldsymbol{n}^0<0$,这时 $\Phi=A\boldsymbol{v}\cdot\boldsymbol{n}^0$ 表示流体通过闭区域 $\Sigma$ 流向 $-\boldsymbol{n}^0$ 所指一侧的流量. 因此,无论 $\theta$ 为何值,流体通过闭区域 $\Sigma$ 流向 $\boldsymbol{n}^0$ 所指一侧的流量均为 $A\boldsymbol{v}\cdot\boldsymbol{n}^0$.

现在考虑流速 $\boldsymbol{v}$ 不是常向量,流过的区域 $\Sigma$ 也不是平面闭区域,而是一个曲面(见图 10 - 24) 的情形. 为此,把曲面 $\Sigma$ 任意分成 $n$ 个小曲面 $\Delta S_i$($\Delta S_i$ 同时也表示第 $i$ 个小曲面的面积). 因 $\Sigma$ 是光滑曲面,故当 $\Delta S_i$ 的直径很小时,可以将 $\Delta S_i$ 近似看作平面. 又因 $\boldsymbol{v}$ 在 $\Sigma$ 上连续,故可用 $\Delta S_i$ 上任意一点 $M_i(\xi_i,\eta_i,\zeta_i)$ 处的流速

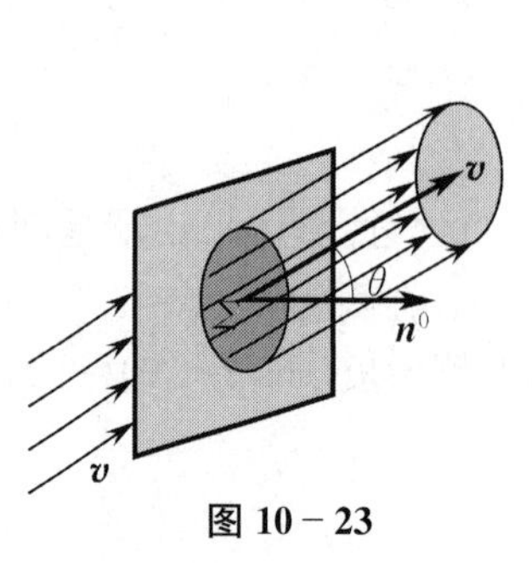


图 10 - 23

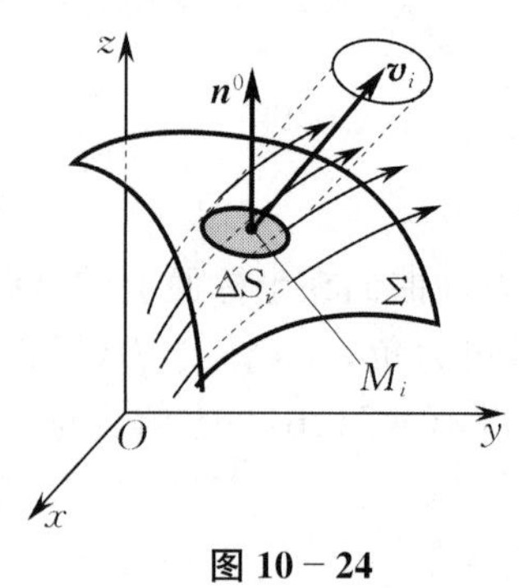


图 10 - 24

$$v(M_i)=P(\xi_i,\eta_i,\zeta_i)\boldsymbol{i}+Q(\xi_i,\eta_i,\zeta_i)\boldsymbol{j}+R(\xi_i,\eta_i,\zeta_i)\boldsymbol{k}$$

来近似代替 $\Delta S_i$ 上各点处的流速，并以该点处曲面 $\Sigma$ 的单位法向量

$$\boldsymbol{n}^0(M_i)=\cos\alpha_i\boldsymbol{i}+\cos\beta_i\boldsymbol{j}+\cos\gamma_i\boldsymbol{k}$$

近似代替 $\Delta S_i$ 上各点处的单位法向量. 这样，通过 $\Delta S_i$ 流向指定侧的流量近似为 $\boldsymbol{v}(M_i)\cdot\boldsymbol{n}^0(M_i)\Delta S_i$，即

$$\Delta\Phi_i\approx\boldsymbol{v}(M_i)\cdot\boldsymbol{n}^0(M_i)\Delta S_i\quad(i=1,2,\cdots,n).$$

于是，单位时间内通过 $\Sigma$ 流向指定侧的流量为

$$\begin{aligned}\Phi&=\sum_{i=1}^{n}\Delta\Phi_i\approx\sum_{i=1}^{n}\boldsymbol{v}(M_i)\cdot\boldsymbol{n}^0(M_i)\Delta S_i\\&=\sum_{i=1}^{n}(P(\xi_i,\eta_i,\zeta_i)\cos\alpha_i+Q(\xi_i,\eta_i,\zeta_i)\cos\beta_i+R(\xi_i,\eta_i,\zeta_i)\cos\gamma_i)\Delta S_i.\end{aligned}$$

因为 $\cos\alpha_i\Delta S_i\approx(\Delta S_i)_{yz}$，$\cos\beta_i\Delta S_i\approx(\Delta S_i)_{zx}$，$\cos\gamma_i\Delta S_i\approx(\Delta S_i)_{xy}$，其中 $(\Delta S_i)_{yz}$，$(\Delta S_i)_{zx}$，$(\Delta S_i)_{xy}$ 分别为 $\Delta S_i$ 在 $yOz$ 面、$zOx$ 面、$xOy$ 面上的有向投影，所以上式又可写为

$$\Phi\approx\sum_{i=1}^{n}(P(\xi_i,\eta_i,\zeta_i)(\Delta S_i)_{yz}+Q(\xi_i,\eta_i,\zeta_i)(\Delta S_i)_{zx}+R(\xi_i,\eta_i,\zeta_i)(\Delta S_i)_{xy}).$$

若用 $\lambda$ 表示 $n$ 个小曲面的直径的最大值，则

$$\Phi=\lim_{\lambda\to0}\sum_{i=1}^{n}(P(\xi_i,\eta_i,\zeta_i)(\Delta S_i)_{yz}+Q(\xi_i,\eta_i,\zeta_i)(\Delta S_i)_{zx}+R(\xi_i,\eta_i,\zeta_i)(\Delta S_i)_{xy}).$$

在解决其他实际问题时，也会遇到这种和式的极限. 现在抽去它们的具体意义，从而引出对坐标的曲面积分的概念.

**定义 10.4.1**　设 $\Sigma$ 为光滑的有向曲面，函数 $R(x,y,z)$ 在 $\Sigma$ 上有界. 把 $\Sigma$ 任意分成 $n$ 个小曲面 $\Delta S_i$（$\Delta S_i$ 同时也表示第 $i$ 个小曲面的面积），$\Delta S_i$ 在 $xOy$ 面上的有向投影为 $(\Delta S_i)_{xy}$. 在 $\Delta S_i$ 上任取一点 $(\xi_i,\eta_i,\zeta_i)$，如果当各个小曲面的直径的最大值 $\lambda\to0$ 时，极限

$$\lim_{\lambda\to0}\sum_{i=1}^{n}R(\xi_i,\eta_i,\zeta_i)(\Delta S_i)_{xy}$$

总是存在，且不依赖于曲面 $\Sigma$ 的分法和点 $(\xi_i,\eta_i,\zeta_i)$ 的取法，则称此极限为函数 $R(x,y,z)$ 在有向曲面 $\Sigma$ 上**对坐标 $x$，$y$ 的曲面积分**，记作 $\iint\limits_{\Sigma}R(x,y,z)\mathrm{d}x\mathrm{d}y$，即

$$\iint\limits_{\Sigma}R(x,y,z)\mathrm{d}x\mathrm{d}y=\lim_{\lambda\to0}\sum_{i=1}^{n}R(\xi_i,\eta_i,\zeta_i)(\Delta S_i)_{xy},$$

其中 $R(x,y,z)$ 称为**被积函数**，$\Sigma$ 称为**积分曲面**.

类似地，可以定义函数 $P(x,y,z)$ 在有向光滑曲面 $\Sigma$ 上对坐标 $y$，$z$ 的曲面积分及函数 $Q(x,y,z)$ 在有向光滑曲面 $\Sigma$ 上对坐标 $z$，$x$ 的曲面积分分别为

$$\iint\limits_{\Sigma}P(x,y,z)\mathrm{d}y\mathrm{d}z=\lim_{\lambda\to0}\sum_{i=1}^{n}P(\xi_i,\eta_i,\zeta_i)(\Delta S_i)_{yz},$$

$$\iint\limits_{\Sigma}Q(x,y,z)\mathrm{d}z\mathrm{d}x=\lim_{\lambda\to0}\sum_{i=1}^{n}Q(\xi_i,\eta_i,\zeta_i)(\Delta S_i)_{zx}.$$

以上三个曲面积分也称为**第二类曲面积分**.

**注**　(1) 当函数 $P(x,y,z)$，$Q(x,y,z)$，$R(x,y,z)$ 在有向分片光滑曲面 $\Sigma$ 上连续时，上

述三个曲面积分都存在. 今后无特别说明时，都假定 $P(x,y,z)$,$Q(x,y,z)$,$R(x,y,z)$ 在 $\Sigma$ 上连续.

(2) 对坐标的曲面积分是有方向性的，在计算对坐标的曲面积分时，必须说清楚曲面积分是在 $\Sigma$ 的哪一侧进行的.

(3) 与对坐标的曲线积分相似，上述三个对坐标的曲面积分常合并起来表示，即

$$\iint_{\Sigma} P(x,y,z)\mathrm{d}y\mathrm{d}z + Q(x,y,z)\mathrm{d}z\mathrm{d}x + R(x,y,z)\mathrm{d}x\mathrm{d}y.$$

从定义 10.4.1 可以看出，$\mathrm{d}y\mathrm{d}z=(\Delta S_i)_{yz}$，$\mathrm{d}z\mathrm{d}x=(\Delta S_i)_{zx}$，$\mathrm{d}x\mathrm{d}y=(\Delta S_i)_{xy}$ 分别是 $\Delta S_i$ 在 $yOz$ 面、$zOx$ 面、$xOy$ 面上的有向投影. 因此，积分微元 $\mathrm{d}y\mathrm{d}z$，$\mathrm{d}z\mathrm{d}x$，$\mathrm{d}x\mathrm{d}y$ 是含符号或为 0 的. 而对面积的曲面积分则没有方向性，其曲面面积微元 $\mathrm{d}S$ 表示小曲面的面积，所以 $\mathrm{d}S>0$.

(4) 物理意义：

$$\iint_{\Sigma} P(x,y,z)\mathrm{d}y\mathrm{d}z + Q(x,y,z)\mathrm{d}z\mathrm{d}x + R(x,y,z)\mathrm{d}x\mathrm{d}y$$

表示在速度场 $\boldsymbol{v}(x,y,z)=P(x,y,z)\boldsymbol{i}+Q(x,y,z)\boldsymbol{j}+R(x,y,z)\boldsymbol{k}$ 中，流体流过置于该场中的曲面 $\Sigma$ 且流向指定侧的流量，其中 $\iint\limits_{\Sigma} P(x,y,z)\mathrm{d}y\mathrm{d}z$，$\iint\limits_{\Sigma} Q(x,y,z)\mathrm{d}z\mathrm{d}x$ 和 $\iint\limits_{\Sigma} R(x,y,z)\mathrm{d}x\mathrm{d}y$ 分别表示 $\boldsymbol{v}(x,y,z)$ 在 $x$ 轴、$y$ 轴和 $z$ 轴上的分量的流量.

特别地，当 $\Sigma$ 为有向闭曲面时，记号 $\iint\limits_{\Sigma}$ 通常用 $\oint\!\!\!\oint\limits_{\Sigma}$ 表示，它表示流入和流出闭曲面 $\Sigma$ 的流量的代数和. 如果该值大于 0，则表示总流量是流出的，这时在曲面 $\Sigma$ 所包围的闭区域 $\Omega$ 内，必有产生流体的源；反之，如果该值小于 0，在 $\Omega$ 内必有吸收流体的汇，汇也可以看作负源. 因此，源和汇统称为向量值函数在闭区域 $\Omega$ 内的源.

对坐标的曲面积分的性质与对坐标的曲线积分的性质类似，具体叙述如下.

**性质 10.4.1(积分曲面的可加性)** 若有向曲面 $\Sigma$ 可分为两个无公共内点的有向曲面 $\Sigma_1$ 和 $\Sigma_2$，则

$$\iint_{\Sigma} P\mathrm{d}y\mathrm{d}z + Q\mathrm{d}z\mathrm{d}x + R\mathrm{d}x\mathrm{d}y = \iint_{\Sigma_1} P\mathrm{d}y\mathrm{d}z + Q\mathrm{d}z\mathrm{d}x + R\mathrm{d}x\mathrm{d}y + \iint_{\Sigma_2} P\mathrm{d}y\mathrm{d}z + Q\mathrm{d}z\mathrm{d}x + R\mathrm{d}x\mathrm{d}y. \tag{10.4.1}$$

公式(10.4.1) 可以推广到 $\Sigma$ 分为 $\Sigma_1,\Sigma_2,\cdots,\Sigma_n$ 的情形.

**性质 10.4.2(曲面积分的有向性)** 设有向曲面 $\Sigma$ 的相反侧为 $\Sigma^-$，则

$$\iint_{\Sigma^-} P(x,y,z)\mathrm{d}y\mathrm{d}z = -\iint_{\Sigma} P(x,y,z)\mathrm{d}y\mathrm{d}z,$$

$$\iint_{\Sigma^-} Q(x,y,z)\mathrm{d}z\mathrm{d}x = -\iint_{\Sigma} Q(x,y,z)\mathrm{d}z\mathrm{d}x,$$

$$\iint_{\Sigma^-} R(x,y,z)\mathrm{d}x\mathrm{d}y = -\iint_{\Sigma} R(x,y,z)\mathrm{d}x\mathrm{d}y.$$

## 三、对坐标的曲面积分的计算

当函数 $P(x,y,z)$,$Q(x,y,z)$,$R(x,y,z)$ 都在曲面 $\Sigma$ 上连续时，对坐标的曲面积分可化

为二重积分来计算. 下面只介绍如何将曲面积分$\iint\limits_{\Sigma}R(x,y,z)\mathrm{d}x\mathrm{d}y$化为二重积分.

设曲面$\Sigma$由方程$z=z(x,y)$给出，取上侧，$\Sigma$在$xOy$面上的投影区域为$D_{xy}$，被积函数$R(x,y,z)$在$\Sigma$上连续，且函数$z=z(x,y)$在$D_{xy}$上具有连续偏导数.

由对坐标的曲面积分的定义，有

$$\iint\limits_{\Sigma}R(x,y,z)\mathrm{d}x\mathrm{d}y=\lim_{\lambda\to 0}\sum_{i=1}^{n}R(\xi_i,\eta_i,\zeta_i)(\Delta S_i)_{xy}. \tag{10.4.2}$$

如果$\Sigma$取上侧，即$\Sigma$的法向量$\boldsymbol{n}$与$z$轴正方向的夹角$\gamma$为锐角($\cos\gamma>0$)，则

$$(\Delta S_i)_{xy}=(\Delta\sigma_i)_{xy}.$$

又$(\xi_i,\eta_i,\zeta_i)$是$\Sigma$上的一点，则有$\zeta_i=z(\xi_i,\eta_i)$(见图10-25). 将$\zeta_i=z(\xi_i,\eta_i)$代入公式(10.4.2)，得

$$\iint\limits_{\Sigma}R(x,y,z)\mathrm{d}x\mathrm{d}y=\lim_{\lambda\to 0}\sum_{i=1}^{n}R(\xi_i,\eta_i,z(\xi_i,\eta_i))(\Delta\sigma_i)_{xy}.$$

上式正好是函数$F(x,y)=R(x,y,z(x,y))$在闭区域$D_{xy}$上的二重积分的定义，于是

$$\iint\limits_{\Sigma}R(x,y,z)\mathrm{d}x\mathrm{d}y=\iint\limits_{D_{xy}}R(x,y,z(x,y))\mathrm{d}x\mathrm{d}y.$$

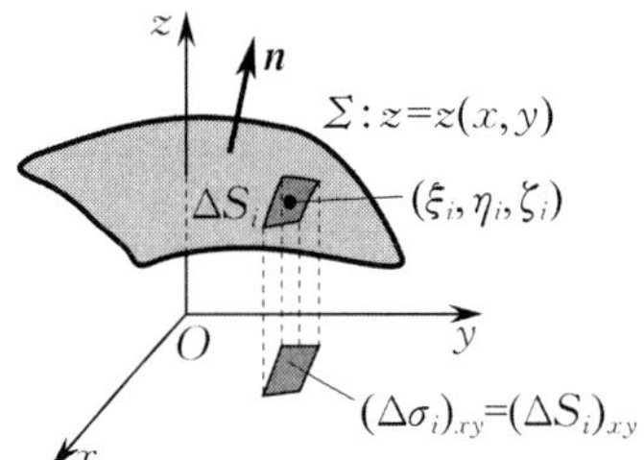


**图10-25**

从上式可以看出，当$\Sigma$取上侧时，要求曲面积分$\iint\limits_{\Sigma}R(x,y,z)\mathrm{d}x\mathrm{d}y$，只要把其中的变量$z$换成$\Sigma$的函数$z(x,y)$，把$\iint\limits_{\Sigma}$换成$\iint\limits_{D_{xy}}$，再计算二重积分即可.

如果$\Sigma$取下侧，即$\Sigma$的法向量$\boldsymbol{n}$与$z$轴正方向的夹角$\gamma$为钝角($\cos\gamma<0$)，则

$$(\Delta S_i)_{xy}=-(\Delta\sigma_i)_{xy},$$

从而有

$$\iint\limits_{\Sigma}R(x,y,z)\mathrm{d}x\mathrm{d}y=-\iint\limits_{D_{xy}}R(x,y,z(x,y))\mathrm{d}x\mathrm{d}y.$$

综上所述，若曲面$\Sigma$由方程$z=z(x,y)$给出，且它在$xOy$面上的投影区域为$D_{xy}$，则

$$\iint\limits_{\Sigma}R(x,y,z)\mathrm{d}x\mathrm{d}y=\pm\iint\limits_{D_{xy}}R(x,y,z(x,y))\mathrm{d}x\mathrm{d}y, \tag{10.4.3}$$

其中$\Sigma$取上侧，为正号($\cos\gamma>0$)，$\Sigma$取下侧，为负号($\cos\gamma<0$).

**注**　公式(10.4.3)中等式左边的$\mathrm{d}x\mathrm{d}y$是$\Delta S_i$在$xOy$面上的有向投影，而右边$\mathrm{d}x\mathrm{d}y$则为$D_{xy}$的面积元素.

类似地，若曲面$\Sigma$由方程$x=x(y,z)$给出，且它在$yOz$面上的投影区域为$D_{yz}$，则

$$\iint\limits_{\Sigma}P(x,y,z)\mathrm{d}y\mathrm{d}z=\pm\iint\limits_{D_{yz}}P(x(y,z),y,z)\mathrm{d}y\mathrm{d}z,$$

其中$\Sigma$取前侧，为正号($\cos\alpha>0$)，$\Sigma$取后侧，为负号($\cos\alpha<0$).

若曲面$\Sigma$由方程$y=y(z,x)$给出，且它在$zOx$面上的投影区域为$D_{zx}$，则

$$\iint\limits_{\Sigma}Q(x,y,z)\mathrm{d}z\mathrm{d}x=\pm\iint\limits_{D_{zx}}Q(x,y(x,z),z)\mathrm{d}z\mathrm{d}x,$$

其中 $\Sigma$ 取右侧,为正号($\cos\beta>0$),$\Sigma$ 取左侧,为负号($\cos\beta<0$).

**例 10.4.1** 计算曲面积分 $\oiint\limits_{\Sigma}(x+1)\mathrm{d}y\mathrm{d}z+y\mathrm{d}z\mathrm{d}x+\mathrm{d}x\mathrm{d}y$,其中 $\Sigma$ 是如图 10-26 所示的四面体 $OABC$ 整个表面的外侧.

**解** 因为曲面 $\Sigma$ 是由 $OAB,OBC,OCA,ABC$ 四个平面组成的,所以

$$\oiint\limits_{\Sigma}(x+1)\mathrm{d}y\mathrm{d}z+y\mathrm{d}z\mathrm{d}x+\mathrm{d}x\mathrm{d}y=\iint\limits_{OAB+OBC+OCA+ABC}(x+1)\mathrm{d}y\mathrm{d}z+y\mathrm{d}z\mathrm{d}x+\mathrm{d}x\mathrm{d}y.$$

又

$$\iint\limits_{OAB}\underbrace{(x+1)\mathrm{d}y\mathrm{d}z+y\mathrm{d}z\mathrm{d}x+\mathrm{d}x\mathrm{d}y}_{z=0}=\iint\limits_{OAB}\mathrm{d}x\mathrm{d}y=-\iint\limits_{D_{xy}}\mathrm{d}x\mathrm{d}y=-\frac{1}{2},$$

$$\iint\limits_{OBC}\underbrace{(x+1)\mathrm{d}y\mathrm{d}z+y\mathrm{d}z\mathrm{d}x+\mathrm{d}x\mathrm{d}y}_{x=0}=\iint\limits_{OBC}\mathrm{d}y\mathrm{d}z=-\iint\limits_{D_{yz}}\mathrm{d}y\mathrm{d}z=-\frac{1}{2},$$

$$\iint\limits_{OCA}\underbrace{(x+1)\mathrm{d}y\mathrm{d}z+y\mathrm{d}z\mathrm{d}x+\mathrm{d}x\mathrm{d}y}_{y=0}=0,$$

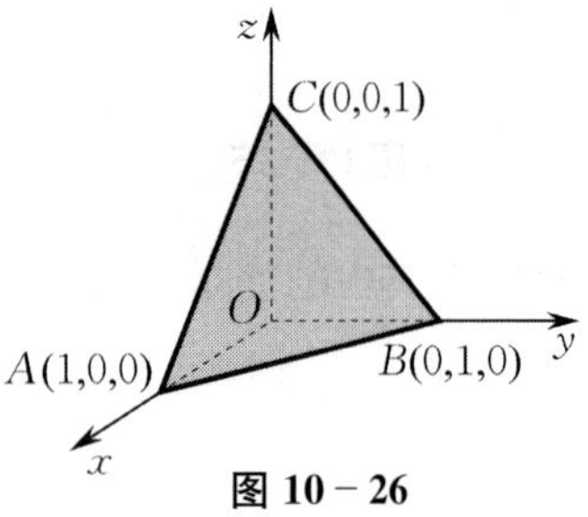

$$\begin{aligned}&\iint\limits_{ABC}(x+1)\mathrm{d}y\mathrm{d}z+y\mathrm{d}z\mathrm{d}x+\mathrm{d}x\mathrm{d}y\\&=\iint\limits_{D_{yz}}(2-y-z)\mathrm{d}y\mathrm{d}z+\iint\limits_{D_{zx}}(1-x-z)\mathrm{d}z\mathrm{d}x+\iint\limits_{D_{xy}}\mathrm{d}x\mathrm{d}y\\&=\int_0^1\mathrm{d}y\int_0^{1-y}(2-y-z)\mathrm{d}z+\int_0^1\mathrm{d}x\int_0^{1-x}(1-x-z)\mathrm{d}z+\frac{1}{2}\\&=\frac{4}{3},\end{aligned}$$

图 10-26

因此

$$\oiint\limits_{\Sigma}(x+1)\mathrm{d}y\mathrm{d}z+y\mathrm{d}z\mathrm{d}x+\mathrm{d}x\mathrm{d}y=-\frac{1}{2}+\left(-\frac{1}{2}\right)+0+\frac{4}{3}=\frac{1}{3}.$$

**例 10.4.2** 计算曲面积分 $I=\iint\limits_{\Sigma}y^2\mathrm{d}z\mathrm{d}x+z\mathrm{d}x\mathrm{d}y$,其中 $\Sigma$ 是圆柱面 $x^2+y^2=2y$ 介于平面 $z=0,z=1$ 之间的部分,取外侧.

**解** 因为圆柱面 $\Sigma$ 垂直于 $xOy$ 面,所以 $\Sigma$ 在 $xOy$ 面上的有向投影 $\mathrm{d}x\mathrm{d}y=0$,从而 $I$ 的第二项 $\iint\limits_{\Sigma}z\mathrm{d}x\mathrm{d}y=0$.

为了计算 $I$ 的第一项,将圆柱面 $\Sigma$ 分成左、右两部分,即 $\Sigma_1$ 和 $\Sigma_2$(见图 10-27).$\Sigma_1$ 的方程为 $y=1-\sqrt{1-x^2}$,取左侧;$\Sigma_2$ 的方程为 $y=1+\sqrt{1-x^2}$,取右侧.$\Sigma_1,\Sigma_2$ 在 $zOx$ 面上的投影区域均为

$$D_{zx}=\{(x,z)\mid -1\leqslant x\leqslant 1,0\leqslant z\leqslant 1\},$$

于是

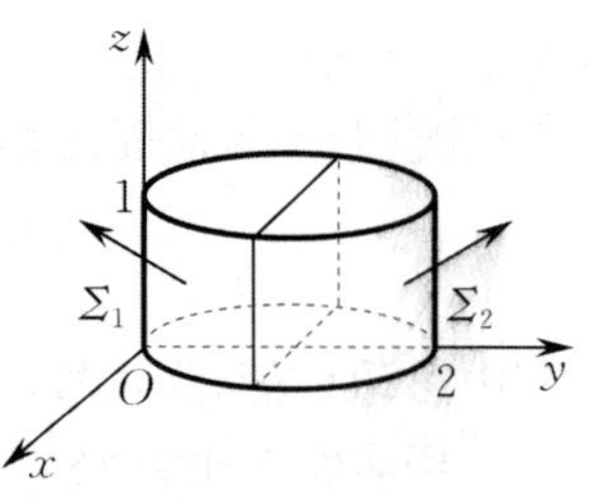


图 10-27

$$I=\iint_{\Sigma_1}y^2\mathrm{d}z\mathrm{d}x+\iint_{\Sigma_2}y^2\mathrm{d}z\mathrm{d}x=-\iint_{D_{zx}}(1-\sqrt{1-x^2})^2\mathrm{d}z\mathrm{d}x+\iint_{D_{zx}}(1+\sqrt{1-x^2})^2\mathrm{d}z\mathrm{d}x$$
$$=4\iint_{D_{zx}}\sqrt{1-x^2}\,\mathrm{d}z\mathrm{d}x=4\int_{-1}^{1}\sqrt{1-x^2}\,\mathrm{d}x\int_0^1\mathrm{d}z=2\pi.$$

## 四、两类曲面积分之间的联系

设有向曲面 $\Sigma: z=z(x,y)$ 在 $xOy$ 面上的投影区域为 $D_{xy}$，函数 $z=z(x,y)$ 在 $D_{xy}$ 上具有连续偏导数，且 $R(x,y,z)$ 在 $\Sigma$ 上连续.

如果 $\Sigma$ 取上侧，则由对坐标的曲面积分的计算公式，有

$$\iint_{\Sigma}R(x,y,z)\mathrm{d}x\mathrm{d}y=\iint_{D_{xy}}R(x,y,z(x,y))\mathrm{d}x\mathrm{d}y.$$

而上式中有向曲面 $\Sigma$(取上侧，即 $\cos\gamma>0$) 的法向量的方向余弦为

$$\cos\alpha=\frac{-z_x}{\sqrt{1+z_x^2+z_y^2}},\quad \cos\beta=\frac{-z_y}{\sqrt{1+z_x^2+z_y^2}},\quad \cos\gamma=\frac{1}{\sqrt{1+z_x^2+z_y^2}},$$

于是由对面积的曲面积分的计算公式，有

$$\iint_{\Sigma}R(x,y,z)\cos\gamma\mathrm{d}S=\iint_{D_{xy}}R(x,y,z(x,y))\frac{1}{\sqrt{1+z_x^2+z_y^2}}\cdot\sqrt{1+z_x^2+z_y^2}\,\mathrm{d}x\mathrm{d}y$$
$$=\iint_{D_{xy}}R(x,y,z(x,y))\mathrm{d}x\mathrm{d}y,$$

即

$$\iint_{\Sigma}R(x,y,z)\mathrm{d}x\mathrm{d}y=\iint_{\Sigma}R(x,y,z)\cos\gamma\mathrm{d}S. \tag{10.4.4}$$

如果 $\Sigma$ 取下侧，则由公式(10.4.3)，有

$$\iint_{\Sigma}R(x,y,z)\mathrm{d}x\mathrm{d}y=-\iint_{D_{xy}}R(x,y,z(x,y))\mathrm{d}x\mathrm{d}y.$$

而此时 $\cos\gamma=\dfrac{-1}{\sqrt{1+z_x^2+z_y^2}}$，公式(10.4.4) 仍然成立. 同理可得

$$\iint_{\Sigma}P(x,y,z)\mathrm{d}y\mathrm{d}z=\iint_{\Sigma}P(x,y,z)\cos\alpha\mathrm{d}S, \tag{10.4.5}$$

$$\iint_{\Sigma}Q(x,y,z)\mathrm{d}z\mathrm{d}x=\iint_{\Sigma}Q(x,y,z)\cos\beta\mathrm{d}S. \tag{10.4.6}$$

将公式(10.4.4)、公式(10.4.5) 和公式(10.4.6) 合并，得两类曲面积分之间的关系为

$$\iint_{\Sigma}P\mathrm{d}y\mathrm{d}z+Q\mathrm{d}z\mathrm{d}x+R\mathrm{d}x\mathrm{d}y=\iint_{\Sigma}(P\cos\alpha+Q\cos\beta+R\cos\gamma)\mathrm{d}S,$$

其中 $\cos\alpha,\cos\beta,\cos\gamma$ 是有向曲面 $\Sigma$ 在点 $(x,y,z)$ 处的单位法向量的方向余弦.

用向量形式表示两类曲面积分之间的关系为

$$\iint_{\Sigma}\boldsymbol{A}\cdot\mathrm{d}\boldsymbol{S}=\iint_{\Sigma}\boldsymbol{A}\cdot\boldsymbol{n}^0\mathrm{d}S,$$

其中$\boldsymbol{A}=(P,Q,R)$,$\boldsymbol{n}^0=(\cos\alpha,\cos\beta,\cos\gamma)$为有向曲面$\Sigma$在点$(x,y,z)$处的单位法向量,$\mathrm{d}\boldsymbol{S}=\boldsymbol{n}^0\mathrm{d}S=(\mathrm{d}y\mathrm{d}z,\mathrm{d}z\mathrm{d}x,\mathrm{d}x\mathrm{d}y)$为**有向曲面微元**. 上式表明,向量值函数$\boldsymbol{A}$对坐标的曲面积分等于数量值函数$\boldsymbol{A}\cdot\boldsymbol{n}^0$对面积的曲面积分.

**注** $\mathrm{d}y\mathrm{d}z,\mathrm{d}z\mathrm{d}x,\mathrm{d}x\mathrm{d}y$分别是有向曲面微元$\mathrm{d}\boldsymbol{S}$在$yOz$面、$zOx$面、$xOy$面上的投影,它们可能为正也可能为负,甚至为0. 这是因为单位法向量$\boldsymbol{n}^0$的方向余弦$\cos\alpha,\cos\beta,\cos\gamma$有正、负、0之分.

**例 10.4.3** 计算曲面积分$I=\iint\limits_{\Sigma}yz\mathrm{d}z\mathrm{d}x+zx\mathrm{d}x\mathrm{d}y$,其中$\Sigma$为上半球面$z=\sqrt{R^2-x^2-y^2}$的上侧.

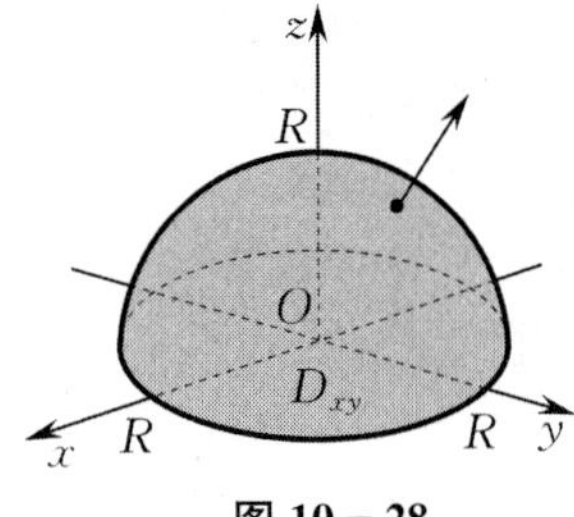

图 10-28

**解** 如图10-28所示,$\Sigma$在$xOy$面上的投影区域为

$$D_{xy}=\{(x,y)\mid x^2+y^2\leqslant R^2\}.$$

由于$\mathrm{d}z\mathrm{d}x=\cos\beta\mathrm{d}S=\dfrac{\cos\beta}{\cos\gamma}\cdot\cos\gamma\mathrm{d}S=\dfrac{\cos\beta}{\cos\gamma}\cdot\mathrm{d}x\mathrm{d}y$,且

$$\cos\beta=\frac{-z_y}{\sqrt{1+z_x^2+z_y^2}},\quad \cos\gamma=\frac{1}{\sqrt{1+z_x^2+z_y^2}},$$

$$\frac{\cos\beta}{\cos\gamma}=-z_y=\frac{y}{\sqrt{R^2-x^2-y^2}},$$

因此

$$\iint\limits_{\Sigma}yz\mathrm{d}z\mathrm{d}x=\iint\limits_{\Sigma}yz\cdot\frac{\cos\beta}{\cos\gamma}\cdot\mathrm{d}x\mathrm{d}y=\iint\limits_{\Sigma}\frac{y^2z}{\sqrt{R^2-x^2-y^2}}\mathrm{d}x\mathrm{d}y=\iint\limits_{\Sigma}y^2\mathrm{d}x\mathrm{d}y.$$

于是

$$\begin{aligned}I&=\iint\limits_{\Sigma}yz\mathrm{d}z\mathrm{d}x+zx\mathrm{d}x\mathrm{d}y=\iint\limits_{\Sigma}(y^2+zx)\mathrm{d}x\mathrm{d}y=\iint\limits_{D_{xy}}(y^2+x\sqrt{R^2-x^2-y^2})\mathrm{d}x\mathrm{d}y\\&=\iint\limits_{D_{xy}}y^2\mathrm{d}x\mathrm{d}y+\underbrace{\iint\limits_{D_{xy}}x\sqrt{R^2-x^2-y^2}\mathrm{d}x\mathrm{d}y}_{=0}=\int_0^{2\pi}\mathrm{d}\theta\int_0^R\rho^2\sin^2\theta\cdot\rho\mathrm{d}\rho=\frac{\pi R^4}{4}.\end{aligned}$$

**例 10.4.4** 已知流体速度场$\boldsymbol{v}(x,y,z)=(x^2,y^2,z^2)$,$\Sigma$为平面$x+y+z=1$与三个坐标面所围成的四面体的表面,求单位时间内由曲面的内部流向其外部的流量.

**解** $\Sigma$(见图10-26)可分成$\Sigma_1,\Sigma_2,\Sigma_3$和$\Sigma_4$四个部分,其中$\Sigma_1:x=0$,取后侧;$\Sigma_2:y=0$,取左侧;$\Sigma_3:z=0$,取下侧;$\Sigma_4:z=1-x-y$,取上侧,且$\Sigma_4$在$xOy$面上的投影区域为

$$D_{xy}=\{(x,y)\mid x+y\leqslant 1,x\geqslant 0,y\geqslant 0\}.$$

因此所求流量为

$$\varPhi=\oiint\limits_{\Sigma}\boldsymbol{v}\cdot\mathrm{d}\boldsymbol{S}=\oiint\limits_{\Sigma}x^2\mathrm{d}y\mathrm{d}z+y^2\mathrm{d}z\mathrm{d}x+z^2\mathrm{d}x\mathrm{d}y=\iint\limits_{\Sigma_1+\Sigma_2+\Sigma_3+\Sigma_4}x^2\mathrm{d}y\mathrm{d}z+y^2\mathrm{d}z\mathrm{d}x+z^2\mathrm{d}x\mathrm{d}y.$$

又

$$\iint_{\Sigma_1} \underbrace{x^2\mathrm{d}y\mathrm{d}z + y^2\mathrm{d}z\mathrm{d}x + z^2\mathrm{d}x\mathrm{d}y}_{x=0} = 0,$$

$$\iint_{\Sigma_2} \underbrace{x^2\mathrm{d}y\mathrm{d}z + y^2\mathrm{d}z\mathrm{d}x + z^2\mathrm{d}x\mathrm{d}y}_{y=0} = 0,$$

$$\iint_{\Sigma_3} \underbrace{x^2\mathrm{d}y\mathrm{d}z + y^2\mathrm{d}z\mathrm{d}x + z^2\mathrm{d}x\mathrm{d}y}_{z=0} = 0,$$

故利用被积函数和积分区域的轮换对称性,可得

$$\begin{aligned}\Phi &= \oiint_{\Sigma}\boldsymbol{v}\cdot\mathrm{d}\boldsymbol{S} = \iint_{\Sigma_4}x^2\mathrm{d}y\mathrm{d}z + y^2\mathrm{d}z\mathrm{d}x + z^2\mathrm{d}x\mathrm{d}y = 3\iint_{\Sigma_4}z^2\mathrm{d}x\mathrm{d}y \\ &= 3\iint_{D_{xy}}(1-x-y)^2\mathrm{d}x\mathrm{d}y = 3\int_0^1\mathrm{d}x\int_0^{1-x}(1-x-y)^2\mathrm{d}y = \frac{1}{4}.\end{aligned}$$

## 思考题 10.4

1. 对坐标的曲面积分 $\iint\limits_{\Sigma}P(x,y,z)\mathrm{d}y\mathrm{d}z + Q(x,y,z)\mathrm{d}z\mathrm{d}x + R(x,y,z)\mathrm{d}x\mathrm{d}y$ 的物理意义是什么?

2. 将对坐标的曲面积分化为二重积分计算时,曲面的侧起什么作用?

3. 设 $\Sigma$ 为锥面 $z = \sqrt{x^2+y^2}$ 介于平面 $z=1$ 与 $z=2$ 之间的部分,取下侧. 判断以下演算是否正确:

$$I = \iint_{\Sigma}\frac{\mathrm{e}^z}{\sqrt{x^2+y^2}}\mathrm{d}x\mathrm{d}y = \iint_{D_{xy}}\frac{\mathrm{e}^{\sqrt{x^2+y^2}}}{\sqrt{x^2+y^2}}\mathrm{d}x\mathrm{d}y = \iint_{D_{xy}}\frac{\mathrm{e}^{\rho}}{\rho}\cdot\rho\mathrm{d}\rho\mathrm{d}\theta = 2\pi(\mathrm{e}^2-\mathrm{e}),$$

其中 $D_{xy} = \{(x,y)\mid 1\leqslant x^2+y^2\leqslant 4\}$.

4. "$\iint\limits_{\Sigma}\mathrm{d}x\mathrm{d}y$ 等于 $\Sigma$ 的面积"是否正确? 为什么?

5. 曲面积分 $\iint\limits_{\Sigma}\mathrm{d}x\mathrm{d}y$ 与二重积分 $\iint\limits_{D_{xy}}\mathrm{d}x\mathrm{d}y$ 有何区别与联系?

6. 曲线积分和曲面积分可以利用代入技巧,重积分是否也可以利用代入技巧?

7. 设 $\Sigma$ 是半球面 $x^2+y^2+z^2=R^2(y\geqslant 0)$ 的外侧,$z$ 是奇函数,那么 $\iint\limits_{\Sigma}z\mathrm{d}x\mathrm{d}y = 0$ 是否正确? 为什么?

## 习 题 10.4

**(A)**

一、计算下列对坐标的曲面积分:

(1) $\iint\limits_{\Sigma}x^2y^2z\mathrm{d}x\mathrm{d}y$,其中 $\Sigma$ 是球面 $x^2+y^2+z^2=R^2$ 的下半部分的下侧;

(2) $\iint\limits_{\Sigma}z\mathrm{d}x\mathrm{d}y + x\mathrm{d}y\mathrm{d}z + y\mathrm{d}z\mathrm{d}x$,其中 $\Sigma$ 是圆柱面 $x^2+y^2=1$ 被平面 $z=0$ 及 $z=3$ 所截得的在第 Ⅰ 卦限的部分的前侧,如图 10－29 所示;

(3) $\iint\limits_{\Sigma}(x^3+y^2+z)\mathrm{d}x\mathrm{d}y$,其中 $\Sigma$ 是球面 $x^2+y^2+z^2=1$ 在 $x\geqslant 0, y\geqslant 0$ 的部分,取外侧;

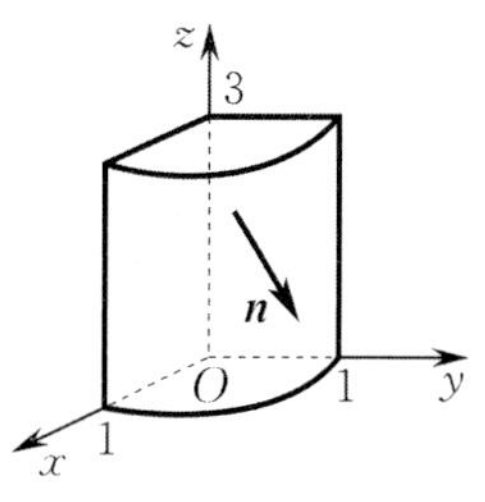


**图 10－29**

(4) $\iint\limits_{\Sigma}(f(x,y,z)+x)\mathrm{d}y\mathrm{d}z+(2f(x,y,z)+y)\mathrm{d}z\mathrm{d}x+(f(x,y,z)+z)\mathrm{d}x\mathrm{d}y$，其中 $f(x,y,z)$ 为连续函数，$\Sigma$ 是平面 $x-y+z=1$ 在第 Ⅳ 卦限的部分的上侧.

二、把对坐标的曲面积分 $\iint\limits_{\Sigma}P(x,y,z)\mathrm{d}y\mathrm{d}z+Q(x,y,z)\mathrm{d}z\mathrm{d}x+R(x,y,z)\mathrm{d}x\mathrm{d}y$ 化成对面积的曲面积分，其中 $\Sigma$ 为平面 $3x+2y+2\sqrt{3}z=6$ 在第 Ⅰ 卦限的部分的上侧.

**(B)**

一、设曲面 $\Sigma: z=\sqrt{1-x^2-y^2}$，$\gamma$ 是其外法线与 $z$ 轴正方向的夹角($\gamma$ 为锐角)，计算曲面积分 $I=\iint\limits_{\Sigma}z^2\cos\gamma\mathrm{d}S$.

二、计算曲面积分 $I=\iint\limits_{\Sigma}(x+1)\mathrm{d}y\mathrm{d}z+y\mathrm{d}z\mathrm{d}x+\mathrm{d}x\mathrm{d}y$，其中 $\Sigma$ 为平面 $x+y+z=1$ 在第 Ⅰ 卦限的部分的上侧.

三、计算曲面积分 $I=\iint\limits_{\Sigma}x\mathrm{d}y\mathrm{d}z+y\mathrm{d}z\mathrm{d}x+z\mathrm{d}x\mathrm{d}y$，其中 $\Sigma$ 为曲面 $z=x^2+y^2$ 在第 Ⅰ 卦限的部分 $(0\leqslant z\leqslant 1)$ 的上侧.

# 第五节　微积分基本定理的推广

在一元函数积分学中，微积分基本定理给出了牛顿-莱布尼茨公式

$$\int_a^b F'(x)\mathrm{d}x=F(b)-F(a),$$

它表示函数 $F'(x)$ 在闭区间 $[a,b]$ 上的定积分，可以通过它的原函数 $F(x)$ 在该区间的端点 $a,b$ 处的值来计算. 这一节我们将微积分基本定理推广到二维和三维空间，从而得到格林公式、高斯公式与斯托克斯公式，它们反映了在二维、三维区域上的积分与该区域边界上(低一维)的积分的内在联系. 这三大公式揭示了二重积分、三重积分及线、面积分的关系，形成了多元微积分学的基本理论，并在实际问题中有着广泛的应用，大大促进了近代数学的发展.

## 一、格林公式

格林公式揭示了平面闭区域上的二重积分与沿该闭区域边界上的第二类曲线积分之间的关系. 在给出格林公式之前，先介绍有关平面区域的一些概念.

设 $D$ 是一平面区域，如果 $D$ 内任意一条闭曲线所围成的有界区域都属于 $D$，则称 $D$ 是平面**单连通区域**；否则，称 $D$ 为平面**复连通区域**. 直观上，单连通区域是没有“洞”(包括“点洞”)的，而复连通区域是有“洞”的.

例如，开圆域 $\{(x,y)\mid x^2+y^2<1\}$、右半平面 $\{(x,y)\mid x>0\}$ 都是单连通区域；而圆环形区域 $\{(x,y)\mid 1<x^2+y^2<2\}$、去心开圆域 $\{(x,y)\mid 0<x^2+y^2<1\}$ 及函数 $f(x,y)=\dfrac{x}{x^2+y^2-1}$ 的定义域 $\{(x,y)\mid x^2+y^2\neq 1\}$ 都是复连通区域.

对于平面闭区域$D$的边界曲线$L$，规定$L$的正方向为：当一个人沿$L$的此方向行走时，$L$所围成的区域$D$总在他的左边. 例如，$D$是边界曲线$L$及$l$所围成的复连通区域(见图10-30)，作为$D$的正向边界，$L$的正方向是逆时针方向，而$l$的正方向是顺时针方向.

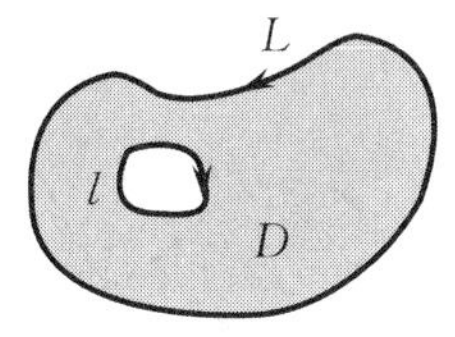


**图 10-30**

**定理 10.5.1**(**格林公式**)　设$D$是以分段光滑的曲线$L$为边界的平面闭区域，函数$P(x,y)$，$Q(x,y)$在$D$上具有连续偏导数，则有

$$\oint_L P\mathrm{d}x+Q\mathrm{d}y=\iint_D\left(\frac{\partial Q}{\partial x}-\frac{\partial P}{\partial y}\right)\mathrm{d}x\mathrm{d}y,$$

其中$L$是$D$的取正方向的边界曲线.

**证**　下面分三种情形证明定理10.5.1.

(1) 假设$D$既是$X$-型区域又是$Y$-型区域. 如图10-31(a)所示，$D$为$X$-型区域，则$D$可表示为

$$D=\{(x,y)\mid \varphi_1(x)\leqslant y\leqslant \varphi_2(x),a\leqslant x\leqslant b\}.$$

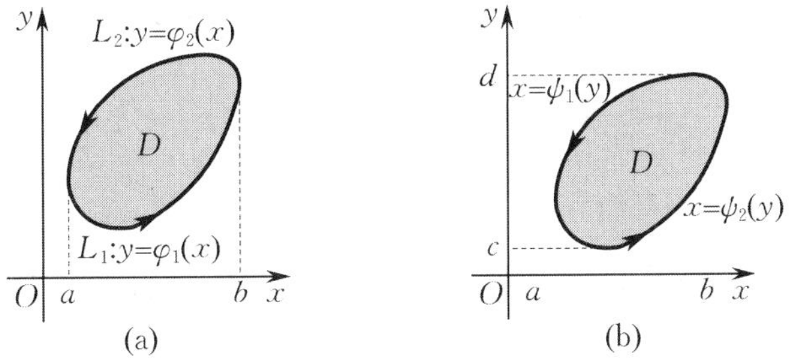

(a)　　　(b)

**图 10-31**

因为$\dfrac{\partial P}{\partial y}$连续，所以由二重积分的计算方法可得

$$-\iint_D\frac{\partial P}{\partial y}\mathrm{d}x\mathrm{d}y=-\int_a^b\left(\int_{\varphi_1(x)}^{\varphi_2(x)}\frac{\partial P(x,y)}{\partial y}\mathrm{d}y\right)\mathrm{d}x=-\int_a^b(P(x,\varphi_2(x))-P(x,\varphi_1(x)))\mathrm{d}x.$$

又由对坐标的曲线积分的性质及计算方法，有

$$\begin{aligned}\oint_L P\mathrm{d}x&=\int_{L_1}P\mathrm{d}x+\int_{L_2}P\mathrm{d}x=\int_a^b P(x,\varphi_1(x))\mathrm{d}x+\int_b^a P(x,\varphi_2(x))\mathrm{d}x\\&=\int_a^b(P(x,\varphi_1(x))-P(x,\varphi_2(x)))\mathrm{d}x.\end{aligned}$$

因此有

$$-\iint_D\frac{\partial P}{\partial y}\mathrm{d}x\mathrm{d}y=\oint_L P\mathrm{d}x.\tag{10.5.1}$$

若把$D$看成$Y$-型区域，则$D$可表示为$D=\{(x,y)\mid \psi_1(y)\leqslant x\leqslant \psi_2(y),c\leqslant y\leqslant d\}$(见图10-31(b)). 类似可证

$$\iint_D\frac{\partial Q}{\partial x}\mathrm{d}x\mathrm{d}y=\oint_L Q\mathrm{d}y.\tag{10.5.2}$$

公式(10.5.1)和公式(10.5.2)同时成立，合并后即得格林公式.

(2) 设$D$是单连通区域，但平行于坐标轴的直线与$D$的边界曲线的交点多于两个. 用辅助线将$D$划分为满足情形(1)的若干小闭区域. 例如，图10-32所示的闭区域$D$可划分为三

个小闭区域 $D_1$,$D_2$ 及 $D_3$,于是格林公式在每个小闭区域上都成立,即

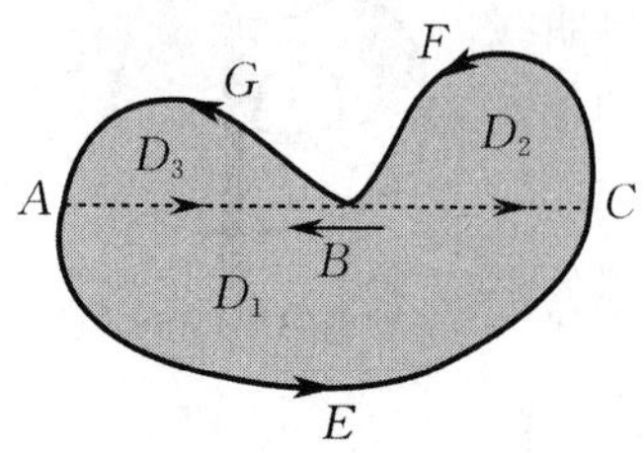

图 10-32

$$\iint\limits_{D_1}\left(\frac{\partial Q}{\partial x}-\frac{\partial P}{\partial y}\right)\mathrm{d}x\mathrm{d}y=\oint_{AECBA}P\,\mathrm{d}x+Q\mathrm{d}y,$$

$$\iint\limits_{D_2}\left(\frac{\partial Q}{\partial x}-\frac{\partial P}{\partial y}\right)\mathrm{d}x\mathrm{d}y=\oint_{CFBC}P\,\mathrm{d}x+Q\mathrm{d}y,$$

$$\iint\limits_{D_3}\left(\frac{\partial Q}{\partial x}-\frac{\partial P}{\partial y}\right)\mathrm{d}x\mathrm{d}y=\oint_{BGAB}P\,\mathrm{d}x+Q\mathrm{d}y.$$

将上述三个等式相加,由于在各小闭区域的公共边界(辅助线)上沿正、反方向各积分一次,其值抵消,因而有

$$\iint\limits_{D}\left(\frac{\partial Q}{\partial x}-\frac{\partial P}{\partial y}\right)\mathrm{d}x\mathrm{d}y=\oint_{L}P\,\mathrm{d}x+Q\mathrm{d}y.$$

(3) 设 $D$ 是复连通区域,如图 10-33 所示,作辅助线 $AB$,于是以 $L_1+AB+L_2+BA$ 为边界的 $D$ 是一个平面单连通区域. 由(2) 的证明可知

$$\begin{aligned}\iint\limits_{D}\left(\frac{\partial Q}{\partial x}-\frac{\partial P}{\partial y}\right)\mathrm{d}x\mathrm{d}y&=\oint_{L_1}(P\mathrm{d}x+Q\mathrm{d}y)+\int_{AB}(P\mathrm{d}x+Q\mathrm{d}y)\\&\quad+\oint_{L_2}(P\mathrm{d}x+Q\mathrm{d}y)+\int_{BA}(P\mathrm{d}x+Q\mathrm{d}y)\\&=\oint_{L_1}(P\mathrm{d}x+Q\mathrm{d}y)+\oint_{L_2}(P\mathrm{d}x+Q\mathrm{d}y),\end{aligned}$$

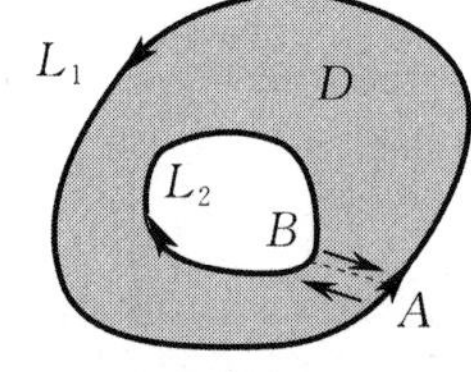

图 10-33

复连通区域 $D$ 的边界 $L$ 就是闭区域 $D$ 的内、外正向边界之和,即 $L=L_1+L_2$,因而格林公式仍然成立.

格林公式也可以借助行列式来记忆:$\oint_L P\,\mathrm{d}x+Q\mathrm{d}y=\iint\limits_D\begin{vmatrix}\frac{\partial}{\partial x} & \frac{\partial}{\partial y}\\ P & Q\end{vmatrix}\mathrm{d}x\mathrm{d}y.$

在计算上,格林公式为平面曲线积分,特别是闭曲线上的积分开拓了一个新的途径.

**例 10.5.1** 计算曲线积分 $\int_L(\mathrm{e}^x\sin y-2y)\mathrm{d}x+(\mathrm{e}^x\cos y-2)\mathrm{d}y$,其中 $L$ 分别为

(1) 由上半圆 $y=\sqrt{a^2-x^2}$ 与直线 $y=0$ 所围成的正向闭曲线,如图 10-34(a) 所示;

(2) 由点 $A(a,0)$ 到点 $B(-a,0)$ 的上半圆 $y=\sqrt{a^2-x^2}$,如图 10-34(b) 所示.

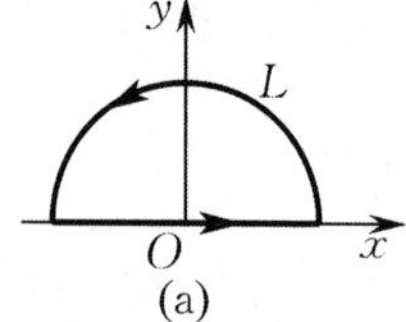


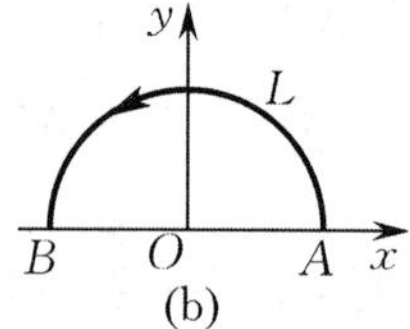


图 10-34

**分析** 若直接计算,令 $L$:$x=a\cos t$,$y=a\sin t$,则

$$\begin{aligned}&\int_L(\mathrm{e}^x\sin y-2y)\mathrm{d}x+(\mathrm{e}^x\cos y-2)\mathrm{d}y\\&=\int_0^{\pi}\{[\mathrm{e}^{a\cos t}\sin(a\sin t)-2a\sin t](-a\sin t)+[\mathrm{e}^{a\cos t}\cos(a\sin t)-2](a\cos t)\}\mathrm{d}t.\end{aligned}$$

显然,上式中的被积函数比较复杂.由于$\frac{\partial Q}{\partial x}-\frac{\partial P}{\partial y}=2$比较简单,故可考虑用格林公式.

**解**　(1) 由格林公式,有

$$\oint_L (e^x\sin y-2y)dx+(e^x\cos y-2)dy=\iint_D 2dxdy=\pi a^2,$$

其中$D$为$L$所围成的上半闭圆域.

(2) 因$L$不封闭,故添加辅助线段$BA$,方向为从$B$到$A$,使得$L$与$BA$形成闭曲线.于是,由格林公式得

$$\oint_{L+BA} (e^x\sin y-2y)dx+(e^x\cos y-2)dy=\iint_D 2dxdy=\pi a^2,$$

其中$D$为$L$与$BA$所围成的上半闭圆域.

在线段$BA$上,$y=0$,$x$单调地由$-a$变到$a$,于是

$$\int_{BA}\underbrace{(e^x\sin y-2y)dx+(e^x\cos y-2)dy}_{y=0}=0.$$

因此

$$\begin{aligned}&\int_L (e^x\sin y-2y)dx+(e^x\cos y-2)dy\\&=\oint_{L+BA}(e^x\sin y-2y)dx+(e^x\cos y-2)dy-\int_{BA}(e^x\sin y-2y)dx+(e^x\cos y-2)dy\\&=\pi a^2.\end{aligned}$$

思考　如果例10.5.1(1)中$L$的方向为负,结果又如何?

**注**　由例10.5.1可知,当被积表达式$Pdx+Qdy$比较复杂,而$\frac{\partial Q}{\partial x}-\frac{\partial P}{\partial y}$比较简单(特别是等于0或常数)时,可考虑用格林公式.当曲线$L$不封闭时,可添加辅助线,使之成为闭曲线,再利用格林公式来计算,当然,在添加的辅助线上的曲线积分应该是容易计算的.

**例 10.5.2**　计算曲线积分$I=\oint_L y^2dx+3xydy$,其中$L$是由圆$x^2+y^2=1$,$x^2+y^2=4$与直线$y=0$所围成的在上半平面的环形闭区域$D$的正向边界(见图10-35).

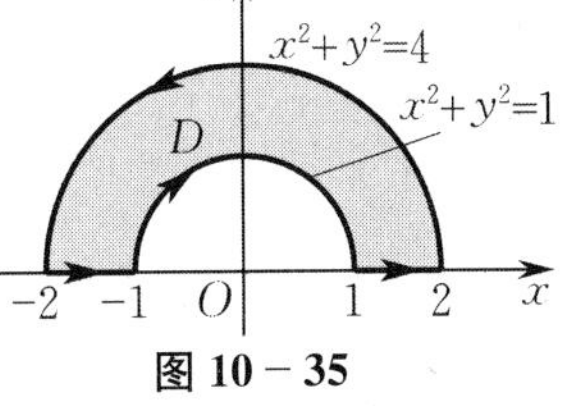

图 10-35

**解**　由格林公式,有

$$I=\oint_L y^2dx+3xydy=\iint_D\left[\frac{\partial}{\partial x}(3xy)-\frac{\partial}{\partial y}(y^2)\right]dxdy=\iint_D ydxdy.$$

在极坐标系下,$D$可表示为$D'=\{(\rho,\theta)\mid 1\leqslant\rho\leqslant 2,0\leqslant\theta\leqslant\pi\}$,于是

$$I=\iint_D ydxdy=\int_0^\pi d\theta\int_1^2\rho\sin\theta\cdot\rho d\rho=\int_0^\pi\sin\theta d\theta\int_1^2\rho^2d\rho=\frac{14}{3}.$$

**例 10.5.3**　计算曲线积分$\oint_L\frac{xdy-ydx}{x^2+y^2}$,其中$L$取正方向且分别为

(1) 任意不包围且不经过坐标原点$O$的分段光滑的简单闭曲线①;

① 自身不相交的连续曲线称为**简单曲线**.

(2) 圆 $x^2+y^2=a^2(a>0)$;

(3) 任意包围坐标原点 $O$ 的分段光滑的简单闭曲线.

**解** 记 $L$ 所围成的闭区域为 $D$. 令 $P(x,y)=\dfrac{-y}{x^2+y^2}$, $Q(x,y)=\dfrac{x}{x^2+y^2}$,则

$$\frac{\partial Q}{\partial x}=\frac{y^2-x^2}{(x^2+y^2)^2}=\frac{\partial P}{\partial y}.$$

(1) 当 $x^2+y^2\neq 0$ 时,$P,Q$ 在除坐标原点 $O$ 外的任意点处都具有连续偏导数. 因此,当点 $(0,0)\notin D$ 时,由格林公式得

$$\oint_L\frac{x\mathrm{d}y-y\mathrm{d}x}{x^2+y^2}=\iint_D 0\mathrm{d}x\mathrm{d}y=0.$$

(2) 当 $L$ 为圆 $x^2+y^2=a^2(a>0)$ 时,因为坐标原点 $O$ 在 $L$ 所围成的闭区域内,且 $P,Q$ 的偏导数在坐标原点 $O$ 处不连续,所以不能直接用格林公式计算该曲线积分. 因此,先将 $L$ 写成参数式方程 $\begin{cases}x=a\cos t,\\ y=a\sin t,\end{cases}$ 再用代入法计算得

$$\oint_L\frac{x\mathrm{d}y-y\mathrm{d}x}{x^2+y^2}=\int_0^{2\pi}\frac{a^2\cos^2 t+a^2\sin^2 t}{a^2}\mathrm{d}t=2\pi.$$

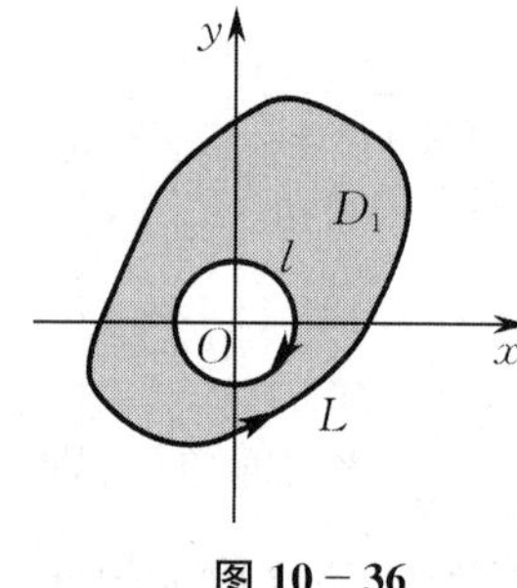


图 10-36

(3) 当 $(0,0)\in D$ 时,由于 $P,Q$ 的偏导数在 $D$ 上不连续,因此不能直接使用格林公式. 为此,取足够小的正数 $r$,作完全位于 $D$ 内的小圆 $l$:

$$\begin{cases}x=r\cos t,\\ y=r\sin t,\end{cases}$$

且取顺时针方向. 记由 $L$ 和 $l$ 所围成的闭区域为 $D_1$,则 $D_1$ 不包含坐标原点 $O$(见图 10-36),从而 $P,Q$ 在 $D_1$ 内具有连续偏导数. 对复连通区域 $D_1$ 用格林公式得 $\oint_{L+l}\dfrac{x\mathrm{d}y-y\mathrm{d}x}{x^2+y^2}=\iint_{D_1}0\mathrm{d}x\mathrm{d}y=0$,于是

$$\begin{aligned}\oint_L\frac{x\mathrm{d}y-y\mathrm{d}x}{x^2+y^2}&=\oint_{L+l}\frac{x\mathrm{d}y-y\mathrm{d}x}{x^2+y^2}-\oint_l\frac{x\mathrm{d}y-y\mathrm{d}x}{x^2+y^2}\\&=0-\oint_l\frac{x\mathrm{d}y-y\mathrm{d}x}{x^2+y^2}=-\int_{2\pi}^{0}\frac{r^2\cos^2 t+r^2\sin^2 t}{r^2}\mathrm{d}t=2\pi.\end{aligned}$$

由例 10.5.3 可以得出如下结论:设 $L$ 为任意一条分段光滑且不经过坐标原点的闭曲线,$L$ 取正方向,则有

$$\oint_L\frac{x\mathrm{d}y-y\mathrm{d}x}{x^2+y^2}=\begin{cases}0, & L\text{ 不包围坐标原点},\\ 2\pi, & L\text{ 包围坐标原点}.\end{cases}$$

思考 计算曲线积分 $\oint_L\dfrac{x\mathrm{d}y-y\mathrm{d}x}{2x^2+y^2}$,其中 $L$ 为 $x^2+\dfrac{y^2}{2}=1$,取逆时针方向.

## 二、高斯公式

对于三重积分,也有类似于格林公式的结论. 高斯公式反映了空间有界闭区域 $\Omega$ 上的三重积分与其边界曲面 $\Sigma$ 上的对坐标的曲面积分之间的关系.

**定理 10.5.2**（高斯公式）　设空间有界闭区域 $\Omega$ 由分片光滑的曲面 $\Sigma$ 所围成，函数 $P(x,y,z),Q(x,y,z),R(x,y,z)$ 在 $\Omega$ 上具有连续偏导数，则有

$$\oiint_{\Sigma} P\,\mathrm{d}y\mathrm{d}z+Q\,\mathrm{d}z\mathrm{d}x+R\,\mathrm{d}x\mathrm{d}y=\iiint_{\Omega}\left(\frac{\partial P}{\partial x}+\frac{\partial Q}{\partial y}+\frac{\partial R}{\partial z}\right)\mathrm{d}V,$$

其中 $\Sigma$ 是 $\Omega$ 的整个边界曲面，取外侧.

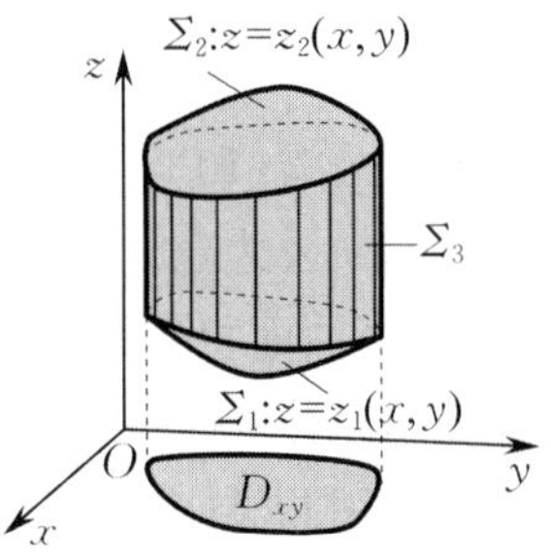

图 10－37

**证**　先证明 $\iiint\limits_{\Omega}\frac{\partial R}{\partial z}\mathrm{d}V=\oiint\limits_{\Sigma}R(x,y,z)\mathrm{d}x\mathrm{d}y$ 成立，下面分两种情形讨论.

(1) 假设穿过空间有界闭区域 $\Omega$ 内部且平行于 $z$ 轴的直线与 $\Omega$ 的边界曲面 $\Sigma$ 只有两个交点(见图 10－37).

记 $\Omega$ 在 $xOy$ 面上的投影区域为 $D_{xy}$. $\Omega$ 由曲面 $\Sigma_1,\Sigma_2,\Sigma_3$ 所围成，其中 $\Sigma_1: z=z_1(x,y)$，取下侧；$\Sigma_2: z=z_2(x,y)$，取上侧，且有 $z_1(x,y)\leqslant z_2(x,y)$；$\Sigma_3$ 是以 $D_{xy}$ 的边界曲线为准线，且母线平行于 $z$ 轴的柱面，取外侧.

一方面，根据三重积分的计算方法，有

$$\begin{aligned}\iiint_{\Omega}\frac{\partial R}{\partial z}\mathrm{d}V&=\iint_{D_{xy}}\left(\int_{z_1(x,y)}^{z_2(x,y)}\frac{\partial R}{\partial z}\mathrm{d}z\right)\mathrm{d}x\mathrm{d}y\\&=\iint_{D_{xy}}\big(R(x,y,z_2(x,y))-R(x,y,z_1(x,y))\big)\mathrm{d}x\mathrm{d}y.\qquad(10.5.3)\end{aligned}$$

另一方面，由于 $\oiint\limits_{\Sigma}R(x,y,z)\mathrm{d}x\mathrm{d}y=\oiint\limits_{\Sigma_1+\Sigma_2+\Sigma_3}R(x,y,z)\mathrm{d}x\mathrm{d}y$，因此由对坐标的曲面积分的计算方法，得

$$\iint_{\Sigma_1}R(x,y,z)\mathrm{d}x\mathrm{d}y=-\iint_{D_{xy}}R(x,y,z_1(x,y))\mathrm{d}x\mathrm{d}y,$$

$$\iint_{\Sigma_2}R(x,y,z)\mathrm{d}x\mathrm{d}y=\iint_{D_{xy}}R(x,y,z_2(x,y))\mathrm{d}x\mathrm{d}y.$$

而 $\Sigma_3$ 在 $xOy$ 面上的投影区域为一条曲线，其面积为 0，故

$$\iint_{\Sigma_3}R(x,y,z)\mathrm{d}x\mathrm{d}y=0.$$

将上述三个等式相加可得

$$\oiint_{\Sigma}R(x,y,z)\mathrm{d}x\mathrm{d}y=\iint_{D_{xy}}\big(R(x,y,z_2(x,y))-R(x,y,z_1(x,y))\big)\mathrm{d}x\mathrm{d}y.\qquad(10.5.4)$$

比较公式(10.5.3)和公式(10.5.4)，可得

$$\iiint_{\Omega}\frac{\partial R}{\partial z}\mathrm{d}V=\oiint_{\Sigma}R(x,y,z)\mathrm{d}x\mathrm{d}y.\qquad(10.5.5)$$

(2) 当穿过 $\Omega$ 内部且平行于 $z$ 轴的直线与 $\Omega$ 的边界曲面 $\Sigma$ 相交多于两个交点时，可将它进行分割，使分割后的每一小块均为(1)中区域的形状，然后对每一小块用公式(10.5.5)，再

将所得公式相加.注意在相邻小块的分界面上的两次积分曲面方向相反,积分互相抵消,同样可得公式(10.5.5)在$\Omega$上成立.

同理可证

$$\iiint_{\Omega}\frac{\partial P}{\partial x}\mathrm{d}V=\oint\!\!\!\oint_{\Sigma}P(x,y,z)\mathrm{d}y\mathrm{d}z, \tag{10.5.6}$$

$$\iiint_{\Omega}\frac{\partial Q}{\partial y}\mathrm{d}V=\oint\!\!\!\oint_{\Sigma}Q(x,y,z)\mathrm{d}z\mathrm{d}x. \tag{10.5.7}$$

将公式(10.5.5)、公式(10.5.6)和公式(10.5.7)合并即得高斯公式.

高斯公式建立了空间有界闭区域$\Omega$上的三重积分与其边界曲面$\Sigma$上的曲面积分之间的关系.当曲面积分的计算较复杂时,往往可利用高斯公式将其转化为三重积分来计算.但是,在用高斯公式时一定要满足高斯公式对被积函数和积分区域的所有条件.

利用两类曲面积分之间的关系,可以得到如下形式的高斯公式:

$$\iiint_{\Omega}\left(\frac{\partial P}{\partial x}+\frac{\partial Q}{\partial y}+\frac{\partial R}{\partial z}\right)\mathrm{d}V=\oint\!\!\!\oint_{\Sigma}(P\cos\alpha+Q\cos\beta+R\cos\gamma)\mathrm{d}S,$$

其中$\cos\alpha,\cos\beta,\cos\gamma$是$\Sigma$上点$(x,y,z)$处的单位法向量(指向外侧)的方向余弦.注意这里的高斯公式的右边是对面积的曲面积分.

**例 10.5.4** 计算曲面积分$I=\oint\!\!\!\oint_{\Sigma}x^2\mathrm{d}y\mathrm{d}z+y^2\mathrm{d}z\mathrm{d}x$,其中$\Sigma$是

$$\Omega=\{(x,y,z)\mid 0\leqslant x\leqslant a,0\leqslant y\leqslant b,0\leqslant z\leqslant c\}$$

的边界曲面,取外侧.

**解** 因$P=x^2,Q=y^2,R=0,\dfrac{\partial P}{\partial x}=2x,\dfrac{\partial Q}{\partial y}=2y,\dfrac{\partial R}{\partial z}=0$,故由高斯公式可得

$$I=\iiint_{\Omega}(2x+2y)\mathrm{d}V=\int_0^a\mathrm{d}x\int_0^b\mathrm{d}y\int_0^c2(x+y)\mathrm{d}z=abc(a+b).$$

**注** 在利用高斯公式计算曲面积分时应满足如下条件:

(1) $\Sigma$取闭曲面的外侧.如果$\Sigma$取内侧,则有

$$\oint\!\!\!\oint_{\Sigma}P\mathrm{d}y\mathrm{d}z+Q\mathrm{d}z\mathrm{d}x+R\mathrm{d}x\mathrm{d}y=-\iiint_{\Omega}\left(\frac{\partial P}{\partial x}+\frac{\partial Q}{\partial y}+\frac{\partial R}{\partial z}\right)\mathrm{d}V.$$

(2) 函数$P(x,y,z),Q(x,y,z),R(x,y,z)$在$\Omega$上具有连续偏导数.

若曲面$\Sigma$不封闭或在$\Sigma$所围成的空间有界闭区域$\Omega$内函数$P(x,y,z),Q(x,y,z),R(x,y,z)$不满足条件(2),那么不能直接用高斯公式,而是需要作辅助曲面,使之满足条件(1)和(2)后,才能用高斯公式.

**例 10.5.5** 计算曲面积分$I=\oint\!\!\!\oint_{\Sigma}(x^2+y^2)\mathrm{d}y\mathrm{d}z+z\mathrm{d}x\mathrm{d}y$,其中$\Sigma$是圆柱面$x^2+y^2=a^2$与平面$z=0,z=h(h>0)$所围成的圆柱体表面的外侧(见图10-38).

**解** 因为曲面$\Sigma$封闭,且$P=x^2+y^2,R=z,\dfrac{\partial P}{\partial x}=2x,\dfrac{\partial R}{\partial z}=1$,所以直接用高斯公式得

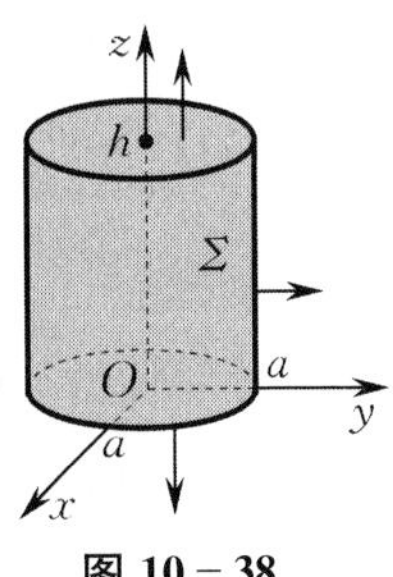

图 10－38

$$I=\oiint_{\Sigma}(x^2+y^2)\mathrm{d}y\mathrm{d}z+z\mathrm{d}x\mathrm{d}y=\iiint_{\Omega}(2x+1)\mathrm{d}V.$$

又 $\Omega$ 关于 $yOz$ 面对称，且 $f(x,y,z)=x$ 是 $x$ 的奇函数，所以

$$\iiint_{\Omega}x\,\mathrm{d}V=0.$$

于是

$$I=\iiint_{\Omega}\mathrm{d}V=V_{\text{圆柱体}}=\pi a^2h.$$

思考　若 $\Sigma$ 改为内侧，结果有何变化？

**例 10.5.6**　计算曲面积分 $I=\iint_{\Sigma}(y-z)\mathrm{d}y\mathrm{d}z+(z-x)\mathrm{d}z\mathrm{d}x+(x-y)\mathrm{d}x\mathrm{d}y$，其中 $\Sigma$ 是曲面 $z=\sqrt{x^2+y^2}$ 介于平面 $z=0,z=h(h>0)$ 之间的部分，取外侧.

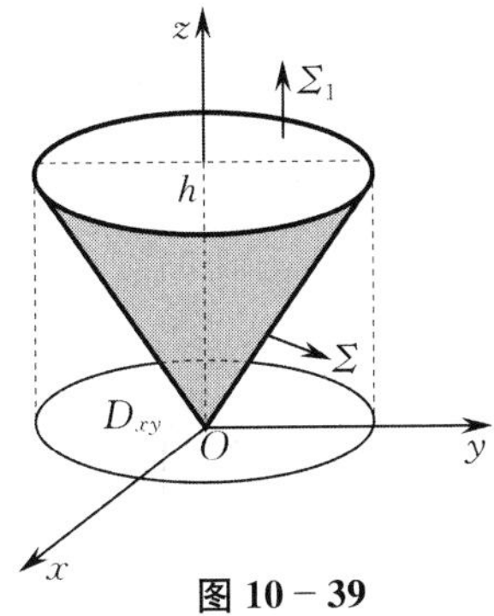

图 10－39

**解**　因曲面 $\Sigma$ 不是封闭的，故不能直接用高斯公式. 作辅助曲面

$$\Sigma_1=\{(x,y,z)\mid x^2+y^2\leqslant h^2,z=h\},$$

取上侧(见图 10－39)，则 $\Sigma$ 和 $\Sigma_1$ 构成一封闭曲面. 记由 $\Sigma$ 和 $\Sigma_1$ 所围成的空间有界闭区域为 $\Omega$，由高斯公式得

$$\oiint_{\Sigma+\Sigma_1}(y-z)\mathrm{d}y\mathrm{d}z+(z-x)\mathrm{d}z\mathrm{d}x+(x-y)\mathrm{d}x\mathrm{d}y=\iiint_{\Omega}(0+0+0)\mathrm{d}V=0,$$

于是

$$\begin{aligned}I&=\oiint_{\Sigma+\Sigma_1}(y-z)\mathrm{d}y\mathrm{d}z+(z-x)\mathrm{d}z\mathrm{d}x+(x-y)\mathrm{d}x\mathrm{d}y\\&\quad-\iint_{\Sigma_1}(y-z)\mathrm{d}y\mathrm{d}z+(z-x)\mathrm{d}z\mathrm{d}x+(x-y)\mathrm{d}x\mathrm{d}y\\&=0-\iint_{D_{xy}}(x-y)\mathrm{d}x\mathrm{d}y=-\iint_{D_{xy}}x\,\mathrm{d}x\mathrm{d}y+\iint_{D_{xy}}y\,\mathrm{d}x\mathrm{d}y=0.\end{aligned}$$

## 三、斯托克斯公式

现在把格林公式由平面推广到空间，将具有光滑边界曲线的光滑曲面上的积分与其边界曲线上的积分联系起来，就得到斯托克斯公式.

**定理 10.5.3**(**斯托克斯公式**)　设分片光滑的有向曲面 $\Sigma$ 的边界 $\Gamma$ 为分段光滑的空间闭曲线. 如果函数 $P(x,y,z),Q(x,y,z),R(x,y,z)$ 在曲面 $\Sigma$(连同边界 $\Gamma$) 上具有连续偏导数，则有

$$\iint_{\Sigma}\left(\frac{\partial R}{\partial y}-\frac{\partial Q}{\partial z}\right)\mathrm{d}y\mathrm{d}z+\left(\frac{\partial P}{\partial z}-\frac{\partial R}{\partial x}\right)\mathrm{d}z\mathrm{d}x+\left(\frac{\partial Q}{\partial x}-\frac{\partial P}{\partial y}\right)\mathrm{d}x\mathrm{d}y=\oint_{\Gamma}P\,\mathrm{d}x+Q\mathrm{d}y+R\mathrm{d}z,$$

其中 $\Sigma$ 的侧与 $\Gamma$ 的正方向符合右手规则,如图 10 - 40 所示.

**证** 先证明

$$\oint_{\Gamma} P(x,y,z)\mathrm{d}x = \iint_{\Sigma} \frac{\partial P}{\partial z}\mathrm{d}z\mathrm{d}x - \frac{\partial P}{\partial y}\mathrm{d}x\mathrm{d}y. \tag{10.5.8}$$

下面分两种情形进行讨论.

(1) 曲面 $\Sigma$ 与平行于 $z$ 轴的直线至多交于一点. 设 $\Sigma$ 的方程为 $z = f(x,y)$,取上侧,$\Sigma$ 在 $xOy$ 面上的投影区域为 $D_{xy}$,$\Sigma$ 的边界曲线 $\Gamma$ 在 $xOy$ 面上的投影曲线为 $C$(见图 10 - 41).

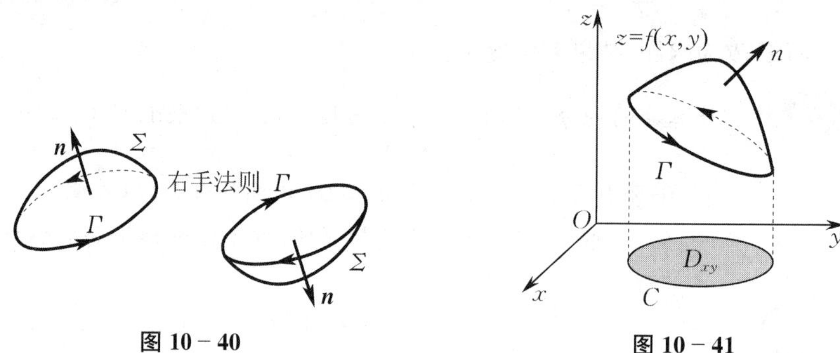


图 10 - 40　　图 10 - 41

一方面,将公式(10.5.8)左边化为沿投影曲线 $C$ 对坐标的曲线积分后,再利用格林公式,有

$$\oint_{\Gamma} P(x,y,z)\mathrm{d}x = \oint_{C} P(x,y,f(x,y))\mathrm{d}x = \iint_{D_{xy}} -\frac{\partial}{\partial y}P(x,y,f(x,y))\mathrm{d}x\mathrm{d}y.$$

根据复合函数偏导数的链式法则,有

$$\frac{\partial}{\partial y}P(x,y,f(x,y)) = \frac{\partial P}{\partial y} + \frac{\partial P}{\partial z}\cdot\frac{\partial f}{\partial y},$$

故

$$\oint_{\Gamma} P(x,y,z)\mathrm{d}x = -\iint_{D_{xy}} \left(\frac{\partial P}{\partial y} + \frac{\partial P}{\partial z}\cdot\frac{\partial f}{\partial y}\right)\mathrm{d}x\mathrm{d}y. \tag{10.5.9}$$

另一方面,曲面 $\Sigma$ 上侧($\gamma$ 为锐角)的法向量的方向余弦为

$$\cos\alpha = -\frac{f_x}{\sqrt{1+f_x^2+f_y^2}},\quad \cos\beta = -\frac{f_y}{\sqrt{1+f_x^2+f_y^2}},\quad \cos\gamma = \frac{1}{\sqrt{1+f_x^2+f_y^2}},$$

由两类曲面积分之间的关系,有

$$\iint_{\Sigma} \frac{\partial P}{\partial z}\mathrm{d}z\mathrm{d}x = \iint_{\Sigma} \frac{\partial P}{\partial z}\cos\beta\mathrm{d}S = \iint_{\Sigma} \frac{\partial P}{\partial z}\cdot\frac{\cos\beta}{\cos\gamma}\cos\gamma\mathrm{d}S = \iint_{\Sigma} \frac{\partial P}{\partial z}\left(-\frac{\partial f}{\partial y}\right)\mathrm{d}x\mathrm{d}y.$$

将上式代入公式(10.5.8)右边,得

$$\iint_{\Sigma} \frac{\partial P}{\partial z}\mathrm{d}z\mathrm{d}x - \frac{\partial P}{\partial y}\mathrm{d}x\mathrm{d}y = -\iint_{\Sigma} \left(\frac{\partial P}{\partial z}\cdot\frac{\partial f}{\partial y} + \frac{\partial P}{\partial y}\right)\mathrm{d}x\mathrm{d}y = -\iint_{D_{xy}} \left(\frac{\partial P}{\partial y} + \frac{\partial P}{\partial z}\cdot\frac{\partial f}{\partial y}\right)\mathrm{d}x\mathrm{d}y. \tag{10.5.10}$$

比较公式(10.5.9)和公式(10.5.10),可得

$$\iint_{\Sigma} \frac{\partial P}{\partial z}\mathrm{d}z\mathrm{d}x - \frac{\partial P}{\partial y}\mathrm{d}x\mathrm{d}y = \oint_{\Gamma} P(x,y,z)\mathrm{d}x.$$

如果 $\Sigma$ 取下侧，$\Gamma$ 也相应地改成相反的方向，那么上式等号两边同时改变符号，因此公式(10.5.8) 仍成立.

(2) 若 $\Sigma$ 与平行于 $z$ 轴的直线的交点多于一个，则可通过分割，将 $\Sigma$ 分成几部分，使得每一部分与平行于 $z$ 轴的直线的交点至多一个. 在每一部分上，应用公式(10.5.8) 后，再将所得公式相加，可得公式(10.5.8) 在 $\Sigma$ 上仍成立.

同理可证

$$\iint_{\Sigma}\frac{\partial Q}{\partial x}\mathrm{d}x\mathrm{d}y-\frac{\partial Q}{\partial z}\mathrm{d}y\mathrm{d}z=\oint_{\Gamma}Q(x,y,z)\mathrm{d}y,\quad \iint_{\Sigma}\frac{\partial R}{\partial y}\mathrm{d}y\mathrm{d}z-\frac{\partial R}{\partial x}\mathrm{d}z\mathrm{d}x=\oint_{\Gamma}R(x,y,z)\mathrm{d}z.$$

将以上三式合并，即得斯托克斯公式：

$$\iint_{\Sigma}\left(\frac{\partial R}{\partial y}-\frac{\partial Q}{\partial z}\right)\mathrm{d}y\mathrm{d}z+\left(\frac{\partial P}{\partial z}-\frac{\partial R}{\partial x}\right)\mathrm{d}z\mathrm{d}x+\left(\frac{\partial Q}{\partial x}-\frac{\partial P}{\partial y}\right)\mathrm{d}x\mathrm{d}y=\oint_{\Gamma}P\mathrm{d}x+Q\mathrm{d}y+R\mathrm{d}z.$$

显然，当曲面 $\Sigma$ 是 $xOy$ 面上的一个闭区域，且 $\Gamma$ 为 $\Sigma$ 的边界曲线时，由 $\mathrm{d}z=0$，得 $\mathrm{d}y\mathrm{d}z=\mathrm{d}z\mathrm{d}x=0$，从而斯托克斯公式可简化为格林公式. 这说明格林公式是斯托克斯公式的特例.

为了便于记忆，斯托克斯公式可以写成

$$\oint_{\Gamma}P\mathrm{d}x+Q\mathrm{d}y+R\mathrm{d}z=\iint_{\Sigma}\begin{vmatrix}\mathrm{d}y\mathrm{d}z & \mathrm{d}z\mathrm{d}x & \mathrm{d}x\mathrm{d}y\\ \dfrac{\partial}{\partial x} & \dfrac{\partial}{\partial y} & \dfrac{\partial}{\partial z}\\ P & Q & R\end{vmatrix},$$

把其中的行列式按第一行展开，并把 $\dfrac{\partial}{\partial y}$ 与 $R$ 的“积”理解为 $\dfrac{\partial R}{\partial y}$，$\dfrac{\partial}{\partial z}$ 与 $Q$ 的“积”理解为 $\dfrac{\partial Q}{\partial z}$ 等，这个行列式的值恰好是斯托克斯公式左边的被积表达式.

利用两类曲面积分间的关系，斯托克斯公式也可以表示为

$$\oint_{\Gamma}P\mathrm{d}x+Q\mathrm{d}y+R\mathrm{d}z=\iint_{\Sigma}\begin{vmatrix}\cos\alpha & \cos\beta & \cos\gamma\\ \dfrac{\partial}{\partial x} & \dfrac{\partial}{\partial y} & \dfrac{\partial}{\partial z}\\ P & Q & R\end{vmatrix}\mathrm{d}S,$$

其中 $\boldsymbol{n}^0=(\cos\alpha,\cos\beta,\cos\gamma)$ 为有向曲面 $\Sigma$ 在点 $(x,y,z)$ 处的单位法向量.

**例 10.5.7** 计算曲线积分 $I=\oint_{\Gamma}3z\mathrm{d}x+5x\mathrm{d}y-2y\mathrm{d}z$，其中 $\Gamma$ 是平面 $y+z=2$ 与圆柱面 $x^2+y^2=1$ 的交线，从 $z$ 轴正方向看去，$\Gamma$ 为逆时针方向.

**解** 取 $\Sigma$ 为平面 $y+z=2$ 被圆柱面截得的椭圆面，法向量 $\boldsymbol{n}$ 向上(见图 10-42)，从而有 $\boldsymbol{n}=(0,1,1)$，$\cos\alpha=0$，$\cos\beta=\dfrac{1}{\sqrt{2}}$，$\cos\gamma=\dfrac{1}{\sqrt{2}}$.

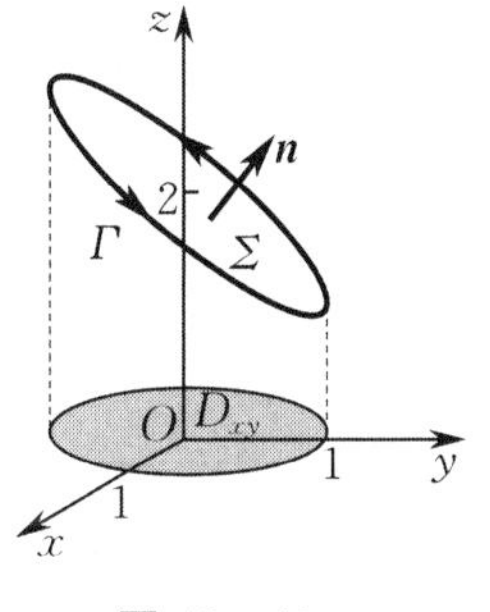

图 10-42

由斯托克斯公式得

$$I=\iint_{\Sigma}\begin{vmatrix}\cos\alpha & \cos\beta & \cos\gamma\\ \dfrac{\partial}{\partial x} & \dfrac{\partial}{\partial y} & \dfrac{\partial}{\partial z}\\ 3z & 5x & -2y\end{vmatrix}\mathrm{d}S=\iint_{\Sigma}\begin{vmatrix}0 & \dfrac{1}{\sqrt{2}} & \dfrac{1}{\sqrt{2}}\\ \dfrac{\partial}{\partial x} & \dfrac{\partial}{\partial y} & \dfrac{\partial}{\partial z}\\ 3z & 5x & -2y\end{vmatrix}\mathrm{d}S=4\sqrt{2}\iint_{\Sigma}\mathrm{d}S.$$

又曲面 $\Sigma$ 为 $z=2-y$，其在 $xOy$ 面上的投影区域为 $D_{xy}=\{(x,y)\mid x^2+y^2\leqslant 1\}$，故有

$$\iint_{\Sigma}\mathrm{d}S=\iint_{D_{xy}}\sqrt{1+z_x^2+z_y^2}\,\mathrm{d}x\mathrm{d}y=\sqrt{2}\iint_{D_{xy}}\mathrm{d}x\mathrm{d}y=\sqrt{2}\pi,$$

于是

$$I=4\sqrt{2}\cdot\sqrt{2}\pi=8\pi.$$

**例 10.5.8** 计算曲线积分 $I=\oint_{\Gamma}(y-z)\mathrm{d}x+(z-x)\mathrm{d}y+(x-y)\mathrm{d}z$，其中 $\Gamma$ 是球面 $x^2+y^2+z^2=R^2$ 在第 Ⅰ 卦限的部分的边界曲线，从 $z$ 轴正方向看去，$\Gamma$ 为顺时针方向.

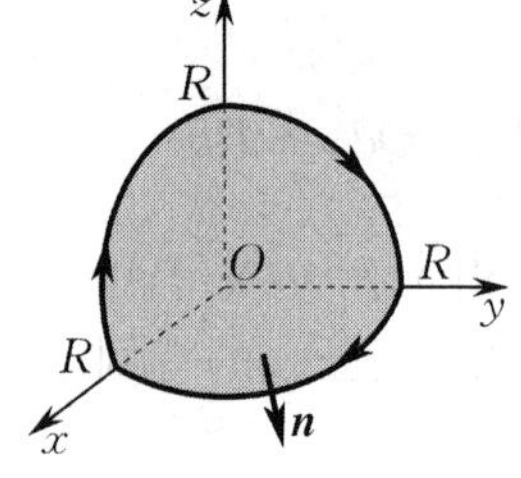


图 10－43

**解** 取 $\Sigma$ 为球面在第 Ⅰ 卦限的部分的下侧(取下侧才符合右手规则，如图 10－43 所示)，由斯托克斯公式得

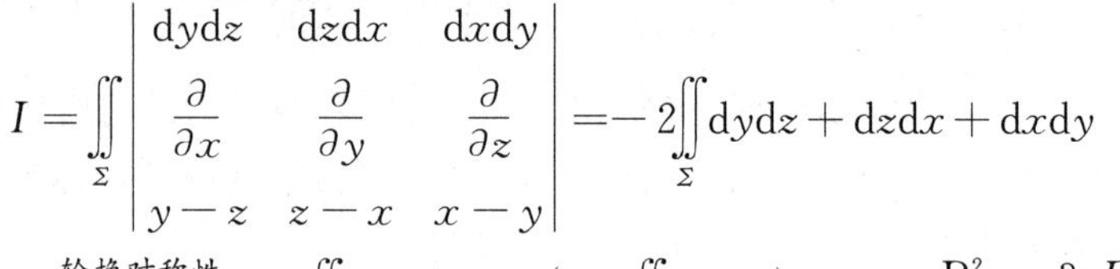

$$I=\iint_{\Sigma}\begin{vmatrix}\mathrm{d}y\mathrm{d}z & \mathrm{d}z\mathrm{d}x & \mathrm{d}x\mathrm{d}y\\ \dfrac{\partial}{\partial x} & \dfrac{\partial}{\partial y} & \dfrac{\partial}{\partial z}\\ y-z & z-x & x-y\end{vmatrix}=-2\iint_{\Sigma}\mathrm{d}y\mathrm{d}z+\mathrm{d}z\mathrm{d}x+\mathrm{d}x\mathrm{d}y$$

$$\xlongequal{\text{轮换对称性}}-6\iint_{\Sigma}\mathrm{d}x\mathrm{d}y=-\left(-6\iint_{D_{xy}}\mathrm{d}x\mathrm{d}y\right)=6\cdot\frac{\pi R^2}{4}=\frac{3\pi R^2}{2}.$$

## 思考题 10.5

1. 如图 10－44 所示，若 $D_1$ 为复连通区域，试描述格林公式中边界曲线 $L$ 的方向.

2. 如何利用格林公式求平面图形的面积？试求由椭圆 $\dfrac{x^2}{a^2}+\dfrac{y^2}{b^2}=1$ 所围成的闭区域的面积.

3. 设 $L$ 为 $D$:$x^2+y^2\leqslant 4$ 的正向边界曲线，计算曲线积分 $\oint_L\dfrac{y\mathrm{d}x-x\mathrm{d}y}{x^2+y^2}$. 判断下述做法是否正确，为什么？

图 10－44

因为

$$\frac{\partial Q}{\partial x}=\frac{x^2-y^2}{(x^2+y^2)^2}=\frac{\partial P}{\partial y},$$

所以由格林公式得 $\oint_L\dfrac{y\mathrm{d}x-x\mathrm{d}y}{x^2+y^2}=\iint_D\left(\dfrac{\partial Q}{\partial x}-\dfrac{\partial P}{\partial y}\right)\mathrm{d}x\mathrm{d}y=0$.

4. 设曲面 $\Sigma$:$x^2+y^2+z^2=a^2$，取外侧，$\Omega$ 为 $\Sigma$ 所围成的立体，且 $r=\sqrt{x^2+y^2+z^2}$. 判断下列演算是否正确：

(1) $$\oiint_{\Sigma}\frac{x^3}{r^3}\mathrm{d}y\mathrm{d}z+\frac{y^3}{r^3}\mathrm{d}z\mathrm{d}x+\frac{z^3}{r^3}\mathrm{d}x\mathrm{d}y=\frac{1}{a^3}\oiint_{\Sigma}x^3\mathrm{d}y\mathrm{d}z+y^3\mathrm{d}z\mathrm{d}x+z^3\mathrm{d}x\mathrm{d}y$$
$$=\frac{1}{a^3}\iiint_{\Omega}3(x^2+y^2+z^2)\mathrm{d}V=\frac{3}{a}\iiint_{\Omega}\mathrm{d}V=4\pi a^2.$$

(2) $$\oiint_{\Sigma}\frac{x^3}{r^3}\mathrm{d}y\mathrm{d}z+\frac{y^3}{r^3}\mathrm{d}z\mathrm{d}x+\frac{z^3}{r^3}\mathrm{d}x\mathrm{d}y=\iiint_{\Omega}\left[\frac{\partial}{\partial x}\left(\frac{x^3}{r^3}\right)+\frac{\partial}{\partial y}\left(\frac{y^3}{r^3}\right)+\frac{\partial}{\partial z}\left(\frac{z^3}{r^3}\right)\right]\mathrm{d}V=\cdots.$$

5. 使用斯托克斯公式时，应如何选择曲面 $\Sigma$？

## 习　题　10.5

**(A)**

一、利用格林公式计算下列曲线积分：

(1) $\oint_L(x^2y\cos x+2xy\sin x-y^2e^x)dx+(x^2\sin x-2ye^x)dy$，其中 $L$ 为正向星形线 $x^{\frac{2}{3}}+y^{\frac{2}{3}}=a^{\frac{2}{3}}\ (a>0)$；

(2) $\int_L(2xy^3-y^2\cos x)dx+(1-2y\sin x+3x^2y^2)dy$，其中 $L$ 为抛物线 $2x=\pi y^2$ 上从点(0,0)到点$\left(\frac{\pi}{2},1\right)$的一段曲线弧；

(3) $\int_L(x^2-y)dx-(x+\sin^2y)dy$，其中 $L$ 是圆 $y=\sqrt{2x-x^2}$ 上从点(0,0)到点(1,1)的一段曲线弧；

(4) $\oint_L\frac{ydx-xdy}{2(x^2+y^2)}$，其中 $L$ 为圆 $(x-1)^2+y^2=2$，其方向为逆时针方向.

二、(1) 设曲线积分 $I=\frac{1}{2}\oint_L xdy-ydx$，其中 $L$ 为正向闭曲线. 证明：$I$ 的值即为曲线 $L$ 所围成的闭区域 $D$ 的面积 $A$；

(2) 应用(1)的结论计算由星形线 $x^{\frac{2}{3}}+y^{\frac{2}{3}}=a^{\frac{2}{3}}\,(a>0)$ 所围成的平面闭区域的面积.

三、利用高斯公式，计算下列小题：

(1) $\oiint\limits_{\Sigma}x^2dydz+y^2dzdx+z^2dxdy$，其中 $\Sigma$ 为由平面 $x=0,y=0,z=0,x=a,y=a,z=a$ 所围成立体的表面的外侧；

(2) $\oiint\limits_{\Sigma}x^3dydz+y^3dzdx+z^3dxdy$，其中 $\Sigma$ 为球面 $x^2+y^2+z^2=a^2$ 的外侧；

(3) $\oiint\limits_{\Sigma}xdydz+ydzdx+zdxdy$，其中 $\Sigma$ 为介于平面 $z=0,z=3$ 之间的圆柱体 $x^2+y^2\leqslant 9$ 的整个表面的外侧；

(4) $\iint\limits_{\Sigma}xyzdxdy$，其中 $\Sigma$ 为球面 $x^2+y^2+z^2=1$ 在 $x\geqslant 0,y\geqslant 0$ 的部分的外侧；

(5) 求向量 $\boldsymbol{A}=yz\boldsymbol{i}+xz\boldsymbol{j}+xy\boldsymbol{k}$ 穿过曲面 $\Sigma$ 流向外侧的通量，其中 $\Sigma$ 为圆柱体 $x^2+y^2\leqslant a^2\,(0\leqslant z\leqslant h)$ 的整个表面的外侧.

四、利用斯托克斯公式，计算下列曲线积分：

(1) $\oint_\Gamma ydx+zdy+xdz$，其中 $\Gamma$ 为圆 $\begin{cases}x^2+y^2+z^2=a^2,\\x+y+z=0,\end{cases}$ 从 $x$ 轴正方向看去，$\Gamma$ 为逆时针方向；

(2) $\oint_\Gamma 3ydx-xzdy+yz^2dz$，其中 $\Gamma$ 是圆 $\begin{cases}x^2+y^2=2z,\\z=2,\end{cases}$ 从 $z$ 轴正方向看去，$\Gamma$ 为逆时针方向；

(3) $\oint_\Gamma(z-y)dx+(x-z)dy+(x-y)dz$，其中 $\Gamma$：$\begin{cases}x^2+y^2=1,\\x-y+z=2,\end{cases}$ 从 $z$ 轴正方向看去，$\Gamma$ 为顺时针方向.

五、设 $C$ 是空间任一分段光滑的简单闭曲线，$f(x),g(y),h(z)$ 是任意连续函数，证明：

$$\oint_C(f(x)-yz)dx+(g(y)-xz)dy+(h(z)-xy)dz=0.$$

**(B)**

一、计算曲线积分 $I=\oint_L \frac{-y\mathrm{d}x+x\mathrm{d}y}{4x^2+y^2}$,其中 $L$ 是以点 $(1,0)$ 为圆心、以 $R(R\neq 1)$ 为半径的圆,取逆时针方向.

二、计算曲线积分 $I=\oint_L \frac{(x+y)\mathrm{d}x-(x-y)\mathrm{d}y}{x^2+y^2}$,其中 $L$ 是绕坐标原点两周的正向闭路.

三、计算曲面积分 $I=\oiint_\Sigma \frac{x\mathrm{d}y\mathrm{d}z+y\mathrm{d}z\mathrm{d}x+z\mathrm{d}x\mathrm{d}y}{(x^2+y^2+z^2)^{\frac{3}{2}}}$,其中 $\Sigma$ 是球面 $x^2+y^2+z^2=a^2$ 的外侧.

四、设 $\Sigma$ 为简单闭曲面,$\boldsymbol{a}$ 为任意固定向量,$\boldsymbol{n}^0$ 为 $\Sigma$ 的单位外法向量,证明:$\oiint_\Sigma \cos(\widehat{\boldsymbol{n}^0,\boldsymbol{a}})\mathrm{d}S=0$.

五、计算曲面积分 $I=\oiint_\Sigma x^3\mathrm{d}y\mathrm{d}z+\left(\frac{1}{z}f\left(\frac{y}{z}\right)+y^3\right)\mathrm{d}z\mathrm{d}x+\left(\frac{1}{y}f\left(\frac{y}{z}\right)+z^3\right)\mathrm{d}x\mathrm{d}y$,其中 $f$ 具有连续导数,$\Sigma$ 是由锥面 $z=\sqrt{x^2+y^2}$ 与两球面 $x^2+y^2+z^2=1$,$x^2+y^2+z^2=4$ 所围成的立体 $\Omega$ 的表面,取外侧.

六、设对于半空间 $x>0$ 内任意的光滑有向闭曲面 $\Sigma$,有

$$\oiint_\Sigma xf(x)\mathrm{d}y\mathrm{d}z-xyf(x)\mathrm{d}z\mathrm{d}x-\mathrm{e}^{2x}z\mathrm{d}x\mathrm{d}y=0,$$

其中函数 $f(x)$ 在 $(0,+\infty)$ 上具有连续导数,且 $\lim\limits_{x\to 0^+}f(x)=1$,求 $f(x)$.

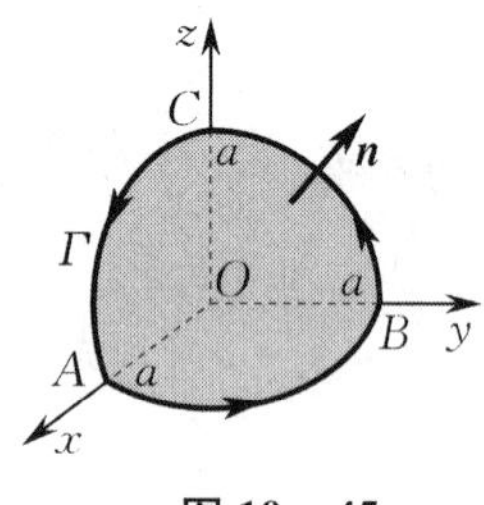


图 10-45

七、计算曲线积分 $I=\oint_\Gamma \frac{x\mathrm{d}x+y\mathrm{d}y+z\mathrm{d}z}{x^2+y^2+z^2}$,其中 $\Gamma$ 是由球面 $x^2+y^2+z^2=a^2$ 在第Ⅰ卦限与坐标面相交的圆弧 $\overset{\frown}{AB}$,$\overset{\frown}{BC}$,$\overset{\frown}{CA}$ 连接而成的闭曲线,从 $z$ 轴正方向看去,$\Gamma$ 为逆时针方向(见图 10-45).

八、设 $\Sigma$ 是球面 $x^2+y^2+z^2=R^2$ 在 $z\geqslant 0$ 的部分,取下侧,$(\cos\alpha,\cos\beta,\cos\gamma)$ 是 $\Sigma$ 下侧的单位法向量,计算曲面积分

$$I=\iint_\Sigma \begin{vmatrix} \cos\alpha & \cos\beta & \cos\gamma \\ \frac{\partial}{\partial x} & \frac{\partial}{\partial y} & \frac{\partial}{\partial z} \\ x-z & x^3-yz & -3xy^2 \end{vmatrix}\mathrm{d}S.$$

# 第六节　曲线积分与路径的无关性 原函数问题

## 一、曲线积分与路径的无关性

在物理学中研究的势场,就是研究场力所做的功与路径无关的情形.

我们知道,重力做功只与起点和终点有关,而与所走的路径无关.在物理中还有一些量,如静电场、磁场等沿曲线的积分也只与起点和终点有关.那么,在什么条件下场力所做的功与路径无关?这个问题在数学上就是要研究曲线积分 $\int_L P\mathrm{d}x+Q\mathrm{d}y$ 与路径无关的条件.

**定义 10.6.1** 设 $D$ 是一个区域,函数 $P(x,y)$,$Q(x,y)$ 在 $D$ 内具有连续偏导数.如果对于 $D$ 内任意指定的两个点 $A$,$B$,以及 $D$ 内从点 $A$ 到点 $B$ 的任意两条曲线 $L_1$,$L_2$(见图 10-46),等式

$$\int_{L_1} P\mathrm{d}x+Q\mathrm{d}y=\int_{L_2} P\mathrm{d}x+Q\mathrm{d}y$$

恒成立,则称**曲线积分 $\int_L P\mathrm{d}x+Q\mathrm{d}y$ 在 $D$ 内与路径无关**.

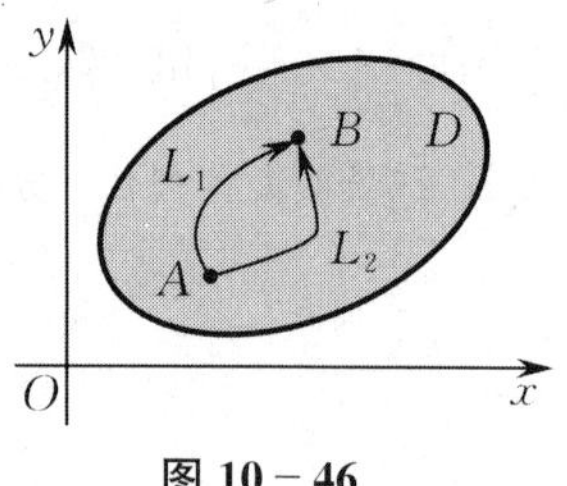


图 10-46

## 二、原函数问题

在一元函数积分学中，求原函数是一个重要问题. 若函数 $f(x)$ 在区间 $I$ 上连续，则 $F(x)=\int_{x_0}^{x} f(t)\mathrm{d}t$ 就是它的一个原函数，即满足 $\mathrm{d}F(x)=f(x)\mathrm{d}x, x\in I$.

二元函数也有类似问题，当二元函数 $u(x,y)$ 具有连续偏导数时，有全微分

$$\mathrm{d}u=\frac{\partial u}{\partial x}\mathrm{d}x+\frac{\partial u}{\partial y}\mathrm{d}y.$$

反之，对于连续函数 $P(x,y)$，$Q(x,y)$，是否存在函数 $u(x,y)$，使得其全微分为

$$P(x,y)\mathrm{d}x+Q(x,y)\mathrm{d}y? \tag{10.6.1}$$

要解决这个问题，需要解决下面两个问题：

(1) 当函数 $P(x,y)$，$Q(x,y)$ 满足什么条件时，式(10.6.1)是某个函数的全微分？

(2) 怎样求出原函数 $u(x,y)$，使得它的全微分为式(10.6.1)？

下面先引入全微分和原函数的概念.

**定义 10.6.2** 若存在函数 $u(x,y)$，使得

$$\mathrm{d}u(x,y)=P(x,y)\mathrm{d}x+Q(x,y)\mathrm{d}y,$$

则称 $u(x,y)$ 为全微分 $P(x,y)\mathrm{d}x+Q(x,y)\mathrm{d}y$ 的一个**原函数**.

显然，原函数不止一个，因为 $u(x,y)+C$ 也是 $P(x,y)\mathrm{d}x+Q(x,y)\mathrm{d}y$ 的原函数，其中 $C$ 为任意常数.

## 三、基本结论

**定理 10.6.1** 若函数 $P(x,y)$，$Q(x,y)$ 在单连通区域 $D$ 内具有连续偏导数，则下列四个命题是等价的：

(1) $\oint_L P\mathrm{d}x+Q\mathrm{d}y=0$，其中 $L$ 是全部包含在 $D$ 内的任意一条光滑或分段光滑的闭曲线；

(2) 曲线积分 $\int_L P\mathrm{d}x+Q\mathrm{d}y$ 在 $D$ 内与路径无关，其中 $L$ 是 $D$ 内任意一条光滑或分段光滑的曲线；

(3) 存在 $D$ 上的可微函数 $u=u(x,y)$，使得 $\mathrm{d}u(x,y)=P(x,y)\mathrm{d}x+Q(x,y)\mathrm{d}y$；

(4) 在 $D$ 内每一点处都有 $\dfrac{\partial Q}{\partial x}=\dfrac{\partial P}{\partial y}$.

**证** 采用循环论证的方式证明：(1)⇒(2)⇒(3)⇒(4)⇒(1).

(1)⇒(2)：设 $A$，$B$ 为 $D$ 内任意两点，$L_1$，$L_2$ 是以 $A$ 为起点、以 $B$ 为终点，且全部包含在 $D$ 内的任意两条不同路径(见图 10-46)，则 $L=L_2+L_1^-$ 为全部包含在 $D$ 内的一条闭曲线. 由命题(1)可得

$$\oint_{L_2+L_1^-} P\mathrm{d}x+Q\mathrm{d}y=0, \quad 即 \quad \int_{L_2} P\mathrm{d}x+Q\mathrm{d}y+\int_{L_1^-} P\mathrm{d}x+Q\mathrm{d}y=0.$$

因为 $\int_{L_1^-} P\mathrm{d}x+Q\mathrm{d}y=-\int_{L_1} P\mathrm{d}x+Q\mathrm{d}y$，所以

$$\int_{L_1} P\mathrm{d}x + Q\mathrm{d}y = \int_{L_2} P\mathrm{d}x + Q\mathrm{d}y.$$

由定义 10.6.1 可知,曲线积分$\int_L P\mathrm{d}x + Q\mathrm{d}y$ 与路径无关.

(2)⇒(3):设 $A(x_0, y_0)$ 为 $D$ 内某一定点,$B(x,y)$ 为 $D$ 内任意一点(见图 10-47).

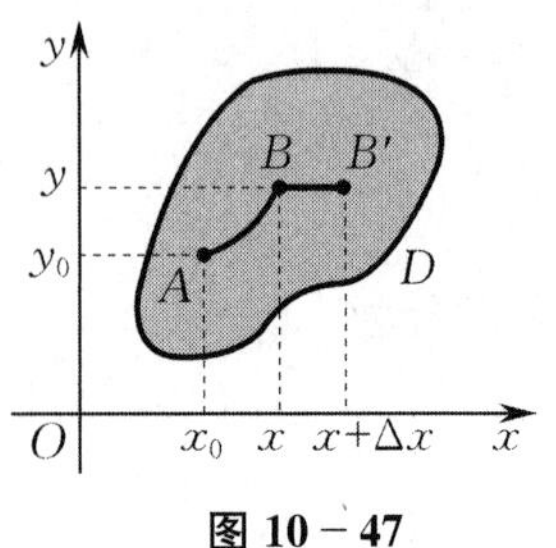


图 10-47

由命题(2) 可知,$\int_{\overset{\frown}{AB}} P\mathrm{d}x + Q\mathrm{d}y$ 在 $D$ 内与路径无关,因此当点 $B(x,y)$ 在 $D$ 内变动时,其积分值是 $x,y$ 的函数,即有

$$u(x,y) = \int_{(x_0,y_0)}^{(x,y)} P(x,y)\mathrm{d}x + Q(x,y)\mathrm{d}y. \quad (10.6.2)$$

下面证明函数 $u(x,y)$ 可微,且$\frac{\partial u}{\partial x} = P(x,y)$,$\frac{\partial u}{\partial y} = Q(x,y)$.

由偏导数的定义,可知

$$\frac{\partial u}{\partial x} = \lim_{\Delta x \to 0} \frac{u(x+\Delta x, y) - u(x,y)}{\Delta x},$$

且由式(10.6.2)得

$$\begin{aligned} u(x+\Delta x,y) - u(x,y) &= \int_{(x_0,y_0)}^{(x+\Delta x,y)} P(x,y)\mathrm{d}x + Q(x,y)\mathrm{d}y - \int_{(x_0,y_0)}^{(x,y)} P(x,y)\mathrm{d}x + Q(x,y)\mathrm{d}y \\ &= \int_{(x,y)}^{(x+\Delta x,y)} P(x,y)\mathrm{d}x + Q(x,y)\mathrm{d}y. \end{aligned}$$

由于该曲线积分与路径无关,将从点 $B(x,y)$ 到点 $B'(x+\Delta x, y)$ 的曲线积分弧段选为有向线段 $BB'$:$y =$ 常数,因此 $\mathrm{d}y = 0$. 于是,根据积分中值定理,有

$$u(x+\Delta x,y) - u(x,y) = \int_x^{x+\Delta x} P(x,y)\mathrm{d}x = P(\xi,y)\Delta x,$$

其中 $\xi$ 介于 $x$ 与 $x+\Delta x$ 之间. 又因为函数 $P(x,y)$ 在 $D$ 内连续,所以

$$\frac{\partial u}{\partial x} = \lim_{\Delta x \to 0} \frac{u(x+\Delta x,y) - u(x,y)}{\Delta x} = \lim_{\xi \to x} P(\xi,y) = P(x,y).$$

同理可证$\frac{\partial u}{\partial y} = Q(x,y)$.

因为$\frac{\partial u}{\partial x} = P(x,y)$,$\frac{\partial u}{\partial y} = Q(x,y)$ 都在 $D$ 内连续,所以 $u(x,y)$ 在 $D$ 内可微,且

$$\mathrm{d}u = \frac{\partial u}{\partial x}\mathrm{d}x + \frac{\partial u}{\partial y}\mathrm{d}y = P(x,y)\mathrm{d}x + Q(x,y)\mathrm{d}y.$$

(3)⇒(4):假设存在某一函数 $u(x,y)$,使得 $\mathrm{d}u(x,y) = P(x,y)\mathrm{d}x + Q(x,y)\mathrm{d}y$,则有

$$\frac{\partial u}{\partial x} = P(x,y), \quad \frac{\partial u}{\partial y} = Q(x,y),$$

从而有

$$\frac{\partial^2 u}{\partial x \partial y} = \frac{\partial P}{\partial y}, \quad \frac{\partial^2 u}{\partial y \partial x} = \frac{\partial Q}{\partial x}.$$

由于函数 $P(x,y)$,$Q(x,y)$ 在 $D$ 内具有连续偏导数,因此$\frac{\partial^2 u}{\partial x \partial y}$,$\frac{\partial^2 u}{\partial y \partial x}$ 连续,从而

$$\frac{\partial^2 u}{\partial x \partial y} = \frac{\partial^2 u}{\partial y \partial x}, \quad 即 \quad \frac{\partial P}{\partial y} = \frac{\partial Q}{\partial x}.$$

(4)⇒(1)：设$L$为$D$内任一分段光滑闭曲线，因为$D$是单连通区域，所以$L$所围成的闭区域$D' \subset D$(见图10-48). 由命题(4)可知，$\dfrac{\partial P}{\partial y}=\dfrac{\partial Q}{\partial x}$，故由格林公式可得

$$\oint_L P\mathrm{d}x+Q\mathrm{d}y=\pm\iint_{D'}\left(\frac{\partial Q}{\partial x}-\frac{\partial P}{\partial y}\right)\mathrm{d}x\mathrm{d}y=0.$$

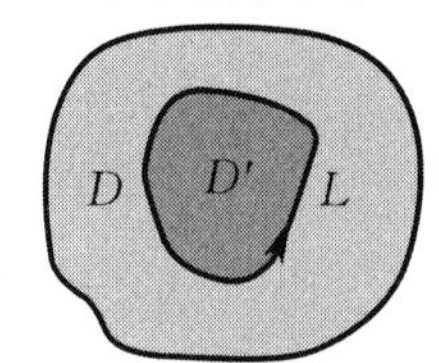


图 10-48

这个定理很重要，它指出了曲线积分与路径无关的充要条件，也指出了表达式$P(x,y)\mathrm{d}x+Q(x,y)\mathrm{d}y$是某个函数的全微分的充要条件. 其中，命题(4)最便于判断. 若函数$P(x,y)$，$Q(x,y)$在单连通区域$D$内具有连续偏导数，则

$$\int_L P\mathrm{d}x+Q\mathrm{d}y \text{ 在 } D \text{ 内与路径无关} \Leftrightarrow \frac{\partial Q}{\partial x}=\frac{\partial P}{\partial y}.$$

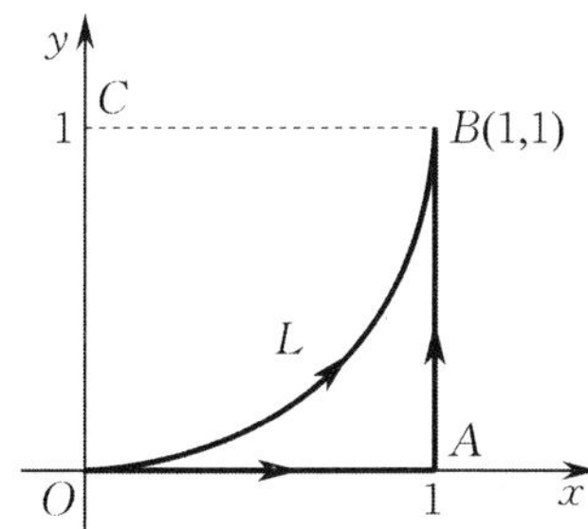


图 10-49

**例 10.6.1** 计算曲线积分

$$\int_L (1-2xy-y^2)\mathrm{d}x-(x+y)^2\mathrm{d}y,$$

其中$L$是圆$x^2+y^2=2y$上从点$O(0,0)$到点$B(1,1)$的一段曲线弧(见图10-49).

**解** 因$\dfrac{\partial Q}{\partial x}=-2(x+y)=\dfrac{\partial P}{\partial y}$，故该曲线积分与路径无关. 于是，可以在从点$O(0,0)$到点$A(1,0)$再到点$B(1,1)$的有向折线段$OAB$上计算所求曲线积分，即

$$\begin{aligned}I&=\int_{OA}\underbrace{(1-2xy-y^2)\mathrm{d}x}_{y=0}-\underbrace{(x+y)^2\mathrm{d}y}_{\mathrm{d}y=0}+\int_{AB}\underbrace{(1-2xy-y^2)\mathrm{d}x}_{\mathrm{d}x=0}-\underbrace{(x+y)^2\mathrm{d}y}_{x=1}\\&=\int_0^1\mathrm{d}x-\int_0^1(1+y)^2\mathrm{d}y=-\frac{4}{3}.\end{aligned}$$

也可以在从点$O(0,0)$到点$C(0,1)$再到点$B(1,1)$的有向折线段$OCB$上计算所求曲线积分，即

$$\begin{aligned}I&=\int_{OC}\underbrace{(1-2xy-y^2)\mathrm{d}x}_{\mathrm{d}x=0}-\underbrace{(x+y)^2\mathrm{d}y}_{x=0}+\int_{CB}\underbrace{(1-2xy-y^2)\mathrm{d}x}_{y=1}-\underbrace{(x+y)^2\mathrm{d}y}_{\mathrm{d}y=0}\\&=-\int_0^1y^2\mathrm{d}y+\int_0^1(-2x)\mathrm{d}x=-\frac{4}{3}.\end{aligned}$$

**注** 定理10.6.1中的$D$必须是单连通区域，且函数$P(x,y)$，$Q(x,y)$在$D$内具有连续偏导数. 如果两个条件之一不能满足，那么就不能保证定理的结论成立. 例如，函数

$$P(x,y)=-\frac{y}{x^2+y^2},\quad Q(x,y)=\frac{x}{x^2+y^2}$$

在复连通区域$\dfrac{1}{2}\leqslant x^2+y^2\leqslant 2$(见图10-50)上，恒有

$$\frac{\partial Q}{\partial x}=\frac{y^2-x^2}{(x^2+y^2)^2}=\frac{\partial P}{\partial y}.$$

但沿单位圆$l$：$\begin{cases}x=\cos t,\\y=\sin t\end{cases}$($t$单调地由0变到$2\pi$)的曲线积分

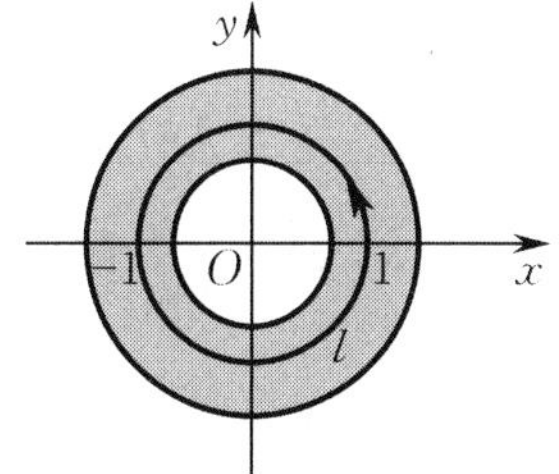


图 10-50

$$\oint_l P\mathrm{d}x+Q\mathrm{d}y=\oint_l \frac{x\mathrm{d}y-y\mathrm{d}x}{x^2+y^2}=\int_0^{2\pi}\mathrm{d}t=2\pi\neq 0.$$

又如,考察曲线积分$\int_L P\mathrm{d}x+Q\mathrm{d}y=\int_L \frac{x\mathrm{d}y-y\mathrm{d}x}{x^2+y^2}$,其中 $L$ 为全平面上任一曲线.

当$(x,y)\neq(0,0)$时,$\frac{\partial Q}{\partial x}=\frac{y^2-x^2}{(x^2+y^2)^2}=\frac{\partial P}{\partial y}$,且$\frac{\partial Q}{\partial x},\frac{\partial P}{\partial y}$连续.但当$(x,y)=(0,0)$时,$\frac{\partial Q}{\partial x},\frac{\partial P}{\partial y}$不存在.可见,曲线积分$\int_L \frac{x\mathrm{d}y-y\mathrm{d}x}{x^2+y^2}$不满足定理 10.6.1 中的条件.

事实上,如果取圆 $x^2+y^2=1$ 上分别沿上半圆和下半圆从点$(-1,0)$到点$(1,0)$的两条路径

$$L_1:\begin{cases}x=\cos t,\\ y=\sin t,\end{cases}\quad t\text{ 单调地由 }\pi\text{ 变到 }0,$$

$$L_2:\begin{cases}x=\cos t,\\ y=\sin t,\end{cases}\quad t\text{ 单调地由 }\pi\text{ 变到 }2\pi,$$

则所求曲线积分分别为

$$\int_{L_1}\frac{x\mathrm{d}y-y\mathrm{d}x}{x^2+y^2}=-\pi,\quad \int_{L_2}\frac{x\mathrm{d}y-y\mathrm{d}x}{x^2+y^2}=\pi.$$

这表明,当$(x,y)\neq(0,0)$时,虽然有$\frac{\partial Q}{\partial x}=\frac{\partial P}{\partial y}$,且 $L_1$ 和 $L_2$ 有相同的起点和终点,但是曲线积分与积分路径有关.其原因在于 $L_1$ 和 $L_2$ 所围成的区域包含了坐标原点$(0,0)$,而$\frac{\partial Q}{\partial x}=\frac{\partial P}{\partial y}$在点$(0,0)$处不成立,即区域内含有破坏函数 $P,Q$ 及$\frac{\partial Q}{\partial x},\frac{\partial P}{\partial y}$连续性条件的点 $O(0,0)$,这种点通常称为**奇点**.

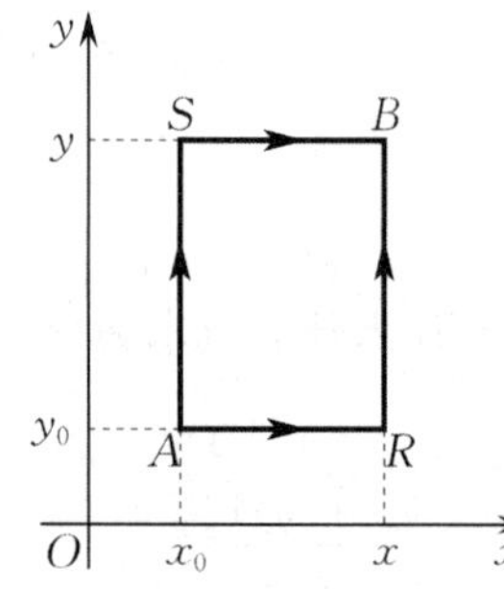

图 10-51

由定理 10.6.1 可知,若 $P\mathrm{d}x+Q\mathrm{d}y$ 是函数 $u(x,y)$ 的全微分,则函数 $u(x,y)$ 可由曲线积分

$$u(x,y)=\int_{(x_0,y_0)}^{(x,y)}P(x,y)\mathrm{d}x+Q(x,y)\mathrm{d}y$$

表示,且该曲线积分与路径无关.为了简便起见,通常选择包含在 $D$ 内的有向折线段 $ARB$ 或 $ASB$ 作为积分路径(见图 10-51).

一般地,若取积分路径为 $ARB$,则

$$u(x,y)=\int_{AR}\underbrace{P\mathrm{d}x}_{y=y_0}+\underbrace{Q\mathrm{d}y}_{\mathrm{d}y=0}+\int_{RB}\underbrace{P\mathrm{d}x}_{\mathrm{d}x=0}+Q\mathrm{d}y=\int_{x_0}^{x}P(x,y_0)\mathrm{d}x+\int_{y_0}^{y}Q(x,y)\mathrm{d}y. \tag{10.6.3}$$

若取积分路径为 $ASB$,则

$$u(x,y)=\int_{AS}\underbrace{P\mathrm{d}x}_{\mathrm{d}x=0}+\underbrace{Q\mathrm{d}y}_{x=x_0}+\int_{SB}P\mathrm{d}x+\underbrace{Q\mathrm{d}y}_{\mathrm{d}y=0}=\int_{y_0}^{y}Q(x_0,y)\mathrm{d}y+\int_{x_0}^{x}P(x,y)\mathrm{d}x. \tag{10.6.4}$$

**例 10.6.2** 验证:$(2x\cos y+y^2\cos x)\mathrm{d}x+(2y\sin x-x^2\sin y)\mathrm{d}y$ 在整个 $xOy$ 面内是某个函数的全微分,并求出它的一个原函数 $u(x,y)$.

**证**　因为 $P(x,y)=2x\cos y+y^2\cos x, Q(x,y)=2y\sin x-x^2\sin y$，且

$$\frac{\partial P}{\partial y}=-2x\sin y+2y\cos x=\frac{\partial Q}{\partial x}$$

在整个 $xOy$ 面内恒成立，所以 $(2x\cos y+y^2\cos x)\mathrm{d}x+(2y\sin x-x^2\sin y)\mathrm{d}y$ 是某个函数的全微分.

求原函数 $u(x,y)$ 常用以下两种方法.

**方法一**　取 $x_0=0, y_0=0$，选择如图 10-52 所示的积分路径. 由公式(10.6.3)得所求函数为

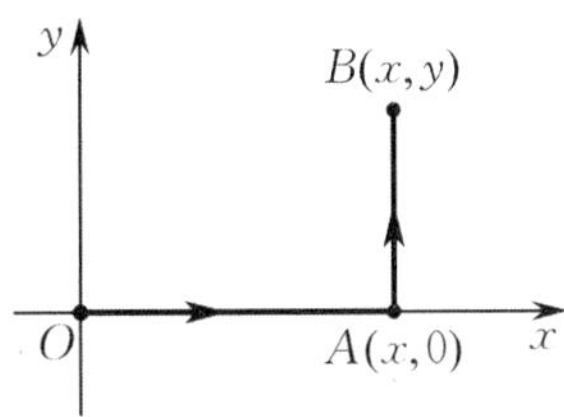

**图 10-52**

$$\begin{aligned}u(x,y)&=\int_{(0,0)}^{(x,y)}(2x\cos y+y^2\cos x)\mathrm{d}x+(2y\sin x-x^2\sin y)\mathrm{d}y\\&=\int_{OA}\underbrace{(2x\cos y+y^2\cos x)\mathrm{d}x}_{y=0}+\underbrace{(2y\sin x-x^2\sin y)\mathrm{d}y}_{\mathrm{d}y=0}\\&\quad+\int_{AB}\underbrace{(2x\cos y+y^2\cos x)\mathrm{d}x}_{\mathrm{d}x=0}+(2y\sin x-x^2\sin y)\mathrm{d}y\\&=\int_0^x 2x\mathrm{d}x+\int_0^y(2y\sin x-x^2\sin y)\mathrm{d}y\\&=x^2+y^2\sin x+x^2\cos y-x^2=y^2\sin x+x^2\cos y.\end{aligned}$$

**方法二**　利用凑微分法把微分形式 $P(x,y)\mathrm{d}x+Q(x,y)\mathrm{d}y$ 缩写成 $\mathrm{d}u(x,y)$，即

$$\begin{aligned}&(2x\cos y+y^2\cos x)\mathrm{d}x+(2y\sin x-x^2\sin y)\mathrm{d}y\\&\quad=[\cos y\mathrm{d}(x^2)+x^2\mathrm{d}(\cos y)]+[y^2\mathrm{d}(\sin x)+\sin x\mathrm{d}(y^2)]\\&\quad=\mathrm{d}(x^2\cos y)+\mathrm{d}(y^2\sin x)=\mathrm{d}(y^2\sin x+x^2\cos y).\end{aligned}$$

因此，所求的一个原函数为 $u(x,y)=y^2\sin x+x^2\cos y$.

**例 10.6.3**　验证：$\dfrac{x\mathrm{d}y-y\mathrm{d}x}{x^2+y^2}$ 在右半平面 $x>0$ 内是某个函数的全微分，并求出它的一个原函数 $u(x,y)$.

**证**　令 $P=\dfrac{-y}{x^2+y^2}, Q=\dfrac{x}{x^2+y^2}$，则 $\dfrac{\partial P}{\partial y}=\dfrac{y^2-x^2}{(x^2+y^2)^2}=\dfrac{\partial Q}{\partial x}(x>0)$. 因此，在右半平面内，$\dfrac{x\mathrm{d}y-y\mathrm{d}x}{x^2+y^2}$ 是某个函数的全微分. 下面同样用两种方法求它的一个原函数 $u(x,y)$.

**方法一**　在右半平面 $x>0$ 内，取积分路径的起点为(1,0)，如图 10-53 所示，则所求原函数为

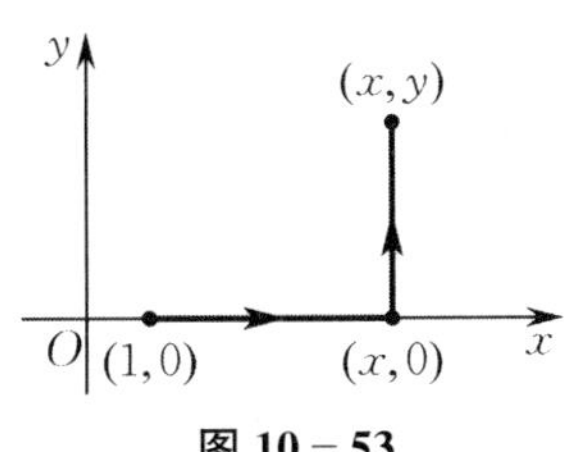

**图 10-53**

$$\begin{aligned}u(x,y)&=\int_{(1,0)}^{(x,y)}\frac{x\mathrm{d}y-y\mathrm{d}x}{x^2+y^2}=0+\int_0^y\frac{x\mathrm{d}y}{x^2+y^2}\\&=\arctan\frac{y}{x}.\end{aligned}$$

**方法二**　利用凑微分法求原函数 $u(x,y)$，即

$$\frac{x\mathrm{d}y-y\mathrm{d}x}{x^2+y^2}=\frac{\dfrac{x\mathrm{d}y-y\mathrm{d}x}{x^2}}{1+\left(\dfrac{y}{x}\right)^2}=\frac{\mathrm{d}\left(\dfrac{y}{x}\right)}{1+\left(\dfrac{y}{x}\right)^2}=\mathrm{d}\left(\arctan\frac{y}{x}\right).$$

因此,所求的一个原函数为 $u(x,y)=\arctan\dfrac{y}{x}$.

从例 10.6.3 可见,用凑微分法求原函数时,需要对微分运算比较熟悉,同时也需要一些技巧.

## 思考题 10.6

1. 曲线积分与路径无关的等价条件有哪些?

2. 设 $L$ 为从点 $A(0,-1)$ 到点 $B(1,0)$ 的线段,以下计算曲线积分 $\int_L \dfrac{x\mathrm{d}y-y\mathrm{d}x}{(x-y)^2}$ 的过程是否正确?为什么?

因为 $\dfrac{\partial P}{\partial y}=-\dfrac{x+y}{(x-y)^3}=\dfrac{\partial Q}{\partial x}$,所以曲线积分与路径无关,选择折线段 $AOB$ 作为积分路径,有

$$\int_L \frac{x\mathrm{d}y-y\mathrm{d}x}{(x-y)^2}=\int_{AO}\frac{x\mathrm{d}y-y\mathrm{d}x}{(x-y)^2}+\int_{OB}\frac{x\mathrm{d}y-y\mathrm{d}x}{(x-y)^2}=0.$$

## 习题 10.6

**(A)**

一、证明:曲线积分 $\int_{(1,1)}^{(2,3)}(x+y)\mathrm{d}x+(x-y)\mathrm{d}y$ 在整个 $xOy$ 面内与路径无关,并计算其积分值.

二、验证:$(x+2y)\mathrm{d}x+(2x+y)\mathrm{d}y$ 在整个 $xOy$ 面内是某个函数的全微分,并求出它的原函数 $u(x,y)$.

三、设曲线积分 $\int_L xy^2\mathrm{d}x+y\varphi(x)\mathrm{d}y$ 与路径无关,其中 $\varphi(x)$ 具有连续导数,且 $\varphi(0)=0$,求

$$\int_{(0,0)}^{(1,1)}xy^2\mathrm{d}x+y\varphi(x)\mathrm{d}y.$$

四、计算曲线积分 $I=\int_L \dfrac{(x-y)\mathrm{d}x+(x+y)\mathrm{d}y}{x^2+y^2}$,其中 $L$ 是抛物线 $y=2-2x^2$ 上从点 $A(-1,0)$ 到点 $B(1,0)$ 的一段曲线弧.

**(B)**

一、设 $L$ 为沿圆 $x^2+y^2=a^2(a>0)$ 从点 $(0,a)$ 依逆时针方向到点 $(0,-a)$ 的半圆,计算曲线积分

$$\int_L \frac{y^2}{\sqrt{a^2+x^2}}\mathrm{d}x+[ax+2y\ln(x+\sqrt{a^2+x^2})]\mathrm{d}y.$$

二、设曲线积分 $\int_L (f(x)-\mathrm{e}^x)\sin y\mathrm{d}x-f(x)\cos y\mathrm{d}y$ 与路径无关,其中 $f(x)$ 具有连续导数,且 $f(0)=0$,则 $f(x)=($　　$)$.

(A) $\dfrac{\mathrm{e}^{-x}-\mathrm{e}^x}{2}$　　(B) $\dfrac{\mathrm{e}^x-\mathrm{e}^{-x}}{2}$　　(C) $\dfrac{\mathrm{e}^x+\mathrm{e}^{-x}}{2}-1$　　(D) $1-\dfrac{\mathrm{e}^x+\mathrm{e}^{-x}}{2}$

三、已知函数 $f(x)$ 具有二阶连续导数,且 $f(0)=0,f'(0)=-1$. 设曲线积分

$$\int_L (x\mathrm{e}^{2x}-6f(x))\sin y\mathrm{d}x-(5f(x)-f'(x))\cos y\mathrm{d}y$$

与路径无关,求 $f(x)$.

四、设函数 $Q(x,y)$ 在 $xOy$ 面上具有连续偏导数,曲线积分 $\int_L 2xy\mathrm{d}x+Q(x,y)\mathrm{d}y$ 与路径无关,且对于任意的 $t$,恒有

$$\int_{(0,0)}^{(t,1)}2xy\mathrm{d}x+Q(x,y)\mathrm{d}y=\int_{(0,0)}^{(1,t)}2xy\mathrm{d}x+Q(x,y)\mathrm{d}y,$$

求 $Q(x,y)$.

# 第七节　向量场初步

在实际应用中,常常要考虑某些物理量在空间区域的分布和变化规律,我们把这些量的分布叫作**场**.常见的场有温度场、密度场、力场、速度场等.如果描写场的量是数量值函数$f(x,y,z)$,则称这个场为**数量场**,如温度场、密度场等都是数量场.如果描写场的量是向量值函数$\boldsymbol{A}(x,y,z)$,则称这个场为**向量场**,如力场、速度场等都是向量场.如果描写场的量在各点处的值不随时间的变化而变化,则称该场为**稳定场**,否则称其为**不稳定场**.本节只讨论稳定场.

在第八章中介绍的梯度是描述数量场的基本概念.本节将介绍描述向量场特征的两个基本概念——散度和旋度.梯度、散度、旋度的概念、计算方法和性质构成了场的基本理论,简称**场论**.数学上的场论就是对各种物理场做抽象概括,研究其共同的变化规律.场论在流体力学、电磁学和动力学等物理领域中有着重要的应用.在多元函数积分学中,场论有非常特殊的地位,并且与物理学、力学都有着十分密切的联系.

## 一、通量与散度

通量与散度在大气、海洋、热能、电磁场等领域都有重要的应用.在处理具体问题时,一些与通量和散度有着密切联系的工程术语,如水气通量、热通量、风通量、电通量、电磁波通量等,都是必须考虑的重要指标.

下面介绍通量和散度的概念.

**定义 10.7.1**　设向量场$\boldsymbol{A}(x,y,z)=P(x,y,z)\boldsymbol{i}+Q(x,y,z)\boldsymbol{j}+R(x,y,z)\boldsymbol{k}$,其中函数$P(x,y,z),Q(x,y,z),R(x,y,z)$具有连续偏导数,$\Sigma$是场内的一个有向曲面,$\boldsymbol{n}^0$是$\Sigma$上点$(x,y,z)$处的单位法向量,则称$\iint\limits_{\Sigma}\boldsymbol{A}\cdot\boldsymbol{n}^0\,\mathrm{d}S$为向量场$\boldsymbol{A}$通过曲面$\Sigma$向着指定侧的**通量**(或**流量**).

在具体的向量场中,通量有确定的物理意义.例如,对于电场强度向量$\boldsymbol{E}$,$\iint\limits_{\Sigma}\boldsymbol{E}\cdot\boldsymbol{n}^0\,\mathrm{d}S$是电通量;而对于磁场强度向量$\boldsymbol{B}$,$\iint\limits_{\Sigma}\boldsymbol{B}\cdot\boldsymbol{n}^0\,\mathrm{d}S$是磁通量.

下面以空间中稳定流动的不可压缩流体(假设流体的密度为1)的流速场$\boldsymbol{v}$为例,说明$\Phi=\oint\!\!\!\!\oint\limits_{\Sigma}\boldsymbol{v}\cdot\boldsymbol{n}^0\,\mathrm{d}S$的实际意义.设$\Sigma$为闭曲面,并取外侧.

当$\Phi>0$时,表示通过闭曲面$\Sigma$流出的量大于流入的量.这说明$\Sigma$所围成的空间有界闭区域$\Omega$内有产生流体的源(正源),如图10-54(a)所示.

当$\Phi<0$时,表示通过闭曲面$\Sigma$流入的量大于流出的量.这说明$\Sigma$所围成的空间有界闭区域$\Omega$内有吸收流体的汇(负源),如图10-54(b)所示.

当$\Phi=0$时,表示通过闭曲面$\Sigma$流入的量等于流出的量.这说明$\Sigma$所围成的空间有界闭区域$\Omega$内没有源也没有汇,如图10-54(c)所示.

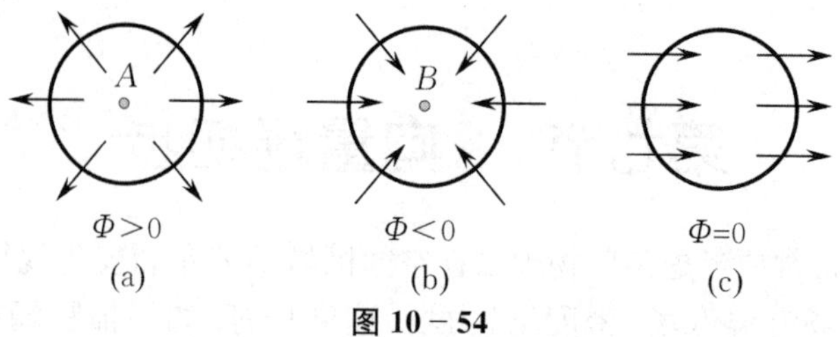


图 10－54

以上分析说明,通过某个闭曲面 $\Sigma$ 外侧的通量 $\oiint\limits_{\Sigma} \boldsymbol{A} \cdot \boldsymbol{n}^0 \mathrm{d}S$ 是一个反映 $\Sigma$ 所围成的空间有界闭区域 $\Omega$ 内各点处源或汇所发出量的代数和,它不能反映向量场在某点处的源或汇的强度. 为了更精确地掌握 $\Omega$ 内各点处源的正负及强度,必须引入各点处的散度(通量密度)的概念.

**定义 10.7.2** 设向量场 $\boldsymbol{A}(x,y,z)=P(x,y,z)\boldsymbol{i}+Q(x,y,z)\boldsymbol{j}+R(x,y,z)\boldsymbol{k}$,其中函数 $P(x,y,z),Q(x,y,z),R(x,y,z)$ 具有连续偏导数,则称

$$\left(\frac{\partial P}{\partial x}+\frac{\partial Q}{\partial y}+\frac{\partial R}{\partial z}\right)\bigg|_{(x,y,z)}$$

为 $\boldsymbol{A}$ 在点 $(x,y,z)$ 处的**散度**(或**通量密度**),记作 $\mathrm{div}\,\boldsymbol{A}$.

在引入通量和散度的概念之后,高斯公式可写成

$$\iiint\limits_{\Omega} \mathrm{div}\,\boldsymbol{A}\mathrm{d}V=\oiint\limits_{\Sigma} \boldsymbol{A} \cdot \boldsymbol{n}^0 \mathrm{d}S, \tag{10.7.1}$$

其中 $\Sigma$ 是空间有界闭区域 $\Omega$ 的边界曲面,取外侧. 下面解释散度的物理意义.

对于式(10.7.1)左边的三重积分,由三重积分的积分中值定理可得

$$\iiint\limits_{\Omega}\left(\frac{\partial P}{\partial x}+\frac{\partial Q}{\partial y}+\frac{\partial R}{\partial z}\right)\mathrm{d}V=\left(\frac{\partial P}{\partial x}+\frac{\partial Q}{\partial y}+\frac{\partial R}{\partial z}\right)\bigg|_{(\xi,\eta,\zeta)}\cdot V,$$

其中 $(\xi,\eta,\zeta)$ 为 $\Omega$ 内一点,$V$ 是 $\Omega$ 的体积. 将上式代入式(10.7.1),得

$$\left(\frac{\partial P}{\partial x}+\frac{\partial Q}{\partial y}+\frac{\partial R}{\partial z}\right)\bigg|_{(\xi,\eta,\zeta)}=\frac{1}{V}\oiint\limits_{\Sigma} \boldsymbol{A} \cdot \boldsymbol{n}^0 \mathrm{d}S,$$

上式右边表示 $V$ 上的平均散度. 令 $\Omega$ 缩向一点 $M(x,y,z)$(此时必有 $(\xi,\eta,\zeta)\to M$),则有

$$\frac{\partial P}{\partial x}+\frac{\partial Q}{\partial y}+\frac{\partial R}{\partial z}=\lim_{\Omega\to M}\frac{1}{V}\oiint\limits_{\Sigma} \boldsymbol{A} \cdot \boldsymbol{n}^0 \mathrm{d}S.$$

上式精确地反映了向量场 $\boldsymbol{A}$ 在点 $M$ 处源的强度. 由此可见,散度是通量密度,也就是在点 $M$ 处通量对体积的变化率. 当 $\mathrm{div}\,\boldsymbol{A}>0$ 时,点 $M$ 为正源(见图 10－55(a));当 $\mathrm{div}\,\boldsymbol{A}<0$ 时,点 $M$ 为负源(见图 10－55(b));当 $\mathrm{div}\,\boldsymbol{A}=0$ 时,点 $M$ 不是源,或者说其源强度为 0.

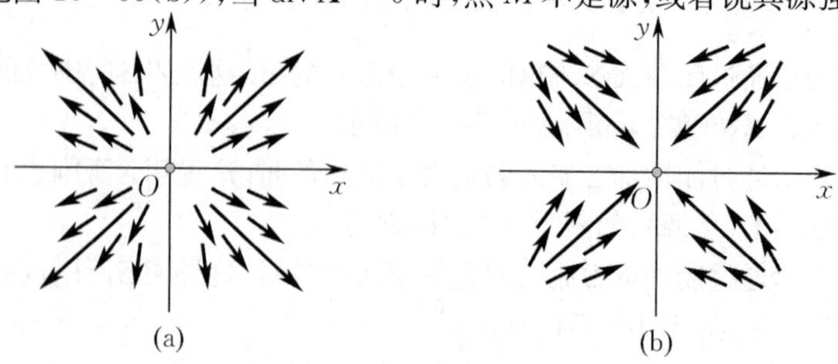


图 10－55

在物理学中,源和汇有着不同的物理意义. 对于电场,源表示存在正电荷发出电场线,汇表示存在负电荷吸收电场线;对于磁场,源和汇分别表示磁的正极与负极.

如果向量场 $\boldsymbol{A}$ 的散度 $\operatorname{div}\boldsymbol{A}$ 处处为 0,则称 $\boldsymbol{A}$ 为**无源场**.

**例 10.7.1**　位于坐标原点处电量为 $q$ 的点电荷在真空中产生的电场强度为

$$\boldsymbol{E}=\frac{q}{4\pi\varepsilon_0 r^3}\boldsymbol{r}=\frac{q}{4\pi\varepsilon_0 r^3}(x,y,z),$$

其中 $\varepsilon_0$ 为真空介电常数,$r=\sqrt{x^2+y^2+z^2}$. 求:(1) $\boldsymbol{E}$ 的散度;(2) $\boldsymbol{E}$ 通过球面 $\Sigma:r=a$ 外侧的电通量 $\Phi$.

**解**　(1) 因为

$$\begin{aligned}\operatorname{div}\boldsymbol{E}&=\frac{q}{4\pi\varepsilon_0}\left[\frac{\partial}{\partial x}\left(\frac{x}{r^3}\right)+\frac{\partial}{\partial y}\left(\frac{y}{r^3}\right)+\frac{\partial}{\partial z}\left(\frac{z}{r^3}\right)\right]\\&=\frac{q}{4\pi\varepsilon_0}\left(\frac{r^2-3x^2}{r^5}+\frac{r^2-3y^2}{r^5}+\frac{r^2-3z^2}{r^5}\right)=0\quad(r\neq 0),\end{aligned}$$

所以该静电场的电场强度的散度在 $r\neq 0$ 的地方处处为 0,即在没有电荷的地方散度为 0. 计算结果与仅坐标原点有点电荷的事实相符.

(2) 因为在球面 $\Sigma$ 上 $r=a$,且 $\boldsymbol{r}^0=\dfrac{\boldsymbol{r}}{r}$ 与外法向量 $\boldsymbol{n}^0$ 相等,所以

$$\Phi=\oiint_{\Sigma}\boldsymbol{E}\cdot\boldsymbol{n}^0\,\mathrm{d}S=\frac{q}{4\pi\varepsilon_0}\oiint_{\Sigma}\frac{1}{r^3}\boldsymbol{r}\cdot\frac{\boldsymbol{r}}{r}\mathrm{d}S=\frac{q}{4\pi\varepsilon_0}\oiint_{\Sigma}\frac{1}{r^2}\mathrm{d}S=\frac{q}{4\pi\varepsilon_0}\cdot\frac{1}{a^2}\oiint_{\Sigma}\mathrm{d}S=\frac{q}{\varepsilon_0}.$$

可见,在球面内产生电通量 $\Phi$ 的源就是电场中的点电荷. 当点电荷为正电荷时,其为正源;当点电荷为负电荷时,其为负源. 电量 $q$ 的大小决定源的强弱.

**例 10.7.2**　设向量场 $\boldsymbol{A}=(x^2+yz)\boldsymbol{i}+(y^2+zx)\boldsymbol{j}+(z^2+xy)\boldsymbol{k}$,求 $\operatorname{div}\boldsymbol{A}$.

**解**　令 $P=x^2+yz,Q=y^2+zx,R=z^2+xy$,则

$$\frac{\partial P}{\partial x}=2x,\quad\frac{\partial Q}{\partial y}=2y,\quad\frac{\partial R}{\partial z}=2z,$$

所以

$$\operatorname{div}\boldsymbol{A}=\frac{\partial P}{\partial x}+\frac{\partial Q}{\partial y}+\frac{\partial R}{\partial z}=2(x+y+z).$$

## 二、环流量与旋度

水流或气流中是否有旋涡,是实际研究中需要考虑的一个问题. 为了刻画流体是否有旋转及其强弱程度,需引入向量场中环流量与旋度的概念. 这两个概念在大气、海洋、电磁场中都有重要的应用.

**定义 10.7.3**　设向量场 $\boldsymbol{A}(x,y,z)=P(x,y,z)\boldsymbol{i}+Q(x,y,z)\boldsymbol{j}+R(x,y,z)\boldsymbol{k}$,$\Gamma$ 是光滑或分段光滑的有向闭曲线,则称

$$\oint_{\Gamma}P(x,y,z)\mathrm{d}x+Q(x,y,z)\mathrm{d}y+R(x,y,z)\mathrm{d}z$$

为向量场 $\boldsymbol{A}$ 沿有向闭曲线 $\Gamma$ 的**环流量**.

设曲线 $\Gamma$ 上的点 $(x,y,z)$ 处与 $\Gamma$ 同向的单位切向量为 $\boldsymbol{\tau}^0=(\cos\alpha,\cos\beta,\cos\gamma)$,则

$$\oint_{\Gamma} P\,\mathrm{d}x + Q\mathrm{d}y + R\mathrm{d}z = \oint_{\Gamma} (P\cos\alpha + Q\cos\beta + R\cos\gamma)\,\mathrm{d}s = \oint_{\Gamma} \boldsymbol{A} \cdot \boldsymbol{\tau}^0\,\mathrm{d}s.$$

可见,环流量$\oint_{\Gamma} \boldsymbol{A} \cdot \boldsymbol{\tau}^0\,\mathrm{d}s$是向量$\boldsymbol{A}$在有向闭曲线$\Gamma$的单位切向量上的投影沿$\Gamma$的积分.

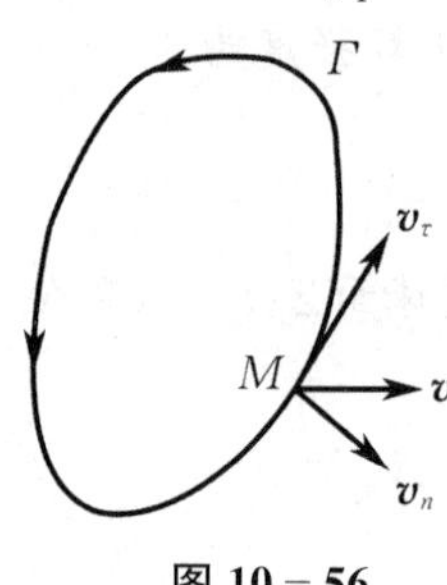

图 10－56

环流量的实际意义:当$\boldsymbol{A}$是力场$\boldsymbol{F}$时,环流量$\oint_{\Gamma} \boldsymbol{F} \cdot \boldsymbol{\tau}^0\,\mathrm{d}s$表示质点沿闭曲线$\Gamma$运动一周时,$\boldsymbol{F}$所做的功;当$\boldsymbol{A}$是密度为1的流体的流速场$\boldsymbol{v}$时,由于$\boldsymbol{v} \cdot \boldsymbol{\tau}^0 = \boldsymbol{v}_\tau$表示流速场$\boldsymbol{v}$在点$M$处沿曲线$\Gamma$的切线方向的分速度(见图10－56),因此环流量$\oint_{\Gamma} \boldsymbol{v} \cdot \boldsymbol{\tau}^0\,\mathrm{d}s$表示单位时间内沿闭曲线$\Gamma$的指定方向流过$\Gamma$的流量,反映了$\Gamma$所围成的曲面$\Sigma$上的整体旋涡强度,但没有反映出各点处的变化情况. 由于旋涡是带有方向性的,因此下面通过旋度解释各点处的旋涡现象.

**定义 10.7.4** 设向量场$\boldsymbol{A}(x,y,z) = P(x,y,z)\boldsymbol{i} + Q(x,y,z)\boldsymbol{j} + R(x,y,z)\boldsymbol{k}$,其中函数$P(x,y,z)$,$Q(x,y,z)$,$R(x,y,z)$具有连续偏导数,点$M(x,y,z)$为场内一点,则称向量

$$\left(\frac{\partial R}{\partial y} - \frac{\partial Q}{\partial z}\right)\boldsymbol{i} + \left(\frac{\partial P}{\partial z} - \frac{\partial R}{\partial x}\right)\boldsymbol{j} + \left(\frac{\partial Q}{\partial x} - \frac{\partial P}{\partial y}\right)\boldsymbol{k} = \begin{vmatrix} \boldsymbol{i} & \boldsymbol{j} & \boldsymbol{k} \\ \dfrac{\partial}{\partial x} & \dfrac{\partial}{\partial y} & \dfrac{\partial}{\partial z} \\ P & Q & R \end{vmatrix}$$

为向量场$\boldsymbol{A}$在点$M$处的**旋度**,记作$\mathbf{rot}\,\boldsymbol{A}\Big|_M$,简记作$\mathbf{rot}\,\boldsymbol{A}$,即

$$\mathbf{rot}\,\boldsymbol{A} = \begin{vmatrix} \boldsymbol{i} & \boldsymbol{j} & \boldsymbol{k} \\ \dfrac{\partial}{\partial x} & \dfrac{\partial}{\partial y} & \dfrac{\partial}{\partial z} \\ P & Q & R \end{vmatrix}.$$

由旋度的定义可知,斯托克斯公式可写成

$$\underbrace{\oint_{\Gamma} \boldsymbol{A} \cdot \boldsymbol{\tau}^0\,\mathrm{d}s}_{\boldsymbol{A}\text{沿}\Gamma\text{的环流量}} = \underbrace{\iint_{\Sigma} \mathbf{rot}\,\boldsymbol{A} \cdot \boldsymbol{n}^0\,\mathrm{d}S}_{\mathbf{rot}\,\boldsymbol{A}\text{穿过}\Sigma\text{的通量}},$$

其中$\boldsymbol{\tau}^0$为$\Gamma$上任意一点处与$\Gamma$同向的单位切向量,$\boldsymbol{n}^0$为$\Sigma$上任意一点处指定侧的单位法向量.

因此,斯托克斯公式可叙述为:向量场$\boldsymbol{A}$沿有向闭曲线$\Gamma$的环流量等于向量场$\boldsymbol{A}$的旋度$\mathbf{rot}\,\boldsymbol{A}$通过$\Gamma$所围成的曲面$\Sigma$的通量,其中$\Gamma$的正方向与$\Sigma$的侧应符合右手规则.

为了更好地理解旋度,下面从力学角度给出解释.

设有一刚体绕定轴$l$转动,角速度为$\boldsymbol{\omega}$,$M$为刚体内任意一点. 在定轴$l$上任取一点$O$为坐标原点,作空间直角坐标系,使$z$轴与定轴$l$重合(见图10－57). 记$\boldsymbol{\omega} = \omega\boldsymbol{k}$,而点$M$可用向量$\boldsymbol{r} = \overrightarrow{OM} = (x,y,z)$来确定. 由力学知识可知,点$M$的线速度$\boldsymbol{v}$可表示为

$$\boldsymbol{v} = \boldsymbol{\omega} \times \boldsymbol{r} = \begin{vmatrix} \boldsymbol{i} & \boldsymbol{j} & \boldsymbol{k} \\ 0 & 0 & \omega \\ x & y & z \end{vmatrix} = (-\omega y, \omega x, 0),$$

从而 $\boldsymbol{v}$ 的旋度为

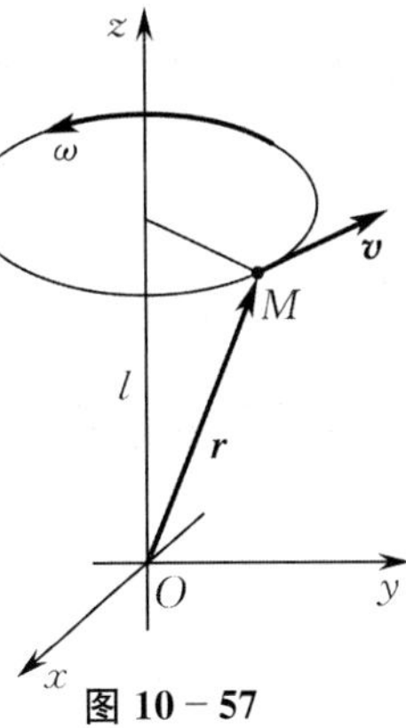

图 10－57

$$\mathbf{rot}\ \boldsymbol{v}=\begin{vmatrix}\boldsymbol{i} & \boldsymbol{j} & \boldsymbol{k}\\ \frac{\partial}{\partial x} & \frac{\partial}{\partial y} & \frac{\partial}{\partial z}\\ -\omega y & \omega x & 0\end{vmatrix}=(0,0,2\omega)=2\boldsymbol{\omega}.$$

由此可见，在刚体旋转的线速度场中，任意一点处的旋度，除去一个常数因子外，恰好就是刚体旋转的角速度. 这就是“旋度”这一名词的由来.

当 $\mathbf{rot}\,\boldsymbol{A}\equiv\boldsymbol{0}$ 时，沿任意闭曲线的环流量为 0，此时流体流动时不形成旋涡，称 $\boldsymbol{A}$ 为**无旋场**.

**例 10.7.3**　点电荷 $q$ 在真空中产生的静电场，其电场强度为 $\boldsymbol{E}=\frac{q}{4\pi\varepsilon_0 r^3}\boldsymbol{r}$，其中 $\varepsilon_0$ 为真空介电常数，$\boldsymbol{r}=x\boldsymbol{i}+y\boldsymbol{j}+z\boldsymbol{k}$，$r=\sqrt{x^2+y^2+z^2}$，求 $\mathbf{rot}\,\boldsymbol{E}$.

**解**　由于

$$\boldsymbol{E}=\frac{q}{4\pi\varepsilon_0 r^3}\boldsymbol{r}=\frac{q}{4\pi\varepsilon_0 r^3}(x,y,z)\quad(r\neq 0),$$

因此

$$\begin{aligned}\mathbf{rot}\,\boldsymbol{E}&=\frac{q}{4\pi\varepsilon_0}\begin{vmatrix}\boldsymbol{i} & \boldsymbol{j} & \boldsymbol{k}\\ \frac{\partial}{\partial x} & \frac{\partial}{\partial y} & \frac{\partial}{\partial z}\\ \frac{x}{r^3} & \frac{y}{r^3} & \frac{z}{r^3}\end{vmatrix}\\ &=\frac{q}{4\pi\varepsilon_0}\left[\left(-\frac{3yz}{r^5}+\frac{3yz}{r^5}\right)\boldsymbol{i}-\left(-\frac{3zx}{r^5}+\frac{3zx}{r^5}\right)\boldsymbol{j}+\left(-\frac{3xy}{r^5}+\frac{3xy}{r^5}\right)\boldsymbol{k}\right]\\ &=\boldsymbol{0}\quad(r\neq 0).\end{aligned}$$

这说明，在除点电荷所在的坐标原点外，整个电场无旋度.

**例 10.7.4**　设向量场 $\boldsymbol{A}=2y\boldsymbol{i}+3x\boldsymbol{j}+z^2\boldsymbol{k}$. 求：(1) $\mathbf{rot}\,\boldsymbol{A}$；(2) $\boldsymbol{A}$ 沿闭曲线 $\Gamma$ 的环流量，其中 $\Gamma$ 是圆 $\begin{cases}z=\sqrt{4-x^2-y^2},\\ z=0,\end{cases}$ 取逆时针方向.

**解**　(1) $\mathbf{rot}\,\boldsymbol{A}=\begin{vmatrix}\boldsymbol{i} & \boldsymbol{j} & \boldsymbol{k}\\ \frac{\partial}{\partial x} & \frac{\partial}{\partial y} & \frac{\partial}{\partial z}\\ 2y & 3x & z^2\end{vmatrix}=(0,0,1).$

(2) 所求环流量为

$$\oint_\Gamma 2y\mathrm{d}x+3x\mathrm{d}y+z^2\mathrm{d}z=\oint_\Gamma 2y\mathrm{d}x+3x\mathrm{d}y\xlongequal{\text{格林公式}}\iint_{D_{xy}}\mathrm{d}x\mathrm{d}y=4\pi.$$

## 思考题 10.7

1. 什么是向量场的散度?它与向量场通过曲面一侧的通量有什么关系?
2. 什么是向量场的旋度?它与向量场沿有向闭曲线的环流量有什么关系?
3. 通量、散度、环流量、旋度与专业课程中的哪些概念有关?

## 习题 10.7

**(A)**

一、求向量场 $\boldsymbol{A}=(x^2+yz)\boldsymbol{i}+(y^2+xz)\boldsymbol{j}+(z^2+xy)\boldsymbol{k}$ 的散度.

二、求向量场 $\boldsymbol{A}=(2z-3y)\boldsymbol{i}+(3x-z)\boldsymbol{j}+(y-2x)\boldsymbol{k}$ 的旋度.

三、设向量场 $\boldsymbol{A}=(2x-z)\boldsymbol{i}+x^2y\boldsymbol{j}-xz^2\boldsymbol{k}$. 求:(1) $\mathrm{div}\,\boldsymbol{A}$;(2) 向量场 $\boldsymbol{A}$ 通过有向曲面 $\Sigma$ 的通量,其中 $\Sigma$ 为正方体 $0\leqslant x\leqslant a,0\leqslant y\leqslant a,0\leqslant z\leqslant a$ 的全表面,取外侧.

四、利用斯托克斯公式把曲面积分 $\iint\limits_{\Sigma}\mathbf{rot}\,\boldsymbol{A}\cdot\boldsymbol{n}^0\,\mathrm{d}S$ 化为曲线积分,并计算其积分值,其中 $\boldsymbol{A}=y^2\boldsymbol{i}+xy\boldsymbol{j}+xz\boldsymbol{k}$,$\Sigma$ 为曲面 $z=\sqrt{1-x^2-y^2}$ 的上侧,$\boldsymbol{n}^0$ 是 $\Sigma$ 的单位法向量.

五、设向量场 $\boldsymbol{A}=-y\boldsymbol{i}+x\boldsymbol{j}+c\boldsymbol{k}$($c$ 为常数). 求:(1) $\mathbf{rot}\,\boldsymbol{A}$;(2) $\boldsymbol{A}$ 沿闭曲线 $\Gamma$ 的环流量,其中 $\Gamma$ 是圆 $\begin{cases}x^2+y^2=1,\\ z=0,\end{cases}$ 取逆时针方向.

六、设函数 $u=u(x,y,z)$ 具有二阶连续偏导数,求 $\mathbf{rot}(\mathbf{grad}\,u)$.

**(B)**

一、证明高斯公式可写成如下形式:

$$\oiint\limits_{\Sigma}\boldsymbol{A}\cdot\boldsymbol{n}^0\,\mathrm{d}S=\iiint\limits_{\Omega}\mathrm{div}\,\boldsymbol{A}\mathrm{d}x\mathrm{d}y\mathrm{d}z,$$

其中 $\Sigma$ 是空间有界闭区域 $\Omega$ 的边界曲面,取外侧.

二、证明斯托克斯公式可写成如下形式:

$$\oint_{\Gamma}\boldsymbol{A}\cdot\boldsymbol{\tau}^0\,\mathrm{d}s=\iint\limits_{\Sigma}\mathbf{rot}\,\boldsymbol{A}\cdot\boldsymbol{n}^0\,\mathrm{d}S,$$

其中 $\Gamma$ 是空间曲面 $\Sigma$ 的正向边界曲线,$\boldsymbol{\tau}^0$ 为 $\Gamma$ 上点 $(x,y,z)$ 处与 $\Gamma$ 同向的单位切向量,$\boldsymbol{n}^0$ 是 $\Sigma$ 上点 $(x,y,z)$ 处的单位法向量,$\boldsymbol{n}^0$ 的方向与 $\Gamma$ 的正方向符合右手规则.

三、设函数 $u$ 具有二阶连续偏导数,$\boldsymbol{n}$ 是闭曲面 $\Sigma$ 的外法向量,$\Omega$ 为 $\Sigma$ 所围成的空间有界闭区域,证明:

$$\oiint\limits_{\Sigma}u\,\frac{\partial u}{\partial\boldsymbol{n}}\mathrm{d}S=\iiint\limits_{\Omega}(\mathbf{grad}\,u)^2\,\mathrm{d}V+\iiint\limits_{\Omega}u\cdot\mathrm{div}(\mathbf{grad}\,u)\mathrm{d}V.$$

* 四、证明:$\mathbf{rot}(\boldsymbol{a}+\boldsymbol{b})=\mathbf{rot}\,\boldsymbol{a}+\mathbf{rot}\,\boldsymbol{b}$.

# 第八节 应用实例

## 实例一:通信卫星的电波覆盖地球表面的面积

将通信卫星发射到赤道的上空,使它位于赤道所在的平面内. 如果卫星自西向东绕地球飞行一周的时间正好等于地球自转一周的时间，那么它始终在地球的某个位置的上空. 这样的卫星称为地球同步卫星.

已知地球的半径为 $R=6\ 371\ \text{km}$，地球自转的角速度为 $\omega=\dfrac{2\pi}{24\times 3\ 600}\ \text{rad/s}$，由于卫星绕地球飞行一周的时间正好等于地球自转一周的时间，因此 $\omega$ 也是卫星绕地球飞行的角速度. 要计算卫星的电波覆盖地球表面的面积，需要先计算出卫星离地球表面的高度.

**注**　为了简化问题，把地球看成一个球体，且不考虑其他天体对卫星的影响.

(1) 计算卫星离地球表面的高度. 设 $M$ 为地球的质量，$m$ 为卫星的质量，$h$ 为卫星离地球表面的高度. 要使卫星不会脱离其预定轨道，其所受的地球引力必须与它绕地球飞行所受的离心力相等，即

$$\frac{GMm}{(R+h)^2}=m\omega^2(R+h),$$

其中 $G$ 为万有引力常数. 由于重力加速度(在地球表面的单位质量所受的引力) $g=\dfrac{GM}{R^2}$，因此

$$(R+h)^3=\frac{GM}{\omega^2}=\frac{GM}{R^2}\cdot\frac{R^2}{\omega^2},\quad 即\quad h=\sqrt[3]{g\frac{R^2}{\omega^2}}-R.$$

将 $R=6\ 371\ 000\ \text{m}$，$\omega=\dfrac{2\pi}{24\times 3\ 600}\ \text{rad/s}$，$g=9.8\ \text{m/s}^2$ 代入上式，便得卫星离地球表面的高度为

$$h=\left(\sqrt[3]{9.8\times\frac{6\ 371\ 000^2\times 24^2\times 3\ 600^2}{4\pi^2}}-6\ 371\ 000\right)\text{m}\approx 36\ 000\ \text{km}.$$

(2) 计算卫星的电波覆盖地球表面的面积. 如图 10－58 所示，以地心为坐标原点建立空间直角坐标系，则卫星电波覆盖地球表面的面积为

$$A=\iint_{\Sigma}\mathrm{d}S,$$

其中 $\Sigma$ 是上半球面 $x^2+y^2+z^2=R^2(z\geqslant 0)$ 上满足 $z\geqslant R\cos\alpha$ 的部分，即

$$\Sigma=\{(x,y,z)\mid z=\sqrt{R^2-x^2-y^2},x^2+y^2\leqslant R^2\sin^2\alpha\}.$$

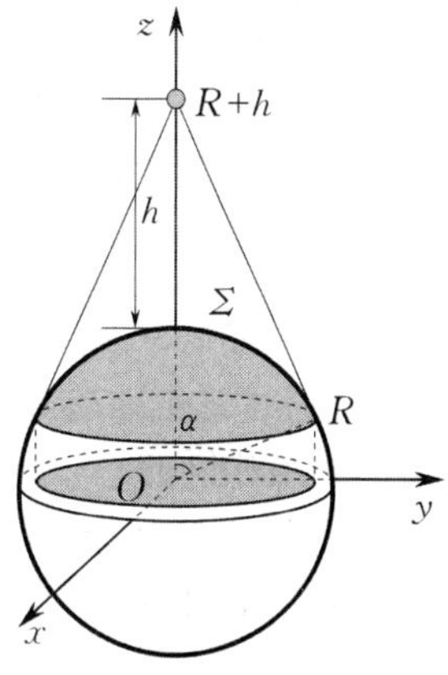

利用对面积的曲面积分的计算公式，得

$$A=\iint_{D_{xy}}\sqrt{1+z_x^2+z_y^2}\,\mathrm{d}x\mathrm{d}y=\iint_{D_{xy}}\frac{R}{\sqrt{R^2-x^2-y^2}}\mathrm{d}x\mathrm{d}y,$$

其中 $D_{xy}$ 为 $\Sigma$ 在 $xOy$ 面上的投影区域 $\{(x,y)\mid x^2+y^2\leqslant R^2\sin^2\alpha\}$. 又通过极坐标变换，得

**图 10－58**

$$A=R\int_0^{2\pi}\mathrm{d}\theta\int_0^{R\sin\alpha}\frac{\rho\mathrm{d}\rho}{\sqrt{R^2-\rho^2}}=2\pi R\int_0^{R\sin\alpha}\frac{\rho\mathrm{d}\rho}{\sqrt{R^2-\rho^2}}=2\pi R^2(1-\cos\alpha).$$

因为 $\cos\alpha=\dfrac{R}{R+h}$，所以

$$A=2\pi R^2\frac{h}{R+h}=2\pi\times 6\ 371\ 000^2\times\frac{36\ 000\ 000}{6\ 371\ 000+36\ 000\ 000}\ \text{m}^2$$

$$\approx 2.16685\times 10^{14}\ \text{m}^2 = 2.16685\times 10^{8}\ \text{km}^2.$$

注意到地球的表面积为 $4\pi R^2$,故卫星覆盖地球表面的面积与地球表面积的比为

$$\frac{A}{4\pi R^2}=\frac{h}{2(R+h)}=\frac{36\,000\,000}{2\times(6\,371\,000+36\,000\,000)}\approx 0.4248.$$

可以看出,卫星的电波覆盖了地球表面 $\frac{1}{3}$ 以上的面积. 从理论上讲,在赤道上空使用三颗相间 $\frac{2\pi}{3}$ 的通信卫星,其电波几乎就可以覆盖整个地球表面.

## 实例二:摆线的等时性

一个半径为 $a(a>0)$ 的圆在直线上滚动(不滑动)时,圆上一固定点 $P$ 的运动轨迹是

$$\begin{cases}x=a(\theta-\sin\theta),\\ y=a(1-\cos\theta),\end{cases}$$

它就是**旋轮线**或**摆线**,也叫作**最速下降线**.

1696 年,伯努利提出了一个著名问题:如何确定一条从点 $M$ 到点 $N$ 的曲线(点 $N$ 在点 $M$ 的下方,但不在正下方),使得一颗珠子在重力的作用下,沿着这条曲线从点 $M$ 滑到点 $N$ 所用时间最短? 这就是著名的**最速下降线问题**,它是对变分学发展有着巨大影响的三大问题之一.

该问题在 1697 年就得到了解决. 牛顿、莱布尼茨、洛必达和伯努利兄弟都独立得到了正确的结论:这条曲线不是联结点 $M,N$ 的直线,而是唯一的一条联结点 $M,N$ 的向上凹的摆线. 此后,欧拉又证明了沿着摆线弧摆动的摆锤,不论其振幅大小,做一次全摆动所需的时间是完全相同的. 因此,摆线又叫作**等时线**. 下面对摆线的等时性进行讨论.

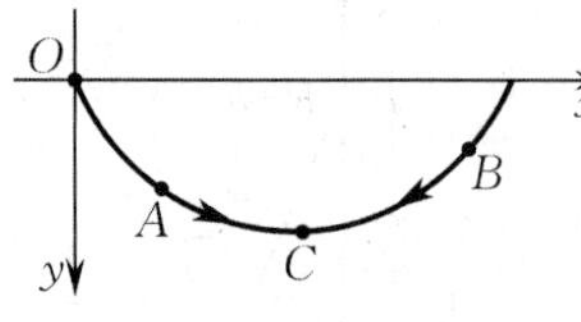


图 10 - 59

如图 10 - 59 所示为摆线的一摆,其方程为

$$l:\begin{cases}x=a(\theta-\sin\theta),\\ y=a(1-\cos\theta),\end{cases}\quad 0\leqslant\theta\leqslant 2\pi,$$

点 $C$ 是摆线的谷底,对应于 $\theta=\pi$.

下面证明:一颗珠子在重力的作用下,无论从曲线上点 $O$、点 $A$、点 $B$,或其他任意一点由静止开始沿曲线下滑到点 $C$,所用的时间都是相同的.

设点 $A$ 的坐标为 $(x_0,y_0)$,对应于 $\theta=\theta_0$,珠子的质量为 $m$,初速度为 $v_0=0$,现求它从点 $A$ 沿曲线下滑到点 $C$ 所用的时间 $T$.

在点 $A$ 与点 $C$ 之间的任意一点 $(x,y)$ 处,设珠子的速度为 $v$. 一方面,由能量守恒定律得

$$mg(y-y_0)=\frac{1}{2}mv^2-\frac{1}{2}mv_0^2=\frac{1}{2}mv^2,$$

从而

$$v=\sqrt{2g(y-y_0)}.$$

另一方面,珠子沿曲线下滑,速度为弧长 $s$ 对时间 $t$ 的变化率,即 $v=\frac{\mathrm{d}s}{\mathrm{d}t}$,从而

$$\mathrm{d}t=\frac{\mathrm{d}s}{\sqrt{2g(y-y_0)}}.$$

因此，珠子沿摆线 $l$ 从点 $A$ 下滑到点 $C$ 所用的时间为曲线积分 $T=\int_{\widehat{AC}}\frac{\mathrm{d}s}{\sqrt{2g(y-y_0)}}$. 又

$$\mathrm{d}s=\sqrt{x'^2(\theta)+y'^2(\theta)}\,\mathrm{d}\theta=\sqrt{[a(1-\cos\theta)]^2+(a\sin\theta)^2}\,\mathrm{d}\theta=2a\sin\frac{\theta}{2}\mathrm{d}\theta,$$

$$\sqrt{2g(y-y_0)}=\sqrt{2ga(\cos\theta_0-\cos\theta)}=2\sqrt{ga\left(\cos^2\frac{\theta_0}{2}-\cos^2\frac{\theta}{2}\right)},$$

于是

$$T=\int_{\widehat{AC}}\frac{\mathrm{d}s}{\sqrt{2g(y-y_0)}}=\sqrt{\frac{a}{g}}\int_{\theta_0}^{\pi}\frac{\sin\frac{\theta}{2}}{\sqrt{\cos^2\frac{\theta_0}{2}-\cos^2\frac{\theta}{2}}}\mathrm{d}\theta$$

$$=2\sqrt{\frac{a}{g}}\int_{\theta_0}^{\pi}\frac{-1}{\sqrt{1-\left(\frac{\cos\frac{\theta}{2}}{\cos\frac{\theta_0}{2}}\right)^2}}\mathrm{d}\left(\frac{\cos\frac{\theta}{2}}{\cos\frac{\theta_0}{2}}\right)$$

$$=-2\sqrt{\frac{a}{g}}\arcsin\left(\frac{\cos\frac{\theta}{2}}{\cos\frac{\theta_0}{2}}\right)\Bigg|_{\theta_0}^{\pi}=\pi\sqrt{\frac{a}{g}}.$$

可见，$T$ 是一个常数，且与起点位置 $\theta=\theta_0$ 无关.

摆线的等时性可以这样理解：当珠子从一个摆线形状的容器的不同点放开时，它们会同时到达容器的底部.

## 实例三：GPS 面积测量仪的数学原理

格林公式建立了平面闭区域 $D$ 上的二重积分与 $D$ 的整个边界曲线 $L$ 上对坐标的曲线积分之间的关系. 若令 $P(x,y)=-y, Q(x,y)=x$，则 $\frac{\partial Q}{\partial x}=1, \frac{\partial P}{\partial y}=-1$，因此有

$$2\iint_D \mathrm{d}x\mathrm{d}y=\oint_L x\mathrm{d}y-y\mathrm{d}x.$$

上式左边是平面闭区域 $D$ 的面积 $A$ 的两倍，由此得到一个用曲线积分计算平面闭区域 $D$ 的面积的公式：

$$A=\iint_D \mathrm{d}x\mathrm{d}y=\frac{1}{2}\oint_L x\mathrm{d}y-y\mathrm{d}x, \tag{10.8.1}$$

其中 $L$ 为平面闭区域 $D$ 的整个边界，取正方向.

显然，当边界曲线 $L$ 的方程已知时，利用公式(10.8.1)可以求出平面闭区域 $D$ 的面积. 然而，现实中边界曲线 $L$ 的方程是很难知道的，因此无法利用公式(10.8.1)计算出 $D$ 的面积. GPS(全球定位系统)面积测量仪给出了比较好的平面闭区域面积的近似计算方法. 当需要测量平面闭区域 $D$ 的面积时，只要手持测量仪绕行 $D$ 一周，仪器就可以通过自动记录行进路线的坐标，计算所围绕平面闭区域的近似面积. 下面介绍 GPS 面积测量仪的数学原理.

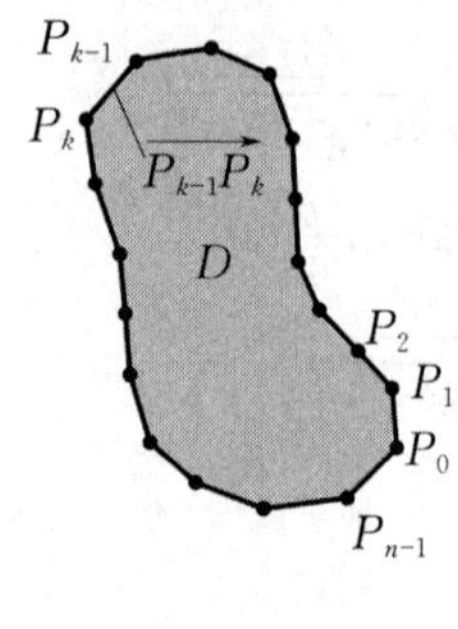

图 10-60

设 GPS 面积测量仪自动记录的行进封闭路线中的平面坐标为 $P_k(x_k,y_k)(k=0,1,2,\cdots,n)$，如图 10-60 所示. 联结这些点，得到一条由各有向线段连接起来的封闭路线 $L'$ 及其所围成的平面闭区域 $D'$. GPS 面积测量仪实质上是用平面闭区域 $D'$ 的面积去近似 $D$ 的面积.

平面闭区域 $D'$ 的边界曲线为 $L'=\overrightarrow{P_0P_1}\cup\overrightarrow{P_1P_2}\cup\cdots\cup\overrightarrow{P_{n-1}P_n}$，其中 $P_0=P_n$. 由此得

$$A=\iint_D \mathrm{d}x\mathrm{d}y=\frac{1}{2}\oint_L x\mathrm{d}y-y\mathrm{d}x\approx\frac{1}{2}\oint_{L'}x\mathrm{d}y-y\mathrm{d}x.$$

下面计算各有向线段上的曲线积分. 首先考虑 $\int_{\overrightarrow{P_0P_1}}x\mathrm{d}y-y\mathrm{d}x$，由于有向线段 $\overrightarrow{P_0P_1}$ 的参数式方程为 $\begin{cases}x=x_0+t(x_1-x_0),\\ y=y_0+t(y_1-y_0),\end{cases}$ 其中 $t$ 单调地由 0 变到 1，因此

$$\begin{aligned}\int_{\overrightarrow{P_0P_1}}x\mathrm{d}y-y\mathrm{d}x&=\int_0^1\{[x_0+t(x_1-x_0)](y_1-y_0)-[y_0+t(y_1-y_0)](x_1-x_0)\}\mathrm{d}t\\&=\begin{vmatrix}x_0 & x_1\\ y_0 & y_1\end{vmatrix}.\end{aligned}$$

类似地，有向线段 $\overrightarrow{P_{k-1}P_k}$ 上的曲线积分为

$$\int_{\overrightarrow{P_{k-1}P_k}}x\mathrm{d}y-y\mathrm{d}x=\begin{vmatrix}x_{k-1} & x_k\\ y_{k-1} & y_k\end{vmatrix}\quad(1\leqslant k\leqslant n).$$

于是

$$A=\iint_D \mathrm{d}x\mathrm{d}y\approx\frac{1}{2}\oint_{L'}x\mathrm{d}y-y\mathrm{d}x=\frac{1}{2}\sum_{k=1}^{n}\begin{vmatrix}x_{k-1} & x_k\\ y_{k-1} & y_k\end{vmatrix}.\tag{10.8.2}$$

因此，用 GPS 面积测量仪测量平面闭区域 $D$ 的面积，只需记录行进封闭路线中若干点的坐标，再代入公式(10.8.2)，即可得到平面闭区域 $D'$ 的面积，从而得到平面闭区域 $D$ 的近似面积.

## 总习题十

一、计算下列小题：

(1) $\int_\Gamma z\mathrm{d}s$，其中 $\Gamma$ 为曲线 $x=t\cos t,y=t\sin t,z=t(0\leqslant t\leqslant t_0)$；

(2) $\int_L(2a-y)\mathrm{d}x+x\mathrm{d}y$，其中 $L$ 为摆线 $x=a(t-\sin t),y=a(1-\cos t)$ 上对应于 $t$ 单调地由 0 变到 $2\pi$ 的一段曲线弧；

(3) $\iint_\Sigma\frac{\mathrm{d}S}{x^2+y^2+z^2}$，其中 $\Sigma$ 是介于平面 $z=0$ 及 $z=H$ 之间的圆柱面 $x^2+y^2=R^2$；

(4) $\oiint_\Sigma xz\mathrm{d}x\mathrm{d}y+xy\mathrm{d}y\mathrm{d}z+yz\mathrm{d}z\mathrm{d}x$，其中 $\Sigma$ 是由平面 $x=0,y=0,z=0,x+y+z=1$ 所围成的空间有界闭区域的整个边界曲面的外侧；

(5) $\oint_\Gamma y\mathrm{d}x+z\mathrm{d}y+x\mathrm{d}z$，其中 $\Gamma$ 为闭曲线 $\begin{cases}x^2+y^2+z^2=1,\\ y=z,\end{cases}$ 从 $z$ 轴正方向看去，$\Gamma$ 为逆时针方向.

二、计算下列曲线积分：

(1) $\oint_L(2x-y+4)\mathrm{d}x+(3x+5y-6)\mathrm{d}y$，其中 $L$ 是顶点分别为(0,0)，(3,0) 和 (3,2) 的三角形的正向边界；

(2) $\int_L (e^x \sin y - 2y)dx + (e^x \cos y - 2)dy$，其中 $L$ 为上半圆 $(x-a)^2 + y^2 = a^2, y \geqslant 0$，取逆时针方向.

三、证明下列曲线积分与路径无关，并计算其积分值：

(1) $\int_{(1,1)}^{(1,2)} \frac{y dx - x dy}{x^2}$ 沿在右半平面的路径；　　(2) $\int_{(1,0)}^{(6,8)} \frac{x dx + y dy}{\sqrt{x^2 + y^2}}$ 沿不过坐标原点的路径.

四、验证下列 $P(x,y)dx + Q(x,y)dy$ 在整个 $xOy$ 面内是某个函数的全微分，并求出这样的一个函数 $u(x,y)$：

(1) $2xy dx + x^2 dy$；　　(2) $(3x^2 y + 8xy^2)dx + (x^3 + 8x^2 y + 12ye^y)dy$.

五、设在右半平面 $x > 0$ 中，力 $\boldsymbol{F} = -\frac{k}{r^3}(x\boldsymbol{i} + y\boldsymbol{j})$ 构成力场，其中 $r = \sqrt{x^2 + y^2}$，$k$ 为常数. 证明：在此力场中，力 $\boldsymbol{F}$ 所做的功与所取的路径无关.

六、计算曲面积分 $\iint\limits_{\Sigma} x dy dz + y dz dx + z dx dy$，其中 $\Sigma$ 为上半球面 $z = \sqrt{R^2 - x^2 - y^2}$ 的上侧.

七、求向量 $\boldsymbol{A} = x\boldsymbol{i} + y\boldsymbol{j} + z\boldsymbol{k}$ 通过空间有界闭区域 $\Omega: 0 \leqslant x \leqslant 1, 0 \leqslant y \leqslant 1, 0 \leqslant z \leqslant 1$ 的边界曲面流向外侧的通量.

八、求力 $\boldsymbol{F} = y\boldsymbol{i} + z\boldsymbol{j} + x\boldsymbol{k}$ 沿有向闭曲线 $\Gamma$ 所做的功，其中 $\Gamma$ 为平面 $x + y + z = 1$ 被三个坐标面截得的三角形的整个边界，从 $z$ 轴正方向看去，$\Gamma$ 为顺时针方向.

九、求均匀曲面 $z = \sqrt{a^2 - x^2 - y^2}$ 的质心坐标.

## 单元测试十

**单项选择题**(满分 100)：

1. (5分) 设 $L$ 是 $xOy$ 面上的一条光滑曲线弧，函数 $f(x,y)$ 在 $L$ 上有界. 用 $L$ 上的点 $M_1, M_2, \cdots, M_{n-1}$ 把 $L$ 分成 $n$ 个小段，设第 $i$ 个小段的长度为 $\Delta s_i (i = 1,2,\cdots,n)$，$(\xi_i, \eta_i)$ 为第 $i$ 个小段上的一点，则函数 $f(x,y)$ 在曲线 $L$ 上对弧长的曲线积分 $\int_L f(x,y) ds = ($　　$)$.

(A) $\sum\limits_{i=1}^{n} f(\xi_i, \eta_i)\Delta s_i$

(B) $\lim\limits_{\lambda \to \infty} \sum\limits_{i=1}^{n} f(\xi_i, \eta_i)\Delta s_i$，其中 $\lambda$ 为 $\Delta s_i$ 的长度的最大值，下同

(C) $\lim\limits_{\lambda \to 0} \sum\limits_{i=1}^{n} f(\xi_i, \eta_i)\Delta s_i$，且此极限与 $L$ 的分法和点 $(\xi_i, \eta_i)$ 的取法都无关

(D) $\lim\limits_{\lambda \to 0} \sum\limits_{i=1}^{n} f(\xi_i, \eta_i)\Delta s_i$，其中 $\Delta s_i$ 必须有相等的长度

2. (5分) 设有一铁丝弯成半圆形 $x = a\cos t, y = a\sin t (0 \leqslant t \leqslant \pi)$，其上每一点处的线密度等于该点的纵坐标的平方，则铁丝的质量为(　　).

(A) $\frac{\pi}{4}a^3$　　(B) $2a^2$　　(C) $2\pi a^2$　　(D) $\frac{\pi}{2}a^3$

3. (5分) 曲线弧 $\widehat{AB}$ 上的曲线积分和 $\widehat{BA}$ 上的曲线积分的关系为(　　).

(A) $\int_{\widehat{AB}} f(x,y)ds = -\int_{\widehat{BA}} f(x,y)ds$　　(B) $\int_{\widehat{AB}} f(x,y)ds = \int_{\widehat{BA}} f(x,y)ds$

(C) $\int_{\widehat{AB}} f(x,y)ds = \int_{\widehat{BA}} f(-x,-y)ds$　　(D) $\int_{\widehat{AB}} f(x,y)ds = -\int_{\widehat{BA}} f(-x,-y)ds$

4. (5分) 设 $L$ 是从点 $A(1,1)$ 到点 $B(2,3)$ 的直线段，则 $\int_L (x+3y)dx + (y+3x)dy = ($　　$)$.

(A) $\int_1^2 [(x + 2x - 1) + (2x - 1 + 3x)]dx$　　(B) $\int_1^2 (x+3)dx + \int_1^3 (y+6)dy$

(C) $\int_1^2 (x+2x+1)\mathrm{d}x+\int_1^3\left(y+3\cdot\frac{y+1}{2}\right)\mathrm{d}y$ (D) $\int_1^2[(x+6x)+(2x+3x)]\mathrm{d}x$

5. (5 分) 设曲线 $C$ 由极坐标方程 $\rho=\rho(\theta)(\theta_1\leqslant\theta\leqslant\theta_2)$ 给出,则 $\int_C f(x,y)\mathrm{d}s=$ (  ).

(A) $\int_{\theta_1}^{\theta_2} f(\rho\cos\theta,\rho\sin\theta)\sqrt{\rho^2+\rho'^2}\,\mathrm{d}\theta$ (B) $\int_{\theta_1}^{\theta_2} f(x,y)\sqrt{1+y'^2}\,\mathrm{d}x$

(C) $\int_{\theta_1}^{\theta_2} f(\rho\cos\theta,\rho\sin\theta)\mathrm{d}\theta$ (D) $\int_{\theta_1}^{\theta_2} f(\rho\cos\theta,\rho\sin\theta)\rho\mathrm{d}\theta$

6. (5 分) 设 $L$ 是圆 $x^2+y^2=ax$,则 $\oint_L \sqrt{x^2+y^2}\,\mathrm{d}s=$ (  ).

(A) 0 (B) $4a^2$ (C) $2a^2$ (D) $\pi a$

7. (5 分) 设某物质沿曲线 $C:\begin{cases}x=t,\\ y=\frac{t^2}{2},\\ z=\frac{t^3}{3}\end{cases}(0\leqslant t\leqslant 1)$ 分布,其线密度为 $\mu=\sqrt{2y}$,则其质量 $M=$ (  ).

(A) $\int_0^1 t\sqrt{1+t^2+t^4}\,\mathrm{d}t$ (B) $\int_0^1 t^2\sqrt{1+t^2+t^4}\,\mathrm{d}t$

(C) $\int_0^1 \sqrt{1+t^2+t^4}\,\mathrm{d}t$ (D) $\int_0^1 \sqrt{t}\cdot\sqrt{1+t^2+t^4}\,\mathrm{d}t$

8. (5 分) 设 $\Sigma$ 为球面 $x^2+y^2+z^2=a^2$,则 $I=\oiint_\Sigma (x^2+y^2+z^2)\mathrm{d}S=$ (  ).

(A) $\pi a^4$ (B) $2\pi a^4$ (C) $4\pi a^4$ (D) $6\pi a^4$

9. (5 分) 设 $\Sigma$ 为圆柱面 $x^2+y^2=1$ 介于平面 $z=0$ 及 $z=3$ 之间的第 Ⅰ 卦限部分(取外侧),则 $\iint_\Sigma z\,\mathrm{d}x\mathrm{d}y+x\,\mathrm{d}y\mathrm{d}z+y\,\mathrm{d}x\mathrm{d}z=$ (  ).

(A) $3\iint_{D_{xy}}\sqrt{1-x^2}\,\mathrm{d}x\mathrm{d}y=3\int_0^3\mathrm{d}y\int_0^1\sqrt{1-x^2}\,\mathrm{d}x$ (B) $3\int_0^{2\pi}\mathrm{d}\theta\int_0^1\sqrt{1-\rho^2}\,\rho\mathrm{d}\rho$

(C) $2\iint_{D_{yz}}\sqrt{1-y^2}\,\mathrm{d}y\mathrm{d}z=2\int_0^3\mathrm{d}z\int_0^1\sqrt{1-y^2}\,\mathrm{d}y$ (D) $3\int_0^{2\pi}\mathrm{d}\theta\int_0^1\rho\cos\theta\mathrm{d}\rho$

10. (5 分) 设 $\Sigma$ 为曲面 $z=2-(x^2+y^2)$ 在 $xOy$ 面上方的部分,则 $\iint_\Sigma z\mathrm{d}S=$ (  ).

(A) $\int_0^{2\pi}\mathrm{d}\theta\int_0^{2-\rho^2}(2-\rho^2)\sqrt{1+4\rho^2}\,\rho\mathrm{d}\rho$ (B) $\int_0^{2\pi}\mathrm{d}\theta\int_0^2(1-\rho^2)\sqrt{1+4\rho^2}\,\rho\mathrm{d}\rho$

(C) $\int_0^{2\pi}\mathrm{d}\theta\int_0^{\sqrt{2}}(2-\rho^2)\rho\mathrm{d}\rho$ (D) $\int_0^{2\pi}\mathrm{d}\theta\int_0^{\sqrt{2}}(2-\rho^2)\sqrt{1+4\rho^2}\,\rho\mathrm{d}\rho$

11. (5 分) 设 $\Sigma$ 为球面 $x^2+y^2+z^2=R^2$ 的下半球面,取下侧,则 $\iint_\Sigma z\mathrm{d}x\mathrm{d}y=$ (  ).

(A) $-\int_0^{2\pi}\mathrm{d}\theta\int_0^R\sqrt{R^2-\rho^2}\,\mathrm{d}\rho$ (B) $\int_0^{2\pi}\mathrm{d}\theta\int_0^R\sqrt{R^2-\rho^2}\,\rho\mathrm{d}\rho$

(C) $-\int_0^{2\pi}\mathrm{d}\theta\int_0^R\sqrt{R^2-\rho^2}\,\rho\mathrm{d}\rho$ (D) $\int_0^{2\pi}\mathrm{d}\theta\int_0^R\sqrt{R^2-\rho^2}\,\mathrm{d}\rho$

12. (5 分) 曲面积分 $\iint_\Sigma x^2\mathrm{d}y\mathrm{d}z$ 在数值上等于(  ).

(A) 面密度为 $x^2$ 的曲面 $\Sigma$ 的质量 (B) 流体 $x^2\boldsymbol{i}$ 穿过曲面 $\Sigma$ 的流量

(C) 流体 $x^2\boldsymbol{j}$ 穿过曲面 $\Sigma$ 的流量 (D) 流体 $x^2\boldsymbol{k}$ 穿过曲面 $\Sigma$ 的流量

13. (5 分) 设 $C$ 为圆 $x^2+y^2=R^2$,取逆时针方向,则 $\oint_C -x^2y\mathrm{d}x+xy^2\mathrm{d}y=$ (  ).

(A) $\int_0^{2\pi}\mathrm{d}\theta\int_0^R \rho^2\mathrm{d}\rho$　　(B) $\int_0^{2\pi}\mathrm{d}\theta\int_0^R 4\rho^3\sin\theta\cos\theta\mathrm{d}\rho$

(C) $\int_0^{2\pi}\mathrm{d}\theta\int_0^R R^2\rho\mathrm{d}\rho$　　(D) $\int_0^{2\pi}\mathrm{d}\theta\int_0^R \rho^3\mathrm{d}\rho$

14. (5分) 若用格林公式求曲线 $C$ 所围成的平面闭区域 $D$ 的面积 $A$，则 $A=$(　　).

(A) $\int_C x\mathrm{d}y-y\mathrm{d}x$　　(B) $\frac{1}{2}\oint_C y\mathrm{d}x-x\mathrm{d}y$　　(C) $\oint_C y\mathrm{d}x-x\mathrm{d}y$　　(D) $\frac{1}{2}\oint_C x\mathrm{d}y-y\mathrm{d}x$

15. (5分) 单连通区域 $G$ 内函数 $P(x,y)$，$Q(x,y)$ 具有连续偏导数，则曲线积分 $\int_C P\mathrm{d}x+Q\mathrm{d}y$ 在 $G$ 内与路径无关的充要条件是(　　).

(A) $\frac{\partial Q}{\partial x}-\frac{\partial P}{\partial y}=0$　　(B) $\frac{\partial P}{\partial x}+\frac{\partial Q}{\partial y}=0$　　(C) $\frac{\partial P}{\partial x}-\frac{\partial Q}{\partial y}=0$　　(D) $\frac{\partial Q}{\partial x}+\frac{\partial P}{\partial y}=0$

16. (5分) 曲线积分 $\int_L(4x^3+2y^3)\mathrm{d}x+6xy^2\mathrm{d}y$ 的值(　　).

(A) 与曲线 $L$ 及其起点、终点均有关　　(B) 仅与曲线 $L$ 的起点、终点有关

(C) 与曲线 $L$ 的起点、终点无关　　(D) 等于 0

17. (4分) 设曲线积分 $I=\int_{\widehat{AB}}(2x\cos y+y\sin x)\mathrm{d}x-(x^2\sin y+\cos x)\mathrm{d}y$，其中 $\widehat{AB}$ 为位于第一象限中的圆弧 $x^2+y^2=1$ 从点 $A(1,0)$ 到点 $B(0,1)$ 的曲线弧，则 $I=$(　　).

(A) $-2$　　(B) $-1$　　(C) 0　　(D) 2

18. (4分) 已知 $\frac{(x+ay)\mathrm{d}y-y\mathrm{d}x}{(x+y)^2}$ 为某个函数的全微分，则 $a=$(　　).

(A) $-1$　　(B) 0　　(C) 1　　(D) 2

19. (4分) 设曲线 $L$: $f(x,y)=1$，其中函数 $f(x,y)$ 具有连续偏导数，点 $M$ 和点 $N$ 分别是第二、第四象限内的点，$\Gamma$ 为 $L$ 上从点 $M$ 到点 $N$ 的一段曲线弧，则下列选项中小于 0 的是(　　).

(A) $\int_\Gamma f(x,y)\mathrm{d}x$　　(B) $\int_\Gamma f(x,y)\mathrm{d}y$

(C) $\int_\Gamma f(x,y)\mathrm{d}s$　　(D) $\int_\Gamma f_x(x,y)\mathrm{d}x+f_y(x,y)\mathrm{d}y$

20. (4分) 设曲线积分 $I=\oint_L\frac{x\mathrm{d}y-y\mathrm{d}x}{x^2+y^2}$，且对于该积分容易验证 $\frac{\partial Q}{\partial x}=\frac{y^2-x^2}{(x^2+y^2)^2}=\frac{\partial P}{\partial y}$，其中 $x^2+y^2\neq 0$，则(　　).

(A) 对于任意不过坐标原点的闭曲线 $L$，恒有 $I=0$

(B) $I$ 在 $x^2+y^2>0$ 上与路径无关

(C) 对于任意不过坐标原点的闭曲线 $L$，恒有 $I\neq 0$

(D) 当 $L$ 所围成的平面闭区域 $D$ 不包含坐标原点时，$I=0$，其中 $L$ 为分段光滑的简单闭曲线

21. (4分) 设向量场 $\boldsymbol{f}=x\boldsymbol{i}+(z-2y)\boldsymbol{j}+(2x+z)\boldsymbol{k}$，函数 $g(x,y,z)$ 具有二阶连续偏导数，则(　　).

(A) $\boldsymbol{f}$ 与 $\mathbf{grad}\,g$ 都是无旋场　　(B) $\boldsymbol{f}$ 与 $\mathbf{grad}\,g$ 都是无源场

(C) $\boldsymbol{f}$ 是无旋场，$\mathbf{grad}\,g$ 是无源场　　(D) $\boldsymbol{f}$ 是无源场，$\mathbf{grad}\,g$ 是无旋场

本章参考答案

# 第十一章 柯西中值定理与泰勒公式

本章的讨论以泰勒公式为中心，首先介绍拉格朗日中值定理的一种推广 —— 柯西中值定理. 柯西中值定理的重要应用之一是证明洛必达法则. 此外，柯西中值定理也是证明泰勒公式必不可少的工具. 然后讨论一元函数的泰勒公式，为后面幂级数的学习做准备.

## 第一节 柯西中值定理

微分中值定理都来源于下面的几何事实：在一条可微的平面曲线弧$\overset{\frown}{AB}$上，至少存在一点，使得其上的切线与联结曲线两端点的弦$\overline{AB}$平行. 如图 11－1 所示，曲线弧$\overset{\frown}{AB}$上距离弦$\overline{AB}$最远的点的切线就平行于弦$\overline{AB}$.

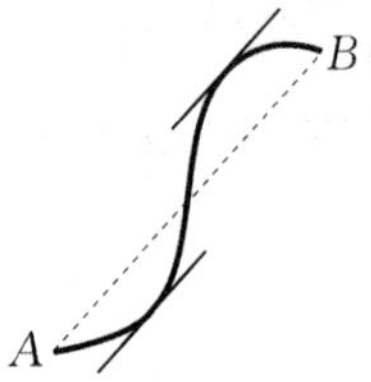

图 11－1

下面先复习罗尔中值定理和拉格朗日中值定理.

**定理 11.1.1**（**罗尔中值定理**） 如果函数 $y=f(x)$ 在闭区间$[a,b]$上连续，在开区间$(a,b)$内可导，且在区间端点处的函数值相等，即 $f(a)=f(b)$，那么在开区间$(a,b)$内至少存在一点 $\xi$，使得 $f'(\xi)=0$.

**定理 11.1.2**（**拉格朗日中值定理**） 如果函数 $y=f(x)$ 在闭区间$[a,b]$上连续，在开区间$(a,b)$内可导，那么在开区间$(a,b)$内至少存在一点 $\xi$，使得

$$\frac{f(b)-f(a)}{b-a}=f'(\xi). \tag{11.1.1}$$

公式(11.1.1)可以改写成其他形式，例如：

$$f(b)-f(a)=f'(\xi)(b-a) \quad 或 \quad f(b)=f(a)+f'(\xi)(b-a) \quad (\xi 在 a,b 之间);$$

$$f(x)=f(x_0)+f'(\xi)(x-x_0) \quad (\xi 在 x_0,x 之间，且 x_0,x\in[a,b]); \tag{11.1.2}$$

$$f(x+\Delta x)-f(x)=f'(\xi)\Delta x \quad (\xi 在 x,x+\Delta x 之间，且 x,x+\Delta x\in[a,b]). \tag{11.1.3}$$

除一些比较简单的函数外，一般并不清楚 $\xi$ 的确切位置，但 $\xi$ 是肯定存在的. 正是这个存在性，确立了中值定理在微分学中的重要地位.

由于函数 $y=f(x)$ 与导数 $f'(x)$ 之间的关系是通过极限建立的，因此导数 $f'(x_0)$ 只能近似反映 $f(x)$ 在点 $x_0$ 附近的性态，如 $f(x)\approx f(x_0)+f'(x_0)(x-x_0)$. 而中值定理通过中间值 $\xi$ 处的导数，证明了函数 $f(x)$ 与导数 $f'(x)$ 之间可以直接建立精确的等式关系（见公式

(11.1.2))，即只要 $f(x)$ 在点 $x,x_0$ 之间连续、可导，且在点 $x,x_0$ 处也连续，那么一定存在中间值 $\xi$，使得 $f(x)=f(x_0)+f'(\xi)(x-x_0)$. 这样就架起了由导数的性质来推断函数的性质和由函数的局部性质来研究函数的整体性质之间的桥梁.

同样，我们知道，函数的微分 $\mathrm{d}y=f'(x)\Delta x$ 是函数增量 $\Delta y=f(x+\Delta x)-f(x)$ 的近似表达式. 一般说来，以 $\mathrm{d}y$ 近似代替 $\Delta y$ 时所产生的误差只有当 $\Delta x\to 0$ 时才趋于 0，而公式(11.1.3) 表示 $f'(\xi)\Delta x$ 在 $\Delta x$ 为有限增量时 $\Delta y$ 的精确表达式，因此拉格朗日中值定理也叫作**有限增量定理**. 公式(11.1.3) 称为**拉格朗日中值定理的有限增量形式**.

与微分近似表达式 $\Delta y\approx f'(x_0)\Delta x(|\Delta x|$ 较小) 不同的是，不必要求公式(11.1.3) 中的 $|\Delta x|$ 较小. 公式(11.1.3) 精确地表达了函数在一个区间上的增量与函数在此区间内某点处的导数之间的关系. 在某些问题中，当自变量 $x$ 取得有限增量 $\Delta x$ 而需要函数增量的精确表达式时，拉格朗日中值定理就显示出了它的价值.

我们已经知道，如果连续曲线弧 $\overset{\frown}{AB}$ 上除端点外处处具有不垂直于 $x$ 轴的切线，那么曲线弧 $\overset{\frown}{AB}$ 上至少存在一点 $C$，使得其在点 $C$ 处的切线平行于弦 $\overline{AB}$. 设曲线弧 $\overset{\frown}{AB}$ 的参数式方程为

$$\begin{cases}X=F(x),\\ Y=f(x)\end{cases}\quad (a\leqslant x\leqslant b),$$

如图 11－2 所示，其中 $x$ 为参数. 曲线弧 $\overset{\frown}{AB}$ 上点 $(X,Y)$ 处切线的斜率为 $\dfrac{\mathrm{d}Y}{\mathrm{d}X}=\dfrac{f'(x)}{F'(x)}$，弦 $\overline{AB}$ 的斜率为

$$\frac{f(b)-f(a)}{F(b)-F(a)}.$$

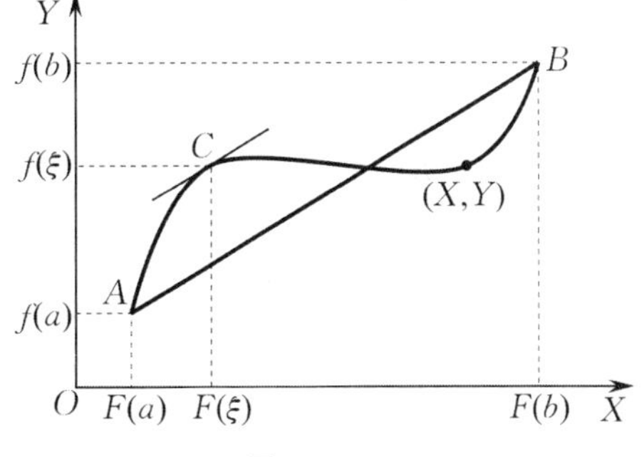

图 11－2

假设点 $C$ 对应于参数 $x=\xi$，那么曲线弧 $\overset{\frown}{AB}$ 上点 $C$ 处的切线平行于弦 $\overline{AB}$ 可表示为

$$\frac{f(b)-f(a)}{F(b)-F(a)}=\frac{f'(\xi)}{F'(\xi)}.$$

这就是著名的柯西中值定理.

**定理 11.1.3**（**柯西中值定理**）　如果函数 $F(x)$ 及 $f(x)$ 在闭区间 $[a,b]$ 上连续，在开区间 $(a,b)$ 内可导，且 $F'(x)\neq 0(a<x<b)$，那么在开区间 $(a,b)$ 内至少存在一点 $\xi$，使得

$$\frac{f(b)-f(a)}{F(b)-F(a)}=\frac{f'(\xi)}{F'(\xi)}. \tag{11.1.4}$$

**分析**　要证 $\dfrac{f(b)-f(a)}{F(b)-F(a)}=\dfrac{f'(\xi)}{F'(\xi)}$，只要证 $f'(\xi)-\dfrac{f(b)-f(a)}{F(b)-F(a)}F'(\xi)=0$，即

$$\left[f(x)-\frac{f(b)-f(a)}{F(b)-F(a)}F(x)\right]'\bigg|_{x=\xi}=0.$$

因此，若令 $\varphi(x)=f(x)-\dfrac{f(b)-f(a)}{F(b)-F(a)}F(x)$，则问题就可以转化为证明函数 $\varphi(x)$ 是否满足罗尔中值定理.

**证**　由拉格朗日中值定理及 $F'(x)\neq 0$，得

$$F(b)-F(a)=F'(\eta)(b-a)\neq 0,$$

其中 $a<\eta<b$. 构造辅助函数

$$\varphi(x)=f(x)-\frac{f(b)-f(a)}{F(b)-F(a)}F(x),$$

显然函数 $\varphi(x)$ 满足罗尔中值定理的条件：$\varphi(x)$ 在闭区间$[a,b]$上连续，在开区间$(a,b)$内可导，且

$$\varphi(a)=\frac{f(a)F(b)-f(b)F(a)}{F(b)-F(a)}=\varphi(b).$$

根据罗尔中值定理，在开区间$(a,b)$内至少存在一点 $\xi$，使得 $\varphi'(\xi)=0$，即

$$f'(\xi)-\frac{f(b)-f(a)}{F(b)-F(a)}F'(\xi)=0.$$

又由 $F'(\xi)\neq 0$ 得

$$\frac{f(b)-f(a)}{F(b)-F(a)}=\frac{f'(\xi)}{F'(\xi)}.$$

特别地，当 $F(x)=x$ 时，$F(b)-F(a)=b-a$，$F'(x)=1$，公式(11.1.4)可以写成

$$\frac{f(b)-f(a)}{b-a}=f'(\xi).$$

这正是拉格朗日中值定理. 因此，拉格朗日中值定理是柯西中值定理的一种特殊情况，或者说，柯西中值定理是拉格朗日中值定理的推广. 三个中值定理的关系如下：

$$\text{罗尔中值定理}\xleftarrow{f(a)=f(b)}\text{拉格朗日中值定理}\xleftarrow{F(x)=x}\text{柯西中值定理}.$$

**注** (1) 若分别对函数 $f(x)$，$F(x)$ 用拉格朗日中值定理，然后将两式相除，有

$$\frac{f(b)-f(a)}{F(b)-F(a)}=\frac{f'(\xi_1)}{F'(\xi_2)}.$$

由于 $\xi_1$，$\xi_2$ 不一定相同，因此不能用这一方法证明柯西中值定理.

(2) 中值定理的证明提供了一种用构造函数法证明数学命题的典范. 同时，通过巧妙地数学变换，将一般化为特殊，将复杂问题化为简单问题的论证思想，也是微积分的重要且常用的数学思维的体现.

**例 11.1.1** 设函数 $f(x)$ 在闭区间$[0,1]$上连续，在开区间$(0,1)$内可导，且 $f(1)=0$. 证明：至少存在一点 $\xi\in(0,1)$，使得 $3f(\xi)+\xi f'(\xi)=0$.

**分析** 设法构造某个函数 $F(x)$，使得

$$F'(x)=g(x)\cdot[3f(x)+xf'(x)],$$

其中 $g(x)\neq 0\,(0<x<1)$，并使 $F(x)$ 在闭区间$[0,1]$上满足罗尔中值定理. 由此就可得出要证明的结论.

**证** 构造辅助函数 $F(x)=x^3f(x)$，显然 $F(x)$ 在闭区间$[0,1]$上连续，在开区间$(0,1)$内可导，且 $F(0)=F(1)=0$. 由罗尔中值定理可知，至少存在一点 $\xi\in(0,1)$，使得 $F'(\xi)=0$. 又 $F'(x)=3x^2f(x)+x^3f'(x)$，故

$$F'(\xi)=\xi^2[3f(\xi)+\xi f'(\xi)],$$

即存在一点 $\xi\in(0,1)$，使得 $3f(\xi)+\xi f'(\xi)=0$.

**例 11.1.2** 设函数 $f(x)$ 在区间$(-\infty,+\infty)$上可导，且 $f(0)=0$. 证明：存在一点 $\xi\in(0,1)$，使得

$$2f(\xi)f'(\xi)=3\xi^2\cdot f^2(1).$$

**证**　将所要证的等式变形为

$$f^2(1)=\frac{2f(\xi)f'(\xi)}{3\xi^2}.$$

注意到，$2f(\xi)f'(\xi)=[f^2(x)]'\Big|_{x=\xi}$，$3\xi^2=(x^3)'\Big|_{\xi=x}$，而 $f^2(1)=\dfrac{f^2(1)-f^2(0)}{1^3-0^3}$，从而问题转化为证明

$$\frac{f^2(1)-f^2(0)}{1^3-0^3}=\frac{[f^2(x)]'}{(x^3)'}\Big|_{x=\xi}.$$

设函数 $F(x)=f^2(x)$，$g(x)=x^3$，显然 $F(x)$，$g(x)$ 在闭区间 $[0,1]$ 上连续，在开区间 $(0,1)$ 内可导. 由柯西中值定理可知，存在一点 $\xi\in(0,1)$，使得

$$f^2(1)=\frac{2f(\xi)f'(\xi)}{3\xi^2}.$$

## 思考题 11.1

1. 能否用下面的方法证明柯西中值定理？为什么？

对函数 $f,g$ 分别应用拉格朗日中值定理，得

$$\frac{f(b)-f(a)}{g(b)-g(a)}=\frac{f'(\xi)(b-a)}{g'(\xi)(b-a)}=\frac{f'(\xi)}{g'(\xi)}\quad(\xi\text{ 在 }a,b\text{ 之间}).$$

2. 指出罗尔中值定理、拉格朗日中值定理、柯西中值定理之间的关系.

3. 拉格朗日中值定理的结论有哪些形式？

## 习　题　11.1

**(A)**

一、设 $a_0,a_1,a_2,\cdots,a_n$ 是满足 $a_0+\dfrac{a_1}{2}+\dfrac{a_2}{3}+\cdots+\dfrac{a_n}{n+1}=0$ 的一组实数，证明：方程

$$a_0+a_1x+a_2x^2+\cdots+a_nx^n=0$$

在开区间 $(0,1)$ 内至少有一个实根.

二、设函数 $f(x)$ 在闭区间 $[a,b]$ 上二阶可导，且 $f''(x)\neq0$，$f(a)=f(b)=0$，证明：在开区间 $(a,b)$ 内，$f(x)\neq0$.

三、利用拉格朗日中值定理证明下列不等式：

(1) $\dfrac{a-b}{a}<\ln\dfrac{a}{b}<\dfrac{a-b}{b}\ (a>b>0)$；　　(2) $|\arctan a-\arctan b|\leqslant|a-b|$.

四、证明：方程 $x^5+x-1=0$ 只有一个正根.

五、设 $0<a<b$，函数 $f(x)$ 在闭区间 $[a,b]$ 上连续，在开区间 $(a,b)$ 内可导，试用柯西中值定理证明：至少存在一点 $\xi\in(a,b)$，使得 $f(b)-f(a)=\xi f'(\xi)\ln\dfrac{b}{a}$.

**(B)**

一、设函数 $f(x)$ 是定义在区间 $(-\infty,+\infty)$ 上且处处可导的奇函数，证明：对于任意的正数 $a$，存在一点 $\xi\in(-a,a)$，使得 $f(a)=af'(\xi)$.

二、已知 $0<a<b$，函数 $y=f(x)$ 在闭区间 $[a,b]$ 上连续，在开区间 $(a,b)$ 内可导，证明：在开区间 $(a,b)$ 内存在 $\xi,\eta$，使得 $f'(\xi)=\dfrac{\eta^2f'(\eta)}{ab}$.

三、设函数 $f(x)$,$g(x)$ 都是可导函数,且 $|f'(x)|<g'(x)$,证明:当 $x>a$ 时,有

$$|f(x)-f(a)|<g(x)-g(a).$$

四、设 $f^{(n)}(x_0)$ 存在,且 $f(x_0)=f'(x_0)=\cdots=f^{(n)}(x_0)=0$,证明:$f(x)=o((x-x_0)^n)\ (x\to x_0)$.

# 第二节　洛必达法则的证明

我们知道,确定$\frac{0}{0}$型未定式和$\frac{\infty}{\infty}$型未定式的值一般较为困难,但由于柯西中值定理能把函数比变为导数比,因此自然会想到上述未定式的值能否通过导数比的极限来确定?早在1694年伯努利就肯定了这个想法,并写信给他的学生洛必达,从而产生了简便而重要的洛必达法则.下面先复习洛必达法则,然后用柯西中值定理证明该法则.

**定理 11.2.1**(**洛必达法则**)　若函数 $f(x)$,$g(x)$ 满足:

(1) $\lim\limits_{x\to x_0}f(x)=\lim\limits_{x\to x_0}g(x)=0$,

(2) 在点 $x_0$ 的某个去心邻域内,$f'(x)$ 及 $g'(x)$ 都存在,且 $g'(x)\neq 0$,

(3) $\lim\limits_{x\to x_0}\dfrac{f(x)}{g(x)}=A$($A$ 为有限值或无穷大),

则有

$$\lim_{x\to x_0}\frac{f(x)}{g(x)}=\lim_{x\to x_0}\frac{f'(x)}{g'(x)}=A.$$

**证**　当 $x\to x_0$ 时,由条件(1)可知,函数 $f(x)$,$g(x)$ 在点 $x_0$ 处或连续或间断.若函数 $f(x)$,$g(x)$ 在点 $x_0$ 处间断,则 $x_0$ 是它们的可去间断点(因为在点 $x_0$ 处的左右极限存在且相等),故补充定义 $f(x_0)=g(x_0)=0$(严格说来,这样定义后的函数已经不是原来的 $f(x)$,$g(x)$ 了,但由于不影响其极限,因此仍记作 $f(x)$,$g(x)$).于是,由 $\lim\limits_{x\to x_0}f(x)=\lim\limits_{x\to x_0}g(x)=0$,得 $f(x)$ 和 $g(x)$ 在点 $x_0$ 处连续.

设 $x$ 为点 $x_0$ 附近的任意一点,当 $x>x_0$ 时,函数 $f(x)$,$g(x)$ 在闭区间 $[x_0,x]$ 上满足柯西中值定理的条件,从而有

$$\frac{f(x)}{g(x)}=\frac{f(x)-f(x_0)}{g(x)-g(x_0)}=\frac{f'(\xi)}{g'(\xi)}\quad (x_0<\xi<x).$$

当 $x\to x_0$ 时,$\xi\to x_0$,因此有

$$\lim_{x\to x_0}\frac{f(x)}{g(x)}=\lim_{\xi\to x_0}\frac{f'(\xi)}{g'(\xi)}=\lim_{x\to x_0}\frac{f'(x)}{g'(x)}.$$

当 $x<x_0$ 时,对函数 $f(x)$,$g(x)$ 在闭区间 $[x,x_0]$ 上应用柯西中值定理,可得同样的结果.

**注**　定理 11.2.1 对于 $x\to\infty$,$x\to\pm\infty$ 时的$\frac{0}{0}$型未定式同样适用.例如,当 $x\to\infty$ 时,设 $x=\frac{1}{y}$,则 $y\to 0$,故由定理 11.2.1 可得

$$\lim_{x\to\infty}\frac{f(x)}{g(x)}=\lim_{y\to 0}\frac{f\left(\frac{1}{y}\right)}{g\left(\frac{1}{y}\right)}=\lim_{y\to 0}\frac{f'\left(\frac{1}{y}\right)\left(\frac{1}{y}\right)'}{g'\left(\frac{1}{y}\right)\left(\frac{1}{y}\right)'}=\lim_{x\to\infty}\frac{f'(x)}{g'(x)}.$$

## 思考题 11.2

1. 设函数 $f(x)$ 在点 $x_0$ 处二阶可导，则

$$\begin{aligned}\lim_{h\to 0}\frac{f(x_0+h)-2f(x_0)+f(x_0-h)}{h^2}&=\lim_{h\to 0}\frac{f'(x_0+h)-f'(x_0-h)}{2h}\\&=\lim_{h\to 0}\frac{f''(x_0+h)+f''(x_0-h)}{2}=f''(x_0).\end{aligned}$$

试问：以上解法是否正确？为什么？若不正确，正确的解法是什么？

2. 为什么 $\lim\limits_{x\to 0}\dfrac{x^2\sin\dfrac{1}{x}}{\sin x}$ 不能用洛必达法则？

## 习　题 11.2

**(A)**

一、用洛必达法则求下列极限：

(1) $\lim\limits_{x\to 0}(\cos 2x)^{\frac{1}{x^2}}$；　　(2) $\lim\limits_{x\to+\infty}\left(\dfrac{2}{\pi}\arctan x\right)^x$；

(3) $\lim\limits_{x\to 0}\dfrac{x-\sin x}{x^2(\mathrm{e}^x-1)}$.

二、已知 $\lim\limits_{x\to 0}\left(\dfrac{\sin 3x}{x^3}+\dfrac{a}{x^2}+b\right)=0$，求 $a,b$ 的值.

三、设函数 $f(x)$ 在区间 $(-\infty,+\infty)$ 上二阶可导，且

$$f(0)=0,\quad g(x)=\begin{cases}\dfrac{f(x)}{x}, & x\neq 0,\\ f'(0), & x=0,\end{cases}$$

求 $g'(x)$.

**(B)**

一、设 $f(0)=0, f'(0)=2, f''(0)=6$，求 $\lim\limits_{x\to 0}\dfrac{f(x)-2x}{x^2}$.

二、求一个 $n$ 次多项式 $P_n(x)=a_0+a_1x+a_2x^2+\cdots+a_nx^n\ (a_n\neq 0)$，使得

$$\mathrm{e}^x=P_n(x)+o(x^n),$$

其中 $o(x^n)$ 是当 $x\to 0$ 时 $x^n$ 的高阶无穷小量.

# 第三节　泰勒公式——用多项式逼近函数

在工程问题中，经常会遇到一些比较复杂的函数. 为了便于研究，往往希望在局部范围内用一个简单的函数来近似表示一个比较复杂的函数，这是数学的基本思想和常用手段. 多项式是非常理想的函数，因为它只包含加(减)法和乘法运算，最适合用计算机计算，而且在区间 $(-\infty,+\infty)$ 上存在任意阶导数. 因此，用多项式去近似表示一个复杂的函数是很重要的问题，泰勒公式就是研究这个问题的理论基础.

## 一、带佩亚诺型余项的泰勒公式

在微分的应用中已经知道，当 $|x-x_0|$ 很小时，可微函数 $f(x)$ 在点 $x_0$ 处的线性近似为

$$f(x) \approx \underbrace{f(x_0) + f'(x_0)(x - x_0)}_{\text{记作}P_1(x)}.$$

这种线性近似有以下两个特点：

(1) 函数 $f(x)$ 与一次多项式 $P_1(x)$ 在点 $x_0$ 处有相同的函数值和一阶导数，即

$$f(x_0) = P_1(x_0),\quad f'(x_0) = P_1'(x_0).$$

(2) 当 $x \to x_0$ 时，其误差 $f(x) - P_1(x) = o(x - x_0)$ 是 $x - x_0$ 的高阶无穷小量.

但是这种线性近似存在不足之处：首先是精度不高，它产生的误差仅是 $x - x_0$ 的高阶无穷小量；其次是其误差没有定量的估计. 因此，当精度要求较高时，希望在点 $x_0$ 附近用适当的高次多项式来近似表示函数 $f(x)$.

例如，由 $\lim\limits_{x\to 0}\dfrac{e^x - 1}{x} = 1$，得 $\dfrac{e^x - 1}{x} = 1 + \alpha$，其中 $\lim\limits_{x\to 0}\alpha = 0$. 如图 11－3(a) 所示，当 $|x|$ 充分小时，$e^x = 1 + x + o(x)$.

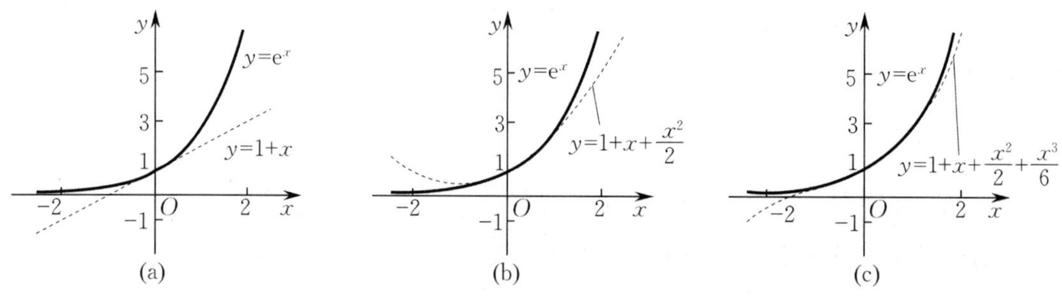


图 11－3

又由 $\lim\limits_{x\to 0}\dfrac{e^x - 1 - x}{x^2} = \dfrac{1}{2}$，得 $\dfrac{e^x - 1 - x}{x^2} = \dfrac{1}{2} + \alpha$，其中 $\lim\limits_{x\to 0}\alpha = 0$. 如图 11－3(b) 所示，当 $|x|$ 充分小时，$e^x = 1 + x + \dfrac{1}{2}x^2 + o(x^2)$.

再由 $\lim\limits_{x\to 0}\dfrac{e^x - 1 - x - \dfrac{1}{2}x^2}{x^3} = \dfrac{1}{6}$，得 $\dfrac{e^x - 1 - x - \dfrac{1}{2}x^2}{x^3} = \dfrac{1}{6} + \alpha$，其中 $\lim\limits_{x\to 0}\alpha = 0$. 如图 11－3(c) 所示，当 $|x|$ 充分小时，$e^x = 1 + x + \dfrac{1}{2}x^2 + \dfrac{1}{6}x^3 + o(x^3)$.

由于多项式函数允许更丰富的单调性和凹凸性，应该会更接近函数 $e^x$，因此猜想：当 $|x|$ 充分小时，有

$$e^x = P_n(x) + o(x^n),$$

其中 $P_n(x)$ 为 $x$ 的 $n$ 次多项式，$o(x^n)$ 是余项.

将上述情形推广至一般情形：如果函数 $f(x)$ 满足一定的条件，那么对于任意的 $x_0$，当 $|x - x_0|$ 充分小时，是否能找到一个关于 $x - x_0$ 的 $n$ 次多项式

$$P_n(x) = a_0 + a_1(x - x_0) + a_2(x - x_0)^2 + \cdots + a_n(x - x_0)^n,$$

用它来近似表示 $f(x)$ 时，有 $f(x) = P_n(x) + o((x - x_0)^n)$？

先考虑特殊情况，即 $f(x)$ 本身就是一个 $n$ 次多项式：

$$f(x) = a_0 + a_1(x - x_0) + a_2(x - x_0)^2 + \cdots + a_n(x - x_0)^n. \tag{11.3.1}$$

将 $x=x_0$ 代入公式(11.3.1)，得 $a_0=f(x_0)$；公式(11.3.1)两边对 $x$ 求导数后代入 $x=x_0$，得 $a_1=f'(x_0)$；对公式(11.3.1)求 $k$ 阶导数后代入 $x=x_0$，得

$$a_k=\frac{1}{k!}f^{(k)}(x_0)\quad(k=0,1,2,\cdots,n).$$

于是，有

$$f(x)=f(x_0)+f'(x_0)(x-x_0)+\frac{1}{2!}f''(x_0)(x-x_0)^2+\cdots+\frac{1}{n!}f^{(n)}(x_0)(x-x_0)^n. \tag{11.3.2}$$

公式(11.3.2)说明，对于任一 $n$ 次多项式 $f(x)$，$\sum\limits_{k=0}^{n}\frac{f^{(k)}(x_0)}{k!}(x-x_0)^k$ 就是 $f(x)$ 在点 $x_0$ 某个邻域的 $n$ 次近似多项式(事实上，两者恒等).

因此，对于一般的函数 $f(x)$，只要它在点 $x_0$ 处具有直到 $n$ 阶的导数，则总可以写出相应的 $n$ 次多项式

$$P_n(x)=\sum_{k=0}^{n}\frac{f^{(k)}(x_0)}{k!}(x-x_0)^k.$$

现在的问题是，能否用 $n$ 次多项式 $P_n(x)$ 来逼近函数 $f(x)$ 呢？为此，首先要解决的问题是如何描述和估计误差项

$$R_n(x)=f(x)-P_n(x)=f(x)-\sum_{k=0}^{n}\frac{f^{(k)}(x_0)}{k!}(x-x_0)^k.$$

若找到了 $R_n(x)$ 的表达式，则 $f(x)$ 可表示为

$$f(x)=P_n(x)+R_n(x)=\sum_{k=0}^{n}\frac{f^{(k)}(x_0)}{k!}(x-x_0)^k+R_n(x).$$

下面的定理表明 $R_n(x)=o((x-x_0)^n)$.

**定理 11.3.1** 设函数 $f(x)$ 在点 $x_0$ 处具有 $n$ 阶导数，则

$$\begin{aligned}f(x)=&f(x_0)+f'(x_0)(x-x_0)+\frac{f''(x_0)}{2!}(x-x_0)^2+\cdots\\&+\frac{f^{(n)}(x_0)}{n!}(x-x_0)^n+o((x-x_0)^n).\end{aligned} \tag{11.3.3}$$

公式(11.3.3)称为函数 $f(x)$ 在点 $x_0$ 处**带佩亚诺(Peano)型余项**[①]**的 $n$ 阶泰勒公式**.

**分析** 令 $P_n(x)=f(x_0)+f'(x_0)(x-x_0)+\frac{f''(x_0)}{2!}(x-x_0)^2+\cdots+\frac{f^{(n)}(x_0)}{n!}(x-x_0)^n$，由高阶无穷小量的定义可知，只需证明

$$\lim_{x\to x_0}\frac{f(x)-P_n(x)}{(x-x_0)^n}=0 \tag{11.3.4}$$

即可. 这是一个 $\frac{0}{0}$ 型未定式，可应用 $n-1$ 次洛必达法则.

**证** 因为函数 $f(x)$ 在点 $x_0$ 处具有 $n$ 阶导数，所以由导数的定义可知 $f(x)$ 在点 $x_0$ 的某个邻域内具有直到 $n-1$ 阶的导数，进而 $f(x)$ 在该邻域内直到 $n-2$ 阶的导数连续，$n-1$ 阶

① 佩亚诺型余项 $o((x-x_0)^n)$ 也称为 $P_n(x)$ 关于 $f(x)$ 的截断误差.

导数在点 $x_0$ 处连续. 因此,对式(11.3.4) 左边应用 $n-1$ 次洛必达法则,得

$$\lim_{x\to x_0}\frac{f^{(n-1)}(x)-[f^{(n-1)}(x_0)+f^{(n)}(x_0)(x-x_0)]}{n(n-1)\cdots 2(x-x_0)}$$

$$=\frac{1}{n!}\lim_{x\to x_0}\left[\frac{f^{(n-1)}(x)-f^{(n-1)}(x_0)}{x-x_0}-f^{(n)}(x_0)\right]=0.$$

最后一个等号是根据 $f^{(n)}(x_0)$ 的定义得到的.

思考 (1) 上面的证明过程中为什么不能应用 $n$ 次洛必达法则?

(2) 当 $n=1$ 时,公式(11.3.3) 将变成什么?

## 二、带拉格朗日型余项的泰勒公式

从上述分析过程中可以发现,泰勒公式只在点 $x_0$ 的附近成立,并且佩亚诺型余项 $o((x-x_0)^n)$ 仅仅是一种无穷小量的定性分析,其结构并不清楚,在实践中不易运用. 为此,有必要对余项做深入的讨论,以便得到一个能够计算或估计的误差形式.

**定理 11.3.2**(**泰勒中值定理**) 如果函数 $f(x)$ 在包含点 $x_0$ 的某个开区间 $(a,b)$ 内具有直到 $n+1$ 阶的导数,$x$ 为该区间内的任意一点,则 $f(x)$ 可以表示为

$$f(x)=f(x_0)+f'(x_0)(x-x_0)+\frac{f''(x_0)}{2!}(x-x_0)^2+\cdots$$

$$+\frac{f^{(n)}(x_0)}{n!}(x-x_0)^n+\frac{f^{(n+1)}(\xi)}{(n+1)!}(x-x_0)^{n+1},$$

其中 $\xi$ 是介于 $x_0$ 和 $x$ 之间的某个值.

上述公式称为函数 $f(x)$ 在点 $x_0$ 处**带拉格朗日型余项的 $n$ 阶泰勒公式**.

**分析** 令 $R_n(x)=f(x)-P_n(x)$,只需证 $R_n(x)=\dfrac{f^{(n+1)}(\xi)}{(n+1)!}(x-x_0)^{n+1}$($\xi$ 介于 $x_0$ 与 $x$ 之间),即证

$$\frac{R_n(x)}{(x-x_0)^{n+1}}=\frac{f^{(n+1)}(\xi)}{(n+1)!}.$$

**证** 设 $R_n(x)=f(x)-P_n(x)$,即

$$R_n(x)=f(x)-\left[f(x_0)+f'(x_0)(x-x_0)+\frac{f''(x_0)}{2!}(x-x_0)^2+\cdots+\frac{f^{(n)}(x_0)}{n!}(x-x_0)^n\right],$$

则 $R_n(x)$ 在开区间 $(a,b)$ 内具有直到 $n+1$ 阶的导数,且

$$R_n(x_0)=R_n'(x_0)=R_n''(x_0)=\cdots=R_n^{(n)}(x_0)=0,\quad R_n^{(n+1)}(x)=f^{(n+1)}(x).$$

另设 $G(x)=(x-x_0)^{n+1}$,则

$$G(x_0)=G'(x_0)=G''(x_0)=\cdots=G^{(n)}(x_0)=0,\quad G^{(n+1)}(x)=(n+1)!.$$

显然,函数 $R_n(x)$ 和 $G(x)$ 在以 $x_0$ 和 $x$ 为端点的区间上满足柯西中值定理,由此得

$$\frac{R_n(x)}{G(x)}=\frac{R_n(x)-R_n(x_0)}{G(x)-G(x_0)}=\frac{R_n'(\xi_1)}{G'(\xi_1)}\quad(\xi_1\text{ 介于 }x_0\text{ 和 }x\text{ 之间}).$$

然后在以 $x_0$ 和 $\xi_1$ 为端点的区间上对函数 $R_n'(x)$ 和 $G'(x)$ 应用柯西中值定理,得

$$\frac{R_n(x)}{G(x)}=\frac{R_n'(\xi_1)-R_n'(x_0)}{G'(\xi_1)-G'(x_0)}=\frac{R_n''(\xi_2)}{G''(\xi_2)}\quad(\xi_2\text{ 介于 }x_0\text{ 和 }\xi_1\text{ 之间}).$$

如此继续下去,经过 $n+1$ 次后,得到

$$\frac{R_n(x)}{G(x)}=\frac{R_n'(\xi_1)}{G'(\xi_1)}=\frac{R_n''(\xi_2)}{G''(\xi_2)}=\cdots=\frac{R_n^{(n)}(\xi_n)-R_n^{(n)}(x_0)}{G^{(n)}(\xi_n)-G^{(n)}(x_0)}=\frac{R_n^{(n+1)}(\xi_{n+1})}{G^{(n+1)}(\xi_{n+1})}=\frac{f^{(n+1)}(\xi_{n+1})}{(n+1)!},$$

显然 $\xi_{n+1}$ 介于 $x_0$ 和 $\xi_n$ 之间,因而也介于 $x_0$ 和 $x$ 之间.

一般地,记 $\xi=\xi_{n+1}$,得 $\dfrac{R_n(x)}{(x-x_0)^{n+1}}=\dfrac{f^{(n+1)}(\xi)}{(n+1)!}$,于是误差 $R_n(x)$ 可以表示为

$$R_n(x)=\frac{f^{(n+1)}(\xi)}{(n+1)!}(x-x_0)^{n+1}\quad(\xi\text{ 介于 }x_0\text{ 和 }x\text{ 之间}).$$

当 $n=0$ 时,泰勒公式变成拉格朗日中值公式

$$f(x)=f(x_0)+f'(\xi)(x-x_0)\quad(\xi\text{ 介于 }x_0\text{ 和 }x\text{ 之间}).$$

因此,泰勒中值定理是拉格朗日中值定理的推广.

在泰勒公式中,若取 $x_0=0$,$\xi$ 介于 0 和 $x$ 之间,并令 $\xi=\theta x\ (0<\theta<1)$,则泰勒公式变为

$$f(x)=f(0)+f'(0)x+\frac{f''(0)}{2!}x^2+\cdots+\frac{f^{(n)}(0)}{n!}x^n+R_n(x),$$

其中

$$R_n(x)=\frac{f^{(n+1)}(\theta x)}{(n+1)!}x^{n+1}\quad(0<\theta<1),$$

$R_n(x)$ 是 $x^n$ 的高阶无穷小量.此泰勒公式称为 $f(x)$ 的 $n$ **阶麦克劳林**(Maclaurin) **公式**.

由此可得另一个较为常用的近似公式:

$$f(x)\approx f(0)+f'(0)x+\frac{f''(0)}{2!}x^2+\cdots+\frac{f^{(n)}(0)}{n!}x^n.$$

## 三、泰勒公式的展开式及其应用

由前面的讨论可知,产生泰勒公式是为了用多项式近似表示一般的函数,泰勒公式也解决了这一问题,而且拉格朗日型余项的表达式容易得到这种近似的误差估计式.

**例 11.3.1** 将函数 $f(x)=x^3+x-2$ 按 $x-1$ 的幂进行展开.

**解** 本题即求函数 $f(x)$ 在点 $x=1$ 处的泰勒公式.因为

$$f'(x)=3x^2+1,\quad f''(x)=6x,\quad f'''(x)=6,\quad f^{(4)}(x)=0,$$
$$f(1)=0,\quad f'(1)=4,\quad f''(1)=6,\quad f'''(1)=6,$$

所以其泰勒展开式为

$$\begin{aligned}f(x)&=f(1)+f'(1)(x-1)+\frac{f''(1)}{2!}(x-1)^2+\frac{f'''(1)}{3!}(x-1)^3\\&=4(x-1)+3(x-1)^2+(x-1)^3,\end{aligned}$$

且误差 $R_3(x)=0$.

**例 11.3.2** 写出函数 $f(x)=e^x$ 的带拉格朗日型余项的 $n$ 阶麦克劳林公式.

**解** 因为 $f'(x)=f''(x)=f'''(x)=\cdots=f^{(n)}(x)=e^x$,且

$$f(0)=f'(0)=f''(0)=f'''(0)=\cdots=f^{(n)}(0)=e^0=1,\quad f^{(n+1)}(\theta x)=e^{\theta x},$$

所以

$$f(x)=1+x+\frac{1}{2!}x^2+\cdots+\frac{1}{n!}x^n+\frac{e^{\theta x}}{(n+1)!}x^{n+1}\quad(0<\theta<1).$$

由例 11.3.2 的结论可知,$e^x$ 有近似公式

$$e^x \approx 1 + x + \frac{1}{2!}x^2 + \cdots + \frac{1}{n!}x^n. \tag{11.3.5}$$

从形式上看,公式(11.3.5)左边比较简单,只有一个 $e^x$,那为什么还要把 $e^x$ 表示成多项式呢?原因很简单,只要知道了自变量 $x$,通过加法和乘法两种运算就可以得到多项式.事实上,多项式的计算很简单,计算机就是用泰勒公式计算指数函数 $e^x$ 的函数值的.例如,当 $x=1$ 时,$e \approx 1+1+\frac{1}{2!}+\cdots+\frac{1}{n!}$,其余项

$$R_n = \frac{e^\theta}{(n+1)!} < \frac{e}{(n+1)!} < \frac{3}{(n+1)!} \quad (0<\theta<1).$$

由于自然数的阶乘上升得很快($10! = 3\,628\,800$),只要 $e^x$ 展开至前 10 项,其估计误差就小于 $\frac{3}{10!} \approx 8.27 \times 10^{-7}$.因此,当 $n=9$ 时,可算出 $e \approx 2.718\,282$,其误差不超过$10^{-6}$.

**注** 例 11.3.2 说明了计算机、计算器计算复杂函数(如 $e^x$)的原理就是利用泰勒公式,并且通过取适当的泰勒公式的阶数来保证它的计算精度.

**例 11.3.3** 写出函数 $f(x)=\sin x$ 的带拉格朗日型余项的 $n$ 阶麦克劳林公式.

**解** 因为 $f'(x)=\cos x, f''(x)=-\sin x, f'''(x)=-\cos x,\cdots, f^{(n)}(x)=\sin\left(x+\frac{n\pi}{2}\right)$,且 $f(0)=0, f'(0)=1, f''(0)=0, f'''(0)=-1, f^{(4)}(0)=0,\cdots$,所以

$$\sin x = x - \frac{x^3}{3!} + \frac{x^5}{5!} - \cdots + (-1)^{m-1}\frac{x^{2m-1}}{(2m-1)!} + R_{2m}(x) \quad (\text{令 } n=2m),$$

其中
$$R_{2m}(x) = \frac{\sin\left[\theta x + (2m+1)\frac{\pi}{2}\right]}{(2m+1)!}x^{2m+1} = (-1)^m\frac{\cos\theta x}{(2m+1)!}x^{2m+1} \quad (0<\theta<1),$$

显然
$$|R_{2m}(x)| \leqslant \frac{|x|^{2m+1}}{(2m+1)!}.$$

思考 当 $m=1$ 时,$\sin x \approx x$,要使误差小于 0.001,求近似公式的适用范围.

由$\frac{x^3}{6} < 0.001$,得 $x < 0.181\,7 \approx 10°$.这就是说,大约在坐标原点 $O$ 左右$10°$ 范围内用 $x$ 来逼近 $\sin x$ 时,其误差不超过 0.001.

若 $m$ 分别取 2 和 3,则可得 $\sin x$ 的 3 次和 5 次近似多项式分别为

$$\sin x \approx x - \frac{x^3}{3!} \quad \text{和} \quad \sin x \approx x - \frac{x^3}{3!} + \frac{x^5}{5!},$$

其误差的绝对值分别不超过$\frac{1}{5!}|x|^5$ 和$\frac{1}{7!}|x|^7$.

为了有一个直观的比较,图 11-4 给出了正弦函数 $\sin x$ 与其麦克劳林公式($m=1,2,3,4,5,6$)在坐标原点附近的差异情况.显然,对于相同的 $x$,$m$ 越大,逼近程度越好.

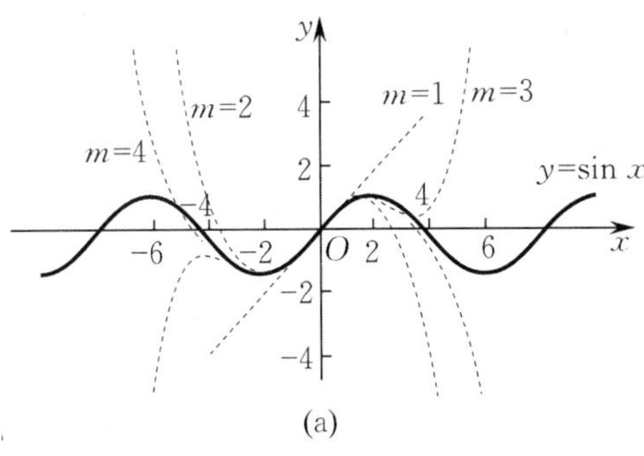

(a)

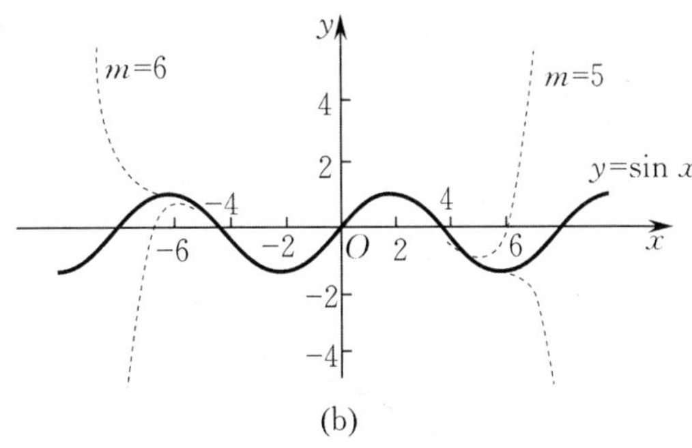

(b)

图 11－4

**例 11.3.4** (1) 利用四阶麦克劳林公式 $\sin x\approx x-\dfrac{x^3}{6}$ 近似计算 $\sin x$ 时，若要使误差小于 0.000 1，求公式的适用范围.

(2) 利用 $\sin x$ 的四阶麦克劳林公式计算 $\sin 18^\circ$ 的近似值，并估计误差.

**解** (1) 由

$$|R_4|\leqslant\frac{1}{5!}|x|^5=\frac{1}{120}|x|^5<0.000\,1,$$

解得

$$|x|<0.412\,9\approx 23.66^\circ,$$

即用四阶麦克劳林公式 $\sin x\approx x-\dfrac{x^3}{6}$ 近似计算 $\sin x$ 时，限制角度小于23.66° 时，其误差可小于 0.000 1.

(2) 应用 $\sin x$ 的四阶麦克劳林公式，得 $\sin 18^\circ=\sin\dfrac{\pi}{10}\approx\dfrac{\pi}{10}-\dfrac{1}{3!}\left(\dfrac{\pi}{10}\right)^3\approx 0.309\,0$，且

$$\left|R_4\left(\frac{\pi}{10}\right)\right|\leqslant\frac{1}{5!}\left(\frac{\pi}{10}\right)^5<10^{-4}.$$

**注** 例 11.3.4 若用微分做近似计算，则 $\sin 18^\circ=\sin\dfrac{\pi}{10}\approx\dfrac{\pi}{10}\approx 0.314$，精度仅为$\dfrac{1}{200}$.

从例 11.3.4 可以看出，近似计算函数值时，利用麦克劳林公式比利用微分精度更高，运用范围更广. 当 $n\to\infty$ 时，$R_n(x)\to 0$，那么就可以把函数值计算到任意精度.

用类似的方法还可得到下列函数的麦克劳林公式：

$$\cos x=1-\frac{x^2}{2!}+\frac{x^4}{4!}-\cdots+(-1)^{n-1}\frac{x^{2n-2}}{(2n-2)!}+(-1)^n\frac{\cos\theta x}{(2n)!}x^{2n}\quad(0<\theta<1);$$

$$\ln(1+x)=x-\frac{x^2}{2}+\frac{x^3}{3}-\cdots+(-1)^{n-1}\frac{x^n}{n}+\frac{(-1)^n x^{n+1}}{(n+1)(1+\theta x)^{n+1}}\quad(0<\theta<1);$$

$$(1+x)^\alpha=1+\alpha x+\frac{\alpha(\alpha-1)}{2!}x^2+\cdots+\frac{\alpha(\alpha-1)\cdots(\alpha-n+1)}{n!}x^n$$
$$+\frac{\alpha(\alpha-1)\cdots(\alpha-n)}{(n+1)!}(1+\theta x)^{\alpha-n-1}x^{n+1}\quad(0<\theta<1).$$

当 $\alpha$ 为正整数 $n$ 时，因为$(1+x)^n$ 的 $n$ 阶以上的导数都为 0，所以$(1+x)^n$ 的 $n$ 阶麦克劳林公式就是它的牛顿二项公式

$$(1+x)^n=1+nx+\frac{n(n-1)}{2!}x^2+\cdots+x^n.$$

**注** 上述五个初等函数 $e^x, \sin x, \cos x, \ln(1+x), (1+x)^\alpha$ 的麦克劳林公式经常用到，应熟记.

图 11-5 给出了对数函数 $\ln(1+x)$ 及其麦克劳林公式($n=1,2,3,5,10$)在坐标原点附近的差异情况.

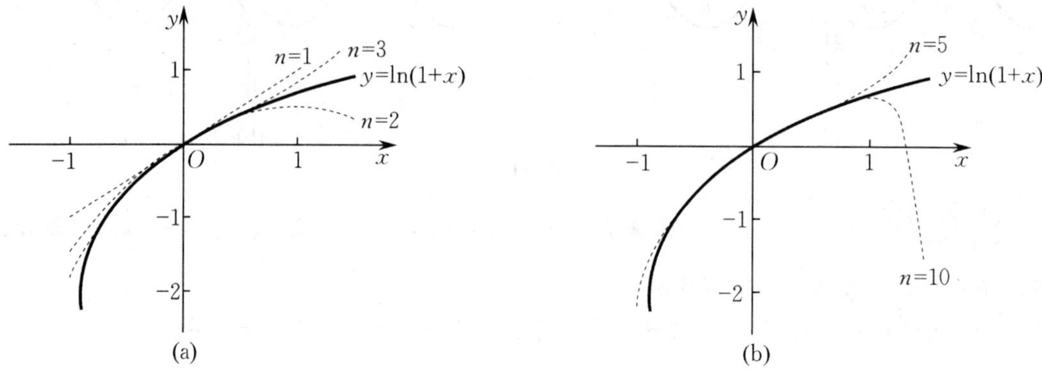


图 11-5

**例 11.3.5** 写出函数 $f(x)=e^{-\frac{x^2}{2}}$ 的带佩亚诺型余项的 $2n$ 阶麦克劳林公式，并求 $f^{(98)}(0)$ 与 $f^{(99)}(0)$.

**解** 用 $-\dfrac{x^2}{2}$ 替换 $e^x$ 的麦克劳林公式中的 $x$，便得所求麦克劳林公式为

$$e^{-\frac{x^2}{2}}=1-\frac{x^2}{2}+\frac{x^4}{2^2\cdot 2!}-\cdots+(-1)^n\frac{x^{2n}}{2^n n!}+o(x^{2n}).$$

由麦克劳林公式系数的定义可知，$x^{98}$ 与 $x^{99}$ 的系数分别为

$$\frac{f^{(98)}(0)}{98!}=(-1)^{49}\frac{1}{2^{49}\cdot 49!},\quad \frac{f^{(99)}(0)}{99!}=0,$$

由此得

$$f^{(98)}(0)=-\frac{98!}{2^{49}\cdot 49!}=-97!!,\quad f^{(99)}(0)=0.$$

**例 11.3.6** (1) 写出函数 $f(x)=a^x(a>0$ 且 $a\neq 1)$ 在点 $x_0=1$ 处带佩亚诺型余项的 $n$ 阶泰勒公式.

(2) 写出函数 $f(x)=\ln x$ 在点 $x_0=2$ 处带佩亚诺型余项的泰勒公式.

**解** (1) 由 $e^x$ 的麦克劳林公式，有

$$\begin{aligned}a^x&=a\cdot a^{x-1}=a\cdot e^{(x-1)\ln a}\\&=a\cdot\left[1+(\ln a)(x-1)+\frac{\ln^2 a}{2!}(x-1)^2+\cdots+\frac{\ln^n a}{n!}(x-1)^n\right]+o((x-1)^n).\end{aligned}$$

(2) 由于 $\ln x=\ln[2+(x-2)]=\ln 2+\ln\left(1+\dfrac{x-2}{2}\right)$，因此

$$\ln x=\ln 2+\frac{1}{2}(x-2)-\frac{1}{2\cdot 2^2}(x-2)^2+\cdots+(-1)^{n-1}\frac{1}{n\cdot 2^n}(x-2)^n+o((x-2)^n).$$

**例 11.3.7** 写出函数 $f(x)=\sqrt{1+x}\sin x$ 的带佩亚诺型余项的三阶麦克劳林公

式,并求 $f^{(3)}(0)$.

**解** 由 $\sin x = x - \frac{x^3}{3!} + o(x^3)$,且

$$\sqrt{1+x} = 1 + \frac{1}{2}x + \frac{\frac{1}{2}\left(\frac{1}{2}-1\right)}{2!}x^2 + \frac{\frac{1}{2}\left(\frac{1}{2}-1\right)\left(\frac{1}{2}-2\right)}{3!}x^3 + o(x^3)$$
$$= 1 + \frac{1}{2}x - \frac{1}{8}x^2 + \frac{1}{16}x^3 + o(x^3),$$

可得

$$f(x) = \left[1 + \frac{1}{2}x - \frac{1}{8}x^2 + \frac{1}{16}x^3 + o(x^3)\right]\left[x - \frac{x^3}{3!} + o(x^3)\right]$$
$$= x + \frac{1}{2}x^2 - \frac{7}{24}x^3 + o(x^3).$$

在上面两式相乘时,所有高于3次的部分当 $x \to 0$ 时都是 $x^3$ 的高阶无穷小量,因而可用 $o(x^3)$ 来表示. 由上式可知

$$\frac{f^{(3)}(0)}{3!} = -\frac{7}{24}, \quad 即 \quad f^{(3)}(0) = -\frac{7}{4}.$$

下面利用泰勒公式计算极限.

**例 11.3.8** 求 $\lim\limits_{x\to 0}\frac{\cos x - e^{-\frac{x^2}{2}}}{x^4}$.

**解** 分别将 $\cos x, e^{-\frac{x^2}{2}}$ 展开成四阶泰勒公式,得

$$\cos x = 1 - \frac{x^2}{2!} + \frac{x^4}{4!} + o(x^4), \quad e^{-\frac{x^2}{2}} = 1 - \frac{x^2}{2} + \frac{1}{2!}\left(-\frac{x^2}{2}\right)^2 + o(x^4).$$

于是

$$\lim_{x\to 0}\frac{\cos x - e^{-\frac{x^2}{2}}}{x^4} = \lim_{x\to 0}\frac{\left[1 - \frac{x^2}{2!} + \frac{x^4}{4!} + o(x^4)\right] - \left[1 - \frac{x^2}{2} + \frac{1}{2!}\left(-\frac{x^2}{2}\right)^2 + o(x^4)\right]}{x^4}$$
$$= \lim_{x\to 0}\frac{\frac{x^4}{4!} - \frac{1}{2!}\cdot\frac{x^4}{4} + o(x^4)}{x^4} = -\frac{1}{12}.$$

**思考** 为何将 $\cos x, e^{-\frac{x^2}{2}}$ 只展开到四阶泰勒公式?

**例 11.3.9** 求 $\lim\limits_{x\to 0}\frac{1}{x}\left(\frac{1}{x} - \cot x\right)$.

**解** $\lim\limits_{x\to 0}\frac{1}{x}\left(\frac{1}{x} - \cot x\right) = \lim\limits_{x\to 0}\frac{1}{x}\cdot\frac{\sin x - x\cos x}{x\sin x} = \lim\limits_{x\to 0}\frac{\sin x - x\cos x}{x^3}$

$$= \lim_{x\to 0}\frac{x - \frac{x^3}{3!} + o(x^3) - x\left[1 - \frac{x^2}{2!} + o(x^2)\right]}{x^3}$$
$$= \lim_{x\to 0}\frac{\left(\frac{1}{2!} - \frac{1}{3!}\right)x^3 + o(x^3)}{x^3} = \frac{1}{3}.$$

**例 11.3.10** 设函数 $f(x)$ 在闭区间 $[a,b]$ 上二阶可导,且 $f'(a) = f'(b) = 0$,证明:

存在一点 $\xi\in(a,b)$，使得

$$|f''(\xi)|\geqslant\frac{4}{(b-a)^2}|f(b)-f(a)|.$$

**证** 对于任意 $x\in(a,b)$，将函数 $f(x)$ 分别在点 $a$ 与点 $b$ 处展开成泰勒公式，得

$$f(x)=f(a)+f'(a)(x-a)+\frac{f''(\xi_1)}{2!}(x-a)^2,\quad a<\xi_1<x,$$

$$f(x)=f(b)+f'(b)(x-b)+\frac{f''(\xi_2)}{2!}(x-b)^2,\quad x<\xi_2<b.$$

将 $x=\dfrac{a+b}{2}$ 代入上述两式，得

$$f\left(\frac{a+b}{2}\right)=f(a)+\frac{f''(\xi_1)}{2!}\cdot\frac{(b-a)^2}{4},\quad f\left(\frac{a+b}{2}\right)=f(b)+\frac{f''(\xi_2)}{2!}\cdot\frac{(b-a)^2}{4}.$$

将上述两式相减，移项并取绝对值，得

$$\begin{aligned}|f(b)-f(a)|&=\frac{(b-a)^2}{4}\left|\frac{f''(\xi_2)-f''(\xi_1)}{2}\right|\\&\leqslant\frac{(b-a)^2}{4}\cdot\frac{|f''(\xi_2)|+|f''(\xi_1)|}{2}\leqslant\frac{(b-a)^2}{4}|f''(\xi)|,\end{aligned}$$

其中 $|f''(\xi)|=\max\{|f''(\xi_1)|,|f''(\xi_2)|\}$，即

$$\xi=\begin{cases}\xi_1, & |f''(\xi_1)|\geqslant|f''(\xi_2)|,\\ \xi_2, & |f''(\xi_2)|\geqslant|f''(\xi_1)|,\end{cases}$$

故得

$$|f''(\xi)|\geqslant\frac{4}{(b-a)^2}|f(b)-f(a)|\quad(a<\xi<b).$$

考虑列车在两个车站 $a,b$ 之间的行进(对应 $f(x)$ 为位移，$x$ 为时间)，自然有出站和进站的速度为0(对应 $f'(a)=f'(b)=0$). 例 11.3.10 的结论说明，列车在运动过程中，必存在某个瞬间的加速度的绝对值不小于 $\dfrac{4}{(b-a)^2}|f(b)-f(a)|$.

## *四、二元函数的泰勒公式

前面介绍了一元函数的泰勒公式：若函数 $f(x)$ 在点 $x_0$ 的某个邻域内具有直到 $n+1$ 阶的导数，则对该邻域内的任一 $x$，有

$$\begin{aligned}f(x)=&f(x_0)+f'(x_0)(x-x_0)+\frac{f''(x_0)}{2!}(x-x_0)^2+\cdots+\frac{f^{(n)}(x_0)}{n!}(x-x_0)^n\\&+\frac{f^{(n+1)}(x_0+\theta(x-x_0))}{(n+1)!}(x-x_0)^{n+1}\quad(0<\theta<1)\end{aligned}$$

成立. 事实上，对于多元函数，也有类似的公式.

**定理 11.3.3** 设二元函数 $z=f(x,y)$ 在点 $(x_0,y_0)$ 的某个邻域内具有直到 $n+1$ 阶的连续偏导数，$(x_0+h,y_0+k)$ 是该邻域内的任意一点，则有

$$
\begin{aligned}
f(x_0+h,y_0+k)=&f(x_0,y_0)+\left(h\frac{\partial}{\partial x}+k\frac{\partial}{\partial y}\right)f(x_0,y_0)\\
&+\frac{1}{2!}\left(h\frac{\partial}{\partial x}+k\frac{\partial}{\partial y}\right)^2 f(x_0,y_0)+\cdots+\frac{1}{n!}\left(h\frac{\partial}{\partial x}+k\frac{\partial}{\partial y}\right)^n f(x_0,y_0)\\
&+\frac{1}{(n+1)!}\left(h\frac{\partial}{\partial x}+k\frac{\partial}{\partial y}\right)^{n+1} f(x_0+\theta h,y_0+\theta k)\quad(0<\theta<1).
\end{aligned}
\tag{11.3.6}
$$

公式(11.3.6)称为**二元函数** $f(x,y)$ **在点**$(x_0,y_0)$**处的** $n$ **阶泰勒公式**,其中:

记号$\left(h\frac{\partial}{\partial x}+k\frac{\partial}{\partial y}\right)f(x_0,y_0)$表示$hf_x(x_0,y_0)+kf_y(x_0,y_0)$;

记号$\left(h\frac{\partial}{\partial x}+k\frac{\partial}{\partial y}\right)^2 f(x_0,y_0)$表示$h^2f_{xx}(x_0,y_0)+2hkf_{xy}(x_0,y_0)+k^2f_{yy}(x_0,y_0)$.

一般地,记号$\left(h\frac{\partial}{\partial x}+k\frac{\partial}{\partial y}\right)^m f(x_0,y_0)$表示$\sum_{i=0}^{m}\mathrm{C}_m^i h^i k^{m-i}\frac{\partial^m f}{\partial x^i\partial y^{m-i}}\Big|_{(x_0,y_0)}$.

**证**　为了利用一元函数的麦克劳林公式来对定理11.3.3进行证明,作辅助函数

$$\Phi(t)=f(x_0+ht,y_0+kt)\quad(0\leqslant t\leqslant 1),$$

显然有$\Phi(0)=f(x_0,y_0)$,$\Phi(1)=f(x_0+h,y_0+k)$.由定理11.3.3所设可知函数$\Phi(t)$在闭区间$[0,1]$上具有直到$n+1$阶的连续导数,则一元函数$\Phi(t)$的麦克劳林公式为

$$\Phi(t)=\Phi(0)+\Phi'(0)t+\frac{1}{2!}\Phi''(0)t^2+\cdots+\frac{1}{n!}\Phi^{(n)}(0)t^n+\frac{1}{(n+1)!}\Phi^{(n+1)}(\theta t)t^{n+1}\quad(0<\theta<1).$$

当$t=1$时,有

$$\Phi(1)=\Phi(0)+\Phi'(0)+\frac{1}{2!}\Phi''(0)+\cdots+\frac{1}{n!}\Phi^{(n)}(0)+\frac{1}{(n+1)!}\Phi^{(n+1)}(\theta)\quad(0<\theta<1).\tag{11.3.7}$$

对$\Phi(t)$利用多元复合函数的求导法则,并令$x=x_0+ht$,$y=y_0+kt$,可得

$$
\begin{aligned}
\Phi'(t)&=hf_x(x_0+ht,y_0+kt)+kf_y(x_0+ht,y_0+kt)\\
&=\left(h\frac{\partial}{\partial x}+k\frac{\partial}{\partial y}\right)f(x_0+ht,y_0+kt),\\
\Phi''(t)&=h^2f_{xx}(x_0+ht,y_0+kt)+2hkf_{xy}(x_0+ht,y_0+kt)+k^2f_{yy}(x_0+ht,y_0+kt)\\
&=\left(h\frac{\partial}{\partial x}+k\frac{\partial}{\partial y}\right)^2 f(x_0+ht,y_0+kt),
\end{aligned}
$$

……

由数学归纳法可得

$$\Phi^{(m)}(t)=\sum_{i=0}^{m}\mathrm{C}_m^i h^i k^{m-i}\frac{\partial^m f}{\partial x^i\partial y^{m-i}}\Big|_{(x_0+ht,\,y_0+kt)}=\left(h\frac{\partial}{\partial x}+k\frac{\partial}{\partial y}\right)^m f(x_0+ht,y_0+kt).$$

将上式代入公式(11.3.7),便可得到公式(11.3.6).

公式(11.3.6)右边最后一项为余项,记作$R_n$,即

$$R_n=\frac{1}{(n+1)!}\left(h\frac{\partial}{\partial x}+k\frac{\partial}{\partial y}\right)^{n+1} f(x_0+\theta h,y_0+\theta k)\quad(0<\theta<1).$$

若只要求余项$R_n=o(\rho^n)$($\rho=\sqrt{h^2+k^2}$),则只需$f(x,y)$在点$(x_0,y_0)$的某个邻域内具

有直到 $n$ 阶的连续偏导数,因此

$$f(x_0+h,y_0+k)=f(x_0,y_0)+\sum_{i=1}^{n}\frac{1}{i!}\left(h\frac{\partial}{\partial x}+k\frac{\partial}{\partial y}\right)^i f(x_0,y_0)+o(\rho^n). \tag{11.3.8}$$

如果取 $x_0=0,y_0=0$,则泰勒公式(11.3.6)和(11.3.8)即为麦克劳林公式.

**例 11.3.11** 求二元函数 $f(x,y)=x^y$ 在点(1,4)处的二阶泰勒公式,并用它计算$1.08^{3.96}$.

**解** 由于 $x_0=1,y_0=4,n=2$,因此有

$f(x,y)=x^y,\quad f(1,4)=1,\quad f_x(x,y)=yx^{y-1},\quad f_x(1,4)=4,$

$f_y(x,y)=x^y\ln x,\quad f_y(1,4)=0,\quad f_{xx}(x,y)=y(y-1)x^{y-2},\quad f_{xx}(1,4)=12,$

$f_{xy}(x,y)=x^{y-1}+yx^{y-1}\ln x,\quad f_{xy}(1,4)=1,$

$f_{yy}(x,y)=x^y(\ln x)^2,\quad f_{yy}(1,4)=0.$

将它们代入泰勒公式(11.3.8)中,得所求泰勒公式为

$$x^y=1+4(x-1)+6(x-1)^2+(x-1)(y-4)+o(\rho^2).$$

略去余项 $o(\rho^2)$,并令 $x=1.08,y=3.96$,则有

$$1.08^{3.96}\approx 1+4\times 0.08+6\times 0.08^2-0.08\times 0.04=1.355\,2.$$

与例 8.2.18 的结果($1.08^{3.96}\approx 1.32$)相比,这是更接近精确值的近似值(精确值为1.356 307 …).事实上,前面所学的全微分近似于一阶泰勒公式.

## 思考题 11.3

1. 试说明在求$\lim\limits_{x\to 0}\dfrac{\tan x-\sin x}{x^3}$时,为什么不能用 $\tan x$ 与 $\sin x$ 的等价无穷小量 $x$ 分别替换它们.

2. 带佩亚诺型余项的泰勒公式与带拉格朗日型余项的泰勒公式成立的条件有无不同?这两种形式的泰勒公式在应用上有何异同?

3. 写出函数 $e^x$ 在点 $x_0=1$ 处的带拉格朗日型余项的泰勒公式.

4. 我们知道,若函数 $f(x)$ 在点 $x_0$ 处可微,则 $f(x)-f(x_0)=f'(x_0)\Delta x+o(\Delta x)$.该结论与带佩亚诺型余项的泰勒公式有何联系?

## 习 题 11.3

**(A)**

一、写出函数 $f(x)=x^3\ln x$ 在点 $x_0=1$ 处的带拉格朗日型余项的四阶泰勒公式.

二、求函数 $f(x)=\dfrac{1}{x}$ 按 $x+1$ 的幂展开的带拉格朗日型余项的 $n$ 阶泰勒公式.

三、求函数 $f(x)=x^2e^x$ 的带佩亚诺型余项的 $n$ 阶麦克劳林公式.

四、利用泰勒公式求下列极限:

(1) $\lim\limits_{x\to 0}\dfrac{e^x-\left(1+x+\dfrac{x^2}{2!}+\cdots+\dfrac{x^n}{n!}\right)}{x^n}\quad (n\in\mathbf{N}^*)$;

(2) $\lim\limits_{x\to 0}\dfrac{\cos x-e^{-\frac{x^2}{2}}}{x^2[x+\ln(1-x)]}$;

(3) $\lim\limits_{x\to\infty} x\left[\left(1+\dfrac{1}{x}\right)^x - \mathrm{e}\right]$.

五、设函数 $f(x)$ 在点 $x_0$ 处二阶可导，证明：

$$\lim_{x\to x_0}\frac{f(x)-\left[f(x_0)+f'(x_0)(x-x_0)-\dfrac{f''(x_0)}{2!}(x-x_0)^2\right]}{(x-x_0)^2}=f''(x_0).$$

**(B)**

一、求 $\lim\limits_{x\to 0}\dfrac{\ln(1+\sin^2 x)-6(\sqrt[3]{2-\cos x}-1)}{x^4}$.

二、验证：当 $0<x\leqslant\dfrac{1}{2}$ 时，利用 $\mathrm{e}^x\approx 1+x+\dfrac{x^2}{2}+\dfrac{x^3}{6}$ 计算 $\mathrm{e}^x$ 的近似值所产生的误差小于 0.01，并求 $\sqrt{\mathrm{e}}$ 的近似值.

三、设函数 $f(x)$ 在闭区间 $[0,1]$ 上三阶连续可导，且 $f(0)=1, f(1)=2, f'\left(\dfrac{1}{2}\right)=0$，证明：在开区间 $(0,1)$ 内至少存在一点 $\xi$，使得 $|f'''(\xi)|\geqslant 24$.

四、设函数 $f(x)$ 在闭区间 $[-a,a](a>0)$ 上二阶连续可导，且 $f(0)=0$.

(1) 写出函数 $f(x)$ 的带拉格朗日型余项的一阶麦克劳林公式；

(2) 证明：在开区间 $(-a,a)$ 内至少存在一点 $\eta$，使得 $a^3 f''(\eta)=3\int_{-a}^{a} f(x)\mathrm{d}x$.

五、汽车从启动行驶到刹车停下，在 $T$ h 内共行驶了 $L$ km，证明：必存在某一时刻，汽车在该时刻的加速度的绝对值不小于 $\dfrac{4L}{T^2}$ km/h$^2$.

# 第四节 应用实例

## 实例：证明 e 为无理数

对于重要极限 $\lim\limits_{x\to\infty}\left(1+\dfrac{1}{x}\right)^x=\mathrm{e}$，其中的 e 也可看作数列 $\left\{x_n=\left(1+\dfrac{1}{n}\right)^n\right\}$ 的极限. 事实上，数列 $\{x_n\}$ 的每一项都是有理数，而它的极限 e 却是个无理数，这是一个很有意思的结果. 那么，怎样证明 e 是无理数呢？

我们知道，函数 $\mathrm{e}^x$ 的麦克劳林公式为

$$\mathrm{e}^x=1+x+\frac{1}{2!}x^2+\cdots+\frac{1}{n!}x^n+\frac{\mathrm{e}^{\theta x}}{(n+1)!}x^{n+1}\quad(0<\theta<1),$$

所以当 $x=1$ 时，可得

$$\mathrm{e}=1+1+\frac{1}{2!}+\cdots+\frac{1}{n!}+\frac{\mathrm{e}^{\theta}}{(n+1)!}\quad(0<\theta<1).$$

将上式两边同时乘以 $n!$，得

$$n!\mathrm{e}=z+\frac{\mathrm{e}^{\theta}}{n+1}\quad(0<\theta<1, z\text{ 为整数}).$$

下面用反证法证明 e 为无理数. 假设 e 为有理数，记 $\mathrm{e}=\dfrac{p}{q}$，其中 $p,q$ 为互质的正整数，且

$q \geqslant 2$. 当 $n \geqslant 2$ 时,等式左边为整数. 又由于 $0 < e^{\theta} < e < 3$,因此当 $n \geqslant 2$ 时等式右边不是整数,这就导出了矛盾,所以 e 是无理数.

## 总习题十一

一、计算下列极限:

(1) $\lim\limits_{x\to 0}\left(\dfrac{1}{e^x-1}-\dfrac{1}{x}\right)$;　(2) $\lim\limits_{x\to 0^+}(\cot x)^{\frac{1}{\ln x}}$;　(3) $\lim\limits_{x\to 0}\left[\dfrac{(1+x)^{\frac{1}{x}}}{e}\right]^{\frac{1}{x}}$.

二、设函数 $f(x)$ 在闭区间 $[0,1]$ 上连续,在开区间 $(0,1)$ 内可导. 证明:至少存在一点 $\xi \in (0,1)$,使得

$$f'(\xi) = 3\xi^2[f(1) - f(0)].$$

三、求函数 $f(x) = \dfrac{1-x}{1+x}$ 的带佩亚诺型余项的 $n$ 阶麦克劳林公式.

四、用泰勒公式求 $\lim\limits_{x\to 0}\dfrac{2\sqrt{1+x^2}-2-x^2}{(\cos x - e^{x^2})\tan x^2}$ 的值.

五、利用六阶泰勒公式计算下列各数的近似值,并估计误差:

(1) e;　(2) $\ln\dfrac{6}{5}$.

六、设函数 $f(x)$ 在闭区间 $[0,1]$ 上三阶可导,且 $f(1) = 0$,函数 $F(x) = x^3 f(x)$. 证明:至少存在一点 $\xi \in (0,1)$,使得 $F'''(\xi) = 0$.

七、设函数 $f(x)$ 在闭区间 $[-1,1]$ 上三阶连续可导,且 $f(-1) = 0$, $f(1) = 1$, $f'(0) = 0$. 证明:在开区间 $(-1,1)$ 内至少存在一点 $\xi$,使得 $f'''(\xi) = 3$.

## 单元测试十一

**单项选择题**(满分 100):

1. (9 分) 设 $a < b$, $ab < 0$,函数 $f(x) = \dfrac{1}{x}$,则在开区间 $(a,b)$ 内使得 $f(b) - f(a) = f'(\xi)(b-a)$ 成立的点 $\xi$(　　).

(A) 只有一个　(B) 有两个

(C) 不存在　(D) 是否存在与 $a,b$ 的具体数值有关

2. (9 分) 设非常数函数 $f(x)$ 在开区间 $(a,b)$ 内可导,则下述结论中不正确的是(　　).

(A) 若 $f(a) = f(b)$,则存在 $\xi \in (a,b)$,使得 $f'(\xi) = 0$

(B) 若 $f(a^+) = f(a)$, $f(b^-) = f(b)$,则存在 $\xi \in (a,b)$,使得 $f(b) - f(a) = f'(\xi)(b-a)$

(C) 若 $a < x_1 < x_2 < b$,且 $f(x_1)f(x_2) < 0$,则存在 $\xi \in (x_1,x_2)$,使得 $f(\xi) = 0$

(D) 对于任意的 $\xi \in (a,b)$,都有 $\lim\limits_{x\to\xi}[f(x) - f(\xi)] = 0$

3. (9 分) 如果函数 $F(x)$ 及 $f(x)$ 都在开区间 $(a,b)$ 内可导,且 $F'(x) \neq 0$,那么对于任意的 $x_1, x_2 \in (a,b)$ $(x_1 < x_2)$,至少存在一点 $\xi$,使得(　　).

(A) $\dfrac{f(b)-f(x_1)}{F(b)-F(x_1)} = \dfrac{f'(\xi)}{F'(\xi)}$, $\xi \in (x_1,b)$　(B) $\dfrac{f(x_2)-f(a)}{F(x_2)-F(a)} = \dfrac{f'(\xi)}{F'(\xi)}$, $\xi \in (a,x_2)$

(C) $\dfrac{f(b)-f(a)}{F(b)-F(a)} = \dfrac{f'(\xi)}{F'(\xi)}$, $\xi \in (a,b)$　(D) $\dfrac{f(x_2)-f(x_1)}{F(x_2)-F(x_1)} = \dfrac{f'(\xi)}{F'(\xi)}$, $\xi \in (x_1,x_2)$

4. (9 分) 已知 $\lim\limits_{x\to 0}\dfrac{x - \arctan x}{x^k} = c\,(c \neq 0)$,且 $k,c$ 为常数,则(　　).

(A) $k = 2, c = -\dfrac{1}{2}$　(B) $k = 2, c = \dfrac{1}{2}$　(C) $k = 3, c = -\dfrac{1}{3}$　(D) $k = 3, c = \dfrac{1}{3}$

5. (9 分) 设函数 $f(x)$ 在开区间 $(0,1)$ 内 $n$ 阶可导,则对于任意的 $x,x_0\in(0,1)$,有(    ).

(A) $f(x)=f(x_0)+f'(x_0)(x-x_0)+\frac{1}{2!}f''(x_0)(x-x_0)^2+\cdots+\frac{1}{n!}f^{(n)}(x_0)(x-x_0)^n$

(B) $f(x)=f(x_0)+f'(x_0)(x-x_0)+\frac{1}{2!}f''(x_0)(x-x_0)^2+\cdots+\frac{1}{n!}f^{(n)}(x_0)(x-x_0)^n$

$+\frac{1}{(n+1)!}f^{(n+1)}(\xi)(x-x_0)^{n+1}$ ($\xi$ 介于 $x_0$ 和 $x$ 之间)

(C) $f(x)=f(x_0)+f'(x_0)(x-x_0)+\frac{1}{2!}f''(x_0)(x-x_0)^2+\cdots+\frac{1}{n!}f^{(n)}(x_0)(x-x_0)^n+o((x-x_0)^n)$

(D) $f(x)=f(x_0)+f'(x_0)(x-x_0)+\frac{1}{2!}f''(x_0)(x-x_0)^2+\cdots$

$+\frac{1}{n!}f^{(n)}(x_0)(x-x_0)^n+o((x-x_0)^{n+1})$

6. (9 分) 设函数 $f(x)=\sum_{k=0}^{n}\frac{f^{(k)}(x_0)}{k!}(x-x_0)^k+R_n(x)$,则有(    ).

(A) $\lim_{n\to\infty}R_n(x)=0$　　(B) $\lim_{n\to\infty}\frac{R_n(x)}{(x-x_0)^n}=0$

(C) $\lim_{x\to x_0}\frac{R_n(x)}{(x-x_0)^{n+1}}=0$　　(D) $\lim_{x\to x_0}\frac{R_n(x)}{(x-x_0)^n}=0$

7. (9 分) 设函数 $f(x)$ 在点 $x=0$ 的某个邻域内有直到 $n+1$ 阶的导数,则 $f(x)=\sum_{k=1}^{n}\frac{f^{(k)}(0)}{k!}x^k+R_n(x)$ 中的拉格朗日型余项为(    ).

(A) $\frac{f^{(n)}(\theta x)}{n!}x^n$　　(B) $\frac{f^{(n+1)}(\theta x)}{(n+1)!}x^{n+1}$　　(C) $\frac{f^{(n)}(\theta x)}{n!}(\theta x)^{n+1}$　　(D) $\frac{f^{(n)}(\theta)}{n!}x^{n+1}$

8. (9 分) 设 $\cos x=1-\frac{x^2}{2}+R_3(x)$,则 $R_3(x)=$(    ),其中 $\xi$ 介于 0 和 $x$ 之间.

(A) $\frac{\sin\xi}{3!}x^3$　　(B) $\frac{-\sin\xi}{3!}x^3$　　(C) $\frac{\cos\xi}{4!}x^4$　　(D) $\frac{-\cos\xi}{4!}x^4$

9. (9 分) 设函数 $f(x)=\sin x$ 的 $2n$ 阶麦克劳林公式为 $\sin x=a_1x+a_2x^3+\cdots+a_nx^{2n-1}+R_{2n}(x)$,则 $a_k=$(    ),其中 $k=1,2,\cdots,n$.

(A) $\frac{1}{(2k-1)!}$　　(B) $\frac{1}{(2k+1)!}$　　(C) $\frac{(-1)^k}{(2k-1)!}$　　(D) $\frac{(-1)^{k-1}}{(2k-1)!}$

10. (9 分) 设函数 $f(x)=\sin x$,$P(x)=x-\frac{x^3}{6}$,则使得 $\lim_{x\to 0}\frac{f(x)-P(x)}{x^n}=0$ 成立的最大正整数 $n=$(    ).

(A) 2　　(B) 3　　(C) 4　　(D) 5

11. (10 分) 设函数 $f(x)=\sin x$ 的 $2n$ 阶麦克劳林公式为 $\sin x=a_1x+a_2x^3+\cdots+a_nx^{2n-1}+R_{2n}(x)$,则拉格朗日型余项 $R_{2n}(x)=$(    ),其中 $0<\theta<1$.

(A) $\frac{(-1)^n\cos\theta x}{(2n+1)!}x^{2n+1}$　　(B) $\frac{(-1)^n\sin\theta x}{(2n+1)!}x^{2n+1}$　　(C) $\frac{(-1)^n\cos\theta x}{(2n)!}x^{2n}$　　(D) $\frac{(-1)^n\sin\theta x}{(2n)!}x^{2n}$

本章参考答案

# 第十二章 无穷级数

在初等数学里，已详尽地研究了有限项之和. 无穷级数从形式上看，是无穷项"相加"，这种"相加"与有限项之和有着本质的区别. 本章的主要内容包括常数项级数、一般函数项级数和两类特殊函数项级数(幂级数与三角级数).

与微分、积分一样，无穷级数是微积分的一个重要组成部分，在理论上和实际应用中都有着重要地位. 无穷级数是进行数值计算的有效工具，计算函数值、构造函数值表都需要借助它. 在积分运算和微分方程求解时，借助无穷级数能表示许多常用的非初等函数. 在自然科学和工程技术领域中，也常用无穷级数来分析问题(如谐波分析等)，由此发展起来的傅里叶级数理论和小波分析理论就是一个有力又有效的快速计算和数值模拟工具(如信号识别、图像处理等).

## 第一节 常数项级数

本节引入常数项级数的概念，并研究其基本性质.

### 一、级数的定义

**定义 12.1.1** 给定一个数列 $u_1, u_2, \cdots, u_n, \cdots$，将各项依次相加，称

$$u_1+u_2+\cdots+u_n+\cdots \tag{12.1.1}$$

为**无穷级数**，简称**级数**，其中 $u_n$ 称为级数(12.1.1)的**通项**.

通常级数(12.1.1)也写作 $\sum\limits_{n=1}^{\infty} u_n$.

各项都是常数的级数，叫作**常数项级数**，如 $\sum\limits_{n=1}^{\infty}\dfrac{1}{n!}$，$\sum\limits_{n=1}^{\infty}\dfrac{1}{n(n+1)}$ 等. 以函数为其各项的级数，叫作**函数项级数**，如 $\sum\limits_{n=1}^{\infty}\dfrac{x^n}{n^2}$，$\sum\limits_{n=1}^{\infty}\dfrac{\sin n\pi x}{2^n}$ 等.

**注** (1) 有时一个级数不是从 $n=1$ 开始的. 例如，级数 $\sum\limits_{n=2}^{\infty}\left(\dfrac{1}{\ln n}\right)^n$ 就是从 $n=2$ 开始的，因为当 $n=1$ 时，$\dfrac{1}{\ln 1}$ 没有意义.

(2) 函数项级数与常数项级数之间存在紧密联系. 事实上，当函数项级数的自变量取定

某个值时，函数项就变成了常数项，这时函数项级数就变成一个常数项级数. 因此，对常数项级数的研究有助于对函数项级数的了解. 本章前三节重点讨论常数项级数.

## 二、级数收敛与发散的概念

对于无穷级数，我们所关心的问题是：无穷多个数相加是否存在和？若存在，等于什么？

例如，古代哲学家庄子在《庄子·天下》一书中有一段名言："一尺之棰，日取其半，万世不竭."下面换一个角度来看这个问题：把每天截取的木棒加在一起，问：长度是多少？

设木棒的长度为1. 第一天截取的长度为$\frac{1}{2}$，第二天截取的长度为$\frac{1}{4}$，第三天截取的长度为$\frac{1}{8}$，第$n$天截取的长度为$\frac{1}{2^n}$…… 可得数列$\frac{1}{2},\frac{1}{4},\frac{1}{8},\cdots,\frac{1}{2^n},\cdots$. 把每天截取的木棒加在一起，长度为

$$\frac{1}{2}+\frac{1}{4}+\frac{1}{8}+\cdots+\frac{1}{2^n}+\cdots=1.$$

上式左边就是无穷多个项相加的形式，但其结果是看出来的，而不是算出来的.

又如，设有级数$\sum\limits_{n=1}^{\infty}(-1)^{n-1}=1-1+1-1+\cdots+(-1)^{n-1}+\cdots$，若将该级数的右边写成

$$(1-1)+(1-1)+(1-1)+\cdots=0+0+0+\cdots,$$

其和为0；若写成

$$1+(-1+1)+(-1+1)+\cdots=1+0+0+\cdots,$$

其和为1. 这两个结果完全不同. 可见，"无穷多个数相加"不能简单地引用有限个数相加的概念，需建立其本身的理论.

类似于无限区间上的反常积分的定义：

$$\int_1^{+\infty}\frac{1}{x^2}\mathrm{d}x=\lim_{b\to+\infty}\int_1^b\frac{1}{x^2}\mathrm{d}x=\lim_{b\to+\infty}\left(-\frac{1}{x}\right)\Big|_1^b=\lim_{b\to+\infty}\left(1-\frac{1}{b}\right)=1,$$

对于级数$\sum\limits_{n=1}^{\infty}\frac{1}{2^n}=\frac{1}{2}+\frac{1}{2^2}+\cdots+\frac{1}{2^n}+\cdots$，引入部分和$S_n=\frac{1}{2}+\frac{1}{2^2}+\cdots+\frac{1}{2^n}$的概念，则

$$\lim_{n\to\infty}S_n=\lim_{n\to\infty}\left[\frac{1}{2}\cdot\frac{1-\left(\frac{1}{2}\right)^n}{1-\frac{1}{2}}\right]=\lim_{n\to\infty}\left[1-\left(\frac{1}{2}\right)^n\right]=1.$$

**定义 12.1.2**　做级数(12.1.1)的前$n$项之和

$$S_n=u_1+u_2+\cdots+u_n=\sum_{k=1}^{n}u_k,$$

称$S_n$为级数(12.1.1)的**部分和**. 若部分和数列$\{S_n\}$收敛于$S(\lim\limits_{n\to\infty}S_n=S)$，则称级数(12.1.1)**收敛**，$S$称为级数(12.1.1)的**和**，即$S=u_1+u_2+\cdots+u_n+\cdots$或$\sum\limits_{n=1}^{\infty}u_n=S$；若$\{S_n\}$是发散的，则称级数(12.1.1)**发散**.

**注**　(1) 部分和数列$\{S_n\}$与无穷级数$\sum\limits_{n=1}^{\infty}u_n$有相同的敛散性，且收敛时有

$$S=\lim_{n\to\infty}S_n=\lim_{n\to\infty}\sum_{k=1}^{n}u_k=\lim_{n\to\infty}(u_1+u_2+\cdots+u_n),$$

这与反常积分的定义类似.

(2) 若级数(12.1.1) 收敛,则称

$$r_n=S-S_n=u_{n+1}+u_{n+2}+\cdots$$

为级数(12.1.1) 的**余项**. 显然有$\lim\limits_{n\to\infty}r_n=0$,所以当$n$充分大时,可以用$S_n$近似代替$S$,其误差为$|r_n|$.

若级数(12.1.1) 发散,则其和可能是无穷大,也可能什么都不代表. 这种发散的特性在现代科学技术中有着重要的应用. 例如,在密码学中,规律性不强的密码很难被人破译.

**例 12.1.1** 证明:级数$\sum\limits_{n=1}^{\infty}\ln\left(1+\dfrac{1}{n}\right)$发散.

**证** 该级数的部分和为

$$\begin{aligned}S_n&=\sum_{k=1}^{n}\ln\left(1+\frac{1}{k}\right)=\sum_{k=1}^{n}[\ln(k+1)-\ln k]\\&=(\ln 2-\ln 1)+(\ln 3-\ln 2)+\cdots+[\ln(n+1)-\ln n],\end{aligned}$$

显然$\lim\limits_{n\to\infty}S_n=\lim\limits_{n\to\infty}\ln(n+1)=+\infty$,故该级数发散.

**例 12.1.2** 讨论**等比级数**(也称为**几何级数**)

$$\sum_{n=0}^{\infty}aq^n=a+aq+aq^2+\cdots+aq^n+\cdots\quad(a\neq 0)$$

的敛散性.

**解** 该级数的部分和为$S_n=\sum\limits_{k=0}^{n-1}aq^k=a+aq+aq^2+\cdots+aq^{n-1}$. 若$q\neq 1$,则

$$S_n=\frac{a(1-q^n)}{1-q}=\frac{a}{1-q}-\frac{aq^n}{1-q}.$$

下面讨论$\lim\limits_{n\to\infty}S_n$是否存在.

若$|q|<1$,则$q^n\to 0$,故$\lim\limits_{n\to\infty}S_n=\lim\limits_{n\to\infty}\left(\dfrac{a}{1-q}-\dfrac{aq^n}{1-q}\right)=\dfrac{a}{1-q}$;

若$|q|>1$,则$q^n\to\infty$,故$\lim\limits_{n\to\infty}S_n$不存在;

若$q=-1$,则$S_n=\underbrace{a-a+a-\cdots+(-1)^{n-1}a}_{n个}=\begin{cases}0, & n\text{为偶数},\\ a, & n\text{为奇数},\end{cases}$故$\lim\limits_{n\to\infty}S_n$不存在;

若$q=1$,则当$n\to\infty$时,$S_n=na\to\infty$,故$\lim\limits_{n\to\infty}S_n$不存在.

综上所述,当$|q|<1$时,等比级数$\sum\limits_{n=0}^{\infty}aq^n$收敛,且其和为$\dfrac{a}{1-q}$;当$|q|\geqslant 1$时,等比级数$\sum\limits_{n=0}^{\infty}aq^n$发散.

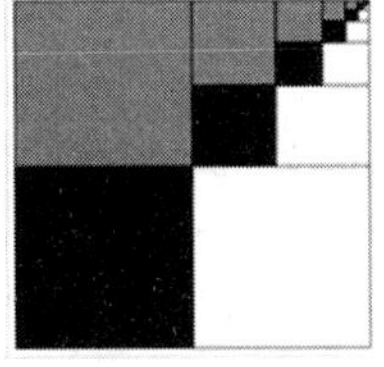
图 12－1

例如,级数$\sum\limits_{n=1}^{\infty}\left(\frac{1}{2}\right)^n=1$(前面是看出来的,现在是严谨、科学的),级数$\sum\limits_{n=1}^{\infty}\left(\frac{1}{4}\right)^n=\frac{1}{3}$(见图 12－1),级数$\sum\limits_{n=0}^{\infty}\left(\frac{3}{2}\right)^n$发散.等比级数既简单又常用,后面会发现,根据它的敛散性可以推断出很多其他级数的敛散性,因此应熟记它的敛散性.

**例 12.1.3** 试用无穷级数说明无限循环小数 $0.333\cdots=\frac{1}{3}$.

**解** $0.333\cdots=0.3+0.03+0.003+\cdots$

$$=\frac{3}{10}+\frac{3}{10^2}+\frac{3}{10^3}+\cdots=\frac{\frac{3}{10}}{1-\frac{1}{10}}=\frac{1}{3}.$$

**例 12.1.4** 计算机进行计算时所处理的数据都是二进制的,求二进制无限循环小数$(110.110\,110\cdots)_2$的值.

**解** $(110.110\,110\cdots)_2=(2^2+2^1)+\left(\frac{1}{2}+\frac{1}{2^2}\right)+\left(\frac{1}{2^4}+\frac{1}{2^5}\right)+\left(\frac{1}{2^7}+\frac{1}{2^8}\right)+\cdots.$

设上述级数的部分和为 $S_n$,则

$$S_n=\sum_{k=1}^{n}\left(\frac{1}{2^{3k-5}}+\frac{1}{2^{3k-4}}\right)=48\sum_{k=1}^{n}\frac{1}{2^{3k}}=\frac{48}{7}\left[1-\left(\frac{1}{8}\right)^n\right].$$

令 $n\to\infty$,可得

$$\lim_{n\to\infty}S_n=\frac{48}{7}.$$

因此,二进制无限循环小数$(110.110\,110\cdots)_2$的值是$\frac{48}{7}$.

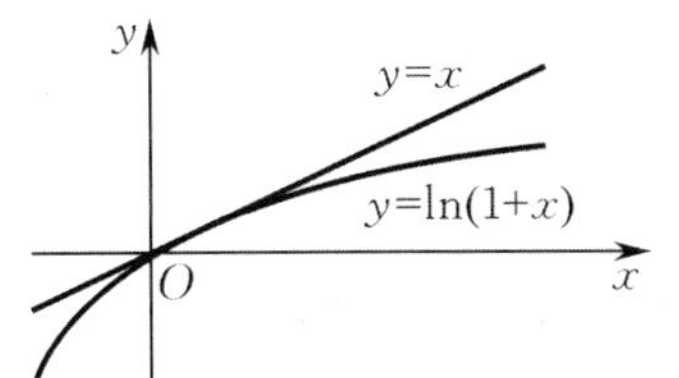

图 12－2

**例 12.1.5** 证明:调和级数

$$1+\frac{1}{2}+\frac{1}{3}+\cdots+\frac{1}{n}+\cdots \tag{12.1.2}$$

是发散的.

**证　方法一** 如图 12-2 所示,当 $x>0$ 时,$x>\ln(1+x)$,因此有

$$S_n=1+\frac{1}{2}+\frac{1}{3}+\cdots+\frac{1}{n}>\ln(1+1)+\ln\left(1+\frac{1}{2}\right)+\ln\left(1+\frac{1}{3}\right)+\cdots+\ln\left(1+\frac{1}{n}\right)$$
$$=\ln 2+\ln\frac{3}{2}+\ln\frac{4}{3}+\cdots+\ln\frac{n+1}{n}=\ln\left(2\cdot\frac{3}{2}\cdot\frac{4}{3}\cdot\cdots\cdot\frac{n+1}{n}\right)$$
$$=\ln(1+n)\to+\infty\quad(n\to\infty),$$

即$\sum\limits_{n=1}^{\infty}\frac{1}{n}=+\infty$,调和级数(12.1.2)发散.

**方法二** 用反证法.假设调和级数(12.1.2)收敛,设它的前 $n$ 项之和为 $S_n$,且 $S_n\to S$ $(n\to\infty)$.显然,对于调和级数(12.1.2)的前 $2n$ 项之和 $S_{2n}$,也有 $S_{2n}\to S(n\to\infty)$.于是,有

$$S_{2n}-S_n\to S-S=0\quad(n\to\infty).\tag{12.1.3}$$

但是 $$S_{2n}-S_n=\frac{1}{n+1}+\frac{1}{n+2}+\cdots+\frac{1}{2n}>\underbrace{\frac{1}{2n}+\frac{1}{2n}+\cdots+\frac{1}{2n}}_{n个}=\frac{1}{2},$$

这与式(12.1.3)矛盾,故假设不成立,因此调和级数(12.1.2)发散.

**注** 调和级数是发散的,这是一个令人困惑的事情.事实上,调和级数非常缓慢地趋于无穷大,下面的数字将有助于读者更好地理解这个级数.该级数的前 100 项相加约为 5.187 4,前 10 万项相加约为 12.090 1,前 10 亿项相加约为 21.300 5,前 1 万亿项相加约为 28.208 2.有学者估计过,要使调和级数的和等于 100,必须把它的前$10^{43}$ 项加起来.假如在一条很长的纸带上写下这个级数,直到它的和超过 100,若每一项在纸带上只占 1 mm 长,则必须使用$10^{43}$ mm 长的纸带,这大约是$10^{24}$ 光年,而宇宙的估计尺寸只有$10^{12}$ 光年.

## 三、常数项级数的性质

通过部分和 $S_n$ 的极限来判别无穷级数的敛散性的方法,虽然是最基本的,但常常十分困难.因此,需要寻找判别级数敛散性的简单易行的方法.由常数项级数的收敛、发散的概念和极限运算的性质,容易得到下面常数项级数的基本性质.

**性质 12.1.1(级数收敛的必要条件)** 若级数$\sum\limits_{n=1}^{\infty}u_n$ 收敛,则有$\lim\limits_{n\to\infty}u_n=0$.

**证** 设级数$\sum\limits_{n=1}^{\infty}u_n$ 收敛,其和为 $S$,显然有 $u_n=S_n-S_{n-1}\,(n\geqslant 2)$,于是

$$\lim_{n\to\infty}u_n=\lim_{n\to\infty}(S_n-S_{n-1})=S-S=0.$$

**注** (1) 由性质 12.1.1 可知,如果 $u_n$ 不是无穷小量,即使 $u_n$ 非常非常的小(如 $u_n=10^{-20}$),无穷次累加之后的结果依然是发散的(无穷大).例如,级数$\sum\limits_{n=1}^{\infty}(-1)^{n-1}$ 的通项为 1 或 $-1$,所以$\sum\limits_{n=1}^{\infty}(-1)^{n-1}$ 必定发散.因此,如果$\lim\limits_{n\to\infty}u_n\neq 0$,则级数$\sum\limits_{n=1}^{\infty}u_n$ 必定发散.

(2) 性质 12.1.1 的逆命题不一定成立.这就是说,有些级数虽然通项趋于 0,但仍然是发散的.例如调和级数$\sum\limits_{n=1}^{\infty}\frac{1}{n}$,虽然$\lim\limits_{n\to\infty}u_n=\lim\limits_{n\to\infty}\frac{1}{n}=0$,但由例 12.1.5 可知它是发散的.

**例 12.1.6** 判别级数$\sum\limits_{n=1}^{\infty}\frac{n}{n+1}=\frac{1}{2}+\frac{2}{3}+\cdots+\frac{n}{n+1}+\cdots$ 的敛散性.

**解** 由于级数的通项$\frac{n}{n+1}\to 1\neq 0\,(n\to\infty)$,因此该级数发散.

**性质 12.1.2** 若级数$\sum\limits_{n=1}^{\infty}u_n$ 与$\sum\limits_{n=1}^{\infty}v_n$ 分别收敛于 $u$ 和 $v$,$k_1,k_2$ 为常数,则由它们的项的线性组合所得到的级数$\sum\limits_{n=1}^{\infty}(k_1u_n\pm k_2v_n)$ 也收敛,且其和为 $k_1u\pm k_2v$.

**证** 设$\sum\limits_{n=1}^{\infty}u_n$ 和$\sum\limits_{n=1}^{\infty}v_n$ 的部分和分别为 $S_n^{(1)}$ 和 $S_n^{(2)}$,则有

$$\lim_{n\to\infty}S_n^{(1)}=u,\quad \lim_{n\to\infty}S_n^{(2)}=v,$$

从而级数 $\sum_{n=1}^{\infty}(k_1u_n \pm k_2v_n)$ 的部分和为

$$\begin{aligned}\tau_n &= (k_1u_1 \pm k_2v_1)+(k_1u_2 \pm k_2v_2)+\cdots+(k_1u_n \pm k_2v_n)\\ &= k_1(u_1+u_2+\cdots+u_n) \pm k_2(v_1+v_2+\cdots+v_n)\\ &= k_1S_n^{(1)} \pm k_2S_n^{(2)},\end{aligned}$$

所以
$$\lim_{n\to\infty}\tau_n = \lim_{n\to\infty}(k_1S_n^{(1)} \pm k_2S_n^{(2)}) = k_1u \pm k_2v.$$

这表明级数 $\sum_{n=1}^{\infty}(k_1u_n \pm k_2v_n)$ 也收敛，且其和为 $k_1u \pm k_2v$.

**注**　若级数 $\sum_{n=1}^{\infty}u_n$ 与 $\sum_{n=1}^{\infty}v_n$ 均发散，则级数 $\sum_{n=1}^{\infty}(u_n \pm v_n)$ 未必发散. 例如，级数 $\sum_{n=1}^{\infty}(-1)^{n-1}$ 与 $\sum_{n=1}^{\infty}(-1)^n$ 均发散，而级数 $\sum_{n=1}^{\infty}[(-1)^{n-1}+(-1)^n]=\sum_{n=1}^{\infty}0$ 却收敛于 0.

思考　为什么 $\sum_{n=1}^{\infty}\left(\frac{1}{2^n}+\frac{1}{n}\right) \neq \sum_{n=1}^{\infty}\frac{1}{2^n}+\sum_{n=1}^{\infty}\frac{1}{n}$?

由于级数是无穷项求和，因此改变级数的有限项不影响它的敛散性，即有如下性质成立.

**性质 12.1.3**　在级数中去掉、增加或改变有限项，不会改变级数的敛散性.

**证**　这里只证明在级数的前面部分去掉或增加有限项不会改变级数的敛散性，其他情形可以类似证明.

设将级数 $u_1+u_2+\cdots+u_k+u_{k+1}+\cdots+u_{k+n}+\cdots$ 的前 $k$ 项去掉后，得新级数

$$u_{k+1}+u_{k+2}+\cdots+u_{k+n}+\cdots.$$

新级数的部分和为

$$\sigma_n = u_{k+1}+u_{k+2}+\cdots+u_{k+n} = S_{k+n}-S_k,$$

其中 $S_{k+n}$ 为原级数的前 $k+n$ 项的和. 由于 $S_k$ 为常数，因此当 $n\to\infty$ 时，$\sigma_n$ 与 $S_{k+n}$ 或同时存在极限，或同时不存在极限，即新级数和原级数具有相同的敛散性.

同理，可以证明在级数的前面增加有限项，也不会改变级数的敛散性.

由此可见，一个级数是否收敛与级数前面有限项的取值无关. 例如，级数

$$\frac{1}{1\cdot 2}+\frac{1}{2\cdot 3}+\cdots+\frac{1}{n(n+1)}+\cdots,$$

$$10\,000+\frac{1}{1\cdot 2}+\frac{1}{2\cdot 3}+\cdots+\frac{1}{n(n+1)}+\cdots,$$

$$\frac{1}{3\cdot 4}+\frac{1}{4\cdot 5}+\cdots+\frac{1}{n(n+1)}+\cdots$$

都是收敛的. 必须注意的是，当级数收敛时，在级数中去掉、增加或改变有限项后，其和是会改变的.

**性质 12.1.4**　对收敛级数的项任意加括号后所得的级数仍收敛，且其和不变.

**证**　设级数 $\sum_{n=1}^{\infty}u_n$ 的部分和为 $S_n$，加括号后所得的新级数（把每一个括号内的所有项之和视为一项）为

$$(u_1+\cdots+u_{n_1})+(u_{n_1+1}+\cdots+u_{n_2})+\cdots+(u_{n_{k-1}+1}+\cdots+u_{n_k})+\cdots.$$

另设新级数的前 $k$ 项之和为 $A_k$，则有

$$A_1 = u_1 + \cdots + u_{n_1} = S_{n_1},$$
$$A_2 = (u_1 + \cdots + u_{n_1}) + (u_{n_1+1} + \cdots + u_{n_2}) = S_{n_2},$$
$$\cdots\cdots$$
$$A_k = (u_1 + \cdots + u_{n_1}) + (u_{n_1+1} + \cdots + u_{n_2}) + \cdots + (u_{n_{k-1}+1} + \cdots + u_{n_k}) = S_{n_k},$$
$$\cdots\cdots$$

由此可知，数列 $\{A_k\}$ 是数列 $\{S_n\}$ 的一个子数列. 由数列 $\{S_n\}$ 的收敛性，以及收敛数列与其子数列的关系可知，数列 $\{A_k\}$ 必定收敛，且有 $\lim\limits_{k\to\infty} A_k = \lim\limits_{n\to\infty} S_n$，即加括号后所得的级数收敛，且其和不变.

**注** 若加括号后所得的级数收敛，不能推断它在加括号前也收敛. 例如，级数

$$(1-1)+(1-1)+\cdots+(1-1)+\cdots = 0+0+\cdots+0+\cdots = 0$$

收敛，但级数 $1-1+1-1+\cdots$ 却是发散的.

**推论 12.1.1** 如果加括号后所得的级数发散，则原级数也发散.

**证** 用反证法. 假设原级数收敛，由性质 12.1.4 可知，加括号后所得的级数也收敛，这与条件矛盾，故原级数发散.

## *四、柯西审敛原理

由于级数 $\sum\limits_{n=1}^{\infty} u_n$ 的敛散性与它的部分和数列 $\{S_n\}$ 的敛散性是等价的，故由第一章第五节数列的柯西收敛准则可得下面的定理.

**定理 12.1.1**(**柯西审敛原理**) 级数 $\sum\limits_{n=1}^{\infty} u_n$ 收敛的充要条件为 $\forall \varepsilon > 0$，总存在正整数 $N$，使得当 $n > N$ 时，对于任意的正整数 $p$，都有

$$|u_{n+1} + u_{n+2} + \cdots + u_{n+p}| < \varepsilon$$

成立.

**证** 设级数 $\sum\limits_{n=1}^{\infty} u_n$ 的部分和为 $S_n$，则

$$|u_{n+1} + u_{n+2} + \cdots + u_{n+p}| = |S_{n+p} - S_n|.$$

因此，由数列的柯西收敛准则即得结论.

**例 12.1.7** 利用柯西审敛原理证明：级数 $\sum\limits_{n=1}^{\infty} \dfrac{\sin nx}{2^n}$ 收敛.

**证** 对于任意给定的 $\varepsilon > 0(0 < \varepsilon < 1)$，要使得

$$\begin{aligned}|S_{n+p} - S_n| &= |u_{n+1} + u_{n+2} + \cdots + u_{n+p}| \\ &= \left|\frac{\sin(n+1)x}{2^{n+1}} + \frac{\sin(n+2)x}{2^{n+2}} + \cdots + \frac{\sin(n+p)x}{2^{n+p}}\right| \\ &\leqslant \frac{1}{2^{n+1}} + \frac{1}{2^{n+2}} + \cdots + \frac{1}{2^{n+p}} = \frac{1}{2^{n+1}} \cdot \frac{1-\dfrac{1}{2^p}}{1-\dfrac{1}{2}} < \frac{1}{2^n} < \varepsilon,\end{aligned}$$

只要取正整数 $N \geqslant \log_2 \dfrac{1}{\varepsilon}$，则当 $n > N$ 时，对于任意的正整数 $p$，都有 $|S_{n+p} - S_n| < \varepsilon$. 故由柯西审敛原理可知，级数 $\sum\limits_{n=1}^{\infty} \dfrac{\sin nx}{2^n}$ 收敛.

## 思考题 12.1

1. 如果级数 $\sum\limits_{n=1}^{\infty} u_n$ 发散，级数 $\sum\limits_{n=1}^{\infty} v_n$ 收敛，那么级数 $\sum\limits_{n=1}^{\infty} (u_n \pm v_n)$ 是否收敛？为什么？
2. 如果级数 $\sum\limits_{n=1}^{\infty} u_n$ 与 $\sum\limits_{n=1}^{\infty} v_n$ 均发散，那么级数 $\sum\limits_{n=1}^{\infty} (u_n \pm v_n)$ 是否发散？为什么？
3. 如果级数加括号后所得的新级数收敛，那么原级数是否也收敛？
4. 级数收敛的必要条件所起的作用是什么？

## 习 题 12.1

**(A)**

一、填空题：

(1) 设级数 $\sum\limits_{n=1}^{\infty} u_n = \dfrac{1}{2} + \dfrac{3}{2^2} + \dfrac{1}{2^3} + \dfrac{3}{2^4} + \cdots$，则其通项 $u_n =$ __________；

(2) 设级数 $\sum\limits_{n=1}^{\infty} u_n = \dfrac{2}{3} - \left(\dfrac{3}{7}\right)^2 + \left(\dfrac{4}{11}\right)^3 - \left(\dfrac{5}{15}\right)^4 + \cdots$，则其通项 $u_n =$ __________；

(3) 设级数 $\sum\limits_{n=1}^{\infty} (-1)^n \left(\dfrac{2}{7}\right)^n$，则其和 $S =$ __________；

(4) 设级数 $1 + x + x^2 + \cdots + x^n + \cdots (|x| < 1)$，则其和 $S =$ __________；

(5) 已知级数 $\sum\limits_{n=1}^{\infty} u_n$ 收敛（$u_n \neq 0$），则级数 $\sum\limits_{n=1}^{\infty} \dfrac{1}{u_n}$ __________（填“收敛”或“发散”）；

(6) 已知级数 $\sum\limits_{n=1}^{\infty} \dfrac{\pi^{2n}}{(2n)!}$ 收敛，则 $\lim\limits_{n\to\infty} \dfrac{\pi^{2n}}{(2n)!} =$ __________.

二、根据级数的收敛和发散的定义判别下列级数的敛散性：

(1) $(\sqrt{2} - 1) + (\sqrt{3} - \sqrt{2}) + \cdots + (\sqrt{n+1} - \sqrt{n}) + \cdots$；

(2) $\dfrac{1}{1 \cdot 3} + \dfrac{1}{3 \cdot 5} + \cdots + \dfrac{1}{(2n-1)(2n+1)} + \cdots$.

三、判别下列级数的敛散性：

(1) $-\dfrac{8}{9} + \dfrac{8^2}{9^2} - \dfrac{8^3}{9^3} + \cdots + (-1)^n \dfrac{8^n}{9^n} + \cdots$；

(2) $\dfrac{1}{3} + \dfrac{1}{6} + \dfrac{1}{9} + \cdots + \dfrac{1}{3n} + \cdots$；

(3) $\dfrac{1}{3} + \dfrac{1}{\sqrt{3}} + \dfrac{1}{\sqrt[3]{3}} + \cdots + \dfrac{1}{\sqrt[n]{3}} + \cdots$；

(4) $\dfrac{3}{2} + \dfrac{3^2}{2^2} + \dfrac{3^3}{2^3} + \cdots + \dfrac{3^n}{2^n} + \cdots$；

(5) $\left(\dfrac{1}{2} + \dfrac{1}{3}\right) + \left(\dfrac{1}{2^2} + \dfrac{1}{3^2}\right) + \left(\dfrac{1}{2^3} + \dfrac{1}{3^3}\right) + \cdots + \left(\dfrac{1}{2^n} + \dfrac{1}{3^n}\right) + \cdots$.

**(B)**

一、设有下列命题：

(1) 若级数 $\sum\limits_{n=1}^{\infty} (u_{2n-1} + u_{2n})$ 收敛，则级数 $\sum\limits_{n=1}^{\infty} u_n$ 也收敛；

(2) 若级数$\sum_{n=1}^{\infty}u_n$收敛,则级数$\sum_{n=1}^{\infty}u_{n+100}$也收敛;

(3) 若$\lim_{n\to\infty}\frac{u_{n+1}}{u_n}>1$,则级数$\sum_{n=1}^{\infty}u_n$发散;

(4) 若级数$\sum_{n=1}^{\infty}(u_n+v_n)$收敛,则级数$\sum_{n=1}^{\infty}u_n$和$\sum_{n=1}^{\infty}v_n$都收敛.

以上命题中正确的是(　　).

(A) (1)(2)　　(B) (2)(3)　　(C) (3)(4)　　(D) (1)(4)

二、求由曲线$f(x)=e^{-x}\sin x(x\geqslant 0)$与$x$轴所围成的闭区域的面积.

*三、利用柯西审敛原理证明:级数$\sum_{n=1}^{\infty}\frac{(-1)^{n+1}}{n}$收敛.

# 第二节　正项级数

一般情况下,利用级数的定义和性质来判别级数的敛散性往往是比较困难的.那么,是否有更简单易行的判别方法呢?下面先从最简单的正项级数开始讨论.

## 一、正项级数收敛的充要条件

**定义 12.2.1**　若级数$\sum_{n=1}^{\infty}u_n$中的每一项都是非负的,即$u_n\geqslant 0(n=1,2,\cdots)$,则称级数$\sum_{n=1}^{\infty}u_n$为**正项级数**.

**注**　对正项级数的项可以任意加括号,其敛散性不变.对于收敛的正项级数,加括号后其和也不变.

**定理 12.2.1**　正项级数$\sum_{n=1}^{\infty}u_n$收敛的充要条件是它的部分和数列$\{S_n\}$有界.

**证　必要性**　设级数$\sum_{n=1}^{\infty}u_n$收敛,则其部分和数列$\{S_n\}$收敛,故$\{S_n\}$有界.

**充分性**　由$u_n\geqslant 0$可知,级数$\sum_{n=1}^{\infty}u_n$的部分和数列$\{S_n\}$单调递增.又因$\{S_n\}$有界,故$\{S_n\}$必收敛,即$\sum_{n=1}^{\infty}u_n$收敛.

借助正项级数收敛的充要条件,可建立一系列具有较强实用性的正项级数审敛法.

## 二、正项级数的比较审敛法

**定理 12.2.2**(**比较审敛法**)　设$\sum_{n=1}^{\infty}u_n$和$\sum_{n=1}^{\infty}v_n$都是正项级数,且$u_n\leqslant v_n(n=1,2,\cdots)$.若级数$\sum_{n=1}^{\infty}v_n$收敛,则级数$\sum_{n=1}^{\infty}u_n$也收敛;反之,若级数$\sum_{n=1}^{\infty}u_n$发散,则级数$\sum_{n=1}^{\infty}v_n$也发散.

**证**　设级数 $\sum_{n=1}^{\infty} v_n$ 收敛于 $v$，则级数 $\sum_{n=1}^{\infty} u_n$ 的部分和

$$S_n = u_1 + u_2 + \cdots + u_n \leqslant v_1 + v_2 + \cdots + v_n \leqslant v,$$

即部分和数列 $\{S_n\}$ 有界. 故由定理 12.2.1 可知，级数 $\sum_{n=1}^{\infty} u_n$ 也收敛.

反之，设级数 $\sum_{n=1}^{\infty} u_n$ 发散，则级数 $\sum_{n=1}^{\infty} v_n$ 必发散. 否则，与上面的结论矛盾.

也就是说，“大”的收敛，“小”的也收敛；“小”的发散，“大”的也发散.

由于级数的每一项同时乘以一个非零常数，以及去掉级数的有限项不改变级数的敛散性，因此比较审敛法又可表述如下.

**推论 12.2.1**　设 $C$ 为正数，$N$ 为正整数，$\sum_{n=1}^{\infty} u_n$ 和 $\sum_{n=1}^{\infty} v_n$ 都是正项级数，且 $u_n \leqslant Cv_n$ $(n = N, N+1, \cdots)$. 若级数 $\sum_{n=1}^{\infty} v_n$ 收敛，则级数 $\sum_{n=1}^{\infty} u_n$ 也收敛；反之，若级数 $\sum_{n=1}^{\infty} u_n$ 发散，则级数 $\sum_{n=1}^{\infty} v_n$ 也发散.

**例 12.2.1**　讨论 $p$-级数 $1 + \frac{1}{2^p} + \frac{1}{3^p} + \cdots + \frac{1}{n^p} + \cdots$ 的敛散性，其中 $p > 0$ 为常数.

**解**　当 $0 < p \leqslant 1$ 时，注意到 $n^p \leqslant n$，即 $\frac{1}{n^p} \geqslant \frac{1}{n}$. 又因为调和级数 $\sum_{n=1}^{\infty} \frac{1}{n}$ 发散，所以由比较审敛法可知，$p$-级数 $\sum_{n=1}^{\infty} \frac{1}{n^p}$ 发散.

当 $p > 1$ 时，按顺序把该级数的 1 项、2 项、4 项、8 项 …… 括在一起得到新级数

$$1 + \left(\frac{1}{2^p} + \frac{1}{3^p}\right) + \left(\frac{1}{4^p} + \frac{1}{5^p} + \frac{1}{6^p} + \frac{1}{7^p}\right) + \left(\frac{1}{8^p} + \frac{1}{9^p} + \cdots + \frac{1}{15^p}\right) + \cdots, \qquad (12.2.1)$$

它的各项显然小于下列级数的各项：

$$\begin{aligned} &1 + \left(\frac{1}{2^p} + \frac{1}{2^p}\right) + \left(\frac{1}{4^p} + \frac{1}{4^p} + \frac{1}{4^p} + \frac{1}{4^p}\right) + \left(\frac{1}{8^p} + \frac{1}{8^p} + \cdots + \frac{1}{8^p}\right) + \cdots \\ &= 1 + \frac{1}{2^{p-1}} + \frac{1}{4^{p-1}} + \frac{1}{8^{p-1}} + \cdots. \end{aligned} \qquad (12.2.2)$$

而级数(12.2.2)是一个等比级数，其公比 $q = \left(\frac{1}{2}\right)^{p-1} < 1$，所以级数(12.2.2)收敛. 于是，根据比较审敛法，当 $p > 1$ 时，级数(12.2.1)收敛. 又因为正项级数加括号前后的敛散性相同(请读者思考为什么)，所以原 $p$-级数 $\sum_{n=1}^{\infty} \frac{1}{n^p}$ 收敛.

综上所述，当 $0 < p \leqslant 1$ 时，$p$-级数 $\sum_{n=1}^{\infty} \frac{1}{n^p}$ 是发散的；当 $p > 1$ 时，$p$-级数 $\sum_{n=1}^{\infty} \frac{1}{n^p}$ 是收敛的.

$p$-级数是一个很重要的级数，在解题中往往会充当比较审敛法的比较对象. 其他的比较对象主要有等比级数、调和级数等.

**例 12.2.2** 判别下列级数的敛散性：

(1) $\sum_{n=1}^{\infty}\frac{n}{n^2-2}$；　(2) $\sum_{n=1}^{\infty}\ln\left(1+\frac{1}{n^2}\right)$；　(3) $\sum_{n=1}^{\infty}2^n\sin\frac{\pi}{3^n}$.

**解** (1) 由于$\frac{n}{n^2-2}>\frac{n}{n^2}=\frac{1}{n}$，且级数$\sum_{n=1}^{\infty}\frac{1}{n}$发散，因此根据比较审敛法可知，级数$\sum_{n=1}^{\infty}\frac{n}{n^2-2}$发散.

(2) 由于$\ln\left(1+\frac{1}{n^2}\right)<\frac{1}{n^2}$，且级数$\sum_{n=1}^{\infty}\frac{1}{n^2}$收敛，因此根据比较审敛法可知，级数$\sum_{n=1}^{\infty}\ln\left(1+\frac{1}{n^2}\right)$收敛.

(3) 由于$0<2^n\sin\frac{\pi}{3^n}<2^n\frac{\pi}{3^n}=\pi\left(\frac{2}{3}\right)^n$，且级数$\sum_{n=1}^{\infty}\pi\left(\frac{2}{3}\right)^n$收敛，因此根据比较审敛法可知，级数$\sum_{n=1}^{\infty}2^n\sin\frac{\pi}{3^n}$收敛.

**例 12.2.3** 判别级数$\sum_{n=1}^{\infty}\frac{1}{\sqrt{4n^2+10}}$的敛散性.

**解** 虽然易见$\frac{1}{\sqrt{4n^2+10}}<\frac{1}{2n}$，但是因级数$\sum_{n=1}^{\infty}\frac{1}{2n}$发散，故并不能判别级数$\sum_{n=1}^{\infty}\frac{1}{\sqrt{4n^2+10}}$的敛散性. 注意到$\frac{1}{\sqrt{4n^2+10}}>\frac{1}{3n}(n=2,3,\cdots)$，因此根据比较审敛法可知，原级数发散.

用比较审敛法判别一个级数的敛散性时，必须恰当地选取一个已知敛散性的级数(一般选等比级数或 $p$-级数) 与之比较，并建立比较审敛法所要求的不等式. 而这需要将不等式进行放大或缩小，往往比较麻烦. 从例 12.2.3 可以看到，当 $n\to\infty$ 时，$\frac{1}{\sqrt{4n^2+10}}$与$\frac{1}{n}$是同阶无穷小量. 那么，能否通过比较级数通项(无穷小量) 的阶来判别其敛散性呢? 答案是肯定的. 我们有下面比较审敛法的极限形式.

**推论 12.2.2(比较审敛法的极限形式)** 设$\sum_{n=1}^{\infty}u_n$和$\sum_{n=1}^{\infty}v_n$是两个正项级数. 如果两个级数的通项 $u_n,v_n$ 满足$\lim\limits_{n\to\infty}\frac{u_n}{v_n}=l$，则

(1) 当 $0<l<+\infty$ 时，级数$\sum_{n=1}^{\infty}u_n$与$\sum_{n=1}^{\infty}v_n$同时收敛或同时发散；

(2) 当 $l=0$ 且级数$\sum_{n=1}^{\infty}v_n$收敛时，级数$\sum_{n=1}^{\infty}u_n$也收敛；

(3) 当 $l=+\infty$ 且级数$\sum_{n=1}^{\infty}v_n$发散时，级数$\sum_{n=1}^{\infty}u_n$也发散.

**证** 这里只证(1)，(2) 和(3) 的证法类似.

由极限的定义，取 $\varepsilon=\frac{l}{2}$，则存在正整数 $N$，使得当 $n>N$ 时，有

$$\left|\frac{u_n}{v_n}-l\right|<\frac{l}{2},$$

解得$\frac{l}{2}<\frac{u_n}{v_n}<\frac{3l}{2}$，即$\frac{l}{2}v_n<u_n<\frac{3l}{2}v_n$. 再由推论 12.2.1，即得所需结论.

**例 12.2.4**　判别下列级数的敛散性：

(1) $\sum\limits_{n=1}^{\infty}\frac{1}{2^n-n}$；　(2) $\sum\limits_{n=1}^{\infty}\sin\frac{1}{n}$；　(3) $\sum\limits_{n=1}^{\infty}\left(\frac{1}{n}-\sin\frac{1}{n}\right)$.

**解**　(1) 由于$\lim\limits_{n\to\infty}\frac{\frac{1}{2^n-n}}{\frac{1}{2^n}}=\lim\limits_{n\to\infty}\frac{2^n}{2^n-n}=\lim\limits_{n\to\infty}\frac{1}{1-\frac{n}{2^n}}=1$，且级数$\sum\limits_{n=1}^{\infty}\frac{1}{2^n}$收敛，因此级数$\sum\limits_{n=1}^{\infty}\frac{1}{2^n-n}$也收敛.

(2) 由于$\lim\limits_{n\to\infty}\frac{\sin\frac{1}{n}}{\frac{1}{n}}=1$，且级数$\sum\limits_{n=1}^{\infty}\frac{1}{n}$发散，因此级数$\sum\limits_{n=1}^{\infty}\sin\frac{1}{n}$也发散.

(3) 当 $x\to 0$ 时，$x-\sin x$ 是 $x$ 的三阶无穷小量，所以可选择级数$\sum\limits_{n=1}^{\infty}\frac{1}{n^3}$作为比较级数. 由$\lim\limits_{x\to 0}\frac{x-\sin x}{x^3}=\lim\limits_{x\to 0}\frac{1-\cos x}{3x^2}=\frac{1}{6}$，得$\lim\limits_{n\to\infty}\frac{\frac{1}{n}-\sin\frac{1}{n}}{\frac{1}{n^3}}=\frac{1}{6}$，而级数$\sum\limits_{n=1}^{\infty}\frac{1}{n^3}$收敛，因此级数$\sum\limits_{n=1}^{\infty}\left(\frac{1}{n}-\sin\frac{1}{n}\right)$也收敛.

## 三、正项级数的比值审敛法与根值审敛法

从前面的讨论可知，用比较审敛法判别正项级数的敛散性时，需要利用已知敛散性的级数作为比较对象来判别其他级数的敛散性. 由于我们掌握的已知敛散性的级数有限，因此在实践中难以应用比较审敛法处理各种各样的正项级数的敛散性问题. 为此，在比较审敛法的基础上，再介绍两个更方便且无须比较级数的审敛法 —— 比值审敛法和根值审敛法，其思路是基于级数自身的通项进行分析，本质上是以等比级数为“标尺”的比较审敛法.

**定理 12.2.3**（**比值审敛法，达朗贝尔**(d'Alembert) **审敛法**）　若正项级数$\sum\limits_{n=1}^{\infty}u_n$满足$\lim\limits_{n\to\infty}\frac{u_{n+1}}{u_n}=\rho$（$\rho$为有限值或$+\infty$），则

(1) 当 $\rho<1$ 时，级数$\sum\limits_{n=1}^{\infty}u_n$收敛；

(2) 当 $\rho>1$ 或 $\rho=+\infty$ 时，级数$\sum\limits_{n=1}^{\infty}u_n$发散；

(3) 当 $\rho=1$ 时，级数$\sum\limits_{n=1}^{\infty}u_n$的敛散性无法用此法判别.

**证** (1) 当 $\rho<1$ 时,可取一足够小的正数 $\varepsilon\left(\text{如取 }\varepsilon=\dfrac{1-\rho}{2}>0\right)$,使得 $\rho+\varepsilon=q<1$. 又因 $\lim\limits_{n\to\infty}\dfrac{u_{n+1}}{u_n}=\rho$,故根据极限的定义,对于正数 $\varepsilon$,存在正整数 $N$,使得当 $n>N$ 时,有

$$\left|\frac{u_{n+1}}{u_n}-\rho\right|<\varepsilon,$$

即 $-\varepsilon+\rho<\dfrac{u_{n+1}}{u_n}<\varepsilon+\rho$. 由 $\dfrac{u_{n+1}}{u_n}<\rho+\varepsilon=q$,可得 $u_{n+1}<qu_n(n=N+1,N+2,\cdots)$,即有

$$\begin{aligned}&u_{N+2}<qu_{N+1},\\&u_{N+3}<qu_{N+2}<q^2u_{N+1},\\&\cdots\cdots\\&u_{N+k}<qu_{N+k-1}<q^2u_{N+k-2}<\cdots<q^{k-1}u_{N+1},\\&\cdots\cdots\end{aligned}$$

将上述不等式相加,得

$$u_{N+2}+u_{N+3}+\cdots+u_{N+k}+\cdots<qu_{N+1}+q^2u_{N+1}+\cdots+q^{k-1}u_{N+1}+\cdots.$$

由于 $u_{N+1}$ 为定值,因此等比级数 $\sum\limits_{n=1}^{\infty}u_{N+1}q^n=u_{N+1}\sum\limits_{n=1}^{\infty}q^n(0<q<1)$ 收敛,从而根据比较审敛法可知,级数 $\sum\limits_{n=N+2}^{\infty}u_n$ 收敛,则级数 $\sum\limits_{n=1}^{\infty}u_n$ 也收敛.

(2) 当 $\rho>1$ 时,取一足够小的正数 $\varepsilon\left(\text{如取 }\varepsilon=\dfrac{\rho-1}{2}>0\right)$,使得 $\rho-\varepsilon>1$. 由极限的定义知,当 $n>N$ 时,有

$$\frac{u_{n+1}}{u_n}>\rho-\varepsilon>1,$$

即 $u_{n+1}>u_n$. 因此,当 $n>N$ 时,正项级数 $\sum\limits_{n=N+2}^{\infty}u_n$ 的项是逐渐增大的,故 $u_n$ 不趋于 0. 于是,由级数收敛的必要条件可知,级数 $\sum\limits_{n=1}^{\infty}u_n$ 发散.

同理,当 $\rho=+\infty$ 时,由无穷大的定义可知,$n$ 充分大时仍有 $u_{n+1}>u_n$ 成立,因此级数 $\sum\limits_{n=1}^{\infty}u_n$ 发散.

(3) 当 $\rho=1$ 时,级数可能收敛,也可能发散. 例如,对于 $p$-级数 $\sum\limits_{n=1}^{\infty}\dfrac{1}{n^p}$,不论 $p$ 取何值,总有

$$\lim_{n\to\infty}\frac{u_{n+1}}{u_n}=\lim_{n\to\infty}\frac{\dfrac{1}{(n+1)^p}}{\dfrac{1}{n^p}}=\lim_{n\to\infty}\left(\frac{n}{n+1}\right)^p=1.$$

但是,该级数在 $p>1$ 时收敛,而在 $p\leqslant 1$ 时发散.

显然,当 $\rho=1$ 时,比值审敛法失效,因此需用其他方法判别级数的敛散性.

**注**　$\lim\limits_{n\to\infty}\dfrac{u_{n+1}}{u_n}=\rho<1$ 只是正项级数 $\sum\limits_{n=1}^{\infty}u_n$ 收敛的充分条件，不是必要条件. 也就是说，若正项级数 $\sum\limits_{n=1}^{\infty}u_n$ 收敛，$\lim\limits_{n\to\infty}\dfrac{u_{n+1}}{u_n}=\rho<1$ 不一定成立(请读者自己给出反例).

**例 12.2.5**　判别下列级数的敛散性：

(1) $\sum\limits_{n=1}^{\infty}nx^{n-1}\quad(x>0)$；　　(2) $\sum\limits_{n=1}^{\infty}\dfrac{5^n n!}{n^n}$；

(3) $\sum\limits_{n=1}^{\infty}\dfrac{1}{(2n-1)\cdot 2n}$；　　(4) $\sum\limits_{n=1}^{\infty}\dfrac{n^n}{(n!)^2}$.

**解**　(1) 因 $\lim\limits_{n\to\infty}\dfrac{u_{n+1}}{u_n}=\lim\limits_{n\to\infty}\dfrac{(n+1)x^n}{nx^{n-1}}=x\lim\limits_{n\to\infty}\dfrac{n+1}{n}=x$，故根据比值审敛法可知，当 $0<x<1$ 时，级数 $\sum\limits_{n=1}^{\infty}nx^{n-1}$ 收敛；当 $x>1$ 时，级数 $\sum\limits_{n=1}^{\infty}nx^{n-1}$ 发散；当 $x=1$ 时，级数 $\sum\limits_{n=1}^{\infty}nx^{n-1}=\sum\limits_{n=1}^{\infty}n$ 发散.

(2) 因 $\lim\limits_{n\to\infty}\dfrac{u_{n+1}}{u_n}=\lim\limits_{n\to\infty}\left[\dfrac{5^{n+1}(n+1)!}{(n+1)^{n+1}}\cdot\dfrac{n^n}{5^n n!}\right]=\lim\limits_{n\to\infty}5\left(\dfrac{n}{n+1}\right)^n=\dfrac{5}{\mathrm{e}}>1$，故级数 $\sum\limits_{n=1}^{\infty}\dfrac{5^n n!}{n^n}$ 发散.

(3) 因 $\lim\limits_{n\to\infty}\dfrac{u_{n+1}}{u_n}=\lim\limits_{n\to\infty}\dfrac{(2n-1)\cdot 2n}{(2n+1)\cdot(2n+2)}=1$，故比值审敛法在此处失效. 注意到 $2n>2n-1\geqslant n$，有 $(2n-1)\cdot 2n>n^2$，即

$$\frac{1}{(2n-1)\cdot 2n}<\frac{1}{n^2}.$$

而级数 $\sum\limits_{n=1}^{\infty}\dfrac{1}{n^2}$ 收敛，因此根据比较审敛法可知，级数 $\sum\limits_{n=1}^{\infty}\dfrac{1}{(2n-1)\cdot 2n}$ 收敛.

(4) 因 $\lim\limits_{n\to\infty}\dfrac{u_{n+1}}{u_n}=\lim\limits_{n\to\infty}\left\{\dfrac{(n+1)^{n+1}}{[(n+1)!]^2}\cdot\dfrac{(n!)^2}{n^n}\right\}=\lim\limits_{n\to\infty}\left[\left(1+\dfrac{1}{n}\right)^n\cdot\dfrac{1}{n+1}\right]=\mathrm{e}\cdot 0=0<1$，故根据比值审敛法可知，级数 $\sum\limits_{n=1}^{\infty}\dfrac{n^n}{(n!)^2}$ 收敛.

**定理 12.2.4**(**根值审敛法，柯西审敛法**)　若正项级数 $\sum\limits_{n=1}^{\infty}u_n$ 满足 $\lim\limits_{n\to\infty}\sqrt[n]{u_n}=\rho$ ($\rho$ 为有限值或 $+\infty$)，则

(1) 当 $\rho<1$ 时，级数 $\sum\limits_{n=1}^{\infty}u_n$ 收敛；

(2) 当 $\rho>1$ 或 $\rho=+\infty$ 时，级数 $\sum\limits_{n=1}^{\infty}u_n$ 发散；

(3) 当 $\rho=1$ 时，级数 $\sum\limits_{n=1}^{\infty}u_n$ 的敛散性无法用此法判别.

**证**　(1) 当 $\rho<1$ 时，可取一足够小的正数 $\varepsilon$，使得 $\rho+\varepsilon=q<1$. 又因 $\lim\limits_{n\to\infty}\sqrt[n]{u_n}=\rho$，故根据极限的定义，对于正数 $\varepsilon$，存在正整数 $N$，当 $n>N$ 时，有

$$\sqrt[n]{u_n}<\rho+\varepsilon=q,$$

即 $u_n < q^n$. 而等比级数 $\sum\limits_{n=N+1}^{\infty} q^n (0 < q < 1)$ 是收敛的,从而根据比较审敛法可知,级数 $\sum\limits_{n=N+1}^{\infty} u_n$ 收敛,则级数 $\sum\limits_{n=1}^{\infty} u_n$ 也收敛.

(2) 当 $\rho > 1$ 时,可取一足够小的正数 $\varepsilon$,使得 $\rho - \varepsilon > 1$. 由极限的定义,当 $n > N$ 时,有

$$\sqrt[n]{u_n} > \rho - \varepsilon > 1,$$

即 $u_n > 1$,于是 $\lim\limits_{n\to\infty} u_n \neq 0$. 因此,由级数收敛的必要条件可知,级数 $\sum\limits_{n=1}^{\infty} u_n$ 发散.

同理,当 $\rho = +\infty$ 时,仍有 $\lim\limits_{n\to\infty} u_n \neq 0$,因此级数 $\sum\limits_{n=1}^{\infty} u_n$ 发散.

(3) 当 $\rho = 1$ 时,级数可能收敛,也可能发散. 例如,级数 $\sum\limits_{n=1}^{\infty} \frac{1}{n^2}$ 收敛,而级数 $\sum\limits_{n=1}^{\infty} \frac{1}{n}$ 发散,但

$$\lim_{n\to\infty} \sqrt[n]{u_n} = \lim_{n\to\infty} \sqrt[n]{\frac{1}{n^2}} = \lim_{n\to\infty} \left(\frac{1}{\sqrt[n]{n}}\right)^2 = 1,$$

$$\lim_{n\to\infty} \sqrt[n]{u_n} = \lim_{n\to\infty} \sqrt[n]{\frac{1}{n}} = \lim_{n\to\infty} \frac{1}{\sqrt[n]{n}} = 1.$$

因此,当 $\rho = 1$ 时,根值审敛法失效.

从定理 12.2.3 和 12.2.4 的证明可以看出,比值审敛法与根值审敛法都是以比较审敛法为基础的,且都是与等比级数 $\sum\limits_{n=1}^{\infty} q^n$ 做比较而得到的. 当 $\lim\limits_{n\to\infty} \frac{u_{n+1}}{u_n} = 1$ 或 $\lim\limits_{n\to\infty} \sqrt[n]{u_n} = 1$ 时,这两个审敛法都失效了. 为了进一步讨论正项级数的敛散性,需要比等比级数"收敛更慢"的正项级数作为比较的标准,通常选用 $p$-级数. 如果把 $\sum\limits_{n=1}^{\infty} \frac{1}{n^p}$ 作为比较级数,根据比较审敛法,可以得出关于正项级数敛散性的更细致的审敛法,如拉阿伯(Raabe) 审敛法等.

**例 12.2.6** 判别下列级数的敛散性:

(1) $\sum\limits_{n=1}^{\infty} \frac{1}{4^n}\left(1 + \frac{1}{n}\right)^{n^2}$; (2) $\sum\limits_{n=1}^{\infty} \frac{5^n}{3^{\ln n}}$.

**解** (1) 因 $\lim\limits_{n\to\infty} \sqrt[n]{u_n} = \lim\limits_{n\to\infty} \sqrt[n]{\frac{1}{4^n}\left(1 + \frac{1}{n}\right)^{n^2}} = \lim\limits_{n\to\infty} \frac{1}{4}\left(1 + \frac{1}{n}\right)^n = \frac{e}{4} < 1$,故该级数收敛.

(2) 因 $\lim\limits_{n\to\infty} \sqrt[n]{u_n} = \lim\limits_{n\to\infty} \frac{5}{3^{\frac{\ln n}{n}}} = 5 > 1$,故该级数发散.

**注** 凡是能由比值审敛法判别敛散性的级数,它也能用根值审敛法判别,因而可以说根值审敛法比比值审敛法更有效. 事实上,当 $\lim\limits_{n\to\infty} \frac{u_{n+1}}{u_n} = \rho$ 时,必有 $\lim\limits_{n\to\infty} \sqrt[n]{u_n} = \rho$. 例如级数 $\sum\limits_{n=1}^{\infty} \frac{2 + (-1)^n}{2^n}$,因

$$\lim_{n\to\infty} \frac{u_{n+1}}{u_n} = \lim_{n\to\infty} \left[\frac{2 + (-1)^{n+1}}{2^{n+1}} \cdot \frac{2^n}{2 + (-1)^n}\right] = \frac{1}{2} \lim_{n\to\infty} \frac{2 + (-1)^{n+1}}{2 + (-1)^n} = \begin{cases} \dfrac{3}{2} > 1, & n \text{ 为奇数}, \\ \dfrac{1}{6} < 1, & n \text{ 为偶数}, \end{cases}$$

故由比值审敛法无法判别该级数的敛散性. 但是用根值审敛法判别该级数的敛散性时,有

$$\lim_{n\to\infty}\sqrt[n]{u_n}=\frac{1}{2}\lim_{n\to\infty}\sqrt[n]{2+(-1)^n}=\frac{1}{2}<1,$$

可知该级数收敛.

上面讨论了正项级数的三种审敛法. 比较审敛法需要找一个已知敛散性的级数作为比较级数,而比值审敛法与根值审敛法不需要其他比较级数. 比值审敛法与根值审敛法可就其级数本身的特点进行判别,但当极限$\lim\limits_{n\to\infty}\frac{u_{n+1}}{u_n}=1$(或$\lim\limits_{n\to\infty}\sqrt[n]{u_n}=1$)时,这两种审敛法都失效,需用其他方法判别. 总之,在具体使用这三种审敛法时,可根据所给级数的特点选择合适的方法进行判别.

## 思考题 12.2

1. 通常被用作比较级数的级数有哪些?
2. 对于正项级数,加括号后所得的新级数收敛能推出原级数收敛吗?
3. 求$\lim\limits_{n\to\infty}\frac{n!}{n^n}$,并说明能否将所用方法推广到一般情形.
4. 判断以下陈述是否正确,并说明理由:若正项级数$\sum\limits_{n=1}^{\infty}u_n$收敛,则$\lim\limits_{n\to\infty}\sqrt[n]{u_n}=\rho<1$.

## 习　题 12.2

**(A)**

一、判断下列陈述是否正确,并说明理由:

(1) 若正项级数$\sum\limits_{n=1}^{\infty}u_n$收敛,则其部分和数列$\{S_n\}$必有界;

(2) 若常数项级数$\sum\limits_{n=1}^{\infty}u_n$与$\sum\limits_{n=1}^{\infty}v_n$满足$u_n\leqslant v_n(n=1,2,\cdots)$,且$\sum\limits_{n=1}^{\infty}v_n$收敛,则$\sum\limits_{n=1}^{\infty}u_n$也收敛;

(3) 若正项级数$\sum\limits_{n=1}^{\infty}u_n$收敛,则级数$\sum\limits_{n=1}^{\infty}\left(1+\frac{1}{n}\right)^n u_n$也收敛.

二、用比较审敛法或其极限形式判别下列级数的敛散性:

(1) $1+\frac{1+2}{1+2^2}+\frac{1+3}{1+3^2}+\cdots+\frac{1+n}{1+n^2}+\cdots$;

(2) $\sum\limits_{n=1}^{\infty}\frac{1}{1+a^n}\ (a>0)$;

(3) $\sin\frac{\pi}{2}+\sin\frac{\pi}{2^2}+\sin\frac{\pi}{2^3}+\cdots+\sin\frac{\pi}{2^n}+\cdots$.

三、用比值审敛法判别下列级数的敛散性:

(1) $\sum\limits_{n=1}^{\infty}\frac{n^2}{3^n}$;　　(2) $\sum\limits_{n=1}^{\infty}n\tan\frac{\pi}{2^{n+1}}$;

(3) $\frac{3}{1\cdot 2}+\frac{3^2}{2\cdot 2^2}+\frac{3^3}{3\cdot 2^3}+\cdots+\frac{3^n}{n\cdot 2^n}+\cdots$.

四、用根值审敛法判别下列级数的敛散性:

(1) $\sum\limits_{n=1}^{\infty}\left(\frac{n}{2n+1}\right)^n$;　　(2) $\sum\limits_{n=1}^{\infty}\frac{1}{[\ln(n+1)]^n}$;

(3) $\sum_{n=1}^{\infty}\left(\frac{n}{3n-1}\right)^{2n-1}$；　　(4) $\sum_{n=1}^{\infty}\frac{3^n}{n\cdot 2^n}$.

五、判别下列级数的敛散性：

(1) $\frac{3}{4}+2\cdot\left(\frac{3}{4}\right)^2+3\cdot\left(\frac{3}{4}\right)^3+\cdots+n\cdot\left(\frac{3}{4}\right)^n+\cdots$；

(2) $\sum_{n=1}^{\infty}\frac{n+1}{n(n+2)}$；

(3) $\sum_{n=1}^{\infty}\left(1-\cos\frac{\pi}{n}\right)$；

(4) $\sqrt{2}+\sqrt{\frac{3}{2}}+\cdots+\sqrt{\frac{n+1}{n}}+\cdots$.

**(B)**

一、若 $\lim\limits_{n\to\infty}nu_n=a\neq 0$，且 $u_n\geqslant 0$，证明：级数 $\sum_{n=1}^{\infty}u_n$ 发散.

二、设正项级数 $\sum_{n=1}^{\infty}u_n$ 收敛，能否推得级数 $\sum_{n=1}^{\infty}u_n^2$ 收敛？反之是否成立？

三、设有方程 $x^n+nx-1=0$，其中 $n$ 为正整数. 证明：(1) 该方程存在唯一正实根 $x_n$；(2) 当 $\alpha>1$ 时，级数 $\sum_{n=1}^{\infty}x_n^{\alpha}$ 收敛.

# 第三节　任意项级数

第二节讨论了正项级数的收敛性判别问题. 正项级数的性质比较简单，但我们感兴趣的显然不只是正项级数. 本节将研究一般的常数项级数，即任意项级数. 例如，级数

$$\sum_{n=1}^{\infty}(-1)^{n-1}\frac{1}{n},\quad \sum_{n=1}^{\infty}\frac{\cos n}{n},\quad \sum_{n=1}^{\infty}\frac{1}{2^n}\sin nx$$

都是任意项级数. 由于任意项级数的敛散性判别问题要比正项级数复杂，因此这里先讨论一种特殊的任意项级数——交错级数的敛散性判别问题，再讨论一般任意项级数的绝对收敛和条件收敛.

## 一、交错级数及其敛散性

**定义 12.3.1**　级数中的各项是正负交错的，即具有形式

$$\sum_{n=1}^{\infty}(-1)^{n-1}u_n \quad 或 \quad \sum_{n=1}^{\infty}(-1)^{n}u_n$$

的级数称为**交错级数**，其中 $u_n\geqslant 0(n=1,2,\cdots)$.

例如，

$$1-\frac{1}{2}+\frac{1}{3}-\cdots+(-1)^{n-1}\frac{1}{n}+\cdots \quad 和 \quad 0-\ln 2+\ln 3-\ln 4+\cdots+(-1)^{n-1}\ln n+\cdots$$

都是交错级数.

交错级数的各项是正负交错的，其敛散性虽然不如正项级数那么容易判别，但是也可以

根据级数自身的特点得到合适的审敛法.

**引理 12.3.1**　对于数列 $\{a_n\}$，若 $\lim\limits_{n\to\infty}a_{2n}$ 和 $\lim\limits_{n\to\infty}a_{2n-1}$ 都存在且等于 $A$，则 $\lim\limits_{n\to\infty}a_n$ 存在且等于 $A$.

该引理的证明留给读者. 交错级数的敛散性判别有以下方法.

**定理 12.3.1（交错级数审敛法，莱布尼茨准则）**　若交错级数 $\sum\limits_{n=1}^{\infty}(-1)^{n-1}u_n$ 满足：

(1) $u_n \geqslant u_{n+1}\ (n=1,2,\cdots)$，

(2) $\lim\limits_{n\to\infty}u_n = 0$，

则级数 $\sum\limits_{n=1}^{\infty}(-1)^{n-1}u_n$ 收敛，且收敛于 $S\leqslant u_1$，其余项 $r_n$ 的绝对值 $|r_n|\leqslant u_{n+1}$.

**证**　先证 $\lim\limits_{n\to\infty}S_{2n}$ 存在. 交错级数 $\sum\limits_{n=1}^{\infty}(-1)^{n-1}u_n$ 的前 $2n$ 项的和 $S_{2n}$ 可表示为以下两种形式：

$$S_{2n}=(u_1-u_2)+(u_3-u_4)+\cdots+(u_{2n-1}-u_{2n}),\tag{12.3.1}$$

$$S_{2n}=u_1-(u_2-u_3)-(u_4-u_5)-\cdots-(u_{2n-2}-u_{2n-1})-u_{2n}.\tag{12.3.2}$$

因 $u_n\geqslant u_{n+1}\ (n=1,2,\cdots)$，故式(12.3.1)表明数列 $\{S_{2n}\}$ 是非负且单调增加的，而式(12.3.2)表明 $S_{2n}<u_1$，即数列 $\{S_{2n}\}$ 有上界. 由单调有界准则可知，当 $n$ 无限增大时，$S_{2n}$ 必有极限，不妨设为 $S$. 又由极限的保号性定理可知 $S\leqslant u_1$，即

$$\lim_{n\to\infty}S_{2n}=S\leqslant u_1.$$

再证 $\lim\limits_{n\to\infty}S_{2n+1}=S$. 因 $S_{2n+1}=S_{2n}+u_{2n+1}$，且 $\lim\limits_{n\to\infty}u_{2n+1}=0$，故

$$\lim_{n\to\infty}S_{2n+1}=\lim_{n\to\infty}S_{2n}+\lim_{n\to\infty}u_{2n+1}=S+0=S.$$

由于级数的部分和数列 $\{S_n\}$ 的两个子数列满足：前 $2n$ 项的部分和数列 $\{S_{2n}\}$ 与前 $2n+1$ 项的部分和数列 $\{S_{2n+1}\}$ 都趋于同一个极限 $S$，因此交错级数 $\sum\limits_{n=1}^{\infty}(-1)^{n-1}u_n$ 的部分和数列 $\{S_n\}$ 在当 $n\to\infty$ 时的极限存在，且 $\lim\limits_{n\to\infty}S_n=S\leqslant u_1$.

最后证 $|r_n|\leqslant u_{n+1}$. 交错级数 $\sum\limits_{n=1}^{\infty}(-1)^{n-1}u_n$ 的余项可以写成

$$r_n=\pm(u_{n+1}-u_{n+2}+\cdots),$$

其绝对值为

$$|r_n|=u_{n+1}-u_{n+2}+\cdots.$$

上式右边也是一个交错级数，并且满足此定理的两个条件，故 $|r_n|$ 应小于它的首项，即 $|r_n|\leqslant u_{n+1}$.

满足定理 12.3.1 的条件的交错级数称为**莱布尼茨型级数**.

**例 12.3.1**　判别级数 $\sum\limits_{n=2}^{\infty}(-1)^{n-1}\dfrac{\ln n}{n}$ 的敛散性.

**解**　该交错级数的通项为 $u_n=\dfrac{\ln n}{n}$，令 $f(x)=\dfrac{\ln x}{x}$，$x>3$，则

$$f'(x)=\frac{1-\ln x}{x^2}<0,$$

即当 $n>3$ 时,数列 $\left\{\frac{\ln n}{n}\right\}$ 是单调减少的. 又由洛必达法则可知

$$\lim_{n\to\infty}\frac{\ln n}{n}=\lim_{x\to+\infty}\frac{\ln x}{x}=\lim_{x\to+\infty}\frac{1}{x}=0,$$

级数 $\sum\limits_{n=2}^{\infty}(-1)^{n-1}\frac{\ln n}{n}$ 显然满足莱布尼茨准则的条件,故该交错级数收敛.

**例 12.3.2** 证明:级数 $\sum\limits_{n=0}^{\infty}\frac{(-1)^n}{n!}$ 收敛,并求出该级数的和的近似值,使其误差不超过 0.002.

**证** 因为数列 $\left\{\frac{1}{n!}\right\}$ 单调减少,且 $\lim\limits_{n\to\infty}\frac{1}{n!}=0$,所以由莱布尼茨准则可知,级数 $\sum\limits_{n=0}^{\infty}\frac{(-1)^n}{n!}$ 收敛.

计算各项 $u_n=\frac{1}{(n-1)!}(n=1,2,\cdots)$ 的值可发现

$$u_7=\frac{1}{6!}\approx 0.001\,4<0.002.$$

于是,当取 $S_6$ 为级数的和 $S$ 的近似值时,误差 $|r_6|\leqslant u_7<0.002$,因此满足给定精度要求的近似值为

$$S\approx S_6=1-\frac{1}{1!}+\frac{1}{2!}-\frac{1}{3!}+\frac{1}{4!}-\frac{1}{5!}\approx 0.367.$$

## 二、任意项级数的绝对收敛与条件收敛

**定义 12.3.2** 如果级数 $\sum\limits_{n=1}^{\infty}u_n$ 中的每一项 $u_n(n=1,2,\cdots)$ 均为任意实数,则称该级数为**任意项级数**.

对于任意项级数 $\sum\limits_{n=1}^{\infty}u_n$,可以构造一个正项级数 $\sum\limits_{n=1}^{\infty}|u_n|$,然后通过正项级数 $\sum\limits_{n=1}^{\infty}|u_n|$ 的敛散性来判别任意项级数 $\sum\limits_{n=1}^{\infty}u_n$ 的敛散性.

**定义 12.3.3** 如果级数 $\sum\limits_{n=1}^{\infty}|u_n|$ 收敛,则称级数 $\sum\limits_{n=1}^{\infty}u_n$ **绝对收敛**;如果级数 $\sum\limits_{n=1}^{\infty}|u_n|$ 发散,而级数 $\sum\limits_{n=1}^{\infty}u_n$ 收敛,则称级数 $\sum\limits_{n=1}^{\infty}u_n$ **条件收敛**.

**定理 12.3.2** 如果级数 $\sum\limits_{n=1}^{\infty}|u_n|$ 收敛,则级数 $\sum\limits_{n=1}^{\infty}u_n$ 也收敛.

**证** 因为 $0\leqslant u_n+|u_n|\leqslant 2|u_n|$,且级数 $\sum\limits_{n=1}^{\infty}|u_n|$ 收敛,所以级数 $\sum\limits_{n=1}^{\infty}(u_n+|u_n|)$ 收敛,从而级数 $\sum\limits_{n=1}^{\infty}u_n=\sum\limits_{n=1}^{\infty}[(u_n+|u_n|)-|u_n|]$ 收敛.

**注** (1) 收敛级数可以分为绝对收敛级数与条件收敛级数两大类.

(2) 绝对收敛的级数一定收敛.

(3) 由级数的条件收敛可知,若级数 $\sum_{n=1}^{\infty}|u_n|$ 发散,则级数 $\sum_{n=1}^{\infty}u_n$ 未必发散. 但是,如果是用比值审敛法或根值审敛法判别级数 $\sum_{n=1}^{\infty}|u_n|$ 是发散的,那么根据

$$\lim_{n\to\infty}\frac{|u_{n+1}|}{|u_n|}=\rho>1 \quad 或 \quad \lim_{n\to\infty}\sqrt[n]{|u_n|}=\rho>1,$$

可以判别 $\sum_{n=1}^{\infty}u_n$ 发散. 这是因为由 $\rho>1$ 可知,当 $n\to\infty$ 时, $|u_n|\to\infty$,从而 $u_n$ 不趋于 0. 由级数收敛的必要条件可知,级数 $\sum_{n=1}^{\infty}u_n$ 发散.

例如,交错级数 $\sum_{n=1}^{\infty}(-1)^{n-1}\frac{1}{n}$ 和 $\sum_{n=1}^{\infty}\frac{(-1)^n}{\sqrt{n}}$ 均为莱布尼茨型级数,因此均收敛;但级数 $\sum_{n=1}^{\infty}\frac{1}{n}$ 和 $\sum_{n=1}^{\infty}\frac{1}{\sqrt{n}}$ 却都发散. 由此可知, $\sum_{n=1}^{\infty}(-1)^{n-1}\frac{1}{n}$ 和 $\sum_{n=1}^{\infty}\frac{(-1)^n}{\sqrt{n}}$ 均为条件收敛级数.

又如,对于交错级数 $\sum_{n=1}^{\infty}(-1)^n\left(1+\frac{1}{n}\right)^{n^2}$,显然有 $\lim_{n\to\infty}\sqrt[n]{\left(1+\frac{1}{n}\right)^{n^2}}=\mathrm{e}>1$,所以级数 $\sum_{n=1}^{\infty}\left(1+\frac{1}{n}\right)^{n^2}$ 发散. 又 $\lim_{n\to\infty}\left(1+\frac{1}{n}\right)^{n^2}=+\infty$(请思考为什么),可知 $\lim_{n\to\infty}(-1)^n\left(1+\frac{1}{n}\right)^{n^2}$ 不存在. 由于极限不为 0,故由级数收敛的必要条件可知,交错级数 $\sum_{n=1}^{\infty}(-1)^n\left(1+\frac{1}{n}\right)^{n^2}$ 发散.

**例 12.3.3** 判别级数 $\sum_{n=1}^{\infty}\frac{\sin(nx)}{n^s}$ $(s>1)$, $x\in(-\infty,+\infty)$ 的敛散性.

**解** 对级数的通项取绝对值,得

$$\left|\frac{\sin(nx)}{n^s}\right|\leqslant\frac{1}{n^s}.$$

当 $s>1$ 时,级数 $\sum_{n=1}^{\infty}\frac{1}{n^s}$ 收敛,故根据正项级数的比较审敛法可知,级数 $\sum_{n=1}^{\infty}\left|\frac{\sin(nx)}{n^s}\right|$ 也收敛. 再由定理 12.3.2 可知原级数收敛,且是绝对收敛的.

**例 12.3.4** 判别级数 $\sum_{n=1}^{\infty}(-1)^{n-1}\ln\left(1+\frac{1}{n}\right)$ 的敛散性.

**解** 记 $u_n=(-1)^{n-1}\ln\left(1+\frac{1}{n}\right)$,由于 $|u_n|=\ln\left(1+\frac{1}{n}\right)\sim\frac{1}{n}(n\to\infty)$,因此级数

$$\sum_{n=1}^{\infty}|u_n|=\sum_{n=1}^{\infty}\ln\left(1+\frac{1}{n}\right)$$

发散. 而交错级数 $\sum_{n=1}^{\infty}u_n$ 满足 $|u_n|>|u_{n+1}|$,且 $\lim_{n\to\infty}|u_n|=0$,故由莱布尼茨准则可知原级数收敛,且是条件收敛的.

**例 12.3.5** 判别级数 $\sum_{n=1}^{\infty}(-1)^n\frac{n^{n+1}}{(n+1)!}$ 的敛散性.

**解** 记 $u_n=(-1)^n\dfrac{n^{n+1}}{(n+1)!}$. 因

$$\lim_{n\to\infty}\frac{|u_{n+1}|}{|u_n|}=\lim_{n\to\infty}\left[\frac{(n+1)^{n+2}}{(n+2)!}\cdot\frac{(n+1)!}{n^{n+1}}\right]=\lim_{n\to\infty}\left(1+\frac{1}{n}\right)^n=\mathrm{e}>1,$$

故根据比值审敛法可知,级数 $\sum\limits_{n=1}^{\infty}|u_n|=\sum\limits_{n=1}^{\infty}\dfrac{n^{n+1}}{(n+1)!}$ 发散. 又由 $\lim\limits_{n\to\infty}\dfrac{|u_{n+1}|}{|u_n|}>1$ 可知,当 $n$ 充分大时,有 $|u_{n+1}|>|u_n|$,故 $\lim\limits_{n\to\infty}u_n\neq 0$,从而原级数发散.

绝对收敛级数的许多特性是条件收敛级数所没有的,下面不加证明地给出绝对收敛级数的两个性质.

***定理 12.3.3(绝对收敛级数的可交换性)** 绝对收敛级数不因改变项的位置而改变它的和.

对于条件收敛级数来说,定理 12.3.3 并不成立. 例如,级数 $\sum\limits_{n=1}^{\infty}(-1)^{n-1}\dfrac{1}{n}$ 是条件收敛的,设其和为 $S$,即有

$$S=1-\frac{1}{2}+\frac{1}{3}-\frac{1}{4}+\frac{1}{5}-\frac{1}{6}+\frac{1}{7}-\frac{1}{8}+\frac{1}{9}-\frac{1}{10}+\frac{1}{11}-\frac{1}{12}+\cdots.$$

注意到常数项级数的基本性质 12.1.2,将上式两边同时乘以 $\dfrac{1}{2}$,得

$$\frac{1}{2}S=\frac{1}{2}-\frac{1}{4}+\frac{1}{6}-\frac{1}{8}+\frac{1}{10}-\frac{1}{12}+\cdots,$$

将上面两式相加可得

$$\frac{3}{2}S=1+\frac{1}{3}-\frac{1}{2}+\frac{1}{5}+\frac{1}{7}-\frac{1}{4}+\frac{1}{9}+\frac{1}{11}-\frac{1}{6}+\cdots.$$

上式右边的级数是由原级数改变项的顺序得来的,该级数的和为 $\dfrac{3}{2}S$,与原级数的和不同.

设级数 $\sum\limits_{n=1}^{\infty}u_n$ 和 $\sum\limits_{n=1}^{\infty}v_n$ 都收敛,它们的乘积可以写成

$$u_1v_1+(u_1v_2+u_2v_1)+\cdots+(u_1v_n+u_2v_{n-1}+\cdots+u_nv_1)+\cdots,$$

按这种方式写出的级数称为 $\sum\limits_{n=1}^{\infty}u_n$ 和 $\sum\limits_{n=1}^{\infty}v_n$ 的**柯西乘积**.

***定理 12.3.4(绝对收敛级数的乘法)** 设级数 $\sum\limits_{n=1}^{\infty}u_n$ 和 $\sum\limits_{n=1}^{\infty}v_n$ 都绝对收敛,它们的和分别为 $s$ 和 $\sigma$,则它们的柯西乘积也绝对收敛,且其和为 $s\sigma$.

## 思考题 12.3

1. 有哪几种方法可以判别一个级数是否收敛?
2. 若交错级数 $\sum\limits_{n=1}^{\infty}(-1)^{n-1}u_n$ 中的 $u_n>0$,且 $u_n\geqslant u_{n+1}(n=1,2,\cdots)$,那么 $\sum\limits_{n=1}^{\infty}(-1)^{n-1}u_n$ 是否收敛?
3. 若级数 $\sum\limits_{n=1}^{\infty}a_n$ 条件收敛,而级数 $\sum\limits_{n=1}^{\infty}b_n$ 绝对收敛,那么级数 $\sum\limits_{n=1}^{\infty}(a_n+b_n)$ 是条件收敛还是绝对收敛?
4. 对于无穷数列 $\{u_n\}(u_n\neq 0)$,如果引入无穷乘积

$$\prod_{n=1}^{\infty} u_n = u_1 u_2 \cdots u_n \cdots$$

的概念,首先要讨论的问题应是什么?

## 习　题　12.3

**(A)**

一、判别下列级数是否收敛,如果是收敛的,是绝对收敛还是条件收敛:

(1) $1-\frac{1}{\sqrt{2}}+\frac{1}{\sqrt{3}}-\frac{1}{\sqrt{4}}+\cdots+\frac{(-1)^{n-1}}{\sqrt{n}}+\cdots$; (2) $\sum_{n=1}^{\infty}(-1)^{n-1}\frac{n}{3^{n-1}}$;

(3) $\frac{1}{3}\cdot\frac{1}{2}-\frac{1}{3}\cdot\frac{1}{2^2}+\frac{1}{3}\cdot\frac{1}{2^3}-\frac{1}{3}\cdot\frac{1}{2^4}+\cdots+(-1)^{n-1}\frac{1}{3}\cdot\frac{1}{2^n}+\cdots$;

(4) $\frac{1}{\ln 2}-\frac{1}{\ln 3}+\frac{1}{\ln 4}-\frac{1}{\ln 5}+\cdots+(-1)^{n-1}\frac{1}{\ln(n+1)}+\cdots$.

二、设 $\alpha$ 为常数,则级数 $\sum_{n=1}^{\infty}\left(\sin\frac{n\alpha}{n^2}-\frac{1}{\sqrt{n}}\right)$(　　).

(A) 绝对收敛　(B) 条件收敛　(C) 发散　(D) 敛散性与 $\alpha$ 的取值有关

三、已知级数 $\sum_{n=1}^{\infty}(-1)^n\sqrt{n}\sin\frac{1}{n^{\alpha}}$ 绝对收敛,级数 $\sum_{n=1}^{\infty}\frac{(-1)^n}{n^{2-\alpha}}$ 条件收敛,则(　　).

(A) $0<\alpha\leqslant\frac{1}{2}$　(B) $\frac{1}{2}<\alpha\leqslant 1$　(C) $1<\alpha\leqslant\frac{3}{2}$　(D) $\frac{3}{2}<\alpha<2$

四、设级数 $\sum_{n=1}^{\infty}(-1)^n a_n 2^n$ 收敛,证明:级数 $\sum_{n=1}^{\infty}a_n$ 绝对收敛.

**(B)**

一、设正项数列 $\{a_n\}$ 单调减少,且级数 $\sum_{n=1}^{\infty}(-1)^n a_n$ 发散,试问:级数 $\sum_{n=1}^{\infty}\left(\frac{1}{a_n+1}\right)^n$ 是否收敛?并说明理由.

二、(1) 证明:若级数 $\sum_{n=1}^{\infty}a_n$ 与 $\sum_{n=1}^{\infty}b_n$ 都收敛,且当 $n$ 充分大时,$a_n\leqslant c_n\leqslant b_n$,则级数 $\sum_{n=1}^{\infty}c_n$ 收敛;

(2) 若级数 $\sum_{n=1}^{\infty}a_n$ 与 $\sum_{n=1}^{\infty}b_n$ 都发散,且当 $n$ 充分大时,$a_n\leqslant c_n\leqslant b_n$,试问:级数 $\sum_{n=1}^{\infty}c_n$ 一定发散吗?

三、设 $p_n=\frac{a_n+|a_n|}{2}$,$q_n=\frac{|a_n|-a_n}{2}$$(n=1,2,\cdots)$,则下列命题中正确的是(　　).

(A) 若级数 $\sum_{n=1}^{\infty}a_n$ 条件收敛,则级数 $\sum_{n=1}^{\infty}p_n$ 与 $\sum_{n=1}^{\infty}q_n$ 都收敛

(B) 若级数 $\sum_{n=1}^{\infty}a_n$ 绝对收敛,则级数 $\sum_{n=1}^{\infty}p_n$ 与 $\sum_{n=1}^{\infty}q_n$ 都收敛

(C) 若级数 $\sum_{n=1}^{\infty}a_n$ 条件收敛,则级数 $\sum_{n=1}^{\infty}p_n$ 与 $\sum_{n=1}^{\infty}q_n$ 的敛散性都不确定

(D) 若级数 $\sum_{n=1}^{\infty}a_n$ 绝对收敛,则级数 $\sum_{n=1}^{\infty}p_n$ 与 $\sum_{n=1}^{\infty}q_n$ 的敛散性都不确定

四、设级数 $\sum_{n=1}^{\infty}|a_n|$ 收敛,且 $\lim_{n\to\infty}b_n=1$,证明:级数 $\sum_{n=1}^{\infty}a_n b_n$ 绝对收敛.

# 第四节　幂 级 数

本节研究函数项级数$\sum_{n=1}^{\infty}u_n(x)$. 函数项级数在表示函数、研究函数性态及数值计算等方面都有重要应用. 相比于前面的常数项级数，研究函数项级数时要解决的主要问题是：对于什么样的$x$，$\sum_{n=1}^{\infty}u_n(x)$有意义？在有意义的条件下，对应的和函数$s(x)=\sum_{n=1}^{\infty}u_n(x)$具有什么样的分析性质以及如何计算和函数？

## 一、函数项级数的一般概念

设$u_1(x),u_2(x),\cdots,u_n(x),\cdots$是定义在数集$I$上的函数列，则由该函数列构成的表达式

$$\sum_{n=1}^{\infty}u_n(x)=u_1(x)+u_2(x)+\cdots+u_n(x)+\cdots \tag{12.4.1}$$

称为定义在数集$I$上的**函数项级数**. 而

$$s_n(x)=u_1(x)+u_2(x)+\cdots+u_n(x)$$

称为函数项级数(12.4.1)的**前$n$项部分和**.

对于确定的值$x_0\in I$，若函数项级数(此时函数项级数就变为了常数项级数)

$$\sum_{n=1}^{\infty}u_n(x_0)=u_1(x_0)+u_2(x_0)+\cdots+u_n(x_0)+\cdots$$

收敛(或发散)，则称$x_0$是$\sum_{n=1}^{\infty}u_n(x)$的**收敛点**(或**发散点**). 收敛点(或发散点)的全体称为**收敛域**(或**发散域**).

设函数项级数$\sum_{n=1}^{\infty}u_n(x)$的收敛域为$D$，对于每一个$x\in D$，$\sum_{n=1}^{\infty}u_n(x)$均收敛，则其和自然依赖于$x$，即其和应为$x$的函数，记作$s(x)$，通常称$s(x)$为$\sum_{n=1}^{\infty}u_n(x)$的**和函数**. $s(x)$的定义域就是函数项级数的收敛域，并记作

$$s(x)=u_1(x)+u_2(x)+\cdots+u_n(x)+\cdots,$$

即在收敛域$D$上，有$\lim\limits_{n\to\infty}s_n(x)=s(x)$. 把$r_n(x)=s(x)-s_n(x)$叫作$\sum_{n=1}^{\infty}u_n(x)$的**余项**，且对于收敛域$D$上的每一点$x$，都有$\lim\limits_{n\to\infty}r_n(x)=0$.

从上述定义可知，函数项级数在某个区间上的敛散性问题是指在该区间上的每一点处的敛散性问题，因而实质上还是常数项级数的敛散性问题. 因此，仍可以用常数项级数的审敛法来判别函数项级数的敛散性.

## 二、幂级数

前面讨论了常数项级数的敛散性问题，基本知道常数项级数在满足什么条件时必收敛，

但只有很少的常数项级数在收敛时能得到其和. 下面我们将借助幂级数的和问题解决某些常数项级数的和问题.

**1. 幂级数的概念及其敛散性**

函数项级数中简单且应用广泛的一类级数就是各项都是幂函数的幂级数.

**定义 12.4.1**　形如

$$\sum_{n=0}^{\infty} a_n x^n = a_0 + a_1 x + a_2 x^2 + \cdots + a_n x^n + \cdots \tag{12.4.2}$$

的函数项级数称为**幂级数**,其中 $a_0, a_1, a_2 \cdots, a_n, \cdots$ 都是常数,称为**幂级数的系数**,$a_n x^n$ 称为**幂级数的通项**.

称

$$\sum_{n=0}^{\infty} a_n (x - x_0)^n = a_0 + a_1 (x - x_0) + a_2 (x - x_0)^2 + \cdots + a_n (x - x_0)^n + \cdots \tag{12.4.3}$$

为 $x$ 在点 $x_0$ 处的幂级数,它是幂级数(12.4.2)的一般形式. 在幂级数(12.4.3)中,只要令 $t = x - x_0$,就可把幂级数(12.4.3)转化成幂级数(12.4.2). 因此,不失一般性,只需着重讨论幂级数(12.4.2)的敛散性问题即可.

那么,给定一个幂级数,它的收敛域和发散域的结构到底如何呢?

显然,当 $x = 0$ 时,幂级数 $\sum\limits_{n=0}^{\infty} a_n x^n$ 收敛于 $a_0$,即幂级数 $\sum\limits_{n=0}^{\infty} a_n x^n$ 至少有一个收敛点 $x = 0$. 除点 $x = 0$ 以外,幂级数在数轴上其他点处的敛散性如何呢? 先看下面的例子. 考察幂级数

$$\sum_{n=0}^{\infty} x^n = 1 + x + x^2 + \cdots + x^n + \cdots$$

的敛散性. 这是一个公比为 $x$ 的等比级数,根据前面的讨论,当 $|x| < 1$ 时,该级数收敛于 $\dfrac{1}{1-x}$;当 $|x| \geqslant 1$ 时,该级数发散. 因此,这个幂级数的收敛域是$(-1,1)$,即

$$\frac{1}{1-x} = \sum_{n=0}^{\infty} x^n = 1 + x + x^2 + \cdots + x^n + \cdots, \quad x \in (-1,1).$$

这个例子表明,幂级数 $\sum\limits_{n=0}^{\infty} x^n$ 的收敛域是一个以坐标原点为中心的区间. 事实上,这是幂级数的一个共性. 下面将证明,每个形如式(12.4.2)的幂级数,其收敛域都是以坐标原点为中心的区间,至于幂级数在区间端点处是否收敛,需另行判别.

**定理 12.4.1**(**阿贝尔(Abel)定理**)　(1) 若幂级数 $\sum\limits_{n=0}^{\infty} a_n x_0^n (x_0 \neq 0)$ 收敛,则对于满足 $|x| < |x_0|$ 的一切 $x$,幂级数 $\sum\limits_{n=0}^{\infty} a_n x^n$ 绝对收敛;

(2) 若幂级数 $\sum\limits_{n=0}^{\infty} a_n x_0^n (x_0 \neq 0)$ 发散,则对于满足 $|x| > |x_0|$ 的一切 $x$,幂级数 $\sum\limits_{n=0}^{\infty} a_n x^n$ 发散.

**证**　显然(2)可以由(1)得到,这里只证明(1).

设 $x_0\neq 0$ 是幂级数 $\sum\limits_{n=0}^{\infty}a_nx^n$ 的收敛点,即级数 $\sum\limits_{n=0}^{\infty}a_nx_0^n$ 收敛. 由级数收敛的必要条件,有

$$\lim_{n\to\infty}a_nx_0^n=0,$$

即存在一个正数 $M$,使得

$$|a_nx_0^n|\leqslant M\quad(n=0,1,2,\cdots).$$

又因为幂级数 $\sum\limits_{n=0}^{\infty}a_nx^n$ 的通项满足

$$|a_nx^n|=\left|a_nx_0^n\cdot\frac{x^n}{x_0^n}\right|=|a_nx_0^n|\cdot\left|\frac{x}{x_0}\right|^n\leqslant M\left|\frac{x}{x_0}\right|^n,$$

且当 $|x|<|x_0|$ 时,有 $\left|\frac{x}{x_0}\right|<1$,从而等比级数 $\sum\limits_{n=0}^{\infty}M\left|\frac{x}{x_0}\right|^n$ 收敛. 因此,根据比较审敛法可知,级数 $\sum\limits_{n=0}^{\infty}|a_nx^n|$ 收敛,即幂级数 $\sum\limits_{n=0}^{\infty}a_nx^n$ 绝对收敛.

阿贝尔定理很好地揭示了幂级数的收敛域与发散域的结构,对确定幂级数的收敛域非常有用.

首先,幂级数 $\sum\limits_{n=0}^{\infty}a_nx^n$ 在坐标原点($x=0$)处收敛. 如图 12-3 所示,从坐标原点出发,沿数轴向右搜寻,开始遇到的可能都是收敛点. 每遇到一个收敛点 $x_0(x_0>0)$,就得到一个对称区间 $(-x_0,x_0)$,在这个区间内,幂级数 $\sum\limits_{n=0}^{\infty}a_nx^n$ 绝对收敛. 当遇完全部收敛点,一旦遇上第一个发散点 $x_0'(x_0'>0)$ 时,则以后的点全是发散点,即 $(-\infty,-x_0')\cup(x_0',+\infty)$ 内都是发散点.

$-x_0'$　$-x_0$　$O$　$x_0$　$x_0'$　$x$

**图 12-3**

由此可见,存在数 $\pm R$($R$ 为正数),它们将收敛点和发散点隔开. 在区间 $(-R,R)$ 内全是收敛点,在它外面全是发散点. 在点 $x=\pm R$ 处,幂级数 $\sum\limits_{n=0}^{\infty}a_nx^n$ 可能收敛也可能发散,要具体判别. 正数 $R$ 称为幂级数的**收敛半径**,$(-R,R)$ 称为幂级数的**收敛区间**. 若幂级数的收敛域为 $D$,则

$$(-R,R)\subseteq D\subseteq[-R,R],$$

即幂级数的收敛域是收敛区间与其收敛端点的并集.

特别地,若幂级数只在点 $x=0$ 处收敛,则规定其收敛半径 $R=0$,此时的收敛域只有一个点 $x=0$;若幂级数对一切 $x$ 都收敛,则规定收敛半径 $R=+\infty$,此时的收敛域为 $(-\infty,+\infty)$.

**例 12.4.1** 已知幂级数 $\sum\limits_{n=1}^{\infty}a_n(x-1)^n$ 在点 $x=-1$ 处收敛,判别当 $x=2$ 时该级数的敛散性.

**解** 令 $t=x-1$,则幂级数 $\sum\limits_{n=1}^{\infty}a_nt^n$ 在点 $t=-2$ 处收敛. 当 $x=2$ 时,$t=1$,而因 $\sum\limits_{n=1}^{\infty}a_nt^n$

的收敛半径 $R \geqslant 2$，故 $\sum_{n=1}^{\infty} a_n t^n$ 在点 $t=1$ 处绝对收敛，即幂级数 $\sum_{n=1}^{\infty} a_n (x-1)^n$ 在点 $x=2$ 处绝对收敛.

下面给出幂级数收敛半径的求法的结论.

**定理 12.4.2**　对于幂级数 $\sum_{n=0}^{\infty} a_n x^n$，若 $\lim_{n\to\infty}\left|\frac{a_{n+1}}{a_n}\right| = \rho$（$\rho$ 为有限值或 $+\infty$），则

(1) 当 $\rho \neq 0$ 时，该幂级数的收敛半径 $R = \frac{1}{\rho}$；

(2) 当 $\rho = 0$ 时，该幂级数的收敛半径 $R = +\infty$；

(3) 当 $\rho = +\infty$ 时，该幂级数的收敛半径 $R = 0$.

**证**　对幂级数 $\sum_{n=0}^{\infty} a_n x^n$ 的各项取绝对值，可得正项级数 $\sum_{n=0}^{\infty} |a_n x^n|$. 利用比值审敛法，有

$$\lim_{n\to\infty}\frac{|a_{n+1}x^{n+1}|}{|a_n x^n|} = \lim_{n\to\infty}\left(\left|\frac{a_{n+1}}{a_n}\right| \cdot |x|\right) = \rho |x|.$$

(1) 若 $\lim_{n\to\infty}\left|\frac{a_{n+1}}{a_n}\right| = \rho$ 存在且 $\rho \neq 0$，则当 $\rho|x| < 1$，即 $|x| < \frac{1}{\rho}$ 时，级数 $\sum_{n=0}^{\infty} |a_n x^n|$ 收敛，从而幂级数 $\sum_{n=0}^{\infty} a_n x^n$ 收敛；当 $\rho|x| > 1$，即 $|x| > \frac{1}{\rho}$ 时，级数 $\sum_{n=0}^{\infty} |a_n x^n|$ 发散，且当 $n$ 充分大时，由极限的保号性，有

$$|a_{n+1}x^{n+1}| > |a_n x^n|,$$

从而 $\lim_{n\to\infty}|a_n x^n| \neq 0$，进而 $\lim_{n\to\infty} a_n x^n \neq 0$，因此幂级数 $\sum_{n=0}^{\infty} a_n x^n$ 发散. 于是，该幂级数的收敛半径 $R = \frac{1}{\rho}$.

(2) 若 $\rho = 0$，则对于任意的 $x \neq 0$，有

$$\lim_{n\to\infty}\frac{|a_{n+1}x^{n+1}|}{|a_n x^n|} = 0 < 1,$$

所以级数 $\sum_{n=0}^{\infty} |a_n x^n|$ 收敛，即幂级数 $\sum_{n=0}^{\infty} a_n x^n$ 绝对收敛. 而 $x=0$ 也是幂级数 $\sum_{n=0}^{\infty} a_n x^n$ 的收敛点，故该幂级数的收敛半径 $R = +\infty$.

(3) 若 $\rho = +\infty$，则对于任意的 $x \neq 0$，有

$$\lim_{n\to\infty}\frac{|a_{n+1}x^{n+1}|}{|a_n x^n|} = +\infty.$$

当 $n$ 充分大时，有 $|a_{n+1}x^{n+1}| > |a_n x^n|$，从而 $\lim_{n\to\infty}|a_n x^n| \neq 0$，进而 $\lim_{n\to\infty} a_n x^n \neq 0$，因此幂级数 $\sum_{n=0}^{\infty} a_n x^n$ 发散. 于是，该幂级数只在点 $x=0$ 处收敛，即收敛半径 $R=0$.

**例 12.4.2**　求幂级数 $\sum_{n=1}^{\infty} (-1)^{n-1}\frac{x^n}{n}$ 的收敛半径、收敛区间及收敛域.

**解**　因 $a_n = (-1)^{n-1}\frac{1}{n}$，则 $\rho = \lim_{n\to\infty}\left|\frac{a_{n+1}}{a_n}\right| = \lim_{n\to\infty}\frac{n}{n+1} = 1$，故其收敛半径 $R = 1$.

当 $x=-1$ 时,幂级数变为 $\sum_{n=1}^{\infty}\frac{-1}{n}$,它是发散的;当 $x=1$ 时,幂级数变为 $\sum_{n=1}^{\infty}(-1)^{n-1}\frac{1}{n}$,它是收敛的. 因此,该幂级数的收敛区间为 $(-1,1)$,收敛域为 $(-1,1]$.

**例 12.4.3** 求下列幂级数的收敛域:

(1) $\sum_{n=1}^{\infty}\frac{2n-1}{2^n}x^{2n-2}$;  (2) $\sum_{n=1}^{\infty}(-1)^n\frac{2^n}{\sqrt{n}}\left(x-\frac{1}{2}\right)^n$.

**解** (1) 因幂级数中只出现 $x$ 的偶次幂项,缺少奇次幂项,故不能直接用定理 12.4.2 求收敛半径 $R$,但可用比值审敛法求 $R$.

设 $u_n(x)=\frac{2n-1}{2^n}x^{2n-2}$,则对于任意的 $x\neq 0$,总有

$$\lim_{n\to\infty}\frac{|u_{n+1}(x)|}{|u_n(x)|}=\lim_{n\to\infty}\left|\frac{2n+1}{2(2n-1)}\cdot x^2\right|=|x|^2\lim_{n\to\infty}\frac{2n+1}{2(2n-1)}=\frac{1}{2}|x|^2.$$

当 $\frac{1}{2}|x|^2<1$,即 $|x|<\sqrt{2}$ 时,该幂级数收敛;当 $\frac{1}{2}|x|^2>1$,即 $|x|>\sqrt{2}$ 时,该幂级数发散.

当 $x=\pm\sqrt{2}$ 时,该幂级数变为 $\sum_{n=1}^{\infty}\frac{2n-1}{2^n}(\pm\sqrt{2})^{2n-2}=\sum_{n=1}^{\infty}\frac{2n-1}{2}$,它显然是发散的. 因此,所求的收敛域为 $(-\sqrt{2},\sqrt{2})$.

(2) 令 $t=x-\frac{1}{2}$,则所给幂级数变为 $\sum_{n=1}^{\infty}(-1)^n\frac{2^n}{\sqrt{n}}t^n$. 因

$$\rho=\lim_{n\to\infty}\left|\frac{a_{n+1}}{a_n}\right|=\lim_{n\to\infty}\left|\frac{2^{n+1}}{\sqrt{n+1}}\cdot\frac{\sqrt{n}}{2^n}\right|=2\lim_{n\to\infty}\frac{\sqrt{n}}{\sqrt{n+1}}=2,$$

故幂级数 $\sum_{n=1}^{\infty}(-1)^n\frac{2^n}{\sqrt{n}}t^n$ 的收敛半径 $R_t=\frac{1}{2}$,即原幂级数的收敛区间为 $(0,1)$.

当 $x=0$ 时,原幂级数变为 $\sum_{n=1}^{\infty}\frac{1}{\sqrt{n}}$,它是发散的;当 $x=1$ 时,原幂级数变为 $\sum_{n=1}^{\infty}\frac{(-1)^n}{\sqrt{n}}$,它是收敛的. 因此,原幂级数的收敛域为 $(0,1]$.

**注** 对幂级数的一般形式 $\sum_{n=0}^{\infty}a_n(x-x_0)^n$ 的讨论,可令 $x-x_0=t$,使之变为 $\sum_{n=0}^{\infty}a_nt^n$.

**例 12.4.4** 求函数项级数 $\sum_{n=1}^{\infty}n2^{2n}(1-x)^nx^n$ 的收敛域.

**解** 令 $t=(1-x)x$,则原函数项级数变为幂级数 $\sum_{n=1}^{\infty}n2^{2n}t^n$. 设 $a_n=n2^{2n}$,则

$$\rho=\lim_{n\to\infty}\left|\frac{a_{n+1}}{a_n}\right|=\lim_{n\to\infty}\left|\frac{(n+1)2^{2(n+1)}}{n2^{2n}}\right|=4\lim_{n\to\infty}\frac{n+1}{n}=4,$$

故幂级数 $\sum_{n=1}^{\infty}n2^{2n}t^n$ 的收敛半径 $R_t=\frac{1}{4}$.

当 $t=-\frac{1}{4}$ 时,幂级数变为 $\sum_{n=1}^{\infty}n2^{2n}\left(-\frac{1}{4}\right)^n=\sum_{n=1}^{\infty}(-1)^nn$,它是发散的;当 $t=\frac{1}{4}$ 时,幂

级数变为 $\sum_{n=1}^{\infty} n2^{2n}\left(\frac{1}{4}\right)^n = \sum_{n=1}^{\infty} n$，它也是发散的.

因此，幂级数 $\sum_{n=1}^{\infty} n2^{2n}t^n$ 的收敛域为 $-\frac{1}{4} < t < \frac{1}{4}$，由此得 $-\frac{1}{4} < (1-x)x < \frac{1}{4}$，解得函数项级数 $\sum_{n=1}^{\infty} n2^{2n}(1-x)^n x^n$ 的收敛域为 $\left(\frac{1-\sqrt{2}}{2},\frac{1}{2}\right)\cup\left(\frac{1}{2},\frac{1+\sqrt{2}}{2}\right)$.

思考 能否利用其他正项级数审敛法给出求收敛半径的公式？如果能，请写出.

**2. 幂级数的性质**

下面不加证明地给出幂级数的一些运算性质及分析性质.

(1) 幂级数的运算.

**性质 12.4.1（加法和减法运算）** 设幂级数 $\sum_{n=0}^{\infty} a_n x^n$ 和 $\sum_{n=0}^{\infty} b_n x^n$ 的收敛半径分别为 $R_1$ 和 $R_2$. 记 $R=\min\{R_1,R_2\}$，则当 $|x|<R$ 时，有

$$\sum_{n=0}^{\infty} a_n x^n \pm \sum_{n=0}^{\infty} b_n x^n = \sum_{n=0}^{\infty} (a_n \pm b_n) x^n.$$

该性质表明，两个幂级数相加(减)，在它们较小的收敛区间内可逐项相加(减).

**性质 12.4.2（乘法运算）** 设幂级数 $\sum_{n=0}^{\infty} a_n x^n$ 和 $\sum_{n=0}^{\infty} b_n x^n$ 的收敛半径分别为 $R_1$ 和 $R_2$. 记 $R=\min\{R_1,R_2\}$，则当 $|x|<R$ 时，有

$$\begin{aligned}\left(\sum_{n=0}^{\infty} a_n x^n\right)\cdot\left(\sum_{n=0}^{\infty} b_n x^n\right) &= a_0b_0 + (a_0b_1 + a_1b_0)x + \cdots \\ &\quad + \underbrace{(a_0b_n + a_1b_{n-1} + a_2b_{n-2} + \cdots + a_nb_0)}_{n+1\text{项}}x^n + \cdots \\ &= \sum_{n=0}^{\infty} c_n x^n,\end{aligned}$$

其中 $c_n = a_0b_n + a_1b_{n-1} + a_2b_{n-2} + \cdots + a_nb_0$.

(2) 幂级数的和函数的性质.

幂级数 $\sum_{n=0}^{\infty} a_n x^n$ 在收敛区间内收敛于 $s(x)$，$s(x)$ 称为幂级数的和函数. 那么，这个和函数具有什么样的分析性质，即它是否连续？是否可导？是否可积？下面的定理回答了这些问题.

**定理 12.4.3（连续性）** 幂级数 $\sum_{n=0}^{\infty} a_n x^n$ 的和函数 $s(x)$ 在收敛域 $D$ 上连续.

**定理 12.4.4（可导性）** 幂级数 $\sum_{n=0}^{\infty} a_n x^n$ 的和函数 $s(x)$ 在收敛区间 $(-R,R)$ 内可导，且有逐项可导公式

$$s'(x) = \left(\sum_{n=0}^{\infty} a_n x^n\right)' = \underbrace{\sum_{n=0}^{\infty} (a_n x^n)'}_{\text{(逐项求导)}} = \sum_{n=1}^{\infty} n\cdot a_n x^{n-1},\quad x\in(-R,R).$$

**定理 12.4.5（可积性）** 幂级数 $\sum_{n=0}^{\infty} a_n x^n$ 的和函数 $s(x)$ 在收敛区间 $(-R,R)$ 内可积，且

有逐项可积公式

$$\int_0^x s(x)\mathrm{d}x=\int_0^x\Big(\sum_{n=0}^{\infty}a_nx^n\Big)\mathrm{d}x=\underbrace{\sum_{n=0}^{\infty}\int_0^x a_nx^n\mathrm{d}x}_{\text{(逐项积分)}}=\sum_{n=0}^{\infty}\frac{a_n}{n+1}x^{n+1},\quad x\in(-R,R).$$

**注** (1) 幂级数通过逐项求导与逐项积分后,所得到的新的幂级数在原收敛区间 $(-R,R)$ 内依然收敛,但是在收敛区间的端点 $x=\pm R$ 处的敛散性可能会发生改变. 例如,幂级数 $\sum\limits_{n=0}^{\infty}x^n=\frac{1}{1-x}$ 的收敛域为 $(-1,1)$,逐项积分后得 $\sum\limits_{n=0}^{\infty}\frac{x^{n+1}}{n+1}=-\ln(1-x)$ 的收敛域为 $[-1,1)$.

(2) 上述定理常用于求幂级数的和函数及常数项级数的和,并且会用到一个基本结果:

$$1+x+x^2+\cdots+x^{n-1}+\cdots=\frac{1}{1-x}\quad(-1<x<1).$$

**例 12.4.5** 求零阶贝塞尔(Bessel) 函数 $\mathrm{J}_0(x)=\sum\limits_{n=0}^{\infty}\frac{(-1)^nx^{2n}}{2^{2n}(n!)^2},x\in(-\infty,+\infty)$ 的导数.

**解** 利用逐项可导公式,得

$$\mathrm{J}'_0(x)=\Big[\sum_{n=0}^{\infty}\frac{(-1)^nx^{2n}}{2^{2n}(n!)^2}\Big]'=\sum_{n=0}^{\infty}\Big[\frac{(-1)^nx^{2n}}{2^{2n}(n!)^2}\Big]'=\sum_{n=1}^{\infty}\frac{(-1)^nnx^{2n-1}}{2^{2n-1}(n!)^2},\quad x\in(-\infty,+\infty).$$

**例 12.4.6** 求幂级数 $\sum\limits_{n=1}^{\infty}nx^n$ 的和函数及常数项级数 $\sum\limits_{n=1}^{\infty}n\Big(\frac{1}{2}\Big)^n$ 的和.

**解** 显然该幂级数的收敛半径 $R=1$(请读者自行求出),收敛域为 $-1<x<1$,故设其和函数为

$$s(x)=x+2x^2+3x^3+\cdots+nx^n+\cdots\quad(-1<x<1).$$

利用幂级数在收敛区间内的可导性及等比级数的和函数公式,有

$$\begin{aligned}s(x)&=x\cdot(1+2x+3x^2+\cdots+nx^{n-1}+\cdots)\\&=x\cdot(x+x^2+x^3+\cdots+x^n+\cdots)'\\&=x\cdot\Big(\frac{x}{1-x}\Big)'=x\cdot\frac{1}{(1-x)^2}\quad(-1<x<1).\end{aligned}$$

因此,当 $-1<x<1$ 时,$s(x)=\sum\limits_{n=1}^{\infty}nx^n=\frac{x}{(1-x)^2}$. 令 $x=\frac{1}{2}$,得

$$\sum_{n=1}^{\infty}n\Big(\frac{1}{2}\Big)^n=\frac{\frac{1}{2}}{\Big(1-\frac{1}{2}\Big)^2}=2.$$

**例 12.4.7** 求幂级数 $\sum\limits_{n=1}^{\infty}(-1)^{n-1}\frac{x^n}{n}$ 的和函数及常数项级数 $\sum\limits_{n=1}^{\infty}(-1)^{n-1}\frac{1}{n}$ 的和.

**解** 由例 12.4.2 可知,幂级数 $\sum\limits_{n=1}^{\infty}(-1)^{n-1}\frac{x^n}{n}$ 的收敛域为 $(-1,1]$,故设其和函数为

$$s(x)=x-\frac{x^2}{2}+\frac{x^3}{3}-\cdots+(-1)^{n-1}\frac{x^n}{n}+\cdots,\quad x\in(-1,1].$$

**方法一**　利用幂级数在收敛区间内的可导性及等比级数的和函数公式,有

$$s'(x)=1-x+x^2-\cdots+(-1)^{n-1}x^{n-1}+\cdots=\frac{1}{1-(-x)}=\frac{1}{1+x},\quad x\in(-1,1).$$

对于 $x\in(-1,1)$,将上式两边从 0 到 $x$ 积分,得幂级数的和函数为

$$s(x)=\int_0^x\frac{1}{1+x}\mathrm{d}x=\ln(1+x),\quad x\in(-1,1).$$

由此可得

$$\ln(1+x)=x-\frac{x^2}{2}+\frac{x^3}{3}-\frac{x^4}{4}+\cdots+(-1)^{n-1}\frac{x^n}{n}+\cdots,$$

且收敛域为$(-1,1]$. 这是因为当 $x=1$ 时,上式左边的和函数 $\ln(1+x)$ 有定义、连续,右边的级数收敛.

**方法二**　注意到$\frac{x^n}{n}=\int_0^x x^{n-1}\mathrm{d}x$,且对于 $x\in(-1,1)$,利用幂级数在收敛区间内的可积性及等比级数的和函数公式,有

$$\begin{aligned}\sum_{n=1}^{\infty}(-1)^{n-1}\frac{x^n}{n}&=\sum_{n=1}^{\infty}(-1)^{n-1}\int_0^x x^{n-1}\mathrm{d}x=\int_0^x\Big[\sum_{n=1}^{\infty}(-x)^{n-1}\Big]\mathrm{d}x\\&=\int_0^x\frac{1}{1+x}\mathrm{d}x=\ln(1+x),\quad x\in(-1,1].\end{aligned}$$

令和函数中的 $x=1$,可得常数项级数$\sum\limits_{n=1}^{\infty}(-1)^{n-1}\frac{1}{n}$的和为 $\ln 2$.

## 三、函数的幂级数展开式

由前面的讨论可知,幂级数及其收敛域内的和函数有非常好的性质. 例如,和函数的连续性、在收敛区间内的可导性和可积性等. 因此,如果一个函数在某个区间上能够表示成一个幂级数,将给理论研究和实际应用带来极大方便. 下面将研究以下问题:对给定的已知函数 $f(x)$,是否能在一个给定的区间上将其展开成幂级数,即是否能找到这样一个幂级数,它在该区间内收敛,且其和函数恰好就是 $f(x)$?

**1. 泰勒级数**

根据第十一章介绍的泰勒中值定理可知,如果函数 $f(x)$ 在包含点 $x_0$ 的开区间$(a,b)$ 内具有直到 $n+1$ 阶的导数,则当 $x\in(a,b)$ 时,$f(x)$ 可展开成关于 $x-x_0$ 的一个 $n$ 次多项式与一个拉格朗日型余项的和,即

$$f(x)=s_{n+1}(x)+R_n(x),$$

其中 $s_{n+1}(x)=\sum\limits_{k=0}^{n}\frac{f^{(k)}(x_0)}{k!}(x-x_0)^k$,$R_n(x)=\frac{f^{(n+1)}(\xi)}{(n+1)!}(x-x_0)^{n+1}$,$\xi$ 介于 $x$ 和 $x_0$ 之间.

**定义 12.4.2**　如果函数 $f(x)$ 在包含点 $x_0$ 的开区间$(a,b)$ 内具有任意阶的导数,则幂级数

$$\sum_{k=0}^{\infty}\frac{f^{(k)}(x_0)}{k!}(x-x_0)^k=f(x_0)+f'(x_0)(x-x_0)+\frac{f''(x_0)}{2!}(x-x_0)^2+\cdots+\frac{f^{(n)}(x_0)}{n!}(x-x_0)^n+\cdots\qquad(12.4.4)$$

称为函数 $f(x)$ 在点 $x_0$ 处的**泰勒级数**. 幂级数

$$\sum_{k=0}^{\infty}\frac{f^{(k)}(0)}{k!}x^k=f(0)+f'(0)x+\frac{f''(0)}{2!}x^2+\cdots+\frac{f^{(n)}(0)}{n!}x^n+\cdots$$

称为函数 $f(x)$ 的**麦克劳林级数**.

对上述泰勒级数或麦克劳林级数,我们想知道的是其是否收敛?在什么条件下收敛?如果收敛,那么其在收敛域内收敛于哪一个函数?是否唯一?

例如函数 $f(x)=\begin{cases}e^{-\frac{1}{x^2}}, & x\neq 0,\\ 0, & x=0,\end{cases}$ 其图形如图 12-4 所示. 因为 $f(x)$ 在点 $x=0$ 处具有任意阶的导数,且 $f^{(n)}(0)=0(n=0,1,2,\cdots)$,所以 $f(x)$ 在点 $x=0$ 处的泰勒级数为

$$\sum_{n=0}^{\infty}\frac{f^{(n)}(0)}{n!}x^n=\sum_{n=0}^{\infty}(0\cdot x^n)=0,\quad -\infty<x<+\infty.$$

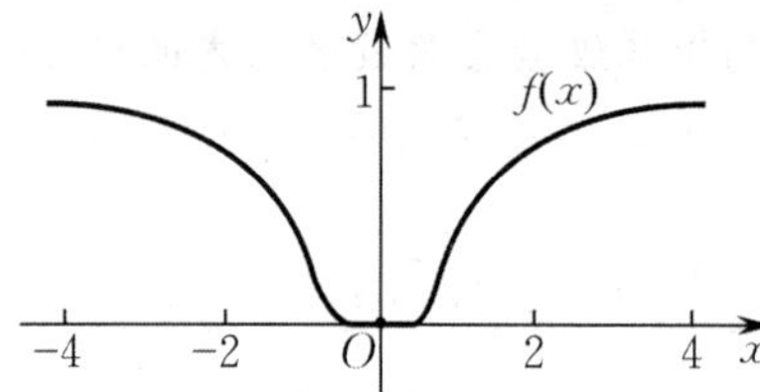


图 12-4

显然,当 $x\neq 0$ 时,$f(x)\neq\sum_{n=0}^{\infty}\frac{f^{(n)}(0)}{n!}x^n=0$,即此时的 $\sum_{n=0}^{\infty}\frac{f^{(n)}(0)}{n!}x^n$ 在 $(-\infty,+\infty)$ 上收敛于 0,而不收敛于 $f(x)$.

这个例子说明,具有任意阶导数的函数,其泰勒级数并不是都能收敛于函数自身. 事实上,由函数 $f(x)$ 写出的泰勒级数未必会收敛,即使收敛也未必收敛于 $f(x)$. 那么,在什么情况下,函数 $f(x)$ 在点 $x_0$ 处的泰勒级数会收敛于 $f(x)$ 自身呢?

比较泰勒级数(12.4.4) 与泰勒中值定理可得如下定理.

**定理 12.4.6** 设幂级数 $\sum_{k=0}^{\infty}\frac{f^{(k)}(x_0)}{k!}(x-x_0)^k$ 的收敛半径为 $R$,且函数 $f(x)$ 在开区间 $(x_0-R,x_0+R)$ 内具有任意阶的导数,则泰勒级数(12.4.4) 收敛于 $f(x)$ 的充要条件为在该区间内有

$$R_n(x)=\frac{f^{(n+1)}(\xi)}{(n+1)!}(x-x_0)^{n+1}\to 0\quad(n\to\infty),\qquad 即\quad \lim_{n\to\infty}R_n(x)=0.$$

**证** 由泰勒中值定理可知,$f(x)=\sum_{k=0}^{n}\frac{f^{(k)}(x_0)}{k!}(x-x_0)^k+R_n(x)$,对上式两边同时令 $n\to\infty$,有

$$f(x)=\lim_{n\to\infty}\left[\sum_{k=0}^{n}\frac{f^{(k)}(x_0)}{k!}(x-x_0)^k+R_n(x)\right].\tag{12.4.5}$$

**必要性** 如果 $\sum_{k=0}^{\infty}\frac{f^{(k)}(x_0)}{k!}(x-x_0)^k$ 在开区间 $(x_0-R,x_0+R)$ 内收敛于 $f(x)$,即

$$\lim_{n\to\infty}\sum_{k=0}^{n}\frac{f^{(k)}(x_0)}{k!}(x-x_0)^k=f(x),\tag{12.4.6}$$

则比较公式(12.4.5) 与公式(12.4.6) 可得 $\lim_{n\to\infty}R_n(x)=0$.

**充分性** 如果在开区间 $(x_0-R,x_0+R)$ 内,有 $\lim_{n\to\infty}R_n(x)=0$,则由公式(12.4.5) 可得

$$\lim_{n\to\infty}\sum_{k=0}^{n}\frac{f^{(k)}(x_0)}{k!}(x-x_0)^k=\sum_{k=0}^{\infty}\frac{f^{(k)}(x_0)}{k!}(x-x_0)^k=f(x).$$

因此，当$\lim\limits_{n\to\infty}R_n(x)=0$时，函数$f(x)$的泰勒级数$\sum\limits_{k=0}^{\infty}\frac{f^{(k)}(x_0)}{k!}(x-x_0)^k$就是$f(x)$的另一种精确表达式，即

$$f(x)=f(x_0)+f'(x_0)(x-x_0)+\frac{f''(x_0)}{2!}(x-x_0)^2+\cdots+\frac{f^{(n)}(x_0)}{n!}(x-x_0)^n+\cdots.$$

此时称**函数$f(x)$在点$x_0$处可展开成泰勒级数.**

特别地，当$x_0=0$时，$f(x)=f(0)+f'(0)x+\frac{f''(0)}{2!}x^2+\cdots+\frac{f^{(n)}(0)}{n!}x^n+\cdots$. 此时称**函数$f(x)$可展开成麦克劳林级数**，或称上式为**函数$f(x)$的麦克劳林展开式.**

显然，若想将函数$f(x)$在点$x_0$处展开成泰勒级数，则可做变量替换$t=x-x_0$，将问题化为函数$f(x)=f(t+x_0)=F(t)$在$t=0$处的麦克劳林展开式. 下面将着重讨论函数的麦克劳林展开式.

**定理 12.4.7**　函数$f(x)$的麦克劳林展开式是唯一的.

**证**　设函数$f(x)$在点$x=0$的某个邻域$(-R,R)$内可展开成麦克劳林级数，即

$$f(x)=a_0+a_1x+a_2x^2+\cdots+a_nx^n+\cdots,$$

其中$a_n$是常数$(n=1,2,\cdots)$. 由幂级数的可导性，得

$$f'(x)=1\cdot a_1+2\cdot a_2x+\cdots+n\cdot a_nx^{n-1}+\cdots,$$

$$f''(x)=2\cdot 1\cdot a_2+\cdots+n\cdot(n-1)\cdot a_nx^{n-2}+\cdots,$$

……

$$f^{(n)}(x)=n\cdot(n-1)\cdot\cdots\cdot 1\cdot a_n+(n+1)\cdot n\cdot\cdots\cdot 2\cdot a_{n+1}x+\cdots,$$

……

把$x=0$代入上述等式，有

$$f(0)=a_0,\quad f'(0)=1\cdot a_1,\quad f''(0)=2\cdot 1\cdot a_2,\quad\cdots,$$

$$f^{(n)}(0)=n\cdot(n-1)\cdot\cdots\cdot 1\cdot a_n,\quad\cdots,$$

即

$$a_0=f(0),\quad a_1=f'(0),\quad a_2=\frac{f''(0)}{2!},\quad\cdots,\quad a_n=\frac{f^{(n)}(0)}{n!},\quad\cdots.$$

因此，函数$f(x)$的麦克劳林展开式为

$$f(x)=f(0)+f'(0)x+\frac{f''(0)}{2!}x^2+\cdots+\frac{f^{(n)}(0)}{n!}x^n+\cdots,$$

且函数$f(x)$的麦克劳林展开式是唯一的.

**2. 初等函数的幂级数展开式**

(1) 直接展开法. 从以上讨论可知，将函数展开成麦克劳林级数可按以下步骤进行：

① 计算出$f^{(n)}(0)(n=1,2,\cdots)$，若函数的某阶导数不存在，则不能展开.

② 写出对应的麦克劳林级数

$$f(0)+f'(0)x+\frac{f''(0)}{2!}x^2+\cdots+\frac{f^{(n)}(0)}{n!}x^n+\cdots,$$

并求其收敛区间$(-R,R)$.

③ 验证当 $x\in(-R,R)$ 时,对应函数的拉格朗日型余项

$$R_n(x)=\frac{f^{(n+1)}(\theta x)}{(n+1)!}x^{n+1}\quad(0<\theta<1)$$

在 $n\to\infty$ 时是否趋于0. 若 $\lim\limits_{n\to\infty}R_n(x)=0$,则步骤②写出的级数就是该函数的麦克劳林展开式;若 $\lim\limits_{n\to\infty}R_n(x)\neq 0$,则该函数无法展开成麦克劳林级数.

下面先讨论基本初等函数的麦克劳林展开式.

**例 12.4.8** 将函数 $f(x)=e^x$ 展开成麦克劳林级数.

**解** 因 $f^{(n)}(x)=e^x$,故 $f^{(n)}(0)=1(n=0,1,2,\cdots)$,从而得麦克劳林级数为

$$f(0)+f'(0)x+\frac{f''(0)}{2!}x^2+\cdots+\frac{f^{(n)}(0)}{n!}x^n+\cdots=1+x+\frac{x^2}{2!}+\cdots+\frac{x^n}{n!}+\cdots.$$

又因

$$\rho=\lim_{n\to\infty}\left|\frac{a_{n+1}}{a_n}\right|=\lim_{n\to\infty}\left|\frac{1}{(n+1)!}\cdot n!\right|=\lim_{n\to\infty}\frac{1}{n+1}=0,$$

故收敛半径 $R=+\infty$,收敛区间为 $(-\infty,+\infty)$.

对于任意的 $x\in(-\infty,+\infty)$,该麦克劳林级数的拉格朗日型余项满足

$$|R_n(x)|=\left|\frac{e^{\theta x}}{(n+1)!}x^{n+1}\right|\leqslant e^{|x|}\frac{|x|^{n+1}}{(n+1)!}\quad(0<\theta<1),$$

其中 $e^{|x|}$ 是与 $n$ 无关的有限正实数. 对于级数 $\sum\limits_{n=1}^{\infty}\frac{|x|^{n+1}}{(n+1)!}$,根据比值审敛法可得

$$\lim_{n\to\infty}\frac{|u_{n+1}(x)|}{|u_n(x)|}=\lim_{n\to\infty}\left|\frac{|x|^{n+2}}{(n+2)!}\cdot\frac{(n+1)!}{|x|^{n+1}}\right|=|x|\lim_{n\to\infty}\frac{1}{n+2}=0<1,$$

故 $\sum\limits_{n=1}^{\infty}\frac{|x|^{n+1}}{(n+1)!}$ 收敛. 于是,由级数收敛的必要条件可知 $\lim\limits_{n\to\infty}\frac{|x|^{n+1}}{(n+1)!}=0$,因此 $\lim\limits_{n\to\infty}R_n(x)=0$.

综上所述,$e^x$ 的麦克劳林展开式为

$$e^x=1+x+\frac{x^2}{2!}+\cdots+\frac{x^n}{n!}+\cdots\quad(-\infty<x<+\infty).$$

图 12-5 显示了在点 $x=0$ 附近,用 $e^x$ 的幂级数的部分和($n=1,2,3$ 时的多项式)近似代替 $e^x$ 的情况. 显然在点 $x=0$ 附近,随着项数的增加,它们越来越接近 $e^x$.

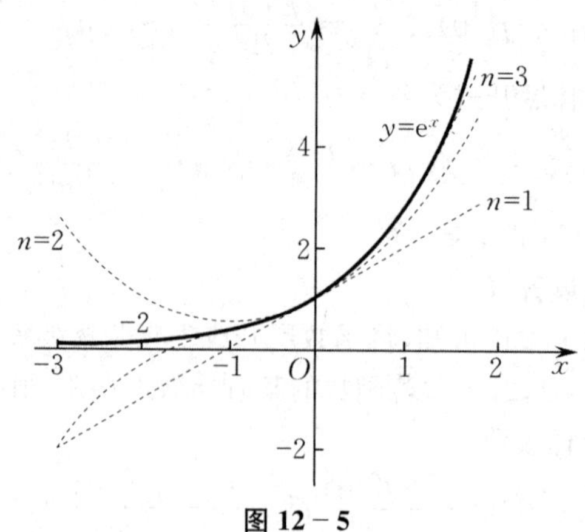


**图 12-5**

**例 12.4.9**　将函数 $f(x)=\sin x$ 在点 $x=0$ 处展开成幂级数.

**解**　因 $f^{(k)}(x)=\sin\left(x+k\cdot\frac{\pi}{2}\right),k=0,1,2,\cdots$,故

$$f^{(2n)}(0)=\sin n\pi=0,\quad f^{(2n+1)}(0)=\cos n\pi=(-1)^n\quad(n=0,1,2,\cdots),$$

从而得幂级数为

$$\underbrace{f(0)}_{0}+f'(0)x+\underbrace{\frac{f''(0)}{2!}}_{0}x^2+\cdots+\frac{f^{(n)}(0)}{n!}x^n+\cdots$$

$$=x-\frac{x^3}{3!}+\frac{x^5}{5!}-\cdots+(-1)^{n-1}\frac{x^{2n-1}}{(2n-1)!}+\cdots.$$

利用比值审敛法易求出该幂级数的收敛半径 $R=+\infty$,收敛区间为 $(-\infty,+\infty)$.

对于任意的 $x\in(-\infty,+\infty)$,该幂级数的拉格朗日型余项 $R_n(x)$ 满足

$$|R_n(x)|=\left|\frac{\sin\left[\theta x+(n+1)\cdot\frac{\pi}{2}\right]}{(n+1)!}x^{n+1}\right|\leqslant\frac{|x|^{n+1}}{(n+1)!}\quad(0<\theta<1).$$

又由例 12.4.8 可知 $\lim\limits_{n\to\infty}\frac{|x|^{n+1}}{(n+1)!}=0$,因此 $\lim\limits_{n\to\infty}R_n(x)=0$.

综上所述,$\sin x$ 在点 $x=0$ 处的幂级数展开式为

$$\sin x=x-\frac{x^3}{3!}+\frac{x^5}{5!}-\cdots+(-1)^{n-1}\frac{x^{2n-1}}{(2n-1)!}+\cdots,\quad x\in(-\infty,+\infty).$$

图 12－6 显示了在点 $x=0$ 附近,用 $\sin x$ 的幂级数的部分和($n=1,2,3,4$ 时的多项式)近似代替 $\sin x$ 的情况. 函数 $y=x-\frac{x^3}{3!}$ 的图形在 $-1\leqslant x\leqslant 1$ 时与 $\sin x$ 的图形已经非常接近了.

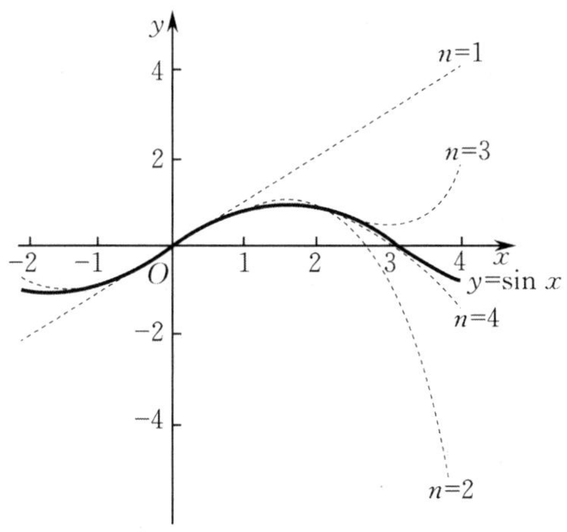


**图 12－6**

下面再讨论一个十分重要的幂级数展开式.

**例 12.4.10**　将函数 $f(x)=(1+x)^\alpha$ 展开成 $x$ 的幂级数,其中 $\alpha$ 为任意实数.

**分析**　当 $\alpha$ 是正整数时,可根据牛顿二项公式直接得到. 下面讨论 $\alpha$ 不是正整数的情形.

**解** 因 $f(x)$ 的各阶导数为

$$f'(x)=\alpha(1+x)^{\alpha-1},$$
$$f''(x)=\alpha(\alpha-1)(1+x)^{\alpha-2},$$
$$\cdots\cdots$$
$$f^{(n)}(x)=\alpha(\alpha-1)\cdots(\alpha-n+1)(1+x)^{\alpha-n},$$
$$\cdots\cdots$$

故

$$f(0)=1,\quad f'(0)=\alpha,\quad f''(0)=\alpha(\alpha-1),\quad \cdots,$$
$$f^{(n)}(0)=\alpha(\alpha-1)\cdots(\alpha-n+1),\quad \cdots,$$

从而得幂级数为

$$1+\alpha x+\frac{\alpha(\alpha-1)}{2!}x^2+\cdots+\frac{\alpha(\alpha-1)\cdots(\alpha-n+1)}{n!}x^n+\cdots.$$

又因该幂级数的通项的系数为 $a_n=\dfrac{\alpha(\alpha-1)\cdots(\alpha-n+1)}{n!}$,故由定理 12.4.2 有

$$\rho=\lim_{n\to\infty}\left|\frac{a_{n+1}}{a_n}\right|=\lim_{n\to\infty}\left|\frac{\alpha-n}{n+1}\right|=1.$$

因此,对于任意实数 $\alpha$,该幂级数的收敛半径 $R=1$,收敛区间为 $(-1,1)$,在区间端点 $x=\pm 1$ 处的敛散性要根据实数 $\alpha$ 的取值而定.

由于证明该幂级数的余项 $R_n(x)$ 趋于 0 非常困难,因此下面直接证明该幂级数收敛的和函数就是 $f(x)=(1+x)^\alpha$.

设上述幂级数在收敛区间 $(-1,1)$ 内的和函数为 $F(x)$,即

$$F(x)=1+\alpha x+\frac{\alpha(\alpha-1)}{2!}x^2+\cdots+\frac{\alpha(\alpha-1)\cdots(\alpha-n+1)}{n!}x^n+\cdots,$$

则 $F(0)=1$,且

$$\begin{aligned}F'(x)&=\alpha+\alpha(\alpha-1)x+\cdots+\frac{\alpha(\alpha-1)\cdots(\alpha-n+1)}{(n-1)!}x^{n-1}+\cdots\\&=\alpha\left[1+(\alpha-1)x+\cdots+\frac{(\alpha-1)\cdots(\alpha-n+1)}{(n-1)!}x^{n-1}+\cdots\right].\end{aligned}$$

将上式两边同时乘以 $1+x$,得

$$\begin{aligned}(1+x)F'(x)&=\alpha\left[1+(\alpha-1)x+\frac{(\alpha-1)(\alpha-2)}{2!}x^2+\cdots+\frac{(\alpha-1)\cdots(\alpha-n)}{n!}x^n+\cdots\right]\\&\quad+\alpha\left[x+(\alpha-1)x^2+\cdots+\frac{(\alpha-1)\cdots(\alpha-n+1)}{(n-1)!}x^n+\cdots\right]\\&=\alpha\left[1+\alpha x+\frac{\alpha(\alpha-1)}{2!}x^2+\cdots+\frac{\alpha(\alpha-1)\cdots(\alpha-n+1)}{n!}x^n+\cdots\right]\\&=\alpha F(x),\end{aligned}$$

即 $(1+x)F'(x)=\alpha F(x)$. 因此,当 $x\in(-1,1)$ 时,有

$$\frac{\mathrm{d}F(x)}{F(x)}=\frac{\alpha\mathrm{d}x}{1+x},$$

对上式两边同时积分,得

$$\ln|F(x)|=\alpha\ln|1+x|+\ln|C|\quad (C\text{ 为任意常数}),$$

即
$$F(x)=C(1+x)^{\alpha}.$$
因为 $F(0)=1$,所以 $F(x)=(1+x)^{\alpha}$. 综上所述,函数 $f(x)=(1+x)^{\alpha}$ 的 $x$ 的幂级数展开式为

$$(1+x)^{\alpha}=1+\alpha x+\frac{\alpha(\alpha-1)}{2!}x^2+\cdots+\frac{\alpha(\alpha-1)\cdots(\alpha-n+1)}{n!}x^n+\cdots. \quad (12.4.7)$$

**注** 公式(12.4.7)中幂级数的收敛区间是 $-1<x<1$,在区间的端点 $x=\pm1$ 处,展开式是否成立要根据实数 $\alpha$ 的取值范围而定(有兴趣的读者可参阅菲赫金哥尔茨的《微积分学教程》中译本第二卷第二分册中的内容). 例如,对应于 $\alpha=\frac{1}{2},-\frac{1}{2},-1$ 的二项展开式分别为

$$\sqrt{1+x}=1+\frac{1}{2}x-\frac{1}{2\cdot4}x^2+\frac{1\cdot3}{2\cdot4\cdot6}x^3-\cdots+(-1)^{n-1}\frac{(2n-3)!!}{(2n)!!}x^n+\cdots \quad (-1\leqslant x\leqslant1),$$

$$\frac{1}{\sqrt{1+x}}=1-\frac{1}{2}x+\frac{1\cdot3}{2\cdot4}x^2-\frac{1\cdot3\cdot5}{2\cdot4\cdot6}x^3+\cdots+(-1)^{n}\frac{(2n-1)!!}{(2n)!!}x^n+\cdots \quad (-1<x\leqslant1),$$

$$\frac{1}{1+x}=1-x+x^2-x^3+\cdots+(-1)^nx^n+\cdots \quad (-1<x<1),$$

其中 $(2n)!!=2\cdot4\cdot6\cdot\cdots\cdot(2n-2)\cdot(2n)$ 称为**双阶乘**.

从以上三个例子可以看出,在求函数的幂级数展开式时需要解决两个问题:一是求函数的高阶导数 $f^{(n)}(0)$;二是讨论当 $n\to\infty$ 时麦克劳林展开式的余项是否趋于0. 事实上,这不是件容易的事情,在将函数 $(1+x)^{\alpha}$ 展开时为了避开证明余项趋于0,做了一个技巧性的处理才证出所得幂级数确实收敛于 $(1+x)^{\alpha}$. 那么,是否有其他更好的办法得到函数的幂级数展开式呢?

(2) 间接展开法. 用直接展开法将函数 $f(x)$ 展开成幂级数,首先要求出 $f(x)$ 的各阶导数,然后要讨论余项 $R_n$ 是否趋于0,通常会比较麻烦.

由于函数的幂级数展开式是唯一的,因此可以用间接展开法将函数展开成幂级数. 也就是说,可利用已知的函数的幂级数展开式(尤其是例12.4.8～例12.4.10的几个常用的麦克劳林展开式),通过幂级数的线性运算法则、变量替换、逐项求导或逐项积分等方法间接求得函数的幂级数展开式.

**例 12.4.11** 将函数 $f(x)=\cos x$ 展开成 $x$ 的幂级数.

**解** 由例12.4.9可知,$\sin x$ 展开成 $x$ 的幂级数为

$$\sin x=x-\frac{x^3}{3!}+\frac{x^5}{5!}-\cdots+(-1)^{n-1}\frac{x^{2n-1}}{(2n-1)!}+\cdots,\quad x\in(-\infty,+\infty).$$

由幂级数的性质,上式两边对 $x$ 逐项求导,即得 $\cos x$ 展开成 $x$ 的幂级数为

$$\cos x=1-\frac{x^2}{2!}+\frac{x^4}{4!}-\cdots+(-1)^{n-1}\frac{x^{2n-2}}{(2n-2)!}+\cdots,\quad x\in(-\infty,+\infty).$$

图12-7显示了在点 $x=0$ 附近,用 $\cos x$ 的幂级数的部分和($n=1,2,3,4,5$ 时的多项式)近似代替 $\cos x$ 的情况,显然项数越多,逼近效果越好. 函数 $y=1-\frac{x^2}{2!}$ 的图形在 $-1<x<1$ 时与 $\cos x$ 的图形已经非常接近了.

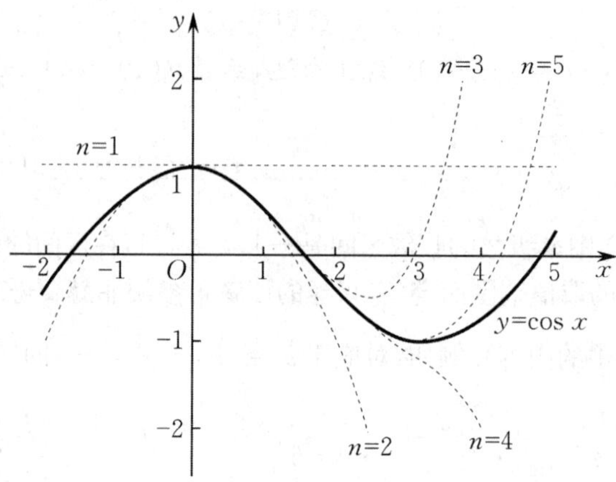


图 12－7

**例 12.4.12** 将函数 $f(x)=\ln(1+x)$ 展开成 $x$ 的幂级数.

**解** 因 $f'(x)=\dfrac{1}{1+x}$,而

$$\frac{1}{1+x}=\frac{1}{1-(-x)}=1-x+x^2-x^3+\cdots+(-1)^n x^n+\cdots \quad (-1<x<1),$$

故利用幂级数的性质,对上式两边从 0 到 $x$ 逐项积分,得

$$\ln(1+x)=x-\frac{x^2}{2}+\frac{x^3}{3}-\cdots+(-1)^n\frac{x^{n+1}}{n+1}+\cdots,$$

且当 $x=1$ 时,交错级数 $\sum\limits_{n=0}^{\infty}(-1)^n\dfrac{1}{n+1}$ 收敛. 因此,所求幂级数为

$$\ln(1+x)=x-\frac{x^2}{2}+\frac{x^3}{3}-\cdots+(-1)^n\frac{x^{n+1}}{n+1}+\cdots \quad (-1<x\leqslant 1).$$

从上面两个例子可以看出,间接展开法不仅避免了求高阶导数及讨论余项是否趋于 0 的问题,还可以快速得到幂级数的收敛半径.

**例 12.4.13** 将函数 $f(x)=\arctan x$ 展开成 $x$ 的幂级数.

**解** 因 $(\arctan x)'=\dfrac{1}{1+x^2}$,而

$$\frac{1}{1+x^2}=1+(-x^2)+(-x^2)^2+\cdots+(-x^2)^n+\cdots,\quad x\in(-1,1),$$

故对上式两边从 0 到 $x$ 逐项积分,得

$$\arctan x=\int_0^x\frac{1}{1+x^2}\mathrm{d}x=x-\frac{1}{3}x^3+\frac{1}{5}x^5-\cdots+(-1)^n\frac{x^{2n+1}}{2n+1}+\cdots,\quad x\in(-1,1).$$

当 $x=1$ 时,级数 $\sum\limits_{n=0}^{\infty}\dfrac{(-1)^n}{2n+1}$ 收敛;当 $x=-1$ 时,级数 $\sum\limits_{n=0}^{\infty}\dfrac{(-1)^{n+1}}{2n+1}$ 也收敛. 因此,所求幂级数为

$$\arctan x=x-\frac{1}{3}x^3+\frac{1}{5}x^5-\cdots+(-1)^n\frac{x^{2n+1}}{2n+1}+\cdots,\quad x\in[-1,1].$$

特别地,将 $x=1$ 代入上式,可得到一个如下关于 π 的无穷级数的计算公式,不过其收敛

速度很慢：

$$\frac{\pi}{4}=1-\frac{1}{3}+\frac{1}{5}-\cdots+(-1)^n\frac{1}{2n+1}+\cdots.$$

图 12-8 显示了在点 $x=0$ 附近，用 $\arctan x$ 的幂级数的部分和($n=0,1,4$ 时的多项式)近似代替 $\arctan x$ 的情况.

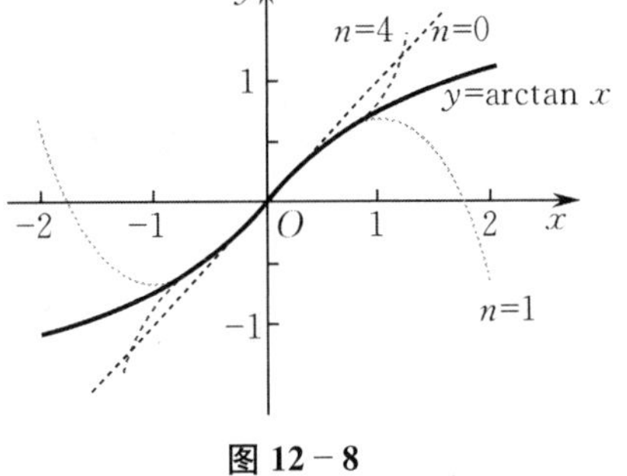


图 12-8

为了便于记忆和查阅，现将几个重要函数的麦克劳林展开式归纳如下：

(1) $e^x=1+x+\frac{x^2}{2!}+\cdots+\frac{x^n}{n!}+\cdots$ $(-\infty<x<+\infty)$；

(2) $\sin x=x-\frac{x^3}{3!}+\frac{x^5}{5!}-\cdots+(-1)^n\frac{x^{2n+1}}{(2n+1)!}+\cdots$ $(-\infty<x<+\infty)$；

(3) $\cos x=1-\frac{x^2}{2!}+\frac{x^4}{4!}-\cdots+(-1)^n\frac{x^{2n}}{(2n)!}+\cdots$ $(-\infty<x<+\infty)$；

(4) $\ln(1+x)=x-\frac{x^2}{2}+\frac{x^3}{3}-\frac{x^4}{4}+\cdots+(-1)^n\frac{x^{n+1}}{n+1}+\cdots$ $(-1<x\leqslant 1)$；

(5) $(1+x)^\alpha=1+\alpha x+\frac{\alpha(\alpha-1)}{2!}x^2+\cdots+\frac{\alpha(\alpha-1)\cdots(\alpha-n+1)}{n!}x^n+\cdots$

(收敛区间为 $-1<x<1$，在端点 $x=\pm 1$ 处，展开式(5)是否成立根据 $\alpha$ 的值而定).

在掌握利用间接展开法求函数 $f(x)$ 的麦克劳林展开式之后，如果需要把 $f(x)$ 展开成 $\sum\limits_{n=0}^{\infty}a_n(x-x_0)^n$ 形式的幂级数，可以做变量替换 $x-x_0=t$，即 $x=t+x_0$，将问题转化为将函数 $F(t)=f(t+x_0)$ 展开成 $\sum\limits_{n=0}^{\infty}a_nt^n$ 形式的幂级数的问题，从而可以利用上面五个常用的麦克劳林展开式进行展开.

**例 12.4.14**　将函数 $\sin x$ 展开成 $x-\frac{\pi}{4}$ 的幂级数.

**解**　令 $x=t+\frac{\pi}{4}$，则 $\sin x=\frac{1}{\sqrt{2}}(\cos t+\sin t)$. 又

$$\cos t=1-\frac{1}{2!}t^2+\cdots+\frac{(-1)^n}{(2n)!}t^{2n}+\cdots,\quad t\in(-\infty,+\infty),$$

$$\sin t=t-\frac{1}{3!}t^3+\cdots+\frac{(-1)^n}{(2n+1)!}t^{2n+1}+\cdots,\quad t\in(-\infty,+\infty),$$

于是

$$\sin x=\frac{1}{\sqrt{2}}\left[1+\left(x-\frac{\pi}{4}\right)-\frac{1}{2!}\left(x-\frac{\pi}{4}\right)^2-\frac{1}{3!}\left(x-\frac{\pi}{4}\right)^3+\cdots+\frac{(-1)^n}{(2n)!}\left(x-\frac{\pi}{4}\right)^{2n}\right.$$
$$\left.+\frac{(-1)^n}{(2n+1)!}\left(x-\frac{\pi}{4}\right)^{2n+1}+\cdots\right],\quad x\in(-\infty,+\infty).$$

利用直接展开法或间接展开法，可以把大多数初等函数展开成幂级数. 对于有些无法用初等函数表示的函数，也可以用幂级数表示，这样就扩大了函数的类型.

**例 12.4.15** 将非初等函数 $F(x)=\int_0^x \mathrm{e}^{-t^2}\mathrm{d}t$(**概率积分**)展开成 $x$ 的幂级数.

**解** 因 $\mathrm{e}^x=1+x+\frac{x^2}{2!}+\cdots+\frac{x^n}{n!}+\cdots\ (-\infty<x<+\infty)$,故用 $-x^2$ 代替该展开式中的 $x$,可得

$$\mathrm{e}^{-x^2}=1-x^2+\frac{x^4}{2!}-\cdots+(-1)^n\frac{x^{2n}}{n!}+\cdots\quad(-\infty<x<+\infty).$$

对上式两边从 0 到 $x$ 逐项积分,得所求幂级数为

$$F(x)=\int_0^x \mathrm{e}^{-t^2}\mathrm{d}t=x-\frac{x^3}{3}+\frac{1}{2!}\cdot\frac{x^5}{5}-\cdots+\frac{(-1)^n}{n!}\cdot\frac{x^{2n+1}}{2n+1}+\cdots\quad(-\infty<x<+\infty).$$

图 12-9 显示了在点 $x=0$ 附近用 $F(x)$ 的幂级数的部分和($n=0,1,2,4$ 时的多项式)近似代替 $F(x)$ 的情况.

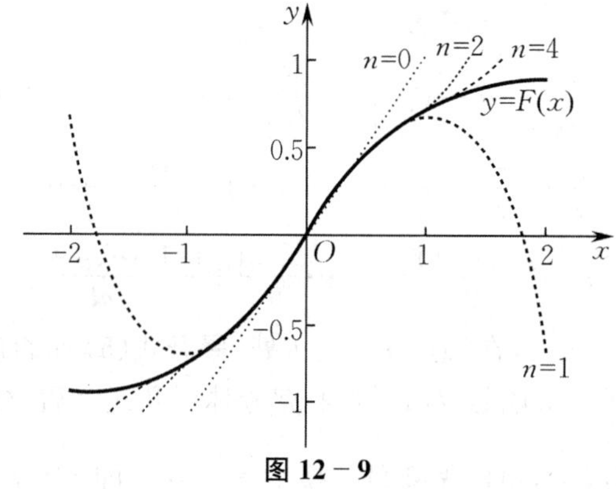


图 12-9

**例 12.4.16** 将函数 $f(x)=\frac{1}{x^2-x-2}$ 展开成 $x$ 的幂级数.

**解** 因 $f(x)=\frac{1}{3}\left(\frac{1}{x-2}-\frac{1}{x+1}\right)=-\frac{1}{3}\left(\frac{1}{2}\cdot\frac{1}{1-\frac{x}{2}}+\frac{1}{x+1}\right)$,而

$$\frac{1}{1+x}=\sum_{n=0}^{\infty}(-1)^n x^n,\quad x\in(-1,1),$$

$$\frac{1}{1-\frac{x}{2}}=\sum_{n=0}^{\infty}\left(\frac{x}{2}\right)^n,\quad x\in(-2,2),$$

故所求幂级数为

$$f(x)=-\frac{1}{3}\left[\sum_{n=0}^{\infty}\frac{1}{2^{n+1}}x^n+\sum_{n=0}^{\infty}(-1)^n x^n\right]=-\frac{1}{3}\sum_{n=0}^{\infty}\left[\frac{1}{2^{n+1}}+(-1)^n\right]x^n,$$

且当 $x=\pm1$ 时,等号右边的级数发散,从而该幂级数的收敛域为 $x\in(-1,1)$.

## *四、欧拉公式

前面的幂级数理论是限定在实数范围内讨论的. 实际上,也可以在复数范围内讨论幂级数. 关于它的深入讨论,是另一门数学课程“复变函数”的内容. 这里只指出一点,幂级数的收

敛、发散、阿贝尔定理、泰勒展开式等内容都可以平移到复数范围内.

当 $x$ 是实数时,已有

$$e^x = 1 + x + \frac{x^2}{2!} + \cdots + \frac{x^n}{n!} + \cdots \quad (-\infty < x < +\infty).$$

现在把它推广到纯虚数的情形.

**定义 12.4.3**　将函数 $e^x$ 的麦克劳林展开式中的 $x$ 换为 $ix$,有

$$e^{ix} = 1 + ix + \frac{(ix)^2}{2!} + \cdots + \frac{(ix)^n}{n!} + \cdots, \tag{12.4.8}$$

其中 $x$ 是实数,$i^2 = -1$. 由公式(12.4.8) 可得

$$e^{ix} = 1 + ix - \frac{x^2}{2!} - \frac{ix^3}{3!} + \cdots + (-1)^n \frac{x^{2n}}{(2n)!} + (-1)^n \frac{ix^{2n+1}}{(2n+1)!} + \cdots$$

$$= \left(1 - \frac{x^2}{2!} + \frac{x^4}{4!} - \frac{x^6}{6!} + \cdots\right) + i\left(x - \frac{x^3}{3!} + \frac{x^5}{5!} - \frac{x^7}{7!} + \cdots\right),$$

即

$$e^{ix} = \cos x + i\sin x. \tag{12.4.9}$$

公式(12.4.9) 称为**欧拉公式**.

公式(12.4.9) 也可表示为

$$e^{\alpha + i\beta} = e^{\alpha}(\cos\beta + i\sin\beta),$$

其中 $\alpha,\beta$ 是实数,也称上式为**复数的指数形式**.

将公式(12.4.9) 中的 $x$ 换为 $-x$,可得

$$e^{-ix} = \cos x - i\sin x.$$

将上式与公式(12.4.9) 相加或相减,分别可得

$$\cos x = \frac{e^{ix} + e^{-ix}}{2}, \quad \sin x = \frac{e^{ix} - e^{-ix}}{2i}.$$

这两个式子揭示了三角函数和复变量指数函数之间的关系.

利用欧拉公式可得复数的指数形式:$z = x + iy = r(\cos\theta + i\sin\theta) = re^{i\theta}$ (见图 12 - 10),由此可得

$$(\cos\theta + i\sin\theta)^n = \cos n\theta + i\sin n\theta.$$

此式称为**棣莫弗**(De Moivre) **公式**.

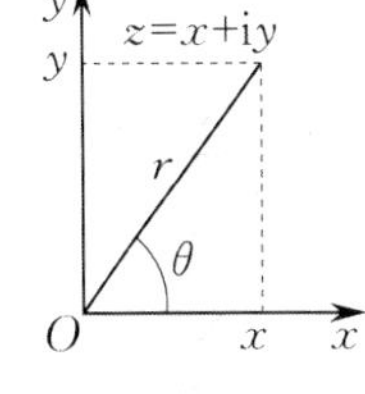


**图 12 - 10**

在欧拉公式中,令 $x = \pi$,得

$$e^{i\pi} + 1 = 0.$$

此式被认为是充分显示数学内在美的一个公式. 它包含神秘莫测的 0,自然数单位 1,虚数单位 i,两个最重要的无理数 π 和 e,以及两种基本运算——加法和乘法(幂次),充分表达出数学表达式的精练、准确和优雅. 诺贝尔物理学奖得主费曼(Feynman) 惊叹此式为"欧拉的宝石".

## 思考题 12.4

1. 函数 $f(x)$ 在点 $x_0$ 处"有泰勒级数"与"能展开成泰勒级数"有何不同?

2. (1) 如何计算幂级数 $\sum\limits_{n=0}^{\infty} a_n x^n$ 的收敛半径? (2) 求幂级数 $\sum\limits_{n=1}^{\infty} \frac{2+(-1)^n}{n} x^n$ 的收敛半径和收敛域.

3. 试举出幂级数的例子,使它分别满足:(1) 在收敛区间的两个端点处都收敛;(2) 在收敛区间的两个

端点处都发散;(3) 在收敛区间的一个端点处收敛,而在另一个端点处发散.

4. 幂级数与逐项求导、逐项积分后的新幂级数具有相同的收敛半径和收敛区间,其收敛域是否也相同?

5. 什么叫作幂级数的间接展开法?

## 习　题　12.4

**(A)**

一、填空题:

(1) 设幂级数 $\sum_{n=0}^{\infty}(-1)^n x^{n+1}$,则当 $x\in$ ______ 时,其和函数为______.

(2) 若幂级数 $\sum_{n=1}^{\infty}a_n x^n$ 在点 $x=-4$ 处条件收敛,则该幂级数的收敛半径 $R=$ ______.

(3) 设幂级数 $\sum_{n=1}^{\infty}a_n x^n$ 的收敛半径为 $R$,和函数为 $s(x)$,则幂级数 $\sum_{n=1}^{\infty}n\,a_n x^{n-1}$ 的收敛半径为______,和函数为______;幂级数 $\sum_{n=1}^{\infty}\frac{a_n}{2^{n+1}}x^n$ 的收敛半径为______,和函数为______.

(4) 常数项级数 $\sum_{n=0}^{\infty}\frac{(-1)^n}{(2n)!}$ 的和为______.

(5) 函数 $\sin\frac{x}{2}$ 关于 $x$ 的幂级数展开式为______,收敛域为______.

(6) 函数 $e^x$ 关于 $x-1$ 的幂级数展开式为______,收敛域为______.

二、求下列幂级数的收敛域:

(1) $\frac{x}{2}+\frac{x^2}{2\cdot 4}+\frac{x^3}{2\cdot 4\cdot 6}+\cdots+\frac{x^n}{2\cdot 4\cdot\cdots\cdot 2n}+\cdots$;

(2) $x+\frac{2^2}{5}x^2+\frac{2^3}{10}x^3+\cdots+\frac{2^n}{n^2+1}x^n+\cdots$;

(3) $\sum_{n=1}^{\infty}(-1)^n\frac{x^{2n+1}}{2n+1}$;

(4) $\sum_{n=1}^{\infty}\frac{(x-5)^n}{\sqrt{n}}$.

三、利用逐项求导或逐项积分,求下列幂级数的和函数:

(1) $\sum_{n=1}^{\infty}nx^{n-1}$;

(2) $\sum_{n=1}^{\infty}\frac{x^{4n+1}}{4n+1}$;

(3) $x+\frac{x^3}{3}+\frac{x^5}{5}+\cdots+\frac{x^{2n-1}}{2n-1}+\cdots$;

(4) $\sum_{n=1}^{\infty}n(n+2)x^n$.

四、证明:$\sum_{n=1}^{\infty}\frac{1}{n\cdot 2^n}=\ln 2$.

五、将下列函数展开成 $x$ 的幂级数,并求收敛域:

(1) $\frac{e^x-e^{-x}}{2}$;

(2) $3^x$;

(3) $\sin^2 x$;

(4) $(1+x)\ln(1+x)$.

六、将函数 $f(x)=\frac{1}{x}$ 展开成 $x-2$ 的幂级数.

*七、利用欧拉公式将 $e^x\sin x$ 展开成 $x$ 的幂级数.

**(B)**

一、设有幂级数 $\sum_{n=1}^{\infty} a_n x^n$ 与 $\sum_{n=1}^{\infty} b_n x^n$，若 $\lim_{n\to\infty}\frac{a_{n+1}}{a_n}=\frac{3}{\sqrt{5}}$，$\lim_{n\to\infty}\frac{b_{n+1}}{b_n}=3$，试求幂级数 $\sum_{n=1}^{\infty}\frac{a_n^2}{b_n^2}x^n$ 的收敛半径 $R$.

二、设 $I_n=\int_0^{\frac{\pi}{4}}\sin^n x\cos x\mathrm{d}x\,(n=0,1,2,\cdots)$，求 $\sum_{n=0}^{\infty} I_n$.

三、求幂级数 $1+\frac{x^2}{2!}+\frac{x^4}{4!}+\cdots+\frac{x^{2n}}{(2n)!}+\cdots$ 的和函数.

四、设幂级数 $\sum_{n=0}^{\infty} a_n x^n$ 在 $(-\infty,+\infty)$ 上收敛，其和函数 $s(x)$ 满足

$$s''-2xs'-4s=0,\quad s(0)=0,\quad s'(0)=1.$$

(1) 证明：$a_{n+2}=\frac{2}{n+1}a_n\,(n=1,2,\cdots)$；(2) 求 $s(x)$ 的表达式.

五、已知 $f_n(x)$ 满足

$$f'_n(x)=f_n(x)+x^{n-1}\mathrm{e}^x\quad(n\ \text{为正整数}),$$

且 $f_n(1)=\frac{\mathrm{e}}{n}$，求函数项级数 $\sum_{n=1}^{\infty} f_n(x)$ 的和.

六、设函数 $f(x)=\begin{cases}\frac{1+x^2}{x}\arctan x, & x\neq 0,\\ 1, & x=0,\end{cases}$ 试将 $f(x)$ 展开成 $x$ 的幂级数，并求级数 $\sum_{n=1}^{\infty}\frac{(-1)^n}{1-4n^2}$ 的和.

七、求 $\lim_{x\to 1^-}(1-x)^3\sum_{n=1}^{\infty} n^2 x^n$.

# 第五节　傅里叶级数

第四节讨论了用幂级数表示函数的问题. 可以看到，幂级数保留了多项式的良好性质. 用幂级数表示函数，在微分运算、积分运算及数值运算等方面都很有用处. 但是，用幂级数表示函数也有其局限性：(1) 函数的幂级数表示对函数的要求太高，不但要求函数连续，还要求函数任意阶可导；(2) 幂级数是在某一点邻域内以多项式来逼近某个函数的，即这种逼近是逐点逼近，一般只在局部成立.

然而，在许多理论或实际问题中所遇到的函数往往是不可导，甚至是不连续的，如周期性的方波函数、锯齿波函数等. 现实中有许多现象常常需要用到周期函数，如星球的运动、弹簧振动、交流电压、光波和声波的运动、工厂里机器部件的往复运动等，这就要求能找到一种整体意义上的逼近. 因此，我们希望找到另一种具有良好性质的级数表示来弥补这些不足.

本节讨论的傅里叶级数就很好地解决了这一问题. 傅里叶级数是另一类特殊的函数项级数，其在数学领域、热传导和波动现象等物理学和工程技术领域中都有非常广泛的应用，也是一类重要的级数.

## 一、三角级数与正交函数系

### 1. 三角级数

最简单的周期运动(如单摆的摆动、弹簧在不受外力作用下的自由振动等) 可用正弦函

数 $y = A\sin(\omega t + \varphi)$ 来描写. 由 $y = A\sin(\omega t + \varphi)$ 所表达的周期运动也称为**简谐振动**,其中 $y$ 为动点的位置,$t$ 为时间,$A$ 为振幅,$\varphi$ 为初相位,$\omega$ 为角频率,周期为 $T = \dfrac{2\pi}{\omega}$.

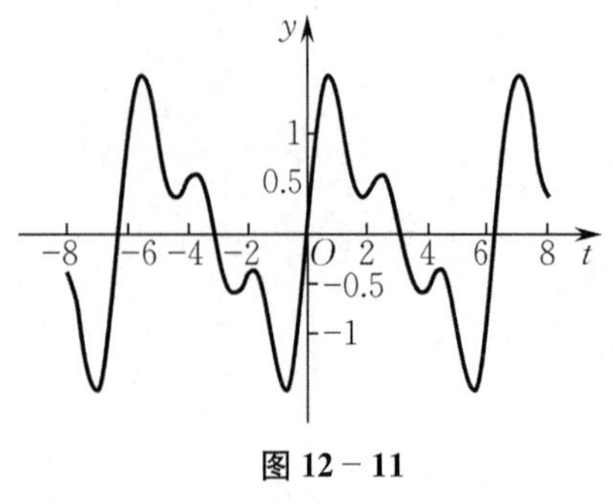

图 12 - 11

较为复杂的周期运动常是几个简谐振动的叠加:$y = \sum\limits_{k=1}^{n} A_k \sin(k\omega t + \varphi_k)$. 例如,三个正弦函数之和为 $\sin t + \dfrac{1}{2}\sin 2t + \dfrac{1}{2}\sin 3t$,其图形(见图 12 - 11) 已经相当复杂了.

对无穷多个简谐振动进行叠加就得到函数项级数 $A_0 + \sum\limits_{n=1}^{\infty} A_n \sin(n\omega t + \varphi_n)$. 若级数 $A_0 + \sum\limits_{n=1}^{\infty} A_n \sin(n\omega t + \varphi_n)$ 收敛,则它所描述的是更为一般的周期现象. 因

$$A_0 + \sum_{n=1}^{\infty} A_n \sin(n\omega t + \varphi_n) = A_0 + \sum_{n=1}^{\infty} (A_n \sin\varphi_n \cos n\omega t + A_n \cos\varphi_n \sin n\omega t),$$

故若记 $A_0 = \dfrac{a_0}{2}$,$A_n \sin\varphi_n = a_n$,$A_n \cos\varphi_n = b_n$,$\omega t = x\,(n = 1,2,\cdots)$,则上式可写成

$$\frac{a_0}{2} + \sum_{n=1}^{\infty} (a_n \cos nx + b_n \sin nx), \tag{12.5.1}$$

其中常数 $A_0$ 写成$\dfrac{a_0}{2}$ 是为了方便后面的讨论. 显然,式(12.5.1) 是由

$$1,\quad \cos x,\quad \sin x,\quad \cos 2x,\quad \sin 2x,\quad \cdots,\quad \cos nx,\quad \sin nx,\quad \cdots$$

所产生的一般形式的三角级数.

**定义 12.5.1** 形如$\dfrac{a_0}{2} + \sum\limits_{n=1}^{\infty} (a_n \cos nx + b_n \sin nx)$ 的函数项级数称为**三角级数**,其中常数 $a_0, a_n, b_n\,(n = 1,2,\cdots)$ 称为该三角级数的**系数**.

类似于幂级数,对于三角级数(12.5.1),也需要讨论其敛散性问题,即函数 $f(x)$ 满足什么条件时,才能展开成三角级数(12.5.1)? 系数 $a_0, a_n, b_n$ 如何确定? 接下来将以这两个问题为主要线索,讨论傅里叶级数①.

傅里叶级数的理论依赖于三角函数系的正交性. 为此,下面先介绍三角函数系的正交性.

**2. 正交函数系**

在线性代数中,$\mathbf{R}^n$ 表示 $n$ 维向量的集合,两个 $n$ 维向量 $\boldsymbol{x} = (x_1, x_2, \cdots, x_n)$ 和 $\boldsymbol{y} = (y_1, y_2, \cdots, y_n)$ 的内积定义为$(\boldsymbol{x},\boldsymbol{y}) = \sum\limits_{i=1}^{n} x_i y_i$. 特别地,若$(\boldsymbol{x},\boldsymbol{y}) = 0$,则称**向量 $\boldsymbol{x}$ 与 $\boldsymbol{y}$ 正交**.

函数的正交是 $n$ 维向量正交的推广,函数可看成无穷维向量. 在 $n$ 维空间中,两向量正交

---

① 这一问题最早是由傅里叶提出来的. 1807 年 12 月 21 日,他向权威的法国科学院宣告:任意的周期函数 $f(x)$ 都能展开成正弦及余弦的无穷级数,即形如式(12.5.1) 的级数. 他的宣告震怒了整个科学院,当时不少杰出的院士,包括著名的法国数学家拉格朗日等,都认为他的结果是荒谬的. 这是因为,当时它在数学上并没有得到严格的证明. 直到 1829 年,狄利克雷才第一次论证了傅里叶级数收敛的充分条件. 傅里叶的工作被认为是 19 世纪科学迈出的极为重要的一大步,这对数学发展产生的影响是他本人及同时代的其他人都难以预料的. 而且,这种影响至今还在延续.

是借助内积来定义的，即如果两个向量的内积为 0，那么就说这两个向量是正交的.

若函数 $f(x)$ 与 $g(x)$ 在闭区间 $[a,b]$ 上可积，则通常称 $(f,g)=\int_a^b f(x)g(x)\mathrm{d}x$ 为 $f(x)$ 与 $g(x)$ 的**内积**. 同样，若 $\int_a^b f(x)g(x)\mathrm{d}x=0$，则称函数 $f(x)$ 与 $g(x)$ 在闭区间 $[a,b]$ 上是**正交的**.

**定理 12.5.1**（三角函数系的正交性） 三角函数系

$$1,\quad \cos x,\quad \sin x,\quad \cos 2x,\quad \sin 2x,\quad \cdots,\quad \cos nx,\quad \sin nx,\quad \cdots \tag{12.5.2}$$

在闭区间 $[-\pi,\pi]$ 上正交. 也就是说，其中任意两个不同的函数之积在闭区间 $[-\pi,\pi]$ 上的积分等于 0，即

$$\int_{-\pi}^{\pi} 1\cdot\cos nx\,\mathrm{d}x=0,\quad \int_{-\pi}^{\pi} 1\cdot\sin nx\,\mathrm{d}x=0\quad (n=1,2,\cdots),$$

$$\int_{-\pi}^{\pi} \sin kx\cos nx\,\mathrm{d}x=0\quad (k,n=1,2,\cdots),$$

$$\int_{-\pi}^{\pi} \cos kx\cos nx\,\mathrm{d}x=0,\quad \int_{-\pi}^{\pi} \sin kx\sin nx\,\mathrm{d}x=0\quad (k,n=1,2,\cdots,\text{且 } k\neq n).$$

**证** 这里仅证 $\int_{-\pi}^{\pi}\cos kx\cos nx\,\mathrm{d}x=0$，其余可类似证明. 利用积化和差公式

$$\cos kx\cos nx=\frac{1}{2}[\cos(k+n)x+\cos(k-n)x],$$

当 $k\neq n(k,n=1,2,\cdots)$ 时，有

$$\begin{aligned}\int_{-\pi}^{\pi}\cos kx\cos nx\,\mathrm{d}x&=\frac{1}{2}\int_{-\pi}^{\pi}[\cos(k+n)x+\cos(k-n)x]\mathrm{d}x\\&=\frac{1}{2}\left[\frac{\sin(k+n)x}{k+n}+\frac{\sin(k-n)x}{k-n}\right]\Bigg|_{-\pi}^{\pi}=0.\end{aligned}$$

三角函数系在闭区间 $[-\pi,\pi]$ 上具有**正交性**，或者说三角函数系是**正交函数系**.

**注** 在三角函数系(12.5.2)中，两个相同函数的乘积在闭区间 $[-\pi,\pi]$ 上的积分不等于 0，即有

$$\int_{-\pi}^{\pi}1^2\,\mathrm{d}x=2\pi,\quad \int_{-\pi}^{\pi}\sin^2 nx\,\mathrm{d}x=\pi,\quad \int_{-\pi}^{\pi}\cos^2 nx\,\mathrm{d}x=\pi\quad (n=1,2,\cdots).$$

内积与正交的概念在 $\mathbf{R}^n$ 中的重要性是显然的，这种重要性对所有能建立内积的集合来说都是一样的，它使得集合有了直观的几何特征. 内积是现代数学的一个重要方法，是数学课程“泛函分析”研究的一个重要内容. 许多问题只有在引入内积后，才能得到彻底解决，包括我们正在讨论的傅里叶级数.

## 二、以 $2\pi$ 为周期的周期函数的傅里叶级数

下面应用三角函数系的正交性，讨论三角级数的和函数 $f(x)$ 与级数的系数 $a_0,a_n,b_n$ $(n=1,2,\cdots)$ 之间的关系.

若以 $2\pi$ 为周期的周期函数 $f(x)$ 可展开成三角级数，即

$$f(x)=\frac{a_0}{2}+\sum_{k=1}^{\infty}(a_k\cos kx+b_k\sin kx),\tag{12.5.3}$$

那么自然要问系数 $a_0, a_1, b_1, a_2, b_2, \cdots$ 与函数 $f(x)$ 之间存在着怎样的关系? 为此,假设公式(12.5.3)右边的级数可以逐项积分.

首先,在闭区间$[-\pi,\pi]$上对公式(12.5.3)两边同时积分,并对等式右边逐项积分,有

$$\int_{-\pi}^{\pi} f(x)\,\mathrm{d}x = \int_{-\pi}^{\pi} \frac{a_0}{2}\,\mathrm{d}x + \sum_{k=1}^{\infty}\left(a_k \int_{-\pi}^{\pi} \cos kx\,\mathrm{d}x + b_k \int_{-\pi}^{\pi} \sin kx\,\mathrm{d}x\right).$$

根据三角函数系的正交性,上式等号右边除第一项外,其余各项均为0,所以有

$$\int_{-\pi}^{\pi} f(x)\,\mathrm{d}x = \frac{a_0}{2}\cdot 2\pi, \quad 即 \quad a_0 = \frac{1}{\pi}\int_{-\pi}^{\pi} f(x)\,\mathrm{d}x.$$

其次,将公式(12.5.3)两边同时乘以 $\cos nx$,再对其从 $-\pi$ 到 $\pi$ 积分,有

$$\int_{-\pi}^{\pi} f(x)\cos nx\,\mathrm{d}x = \frac{a_0}{2}\int_{-\pi}^{\pi} \cos nx\,\mathrm{d}x + \sum_{k=1}^{\infty}\left(a_k \int_{-\pi}^{\pi} \cos kx\cos nx\,\mathrm{d}x + b_k \int_{-\pi}^{\pi} \sin kx\cos nx\,\mathrm{d}x\right).$$

根据三角函数系的正交性,上式等号右边除 $k=n$ 的一项外,其余各项均为0,所以有

$$\int_{-\pi}^{\pi} f(x)\cos nx\,\mathrm{d}x = a_n \int_{-\pi}^{\pi} \cos^2 nx\,\mathrm{d}x = a_n\pi,$$

即

$$a_n = \frac{1}{\pi}\int_{-\pi}^{\pi} f(x)\cos nx\,\mathrm{d}x \quad (n=1,2,\cdots).$$

类似地,用 $\sin nx$ 同时乘公式(12.5.3)两边,再逐项积分,可得

$$b_n = \frac{1}{\pi}\int_{-\pi}^{\pi} f(x)\sin nx\,\mathrm{d}x \quad (n=1,2,\cdots).$$

综上所述,有

$$\begin{cases} a_n = \dfrac{1}{\pi}\displaystyle\int_{-\pi}^{\pi} f(x)\cos nx\,\mathrm{d}x \quad (n=0,1,2,\cdots), \\ b_n = \dfrac{1}{\pi}\displaystyle\int_{-\pi}^{\pi} f(x)\sin nx\,\mathrm{d}x \quad (n=1,2,\cdots). \end{cases} \tag{12.5.4}$$

如果公式(12.5.4)中的积分都存在,则称由公式(12.5.4)所确定的系数 $a_0, a_n, b_n (n=1,2,\cdots)$ 为函数 $f(x)$ 的**傅里叶系数**. 由函数 $f(x)$ 的傅里叶系数所确定的三角级数 $\frac{a_0}{2} + \sum_{n=1}^{\infty}(a_n\cos nx + b_n\sin nx)$ 称为**傅里叶级数**.

虽然公式(12.5.4)是在函数 $f(x)$ 能展开成公式(12.5.3),并且右边的级数可以逐项积分的假设下求得的,但是从公式(12.5.4)本身来看,只要函数 $f(x)$ 在闭区间$[-\pi,\pi]$上可积,就能算出系数 $a_0, a_n, b_n (n=1,2,\cdots)$,并能唯一写出函数 $f(x)$ 的傅里叶系数,从而确定一个与函数 $f(x)$ 相对应的三角级数,即

$$f(x) \sim \frac{a_0}{2} + \sum_{n=1}^{\infty}(a_n\cos nx + b_n\sin nx). \tag{12.5.5}$$

这里的记号"～"表示公式(12.5.5)右边的级数是由左边的函数 $f(x)$ 依据公式(12.5.4)构造出来的. 但是,公式(12.5.5)右边的傅里叶级数是否收敛? 如果收敛,是否收敛于 $f(x)$ 自身? 这些问题都有待进一步研究. 因此,公式(12.5.5)中的记号"～"不能无条件地换成"＝".

那么,函数 $f(x)$ 在怎样的条件下,它的傅里叶级数收敛于 $f(x)$ 自身呢? 换句话说,函数 $f(x)$ 满足什么条件时,才可以展开成傅里叶级数? 下面的定理回答了这一问题.

**定理 12.5.2**（狄利克雷收敛定理）　设 $f(x)$ 是以 $2\pi$ 为周期的周期函数. 如果函数 $f(x)$ 在一个周期内连续或只有有限个第一类间断点，并且在一个周期内分段单调，单调区间个数有限（不做无限次振荡），则它的傅里叶级数收敛，且

(1) 当 $x$ 是函数 $f(x)$ 的连续点时，级数收敛于 $f(x)$. 此时公式(12.5.5)中的记号"～"能换成"="，即有

$$f(x)=\frac{a_0}{2}+\sum_{n=1}^{\infty}(a_n\cos nx+b_n\sin nx).$$

(2) 当 $x$ 是函数 $f(x)$ 的（第一类）间断点时，级数收敛于 $\frac{1}{2}[f(x^-)+f(x^+)]$.

由于傅里叶级数收敛性的证明很复杂，故本定理的证明从略.

由上述定理不难看出，函数展开成傅里叶级数的条件比展开成幂级数的条件低得多，它甚至不要求 $f(x)$ 可导. 在实际应用中，很多函数都能满足这个条件，所以傅里叶级数的应用更广. 它在声学、光学、热力学、电学等研究领域都极有价值，在微分方程求解方面也起着重要作用.

**例 12.5.1**　设 $f(x)$ 是以 $2\pi$ 为周期的周期函数，其在 $(-\pi,\pi]$ 上的表达式为

$$f(x)=\begin{cases}-1, & -\pi<x\leqslant 0,\\ 1+x^2, & 0<x\leqslant\pi.\end{cases}$$

(1) 问：函数 $f(x)$ 的傅里叶级数在点 $x=-\pi$ 和 $x=\frac{\pi}{2}$ 处分别收敛于何值？

(2) 求函数 $f(x)$ 的傅里叶级数在闭区间 $[-\pi,\pi]$ 上的和函数 $s(x)$.

**解**　(1) 由于函数 $f(x)$ 满足狄利克雷收敛定理的条件，且 $x=-\pi$ 是它的间断点（见图 12-12(a)），故函数 $f(x)$ 的傅里叶级数在点 $x=-\pi$ 处收敛于

$$\frac{f(-\pi^-)+f(-\pi^+)}{2}=\frac{1}{2}[1+(-\pi)^2-1]=\frac{1}{2}\pi^2.$$

而 $x=\frac{\pi}{2}$ 是它的连续点，故函数 $f(x)$ 的傅里叶级数在点 $x=\frac{\pi}{2}$ 处收敛于 $f\left(\frac{\pi}{2}\right)=1+\frac{\pi^2}{4}$.

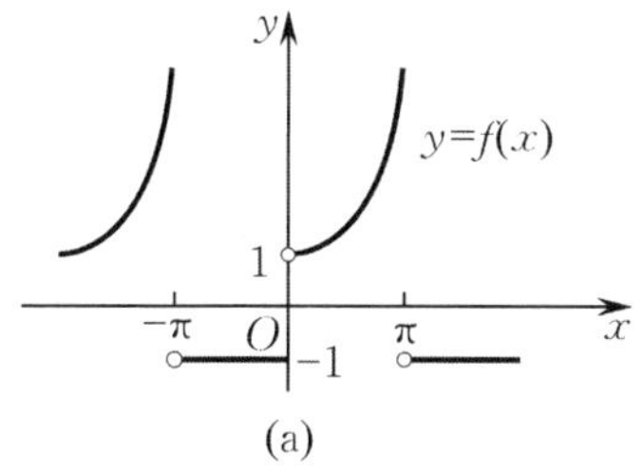

(a)

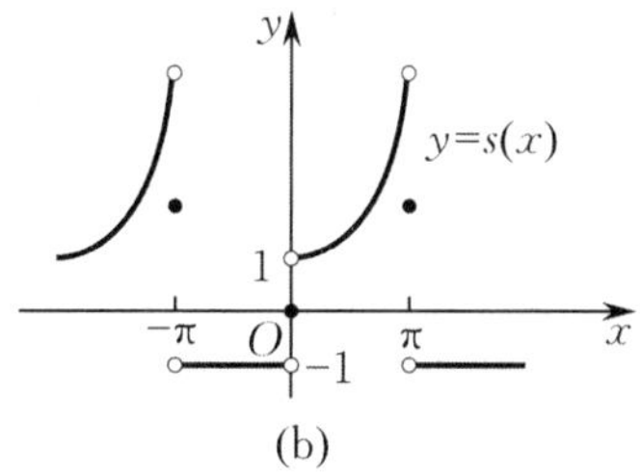

(b)

**图 12－12**

(2) 函数 $f(x)$ 在闭区间 $[-\pi,\pi]$ 上的间断点是 $x=-\pi,0,\pi$（见图 12-12(a)），在其余点处均连续. 由狄利克雷收敛定理可知，在点 $x=0$ 处，和函数为

$$s(x)=\frac{f(0^-)+f(0^+)}{2}=\frac{-1+1}{2}=0;$$

在点 $x=\pi$ 处,和函数为 $s(x)=\dfrac{f(\pi^-)+f(\pi^+)}{2}=\dfrac{1}{2}\pi^2$.

因此,所求和函数(见图 12-12(b))为

$$s(x)=\begin{cases}-1, & -\pi<x<0,\\ 0, & x=0,\\ 1+x^2, & 0<x<\pi,\\ \dfrac{\pi^2}{2}, & x=\pm\pi.\end{cases}$$

**例 12.5.2** 设 $f(x)$ 是以 $2\pi$ 为周期的周期函数,其在 $(-\pi,\pi]$ 上的表达式为

$$f(x)=\begin{cases}0, & -\pi<x<0,\\ \dfrac{\pi}{2}, & 0\leqslant x\leqslant\pi.\end{cases}$$

(1) 求函数 $f(x)$ 的傅里叶级数;

(2) 将函数 $f(x)$ 展开成傅里叶级数,并作出该级数的和函数的图形.

**解** (1) 根据公式(12.5.4) 计算函数 $f(x)$ 的傅里叶系数,得

$$a_0=\frac{1}{\pi}\int_{-\pi}^{\pi}f(x)\mathrm{d}x=\frac{\pi}{2},$$

$$a_n=\frac{1}{\pi}\int_{-\pi}^{\pi}f(x)\cos nx\mathrm{d}x=\frac{1}{\pi}\int_0^{\pi}\frac{\pi}{2}\cos nx\mathrm{d}x=0,$$

$$b_n=\frac{1}{\pi}\int_{-\pi}^{\pi}f(x)\sin nx\mathrm{d}x=\frac{1}{\pi}\int_0^{\pi}\frac{\pi}{2}\sin nx\mathrm{d}x$$

$$=\frac{1}{2n}(1-\cos n\pi)=\begin{cases}\dfrac{1}{n}, & n=1,3,5,\cdots,\\ 0, & n=2,4,6,\cdots.\end{cases}$$

因此,函数 $f(x)$ 的傅里叶级数为

$$f(x)\sim\frac{\pi}{4}+\sin x+\frac{1}{3}\sin 3x+\cdots+\frac{1}{2n-1}\sin(2n-1)x+\cdots.$$

(2) 由于函数 $f(x)$ 满足狄利克雷收敛定理的条件,且 $x=k\pi(k=0,\pm1,\pm2,\cdots)$ 是它的间断点(见图 12-13(a)),因此函数 $f(x)$ 的傅里叶级数在点 $x=k\pi$ 处收敛于

$$\frac{f(\pi^-)+f(\pi^+)}{2}=\frac{\dfrac{\pi}{2}+0}{2}=\frac{\pi}{4}.$$

当 $x\neq k\pi$ 时,傅里叶级数收敛于函数 $f(x)$.

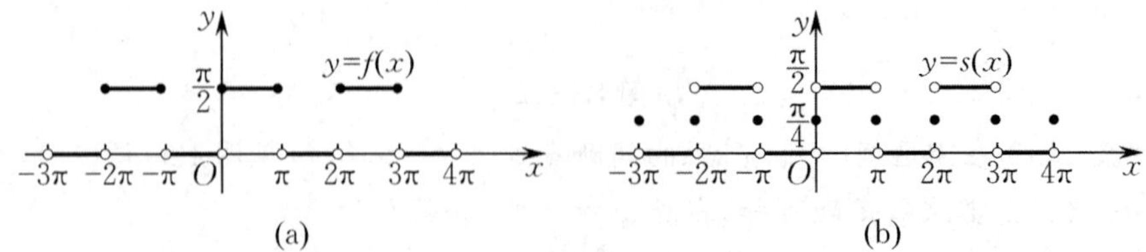


图 12-13

于是,函数 $f(x)$ 的傅里叶级数展开式为

$$f(x)=\frac{\pi}{4}+\sin x+\frac{1}{3}\sin 3x+\cdots+\frac{1}{2n-1}\sin(2n-1)x+\cdots$$

$$=\frac{\pi}{4}+\sum_{n=1}^{\infty}\frac{1}{2n-1}\sin(2n-1)x\quad(-\infty<x<+\infty,\text{且 }x\neq 0,\pm\pi,\pm 2\pi,\cdots),$$

其和函数的图形如图 12 - 13(b) 所示.

**注**　(1) 从例12.5.2的求解过程可知,求函数 $f(x)$ 的傅里叶级数与将函数 $f(x)$ 展开成傅里叶级数是两个不同的概念,不能混为一谈.

(2) 在电子技术中,图 12 - 13(a) 中的函数 $f(x)$ 的图形称为**矩形波**. 例 12.5.2 的展开式表明,此矩形波可视为由无穷多个不同角频率的正弦波叠加而成. 显然,在间断点 $x=k\pi$ $(k=0,\pm 1,\pm 2,\cdots)$ 处,右边级数的和为$\frac{\pi}{4}$(见图 12 - 13(b)),不等于函数 $f(x)$ 的值.

由图 12 - 14 可见该傅里叶级数是怎样收敛于矩形波的. 图 12 - 14 给出了在闭区间 $[-\pi,\pi]$ 上函数 $f(x)$ 的傅里叶级数的前 $n(n=1,2,3,12,24,36)$ 项之和的逼近情况,即 $f(x)$ 的傅里叶级数的部分和与函数 $f(x)$ 的接近情况. 如此不断叠加下去,当 $n\to\infty$ 时,曲线将无限接近于矩形波.

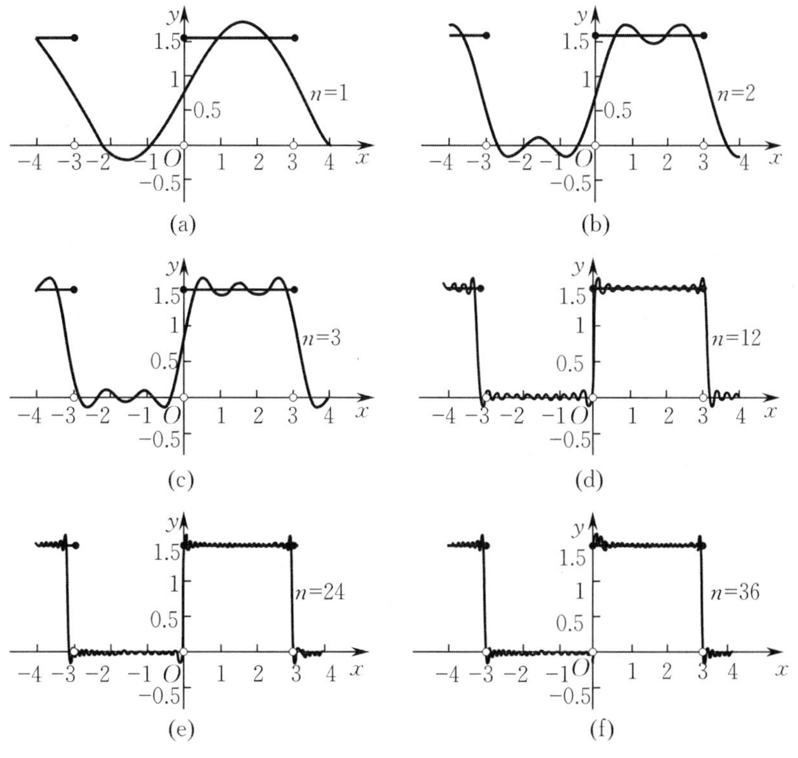


**图 12 - 14**

**吉布斯**(Gibbs) **现象**(也叫作**吉布斯效应**):将具有间断点的周期函数(如矩形波) 展开成傅里叶级数后,选取有限项进行合成. 当选取的项数 $n$ 越大时,在所合成的波形中出现的峰越靠近原信号的间断点. 这个起伏的峰值大小不随 $n$ 增大而减小,而是当 $n$ 很大时,该起伏的峰值大小趋于一个常数,如图 12 - 14(d),(e),(f) 所示.

**例 12.5.3** 设 $f(x)$ 是以 $2\pi$ 为周期的周期函数,其在 $(-\pi,\pi]$ 上的表达式为

$$f(x)=\begin{cases}0, & -\pi<x<0,\\ x, & 0\leqslant x\leqslant\pi.\end{cases}$$

试将函数 $f(x)$ 展开成傅里叶级数,并作出该级数的和函数的图形.

**解** 根据公式(12.5.4)计算函数 $f(x)$ 的傅里叶系数,得

$$a_0=\frac{1}{\pi}\int_{-\pi}^{\pi}f(x)\mathrm{d}x=\frac{1}{\pi}\int_0^{\pi}x\mathrm{d}x=\frac{\pi}{2},$$

$$\begin{aligned}a_n&=\frac{1}{\pi}\int_{-\pi}^{\pi}f(x)\cos nx\,\mathrm{d}x=\frac{1}{\pi}\underbrace{\int_0^{\pi}x\cos nx\,\mathrm{d}x}_{\text{分部积分}}\\&=\frac{1}{n\pi}x\sin nx\Big|_0^{\pi}-\frac{1}{n\pi}\int_0^{\pi}\sin nx\,\mathrm{d}x=\frac{1}{n^2\pi}\cos nx\Big|_0^{\pi}\\&=\frac{1}{n^2\pi}(\cos n\pi-1)=\begin{cases}-\dfrac{2}{n^2\pi}, & n=1,3,5,\cdots,\\ 0, & n=2,4,6,\cdots,\end{cases}\end{aligned}$$

$$\begin{aligned}b_n&=\frac{1}{\pi}\int_{-\pi}^{\pi}f(x)\sin nx\,\mathrm{d}x=\frac{1}{\pi}\underbrace{\int_0^{\pi}x\sin nx\,\mathrm{d}x}_{\text{分部积分}}\\&=-\frac{1}{n\pi}x\cos nx\Big|_0^{\pi}+\frac{1}{n\pi}\int_0^{\pi}\cos nx\,\mathrm{d}x\\&=\frac{(-1)^{n+1}}{n}+\frac{1}{n^2\pi}\sin nx\Big|_0^{\pi}=\frac{(-1)^{n+1}}{n}.\end{aligned}$$

因此,函数 $f(x)$ 的傅里叶级数为

$$\begin{aligned}f(x)\sim\frac{\pi}{4}&-\left(\frac{2}{\pi}\cos x-\sin x\right)-\frac{1}{2}\sin 2x-\left(\frac{2}{3^2\pi}\cos 3x-\frac{1}{3}\sin 3x\right)\\&-\frac{1}{4}\sin 4x-\left(\frac{2}{5^2\pi}\cos 5x-\frac{1}{5}\sin 5x\right)-\cdots.\end{aligned}$$

由于函数 $f(x)$ 满足狄利克雷收敛定理的条件,且 $x=(2k+1)\pi(k=0,\pm1,\pm2,\cdots)$ 是它的间断点(见图 12-15(a)),故函数 $f(x)$ 的傅里叶级数在点 $x=(2k+1)\pi$ 处收敛于

$$\frac{f(\pi^-)+f(\pi^+)}{2}=\frac{\pi+0}{2}=\frac{\pi}{2}.$$

当 $x\neq(2k+1)\pi$ 时,函数 $f(x)$ 的傅里叶级数收敛于 $f(x)$.

于是,函数 $f(x)$ 的傅里叶级数展开式为

$$\begin{aligned}f(x)&=\frac{\pi}{4}-\left(\frac{2}{\pi}\cos x-\sin x\right)-\frac{1}{2}\sin 2x-\left(\frac{2}{3^2\pi}\cos 3x-\frac{1}{3}\sin 3x\right)-\frac{1}{4}\sin 4x\\&\quad-\left(\frac{2}{5^2\pi}\cos 5x-\frac{1}{5}\sin 5x\right)-\cdots\\&=\frac{\pi}{4}-\frac{2}{\pi}\sum_{n=1}^{\infty}\frac{1}{(2n-1)^2}\cos(2n-1)x+\sum_{n=1}^{\infty}\frac{(-1)^{n+1}}{n}\sin nx\end{aligned}$$

$$(-\infty<x<+\infty,\text{且 }x\neq\pm\pi,\pm3\pi,\pm5\pi,\cdots),$$

其和函数的图形如图 12-15(b) 所示.

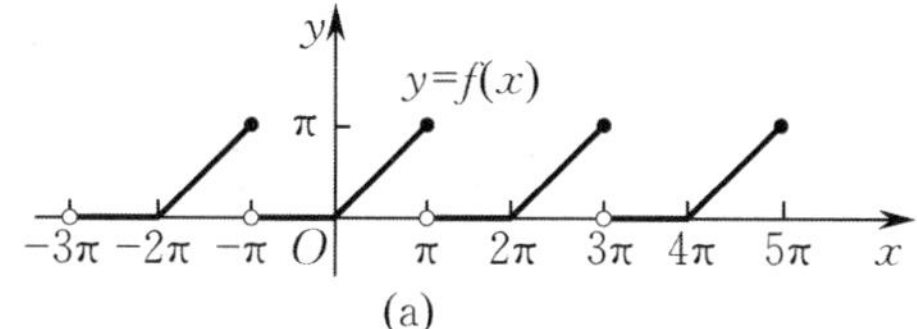


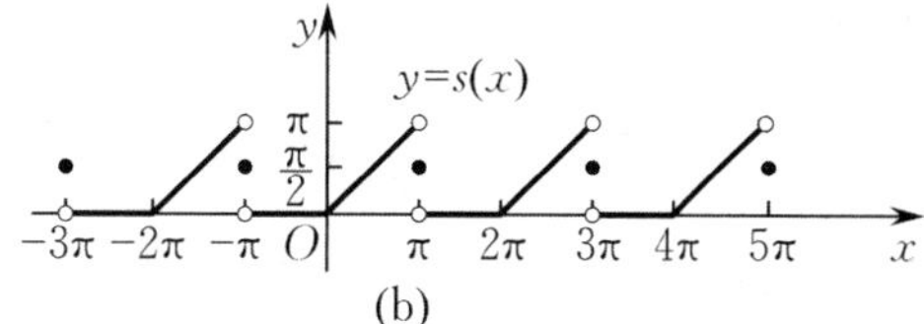


图 12－15

通过上面的例子可以看出，利用傅里叶级数可以把一个复杂的周期函数 $f(x)$（如各种波形函数）分解为一系列简单谐波 $A_n\sin(\omega_n t+\varphi_n)$（有时叫作"**子波**"）之和. 其中，$A_n$ 为函数 $f(x)$ 的 $n$ 阶谐波的振幅，$\omega_n$ 为 $f(x)$ 的角频率，那么研究函数 $f(x)$ 就可以转化为研究各种角频率的正弦波振幅 $A_n$ 的性质. 在电工学上，这种分解称为**谐波分析**.

## 三、非周期函数的傅里叶展开

前面讨论了以 $2\pi$ 为周期的周期函数的傅里叶级数，为了使理论应用的范围更广，下面将讨论非周期函数的傅里叶展开.

**1. 函数 $f(x)$ 只在闭区间$[-\pi,\pi]$上有定义**

设函数 $f(x)$ 只在闭区间$[-\pi,\pi]$上有定义，且满足狄利克雷收敛定理的条件，那么函数 $f(x)$ 也可以展开成傅里叶级数. 方法如下：在$[-\pi,\pi)$或$(-\pi,\pi]$之外对函数 $f(x)$ 补充定义，使它拓展为一个在整个数轴上都有定义且以 $2\pi$ 为周期的周期函数 $F(x)$（见图 12－16）. 这种拓展函数的定义域的过程称为**周期延拓**.

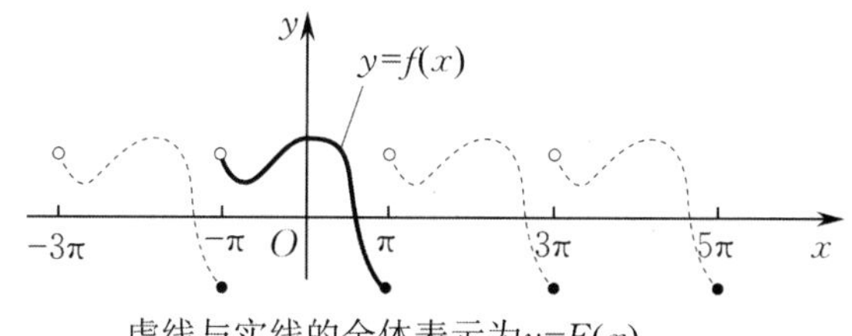

虚线与实线的全体表示为$y=F(x)$

图 12－16

显然，$F(x)$ 可以展开成以 $2\pi$ 为周期的傅里叶级数，且

$$\begin{cases} a_n=\dfrac{1}{\pi}\displaystyle\int_{-\pi}^{\pi}F(x)\cos nx\,\mathrm{d}x=\dfrac{1}{\pi}\int_{-\pi}^{\pi}f(x)\cos nx\,\mathrm{d}x \quad (n=0,1,2,\cdots), \\ b_n=\dfrac{1}{\pi}\displaystyle\int_{-\pi}^{\pi}F(x)\sin nx\,\mathrm{d}x=\dfrac{1}{\pi}\int_{-\pi}^{\pi}f(x)\sin nx\,\mathrm{d}x \quad (n=1,2,\cdots). \end{cases}$$

当限制自变量 $x\in(-\pi,\pi)$ 时，即得 $F(x)=f(x)$，这样就得到函数 $f(x)$ 在开区间$(-\pi,\pi)$内的傅里叶级数展开式

$$\frac{a_0}{2}+\sum_{n=1}^{\infty}(a_n\cos nx+b_n\sin nx).$$

根据狄利克雷收敛定理，该级数在区间端点 $x=\pm\pi$ 处均收敛于$\dfrac{1}{2}[f(-\pi^+)+f(\pi^-)]$.

**注**　实际计算时，可不必对函数 $f(x)$ 进行周期延拓，直接使用公式(12.5.4)计算 $a_0$，$a_n$，$b_n(n=1,2,\cdots)$.

**2. 举例**

**例 12.5.4** 将函数 $f(x)=\begin{cases}-x, & -\pi\leqslant x<0,\\ x, & 0\leqslant x<\pi\end{cases}$ 展开成傅里叶级数.

**解** 对函数 $f(x)$ 进行周期延拓,由于拓展的周期函数在每一点 $x$ 处都连续(见图 12-17),因此拓展的周期函数的傅里叶级数在 $[-\pi,\pi)$ 上收敛于 $f(x)$.

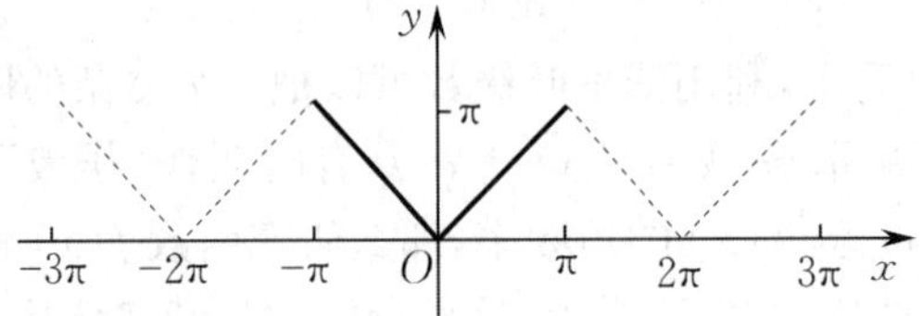


图 12 − 17

因 $f(x)$ 为偶函数,故 $f(x)\sin nx$ 为奇函数,从而 $b_n=0$. 又因为

$$a_n=\frac{1}{\pi}\int_{-\pi}^{\pi}f(x)\cos nx\,\mathrm{d}x=\frac{2}{\pi}\int_0^{\pi}x\cos nx\,\mathrm{d}x=\frac{2}{\pi}\left(\frac{x\sin nx}{n}+\frac{\cos nx}{n^2}\right)\Bigg|_0^{\pi}$$

$$=\frac{2}{n^2\pi}(\cos n\pi-1)=\begin{cases}-\dfrac{4}{n^2\pi}, & n=1,3,5,\cdots,\\ 0, & n=2,4,6,\cdots,\end{cases}$$

$$a_0=\frac{1}{\pi}\int_{-\pi}^{\pi}f(x)\mathrm{d}x=\frac{2}{\pi}\int_0^{\pi}x\mathrm{d}x=\pi,$$

所以函数 $f(x)$ 的傅里叶级数展开式为

$$f(x)=\frac{\pi}{2}-\frac{4}{\pi}\sum_{n=1}^{\infty}\frac{1}{(2n-1)^2}\cos(2n-1)x$$

$$=\frac{\pi}{2}-\frac{4}{\pi}\left(\cos x+\frac{1}{3^2}\cos 3x+\frac{1}{5^2}\cos 5x+\cdots\right),\quad x\in[-\pi,\pi).$$

由例 12.5.4 的结论可见,这是由一系列的余弦波叠加出来的三角波(见图 12 - 17). 如图 12 - 18 所示,其逼近情况相当好.

与牛顿和莱布尼茨同时代的瑞士数学家伯努利发现过好几个无穷级数的和,但他始终未能求出级数

$$1+\frac{1}{2^2}+\frac{1}{3^2}+\cdots+\frac{1}{n^2}+\cdots$$

的和. 下面利用例 12.5.4 的展开式来解决该问题$\left(\text{附带求出另外两个级数}\sum\limits_{n=1}^{\infty}\dfrac{1}{(2n-1)^2}\text{与}\sum\limits_{n=1}^{\infty}\dfrac{1}{(2n)^2}\text{的和}\right)$.

在例 12.5.4 中,当 $x=0$ 时,$f(0)=0$,从而有

$$\frac{\pi^2}{8}=\sum_{n=1}^{\infty}\frac{1}{(2n-1)^2}.$$

设 $\sum\limits_{n=1}^{\infty}\dfrac{1}{n^2}=s$,按奇数项、偶数项把该级数分成两部分,有

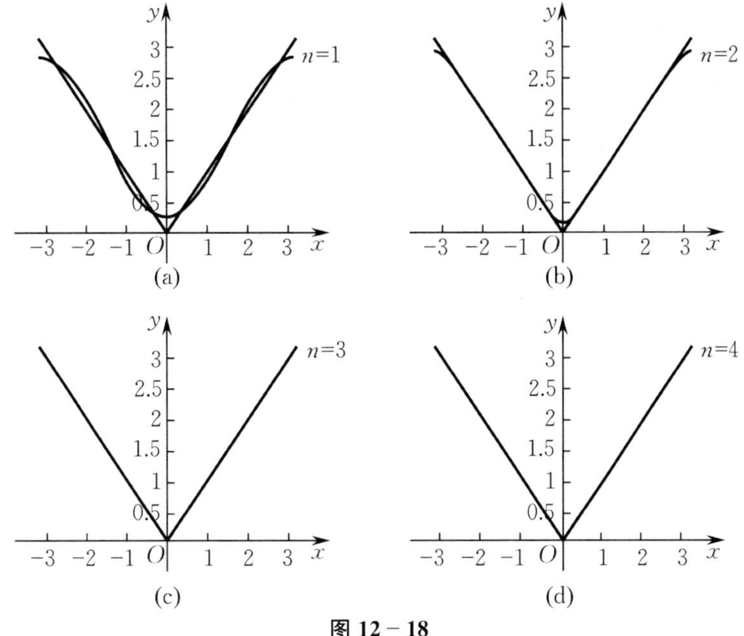


**图 12－18**

$$s=\sum_{n=1}^{\infty}\frac{1}{n^2}=\sum_{n=1}^{\infty}\frac{1}{(2n-1)^2}+\sum_{n=1}^{\infty}\frac{1}{(2n)^2}=\frac{\pi^2}{8}+\frac{1}{4}\sum_{n=1}^{\infty}\frac{1}{n^2}.$$

由此可得 $s=\frac{\pi^2}{8}+\frac{1}{4}s$，解得 $s=\frac{\pi^2}{6}$，即 $\sum_{n=1}^{\infty}\frac{1}{n^2}=\frac{\pi^2}{6}$. 同时可得 $\sum_{n=1}^{\infty}\frac{1}{(2n)^2}=\frac{\pi^2}{24}$.

## 思考题 12.5

1. 三角函数系的正交性是指什么？

2. 在三角级数(12.5.3)中，为什么要将其常数项记作 $\frac{a_0}{2}$？

3. 公式(12.5.4)中傅里叶系数的积分区间能否改为任一长为 $2\pi$ 的区间？

4. 若函数 $\varphi(-x)=\psi(x)$，问：$\varphi(x)$ 的傅里叶系数 $a_0,a_n,b_n(n=1,2,\cdots)$ 与 $\psi(x)$ 的傅里叶系数 $\alpha_0,\alpha_n,\beta_n(n=1,2,\cdots)$ 之间有何关系？

## 习　题　12.5

**(A)**

一、填空题：

(1) 设 $f(x)$ 是以 $2\pi$ 为周期的周期函数，它在一个周期上的表达式为

$$f(x)=\begin{cases}x+1, & -\pi<x\leqslant 0,\\ -x+1, & 0<x\leqslant\pi,\end{cases}$$

则其傅里叶级数收敛于函数自身的点的集合为____________.

(2) 若将函数

$$f(x)=\begin{cases}-1, & -\pi<x\leqslant 0,\\ x^2, & 0<x\leqslant\pi\end{cases}$$

以 $2\pi$ 为周期拓展到整个数轴上，则其傅里叶级数在点 $x=\pi$ 处收敛于____________，在点 $x=0$ 处收敛

于____________,在点 $x=-\frac{\pi}{2}$ 处收敛于____________.

二、设 $f(x)$ 是以 $2\pi$ 为周期的周期函数,它在一个周期上的表达式为 $f(x)=\begin{cases}-1, & -\pi<x<0,\\ 1, & 0\leqslant x\leqslant\pi.\end{cases}$ 试写出函数 $f(x)$ 的傅里叶级数在 $[-\pi,\pi]$ 上的和函数 $s(x)$ 的表达式.

三、设 $f(x)$ 是以 $2\pi$ 为周期的周期函数,它在 $(-\pi,\pi]$ 上的表达式为

$$f(x)=\begin{cases}1, & -\pi<x\leqslant 0,\\ x, & 0<x\leqslant\pi.\end{cases}$$

试将函数 $f(x)$ 展开成傅里叶级数,并作出和函数的图形.

**(B)**

一、证明:函数系 $\sin x,\sin 2x,\cdots,\sin nx,\cdots$ 是闭区间 $[0,\pi]$ 上的正交函数系.

二、若闭区间 $[a,b]$ 上的正交函数系中每个函数的平方在闭区间 $[a,b]$ 上的积分均为 1,则称其为闭区间 $[a,b]$ 上的**标准**(或**规范**)**正交函数系**. 证明:

$$\frac{1}{\sqrt{2l}},\quad \frac{1}{\sqrt{l}}\cos\frac{\pi x}{l},\quad \frac{1}{\sqrt{l}}\sin\frac{\pi x}{l},\quad \cdots,\quad \frac{1}{\sqrt{l}}\cos\frac{n\pi x}{l},\quad \frac{1}{\sqrt{l}}\sin\frac{n\pi x}{l},\quad \cdots$$

是闭区间 $[-l,l]$ 上的标准正交函数系.

三、设 $f(x)$ 是以 $2\pi$ 为周期的周期函数,它在 $(0,2\pi]$ 上的表达式为 $f(x)=x^2$.

(1) 将函数 $f(x)$ 展开成傅里叶级数,并写出当 $x\in[0,2\pi]$ 时,该级数的和函数;

(2) 利用(1) 的结论证明:$\frac{1}{1^2}+\frac{1}{2^2}+\cdots+\frac{1}{n^2}+\cdots=\frac{\pi^2}{6}$ 及 $\frac{1}{1^2}-\frac{1}{2^2}+\frac{1}{3^2}-\cdots+(-1)^{n-1}\frac{1}{n^2}+\cdots=\frac{\pi^2}{12}$.

四、设 $f(x)$ 是以 $2\pi$ 为周期的可微周期函数,且 $f'(x)$ 连续,$a_0,a_n,b_n(n=1,2,\cdots)$ 是函数 $f(x)$ 的傅里叶系数. 证明:$\lim\limits_{n\to\infty}a_n=0,\lim\limits_{n\to\infty}b_n=0$.

# 第六节　以 $2l$ 为周期的周期函数的展开式

前面讨论的周期函数都是以 $2\pi$ 为周期的,但是在实际问题中所遇到的周期函数,它们的周期不一定是 $2\pi$. 那么,如何把周期为 $2l(l>0)$ 的周期函数 $f(x)$ 展开成三角级数呢?

## 一、以 $2l$ 为周期的周期函数的傅里叶级数

由于我们希望能把周期为 $2l$ 的周期函数 $f(x)$ 展开成三角级数,因此先把周期为 $2l$ 的周期函数 $f(x)$ 变换为周期为 $2\pi$ 的周期函数.

设 $f(x)$ 是以 $2l$ 为周期的周期函数,并在闭区间 $[-l,l]$ 上可积. 做变量替换 $x=\frac{lt}{\pi}$,则 $F(t)=f\left(\frac{lt}{\pi}\right)$ 是以 $2\pi$ 为周期的周期函数. 因为 $x=\frac{lt}{\pi}$ 是线性函数,所以 $F(t)$ 在闭区间 $[-\pi,\pi]$ 上也可积,从而函数 $F(t)$ 的傅里叶系数为

$$\begin{cases}a_n=\dfrac{1}{\pi}\displaystyle\int_{-\pi}^{\pi}F(t)\cos nt\,\mathrm{d}t & (n=0,1,2,\cdots),\\ b_n=\dfrac{1}{\pi}\displaystyle\int_{-\pi}^{\pi}F(t)\sin nt\,\mathrm{d}t & (n=1,2,\cdots).\end{cases}$$

于是，$F(t)$ 的傅里叶级数为

$$F(t) \sim \frac{a_0}{2} + \sum_{n=1}^{\infty}(a_n \cos nt + b_n \sin nt).$$

将上式还原成以 $x$ 为自变量，注意到 $F(t) = f\left(\frac{lt}{\pi}\right) = f(x), t = \frac{\pi x}{l}$，故有

$$f(x) = F(t) \sim \frac{a_0}{2} + \sum_{n=1}^{\infty}\left(a_n \cos \frac{n\pi x}{l} + b_n \sin \frac{n\pi x}{l}\right),$$

其中

$$a_n = \frac{1}{\pi}\int_{-\pi}^{\pi} F(t)\cos nt\,\mathrm{d}t = \frac{1}{l}\int_{-l}^{l} f(x)\cos \frac{n\pi x}{l}\mathrm{d}x \quad (n = 0,1,2,\cdots),$$

$$b_n = \frac{1}{\pi}\int_{-\pi}^{\pi} F(t)\sin nt\,\mathrm{d}t = \frac{1}{l}\int_{-l}^{l} f(x)\sin \frac{n\pi x}{l}\mathrm{d}x \quad (n = 1,2,\cdots).$$

这里的 $a_n, b_n$ 是以 $2l$ 为周期的周期函数 $f(x)$ 的傅里叶系数，而

$$f(x) \sim \frac{a_0}{2} + \sum_{n=1}^{\infty}\left(a_n \cos \frac{n\pi x}{l} + b_n \sin \frac{n\pi x}{l}\right)$$

就是以 $2l$ 为周期的周期函数 $f(x)$ 的傅里叶级数. 于是，不加证明地给出如下定理.

**定理 12.6.1**　设以 $2l$ 为周期的周期函数 $f(x)$ 满足狄利克雷收敛定理的条件，则它的傅里叶级数为

$$\frac{a_0}{2} + \sum_{n=1}^{\infty}\left(a_n \cos \frac{n\pi x}{l} + b_n \sin \frac{n\pi x}{l}\right),$$

其中

$$a_n = \frac{1}{l}\int_{-l}^{l} f(x)\cos \frac{n\pi x}{l}\mathrm{d}x \quad (n = 0,1,2,\cdots),$$

$$b_n = \frac{1}{l}\int_{-l}^{l} f(x)\sin \frac{n\pi x}{l}\mathrm{d}x \quad (n = 1,2,\cdots).$$

此级数收敛，且

(1) 当 $x$ 为函数 $f(x)$ 的连续点时，该级数收敛于 $f(x)$；

(2) 当 $x$ 为函数 $f(x)$ 的间断点时，该级数收敛于 $\frac{1}{2}[f(x^-) + f(x^+)]$.

**例 12.6.1**　设 $f(x)$ 是以 4 为周期的周期函数，它在 $[-2,2)$ 上的表达式为 $f(x) = x$. 试将函数 $f(x)$ 展开成傅里叶级数.

**解**　首先，由于所给函数满足狄利克雷收敛定理的条件，并且它在点 $x = 2(2k+1)$ $(k = 0, \pm 1, \pm 2, \cdots)$ 处不连续(见图 12－19(a))，因此函数 $f(x)$ 的傅里叶级数在点 $x = 2(2k+1)(k = 0, \pm 1, \pm 2, \cdots)$ 处收敛于

$$\frac{f(2^-) + f(2^+)}{2} = \frac{2 + (-2)}{2} = 0,$$

而在连续点 $x \neq 2(2k+1)(k = 0, \pm 1, \pm 2, \cdots)$ 处收敛于 $f(x)$. 和函数的图形如图 12－19(b) 所示.

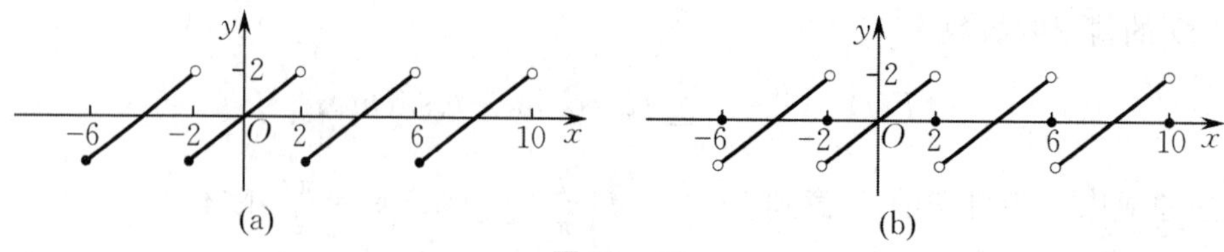


图 12－19

其次，若不计 $x=2(2k+1)(k=0,\pm1,\pm2,\cdots)$，则 $f(x)$ 是以 4 为周期的奇函数. 于是有 $a_n=0(n=0,1,2,\cdots)$，且

$$b_n=\frac{2}{2}\int_0^2 f(x)\sin\frac{n\pi x}{2}\mathrm{d}x=\int_0^2 x\sin\frac{n\pi x}{2}\mathrm{d}x=\left[-\frac{2}{n\pi}x\cos\frac{n\pi x}{2}+\left(\frac{2}{n\pi}\right)^2\sin\frac{n\pi x}{2}\right]\Bigg|_0^2$$

$$=-\frac{4}{n\pi}\cos n\pi=\frac{4}{n\pi}(-1)^{n+1}\quad(n=1,2,\cdots).$$

因此，函数 $f(x)$ 的傅里叶级数展开式为

$$f(x)=\frac{4}{\pi}\sum_{n=1}^{\infty}\frac{(-1)^{n+1}}{n}\sin\frac{n\pi x}{2}\quad(-\infty<x<+\infty,\text{且 }x\neq\pm2,\pm6,\pm10,\cdots).$$

由例 12.6.1 的结论可见，这是由一系列的正弦波叠加出来的锯齿波(见图 12－19(a)). 如图 12－20 所示，其逼近情况相当好.

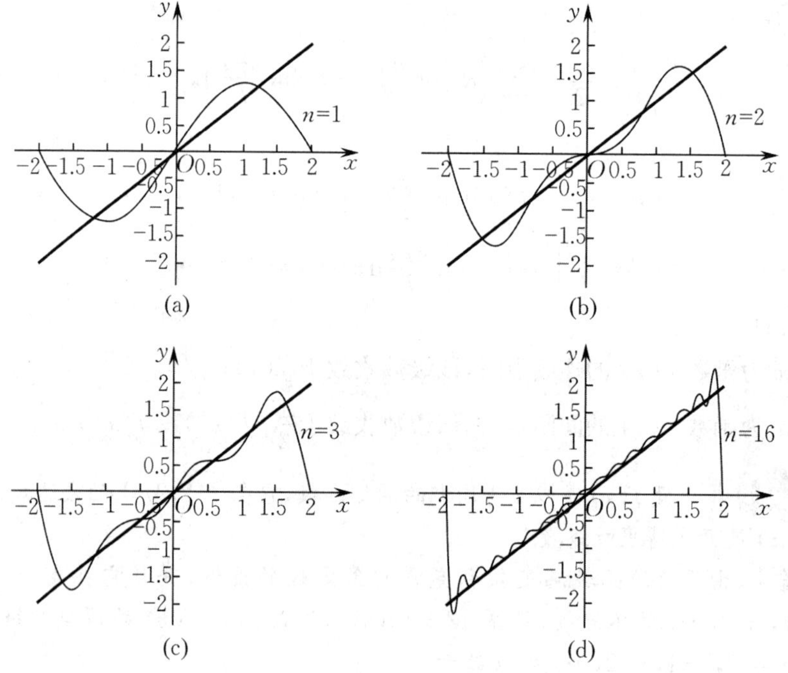


图 12－20

**例 12.6.2** 交流电压 $f(t)=E\sin\omega t$ 经半波整流后负压消失，试将半波整流函数展开成傅里叶级数.

**解** 如图 12－21 所示，该半波整流函数的周期是 $\frac{2\pi}{\omega}$，从而 $l=\frac{\pi}{\omega}$，它在 $\left(-\frac{\pi}{\omega},\frac{\pi}{\omega}\right]$ 上的表达式为

$$f(t)=\begin{cases}0, & -\dfrac{\pi}{\omega}<t<0,\\ E\sin\omega t, & 0\leqslant t\leqslant\dfrac{\pi}{\omega}.\end{cases}$$

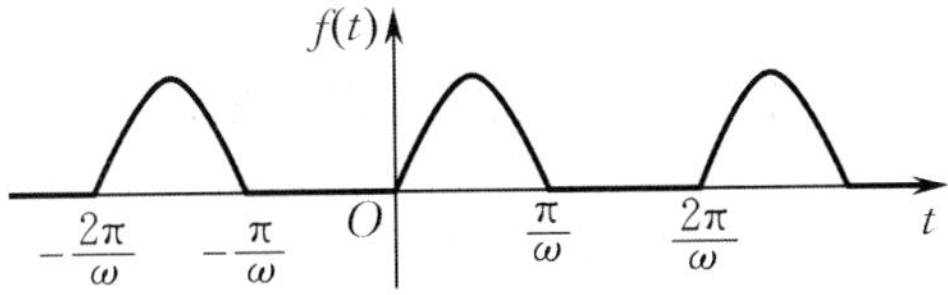


图 12－21

当 $n\neq 1$ 时，根据定理 12.6.1，有

$$\begin{aligned}a_n&=\frac{\omega}{\pi}\int_{-\frac{\pi}{\omega}}^{\frac{\pi}{\omega}}f(t)\cos n\omega t\,\mathrm{d}t=\frac{\omega}{\pi}\int_0^{\frac{\pi}{\omega}}E\sin\omega t\cos n\omega t\,\mathrm{d}t\\&=\frac{E\omega}{2\pi}\int_0^{\frac{\pi}{\omega}}[\sin(n+1)\omega t-\sin(n-1)\omega t]\mathrm{d}t\\&=\frac{E}{2\pi}\left[-\frac{1}{n+1}\cos(n+1)\omega t+\frac{1}{n-1}\cos(n-1)\omega t\right]\Bigg|_0^{\frac{\pi}{\omega}}\\&=\frac{[(-1)^{n-1}-1]E}{(n^2-1)\pi}=\begin{cases}0, & n=2k+3(k=0,1,2,\cdots),\\ \dfrac{2E}{(1-4k^2)\pi}, & n=2k(k=0,1,2,\cdots),\end{cases}\end{aligned}$$

$$\begin{aligned}b_n&=\frac{\omega}{\pi}\int_0^{\frac{\pi}{\omega}}E\sin\omega t\sin n\omega t\,\mathrm{d}t=\frac{E\omega}{2\pi}\int_0^{\frac{\pi}{\omega}}[\cos(n-1)\omega t-\cos(n+1)\omega t]\mathrm{d}t\\&=\frac{E}{2\pi}\left[\frac{\sin(n-1)\omega t}{n-1}-\frac{\sin(n+1)\omega t}{n+1}\right]\Bigg|_0^{\frac{\pi}{\omega}}=0.\end{aligned}$$

当 $n=1$ 时，有

$$a_1=\frac{\omega}{\pi}\int_{-\frac{\pi}{\omega}}^{\frac{\pi}{\omega}}f(t)\cos\omega t\,\mathrm{d}t=\frac{E\omega}{2\pi}\int_0^{\frac{\pi}{\omega}}\sin 2\omega t\,\mathrm{d}t=\frac{E}{2\pi}\left(-\frac{1}{2}\cos 2\omega t\right)\Bigg|_0^{\frac{\pi}{\omega}}=0,$$

$$b_1=\frac{\omega}{\pi}\int_0^{\frac{\pi}{\omega}}E\sin\omega t\sin\omega t\,\mathrm{d}t=\frac{E\omega}{2\pi}\int_0^{\frac{\pi}{\omega}}(1-\cos 2\omega t)\mathrm{d}t=\frac{E\omega}{2\pi}\left(t-\frac{\sin 2\omega t}{2\omega}\right)\Bigg|_0^{\frac{\pi}{\omega}}=\frac{E}{2}.$$

由于半波整流函数 $f(t)$ 在 $(-\infty,+\infty)$ 上连续，因此由狄利克雷收敛定理可得所求傅里叶级数为

$$f(t)=\underbrace{\frac{E}{\pi}}_{\text{直流部分}}+\underbrace{\frac{E}{2}\sin\omega t+\frac{2E}{\pi}\sum_{k=1}^{\infty}\frac{1}{1-4k^2}\cos 2k\omega t}_{\text{交流部分}}\quad(-\infty<t<+\infty).$$

**注**　上述级数分解为直流与交流两部分之和. $2k$ 次谐波的振幅为 $A_k=\dfrac{2E}{\pi}\cdot\dfrac{1}{4k^2-1}$，且 $k$ 越大振幅越小，因此在实际应用中展开式取前几项就足以逼近 $f(t)$ 了.

## 二、正弦级数和余弦级数

### 1. 闭区间 $[-l,l]$ 上的偶函数和奇函数的傅里叶级数

一般来说，函数的傅里叶级数既有正弦项也有余弦项，但也有特殊情况：设 $f(x)$ 是以 $2l$ 为周期的周期函数，且在一个周期上满足狄利克雷收敛定理的条件，则

(1) 当 $f(x)$ 为偶函数时,$f(x)\cos\frac{n\pi x}{l}$ 是偶函数,$f(x)\sin\frac{n\pi x}{l}$ 是奇函数,有

$$a_n=\frac{2}{l}\int_0^l f(x)\cos\frac{n\pi x}{l}\mathrm{d}x\quad(n=0,1,2,\cdots),$$

$$b_n=0\quad(n=1,2,\cdots).$$

因此,偶函数的傅里叶级数是只含常数项和余弦项的**余弦级数**

$$f(x)\sim\frac{a_0}{2}+\sum_{n=1}^{\infty}a_n\cos\frac{n\pi x}{l}.$$

(2) 当 $f(x)$ 为奇函数时,$f(x)\cos\frac{n\pi x}{l}$ 是奇函数,$f(x)\sin\frac{n\pi x}{l}$ 是偶函数,有

$$a_n=0\quad(n=0,1,2,\cdots),$$

$$b_n=\frac{2}{l}\int_0^l f(x)\sin\frac{n\pi x}{l}\mathrm{d}x\quad(n=1,2,\cdots).$$

因此,奇函数的傅里叶级数是只含正弦项的**正弦级数**

$$f(x)\sim\sum_{n=1}^{\infty}b_n\sin\frac{n\pi x}{l}.$$

特别地,若 $l=\pi$,则偶函数 $f(x)$ 的傅里叶级数为 $f(x)\sim\frac{a_0}{2}+\sum_{n=1}^{\infty}a_n\cos nx$,其中

$$a_n=\frac{2}{\pi}\int_0^{\pi}f(x)\cos nx\,\mathrm{d}x\quad(n=0,1,2,\cdots);$$

奇函数 $f(x)$ 的傅里叶级数为 $f(x)\sim\sum_{n=1}^{\infty}b_n\sin nx$,其中

$$b_n=\frac{2}{\pi}\int_0^{\pi}f(x)\sin nx\,\mathrm{d}x\quad(n=1,2,\cdots).$$

**例 12.6.3** 周期函数 $f(x)$ 在一个周期内的表达式为 $f(x)=x^2(-1<x\leqslant 1)$(见图 12-22),试将函数 $f(x)$ 展开成傅里叶级数.

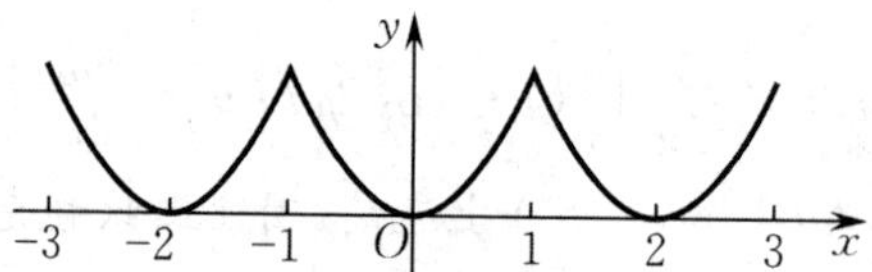


图 12-22

**解** 因 $f(x)$ 是半周期 $l=1$ 的偶函数,故 $b_n=0(n=1,2,\cdots)$,而

$$a_0=\frac{2}{1}\int_0^1 x^2\mathrm{d}x=\frac{2}{3},$$

$$a_n=2\int_0^1 x^2\cos n\pi x\mathrm{d}x=\frac{2}{n\pi}\underbrace{\int_0^1 x^2\mathrm{d}(\sin n\pi x)}_{\text{分部积分}}$$

$$=\frac{2}{n\pi}\left(x^2\sin n\pi x\Big|_0^1-2\int_0^1 x\sin n\pi x\mathrm{d}x\right)=\frac{4}{n^2\pi^2}\underbrace{\int_0^1 x\mathrm{d}(\cos n\pi x)}_{\text{继续分部积分}}$$

$$=\frac{4}{n^2\pi^2}\left(x\cos n\pi x-\frac{1}{n\pi}\sin n\pi x\right)\Big|_0^1=\frac{4}{n^2\pi^2}(-1)^n\quad(n=1,2,\cdots).$$

又因函数 $f(x)$ 满足狄利克雷收敛定理的条件且处处连续,故函数 $f(x)$ 的傅里叶级数展开式为

$$f(x)=\frac{1}{3}+\frac{4}{\pi^2}\sum_{n=1}^{\infty}\frac{(-1)^n}{n^2}\cos n\pi x\quad(-\infty<x<+\infty).$$

**2. 偶延拓与奇延拓**

在实际应用中,有时需把定义在闭区间$[0,\pi]$(或一般的$[0,l]$)上的函数$f(x)$展开成余弦级数或正弦级数.例如,在研究某些波动问题、热传导问题、扩散问题时,往往要求将定义在闭区间$[0,\pi]$上的函数$f(x)$展开成正弦级数或余弦级数.

为此,先把定义在闭区间$[0,\pi]$上且满足狄利克雷收敛定理条件的函数$f(x)$**偶延拓**(或**奇延拓**)到闭区间$[-\pi,\pi]$上(见图12-23(a)或(b)),得到定义在$(-\pi,\pi]$上的函数$F(x)$,使它在开区间$(-\pi,\pi)$上成为偶函数(或奇函数①);然后求延拓后函数$F(x)$的傅里叶级数,即得

$$\frac{a_0}{2}+\sum_{n=1}^{\infty}a_n\cos nx\quad 或\quad \sum_{n=1}^{\infty}b_n\sin nx.$$

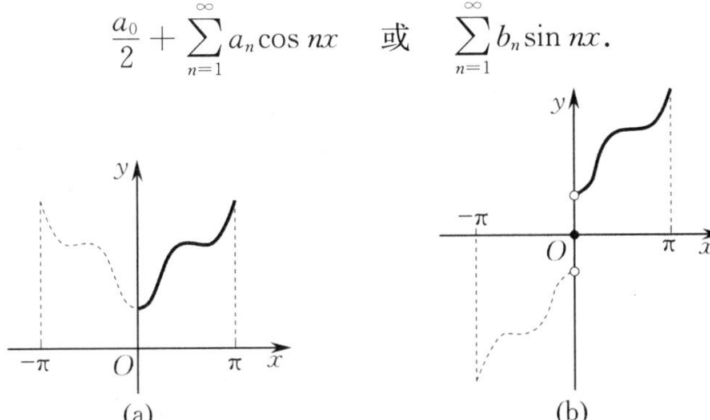


图 12－23

在$(0,\pi]$上,$F(x)=f(x)$.对于定义在闭区间$[0,\pi]$上的函数,将它展开成余弦级数或正弦级数时,由于只用到函数$f(x)$在$(0,\pi]$上的值,因此可以略去上述延拓过程而直接由

$$a_n=\frac{2}{\pi}\int_0^{\pi}f(x)\cos nx\,\mathrm{d}x\quad 或\quad b_n=\frac{2}{\pi}\int_0^{\pi}f(x)\sin nx\,\mathrm{d}x$$

计算出它的傅里叶系数,从而求出函数$f(x)$在闭区间$[0,\pi]$上的余弦级数或正弦级数.

**例 12.6.4**　设函数$f(x)=\left|x-\frac{1}{2}\right|$,$s(x)=\sum_{n=1}^{\infty}b_n\sin n\pi x$,其中

$$b_n=2\int_0^1 f(x)\sin n\pi x\,\mathrm{d}x\quad(n=1,2,\cdots),$$

求$s\left(-\frac{9}{4}\right)$的值.

**解**　先对函数$f(x)$做奇延拓,并做周期延拓(周期为2),再展开成正弦级数.由于$x=-\frac{9}{4}$是函数$f(x)$延拓后所得函数的连续点,故由狄利克雷收敛定理,有

$$s\left(-\frac{9}{4}\right)=s\left(-2-\frac{1}{4}\right)=s\left(-\frac{1}{4}\right)=-s\left(\frac{1}{4}\right)=-\frac{1}{4}.$$

**例 12.6.5**　将定义在闭区间$[0,\pi]$上的函数

① 补充$f(x)$的定义,使它在$(-\pi,\pi)$上成为奇函数时,若$f(0)\neq 0$,则规定$F(0)=0$.

$$f(x)=\begin{cases}1, & 0\leqslant x<h,\\ \dfrac{1}{2}, & x=h,\\ 0, & h<x\leqslant \pi\end{cases}\qquad (0<h<\pi)$$

展开成正弦级数.

**解** 函数 $f(x)$ 的图形如图 12-24 所示,对函数 $f(x)$ 做奇延拓(见图 12-25),则其傅里叶系数

$$b_n=\frac{2}{\pi}\int_0^{\pi}f(x)\sin nx\,\mathrm{d}x=\frac{2}{\pi}\int_0^{h}\sin nx\,\mathrm{d}x$$
$$=\frac{2}{\pi}\left(\frac{-\cos nx}{n}\right)\Big|_0^h=\frac{2}{n\pi}(1-\cos nh)\quad (n=1,2,\cdots),$$

所以

$$f(x)=\frac{2}{\pi}\sum_{n=1}^{\infty}\frac{(1-\cos nh)}{n}\sin nx\quad (0<x\leqslant\pi,\text{且 }x\neq h).$$

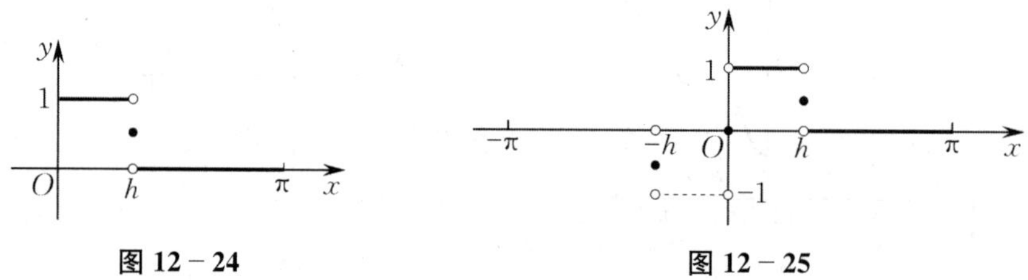


图 12-24　　图 12-25

从图 12-25 可以看出,当 $x=0$ 时,上述级数的和为 0;当 $x=h$ 时,上述级数的和为 $\frac{1}{2}$.

在电子技术中,常常遇到脉冲信号,它们很多都是幅度很窄的方波周期函数,傅里叶级数就是从理论上对脉冲信号进行精细分析和计算的有效手段.

**例 12.6.6** 将函数 $f(x)=\pi^2-x^2(0\leqslant x\leqslant\pi)$ 分别展开成正弦级数和余弦级数.

**解** 先求正弦级数.为此对函数 $f(x)$ 做奇延拓(见图 12-26),得

$$a_n=0\quad (n=0,1,2,\cdots),$$
$$b_n=\frac{2}{\pi}\int_0^{\pi}f(x)\sin nx\,\mathrm{d}x=\frac{2}{\pi}\int_0^{\pi}(\pi^2-x^2)\sin nx\,\mathrm{d}x$$
$$=\frac{2\pi}{n}+[1-(-1)^n]\frac{4}{n^3\pi}=\begin{cases}\dfrac{2\pi}{n}\left(1+\dfrac{4}{n^2\pi^2}\right) & (n=1,3,5,\cdots),\\ \dfrac{2\pi}{n} & (n=2,4,6,\cdots).\end{cases}$$

故所求正弦级数为

$$f(x)=2\pi\left(1+\frac{4}{\pi^2}\right)\sin x+\pi\sin 2x+\frac{2\pi}{3}\left(1+\frac{4}{9\pi^2}\right)\sin 3x+\frac{\pi}{2}\sin 4x+\cdots\quad (0<x\leqslant\pi).$$

再求余弦级数.为此对函数 $f(x)$ 做偶延拓(见图 12-27),得

$$b_n=0\quad (n=1,2,\cdots),$$
$$a_n=\frac{2}{\pi}\int_0^{\pi}(\pi^2-x^2)\cos nx\,\mathrm{d}x=(-1)^n\frac{-4}{n^2}\quad (n=1,2,\cdots),$$

$$a_0=\frac{2}{\pi}\int_0^{\pi}(\pi^2-x^2)\mathrm{d}x=\frac{4}{3}\pi^2.$$

故所求余弦级数为

$$f(x)=\frac{2\pi^2}{3}-4\sum_{n=1}^{\infty}\frac{(-1)^n}{n^2}\cos nx\quad(0\leqslant x\leqslant\pi).$$

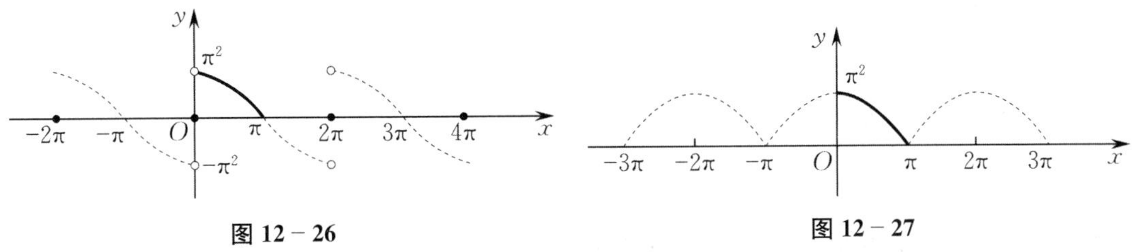


图 12 - 26　　　　图 12 - 27

## *三、傅里叶级数的复数形式

在实际应用中，将傅里叶级数化为复数形式更为方便，电子技术中经常用到这种形式. 同时，傅里叶级数的复数形式将为学习傅里叶积分和傅里叶变换等做必要的准备，而傅里叶积分和傅里叶变换则是电子技术的基本数学工具.

设 $f(x)$ 是在闭区间$[-l,l]$上满足狄利克雷收敛定理条件、以 $2l$ 为周期的周期函数，则其傅里叶级数为

$$\frac{a_0}{2}+\sum_{n=1}^{\infty}\left(a_n\cos\frac{n\pi x}{l}+b_n\sin\frac{n\pi x}{l}\right),$$

其中

$$a_n=\frac{1}{l}\int_{-l}^{l}f(x)\cos\frac{n\pi x}{l}\mathrm{d}x\quad(n=0,1,2,\cdots),$$

$$b_n=\frac{1}{l}\int_{-l}^{l}f(x)\sin\frac{n\pi x}{l}\mathrm{d}x\quad(n=1,2,\cdots).$$

根据欧拉公式 $\cos t=\dfrac{\mathrm{e}^{\mathrm{i}t}+\mathrm{e}^{-\mathrm{i}t}}{2}$，$\sin t=\dfrac{\mathrm{e}^{\mathrm{i}t}-\mathrm{e}^{-\mathrm{i}t}}{2\mathrm{i}}$，上述傅里叶级数可化为

$$\frac{a_0}{2}+\sum_{n=1}^{\infty}\left[\frac{a_n}{2}(\mathrm{e}^{\mathrm{i}\frac{n\pi x}{l}}+\mathrm{e}^{-\mathrm{i}\frac{n\pi x}{l}})-\frac{\mathrm{i}b_n}{2}(\mathrm{e}^{\mathrm{i}\frac{n\pi x}{l}}-\mathrm{e}^{-\mathrm{i}\frac{n\pi x}{l}})\right]$$

$$=\frac{a_0}{2}+\sum_{n=1}^{\infty}\left(\frac{a_n-\mathrm{i}b_n}{2}\mathrm{e}^{\mathrm{i}\frac{n\pi x}{l}}+\frac{a_n+\mathrm{i}b_n}{2}\mathrm{e}^{-\mathrm{i}\frac{n\pi x}{l}}\right).\tag{12.6.1}$$

若记　$C_0=\dfrac{a_0}{2}$，　$C_n=\dfrac{a_n-\mathrm{i}b_n}{2}$，　$C_{-n}=\dfrac{a_n+\mathrm{i}b_n}{2}$　$(n=1,2,\cdots)$，

则公式(12.6.1)可表示为

$$C_0+\sum_{n=1}^{\infty}(C_n\mathrm{e}^{\mathrm{i}\frac{n\pi x}{l}}+C_{-n}\mathrm{e}^{-\mathrm{i}\frac{n\pi x}{l}})=\underbrace{C_n\mathrm{e}^{\mathrm{i}\frac{n\pi x}{l}}\big|_{n=0}}_{C_0}+\sum_{n=1}^{\infty}(C_n\mathrm{e}^{\mathrm{i}\frac{n\pi x}{l}}+C_{-n}\mathrm{e}^{-\mathrm{i}\frac{n\pi x}{l}})=\sum_{n=-\infty}^{+\infty}C_n\mathrm{e}^{\mathrm{i}\frac{n\pi x}{l}}.$$

因此，以 $2l$ 为周期的周期函数 $f(x)$ 的**傅里叶级数的复数形式**为

$$f(x)\sim\sum_{n=-\infty}^{+\infty}C_n\mathrm{e}^{\mathrm{i}\frac{n\pi x}{l}},\tag{12.6.2}$$

其中

$$C_0=\frac{a_0}{2}=\frac{1}{2l}\int_{-l}^{l}f(x)\mathrm{d}x,$$

$$C_n=\frac{a_n-\mathrm{i}b_n}{2}=\frac{1}{2}\left[\frac{1}{l}\int_{-l}^{l}f(x)\cos\frac{n\pi x}{l}\mathrm{d}x-\frac{\mathrm{i}}{l}\int_{-l}^{l}f(x)\sin\frac{n\pi x}{l}\mathrm{d}x\right]$$

$$=\frac{1}{2l}\int_{-l}^{l}f(x)\left(\cos\frac{n\pi x}{l}-\mathrm{i}\sin\frac{n\pi x}{l}\right)\mathrm{d}x=\frac{1}{2l}\int_{-l}^{l}f(x)\mathrm{e}^{-\mathrm{i}\frac{n\pi x}{l}}\mathrm{d}x\quad(n=1,2,\cdots),$$

$$C_{-n}=\frac{a_n+\mathrm{i}b_n}{2}=\frac{1}{2l}\int_{-l}^{l}f(x)\mathrm{e}^{\mathrm{i}\frac{n\pi x}{l}}\mathrm{d}x\quad(n=1,2,\cdots).$$

将上面的 $C_n,C_0,C_{-n}$ 合并,可写成

$$C_n=\frac{1}{2l}\int_{-l}^{l}f(x)\mathrm{e}^{-\mathrm{i}\frac{n\pi x}{l}}\mathrm{d}x\quad(n=0,\pm1,\pm2,\cdots).\tag{12.6.3}$$

公式(12.6.3)称为**傅里叶系数的复数形式**.

**例 12.6.7** 将函数 $f(x)=\begin{cases}-x, & -l\leqslant x<0,\\ x, & 0\leqslant x<l\end{cases}$ 展开成傅里叶级数的复数形式.

**解** 由公式(12.6.3)可得

$$C_0=\frac{1}{2l}\int_{-l}^{l}f(x)\mathrm{d}x=\frac{1}{2l}\left(\int_{-l}^{0}-x\mathrm{d}x+\int_{0}^{l}x\mathrm{d}x\right)=\frac{l}{2},$$

$$C_n=\frac{1}{2l}\int_{-l}^{l}f(x)\mathrm{e}^{-\mathrm{i}\frac{n\pi x}{l}}\mathrm{d}x=\frac{1}{2l}\left(\int_{-l}^{0}-x\mathrm{e}^{-\mathrm{i}\frac{n\pi x}{l}}\mathrm{d}x+\int_{0}^{l}x\mathrm{e}^{-\mathrm{i}\frac{n\pi x}{l}}\mathrm{d}x\right).$$

显然,令 $-x=t$ 时,可得 $\int_{-l}^{0}-x\mathrm{e}^{-\mathrm{i}\frac{n\pi x}{l}}\mathrm{d}x=\int_{0}^{l}t\mathrm{e}^{\mathrm{i}\frac{n\pi t}{l}}\mathrm{d}t$,因此

$$C_n=\frac{1}{2l}\int_{0}^{l}x\left(\mathrm{e}^{\mathrm{i}\frac{n\pi x}{l}}+\mathrm{e}^{-\mathrm{i}\frac{n\pi x}{l}}\right)\mathrm{d}x=\frac{1}{l}\underbrace{\int_{0}^{l}x\cos\frac{n\pi x}{l}\mathrm{d}x}_{\text{分部积分}}$$

$$=\frac{1}{n\pi}\int_{0}^{l}x\mathrm{d}\left(\sin\frac{n\pi x}{l}\right)=\frac{1}{n\pi}\left(\underbrace{x\sin\frac{n\pi x}{l}\Big|_{0}^{l}}_{0}-\int_{0}^{l}\sin\frac{n\pi x}{l}\mathrm{d}x\right)$$

$$=\frac{1}{n\pi}\cdot\frac{l}{n\pi}\cos\frac{n\pi x}{l}\Big|_{0}^{l}=\frac{l}{n^2\pi^2}(\cos n\pi-1)\quad(n=\pm1,\pm2,\cdots).$$

于是,函数 $f(x)$ 的傅里叶级数的复数形式展开式为

$$f(x)=\frac{l}{2}+\sum_{\substack{n=-\infty\\ n\neq0}}^{+\infty}\frac{l}{n^2\pi^2}(\cos n\pi-1)\mathrm{e}^{\mathrm{i}\frac{n\pi x}{l}}\quad(-l\leqslant x<l).$$

傅里叶级数的两种形式本质上是一样的,但复数形式(12.6.2)更简洁,应用上常常更为方便.例如,在电子技术中可以利用它来做频谱分析(第七节将会介绍到频谱分析).

除频谱分析外,傅里叶级数在当今科学技术中的应用是多方面的.

例如,利用傅里叶级数可对信号进行压缩,对于一些复杂曲线的存储和传输,只要取它的前几个傅里叶系数即可.其解压方法是只要用这些傅里叶系数将对应的三角级数做线性拟合就可近似恢复原来的曲线.

又如,在傅里叶级数基础上生成的傅里叶变换常用于数字信号与数字图像频域处理,通过高通(或低通)滤波,可使信号或图像保留变化剧烈(或平缓)的信息,以适应各种实际需要.在计算机科学、电子技术与自动化控制技术中,最常用的数学工具"小波分析"就是在傅

里叶级数、傅里叶变换的基础上发展起来的.

## 思考题 12.6

1. 函数 $f(x)$ 展开成幂级数与傅里叶级数的条件有什么区别?

2. 设 $f(x)$ 是定义在闭区间 $[a,b]$ 上的函数. 试问应如何选择 $A,B$,才能使 $F(t)=f(At+B)$ 成为定义在闭区间 $[-\pi,\pi]$ 上的函数?

3. 不用变量替换,试用正交系概念证明满足狄利克雷收敛定理条件、以 $2l$ 为周期的周期函数 $f(x)$ 在闭区间 $[-l,l]$ 上展开成傅里叶级数的公式.

## 习　题　12.6

**(A)**

一、填空题:

(1) 设函数 $f(x)=\begin{cases}x, & 0<x\leqslant 1,\\ 1, & 1<x<2,\\ 2, & 2\leqslant x\leqslant 3,\end{cases}$ 则其傅里叶级数在区间________上收敛于函数 $f(x)$ 自身.

(2) 已知函数 $f(x)=x$ 在开区间 $(0,2)$ 内的余弦级数为 $f(x)=1-\dfrac{8}{\pi^2}\sum\limits_{n=0}^{\infty}\dfrac{1}{(2n+1)^2}\cos\dfrac{2n+1}{2}\pi x$,则函数 $F(x)=|f(x)|=|x|$ 在开区间 $(-2,2)$ 内的傅里叶级数为________,由此可得 $\sum\limits_{n=0}^{\infty}\dfrac{1}{(2n+1)^2}=$________.

(3) 设函数 $f(x)=\begin{cases}x, & 0\leqslant x<1,\\ 1, & 1\leqslant x\leqslant \pi\end{cases}$ 的余弦级数为 $\dfrac{a_0}{2}+\sum\limits_{n=1}^{\infty}a_n\cos nx$,则等式 $f(x)=\dfrac{a_0}{2}+\sum\limits_{n=1}^{\infty}a_n\cos nx$ 成立的区间为________.

(4) 设 $\sum\limits_{n=1}^{\infty}b_n\sin nx=1\ (0<x<\pi)$,则 $b_n=$________.

(5) 已知函数 $f(x)=\dfrac{x}{2}$ 在 $[0,\pi)$ 上的正弦级数为 $f(x)=\sum\limits_{n=1}^{\infty}\dfrac{(-1)^{n-1}}{n}\sin nx$,则函数 $f(x)$ 在开区间 $(-\pi,\pi)$ 上的傅里叶级数为________.

二、设 $f(x)$ 为周期函数,它在一个周期上的表达式为 $f(x)=\begin{cases}-1, & -2\leqslant x<-1,\\ x, & -1\leqslant x<1,\\ 1, & 1\leqslant x<2.\end{cases}$ 试将函数 $f(x)$ 展开成傅里叶级数,并作出和函数的图形.

三、将函数 $f(x)=\dfrac{\pi-x}{2}\ (0\leqslant x\leqslant \pi)$ 展开成正弦级数和余弦级数.

四、将函数 $f(x)=\sin x\ (0\leqslant x\leqslant \pi)$ 展开成余弦级数,并求常数项级数 $\sum\limits_{n=1}^{\infty}\dfrac{1}{4n^2-1}$ 的和.

**(B)**

一、设函数 $f(x)=\begin{cases}x, & 0\leqslant x\leqslant \dfrac{1}{2},\\ 2-2x, & \dfrac{1}{2}<x<1,\end{cases}$ $s(x)=\dfrac{a_0}{2}+\sum\limits_{n=1}^{\infty}a_n\cos n\pi x\ (-\infty<x<+\infty)$,其中 $a_n=2\int_0^1 f(x)\cos n\pi x\,\mathrm{d}x\ (n=0,1,2,\cdots)$,求 $s\left(-\dfrac{5}{2}\right)$ 的值.

二、将函数 $f(x)=\begin{cases} x, & 0\leqslant x<\dfrac{l}{2}, \\ l-x, & \dfrac{l}{2}\leqslant x\leqslant l \end{cases}$ 展开成正弦级数.

三、设 $\varphi_n(x)=\cos\dfrac{n\pi x}{L}(n=0,1,2,\cdots)$，其中 $L$ 为正常数，求 $\int_0^L \varphi_m(x)\varphi_n(x)\mathrm{d}x(m,n=0,1,2,\cdots)$.

四、证明：当 $0\leqslant x\leqslant\pi$ 时，$\sum\limits_{n=1}^{\infty}\dfrac{\cos n\pi x}{n^2}=\dfrac{x^2}{4}-\dfrac{\pi x}{2}+\dfrac{\pi^2}{6}$.

五、设函数 $f(x)=\begin{cases} x^2, & -1\leqslant x\leqslant 0, \\ x-1, & 0<x\leqslant 1, \end{cases}$ $a_n=\int_{-1}^{1}f(x)\cos n\pi x\mathrm{d}x(n=0,1,2,\cdots)$，求 $\sum\limits_{n=0}^{\infty}a_n$ 及 $\sum\limits_{n=0}^{\infty}(-1)^n a_n$.

# 第七节　应用实例

## 实例一：$p$ 进制无限循环小数化成十进制分数问题

**例 12.7.1**　在计算机科学中，通常采用二进制、八进制、十六进制进行运算. 更一般地，在科学研究中有时也需要采用 $p$ 进制数来表示一个实数. 那么，一个 $p$ 进制的无限循环小数怎样才能化成十进制分数呢?试求出下列无限循环小数的十进制分数：

(1) $x=0.123\,123\,123\cdots$(十进制)；　(2) $x=0.515\,151\cdots$(九进制)；

(3) $x=0.111\,011\,101\,110\cdots$(二进制)；(4) $x=0.777\cdots$(八进制).

**解**　设 $x=0.a_1a_2\cdots a_ma_1a_2\cdots a_m\cdots$ 是任意一个 $p$($p$ 为正整数) 进制的无限循环小数，其中 $a_1,a_2,\cdots,a_m$ 是 0 与 $p-1$ 之间的任意整数，$m$($m$ 为正整数) 是循环节的长度.

根据 $p$ 进制数的定义，$x$ 可写成

$$\begin{aligned} x&=\frac{a_1}{p}+\frac{a_2}{p^2}+\cdots+\frac{a_m}{p^m}+\frac{a_1}{p^{m+1}}+\frac{a_2}{p^{m+2}}+\cdots+\frac{a_m}{p^{m+m}}+\cdots \\ &=\sum_{k=0}^{\infty}\left(\frac{a_1}{p^{km+1}}+\frac{a_2}{p^{km+2}}+\cdots+\frac{a_m}{p^{km+m}}\right)=\left(\frac{a_1}{p}+\frac{a_2}{p^2}+\cdots+\frac{a_m}{p^m}\right)\sum_{k=0}^{\infty}\frac{1}{p^{km}} \\ &=\left(\frac{a_1}{p}+\frac{a_2}{p^2}+\cdots+\frac{a_m}{p^m}\right)\frac{p^m}{p^m-1}. \end{aligned}$$

于是，我们就把一个 $p$ 进制无限循环小数化成了十进制分数. 下面进行具体的计算.

(1) $x=\underbrace{0.123\,123\,123\cdots}_{\text{十进制}}=\left(\dfrac{1}{10}+\dfrac{2}{100}+\dfrac{3}{1000}\right)\dfrac{10^3}{10^3-1}=\dfrac{41}{333}$.

(2) $x=\underbrace{0.515\,151\cdots}_{\text{九进制}}=\left(\dfrac{5}{9}+\dfrac{1}{81}\right)\dfrac{9^2}{9^2-1}=\dfrac{23}{40}$.

(3) $x=\underbrace{0.111\,011\,101\,110\cdots}_{\text{二进制}}=\left(\dfrac{1}{2}+\dfrac{1}{4}+\dfrac{1}{8}\right)\dfrac{2^4}{2^4-1}=\dfrac{14}{15}$.

(4) $x=\underbrace{0.777\cdots}_{\text{八进制}}=\dfrac{7}{8}\cdot\dfrac{8^1}{8^1-1}=1$.

思考　怎样将十进制分数化成 $p$ 进制小数?

**提示**　设十进制分数 $x=\frac{a_1}{p}+\frac{a_2}{p^2}+\cdots+\frac{a_k}{p^k}+\frac{a_1}{p^{k+1}}+\cdots\ (0<x<1)$,用 $p$ 乘以 $x$ 后,可得

$$px=a_1+\frac{a_2}{p}+\cdots+\frac{a_k}{p^{k-1}}+\frac{a_1}{p^k}+\cdots,$$

所以整数部分就是 $a_1$. 从 $px$ 中减去 $a_1$,得到 $y=\frac{a_2}{p}+\frac{a_3}{p^2}+\cdots$,再用 $p$ 乘以 $y$,整数部分即为 $a_2$,重复上述步骤即可.

例如,将十进制分数$\frac{6}{25}$化成二进制小数(精度要求至小数点后四位). 由于$\frac{6}{25}=0.24$,在上面算法中取 $p=2$,则由 $0.24\times2=0.48$,得 $a_1=0$;又由 $(0.48-a_1)\times2=0.96$,得 $a_2=0$;再由 $(0.96-a_2)\times2=1.92$,得 $a_3=1$;最后由 $(1.92-a_3)\times2=1.84$,得 $a_4=1$. 因此,十进制分数$\frac{6}{25}$化成二进制小数为 0.001 1.

## *实例二:微分方程的幂级数解法

求解微分方程是非常复杂的,我们能解的只是一些特殊类型的微分方程. 事实上,由于幂级数是表示函数的有力工具,因此有时也会利用幂级数求解微分方程,并进行近似计算. 幂级数解法是很实用的方法,有很好的实际意义和实用价值.

**例 12.7.2**　求微分方程 $y''-xy=0, y\big|_{x=0}=0, y'\big|_{x=0}=1$ 的特解.

**解**　用待定系数法求解这个问题. 设解的形式为幂级数 $y=\sum\limits_{n=0}^{\infty}a_nx^n$,其中 $a_n$ 为待定系数. 由初始条件 $y\big|_{x=0}=0$,得 $a_0=0$. 根据幂级数在其收敛区间内的可导性,有

$$y'=\sum_{n=1}^{\infty}na_nx^{n-1},\quad y''=\sum_{n=2}^{\infty}n(n-1)a_nx^{n-2}.$$

又由初始条件 $y'\big|_{x=0}=1$,得 $a_1=1$. 令 $n=k-3$,则

$$xy=\sum_{n=0}^{\infty}a_nx^{n+1}=\sum_{k=3}^{\infty}a_{k-3}x^{k-2}=\sum_{n=3}^{\infty}a_{n-3}x^{n-2}.$$

将 $y''$,$xy$ 代入原微分方程,得

$$y''-xy=\sum_{n=2}^{\infty}n(n-1)a_nx^{n-2}-\sum_{n=3}^{\infty}a_{n-3}x^{n-2}=2a_2+\sum_{n=3}^{\infty}[n(n-1)a_n-a_{n-3}]x^{n-2}=0.$$

由幂级数展开式的唯一性可知各项系数均为 0,故

$$a_2=0,\quad a_n=\frac{a_{n-3}}{n(n-1)}\quad(n=3,4,5,\cdots).$$

由上式及 $a_0=0, a_1=1, a_2=0$ 可推得

$$a_3=0,\quad a_4=\frac{1}{4\cdot3},\quad a_5=0,\quad a_6=0,\quad\cdots,\quad a_n=\frac{a_{n-3}}{n(n-1)},\quad\cdots,$$

递推得 $a_{3k-1}=a_{3k}=0$,从而

$$a_{3k+1}=\frac{1}{(3k+1)\cdot 3k\cdot\cdots\cdot 7\cdot 6\cdot 4\cdot 3}\quad (k=1,2,\cdots).$$

利用正项级数的比值审敛法可得,级数$\sum\limits_{n=1}^{\infty}\frac{1}{(3n+1)\cdot 3n\cdot\cdots\cdot 7\cdot 6\cdot 4\cdot 3}x^{3n+1}$的收敛半径为$R=+\infty$. 因此,原微分方程的特解为

$$y=x+\frac{1}{4\cdot 3}x^4+\frac{1}{7\cdot 6\cdot 4\cdot 3}x^7+\cdots+\frac{1}{(3n+1)\cdot 3n\cdot\cdots\cdot 7\cdot 6\cdot 4\cdot 3}x^{3n+1}+\cdots$$
$$(-\infty<x<+\infty).$$

**例 12.7.3** 求解微分方程$(1-x^2)y''=-2y$,其中$-1<x<1$.

**解** 设解的形式为幂级数$y=\sum\limits_{n=0}^{\infty}a_nx^n$,其中$a_n$为待定系数. 根据幂级数在其收敛区间内的可导性,有

$$y'=\sum_{n=1}^{\infty}na_nx^{n-1},\quad y''=\sum_{n=2}^{\infty}n(n-1)a_nx^{n-2}.$$

将$y,y''$代入原微分方程,得

$$(1-x^2)\sum_{n=2}^{\infty}n(n-1)a_nx^{n-2}=-2\sum_{n=0}^{\infty}a_nx^n,$$

即

$$\sum_{n=0}^{\infty}(n+2)(n+1)a_{n+2}x^n-\sum_{n=0}^{\infty}n(n-1)a_nx^n=-2\sum_{n=0}^{\infty}a_nx^n.$$

由幂级数展开式的唯一性,比较$x^n$的系数,可得递推公式

$$(n+2)(n+1)a_{n+2}-n(n-1)a_n=-2a_n,\quad \text{即}\quad a_{n+2}=\frac{n-2}{n+2}a_n.$$

于是,可得

$$a_2=-a_0,\quad a_4=a_6=a_8=\cdots=0,$$
$$a_3=-\frac{1}{3}a_1,\quad a_5=\frac{-1}{5\cdot 3}a_1,\quad a_7=\frac{-1}{7\cdot 5}a_1,\quad \cdots.$$

当$n\geqslant 1$时,有

$$a_{2n+1}=\frac{2n-3}{2n+1}a_{2n-1}=\frac{2n-3}{2n+1}\cdot\frac{2n-5}{2n-1}\cdot\cdots\cdot\frac{3}{7}\cdot\frac{1}{5}\cdot\frac{-1}{3}a_1=\frac{-1}{(2n+1)(2n-1)}a_1.$$

于是
$$y=a_0(1-x^2)-a_1\sum_{n=0}^{\infty}\frac{1}{(2n+1)(2n-1)}x^{2n+1}.$$

利用正项级数的比值审敛法可得,级数$\sum\limits_{n=0}^{\infty}\frac{1}{(2n+1)(2n-1)}x^{2n+1}$的收敛半径为$R=1$,故该级数的收敛区间为$-1<x<1$. 因此,原微分方程的解为

$$y=a_0(1-x^2)-a_1\sum_{n=0}^{\infty}\frac{1}{(2n+1)(2n-1)}x^{2n+1}\quad(-1<x<1),$$

其中$a_0,a_1$为任意常数.

## *实例三:矩形脉冲信号的频谱分析

我们知道,将一个周期函数$f(x)$展开成傅里叶级数,在物理上意味着把一个较复杂的周

期波形(非正弦波)分解为一系列不同频率的简单正弦波(谐波)的叠加.这些正弦波的频率通常称为 $f$ 的**频率成分**.如果 $f$ 的周期为 $T$,令 $\omega=\dfrac{2\pi}{T}$,那么 $f$ 的频率成分(用角频率表示)就是

$$\omega,\quad 2\omega,\quad 3\omega,\quad \cdots,\quad n\omega,\quad \cdots.$$

在函数 $f(x)$ 的傅里叶展开式中,常数项$\dfrac{a_0}{2}$称为周期波 $f$ 的**直流分量**,与 $f$ 同频率的正弦波 $a_1\cos\omega x+b_1\sin\omega x$ 称为**基波**,而 $a_n\cos n\omega x+b_n\sin n\omega x=A_n\sin(n\omega x+\varphi_n)$ 称为 $n$ **阶谐波**,其中 $A_n=\sqrt{a_n^2+b_n^2}$ 为该 $n$ 阶谐波的**振幅**.在公式(12.6.2)中,

$$|C_n|=|C_{-n}|=\frac{1}{2}\sqrt{a_n^2+b_n^2}=\frac{1}{2}A_n,$$

这正好是 $n$ 阶谐波的振幅的一半,可见系数 $C_{-n}$ 与 $C_n$ 直接反映了 $n$ 阶谐波的振幅 $A_n$ 的大小.通常称 $A_n$ 为周期波(或信号)$f$ 的**振幅频谱**,简称**频谱**.

在许多实际问题中,还需要进一步弄清楚每一种频率成分的正弦波的振幅有多大,通常称此过程为**频谱分析**.而把各阶谐波的 $|C_n|$ 与频率 $\omega$ 的函数关系画成的线图称为**频谱图**.这里 $C_n$ 的值由公式(12.6.3)给出.

**例 12.7.4**　将以 4 为周期,定义在闭区间$[-2,2]$上的函数

$$f(x)=\begin{cases}\dfrac{1}{2\delta}, & |x|<\delta,\\ 0, & \delta\leqslant|x|\leqslant 2\end{cases}\qquad(\delta>0)$$

展开成傅里叶级数的复数形式,并进行频谱分析.

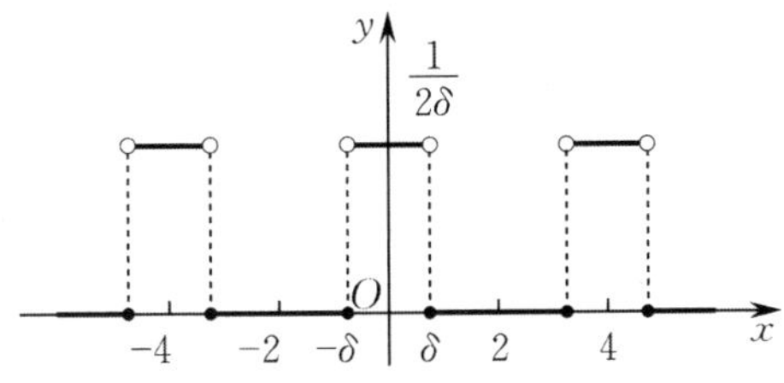


**图 12-28**

**解**　函数 $f(x)$ 的图形如图 12-28 所示,电子学上称之为**矩形脉冲**.由公式(12.6.3)得

$$C_0=\frac{1}{2l}\int_{-l}^{l}f(x)\mathrm{d}x=\frac{1}{4}\int_{-\delta}^{\delta}\frac{1}{2\delta}\mathrm{d}x=\frac{1}{4},$$

$$C_n=\frac{1}{2l}\int_{-l}^{l}f(x)\mathrm{e}^{-\mathrm{i}\frac{n\pi x}{l}}\mathrm{d}x=\frac{1}{4}\int_{-\delta}^{\delta}\frac{1}{2\delta}\mathrm{e}^{-\mathrm{i}\frac{n\pi x}{2}}\mathrm{d}x=\frac{1}{2n\pi\delta}\sin\frac{n\pi\delta}{2}\quad(n=\pm1,\pm2,\cdots).$$

因此,当 $x\in[-2,-\delta)\cup(-\delta,\delta)\cup(\delta,2]$ 时,函数 $f(x)$ 的傅里叶级数的复数形式为

$$f(x)=\frac{1}{4}+\frac{1}{2\pi\delta}\sum_{\substack{n=-\infty\\ n\neq0}}^{+\infty}\frac{1}{n}(\sin n\omega\delta)\mathrm{e}^{\mathrm{i}n\omega x},$$

其中 $\omega=\dfrac{\pi}{2}$.有了 $C_n$,就可以画出它的频谱图.已知周期 $T=4$,若取脉冲宽度 $2\delta=\dfrac{T}{3}$,即 $\delta=\dfrac{2}{3}$,则

$$|C_n| = \frac{3}{4\pi}\left|\sin\frac{n\pi}{3}\right|\cdot\frac{1}{|n|} \quad (n=\pm1,\pm2,\cdots).$$

$|C_n|$ 的值如表 12-1 所示.

**表 12-1**

| $n$ | 0 | 1 | 2 | 3 | 4 | 5 | 6 | 7 | … |
|---|---|---|---|---|---|---|---|---|---|
| $\|C_n\|$ | $\frac{1}{4}$(直流分量) | $\frac{3\sqrt{3}}{8\pi}$ | $\frac{3\sqrt{3}}{8\pi}\cdot\frac{1}{2}$ | 0 | $\frac{3\sqrt{3}}{8\pi}\cdot\frac{1}{4}$ | $\frac{3\sqrt{3}}{8\pi}\cdot\frac{1}{5}$ | 0 | $\frac{3\sqrt{3}}{8\pi}\cdot\frac{1}{7}$ | … |

根据$|C_n|$与$\omega$的函数关系及表 12-1 画出矩形脉冲的频谱图，如图 12-29 所示，随着谐波阶数 $n$ 的增大，振幅迅速减小，并且当 $n\to\infty$ 时，振幅趋于 0.

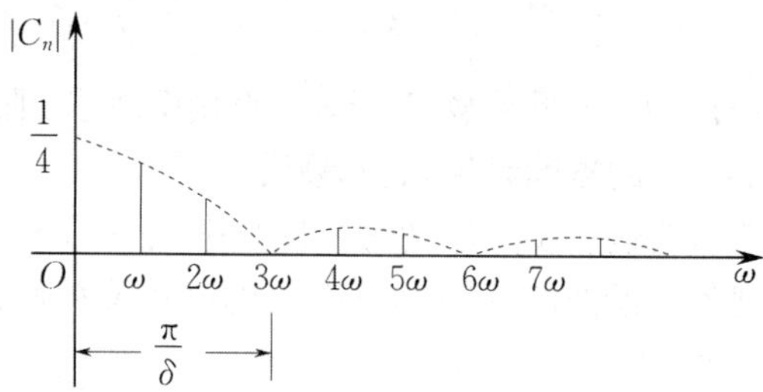


**图 12-29**

从频谱图上看到，频率 $3\omega,6\omega,\cdots$ 对应的 $|C_n|=0$(这些点称为**谱线的零点**，其中 $3\omega$ 称为**第一个零值点**). 在第一个零值点后，振幅相对减小，可以忽略不计. 因此，矩形脉冲的**频带宽度**(谱线的第一个零值点以内的频率范围) 为 $\Delta\omega=\dfrac{\pi}{\delta}$.

从图 12-29 中还可以看到，矩形脉冲的频谱是离散的，即它的谱线是一条一条分开的，其间隔的距离是 $\omega=\dfrac{2\pi}{T}$. 而且，当脉冲宽度 $2\delta$ 不变时，增大周期(相邻的脉冲间隔加大)，谱线之间的距离会缩小，即周期越大，谱线越密.

## 总习题十二

一、设正项级数 $\sum\limits_{n=1}^{\infty}u_n$ 和 $\sum\limits_{n=1}^{\infty}v_n$ 都收敛，证明：级数 $\sum\limits_{n=1}^{\infty}(u_n+v_n)^2$ 收敛.

二、求 $\lim\limits_{n\to\infty}\dfrac{1}{n}\sum\limits_{k=1}^{n}\dfrac{1}{3^k}\left(1+\dfrac{1}{k}\right)^{k^2}$.

三、判别下列级数是否收敛，如果收敛，指出其是绝对收敛还是条件收敛：

(1) $\sum\limits_{n=1}^{\infty}\dfrac{(-1)^n+2}{(-1)^{n-1}\cdot 2^n}$;　　(2) $\sum\limits_{n=1}^{\infty}\dfrac{(-1)^n}{n+x}$.

四、设级数 $\sum\limits_{n=1}^{\infty}n^{\frac{3}{2}}a_n$ 收敛，证明：级数 $\sum\limits_{n=1}^{\infty}a_n$ 绝对收敛.

五、求幂级数 $\sum\limits_{n=1}^{\infty}\dfrac{3^n+5^n}{n}x^n$ 的收敛域.

六、求幂级数 $\sum\limits_{n=1}^{\infty}\dfrac{(-1)^{n-1}}{2n-1}x^{2n-1}$ 的和函数.

七、求幂级数 $\sum_{n=1}^{\infty}\frac{2n+1}{n!}x^{2n}$ 的收敛域与和函数.

八、将下列函数展开成 $x$ 的幂级数：

(1) $f(x)=\frac{1}{(1-x)^2}$；　　(2) $f(x)=\frac{1}{4}\ln\frac{1+x}{1-x}+\frac{1}{2}\arctan x-x$.

九、填空题：

(1) 设 $f(x)$ 是以 $2\pi$ 为周期的周期函数，它在 $[-\pi,\pi)$ 上的表达式为 $f(x)=\begin{cases}2, & -\pi\leqslant x<0,\\ 4, & 0\leqslant x<\pi,\end{cases}$ 则在点 $x=0$ 处函数 $f(x)$ 的傅里叶级数收敛于________.

(2) 若函数 $f(x)$ 在 $[-\pi,\pi)$ 上是以 $2\pi$ 为周期的分段光滑函数，则有

$$\frac{a_0}{2}+\sum_{n=1}^{\infty}(a_n\cos nx+b_n\sin nx)=\begin{cases}\_\_\_\_\_\_\_\_, & x\text{ 为函数 }f(x)\text{ 在开区间}(-\pi,\pi)\text{ 内的连续点},\\ \_\_\_\_\_\_\_\_, & x\text{ 为函数 }f(x)\text{ 在开区间}(-\pi,\pi)\text{ 内的间断点},\\ \_\_\_\_\_\_\_\_, & x=\pm\pi.\end{cases}$$

十、将函数 $f(x)=\begin{cases}1, & 0\leqslant x\leqslant h,\\ 0, & h<x\leqslant\pi\end{cases}$ 展开成余弦级数，并写出其余弦级数在闭区间 $[0,\pi]$ 上的和函数.

十一、设 $f(x)$ 是以 $2\pi$ 为周期的周期函数，它在 $[-\pi,\pi)$ 上的表达式为 $f(x)=\begin{cases}0, & -\pi\leqslant x<0,\\ \mathrm{e}^x, & 0\leqslant x<\pi.\end{cases}$ 试将函数 $f(x)$ 展开成傅里叶级数.

## 单元测试十二

**单项选择题**(满分 100)：

1. (5 分) 下列级数中发散的是(　　).

(A) $\sum_{n=1}^{\infty}\ln\left(1+\frac{1}{n}\right)$　(B) $\sum_{n=1}^{\infty}\frac{1}{3^n}$　(C) $\sum_{n=1}^{\infty}\frac{1}{n(n+2)}$　(D) $\sum_{n=1}^{\infty}\frac{3^n+(-1)^n}{4^n}$

2. (5 分) 下列级数中收敛的是(　　).

(A) $\sum_{n=1}^{\infty}(-1)^{n-1}\frac{n}{n+1}$　(B) $\sum_{n=1}^{\infty}\frac{(-3)^n}{2^n}$

(C) $\sum_{n=1}^{\infty}\frac{(-1)^{n-1}}{n}$　(D) $\sum_{n=1}^{\infty}\frac{1}{\sqrt{2n+1}}$

3. (5 分) 设 $\sum_{n=1}^{\infty}u_n$ 为正项级数，则下列命题中不正确的是(　　).

(A) 若 $\lim\limits_{n\to\infty}\frac{u_{n+1}}{u_n}=\rho<1$，则级数 $\sum_{n=1}^{\infty}u_n$ 收敛　(B) 若 $\frac{u_{n+1}}{u_n}>1$，则级数 $\sum_{n=1}^{\infty}u_n$ 发散

(C) 若 $\lim\limits_{n\to\infty}\frac{u_{n+1}}{u_n}=\rho>1$，则级数 $\sum_{n=1}^{\infty}u_n$ 发散　(D) 若 $\frac{u_{n+1}}{u_n}<1$，则级数 $\sum_{n=1}^{\infty}u_n$ 收敛

4. (5 分) 下列级数中条件收敛的是(　　).

(A) $\sum_{n=1}^{\infty}(-1)^{n+1}\frac{1}{\sqrt{n}}$　(B) $\sum_{n=1}^{\infty}(-1)^n\frac{1}{n^2}$　(C) $\sum_{n=1}^{\infty}(-1)^n\frac{n}{n+1}$　(D) $\sum_{n=1}^{\infty}\frac{(-1)^n}{n(n+1)}$

5. (5 分) 下列命题中正确的是(　　).

(A) 若级数 $\sum_{n=1}^{\infty}u_n$ 发散，则级数 $\sum_{n=1}^{\infty}\frac{1}{u_n}$ 发散($u_n\neq 0$)

(B) 若级数 $\sum_{n=1}^{\infty}u_n$ 收敛，则级数 $\sum_{n=1}^{\infty}\frac{1}{u_n}$ 发散($u_n\neq 0$)

(C) 若级数$\sum_{n=1}^{\infty}u_n$收敛,则级数$\sum_{n=1}^{\infty}\left(u_n+\frac{1}{10^{100}}\right)$收敛

(D) 若级数$\sum_{n=1}^{\infty}u_n$与$\sum_{n=1}^{\infty}v_n$发散,则级数$\sum_{n=1}^{\infty}(u_n+v_n)$发散

6. (5分) 级数$\sum_{n=1}^{\infty}\frac{\sin n\theta}{n^3}$(    ).

(A) 条件收敛　　(B) 绝对收敛　　(C) 发散　　(D) 敛散性不确定

7. (5分) 设级数$\sum_{n=1}^{\infty}(-1)^n a_n 2^n$收敛,则级数$\sum_{n=1}^{\infty}a_n$(    ).

(A) 绝对收敛　　(B) 条件收敛　　(C) 发散　　(D) 敛散性不确定

8. (5分) 设有级数$\sum_{n=1}^{\infty}u_n$, $\sum_{n=1}^{\infty}v_n$及$\sum_{n=1}^{\infty}w_n$,则下列命题中正确的是(    ).

(A) 若$u_n<v_n(n=1,2,\cdots)$,则$\sum_{n=1}^{\infty}u_n\leqslant\sum_{n=1}^{\infty}v_n$

(B) 若$u_n<v_n(n=1,2,\cdots)$,且$\sum_{n=1}^{\infty}v_n$收敛,则$\sum_{n=1}^{\infty}u_n$也收敛

(C) 若$\lim_{n\to\infty}\frac{u_n}{v_n}=1$,且$\sum_{n=1}^{\infty}v_n$收敛,则$\sum_{n=1}^{\infty}u_n$也收敛

(D) 若$w_n<u_n<v_n(n=1,2,\cdots)$,且$\sum_{n=1}^{\infty}w_n$与$\sum_{n=1}^{\infty}v_n$都收敛,则$\sum_{n=1}^{\infty}u_n$也收敛

9. (5分) 级数$\sum_{n=1}^{\infty}\frac{x^n}{n}$的收敛域是(    ).

(A) $[-1,1]$　　(B) $[-1,1)$　　(C) $(-1,1)$　　(D) $(-1,1]$

10. (5分) 设级数$\sum_{n=0}^{\infty}a_n(x-1)^n$的收敛半径为1,则其在点$x=3$处(    ).

(A) 发散　　(B) 条件收敛

(C) 绝对收敛　　(D) 敛散性不确定

11. (5分) 如果$\lim_{n\to\infty}\left|\frac{a_{n+1}}{a_n}\right|=\frac{1}{8}$,则幂级数$\sum_{n=0}^{\infty}a_n x^{3n}$(    ).

(A) 当$|x|<2$时收敛　　(B) 当$|x|<8$时收敛

(C) 当$|x|>\frac{1}{8}$时发散　　(D) 当$|x|>\frac{1}{2}$时发散

12. (5分) 若函数$f(x)$在点$x_0$的某个邻域内任意阶可导,则幂级数$\sum_{n=0}^{\infty}\left[\frac{f^{(n)}(x_0)}{n!}(x-x_0)^n\right]$的和函数(    ).

(A) 一定是$f(x)$　　(B) 不一定是$f(x)$　　(C) 不是$f(x)$　　(D) 可能处处不存在

13. (5分) 函数$\cos x$的麦克劳林级数为(    ).

(A) $\sum_{n=0}^{\infty}(-1)^n\frac{x^{2n}}{(2n)!}$　　(B) $\sum_{n=1}^{\infty}(-1)^n\frac{x^{2n}}{(2n)!}$

(C) $\sum_{n=0}^{\infty}(-1)^{n+1}\frac{x^{2n}}{(2n)!}$　　(D) $\sum_{n=1}^{\infty}(-1)^n\frac{x^{2n-1}}{(2n-1)!}$

14. (5分) 函数$\frac{1}{1+x^2}$的幂级数展开式为(    ).

(A) $1+x^2+x^4+\cdots$　　(B) $-1+x^2-x^4+\cdots$

(C) $-1-x^2-x^4-\cdots$　　(D) $1-x^2+x^4-\cdots$

15. (6 分) 幂级数 $\sum_{n=0}^{\infty}\left(\frac{x}{2}\right)^n$ 在收敛域内的和函数是(　　).

(A) $\frac{1}{1-x}$　　(B) $\frac{2}{2-x}$　　(C) $\frac{2}{1-x}$　　(D) $\frac{1}{2-x}$

16. (6 分) 级数 $\sum_{n=1}^{\infty}nx^{n+1}$ 在开区间 $(-1,1)$ 内的和函数是(　　).

(A) $-\left(\frac{x}{1-x}\right)^2$　　(B) $\left(\frac{x}{1-x}\right)^2$　　(C) $\frac{-x^2}{1-x}$　　(D) $\frac{x^2}{1-x}$

17. (6 分) 设函数 $f(x)=\begin{cases}-1, & -\pi\leqslant x<0,\\ 1, & 0<x\leqslant\pi,\end{cases}$ 则其傅里叶展开式中的 $a_n=$(　　).

(A) $\frac{2}{n\pi}[1-(-1)^n]$　　(B) 0　　(C) $\frac{1}{n\pi}$　　(D) $\frac{4}{n\pi}$

18. (6 分) 设函数 $f(x)=x^2(0\leqslant x\leqslant 1)$，而 $s(x)=\frac{a_0}{2}+\sum_{n=1}^{\infty}a_n\cos n\pi x(-\infty<x<+\infty)$，其中 $a_n=2\int_0^1 f(x)\cos n\pi x\mathrm{d}x(n=0,1,2,\cdots)$，则 $s(-1)$ 的值为(　　).

(A) $-1$　　(B) $-\frac{1}{2}$　　(C) $\frac{1}{2}$　　(D) 1

19. (6 分) 设函数 $f(x)=x^2(0\leqslant x<1)$，而 $s(x)=\sum_{n=1}^{\infty}b_n\sin n\pi x(-\infty<x<+\infty)$，其中 $b_n=2\int_0^1 f(x)\sin n\pi x\mathrm{d}x(n=1,2,\cdots)$，则 $s\left(-\frac{1}{2}\right)$ 的值为(　　).

(A) $-\frac{1}{2}$　　(B) $-\frac{1}{4}$　　(C) $\frac{1}{4}$　　(D) $\frac{1}{2}$

本章参考答案

# *第十三章

# 近似计算问题及其MATLAB实现

## 第一节　非线性方程的数值解法

在科学、工程和数学问题中，经常会遇到非线性方程

$$f(x) = 0 \tag{13.1.1}$$

的求根问题，其中 $f(x)$ 为非线性函数. 在第一至第三章中，我们利用连续函数的介值定理和导数的相应结论，在理论上给出了方程根的存在性判断方法，并能确定根的范围. 关于根的计算，有两种方法：解析法和数值法. 解析法是给出根的精确表达式或精确数值，这通常是比较困难的. 事实上，在实际应用中，更多的是计算非线性方程的近似根. 因此，在理论上解决了方程根的存在性问题后，讨论方程近似根的计算是必要且有意义的. 本节将介绍常用的求解非线性方程近似根的两个方法 —— 二分法和牛顿迭代法.

### 一、二分法

**二分法**又称为**二分区间法**，是求解非线性方程(13.1.1) 近似根的一种简单的常用方法.

设函数 $f(x)$ 在闭区间$[a,b]$ 上连续，且 $f(a)f(b) < 0$，则根据连续函数的性质可知，方程 $f(x) = 0$ 在开区间$(a,b)$ 内必有实根，称$[a,b]$ 为**有根区间**.

一般地，解方程 $f(x) = 0$，首先是确定根的近似位置或大致范围，即确定方程 $f(x) = 0$ 的有根区间；再将区间二等分，通过判断 $f(x)$ 的符号，逐步缩小有根区间，直至有根区间足够小，便可求出满足精度要求的近似根.

为明确起见，假定方程 $f(x) = 0$ 在开区间$(a,b)$ 内有唯一实根 $c$，即$[a,b]$ 为方程 $f(x) = 0$ 的一个有根区间. 首先取中点 $x_0 = \dfrac{a+b}{2}$，计算 $f(x_0)$. 若 $f(x_0) = 0$，则 $c = x_0$. 否则，进行以下步骤：

(1) 若 $f(x_0)$ 与 $f(a)$ 同号，则根位于闭区间$[x_0,b]$，取 $a_1 = x_0, b_1 = b$；

(2) 若 $f(x_0)$ 与 $f(b)$ 同号，则根位于闭区间$[a,x_0]$，取 $a_1 = a, b_1 = x_0$.

总之，当 $c \neq x_0$ 时，可求得 $a_1 < c < b_1$，且 $b_1 - a_1 = \dfrac{1}{2}(b-a)$. 然后以$[a_1,b_1]$ 作为新的有根区间，重复上述做法，可得当 $c \neq x_1 = \dfrac{1}{2}(a_1+b_1)$ 时，$a_2 < c < b_2$，且 $b_2 - a_2 = \dfrac{1}{2^2}(b-a)$.

如此反复 $n$ 次，得到一系列有根区间

$$[a,b]\supset[a_1,b_1]\supset[a_2,b_2]\supset\cdots\supset[a_n,b_n],$$

且 $a_n<c<b_n$, $b_n-a_n=\frac{1}{2^n}(b-a)$. 由此可知，若此时以 $a_n$ 或 $b_n$ 作为 $c$ 的近似值，则由于

$$|a_n-c|\leqslant|b_n-a_n| \quad \text{或} \quad |b_n-c|\leqslant|b_n-a_n|,$$

因此所得误差不超过 $\frac{1}{2^n}(b-a)$.

**注**　当 $n\to\infty$ 时，$b_n-a_n\to 0$，即这些区间必将收缩于一点，也就是方程的根. 在实际计算中，只要 $[a_n,b_n]$ 的区间长度小于预定容许误差 $\varepsilon$，即

$$\frac{b-a}{2^n}<\varepsilon,$$

就可取 $a_n$ 或 $b_n$ 作为方程的一个根的近似值.

**例 13.1.1**　求函数 $f(x)=x^3+3x-5$ 在开区间 $(1,2)$ 内的近似零点，使得误差不超过 $10^{-3}$.

**解**　因为 $f'(x)=3x^2+3>0$，所以函数 $f(x)$ 在闭区间 $[1,2]$ 上单调增加. 又 $f(1)=-1<0$, $f(2)=9>0$，所以方程 $f(x)=0$ 在开区间 $(1,2)$ 内有唯一实根.

用二分法求解. 设 $c$ 为函数 $f(x)$ 的零点，$x_k$ 为函数 $f(x)$ 的近似零点，要使 $|x_k-c|<10^{-3}$，只要

$$\frac{2-1}{2^k}\leqslant 10^{-3},$$

解得 $k\geqslant\frac{3}{\lg 2}\approx 9.97$，取 $k=10$. 因此，只要二等分 10 次，即可求得满足精度要求的根.

取 $a=1$, $b=2$，则 $[1,2]$ 是有根区间. 又由于

$$f\left(\frac{a+b}{2}\right)=f(1.5)=2.875>0,$$

因此新的有根区间为 $[1,1.5]$，重复以上过程得到如表 13-1 所示的数据.

**表 13-1**

| $n$ | $a_n$ | $b_n$ | $x_n=\frac{a_n+b_n}{2}$ | $f(x_n)$ |
|---|---|---|---|---|
| 1 | 1 | 1.5 | 1.25 | 0.703 1 |
| 2 | 1 | 1.25 | 1.125 | −0.201 2 |
| 3 | 1.125 | 1.25 | 1.187 5 | 0.237 1 |
| 4 | 1.125 | 1.187 5 | 1.156 3 | 0.014 6 |
| 5 | 1.125 | 1.156 3 | 1.140 7 | −0.094 0 |
| 6 | 1.140 7 | 1.156 3 | 1.148 5 | −0.039 6 |
| 7 | 1.148 5 | 1.156 3 | 1.152 4 | −0.012 4 |
| 8 | 1.152 4 | 1.156 3 | 1.154 4 | 0.001 2 |
| 9 | 1.152 4 | 1.154 4 | 1.153 4 | −0.005 4 |
| 10 | 1.153 4 | 1.154 4 | 1.153 9 | −0.001 9 |

于是，当 $1.1534<c<1.1544$，即取 1.153 4 或 1.154 4 作为函数 $f(x)$ 的零点 $c$ 的近似

值时,其误差不超过$10^{-3}$.

## 二、牛顿迭代法

前面介绍的二分法虽然简单,但是有两个缺点:(1) 如果函数的曲线只与$x$轴相切而不与$x$轴相交,则不能应用二分法;(2) 该方法的收敛速度相对较慢,需要经过多次迭代和比较.尽管在求解单个方程时,速度可能并不会显得很重要,但在实际问题中,可能涉及成千上万个方程,因此简化迭代步骤非常重要.

**牛顿迭代法**是牛顿在 17 世纪提出的一种近似求解非线性方程 $f(x)=0$ 的重要迭代方法,其基本思想是将非线性函数 $f(x)$ 逐步线性化,从而将非线性方程 $f(x)=0$ 近似转化为线性方程进行求解.

对于非线性方程 $f(x)=0$,设其近似根为 $x_k$,则函数 $f(x)$ 在点 $x_k$ 附近的泰勒级数为

$$f(x)=f(x_k)+f'(x_k)(x-x_k)+\frac{1}{2}f''(x_k)(x-x_k)^2+\cdots.$$

忽略上式右边的高次项,用其线性部分近似替代函数 $f(x)$,即

$$f(x)\approx f(x_k)+f'(x_k)(x-x_k).$$

另设非线性方程$f(x)=0$的根(精确解)为$x^*$,即$f(x^*)=0$,则有$f(x_k)+f'(x_k)(x^*-x_k)\approx 0$,解得

$$x^*\approx x_k-\frac{f(x_k)}{f'(x_k)}.$$

这就是著名的**牛顿迭代公式**

$$x_{k+1}=x_k-\frac{f(x_k)}{f'(x_k)}\quad(k=1,2,\cdots).\tag{13.1.2}$$

牛顿迭代法的几何意义:非线性方程 $f(x)=0$ 的根 $x^*$ 是曲线 $y=f(x)$ 与 $x$ 轴交点的横坐标,设 $x_k$ 是根$x^*$ 的某个近似值.过曲线 $y=f(x)$ 上横坐标为 $x_k$ 的点$P_k=(x_k,f(x_k))$ 引切线交$x$轴于$x_{k+1}$(见图 13-1),并将其作为$x^*$ 新的近似值.重复上述过程.由于该方法一次次用切线方程来近似求解非线性方程 $f(x)=0$ 的根,所以又称为**切线法**.

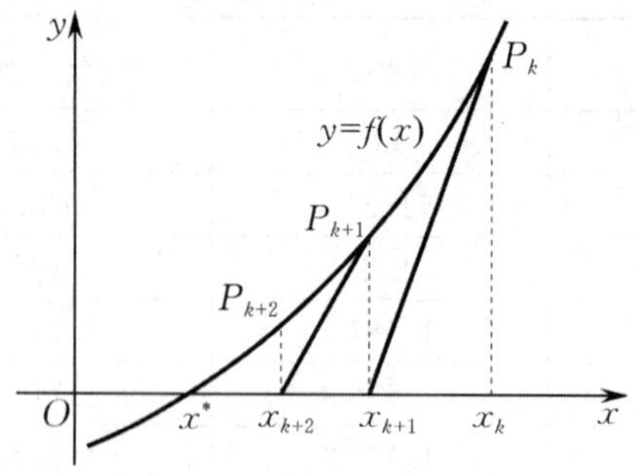


**图 13-1**

那么,最初选取 $x_1$ 时是否有选取原则?迭代序列$\{x_n\}$是否真能逼近根$x^*$?

如图 13-2 所示的四个图形回答了上述第一个问题.初始值 $x_1$ 的选取原则是 $x_1$ 必须满足

$$f(x_1)f''(x_1)>0,$$

否则不能保证切线与 $x$ 轴交点的横坐标 $x_2$ 比原来的近似值 $x_1$ 更接近根 $x^*$.

至于序列 $\{x_n\}$ 的敛散性问题，下面不加证明地给出定理 13.1.1.

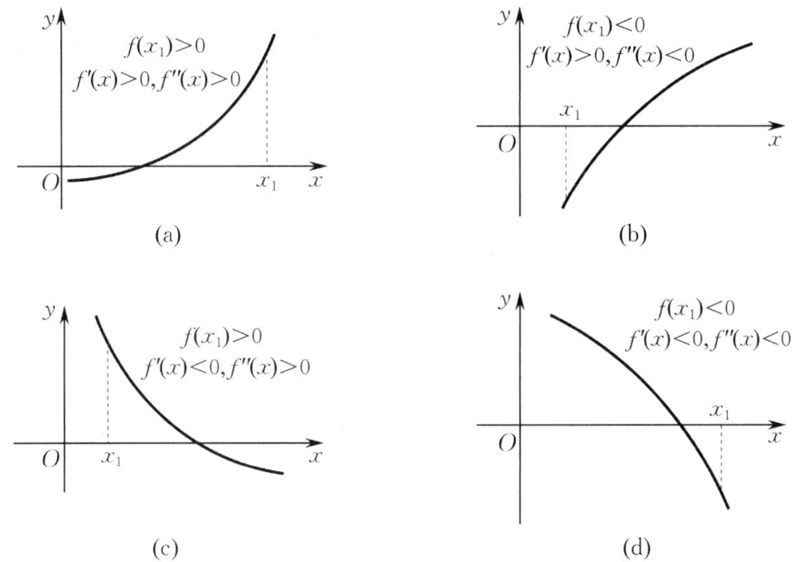


**图 13－2**

**定理 13.1.1**　设 $f(x)$ 是二次可微函数，$x^*$ 是函数 $f(x)$ 的一个零点，且 $f'(x^*) \neq 0$. 用牛顿迭代公式(13.1.2) 反复进行迭代过程产生一个迭代序列 $x_1, x_2, \cdots, x_n, \cdots$，若初始值 $x_1$ 与 $x^*$ 靠得足够近，则这个迭代序列收敛于 $x^*$.

**例 13.1.2**　用牛顿迭代法求函数 $f(x) = x^3 + 3x - 5$ 在闭区间 $[1,2]$ 内的近似零点，使得误差不超过 $10^{-4}$.

**解**　因为 $f(1) = -1 < 0, f(2) = 9 > 0, f'(x) = 3x^2 + 3, f''(x) = 6x$，所以有

$$f(2)f''(2) > 0.$$

因此，可取 $x_1 = 2$ 为初始值. 下面计算 $x_n$：

$$x_2 = x_1 - \frac{f(x_1)}{f'(x_1)} = 1.4, \quad x_3 = x_2 - \frac{f(x_2)}{f'(x_2)} \approx 1.181\,08,$$

$$x_4 = x_3 - \frac{f(x_3)}{f'(x_3)} \approx 1.154\,53, \quad x_5 = x_4 - \frac{f(x_4)}{f'(x_4)} \approx 1.154\,17,$$

$$x_6 = x_5 - \frac{f(x_5)}{f'(x_5)} \approx 1.154\,17.$$

由于 $x_5$ 与 $x_6$ 的前五位数字相同，且

$$f(1.154\,1) \approx -0.000\,5 < 0, \quad f(1.154\,2) \approx 0.000\,2 > 0,$$

因此有 $1.154\,1 < c < 1.154\,2$. 于是，当取 1.154 1 或 1.154 2 作为函数 $f(x)$ 的零点 $c$ 的近似值时，其误差不超过 $10^{-4}$.

## 三、MATLAB 实现

### 1. 二分法

二分法求非线性方程 $f(x) = 0$ 的近似根的函数 erff() 定义如下：

```
function y=erff(f,a,b,e)
% 用途:二分法解非线性方程 f(x)=0
% 格式:y=erff(f,a,b,e),f 为用函数句柄或内嵌函数表达的 f(x),a,b 为区间端点
% e 为精度要求(默认值为 10^-4),程序要求函数在两端点的值必须异号
% 中间变量 fa,fb,fx 的引入可以最大限度减少 f 的调用次数,从而提高速度
% 函数返回近似根和迭代次数
if nargin<4,e=1e-4;end
x=a;fa=eval(f);
x=b;fb=eval(f);
if fa*fb>0,error(' 函数在两端点的值必须异号 ');end
x=(a+b)/2;n=0;
while (b-a)>e
  n=n+1;
  fx=eval(f);
  if fa*fx<0,b=x;fb=fx;else a=x;fa=fx;end
  x=(a+b)/2;
end
y(1)=x
y(2)=n
```

### 2. 牛顿迭代法

牛顿迭代法求非线性方程 $f(x)=0$ 的近似根的函数 qxf() 定义如下:

```
function y=qxf(f,a,b,e,N)
% 用途:牛顿迭代法解非线性方程 f(x)=0
% 格式:y=qxf(f,a,b,e,N),f 为用函数句柄或内嵌函数表达的 f(x),a,b 为区间端点
% e 为精度要求(默认值为 10^-4),设置迭代次数上限 N 以防发散(默认值为 500)
% 函数返回近似根和迭代次数
if nargin<5,N=500;end
if nargin<4,e=1e-4;end
d1f=diff(f);                          % f 的一阶导数
d2f=diff(f,2);                        % f 的二阶导数
x=b;
f1=eval(f);                           % 计算 x=b 时 f 的值
f2=eval(d2f);                         % 计算 x=b 时 f 的二阶导数的值
x=a;
ff1=eval(f);                          % 计算 x=a 时 f 的值
ff2=eval(d2f);                        % 计算 x=a 时 f 的二阶导数的值
n=1;
if f1*f2>0
  z(1)=b;
elseif ff1*ff2>0
  z(1)=a;
else
```

```
  warning('没找到满足 f(z(1))f"(z(1))>0 的初始值 z(1).');return
end
x=z(n);
z(n+1)=z(n)-eval(f)/eval(d1f);                      % 迭代公式
while abs(z(n+1)-z(n))>e && n<N
  n=n+1;
  x=z(n);
  z(n+1)=z(n)-eval(f)/eval(d1f);
end
if n==N,warning('已达迭代次数上限');end
y(1)=z(n+1)                                         % 最后结果
y(2)=n                                              % 迭代次数
```

**3. 举例**

**例 13.1.3** 分别用二分法、牛顿迭代法求方程 $x^3+1.1x^2+0.9x-1.4=0$ 的实根的近似值，使得误差不超过 $10^{-4}$.

**证** 令函数 $f(x)=x^3+1.1x^2+0.9x-1.4$，显然函数 $f(x)$ 在 $(-\infty,+\infty)$ 上连续. 因为 $f'(x)=3x^2+2.2x+0.9>0$，所以函数 $f(x)$ 在 $(-\infty,+\infty)$ 上单调增加，从而方程 $f(x)=0$ 至多有一个实根. 由 $f(0)=-1.4<0$，$f(1)=1.6>0$，可知方程 $f(x)=0$ 在开区间 $(0,1)$ 内有唯一的实根. 取 $a=0$，$b=1$，$[0,1]$ 即是一个有根区间.

先画出函数 $f(x)$ 的图形，如图 13－3 所示，在 MATLAB[①] 的命令行窗口输入：

```
fplot('x^3+1.1*x^2+0.9*x-1.4',[0,1])
set(gca,'XTick',[0 0.5 1],'YTick',[-2 -1 0 1 2]);
xlabel('x')
ylabel('y')
grid on
```

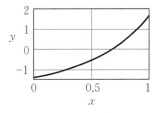

图 13－3

**方法一(二分法)** 在 MATLAB 的命令行窗口输入：

```
syms x;
f=x^3+1.1*x^2+0.9*x-1.4;
a=0;
b=1;
e=0.0001;
erff(f,a,b,e)
```

运行结果：

```
ans=
0.6707   14.0000
```

二分法共迭代 14 次，近似根为 0.670 7.

**方法二(牛顿迭代法)** 在 MATLAB 的命令行窗口输入：

```
syms x;
```

① 本书的 MATLAB 程序全部在 MATLAB R2015b 环境下实现.

```
f=x^3+1.1*x^2+0.9*x-1.4;
a=0;
b=1;
e=0.0001;
N=100;
qxf(f,a,b,e,N)
```

运行结果：

```
ans=
0.6707   4.0000
```

牛顿迭代法共迭代 4 次，近似根为 0.670 7. 比较可知牛顿迭代法的收敛速度更快.

## 习 题 13.1

一、计算 $\sqrt{3}$ 的近似值，使得误差不超过$10^{-9}$.

二、用二分法和牛顿迭代法计算 $x^3+x-1=0$ 在开区间(0,1) 内的近似根，使得误差不超过$10^{-4}$.

# 第二节　定积分的近似计算

## 一、问题的提出

通过上册的学习，我们知道可以利用牛顿-莱布尼茨公式计算定积分$\int_a^b f(x)\mathrm{d}x$ 的值. 但是，当遇到下列情形时：

(1) 被积函数的原函数不能用初等函数表示，

(2) 被积函数难以用公式表示，而是用图形或表格给出，

(3) 被积函数虽然能用公式表示，但是计算其原函数很困难，

这些函数的定积分难以应用牛顿-莱布尼茨公式. 本节介绍的近似计算方法可以很好地解决这些问题.

因为定积分$\int_a^b f(x)\mathrm{d}x$ 的几何意义是由直线 $x=a$, $x=b$, $x$ 轴和曲线 $y=f(x)(f(x)\geqslant 0)$ 所围成的曲边梯形的面积，所以只要设法近似求出这个曲边梯形的面积，就得到了相应定积分的近似值. 例如，由上册例 5.1.2 的计算过程可知，对于任一确定的自然数 $n$，积分和

$$\sum_{i=1}^{n} f(\xi_i)\Delta x_i=\frac{1}{6}\left(1+\frac{1}{n}\right)\left(2+\frac{1}{n}\right)$$

均为定积分$\int_0^1 x^2\mathrm{d}x$ 的近似值. 当 $n$ 取不同值时，就可以得到定积分$\int_0^1 x^2\mathrm{d}x$ 的精度不同的近似值. 一般来说，$n$ 取得越大，近似程度就越好.

常用的近似计算方法包括矩形法、梯形法和抛物线法.

## 二、矩形法

**矩形法**就是将曲边梯形分割成若干个小曲边梯形，将每一个小曲边梯形用小矩形去近

似，然后通过求这些小矩形的面积和得到定积分的近似值（见图 13－4）。

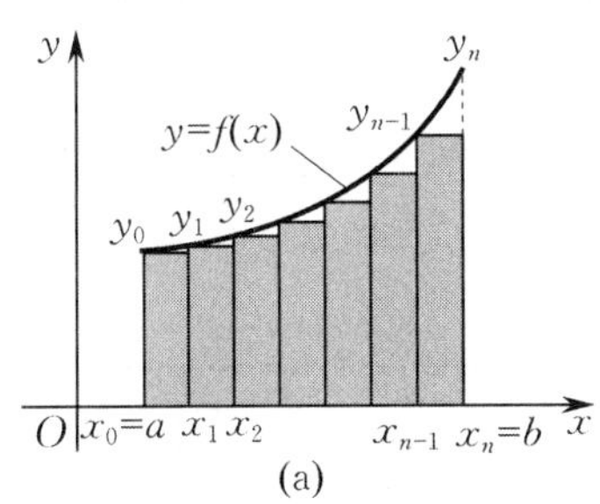

(a)

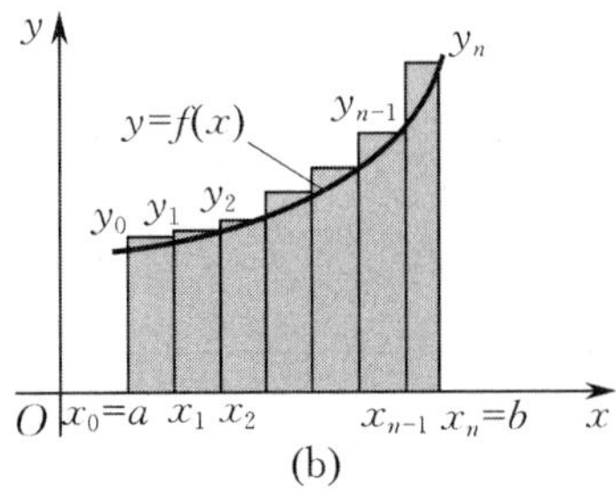

(b)

**图 13－4**

矩形法的具体步骤如下：

(1) 用分点 $a=x_0,x_1,x_2,\cdots,x_n=b$ 将闭区间 $[a,b]$ 划分成 $n$ 等份，每个小区间的长度为

$$\Delta x=\frac{b-a}{n}.$$

(2) 用 $y_0,y_1,y_2,\cdots,y_n$ 表示函数 $f(x)$ 在分点 $x_0,x_1,x_2,\cdots,x_n$ 处的函数值.

(3) 若取每个小区间左端点的函数值作为小矩形的高（见图 13－4(a)），则有近似计算公式

$$\begin{aligned}\int_a^b f(x)\mathrm{d}x &\approx y_0\Delta x+y_1\Delta x+y_2\Delta x+\cdots+y_{n-1}\Delta x\\ &=\frac{b-a}{n}(y_0+y_1+y_2+\cdots+y_{n-1})=\frac{b-a}{n}\sum_{i=1}^{n}y_{i-1}.\end{aligned}\tag{13.2.1}$$

若取每个小区间右端点的函数值作为小矩形的高（见图 13－4(b)），则有近似计算公式

$$\begin{aligned}\int_a^b f(x)\mathrm{d}x &\approx y_1\Delta x+y_2\Delta x+\cdots+y_n\Delta x\\ &=\frac{b-a}{n}(y_1+y_2+\cdots+y_n)=\frac{b-a}{n}\sum_{i=1}^{n}y_i.\end{aligned}\tag{13.2.2}$$

显然，运用以上近似计算公式时，区间划分得越细越好.

## 三、梯形法

**梯形法**就是用梯形去近似代替小曲边梯形（见图 13－5），从而得到近似计算公式的方法. 梯形法的近似计算公式为

$$\begin{aligned}\int_a^b f(x)\mathrm{d}x &\approx \frac{1}{2}(y_0+y_1)\Delta x+\frac{1}{2}(y_1+y_2)\Delta x+\cdots\\ &\quad+\frac{1}{2}(y_{n-1}+y_n)\Delta x\\ &=\frac{b-a}{2n}\sum_{i=1}^{n}(y_{i-1}+y_i)\\ &=\frac{b-a}{n}\left(\frac{y_0}{2}+y_1+y_2+\cdots+y_{n-1}+\frac{y_n}{2}\right).\end{aligned}\tag{13.2.3}$$

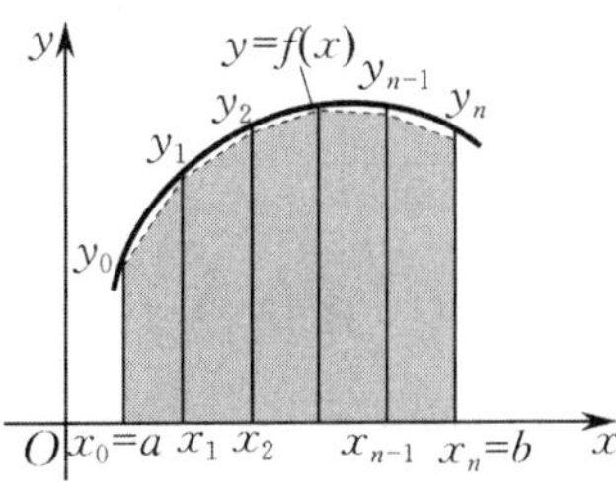

**图 13－5**

**例 13.2.1** 分别用矩形法和梯形法计算$\int_0^1 e^{-x^2}dx$ 的近似值(取 $n=10$,计算时取5 位小数).

**解** 把闭区间[0,1] 10 等分,设分点为 $x_i(i=0,1,2,\cdots,10)$,相应的函数值为 $y_i=e^{-x_i^2}(i=0,1,2,\cdots,10)$. $y_i$ 的具体值如表 13-2 所示.

**表 13-2**

| $i$ | 0 | 1 | 2 | 3 | 4 | 5 |
|---|---|---|---|---|---|---|
| $x_i$ | 0 | 0.1 | 0.2 | 0.3 | 0.4 | 0.5 |
| $y_i$ | 1.000 00 | 0.990 05 | 0.960 79 | 0.913 93 | 0.852 14 | 0.778 80 |
| $i$ | 6 | 7 | 8 | 9 | 10 | — |
| $x_i$ | 0.6 | 0.7 | 0.8 | 0.9 | 1 | — |
| $y_i$ | 0.697 68 | 0.612 63 | 0.527 29 | 0.444 86 | 0.367 88 | — |

利用矩形法的近似计算公式(13.2.1),得

$$\int_0^1 e^{-x^2}dx \approx \frac{1-0}{10}(y_0+y_1+y_2+\cdots+y_9)\approx 0.777\,82;$$

利用矩形法的近似计算公式(13.2.2),得

$$\int_0^1 e^{-x^2}dx \approx \frac{1-0}{10}(y_1+y_2+\cdots+y_{10})\approx 0.714\,60.$$

利用梯形法的近似计算公式(13.2.3),得

$$\int_0^1 e^{-x^2}dx \approx \frac{1-0}{10}\left[\frac{1}{2}(y_0+y_{10})+y_1+y_2+\cdots+y_9\right]\approx 0.746\,21.$$

上式实际上是前面两个值的平均值,即$\int_0^1 e^{-x^2}dx \approx \frac{1}{2}(0.777\,82+0.714\,60)=0.746\,21.$

## 四、抛物线法

矩形法和梯形法在每个小区间上都以线段近似曲线弧 $y=f(x)$,并分别用矩形面积和梯形面积近似小曲边梯形的面积. 一般来说,这种“以直代曲”的精度往往不够高. 为了提高计算精度,可以考虑在每个小区间上用简单曲线的弧段来近似曲线弧 $y=f(x)$,然后进行面积的近似计算. **抛物线法**就是依照这种思想,用二次抛物线上的一段弧来近似代替原来的曲线弧(见图 13-6),从而得到定积分的近似值.

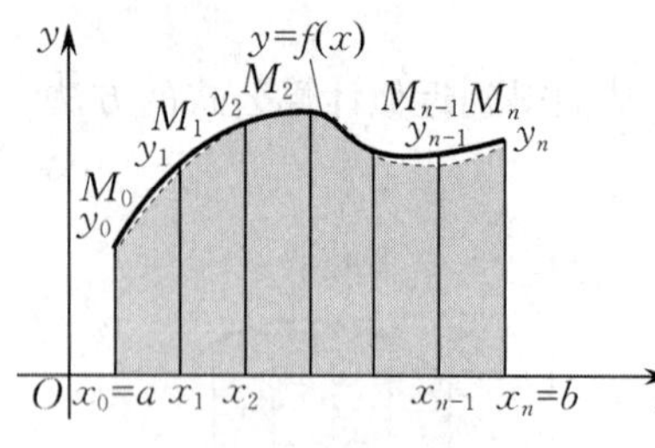


图 13-6

用分点 $a=x_0,x_1,x_2,\cdots,x_n=b$ 将闭区间$[a,b]$分成 $n$($n$ 为偶数)等份,这些分点对应曲线弧上的点为 $M_i(x_i,y_i)$,其中 $y_i=f(x_i)(i=0,1,2,\cdots,n)$.

由于经过三个不同的点可以唯一确定一条抛物线,因此可将这些曲线上的点 $M_i$,互相衔接地分成$\frac{n}{2}$ 组:

$$\{M_0, M_1, M_2\},\quad \{M_2, M_3, M_4\},\quad \cdots,\quad \{M_{n-2}, M_{n-1}, M_n\}.$$

在每组 $\{M_{2k-2}, M_{2k-1}, M_{2k}\}\left(k=1,2,\cdots,\frac{n}{2}\right)$ 所对应的小闭区间 $[x_{2k-2}, x_{2k}]$ 上，用经过点 $M_{2k-2}, M_{2k-1}, M_{2k}$ 的二次抛物线 $y=px^2+qx+r$ 近似代替曲线弧.

下面计算在闭区间 $[-h,h]$ 上以过点 $M_0'(-h,y_0), M_1'(0,y_1), M_2'(h,y_2)$ 的抛物线 $y=px^2+qx+r$ 为曲边的曲边梯形的面积(见图 13-7). 将 $M_0', M_1', M_2'$ 分别代入该抛物线方程中，得

$$\begin{cases} y_0 = ph^2 - qh + r, \\ y_1 = r, \\ y_2 = ph^2 + qh + r. \end{cases}$$

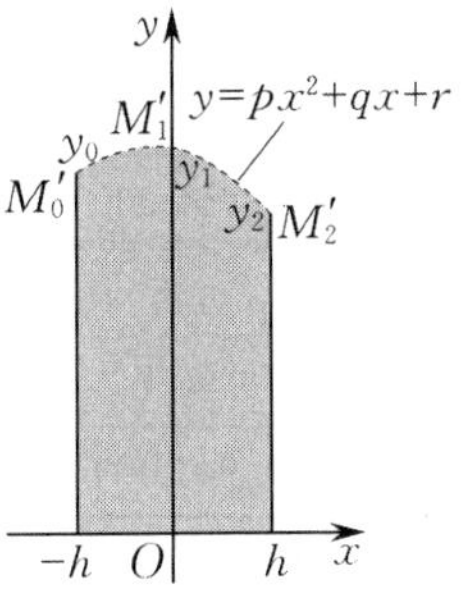

图 13-7

由此可得 $2ph^2 = y_0 - 2y_1 + y_2$. 于是，所求曲边梯形的面积为

$$A = \int_{-h}^{h}(px^2+qx+r)\mathrm{d}x = \frac{2}{3}ph^3 + 2rh$$

$$= \frac{1}{3}h(2ph^2+6r) = \frac{1}{3}h(y_0+4y_1+y_2).$$

显然，曲边梯形的面积只与点 $M_0', M_1', M_2'$ 的纵坐标 $y_0, y_1, y_2$ 及底边所在的区间长度 $2h$ 有关. 由此可知 $\frac{n}{2}$ 组曲边梯形的面积分别为

$$A_1 = \frac{1}{3}h(y_0+4y_1+y_2),$$

$$A_2 = \frac{1}{3}h(y_2+4y_3+y_4),$$

……

$$A_{\frac{n}{2}} = \frac{1}{3}h(y_{n-2}+4y_{n-1}+y_n),$$

其中 $h=\frac{b-a}{n}$. 因此，抛物线法的近似计算公式为

$$\int_a^b f(x)\mathrm{d}x \approx \frac{b-a}{3n}[(y_0+y_n)+2(y_2+y_4+\cdots+y_{n-2})+4(y_1+y_3+\cdots+y_{n-1})], \tag{13.2.4}$$

即
$$\int_a^b f(x)\mathrm{d}x \approx \frac{b-a}{3n}\sum_{i=1}^{\frac{n}{2}}(y_{2i-2}+4y_{2i-1}+y_{2i}). \tag{13.2.5}$$

**例 13.2.2**　正弦积分函数

$$\mathrm{Si}(x) = \int_0^x \frac{\sin x}{x}\mathrm{d}x$$

是工程中用于分析理想低通滤波的阶跃响应的函数. 由于函数 $\frac{\sin x}{x}$ 的原函数虽然存在，但却不是初等函数，因此无法直接积分. 试分别用梯形法和抛物线法计算定积分 $I=\int_0^1 \frac{\sin x}{x}\mathrm{d}x$ 的近似值(取 $n=10$，计算时取 8 位小数).

**解** 因为所给积分不是反常积分,且$\lim\limits_{x\to 0}\dfrac{\sin x}{x}=1$,所以只需定义函数$\dfrac{\sin x}{x}$在点$x=0$处的值为1,该函数在闭区间$[0,1]$上就连续了.

用分点$x_i(i=0,1,2,\cdots,10)$将闭区间$[0,1]$分成10等份,相应的函数值$y_i=\dfrac{\sin x_i}{x_i}(i=0,1,2,\cdots,10)$. $y_i$的具体值如表13-3所示.

表 13-3

| $i$ | 0 | 1 | 2 | 3 | 4 | 5 |
|---|---|---|---|---|---|---|
| $x_i$ | 0 | 0.1 | 0.2 | 0.3 | 0.4 | 0.5 |
| $y_i$ | 1.000 000 00 | 0.998 334 17 | 0.993 346 65 | 0.985 067 36 | 0.973 545 86 | 0.958 851 08 |
| $i$ | 6 | 7 | 8 | 9 | 10 | — |
| $x_i$ | 0.6 | 0.7 | 0.8 | 0.9 | 1 | — |
| $y_i$ | 0.941 070 79 | 0.920 310 98 | 0.896 695 11 | 0.870 363 23 | 0.841 470 99 | — |

利用梯形法的近似计算公式(13.2.3),得

$$\int_0^1\frac{\sin x}{x}\mathrm{d}x\approx\frac{1-0}{10}\left[\frac{1}{2}(y_0+y_{10})+y_1+y_2+\cdots+y_9\right]\approx 0.945\,832\,07.$$

利用抛物线法的近似计算公式(13.2.4),得

$$\int_0^1\frac{\sin x}{x}\mathrm{d}x\approx\frac{1-0}{30}[(y_0+y_{10})+2(y_2+y_4+y_6+y_8)+4(y_1+y_3+y_5+y_7+y_9)]$$
$$\approx 0.946\,083\,17.$$

同定积分的值$I\approx 0.946\,083\,07$相比较,不难发现抛物线法的近似效果优于梯形法.

**注** 定积分$\int_a^b f(x)\mathrm{d}x$的近似计算在功能齐全的函数计算器上就是用的抛物线法.

## 五、MATLAB实现

### 1. 矩形法

根据矩形法的近似计算公式,函数 ljx() 定义如下:

```
% 左矩形法,f是积分符号函数,a,b是积分限,n是等分区间份数
function y=ljx(f,a,b,n)
s1=0;h=(b-a)/n;
for i=1:n
  x=a+(i-1)*h;
  zhi=eval(f);
  if i==1 && ((zhi==Inf) || isnan(zhi))
    x0=x;
    zhi=eval(limit(f,x0));              % 奇点必须在端点上,否则请先进行区间划分
  end
  s1=s1+zhi;
end
y=s1*h;
```

函数 rjx() 定义如下：

```
% 右矩形法,f 是积分符号函数,a,b 是积分限,n 是等分区间份数
function y=rjx(f,a,b,n)
s1=0;h=(b-a)/n;
for i=1:n
  x=a+i*h;
  zhi=eval(f);
  if i==n && ((zhi==Inf) || isnan(zhi))
    x0=x;
    zhi=eval(limit(f,x0));
  end
  s1=s1+zhi;
end
y=s1*h;
```

**2. 梯形法**

根据梯形法的近似计算公式，函数 txf() 定义如下：

```
% 梯形法,f 是积分符号函数,a,b 是积分限,n 是等分区间份数
function y=txf(f,a,b,n)
s1=0;h=(b-a)/n;
for i=1:n
  x=a+(i-1)*h;
  zhi1=eval(f);
  if i==1 && ((zhi1==Inf) || isnan(zhi1))
    x0=x;
    zhi1=eval(limit(f,x0));
  end
  x=a+i*h;
  zhi2=eval(f);
  if i==n && ((zhi2==Inf) || isnan(zhi2))
    x0=x;
    zhi2=eval(limit(f,x0));
  end
  s1=s1+(zhi1+zhi2);
end
y=s1*h/2;
```

**3. 抛物线法**

根据抛物线法的近似计算公式，函数 smp() 定义如下：

```
function y=smp(f,a,b,n)
s1=0;h=(b-a)/n;m=n/2;
for i=1:m
  x=a+(2*i-2)*h;
  zhi0=eval(f);
```

```
  if i==1 && ((zhi0==Inf) || isnan(zhi0))
    x0=x;
    zhi0=eval(limit(f,x0));
  end
  x=a+(2*i-1)*h;
  zhi1=eval(f);
  x=a+2*i*h;
  zhi2=eval(f);
  if i==n && ((zhi2==Inf) || isnan(zhi2))
    x0=x;
    zhi2=eval(limit(f,x0));
  end
  s1=s1+(zhi0 +4*zhi1+zhi2);
end
y=s1*h/3;
```

**4. 举例**

**例 13.2.3** 分别用矩形法、梯形法、抛物线法计算例 13.2.2 的近似值.

**解** 在 m 文件编辑窗口输入上述函数,分别存盘为 ljx.m,rjx.m,txf.m,smp.m.在 MATLAB 的命令行窗口输入:

```
format long
digits(20)
syms x
y= sin(x)/x;
ljx(y,0,1,10)
ljx(y,0,1,100)
ljx(y,0,1,500)
rjx(y,0,1,10)
rjx(y,0,1,100)
rjx(y,0,1,500)
txf(y,0,1,10)
txf(y,0,1,100)
txf(y,0,1,500)
smp(y,0,1,10)
smp(y,0,1,100)
smp(y,0,1,500)
```

运行结果如表 13-4 所示.

**表 13-4**

| $n$ | 10 | 100 | 500 |
| --- | --- | --- | --- |
| 左矩形法 | 0.953 758 522 626 511 | 0.946 873 205 701 693 | 0.946 241 498 992 812 |
| 右矩形法 | 0.937 905 621 107 300 | 0.945 287 915 549 772 | 0.945 924 440 962 428 |
| 梯形法 | 0.945 832 071 866 905 | 0.946 080 560 625 732 | 0.946 082 969 977 620 |
| 抛物线法 | 0.946 083 168 838 073 | 0.946 083 070 377 022 | 0.946 083 070 367 198 |

比较上述结果，发现它们的精度差距很大，同定积分的值 $I\approx 0.946\,083\,070\,367\,183$ 相比较，不难发现抛物线法收敛的速度最高，而且精度高.

## 习　题　13.2

一、已知定积分 $\int_0^1 \frac{4}{1+x^2}\mathrm{d}x=\pi$，试分别用矩形法、梯形法和抛物线法计算 $\pi$ 的近似值(取 $n=10$，计算时取 5 位小数).

二、人造地球卫星的轨道可视为平面上的椭圆，地心位于椭圆的一个焦点处. 已知一颗人造地球卫星近地点距地球表面 439 km，远地点距地球表面 2 384 km，地球半径为 6 371 km，试求该卫星的轨道长度.

三、对如图 13－8 所示的图形测量所得的数据如表 13－5 所示，用抛物线法计算该图形的面积 $A$.

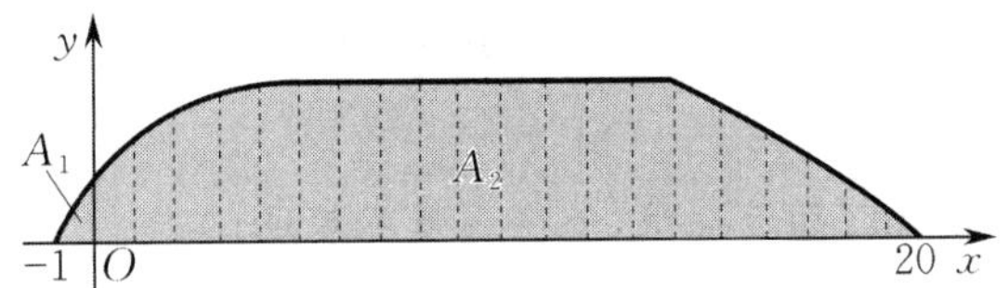


图 13－8

表 13－5

| 站号 | －1 | 0 | 1 | 2 | 3 | 4 | 5 | 6 |
|---|---|---|---|---|---|---|---|---|
| 高 $y$ | 0 | 2.305 | 4.865 | 6.974 | 8.568 | 9.559 | 10.011 | 10.183 |
| 站号 | 7 | 8 | 9 | 10 | 11 | 12 | 13 | 14 |
| 高 $y$ | 10.200 | 10.200 | 10.200 | 10.200 | 10.200 | 10.200 | 10.200 | 10.400 |
| 站号 | 15 | 16 | 17 | 18 | 19 | 20 | — | — |
| 高 $y$ | 9.416 | 8.015 | 6.083 | 3.909 | 1.814 | 0 | — | — |

其中，0 站到 20 站之间的距离为 147.18 m，相邻两站之间的距离(站距)为 7.359 m. 而－1 站到 0 站之间的距离为 5 m.

# 第三节　幂级数在近似计算中的应用举例

## 一、近似计算

### 1. 函数值的近似计算

在函数的幂级数展开式中，取前面有限项，就可得到函数的近似公式，从而可以把函数近似表示为 $x$ 的多项式，而多项式的计算只需用到四则运算法则. 这对于复杂函数的函数值的计算非常方便. 由于当 $n\to\infty$ 时，$R_n(x)\to 0$，因此取的项越多，结果越精确. 事实上，常用的自然对数表、三角函数表及正态分布表等，都是利用幂级数通过近似计算得到的.

例如，当 $|x|$ 很小时，由函数 $\ln(1+x)$ 的幂级数展开式，可得到下列近似计算公式：

$$\ln(1+x)\approx x,\quad \ln(1+x)\approx x-\frac{x^2}{2},\quad \ln(1+x)\approx x-\frac{x^2}{2}+\frac{x^3}{3}-\frac{x^4}{4}.$$

如果将未知数 $A$ 表示成级数

$$A=a_1+a_2+\cdots+a_n+\cdots, \tag{13.3.1}$$

而取其部分和 $A_n = a_1 + a_2 + \cdots + a_n$ 作为 $A$ 的近似值,此时,所产生的误差来源于两个方面:一是级数的余项

$$R_n = A - A_n = a_{n+1} + a_{n+2} + \cdots,$$

称 $|R_n|$ 为**截断误差**;二是在计算 $A_n$ 时,由四舍五入所产生的误差,称之为**舍入误差**.

如果级数(13.3.1)是交错级数,且满足莱布尼茨准则,则有

$$|R_n| \leqslant |a_{n+1}|.$$

如果级数(13.3.1)不是交错级数,一般可通过适当放大余项中的各项,找出一个比原级数稍大且容易估计余项的新级数(如等比级数).然后用新级数的余项 $R'_n$ 的数值,作为原级数的截断误差 $R_n$ 的估计值,且有 $R_n \leqslant R'_n$.

关于近似计算的理论这里只做简单介绍,更深入的讨论参见《计算方法》《数值分析》等书籍.

**例 13.3.1** 计算 $\ln 2$ 的近似值,使得误差不超过$10^{-4}$.

**解　方法一**　已知函数 $\ln(1+x)$ 的幂级数展开式为

$$\ln(1+x) = x - \frac{x^2}{2} + \frac{x^3}{3} - \frac{x^4}{4} + \cdots + (-1)^{n-1}\frac{x^n}{n} + \cdots \quad (-1 < x \leqslant 1).$$

令 $x=1$,则 $\ln 2 = 1 - \frac{1}{2} + \frac{1}{3} - \frac{1}{4} + \cdots + (-1)^{n-1}\frac{1}{n} + \cdots$.它是一个交错级数,其截断误差为

$$|R_n| < \frac{1}{n+1}.$$

故要使得误差不超过$10^{-4}$,需要的项数 $n$ 应满足$\frac{1}{n+1} < 10^{-4}$,解得 $n > 10^4 - 1 = 9\,999$,即 $n$ 需要取到 10 000 项.这样做计算量太大了.

**方法二**　将函数 $\ln(1+x)$ 的幂级数展开式

$$\ln(1+x) = x - \frac{x^2}{2} + \frac{x^3}{3} - \frac{x^4}{4} + \cdots + (-1)^{n-1}\frac{x^n}{n} + \cdots \quad (-1 < x \leqslant 1)$$

中的 $x$ 换成 $-x$,得

$$\ln(1-x) = -x - \frac{x^2}{2} - \frac{x^3}{3} - \frac{x^4}{4} - \cdots - \frac{x^n}{n} - \cdots \quad (-1 \leqslant x < 1).$$

将上述两式相减,得到不含偶次幂的幂级数展开式

$$\ln\frac{1+x}{1-x} = 2\left(\frac{x}{1} + \frac{x^3}{3} + \frac{x^5}{5} + \frac{x^7}{7} + \cdots\right) \quad (-1 < x < 1).$$

在上式中,令$\frac{1+x}{1-x} = 2$,解得 $x = \frac{1}{3}$,则有

$$\ln 2 = 2\left(\frac{1}{1}\cdot\frac{1}{3} + \frac{1}{3}\cdot\frac{1}{3^3} + \frac{1}{5}\cdot\frac{1}{3^5} + \frac{1}{7}\cdot\frac{1}{3^7} + \cdots\right).$$

这个级数收敛得很快$\left(\text{级数收敛快慢可理解为}\left|\frac{u_{n+1}}{u_n}\right|\text{越小,级数}\sum_{n=1}^{\infty}u_n\text{ 收敛越快,反之则越慢}\right)$,其截断误差为

$$|R_{2k-1}|=|\ln 2-S_{2k-1}|=2\cdot\left|\frac{1}{2k+1}\cdot\frac{1}{3^{2k+1}}+\frac{1}{2k+3}\cdot\frac{1}{3^{2k+3}}+\cdots\right|$$
$$<\frac{2}{(2k+1)\cdot 3^{2k+1}}\left|1+\frac{1}{3^2}+\frac{1}{3^4}+\cdots\right|=\frac{2}{(2k+1)\cdot 3^{2k+1}}\cdot\frac{1}{1-\frac{1}{9}}$$
$$=\frac{1}{4(2k+1)\cdot 3^{2k-1}}.$$

用试根的方法可确定当 $k=4$ 时，误差 $|R_7|=1.270\,13\times 10^{-5}<10^{-4}$，因此所求近似值为

$$\ln 2\approx 2\left(\frac{1}{3}+\frac{1}{3\cdot 3^3}+\frac{1}{5\cdot 3^5}+\frac{1}{7\cdot 3^7}\right)\approx 0.693\,13.$$

显然这一计算方法大大提高了计算速度，这种处理手段通常称为**幂级数收敛的加速技术**.

**注** 当上面的计算取 $k=7$ 时，其误差 $|R_{13}|=1.045\,38\times 10^{-8}<10^{-7}$，有

$$\ln 2\approx 2\left(\frac{1}{3}+\frac{1}{3\cdot 3^3}+\frac{1}{5\cdot 3^5}+\cdots+\frac{1}{13\cdot 3^{13}}\right)\approx 0.693\,147\,17.$$

当上面的计算取 $k=15$ 时，其误差 $|R_{29}|=1.175\,07\times 10^{-16}<10^{-15}$，有

$$\ln 2\approx 2\left(\frac{1}{3}+\frac{1}{3\cdot 3^3}+\frac{1}{5\cdot 3^5}+\cdots+\frac{1}{29\cdot 3^{29}}\right)\approx 0.693\,147\,180\,559\,945.$$

类似地，取 $x=\frac{1}{2}$ 可算出 $\ln 3$，取 $x=\frac{2}{3}$ 可算出 $\ln 5$，而 $\ln 4=2\ln 2$，$\ln 6=\ln 2+\ln 3$，…，如此下去，就可以编制出自然对数表.

**2. 计算定积分**

利用幂级数不仅可以计算一些函数值的近似值，也可以计算一些定积分的近似值. 具体地说，如果被积函数在积分区间能展开成幂级数，那么可把这个幂级数逐项积分，然后用积分后的级数算出定积分的值.

**例 13.3.2** 计算定积分 $I=\int_0^1\frac{\sin x}{x}\mathrm{d}x$ 的近似值，使得误差不超过$10^{-4}$.

**分析** 将函数$\frac{\sin x}{x}$展开成幂级数，然后逐项积分.

**解** 由例 13.2.2 可知，只需定义函数$\frac{\sin x}{x}$在点 $x=0$ 处的值为 1，则它在闭区间$[0,1]$上就连续了. 将被积函数展开成幂级数，得

$$\sin x=\sum_{k=1}^{\infty}(-1)^{k-1}\frac{x^{2k-1}}{(2k-1)!}$$
$$=x-\frac{x^3}{3!}+\frac{x^5}{5!}-\cdots+(-1)^{k-1}\frac{x^{2k-1}}{(2k-1)!}+\cdots\quad(-\infty<x<+\infty),$$

则

$$\frac{\sin x}{x}=1-\frac{x^2}{3!}+\frac{x^4}{5!}-\cdots+(-1)^{k-1}\frac{x^{2k-2}}{(2k-1)!}+\cdots=\sum_{k=1}^{\infty}(-1)^{k-1}\frac{x^{2k-2}}{(2k-1)!}.$$

于是，根据幂级数在收敛区间内的可积性，得

$$\int_0^1\frac{\sin x}{x}\mathrm{d}x=\int_0^1\sum_{k=1}^{\infty}(-1)^{k-1}\frac{x^{2k-2}}{(2k-1)!}\mathrm{d}x=\sum_{k=1}^{\infty}\frac{(-1)^{k-1}}{(2k-1)!}\int_0^1 x^{2k-2}\mathrm{d}x$$

$$=\sum_{k=1}^{\infty}\left[\frac{(-1)^{k-1}}{(2k-1)!}\cdot\frac{1}{2k-1}\right]=1-\frac{1}{3!}\cdot\frac{1}{3}+\frac{1}{5!}\cdot\frac{1}{5}-\cdots,$$

这是一个交错级数. 由于当 $k=3$ 时,其误差满足

$$|R_5|<\frac{1}{7!\cdot 7}\approx 2.83447\times 10^{-5}<10^{-4},$$

因此只需取前三项的和作为定积分的近似值,即

$$\int_0^1\frac{\sin x}{x}dx\approx 1-\frac{1}{3!\cdot 3}+\frac{1}{5!\cdot 5}\approx 0.94611.$$

**注** 当上面的计算取 $k=5$ 时,其误差 $|R_9|<2.27746\times 10^{-9}<10^{-8}$,有

$$\int_0^1\frac{\sin x}{x}dx\approx 1-\frac{1}{3!\cdot 3}+\frac{1}{5!\cdot 5}-\frac{1}{7!\cdot 7}+\frac{1}{9!\cdot 9}\approx 0.946083073.$$

当上面的计算取 $k=8$ 时,其误差 $|R_{15}|<1.65380\times 10^{-16}<10^{-15}$,有

$$\int_0^1\frac{\sin x}{x}dx\approx 1-\frac{1}{3!\cdot 3}+\frac{1}{5!\cdot 5}-\cdots-\frac{1}{15!\cdot 15}\approx 0.946083070367183.$$

## 二、MATLAB 实现

函数的近似表达式可截取被积函数在某点处的泰勒展开式的部分项. MATLAB 中泰勒级数展开命令为 `taylor(f,x,a,'Order',n)`,表示函数 $f$ 在点 $x=a$ 处的 $n-1$ 阶泰勒展开式.

**例 13.3.3** 分别用 7 阶、13 阶、29 阶、9 999 阶泰勒展开式计算例 13.3.1 的近似值.

**解** 用 MATLAB 创建函数 ln2js1.m 文件实现方法一对 ln 2 进行近似,定义如下:

```
function zhi = ln2js1(n)
syms x s t
t = log(1+x);
s = taylor(t,'Order',n);                    % n代表泰勒公式的展开阶数是n-1
x = 1;
zhi = eval(s);
```

创建函数 ln2js2.m 文件实现方法二对 ln 2 进行近似,定义如下:

```
function zhi = ln2js2(n)
syms x s t
t = log((1+x)/(1-x));
s = taylor(t,'Order',n);                    % n代表泰勒公式的展开阶数是n-1
x = 1/3;
zhi = eval(s);
```

在 MATLAB 的命令行窗口输入:

```
format long
ln2js1(8)                                   % 实际上MATLAB中的泰勒公式展开到7阶
ln2js1(14)                                  % 实际上MATLAB中的泰勒公式展开到13阶
ln2js1(30)                                  % 实际上MATLAB中的泰勒公式展开到29阶
ln2js1(10000)                               % 实际上MATLAB中的泰勒公式展开到9 999阶
log(2)
ln2js2(8)
```

```
ln2js2(14)
ln2js2(30)
```

运行结果的比较如表 13－6 所示，其中 ln 2 的准确值约为 0.693 147 180 559 945.

**表 13－6**

| $n$ | 8 | 14 | 30 | 10 000 |
|---|---|---|---|---|
| 方法一 | 0.759 523 809 523 809 | 0.730 133 755 133 755 | 0.710 091 471 024 731 | 0.693 197 183 059 958 |
| 精确到 | — | — | — | 小数点后第 4 位 |
| $n$ | 8 | 14 | 30 | 10 000 |
| 方法二 | 0.693 134 757 332 288 | 0.693 147 170 256 012 | 0.693 147 180 559 945 | — |
| 精确到 | 小数点后第 4 位 | 小数点后第 7 位 | 小数点后第 15 位 | — |

观察以上数据可知，方法二的收敛速度比方法一快得多，方法二的 13 阶($n=14$) 泰勒展开式的近似结果精度已经很高了. 因此，在近似计算中应恰当地选取近似公式，在保证收敛的同时，要注意收敛的速度.

**例 13.3.4** 分别用 5 阶、9 阶、15 阶泰勒展开式计算例 13.3.2 的近似值.

**解** 在 MATLAB 的命令行窗口输入：

```
format long
syms x;
ty=taylor(sin(x)/x,x,0,'Order',6);        % 6代表泰勒展开阶数是5
I5=eval(int(ty,0,1))
ty=taylor(sin(x)/x,x,0,'Order',10);
I9=eval(int(ty,0,1))
ty=taylor(sin(x)/x,x,0,'Order',16);
I15=eval(int(ty,0,1))
```

运行结果如表 13－7 所示.

**表 13－7**

| $n$ | 6 | 10 | 16 |
|---|---|---|---|
| 结果 | 0.946 111 111 111 111 | 0.946 083 072 632 345 | 0.946 083 070 367 183 |
| 精确到 | 小数点后第 3 位 | 小数点后第 8 位 | 小数点后第 15 位 |

与定积分的值 $I=0.946\,083\,070\,367\,183$ 相比较，从上述结果可以观察到 9 阶($n=10$) 泰勒展开式的近似结果精度已经很高了.

## 习 题 13.3

一、利用幂级数展开式求下列各数的近似值：

(1) ln 3(误差不超过$10^{-4}$)；　　(2) $\sin 9°$(误差不超过$10^{-5}$).

二、利用幂级数展开式计算$\int_0^{0.5}\frac{\arctan x}{x}\mathrm{d}x$ 的近似值，使得误差不超过$10^{-3}$.

三、误差函数

$$\operatorname{erf}(x)=\frac{2}{\sqrt{\pi}}\int_0^x \mathrm{e}^{-t^2}\,\mathrm{d}t$$

在概率论、热流理论和信号传输中都很重要. 因函数 $e^{-t^2}$ 的原函数无法用初等函数表示,故实际中利用数值方法求其近似值. 试用幂级数展开式计算 erf(1) 的近似值,使得误差不超过$10^{-5}$.

# 第四节　应用实例

## 实例:索道的长度问题

**1. 问题的描述与分析**

某旅游景点准备在两个等高的山顶之间设置一缆车索道,已知两山顶之间相距 200 m. 为施工方便,在两山顶之间依山势建一个塔,且塔顶与两山顶等高等距离. 现在要在塔顶与山顶间悬挂索道,允许索道在中间下垂 10 m,且两部分下垂程度一致. 试计算在这两个山顶之间所用索道的长度.

这是一个求曲线长度的问题,先求出曲线方程,再应用定积分求出长度.

**2. 模型的建立**

(1) 先求塔顶与某一山顶之间索道的曲线方程. 由于塔顶与山顶等高等距离,因此问题可转化为在等高且相距 100 m 的塔顶与山顶之间悬挂索道,则整个索道的长度即为塔顶与某一山顶之间索道长度的 2 倍. 假设电缆处于理想状态. 设索道的最低点对应的横坐标为 0,取 $y$ 轴过此最低点且垂直向上,并取 $x$ 轴水平向右,建立平面直角坐标系,如图 13－9 所示,$(x,y)$为索道上任意一点,则索道的曲线应满足悬链线方程(见上册例 6.4.3)

$$y = a\underbrace{\frac{e^{\frac{x}{a}}+e^{-\frac{x}{a}}}{2}}_{\text{双曲余弦函数}} = a\cosh\frac{x}{a},\quad x\in[-50,50].$$

而曲线的最低点$(0,y(0))$与最高点$(50,y(50))$相差 10 m,故有

$$y(50)=y(0)+10,$$

即

$$a\cosh\frac{50}{a}=a+10, \tag{13.4.1}$$

其中 $a$ 为需求未知数.

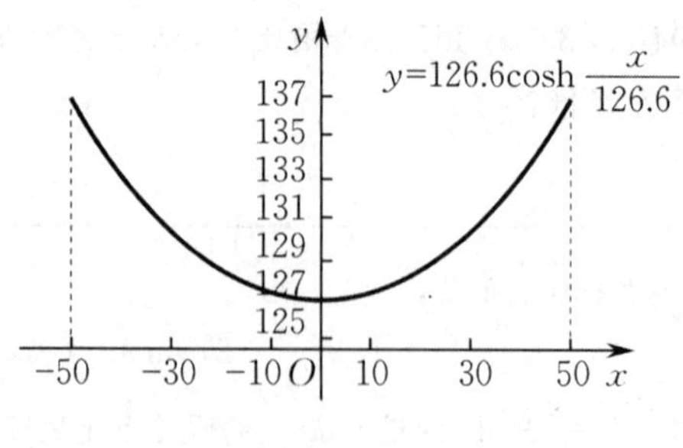


**图 13－9**

(2) 再求塔顶与某一山顶之间索道曲线的弧长. 将函数 $y=a\cosh\frac{x}{a}$ 两边同时对 $x$ 求导

数,得

$$y' = \underbrace{\sinh\frac{x}{a}}_{\text{双曲正弦函数}},$$

因此函数 $y$ 在闭区间$[-50,50]$上的弧长为

$$L = \int_{-50}^{50}\sqrt{1+y'^2}\,\mathrm{d}x = 2\int_0^{50}\sqrt{1+\left(\sinh\frac{x}{a}\right)^2}\,\mathrm{d}x. \tag{13.4.2}$$

**3. 模型的求解**

(1) 用 MATLAB 的求方程命令 solve 求方程(13.4.1)的根 $a$.

在 MATLAB 的命令行窗口输入:

```
syms a
y=a.*cosh(50./a)-a-10;
solve(y,a)
```

可以得到 $a$ 的值为 $a\approx 126.6324$.

(2) 用 MATLAB 的求积分命令 quad 计算弧长公式(13.4.2)的值.

首先要定义出定积分的被积函数(文件名为 f1.m):

```
function y=f1(x)
a=126.6324;
y=sqrt(1+(sinh(x./a)).^2);
```

然后,在 MATLAB 的命令行窗口输入:

```
L=2*quad('f1',0,50)
```

可以得到 $L\approx 102.6187$. 因此,所求索道的长度为 $2L = 205.2374$ m.

**图书在版编目(CIP)数据**

新编微积分:理工类. 下/林小苹，谭超强，李健编著. —北京：北京大学出版社，2021.12
ISBN 978-7-301-32782-1

Ⅰ. ①新…　Ⅱ. ①林… ②谭… ③李…　Ⅲ. ①微积分—高等学校—教材　Ⅳ. ①O172

中国版本图书馆 CIP 数据核字(2021)第 273671 号

**书　　名**　新编微积分（理工类）（下）
　　　　　　XINBIAN WEIJIFEN（LIGONGLEI）（XIA）
**著作责任者**　林小苹　谭超强　李　健　编著
**责 任 编 辑**　班文静
**标 准 书 号**　ISBN 978-7-301-32782-1
**出 版 发 行**　北京大学出版社
**地　　址**　北京市海淀区成府路 205 号　100871
**网　　址**　http://www.pup.cn
**电 子 信 箱**　zpup@pup.cn
**新 浪 微 博**　@北京大学出版社
**电　　话**　邮购部 010-62752015　发行部 010-62750672　编辑部 010-62754271
**印 刷 者**　长沙超峰印刷有限公司
**经 销 者**　新华书店
　　　　　　787 毫米×1092 毫米　16 开本　23 印张　617 千字
　　　　　　2021 年 12 月第 1 版　2021 年 12 月第 1 次印刷
**定　　价**　59.80 元

---